软件开发魔典

Java 从入门到项目实践（超值版）

聚慕课教育研发中心　编著

清華大學出版社
北　京

内容简介

本书采取“基础知识→核心应用→核心技术→高级应用→行业应用→项目实践”的结构和“由浅入深，由深到精”的学习模式进行讲解。全书共28章，不仅介绍了Java语言入门、面向对象编程、内部类、抽象类与接口、数组和方法、字符串、常用类等Java语言的基础知识，而且深入讲解了Java的常用类库、I/O编程、GUI编程、Swing编程、网络编程以及JDBC编程等核心编程技术，详细探讨了Java提供的各种软件开发技术和特性，最后讲述了Java语言在游戏、金融、移动互联网、教育等行业的开发应用以及雇员信息管理系统开发、私教优选系统开发、在线购物系统前端开发等项目，全面展现了项目开发的全过程。

本书的目的是多角度、全方位地帮助读者快速掌握Java软件开发技能，构建从高校到社会与企业的就职桥梁，让有志于从事软件开发的读者轻松步入职场。同时本书还赠送王牌资源库，由于赠送的资源比较多，我们在本书前言部分对资源包的具体内容、获取方式以及使用方法等做了详细说明。

本书适合Java语言初学者以及初、中级程序员阅读，同时也可作为没有项目实践经验，但有一定JavaScript编程基础的人员阅读，还可作为正在进行软件专业毕业设计的学生以及大专院校和培训学校的参考用书。

本书封面贴有清华大学出版社防伪标签，无标签者不得销售。

版权所有，侵权必究。举报：010-62782989，beiqinquan@tup.tsinghua.edu.cn。

图书在版编目（CIP）数据

Java从入门到项目实践：超值版 / 聚慕课教育研发中心编著. —北京：清华大学出版社，2018（2024.2重印）
（软件开发魔典）

ISBN 978-7-302-50153-4

Ⅰ. ①J… Ⅱ. ①聚… Ⅲ. ①JAVA语言－程序设计－教材 Ⅳ. ①TP312.8

中国版本图书馆CIP数据核字（2018）第112337号

责任编辑：张　敏　战晓雷
封面设计：杨玉兰
责任校对：胡伟民
责任印制：宋　林

出版发行：清华大学出版社
网　　址：https://www.tup.com.cn，https://www.wqxuetang.com
地　　址：北京清华大学学研大厦A座　　邮　　编：100084
社 总 机：010-83470000　　邮　　购：010-62786544
投稿与读者服务：010-62776969, c-service@tup.tsinghua.edu.cn
质量反馈：010-62772015, zhiliang@tup.tsinghua.edu.cn
印 装 者：天津鑫丰华印务有限公司
经　　销：全国新华书店
开　　本：203mm×260mm　　**印　　张**：43　　**字　　数**：1270千字
版　　次：2018年8月第1版　　**印　　次**：2024年2月第4次印刷
定　　价：99.80元

产品编号：075197-02

丛书说明

本套“软件开发魔典”系列图书，是专门为编程初学者量身打造的编程基础学习与项目实践用书，由聚慕课教育研发中心组织编写。

本丛书针对“零基础”和“入门”级读者，通过案例引导读者深入技能学习和项目实践。为满足初学者在基础入门、扩展学习、编程技能、行业应用、项目实践 5 个方面的职业技能需求，特意采用“基础知识→核心应用→核心技术→高级应用→行业应用→项目实践”的结构和“由浅入深，由深到精”的学习模式进行讲解，如下图所示。

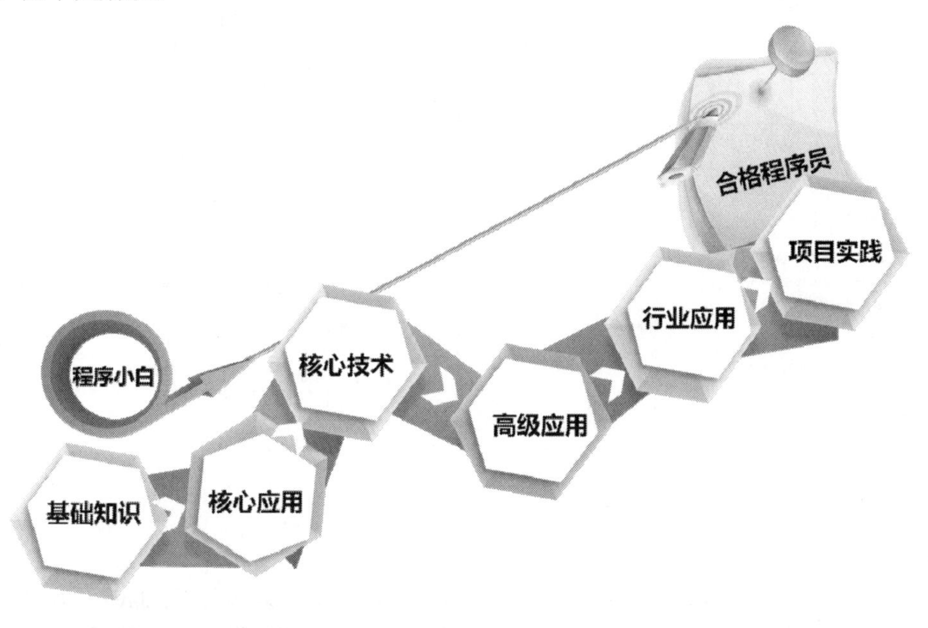

本丛书目前计划包含以下品种。

《Java 从入门到项目实践（超值版）》	《HTML 5 从入门到项目实践（超值版）》
《C 语言从入门到项目实践（超值版）》	《MySQL 从入门到项目实践（超值版）》

《JavaScript 从入门到项目实践（超值版）》	《Oracle 从入门到项目实践（超值版）》
《C++从入门到项目实践（超值版）》	《HTML 5+CSS+JavaScript 从入门到项目实践（超值版）》

读万卷书，不如行万里路；行万里路，不如阅人无数；阅人无数，不如有高人指路。这句话道出了引导与实践对于学习知识的重要性。本丛书始于基础，结合理论知识的讲解，从项目开发基础入手，逐步引导读者进行项目开发实践，深入浅出地讲解 Java 语言软件编程的各项技术和项目实践技能。本丛书的目的是多角度、全方位地帮助读者快速掌握软件开发技能，为读者构建从高校到社会与企业的就职桥梁，让有志于从事软件开发的读者轻松步入职场。

Java 最佳学习线路

本书按照 Java 最佳的学习模式来设计内容结构。第 1～4 篇可使您掌握 Java 语言编程基础知识和应用技能，第 5、6 篇可使您拥有多个行业项目开发经验。遇到问题时可学习本书同步微视频，也可以通过在线技术支持，请老程序员为您答疑解惑。

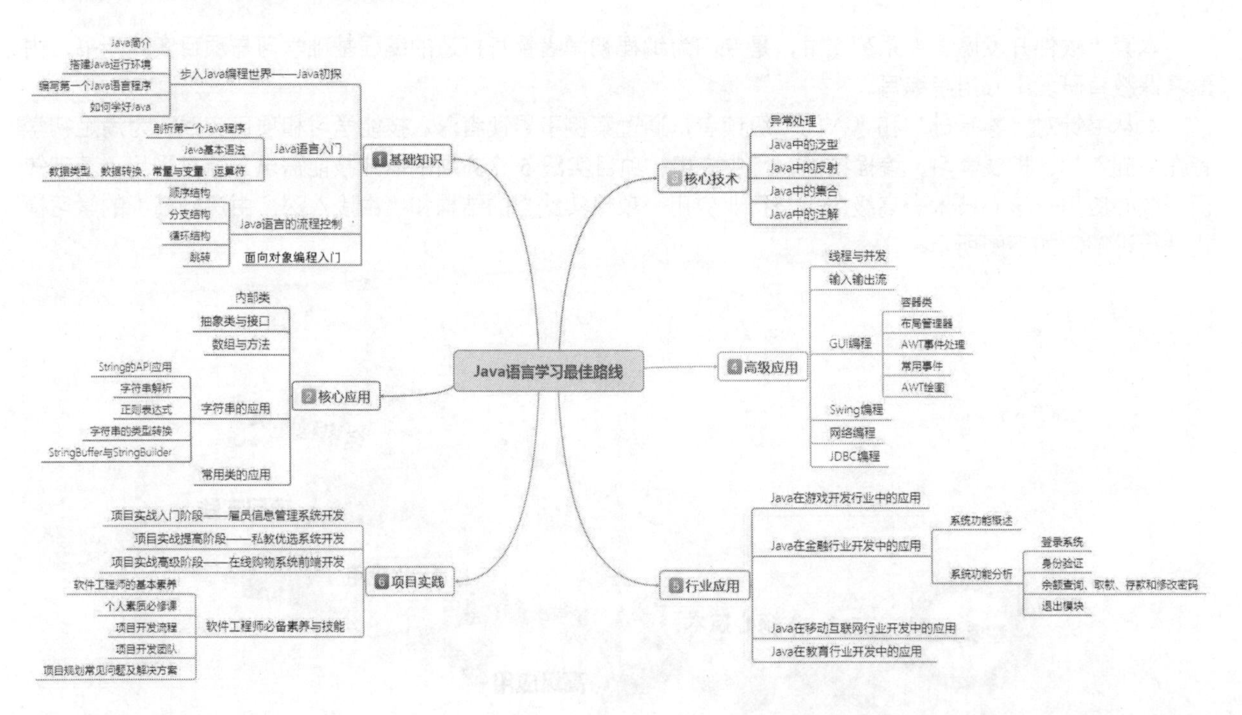

本书内容

本书分为 6 篇 28 章。

第 1 篇“基础知识”包括第 1～4 章，主要讲解 Java 初探、Java 语言入门、Java 语言的流程控制以及面向对象编程等基础知识，使读者能快速掌握 Java 语言，为后面更好地学习 Java 编程打下坚实基础。

第 2 篇“核心应用”包括第 5～9 章，主要讲解 Java 的内部类、抽象类与接口、数组与方法、字符串以及常用类的应用等核心应用。通过本篇的学习，读者将对 Java 编程的核心应用有更深入的理解，编程能力会有进一步提高。

第 3 篇“核心技术”包括第 10～14 章，主要讲异常处理、Java 中的泛型、Java 中的反射、Java 中的集合以及 Java 中的注解等核心技术。学完本篇，读者在 Java 深入开发、程序异常与安全处理等方面将具有较高的水平。

第 4 篇“高级应用”包括第 15～20 章，主要讲解 Java 线程与并发、输入输出流、GUI 编程、Swing 编程、网络编程以及 JDBC 编程等高级应用。学好本篇可以极大地扩展读者 Java 编程的高级应用能力。

第 5 篇“行业应用”包括第 21～24 章，主要讲解 Java 语言在游戏开发行、金融、移动互联网、教育行业开发中的应用。学习完本篇，读者能为日后进行软件开发积累行业开发经验。

第 6 篇“项目实践”包括第 25～28 章，通过雇员信息管理系统开发、私教优选系统开发、在线购物系统前端开发等项目实践，另外有特意补充了软件工程师必备素养与技能知识。通过本篇，读者将完整地体验 Java 软件开发实践，为自己的职业生涯奠定良好的实践基础。

读者在系统学习了本书后可以掌握 Java 语言基础知识、全面的前端程序开发能力、优良的团队协作技能和丰富的项目实践经验。我们的目标就是让初学者、应届毕业生快速成长为一名合格的初级程序员，通过演练积累项目开发经验和团队合作技能，在未来的职场中有一个高的起点，并能迅速融入软件开发团队中。

本书特色

1. 结构科学，自学更易

本书在内容组织和范例设计中充分考虑到初学者的特点，由浅入深，循序渐进，无论您是否接触过 Java 语言，都能从本书中找到最佳的起点。

2. 视频讲解，细致透彻

为降低学习难度，提高学习效率。本书录制了同步微视频（模拟培训班模式），通过视频除了能轻松学会专业知识外，还能获取老师的软件开发经验。使学习变得更轻松有效。

3. 超多、实用、专业的范例和实践项目

本书结合实际工作中的应用范例逐一讲解 Java 语言的各种知识和技术，在行业应用和项目实战两篇中更以 7 个项目的实践来总结本书前 20 章介绍的知识和技能，使您在实践中掌握知识，轻松拥有项目开发经验。

4. 随时检测自己的学习成果

每章首页中，均提供了【学习指引】和【重点导读】，以指导读者重点学习及学后检查；章后的【就业面试解析与技巧】根据当前最新求职面试（笔试）题精选而成，读者可以随时检测自己的学习成果，做到融会贯通。

5. 作者创作团队和技术支持

本书由聚慕课研发中心编著和提供在线服务。您在学习过程中遇到任何问题，可加入图书读者（技术支持）QQ 群（529669132）进行提问，作者和资深程序员将为您在线答疑。

本书超值王牌资源库

本书附赠了极为丰富的超值王牌资源库，具体内容如下：

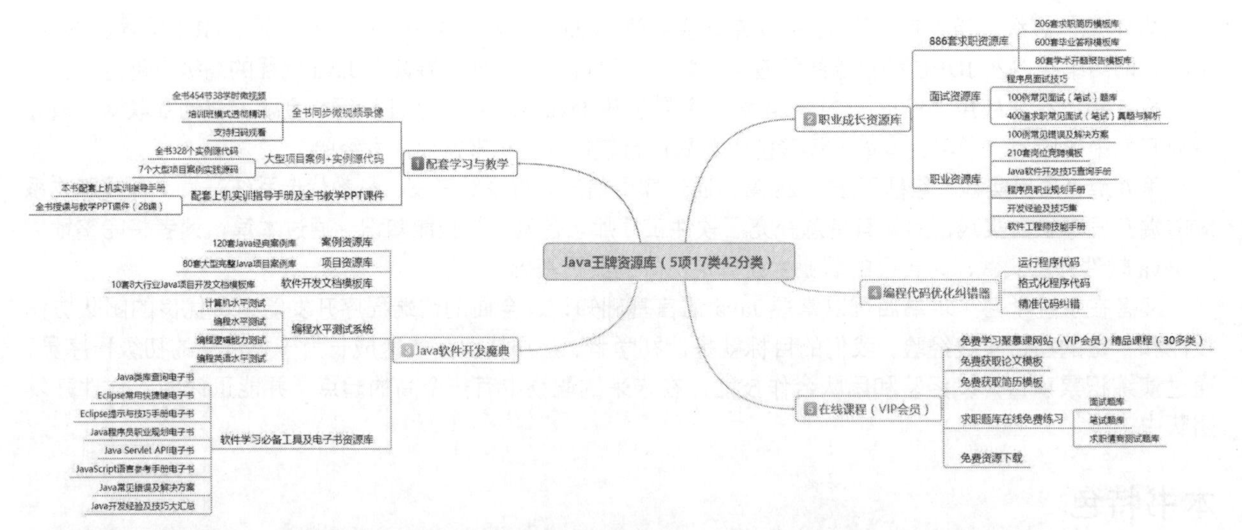

（1）王牌资源 1：随赠本书“配套学习与教学”资源库，提升读者的 Java 语言学习效率。

- 本书同步 454 节教学微视频录像（扫描二维码观看），总时长 38 学时。
- 本书中 7 个大型项目案例以及 328 个实例源代码。
- 本书配套上机实训指导手册及本书的教学 PPT 课件。

（2）王牌资源 2：随赠“职业成长”资源库，突破读者职业规划与发展瓶颈。

- 求职资源库：206 套求职简历模板库、600 套毕业答辩模板库与 80 套学术开题报告模板库。
- 面试资源库：程序员面试技巧、100 例常见面试（笔试）题库、400 道求职常见面试（笔试）真题与解析。
- 职业资源库：100 例常见错误及解决方案、210 套岗位竞聘模板、Java 软件开发技巧查询手册、程序员职业规划手册、开发经验及技巧集、软件工程师技能手册。

（3）王牌资源 3：随赠“Java 软件开发魔典”资源库，拓展读者学习本书的深度和广度。

- 120 套 Java 经典案例库、80 套大型完整 Java 项目案例库、10 套 8 大行业 Java 项目开发文档模板库。
- 编程水平测试系统：计算机水平测试、编程水平测试、编程逻辑能力测试、编程英语水平测试。
- 软件学习必备工具及电子书资源库：Java 类库查询电子书、Eclipse 常用快捷键电子书、Eclipse 提示与技巧手册电子书、Java 程序员职业规划电子书、Java Servlet API 电子书、JavaScript 语言参考手册电子书、Java 常见错误及解决方案、Java 开发经验及技巧大汇总。

（4）王牌资源 4：编程代码优化纠错器。

- 本纠错器能让软件开发更加便捷和轻松，无须安装配置复杂的软件运行环境即可轻松运行程序代码。
- 本纠错器能一键格式化，让凌乱的程序代码更加规整美观。
- 本纠错器能对代码精准纠错，让程序查错不再难。

上述资源获取及使用

注意：由于本书不配光盘，书中所用资源及上述资源均需从网络下载才能使用。

1. 资源获取

采用以下任意途径，均可获取本书所附赠的超值王牌资源库。

（1）加入本书微信公众号，下载资源或者咨询关于本书的任何问题。

（2）加入本书图书读者（技术支持）QQ 群（529669132），获取网络下载地址和密码。

2. 使用资源

本书可通过以下途径学习和使用本书微视频和资源。

（1）通过 PC 端（在线）、APP 端（在/离线）和微信端（在线）以及平板端（在/离线）学习本书微视频和练习考试题库。

（2）将本书资源下载到本地硬盘，根据学习需要选择使用。

（3）通过“Java 从入门到项目实践（超值版）”运行系统使用。

打开下载资源包中的“Java 从入门到项目实践（超值版）.exe”，进入系统后，读者可以获取所有附赠的王牌资源。

本书适合哪些读者阅读

本书非常适合以下人员阅读：

- 没有任何 Java 语言基础的初学者。
- 有一定的 Java 语言基础，想精通 Java 语言编程的人员。
- 有一定的 Java 编程基础，没有项目实践经验的人员。
- 正在进行软件专业毕业设计的学生。
- 大专院校及培训学校的老师和学生。

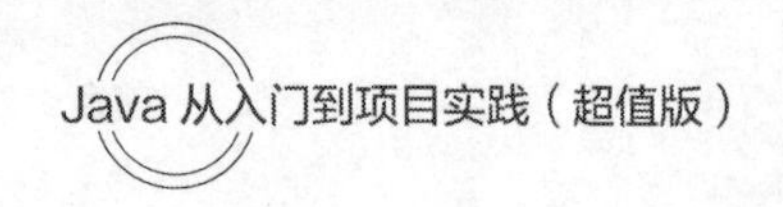

创作团队

本书由聚慕课教育研发中心组织编写，陈长生老师主编。参与本书编写的主要人员有王湖芳、张开保、贾文学、张翼、白晓阳、李新伟、李坚明、白彦飞、卞良、常鲁、陈诗谦、崔怀奇、邓伟奇、凡旭、高增、郭永、何旭、姜晓东、焦宏恩、李春亮、李团辉、刘二有、王朝阳、王春玉、王发运、王桂军、王平、王千、王小中、王玉超、王振、徐利军、姚玉中、于建斌、张俊锋、张晓杰、张在有等。

在编写过程中，我们尽力以最好的形式将内容呈现给读者，但仍然难免有疏漏和不妥之处，敬请广大读者不吝指正。

作　者

第1篇　基础知识

第2篇　核心应用

第 3 篇 核心技术

第 4 篇　高级应用

第 5 篇　行业应用

第 1 篇

基础知识

本篇是 Java 的基础知识篇，从基本概念及基本语法讲起，结合第一个 Java 程序的编写和结构剖析，带领读者快速步入 Java 的编程世界。

读者在学完本篇后将会了解 Java 软件和编程的基本概念，掌握 Java 开发环境的构建、开发基础、程序流程控制以及面向对象编程等基本知识，为后面更深入地学习 Java 编程打下坚实的基础。

第1章

步入 Java 编程世界——Java 初探

◎ 本章教学微视频：8 个　58 分钟

学习指引

Java 是一种可以编写跨平台应用软件的面向对象的程序设计语言，具有卓越的通用性、高效性、平台移植性和安全性。本章将详细介绍 Java 的基础知识，主要内容包括 Java 开发工具的选择、Java 开发环境的搭建、Java 程序的开发过程以及如何学好 Java 编程语言。

重点导读

- 了解 Java 语言。
- 掌握搭建 Java 开发环境的方法。
- 掌握 Java 开发工具的使用。

1.1　Java 简介

Java 是当今世界上最流行的编程语言之一，而且也是事实上的应用层开发标准，即在很多系统的开发中，都会使用 Java 编写底层代码，向上层提供操作功能的调用，例如，在 Android 开发中就是如此。

1.1.1　了解 Java 语言

Java 是一种可以编写跨平台应用软件的面向对象的程序设计语言，是由 Sun Microsystems 公司于 1995 年 5 月推出的 Java 程序设计语言和 Java 平台（即 JavaSE, JavaEE, JavaME）的总称。

Java 技术具有卓越的通用性、高效性、平台移植性和安全性，广泛应用于个人 PC、数据中心、游戏控制台、科学超级计算机、移动电话和互联网，同时拥有全球最大的开发者专业社群。在全球云计算和移动互联网的产业环境下，Java 更具备了显著优势和广阔前景。

1.1.2　Java 的发展历史

以下是 Java 的发展历史：

- 1995 年 5 月 23 日，Java 语言诞生。
- 1996 年 1 月，第一个 JDK——JDK 1.0 诞生。
- 1996 年 4 月，10 个最主要的操作系统供应商声明将在其产品中嵌入 Java 技术。
- 1996 年 9 月，约 8.3 万个网页应用了 Java 技术来制作。
- 1997 年 2 月 18 日，JDK 1.1 发布。
- 1997 年 4 月 2 日，JavaOne 大会召开，参与者逾一万人，创当时全球同类会议记录。
- 1997 年 9 月，JavaDeveloperConnection 社区成员超过十万。
- 1998 年 2 月，JDK 1.1 被下载超过 2 000 000 次。
- 1998 年 12 月 8 日，Java 2 企业平台 J2EE 发布。
- 1999 年 6 月，Sun 公司发布 Java 的 3 个版本：标准版（J2SE）、企业版（J2EE）和微型版（J2ME）。
- 2000 年 5 月 8 日，JDK 1.3 发布。
- 2000 年 5 月 29 日，JDK 1.4 发布。
- 2001 年 6 月 5 日，Nokia 公司宣布到 2003 年将出售 1 亿部支持 Java 的手机。
- 2001 年 9 月 24 日，J2EE 1.3 发布。
- 2002 年 2 月 26 日，J2SE 1.4 发布，此后 Java 的计算能力有了大幅提升。
- 2004 年 9 月 30 日，J2SE 1.5 发布，成为 Java 语言发展史上的又一里程碑。为了表示该版本的重要性，J2SE 1.5 更名为 Java SE 5.0。
- 2005 年 6 月，JavaOne 大会召开，Sun 公司公开 Java SE 6。此时，Java 的各种版本均已经更名，以取消其中的数字“2”：J2EE 更名为 Java EE，J2SE 更名为 Java SE，J2ME 更名为 Java ME。
- 2006 年 12 月，Sun 公司发布 JRE 6.0。
- 2009 年 12 月，Sun 公司发布 Java EE 6。
- 2010 年 11 月，由于甲骨文公司对 Java 社区的不友善，Apache 扬言将退出 JCP 组织。
- 2011 年 7 月 28 日，甲骨文公司发布 Java SE 7。
- 2014 年 3 月 18 日，甲骨文公司发表 Java SE 8。

1.1.3　Java 的基本思想

在了解了 Java 的发展历史之后，下面有必要了解一下 Java 的基本思想。Java 最大的优点是在设计之初就秉承了“一次编写，到处运行”的思想（Write Once, Run Everywhere, WORE；或者 Write Once, Run Anywhere, WORA）。这种设计使得 Java 具有跨平台的特性。

Java 的跨平台性是指在一种平台下用 Java 语言编写的程序在编译后不用经过任何更改，就能在其他平台上运行。例如在 Linux 下开发的 Java 程序可以在 Windows、UNIX 或 Mac OS 等其他平台上运行。

Java 之所以能够实现跨平台性，是因为 Java 不是将程序编译为硬件系统可以直接运行的代码，而是首先将 Java 程序编译为一种“中间码”——字节码，然后在不同的硬件平台上安装不同的 Java 虚拟机（JVM），由 JVM 把字节码再翻译成在对应的硬件平台上能够执行的代码。每个系统平台都有自己的 JVM，因此，对于 Java 编程者来说，不需要考虑硬件平台是什么。

1.1.4　Java 的工作原理

Java 程序的运行必须经过编写、编译和运行 3 个步骤。

（1）编写指在 Java 开发环境中编写代码，保存为后缀名为.java 的源文件。

（2）编译指用 Java 编译器对源文件进行编译，生成后缀名为.class 的字节码文件，而不像 C 语言那样直接生成可执行文件。

（3）运行指使用 Java 解释器将字节码文件翻译成机器代码，然后执行并显示结果。

Java 程序的运行流程如图 1-1 所示。

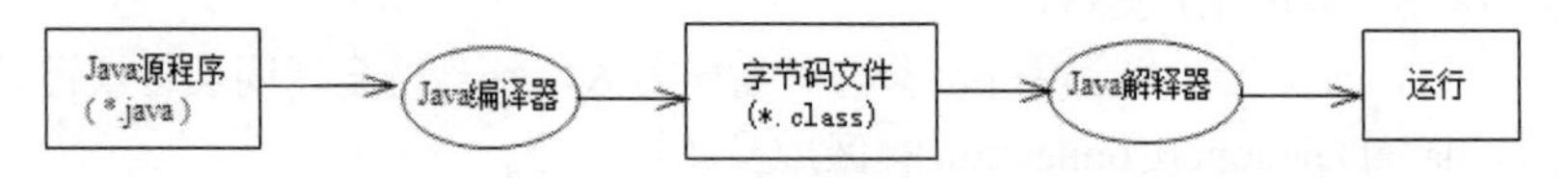

图 1-1 Java 程序的运行流程

字节码文件是一种二进制文件，它是一种与机器环境及操作系统无关的中间代码，是 Java 源程序由 Java 编译器编译后生成的目标代码文件。编程人员和计算机都无法直接读懂字节码文件，它必须由专用的 Java 解释器来解释执行。

Java 解释器负责将字节码文件解释成具体硬件环境和操作系统平台下的机器代码，然后再执行。因此，Java 程序不能直接运行在现有的操作系统平台上，它必须运行在相应的操作系统的 Java 虚拟机上。

Java 虚拟机是运行 Java 程序的软件环境，Java 解释器是 Java 虚拟机的一部分。运行 Java 程序时，首先启动 Java 虚拟机，由 Java 虚拟机负责解释执行 Java 的字节码（*.class）文件，Java 字节码文件只能运行在 Java 虚拟机上。这样利用 Java 虚拟机就可以把 Java 字节码文件与具体的硬件平台及操作系统环境分隔开，只要在不同的计算机上安装了针对特定平台的 Java 虚拟机，Java 程序就可以运行，而不用考虑当前具体的硬件及操作系统环境，也不用考虑字节码文件是在何种平台上生成的。Java 虚拟机把不同硬件平台的具体差别隐藏起来，从而实现了真正的跨平台运行。Java 的这种运行机制可以通过图 1-2 来说明。

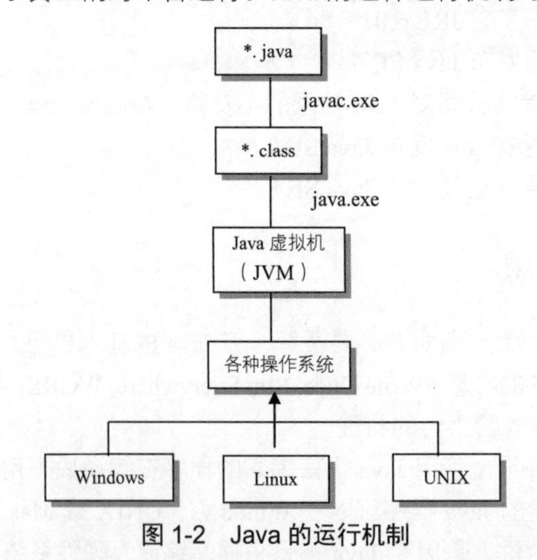

图 1-2 Java 的运行机制

Java 语言采用“一次编译，到处运行”的方式，有效地解决了目前大多数高级程序设计语言需要针对不同系统来编译产生不同机器代码的问题，即硬件环境和操作平台异构问题。

1.2 搭建 Java 环境

想要进行 Java 产品的开发，需要有 JDK 的支持。JDK 是 Sun 公司针对 Java 程序员所开发的产品，JDK 中包括了 Java 编译器、JVM、大量的 Java 工具以及 Java 基础 API，是 Java 的运行开发环境。

1.2.1 什么是 JDK

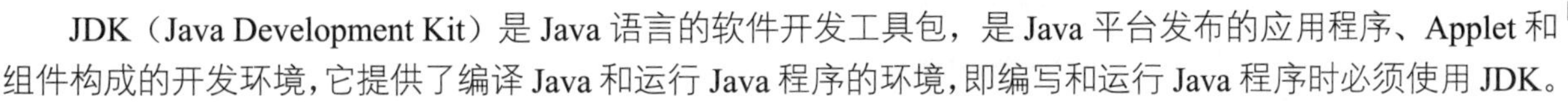

JDK（Java Development Kit）是 Java 语言的软件开发工具包，是 Java 平台发布的应用程序、Applet 和组件构成的开发环境，它提供了编译 Java 和运行 Java 程序的环境，即编写和运行 Java 程序时必须使用 JDK。

JDK 是整个 Java 应用程序开发的核心，它包含了完整的 Java 运行时环境（Java Runtime Environment，JRE），也被称为专有运行时（private runtime），还包括了用于产品环境的各种类库以及给程序员使用的补充库，如国际化的库、IDL 库。JDK 中还包括各种实例程序，用以展示 Java API 中的各部分。

从初学者角度来看，采用 JDK 开发 Java 程序能够很快理解程序中各部分代码之间的关系，有利于理解 Java 面向对象的设计思想。JDK 的另一个显著特点是随着 Java（J2EE、J2SE 以及 J2ME）版本的升级而升级。但它的缺点也是非常明显的，就是从事大规模企业级 Java 应用开发非常困难，不能进行复杂的 Java 软件开发，也不利于团体协同开发。

JDK 的工具库中主要包含 9 个基本组件：

（1）javac：编译器，将 Java 源程序转成字节码文件。

（2）java：用于运行编译后的 Java 程序（后缀名为.class 的文件）。

（3）jar：打包工具，将相关的类文件打包成一个 jar 包。

（4）javadoc：文档生成器，从 Java 源代码中提取注释，生成 HTML 文档。

（5）jdb：Java 调试器，可以设置断点和检查变量。

（6）appletviewer：小程序浏览器，一种执行 HTML 文件上的 Java 小程序的 Java 浏览器。

（7）javah：产生可以调用 Java 过程的 C 过程，或建立能被 Java 程序调用的 C 过程的头文件。

（8）javap：Java 反汇编器，显示编译类文件中的可访问功能和数据，同时显示字节代码的含义。

（9）jconsole：Java 进行系统调试和监控的工具。

1.2.2 JDK 的下载与安装

搭建 Java 运行环境时，先下载 JDK，再进行安装。随着时间的推移，JDK 的版本也在不断更新，目前 JDK 的最新版本是 JDK 1.8。由于甲骨文公司在 2010 年收购了 Sun 公司，所以要到甲骨文公司官方网站（https://www.oracle.com/index.html）下载最新版本的 JDK。

下载和安装步骤如下。

步骤 1：打开甲骨文公司官方网站，在首页的栏目中找到 Downloads 下的 Java for Developers 超链接，如图 1-3 所示。

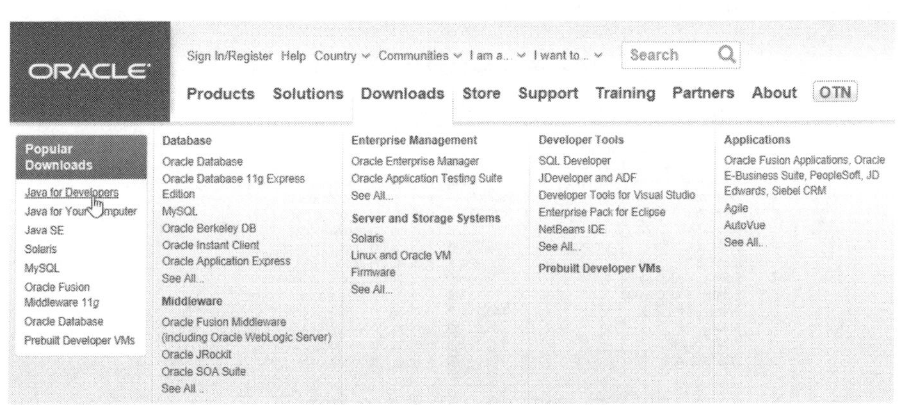

图 1-3 Java for Developers 超链接

步骤 2：单击 Java for Developers 超链接，进入 Java SE Downloads 页面，如图 1-4 所示。

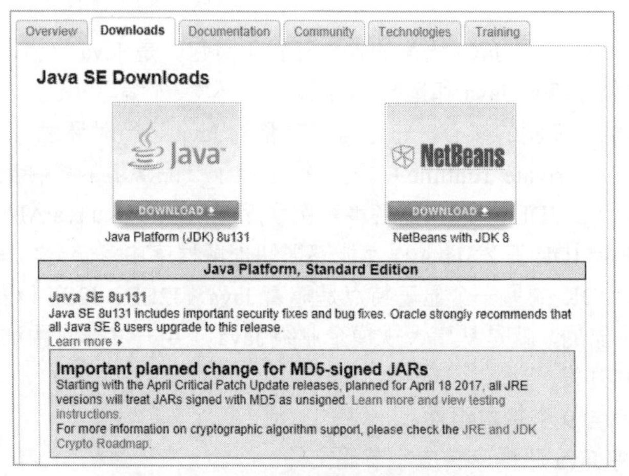

图 1-4　Java SE Downloads 页面

提示： 由于 JDK 版本的不断更新，当读者浏览 Java SE 的下载页面时，显示的是 JDK 当前的最新版本。

步骤 3：单击 Java Platform（JDK）上方的 DOWNLOAD 按钮，打开 Java SE 的下载列表页面，其中有 Windows、Linux 和 Solaris 等平台的不同环境的 JDK 的下载，如图 1-5 所示。

Java SE Development Kit 8u131

You must accept the Oracle Binary Code License Agreement for Java SE to download this software.

○ Accept License Agreement　◉ Decline License Agreement

Product / File Description	File Size	Download
Linux ARM 32 Hard Float ABI	77.87 MB	jdk-8u131-linux-arm32-vfp-hflt.tar.gz
Linux ARM 64 Hard Float ABI	74.81 MB	jdk-8u131-linux-arm64-vfp-hflt.tar.gz
Linux x86	164.66 MB	jdk-8u131-linux-i586.rpm
Linux x86	179.39 MB	jdk-8u131-linux-i586.tar.gz
Linux x64	162.11 MB	jdk-8u131-linux-x64.rpm
Linux x64	176.95 MB	jdk-8u131-linux-x64.tar.gz
Mac OS X	226.57 MB	jdk-8u131-macosx-x64.dmg
Solaris SPARC 64-bit	139.79 MB	jdk-8u131-solaris-sparcv9.tar.Z
Solaris SPARC 64-bit	99.13 MB	jdk-8u131-solaris-sparcv9.tar.gz
Solaris x64	140.51 MB	jdk-8u131-solaris-x64.tar.Z
Solaris x64	96.96 MB	jdk-8u131-solaris-x64.tar.gz
Windows x86	191.22 MB	jdk-8u131-windows-i586.exe
Windows x64	198.03 MB	jdk-8u131-windows-x64.exe

图 1-5　Java SE 下载列表页面

步骤 4：下载前，首先选中 Accept License Agreement（接受许可协议）单选按钮，接受许可协议。由于本书使用的是 64 位版的 Windows 操作系统，因此这里单击与平台相对应的 Windows x64 类型的 jdk-8u131-windows-x64.exe 超链接下载 JDK，如图 1-6 所示。

Java SE Development Kit 8u131

You must accept the Oracle Binary Code License Agreement for Java SE to download this software.

Thank you for accepting the Oracle Binary Code License Agreement for Java SE; you may now download this software.

Product / File Description	File Size	Download
Linux ARM 32 Hard Float ABI	77.87 MB	jdk-8u131-linux-arm32-vfp-hflt.tar.gz
Linux ARM 64 Hard Float ABI	74.81 MB	jdk-8u131-linux-arm64-vfp-hflt.tar.gz
Linux x86	164.66 MB	jdk-8u131-linux-i586.rpm
Linux x86	179.39 MB	jdk-8u131-linux-i586.tar.gz
Linux x64	162.11 MB	jdk-8u131-linux-x64.rpm
Linux x64	176.95 MB	jdk-8u131-linux-x64.tar.gz
Mac OS X	226.57 MB	jdk-8u131-macosx-x64.dmg
Solaris SPARC 64-bit	139.79 MB	jdk-8u131-solaris-sparcv9.tar.Z
Solaris SPARC 64-bit	99.13 MB	jdk-8u131-solaris-sparcv9.tar.gz
Solaris x64	140.51 MB	jdk-8u131-solaris-x64.tar.Z
Solaris x64	96.96 MB	jdk-8u131-solaris-x64.tar.gz
Windows x86	191.22 MB	jdk-8u131-windows-i586.exe
Windows x64	198.03 MB	jdk-8u131-windows-x64.exe

图 1-6　JDK 的下载列表页面

步骤 5：下载完成后，在硬盘上会发现一个名称为 jdk-8u131-windows-x64.exe 的可执行文件，双击运行这个文件，出现 JDK 的安装界面，如图 1-7 所示。

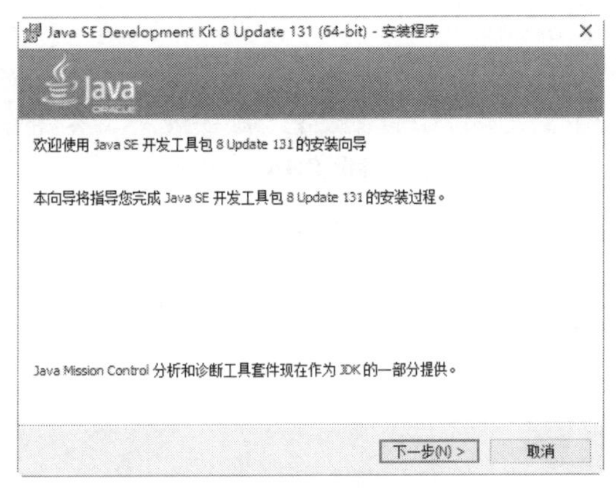

图 1-7　JDK 的安装界面

步骤 6：单击【下一步】按钮，进入【定制安装】界面。在【定制安装】界面可以选择组件以及 JDK 的安装路径，这里修改为 D:\Java\jdk1.8.0_131\，如图 1-8 所示。

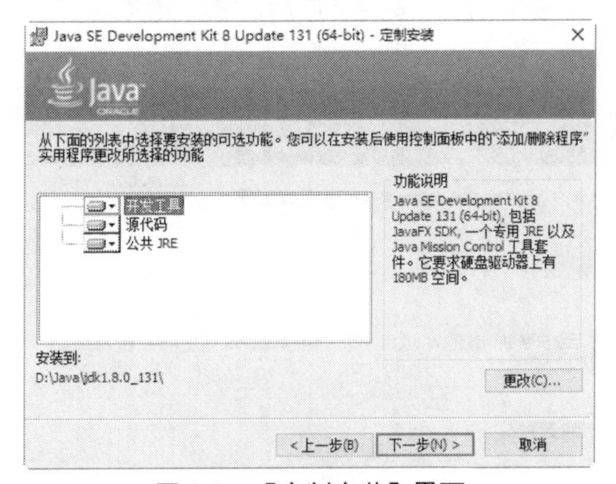

图 1-8　【定制安装】界面

提示：修改 JDK 的安装目录，尽量不要使用带有空格的文件夹名。

步骤 7：单击【下一步】按钮，进入安装进度界面，如图 1-9 所示。

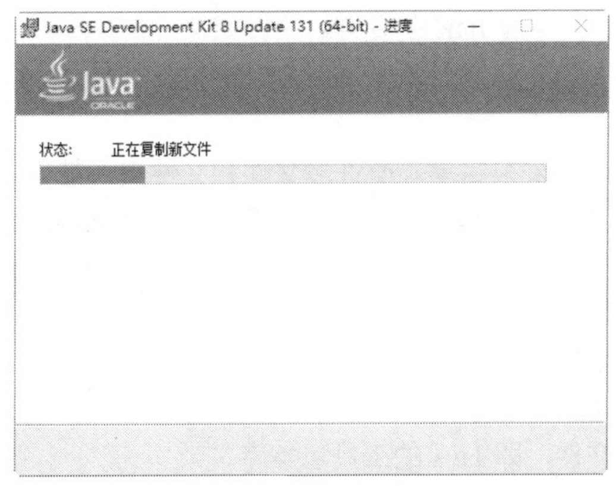

图 1-9　安装进度界面

步骤 8：在安装过程中，会出现如图 1-10 所示的【目标文件夹】窗口，选择 JRE 的安装路径，这里修改为 D:\java\jre1.8.0_131\。

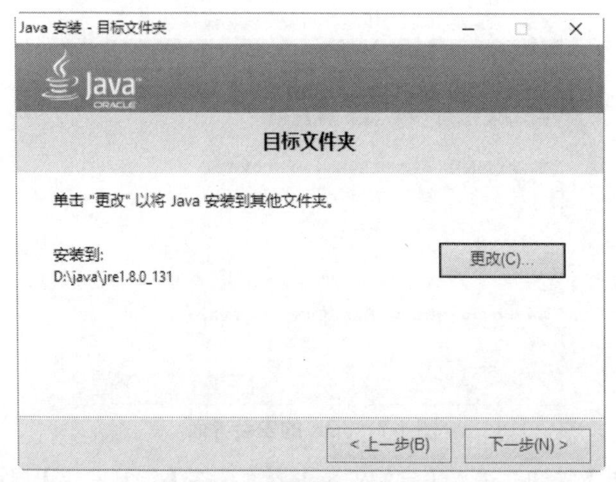

图 1-10 【目标文件夹】窗口

步骤 9：单击【下一步】按钮，安装 JRE。安装完成后，出现 JDK 安装完成的提示界面，如图 1-11 所示。

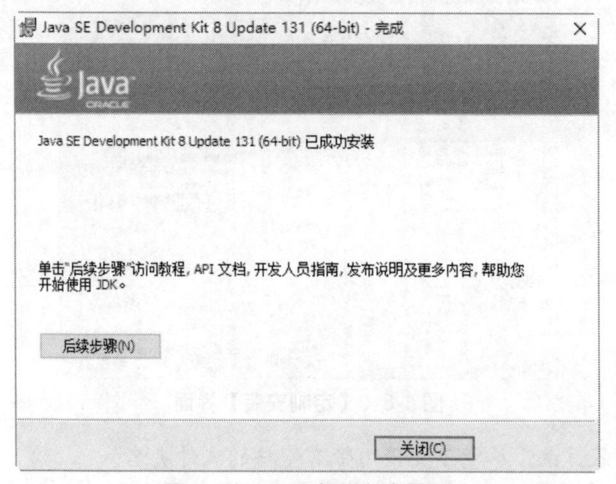

图 1-11 JDK 安装完成界面

步骤 10：单击【关闭】按钮，完成 JDK 的安装。

JDK 安装完成后，会在 Java 安装目录下多出一个名称为 jdk1.8.0_131 的文件夹，打开该文件夹，如图 1-12 所示。

在图 1-12 中可以看到，JDK 的安装目录下有许多文件和文件夹，其中重要的目录和文件的含义如下：

（1）bin：提供 JDK 开发所需要的编译、调试、运行等工具，如 javac、java、javadoc、appletviewer 等可执行程序。

（2）db：JDK 附带的数据库。

（3）include：存放用于本地要访问的文件。

（4）jre：Java 的运行时环境。

（5）lib：存放 Java 的类库文件，即 Java 的工具包类库。

（6）src.zip：Java 提供的类库的源代码。

图 1-12　JDK 的安装目录

提示：JDK 是 Java 的开发环境，JDK 对 Java 源代码进行编译处理，它是为开发人员提供的工具。JRE 是 Java 的运行时环境，它包含 Java 虚拟机的实现及 Java 核心类库，编译后的 Java 程序必须使用 JRE 执行。在 JDK 的安装包中集成了 JDK 和 JRE，所以在安装 JDK 的过程中会提示安装 JRE。

1.2.3　配置 JDK 的运行环境

对于初学者来说，环境变量的配置是比较容易出错的，配置过程中应当仔细。使用 JDK 前需要对两个环境变量进行配置：path 和 classpath（不区分大小写）。下面是在 Windows 10 操作系统中环境变量的配置方法和步骤。

1. 配置 path 环境变量

path 环境变量是告诉操作系统 Java 编译器的路径。具体配置步骤如下。

步骤 1：在桌面上右击【此电脑】图标，在弹出的快捷菜单中选择【属性】命令，如图 1-13 所示。

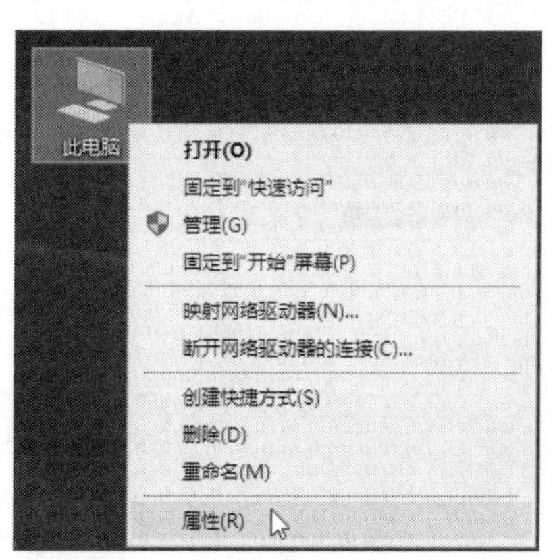

图 1-13　选择【属性】命令

步骤 2：打开【系统】窗口，选择【高级系统设置】选项，如图 1-14 所示。

图 1-14 【系统】窗口

步骤 3：打开【系统属性】对话框，选择【高级】选项卡，单击【环境变量】按钮，如图 1-15 所示。

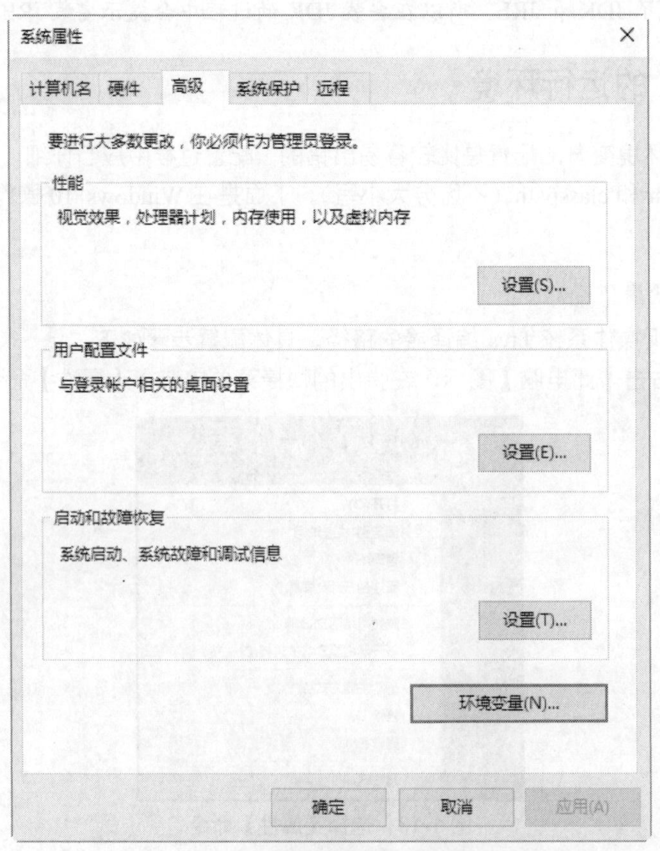

图 1-15 【系统属性】对话框

步骤 4：打开【环境变量】对话框，在【系统变量】下单击【新建】按钮，如图 1-16 所示。

图 1-16 【环境变量】对话框

步骤 5：打开【新建系统变量】对话框，在【变量名】后输入 path，【变量值】为安装 JDK 的默认 bin 路径，这里输入 D:\java\ jdk1.8.0_131\bin，如图 1-17 所示。

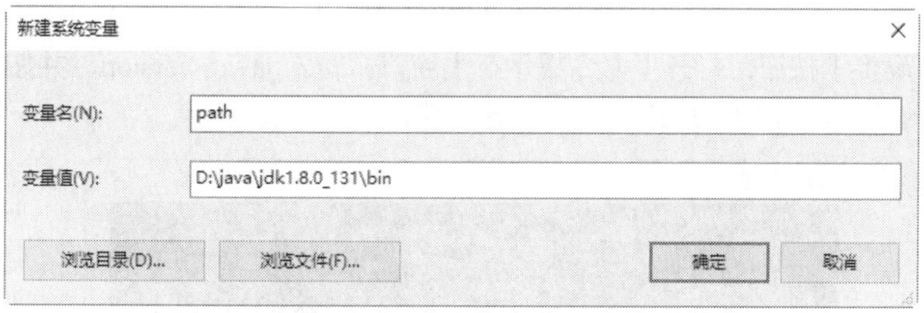

图 1-17 配置 path 环境变量

步骤 6：单击【确定】按钮，path 环境变量配置完成。

2. 配置 classpath 环境变量

Java 虚拟机在运行某个 Java 程序时，会按 classpath 指定的目录依次查找这个 Java 程序。具体配置步骤如下。

步骤 1：参照配置 path 环境变量的步骤，打开【新建系统变量】对话框，在【变量名】后输入 classpath，【变量值】为安装 JDK 的默认 lib 路径，这里输入 D:\java\ jdk1.8.0_131\lib，如图 1-18 所示。

步骤 2：单击【确定】按钮，classpath 环境变量配置完成。

提示：配置环境变量时，多个目录间使用分号（;）隔开。在配置 classpath 环境变量时，通常在配置的目录前面添加点（.），即当前目录，使.class 文件搜索时首先搜索当前目录，然后根据 classpath 配置的目录顺序依次查找，找到后执行。classpath 目录中的配置存在先后顺序。

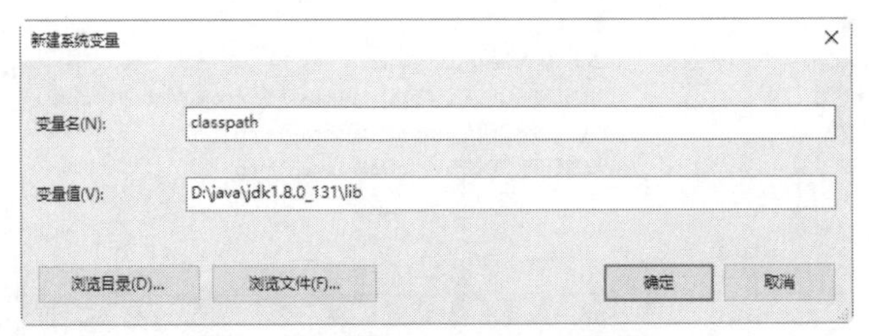

图 1-18　配置 classpath 环境变量

1.2.4　测试 JDK 能否正常运行

JDK 安装、配置完成后，可以测试其是否能够正常运行。具体操作步骤如下。

步骤 1：在系统的【开始】菜单上右击，在弹出的快捷菜单中选择【运行】命令，打开【运行】对话框，输入命令 cmd，如图 1-19 所示。

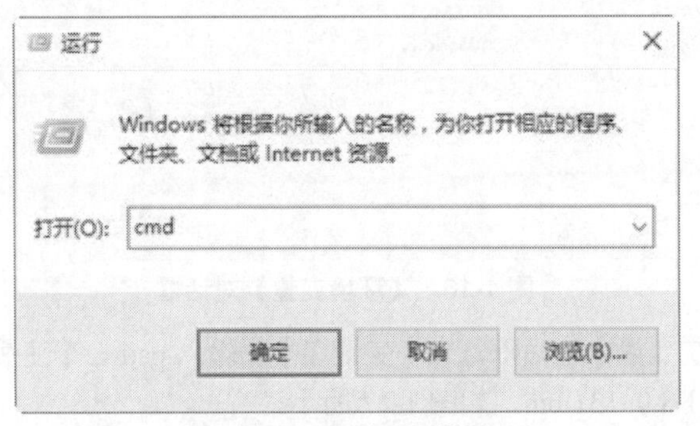

图 1-19　【运行】对话框

步骤 2：单击【确定】按钮，打开【命令提示符】窗口。输入 java -version，并按 Enter 键确认。系统如果输出 JDK 的版本信息，则说明 JDK 的环境搭建成功，如图 1-20 所示。

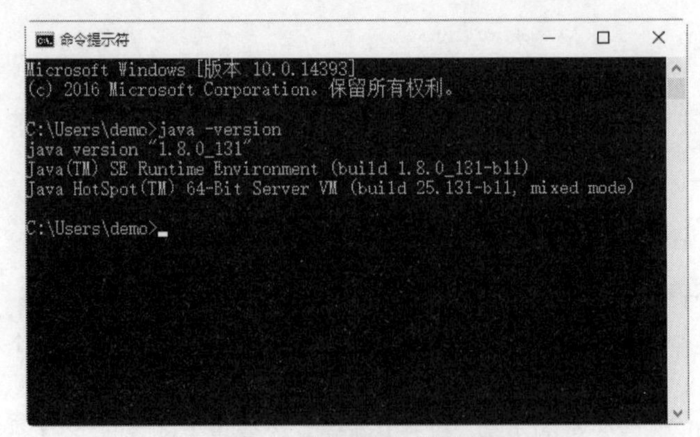

图 1-20　【命令提示符】窗口

注意：在命令提示符后输入测试命令时，Java 和连字符之间有一个空格，但连字符和 version 之间没有空格。

1.3　第一个 Java 程序

在完成 Java 的开发环境配置后，用户往往并不清楚所配置的开发环境是否真的可以开发 Java 应用程序。在本节将向读者展示一个完整的 Java 应用程序的开发过程。

编写 Java 应用程序时，可以使用任何文本编辑器来编写源代码，然后使用 JDK 自带的工具进行编译和运行。下面介绍使用记事本开发一个简单 Java 程序的具体操作步骤。

【例 1-1】（实例文件：ch01\Chap1.1.txt）下面编写一个 Java 程序，它将在【命令提示符】窗口中显示 Hello Java 的信息。

步骤 1：打开记事本，编写 Java 程序，代码如下：

```
public class HelloJava{                            //创建类
     public static void main(String[] args){       //程序的主方法
          System.out.println("Hello Java");        //打印输出 Hello Java
     }
}
```

步骤 2：选择【文件】→【保存】菜单命令，打开【另存为】对话框，在【文件名】文本框中输入 HelloJava.java，在【保存类型】下拉列表中选择【所有文件（*.*）】，单击【保存】按钮，将 Java 源程序保存到 E:\java 文件夹下，如图 1-21 所示。

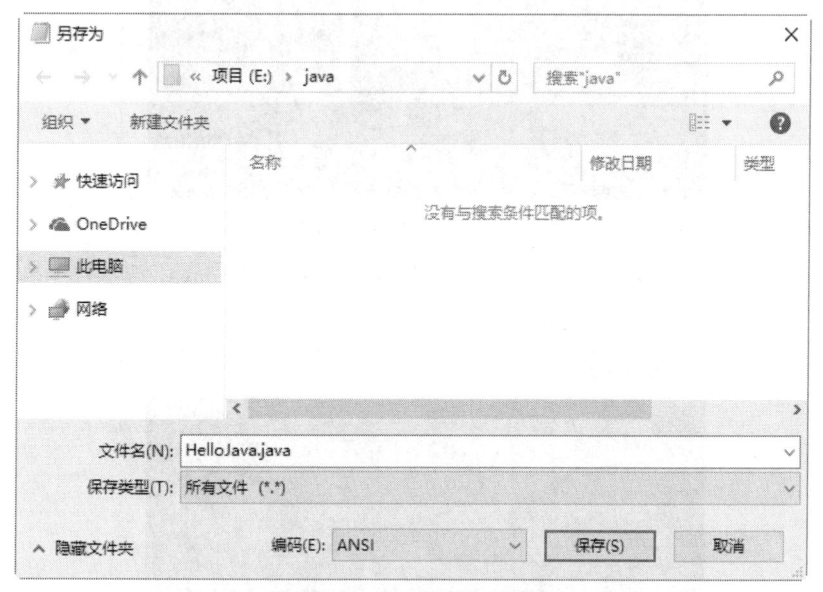

图 1-21　【另存为】对话框

注意：在保存文件时，文件名中不能出现空格。如果保存为 Hello Java.java，在 javac 编译时，会出现找不到文件的错误提示。另外，文件的后缀一定要是.java，千万不要命名为 HelloJava.java.txt。

步骤 3：编译运行 Java 程序。在【命令提示符】窗口中输入 E:，按 Enter 键转到 E 盘，再输入 cd java，按 Enter 键进入 Java 源程序所在的目录，如图 1-22 所示。

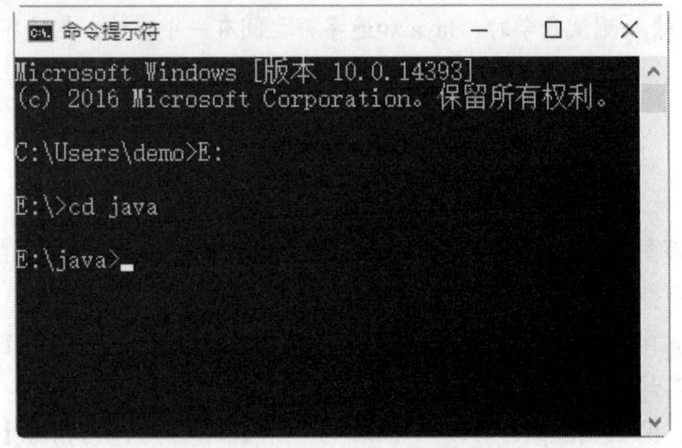

图 1-22 【命令提示符】窗口

步骤 4：继续输入 javac HelloJava.java，按 Enter 键，稍等片刻，若没有任何信息提示，表示源程序通过了编译，如图 1-23 所示；反之，说明程序中存在错误，需要根据错误提示修改并保存。再回到【命令提示符】窗口重新编译，直到编译通过为止。

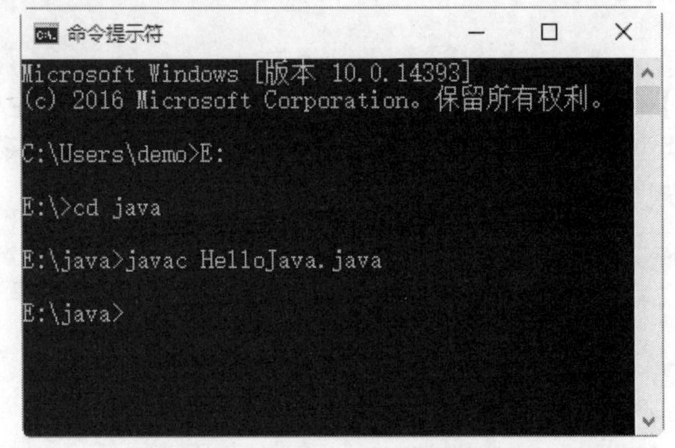

图 1-23 HelloJava 编译成功

步骤 5：继续输入 java HelloJava 命令，按 Enter 键。如果出现 Hello Java，说明程序执行成功，如图 1-24 所示。

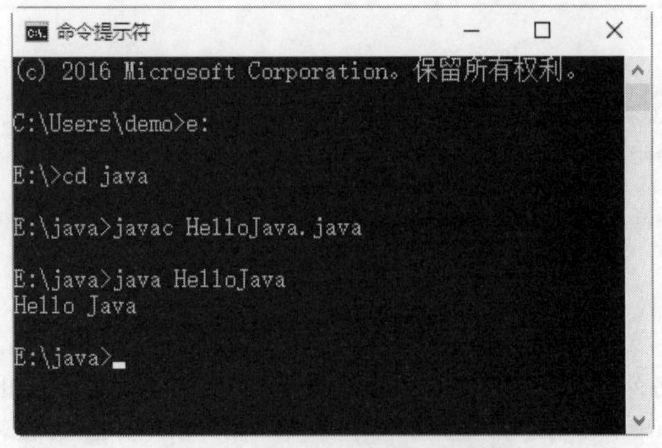

图 1-24 HelloJavar 的执行效果

1.4 选择 Java 开发工具

在初学 Java 时，为了能更好地掌握 Java 代码的编写，程序员一般会选用一款高级记事本类的工具作为开发工具，例如 Notepad++、UltraEdit 等。而实际项目开发时，更多的还是选用 IDE 作为开发工具，例如 Eclipse、NetBeans 等。

IDE 是集成开发环境（Integrated Development Environment）的意思，就是把代码的编写、调试、编译、执行都集成到一个工具中了，不用单独为每个环节使用一个专门的工具。下面重点介绍功能强大、使用方便、流行度高的 Java 集成开发工具——Eclipse。

1.4.1 Java 集成开发工具——Eclipse

Eclipse 是一个集成开发环境，它具有强大的代码辅助功能，能够帮助程序开发人员自动完成输入语法、补全文字、修正代码等操作，可以减少程序开发人员的大量时间和精力，提高工作效率。

Eclipse 的前身是 IBM 公司开发的 Visual Age for Java（VA4J）。Eclipse 是可扩展的体系结构，可以集成不同软件开发商开发的产品，将它们开发的工具和组件加入到 Eclipse 平台中。

Eclipse 是一个开放源码的项目，是著名的跨平台的自由集成开发环境，最初主要用于 Java 语言开发，后来通过安装不同的插件可以支持不同的计算机语言，例如 C++和 Python 等开发工具。Eclipse 本身只是一个框架平台，但是众多插件的支持使得 Eclipse 拥有其他功能相对固定的 IDE 软件很难具有的灵活性。许多软件开发商以 Eclipse 为框架开发自己的 IDE。

1.4.2 下载并安装 Eclipse

使用 Eclipse 前，首先要下载 Eclipse，具体的步骤如下。

步骤 1：打开 Eclipse 的官网（https://www.eclipse.org/downloads/），如图 1-25 所示。

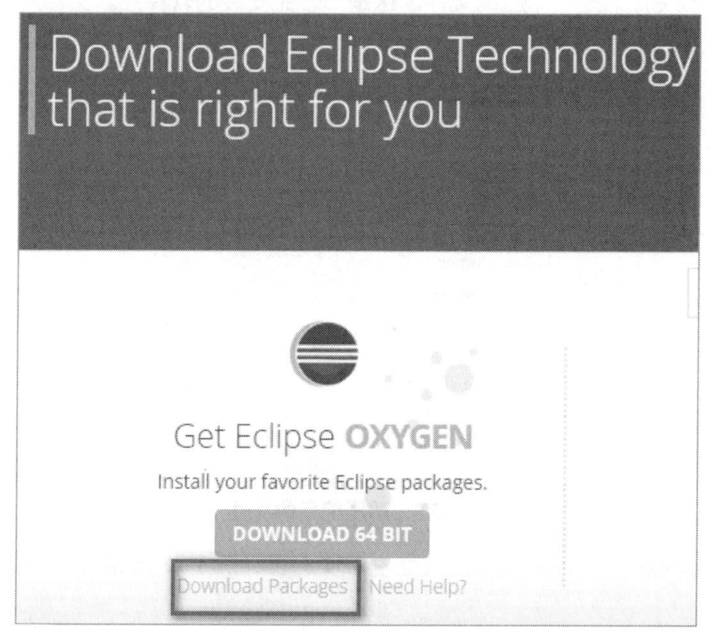

图 1-25 Eclipse 的官网

步骤 2：单击 Download Packages 按钮打开下载页面，下载 Eclipse IDE for Java EE Developers，根据自己的操作系统下载对应的版本，如果是 64 位操作系统，就下载 Windows 64 bit 版本，如图 1-26 所示。

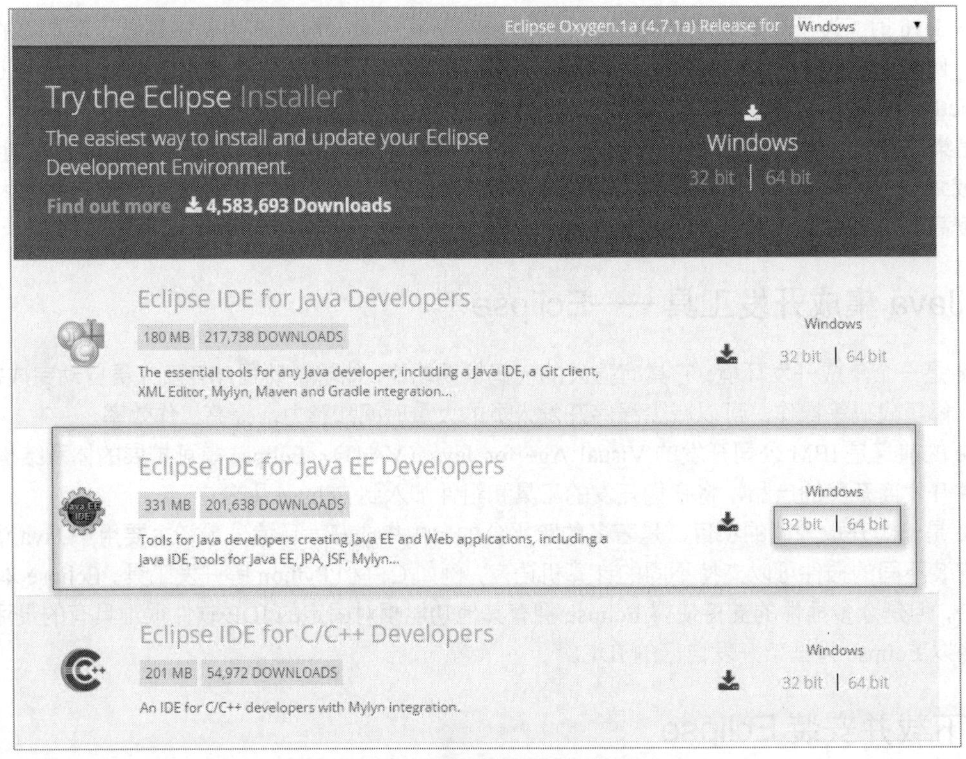

图 1-26　选择需要下载的版本

提示：下载页面会随着软件升级有所改变，页面显示的都是软件的最新版本。

步骤 3：Eclipse 下载完成后是一个压缩文件，这是一个免安装的软件包。文件解压缩之后，在文件夹内找到 eclipse.exe，如图 1-27 所示。

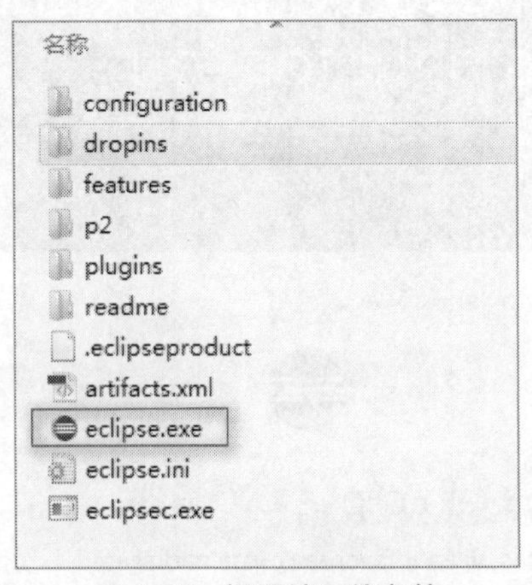

图 1-27　解压缩后的文件

步骤 4：双击 eclipse.exe 文件，即可直接运行，无须安装。图 1-28 为第一次运行 Eclipse 时的界面。

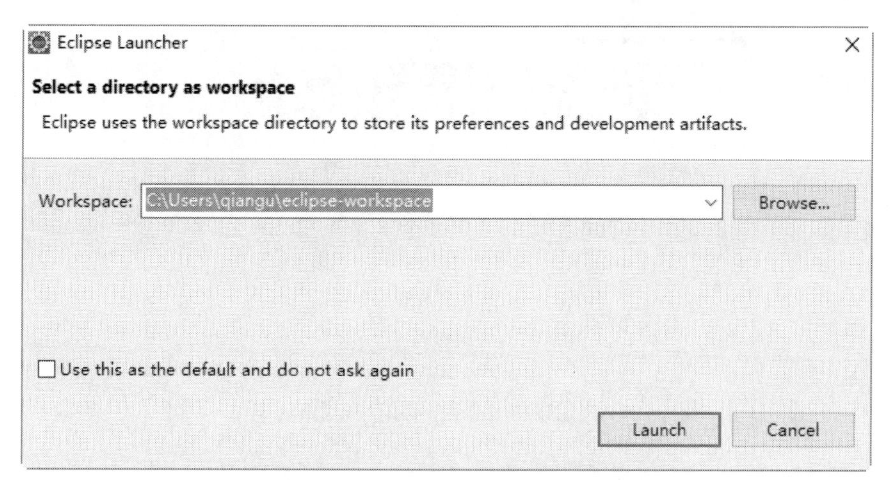

图 1-28　第一次运行 Eclipse 时的界面

1.4.3　使用 Eclipse 编写 Java 程序

学习一门新的编程语言，一般都是从屏幕上输出 Hello World 开始，下面使用 Eclipse 编写第一个 Java 程序。

步骤 1：在 Eclipse 第一次运行的界面中单击 Launch 按钮，即可进入工作区，如图 1-29 所示。

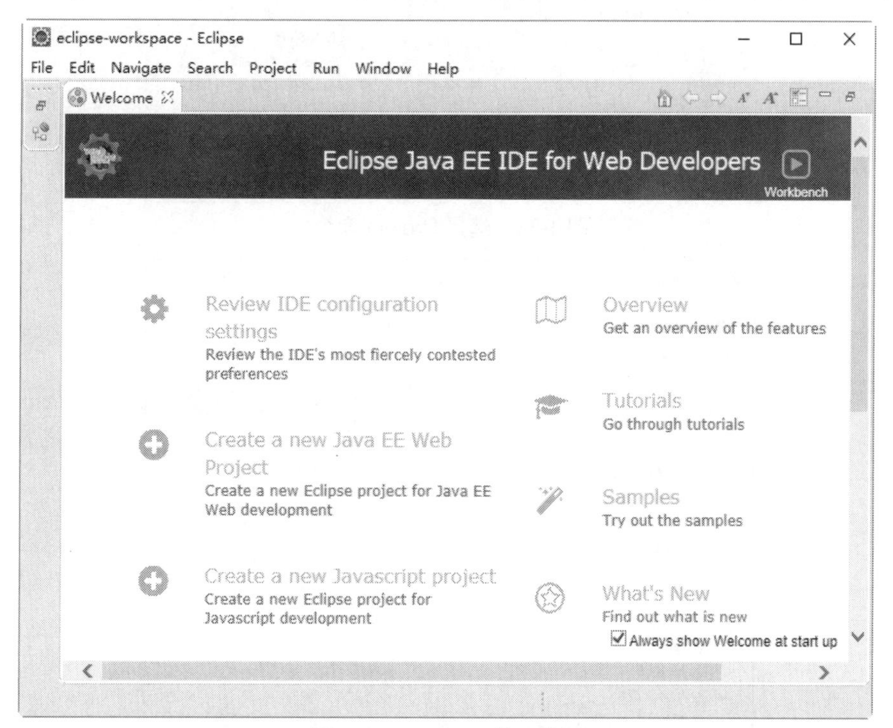

图 1-29　Eclipse 的工作区

步骤 2：单击工作区右上角的 Workbench 按钮，进入工作台界面，如图 1-30 所示。

步骤 3：创建一个 Java 项目。在工作台界面中选择 File→New→Project 菜单命令，如图 1-31 所示。

步骤 4：打开 New Project 对话框，在其中选择 Java Project 选项，如图 1-32 所示。

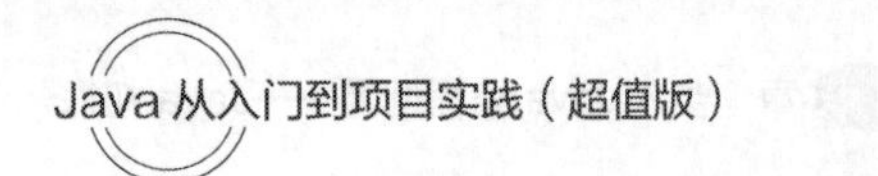

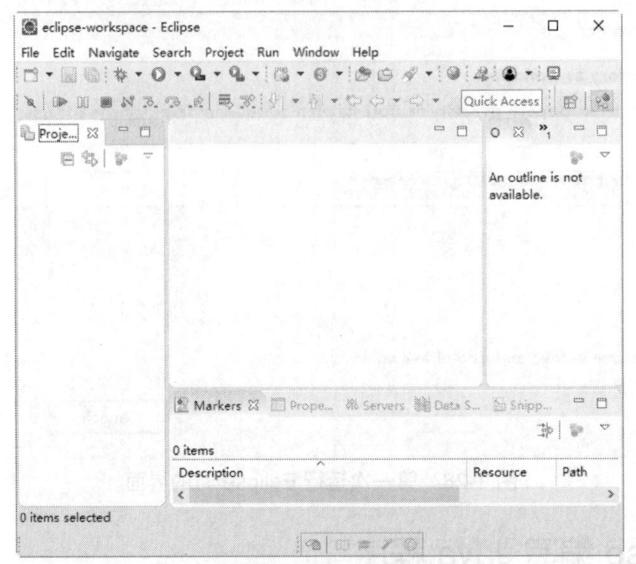

图 1-30　工作台界面

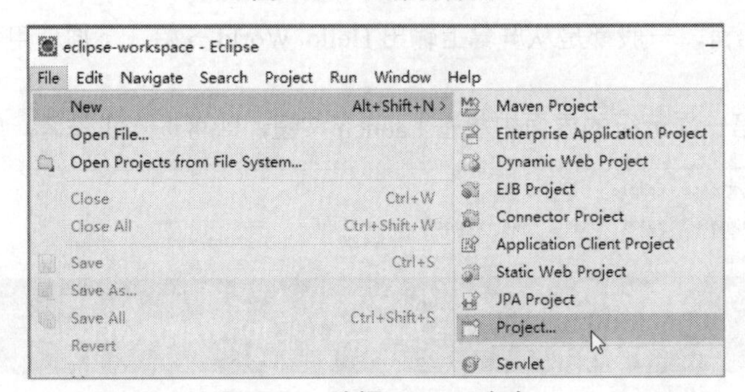

图 1-31　选择 Project 命令

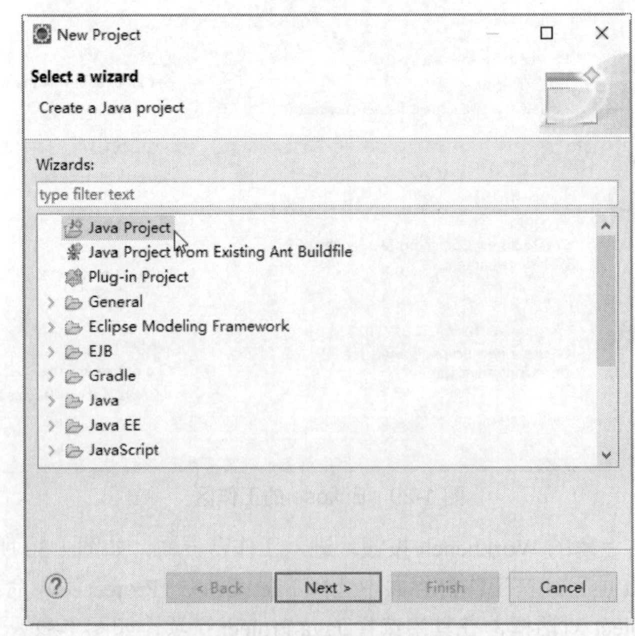

图 1-32　New Project 对话框

步骤 5：单击 Next 按钮，打开 New Java Project 对话框，在 Project name 文本框中输入 Java 项目的名称，这里输入 HelloWorld，如图 1-33 所示。

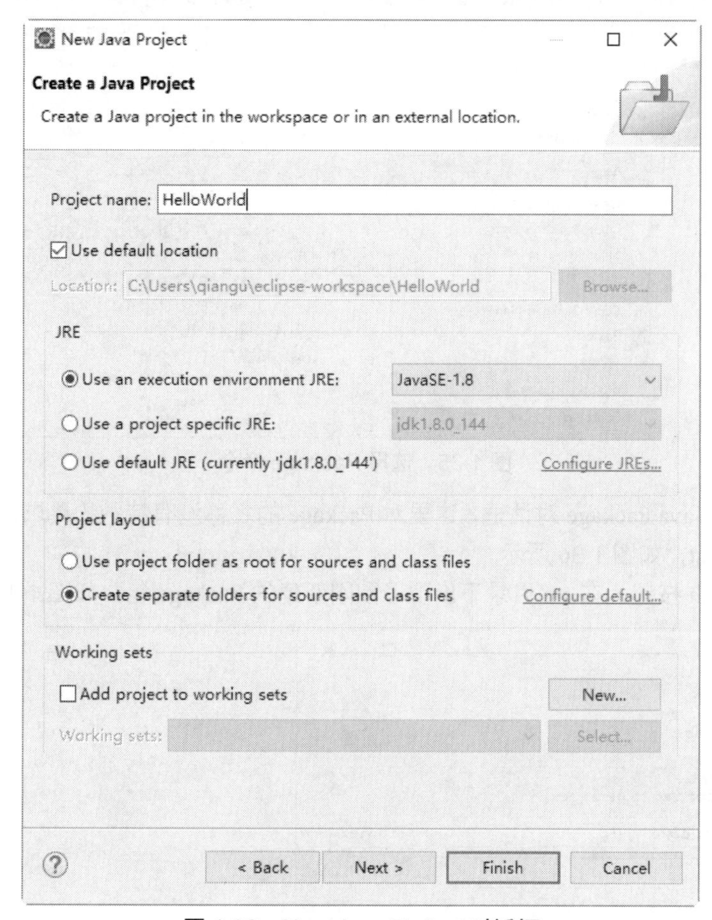

图 1-33　New Java Project 对话框

步骤 6：单击 Finish 按钮，左边的工作台会显示建好的工程项目，如图 1-34 所示。

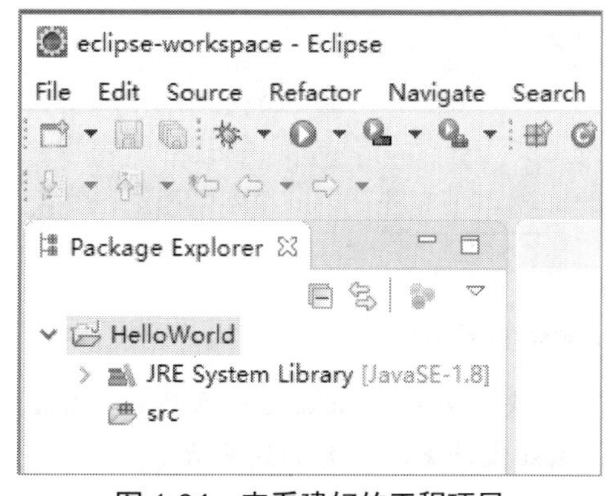

图 1-34　查看建好的工程项目

步骤 7：新建 Package 包，右击项目中的 src 包，在弹出的快捷菜单中选择 new→Package 命令，如图 1-35 所示。

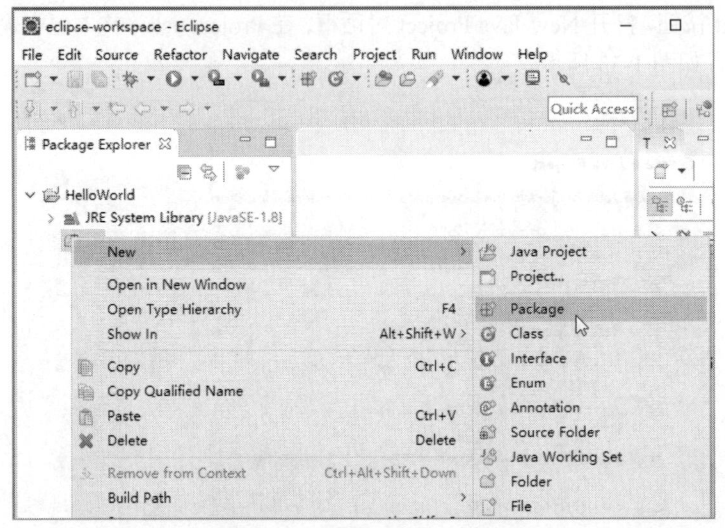

图 1-35　选择 Package 命令

步骤 8：打开 New Java Package 对话框，这里对 Package 的名称没有特别的要求，主要是开发中约定的规范，本例输入 com.test，如图 1-36 所示。

步骤 9：单击 Finish 按钮，在 src 目录下出现了刚刚新建的 Package 包，如图 1-37 所示。

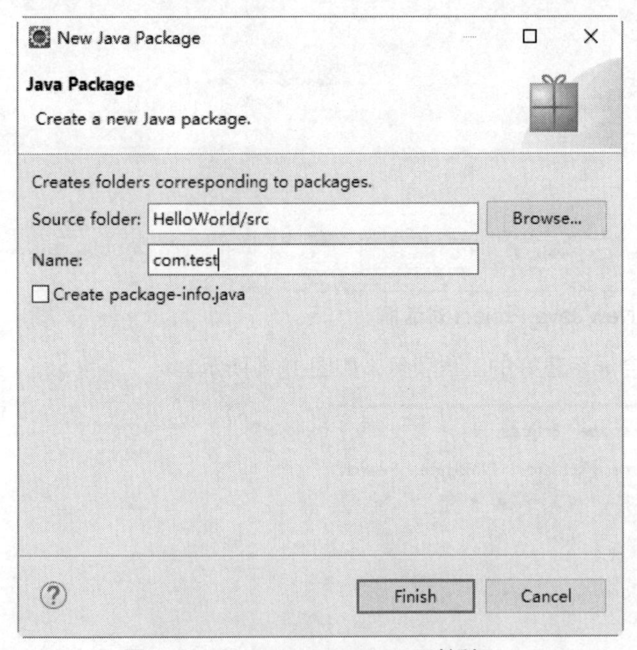

图 1-36　New Java Package 对话框

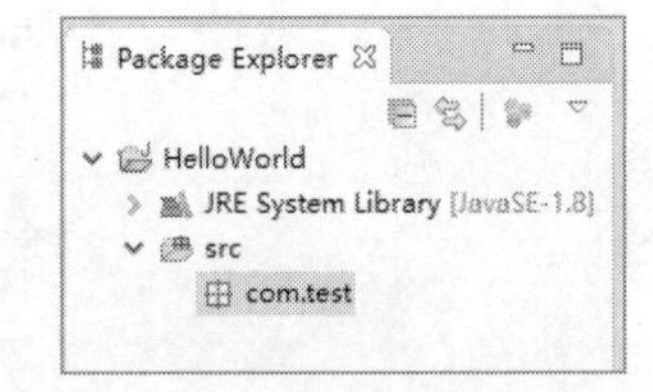

图 1-37　选择 Package 包

注意：Package 包其实也就是文件夹。例如，Package 包名为 com.test，其实就是在 src 目录下创建文件夹 com，在 com 文件夹下又创建了 test 文件夹，如图 1-38 所示。

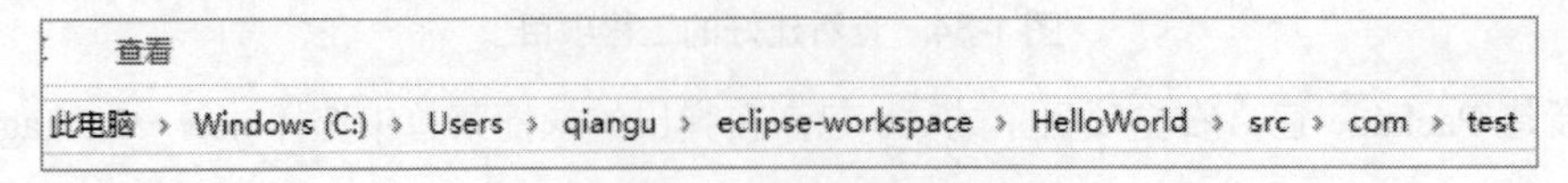

图 1-38　文件保存的路径

步骤 10：新建类 class。右击刚刚创建的 Package 包，在弹出的快捷菜单中选择 New→Class 命令，如图 1-39 所示。

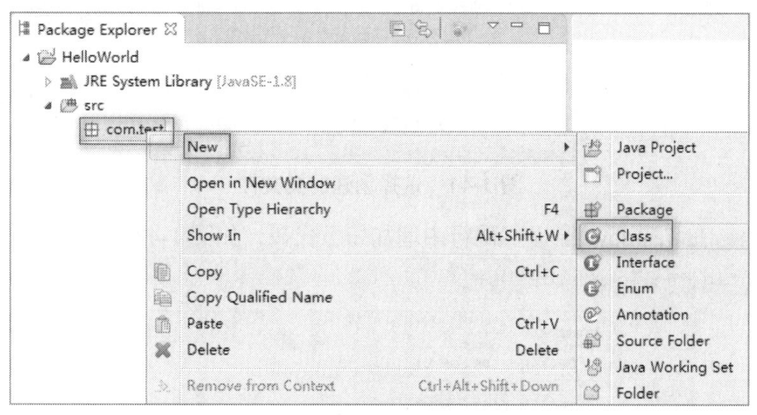

图 1-39　选择 Class 命令

步骤 11：打开 New Java Class 对话框，在 Name 文本框中输入类的名称，这里输入 Test，选择 public static void main（String[] args）复选框，如图 1-40 所示。

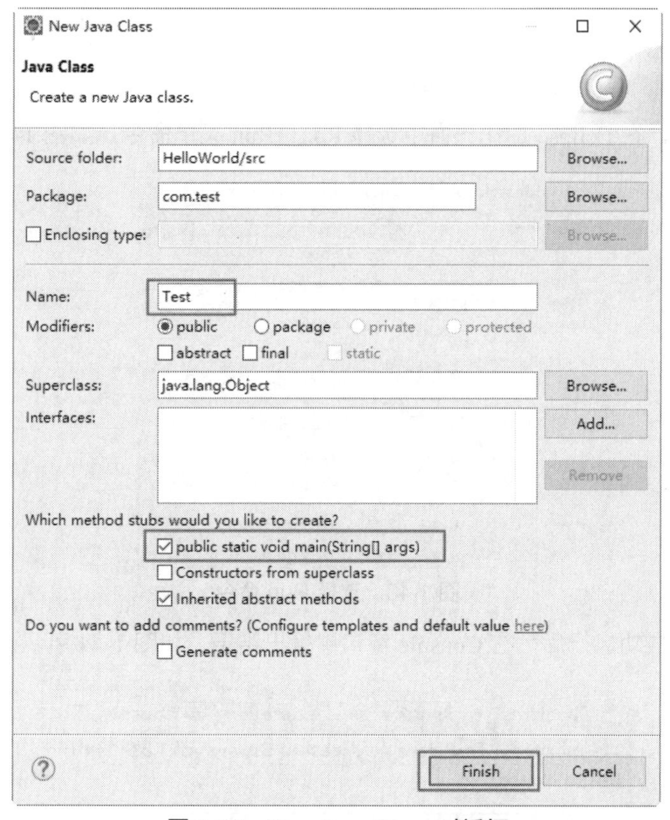

图 1-40　New Java Class 对话框

步骤 12：单击 Finish 按钮，即可完成类文件创建，如图 1-41 所示。

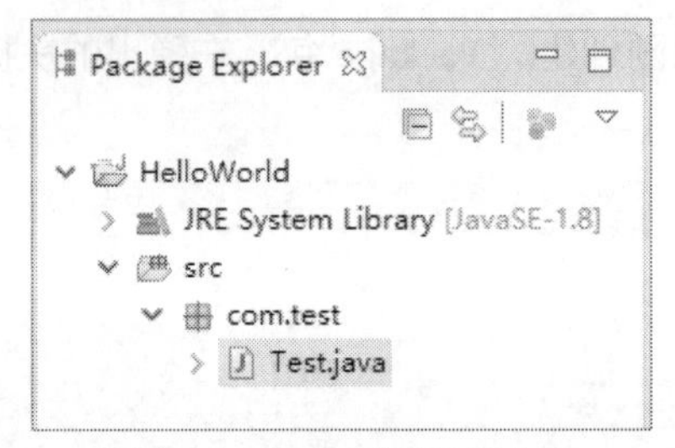

图 1-41　选择创建的类文件

步骤 13：写代码。在 Test.Java 窗口代码行中增加如下代码，如图 1-42 所示。

```
System.out.println("Hello World! ");
```

```
*Test.java
1  package com.test;
2
3  public class Test {
4
5      public static void main(String[] args) {
6          // TODO Auto-generated method stub
7          System.out.println("Hello World! ");
8      }
9
10 }
11
```

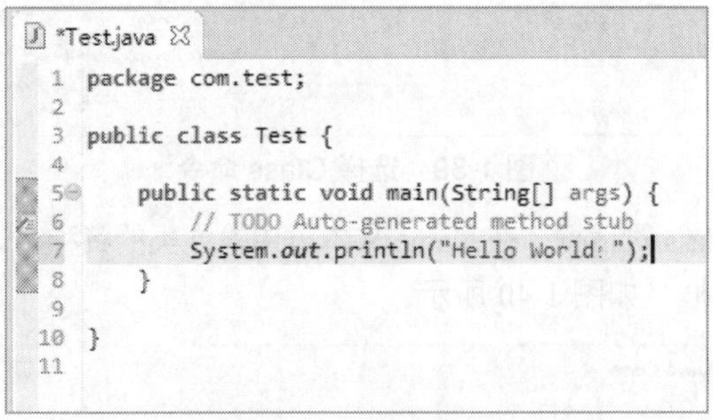

图 1-42　输入代码

步骤 14：编译运行，在 Eclipse 工作界面中选择 Run→Run 菜单命令，如图 1-43 所示。

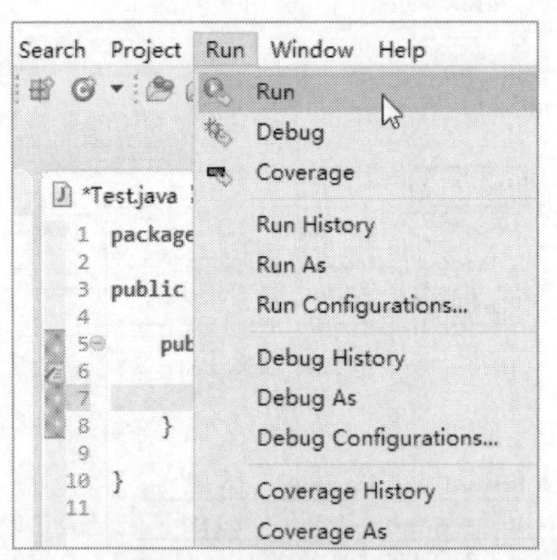

图 1-43　选择 Run 命令

步骤 15：程序编译成功运行后，在 Console 窗口中输出结果，如图 1-44 所示。

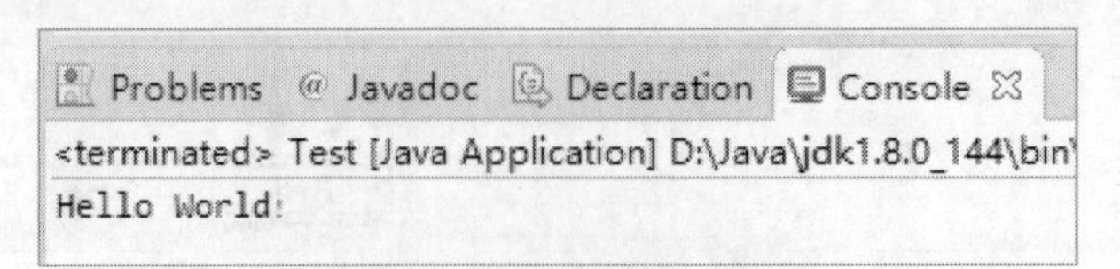

图 1-44　查看编辑结果

【例 1-2】（实例文件：ch01\Chap1.2.txt）使用 Eclipse 编写第一个 Java 程序“Hello World!”。本例的完整代码如下：

```
package com.test;
```

```
public class Test {
    public static void main(String[] args) {
        System.out.println("Hello World!");
    }
}
```

程序运行结果如图 1-45 所示。

```
Problems @ Javadoc Declaration Console
<terminated> Test [Java Application] C:\Program Files\J
Hello World!
```

图 1-45 程序运行结果

1.5 如何学好 Java

学习 Java 不仅是学习一门编程语言，更多的是学习一种思想、一种开发模式。掌握了 Java 编程语言，可以使自己今后的事业发展更加顺利。在完整地学习 Java 语言的基础上，Java 开发人员日后可以轻松转到手机开发、PHP、.NET 等语言的开发上，以后也可以更快地跨入项目经理的行列。

Java 是一门面向对象编程（Object-Orient Programming，OOP）的语言，在学习的过程中一定要多从面向对象的角度思考问题。要多动手练习，多思考遇到的问题如何解决。建议读者亲手输入书中的源代码，这样才能更快地增强自己对代码的感性认识。

任何学习都没有捷径，Java 学习也不例外。从 Java 初学者到编程高手需要一个成长过程，这个过程大致如下：

（1）编写代码。

（2）发现问题。

（3）解决问题。

（4）自我能力得到提升。

循环经历这 4 个步骤，积累到一定程度，便会由量变产生质变，不断提升自己至新的境界。

学习 Java 要循序渐进。在学习的过程中，要从基础语法学习，但也不要过于拘泥细节，先将容易理解的部分快速学会，将暂时理解不了的内容先放一放，可能随着后面的学习，前面遇到的问题也会豁然开朗。如果掌握了这种学习方法，相信会使你的学习效率大大提高，学习效果也会增强不少，可以达到事半功倍的效果。

Java 学习分为 3 个阶段：

（1）初级阶段：学习 Java 的基础语法和关于类、对象的语法、各种基础语句等，并掌握一种开发工具的使用，例如 Eclipse。

（2）中级阶段：掌握面向对象的三大特点（封装、继承和多态），学习一些常用的工具类、输入输出操作、异常处理等。

（3）高级阶段：掌握 Java 的 GUI 开发、反射机制、泛型、多线程、数据库操作等。

不要迷信“××天完全掌握 Java”之类的话，要想成为 Java 高手，必须经历从低到高的 3 个阶段，而且只有打牢基础，才能更快更稳地建起自己的“Java 大厦”。

在学习的过程中如果遇到什么问题，应该怎么办呢？下面推荐一些解决问题的途径。

（1）使用搜索引擎查找答案。Java 已经是一个非常成熟的编程语言，你的问题可能也是别人的问题，很有可能已经有了解决方法，就在网上等着你去搜索，所以一定要用好关键词，找到你的问题的答案。

（2）到专业的学习社区进行提问。有一些好的学习社区，上面有很多高手，你的问题在他们看来可能不是问题，所以大胆地提问吧。

（3）阅读更多的相关书籍，特别是 Java 大牛们写的书籍，例如《Java 编程思想》等。

希望大家在学习的过程中能总结出一套适合自己的学习方法，多总结经验，把所思所想所悟记录下来，在 Java 学习的道路上走得更远。

1.6 就业面试解析与技巧

1.6.1 面试解析与技巧（一）

面试官：什么是 JRE/JDK，二者有什么区别？

应聘者：JRE 是 Java Runtime Environment，即 Java 运行时环境。如果只需要运行 Java 程序或 Applet，下载并安装它即可。如果要自行开发 Java 软件，就必须下载 JDK。在 JDK 中附带了 JRE。注意，由于 Microsoft 公司对 Java 的支持不完全，请不要使用 IE 自带的虚拟机来运行 Applet，务必安装一个 JRE 或 JDK。

1.6.2 面试解析与技巧（二）

面试官：什么是 Java SE/Java EE/Java ME？

应聘者：Java SE 就是一般的 Java。Java ME 是针对嵌入式设备的，例如支持 Java 的手机，它有自己的 JRE 和 SDK。Java EE 是一组用于企业级程序开发的规范和类库，它使用 Java SE 的 JRE。

第 2 章

Java 开发基础——Java 语言入门

◎ 本章教学微视频：27 个　135 分钟

学习指引

学习一种编程语言，第一步是要学习它的开发基础，Java 语言也不例外。本章就来介绍 Java 编程语言的开发基础，主要内容包括 Java 的数据类型、常量与变量、赋值、数据类型、运算符等。

重点导读

- 熟悉 Java 语言的基础语法。
- 掌握 Java 语言的数据类型。
- 掌握数据类型转换的方法。
- 掌握 Java 语言的常量与变量。
- 掌握 Java 运算符的使用方法。

2.1　剖析第一个 Java 程序

通过第 1 章的学习，相信读者已经能够使用 Eclipse 编写出第一个 Java 程序“Hello World!”。完整代码如下：

【例 2-1】（实例文件：ch02\Chap2.1.txt）使用 Eclipse 编写第一个 Java 程序“Hello World!”。

```
public class Test {
    public static void main(String[] args) {
        System.out.println("Hello World!");
    }
}
```

运行结果如图 2-1 所示。

Problems　Javadoc　Declaration　Console
<terminated> Test [Java Application] C:\Program Files\
Hello World!

图 2-1　“Hello World!”程序的运行结果

下面通过剖析这个程序，让读者对 Java 程序有更进一步的认识。所有的 Java 程序都必须放在一个类之中才可以执行，定义类的语法形式如下：

```
[public] class 类名称{
}
```

类定义有两种形式，分别如下：

- public class：文件名称必须与类名称保持一致，每一个*.java 文件中只能够定义一个 public class。
- class：文件名称可以和类名称不一致，在一个*.java 文件中可以同时定义多个 class，并且编译之后会发现不同的类都会保存在不同的*.class 文件中。

此处有一个重要的命名约定需要遵守：在定义类名称的时候，每个单词的首字母都必须大写，例如 TestJava、HelloDemo。

主方法（main）是一切程序的开始点，主方法的编写形式如下（一定要在类中写）：

```
public static void main(String[] args) {
     编写代码语句;
}
```

这是一个主方法（main），它是整个 Java 程序的入口，所有的程序都是从 public static void main（String[] args）开始运行的，这一行的代码格式是固定的。括号内的 String[] args 不能省掉，如果不写，会导致程序无法执行。String[] args 也可以写成 String args[]，String 表示参数 args 的数据类型为字符串类型，[]表示它是一个数组。

main 之前的 public static void 都是 Java 的关键字，public 表示该方法是公有类型，static 表示该方法是静态方法，void 表示该方法没有返回值。这些关键字如果现在还不太明白，可以暂时不用深究，现在了解一下即可，在之后的章节中会有更加详细的介绍。

当需要在屏幕上显示数据的时候，就可以使用如下的方法完成：

- 输出之后增加换行：System.out.println（输出内容）。
- 输出之后不增加换行：System.out.print（输出内容）。

【例 2-2】（实例文件：ch02\Chap2.2.txt）print 与 println 的区别，观察换行的情况。

```
public class Test {
   public static void main(String[] args) {
      System.out.print("Hello") ;
      System.out.print(" World ") ;
      System.out.println(" !!! ") ;
      System.out.println("你好世界! ") ;
   }
}
```

程序运行结果如图 2-2 所示。

```
Problems  Javadoc  Declaration  Console
<terminated> Test [Java Application] C:\Program Files\Java\
Hello World  !!!
你好世界!
```

图 2-2　print 与 println 的区别

通过运行结果可以看出，虽然 Hello、World 和!!!分为 3 个语句输出，但显示结果还是在一行，说明

print 在输出之后没有换行，而 println 在输出之后增加了换行。

2.2 Java 基础语法

一个 Java 程序可以认为是一系列对象的集合，而这些对象通过调用彼此的方法来协同工作。其中，对象是类的一个实例，有状态和行为；类是一个模板，用于描述一类对象的行为和状态；方法是行为，一个类可以有很多方法，例如逻辑运算、数据修改以及所有动作都是在方法中完成的。

2.2.1 基本语法

编写 Java 程序时，应注意以下几点：

- Java 是大小写敏感的，这就意味着标识符 Hello 与 hello 是不同的。
- 对于所有的类来说，类名的首字母都应该大写。如果类名由若干单词组成，那么每个单词的首字母应该大写，例如 MyFirstJavaClass。
- 所有的方法名都应该以小写字母开头。如果方法名含有若干单词，则后面的每个单词首字母大写。
- 源文件名必须和类名相同。当保存文件的时候，应该使用类名作为文件名保存（切记 Java 是大小写敏感的），文件名的后缀为.java。如果文件名和类名不相同则会导致编译错误。
- 所有的 Java 程序都由 public static void main（String []args）方法开始执行。

2.2.2 Java 标识符

Java 所有的组成部分都需要名字。类名、变量名以及方法名都被称为标识符。例如，在前面定义的 Hello 这个类的名称就是一种标识符。在 Java 中，标识符可以使用字母、数字、_、$进行定义，不能以数字开头，不能是 Java 的关键字或保留字。

定义的标识符要有意义，例如 studentName、School 等，这些都是有意义的词。特别要注意的是，标识符不能使用 Java 的关键字，关键字指的是一些语法结构部分之中有特殊含义的标记。例如，在图 2-3 中，代码行中用下画线标记的单词都是关键字（在屏幕上这些关键字显示为红色），都不能够作为标识符。

```
 3 /**
 4  * @author zhangsan
 5  * @version 1.0
 6  */
 7 public class Test {
 8     public static void main(String[] args) {
 9         /*
10          * 欢迎来到Java世界，下面的代码会将“你好世界！”显示在控制台。
11          */
12         // 在控制台显示“你好世界！”
13         System.out.println("你好世界！");
14         // System.out.println("此条信息不会显示");
15     }
16 }
```

图 2-3　关键字和标识符

例如，下面的标识符是合法的：myName1、My_name1、Points1、$points、_my_name、PI、_50c；而下面的标识符是非法的：20name、#name、class、&time、if。

总之，在 Java 中，标识符的命名有一些规则，这些规则是大家约定俗成的，应该遵守。

- 类和接口名每个单词的首字母大写，例如，MyClass，HelloWorld，Time 等。
- 方法名首个单词的首字母小写，其余单词的首字母大写，尽量少用下画线，例如 myName、setTime 等。这种命名方法叫作驼峰式命名。
- 基本数据类型的常量名全部使用大写字母，单词之间用下画线分隔，例如 SIZE_NAME。对象常量可大小混写。
- 变量名可大小写混写，首字母小写，单词间起分隔或连接作用的词（如 To、Of）首字母大写。不用下画线，少用美元符号。给变量命名时尽量做到见名知义。

另外，关于 Java 标识符，还需要注意以下几点：

- 所有的标识符都应该以字母（A～Z 或者 a～z）、美元符（$）或者下画线（_）开始。
- 首字母之后可以是字母（A～Z 或者 a～z）、美元符（$）、下画线（_）或数字的任何字符组合。
- 关键字不能用作标识符。
- 标识符是大小写敏感的，应区分字母的大小写。

2.2.3 Java 关键字

表 2-1 列出了 Java 的关键字，这些关键字不能用于常量、变量以及任何标识符的名称。

表 2-1 Java 的关键字

类　别	关 键 字	说　明
访问控制	private	私有的
	protected	受保护的
	public	公共的
类、方法和变量修饰符	abstract	声明抽象
	class	类
	extends	扩充，继承
	final	最终值，不可改变的
	implements	实现（接口）
	interface	接口
	native	本地，原生方法（非 Java 实现）
	new	新，创建
	static	静态
	strictfp	严格，精准
	synchronized	线程，同步
	transient	短暂
	volatile	易失

续表

类　别	关 键 字	说　明
程序控制语句	Break	跳出循环
	case	定义一个值以供 switch 选择
	continue	继续
	default	默认
	do	运行
	else	否则
	for	循环
	if	如果
	instanceof	实例
	return	返回
	switch	根据 case 定义的值选择执行
	while	循环
错误处理	assert	断言表达式是否为真
	catch	捕捉异常
	finally	有没有异常都执行
	throw	抛出一个异常对象
	throws	声明一个异常可能被抛出
	try	捕获异常
包相关	import	引入
	package	包
基本类型	boolean	布尔型
	byte	字节型
	char	字符型
	double	双精度浮点型
	float	单精度浮点型
	int	整型
	long	长整型
	short	短整型
	null	空
变量引用	super	父类，超类
	this	本类
	void	无返回值

续表

类　别	关 键 字	说　明
保留关键字	Goto	是关键字，但不能使用
	const	是关键字，但不能使用

以上的所有关键字都不需要专门地去记，随着代码写熟了，自然就记住了。但是针对以上的关键字，还有几点说明:

- Java 的关键字是随新的版本发布而不断变动的，不是一成不变的。
- 所有关键字都是小写的。
- goto 和 const 不是 Java 编程语言中使用的关键字，它们是 Java 的保留字，也就是说 Java 保留了它们，但是没有使用它们。
- 有 3 个标识符严格来讲不是关键字，可是具备特殊含义：true（真）、false（假）、null（空）。
- 表示类的关键字是 class。

2.2.4 Java 保留字

Java 保留字是为 Java 预留的关键字，现在还没用到，但是在升级版本中可能作为关键字使用。Java 中的保留字为 const 和 goto。

2.2.5 Java 分隔符

在 Java 中，有一类特殊的符号称为分隔符，包括空白分隔符和普通分隔符。空白分隔符包括空格、回车、换行和制表符（Tab 键）。空白分隔符的主要作用是分隔标识符，帮助 Java 编译器理解源程序。例如:

```
int a;
```

若标识符 int 和 a 之间没有空格，即 inta，则编译程序会认为这是用户定义的标识符，但实际上该语句的作用是定义变量 a 为整型变量。

另外，在编写代码时，适当的空格和缩进可以增强代码的可读性，例如下面这段代码:

```
public class HelloWorld {
    public static void main(String[] args) {
        System.out.println("Hello World!");
    }
}
```

在这个程序中，用到了大量的用于表示代码语句层次的空白分隔符（主要是制表符和回车），如果不使用这些空白分隔符，这个程序可能会显示如下:

```
public class HelloWorld{public static void main(String[] args){
System.out.println("Hello World!");}
}
```

与上一个程序相比，这个程序没有使用制表符来做缩排，转行也减少了，显然在层次感上差了很多。甚至还可能是如下情况:

```
public class HelloWorld{public static void main(String[] args){System.out.println("Hello World!");}}
```

这个程序将所有的语句都写在同一行上。在语法上，这个程序是正确的，但是在可读性上是非常不好的。因此，在写程序的时候要灵活地使用空白分隔符来分隔语句或者做格式上的缩排。但是，空白分隔符也不能滥用。使用空白分隔符要遵守以下规则：

- 任意两个相邻的标识符之间至少有一个空白分隔符，以便编译程序能够识别。
- 变量名、方法名等标识符不能包含空白分隔符。
- 空白分隔符的多少没有什么含义，一个空白分隔符和多个空白分隔符的作用相同，都是用来实现分隔功能的。
- 空白分隔符不能用普通分隔符替换。

普通分隔符具有确定的语法含义，如表 2-2 所示。

表 2-2 Java 的普通分隔符

分 隔 符	名 称	说 明
{}	大括号（花括号）	用来定义块、类、方法及局部范围，也用来括起初始化的数组的值。大括号必须成对出现
[]	中括号（方括号）	用来进行数组的声明，也用来撤销对数组值的引用
()	小括号（圆括号）	在定义和调用方法时，用来容纳参数表。在控制语句或强制类型转换的表达式中用来表示执行或计算的优先权
;	分号	用来表示一条语句的结束。语句必须以分号结束，否则即使一条语句跨行或者多行，仍是未结束的
,	逗号	在变量声明中用于分隔变量表中的各个变量。在 for 控制语句中，用来将小括号里的语句链接起来
:	冒号	说明语句标号
.	圆点	用于类、对象和它的属性或者方法之间的分隔

Eclipse 提供了一种简单快速调整程序格式的功能，可以选择 Source→Format 菜单命令来调整程序格式，如果程序没有错误的话，格式会变成预定义的样式。在程序编写完成后，执行快速格式化，可以使代码美观整齐，应该养成这个习惯。

2.2.6 Java 注释

类似于 C/C++，Java 也支持单行以及多行注释。注释中的字符将被 Java 编译器忽略。例如，如下一段代码里面具有单行注释与多行注释：

```
public class HelloWorld {
   /* 这是第一个 Java 程序
    * 它将打印 Hello World
    * 这是一个多行注释的实例
    */
   public static void main(String []args){
      //这是单行注释的实例
      /* 这也是单行注释的实例 */
      System.out.println("Hello World");
   }
}
```

在给代码添加注释时，程序员需要注意注释的规范，下面介绍几种注释规范。

1. 类注释

在每个类前面必须加上类注释，注释模板如下：

```
/**
 * Copyright (C), 2006-2010, ChengDu Lovo info. Co., Ltd.
 * FileName: Test.java
 * 类的详细说明
 *
 * @author    类创建者姓名
 * @Date      创建日期
 * @version 1.00
 */
```

2. 属性注释

在每个属性前面必须加上属性注释，注释模板如下：

```
/** 提示信息 */
private String strMsg = null;
```

3. 方法注释

在每个方法前面必须加上方法注释，注释模板如下：

```
/**
 * 类方法的详细使用说明
 *
 * @param 参数 1 参数 1 的使用说明
 * @return 返回结果的说明
 * @throws 异常类型.错误代码 注明从此类方法中抛出异常的说明
 */
```

4. 构造方法注释

在每个构造方法前面必须加上注释，注释模板如下：

```
/**
 * 构造方法的详细使用说明
 *
 * @param 参数 1 参数 1 的使用说明
 * @throws 异常类型.错误代码 注明从此类方法中抛出异常的说明
 */
```

5. 方法内部注释

在方法内部使用单行或者多行注释，该注释根据实际情况添加。例如：

```
//背景颜色
Color bgColor = Color.RED
```

2.3 数据类型

程序实际上指的就是针对数据的处理流程，那么程序所能够处理的数据的划分就是各个语言的数据类型，在 Java 中，数据类型分为两大类：基本数据类型和引用数据类型。Java 数据类型的划分如图 2-4 所示。

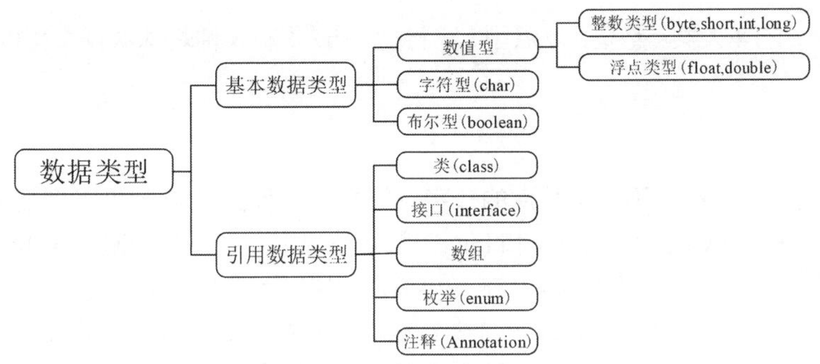

图 2-4 Java 数据类型的划分

Java 数据类型的默认值如表 2-3 所示。

表 2-3 Java 数据类型的默认值

数 据 类 型	默 认 值
byte	0
short	0
int	0
long	0
float	0.0
double	0.0
char	'\u0000'
boolean	false
引用数据类型	null

各数据类型的数据范围和占据的内存空间如表 2-4 所示。

表 2-4 数据类型的数据范围和占据的内存空间

数 据 类 型	位 数 数 据	可表示的数据范围
byte	8	-128～127
short	16	-32 768～32 767
int	32	-2 147 483 648～2 147 483 647
long	64	-9 223 372 036 854 775 808～9 223 372 036 854 775 807
float	32	1.4E-45～3.402 823 5E38
double	64	4.9E-324～1.797 693 134 862 315 7E308
char	16	0～65 535
boolean	1	true 或 false

下面详细介绍 Java 的 4 大类（整型、浮点型、字符型、布尔型）8 种基本数据类型以及字符串（String）。

2.3.1 整型

整数类型简称整型，表示的是不带小数点的数字，例如，数字 5、100 就是整型数据。在 Java 中，有 4 种不同类型的整型，分别为 byte、short、int 和 long。默认情况下一个整数的对应类型就是 int 类型。

每一种数据类型都有其对应数据范围的最大或最小值，如果在计算的过程中超过了此范围，就会产生数据的溢出问题。而要想解决数据的溢出问题，最好的做法是扩大数据范围，例如可以将 int 类型转换为 long 类型，转换方法有两种，直接在数据前增加一个“(long)”或者直接在数据后增加一个字母 L（大小写均可）。

在 Java 中，byte 类型的数据占据 8 位内存空间，数值取值范围是-128～127。

【例 2-3】（实例文件：ch02\Chap2.3.txt）输出 byte 类型的最小值与最大值。

```
public class Test {
    public static void main(String[] args) {
        byte byte_min = Byte.MIN_VALUE;          //获得 byte 类型的最小值
        byte byte_max = Byte.MAX_VALUE;          //获得 byte 类型的最大值
        System.out.println("byte 类型的最小值是："+byte_min);
        System.out.println("byte 类型的最大值是："+byte_max);
    }
}
```

程序运行结果如图 2-5 所示。

```
Problems @ Javadoc Declaration Console
<terminated> Test [Java Application] C:\Program Files\Ja
byte类型的最小值是：-128
byte类型的最大值是：127
```

图 2-5　byte 类型的最小值与最大值

short 类型数据占据 16 位内存空间，取值范围是-32768～32767。

【例 2-4】（实例文件：ch02\Chap2.4.txt）输出 short 类型的最小值与最大值。

```
public class Test {
    public static void main(String[] args) {
        short short_min = Short.MIN_VALUE;          //获得 short 类型的最小值
        short short_max = Short.MAX_VALUE;          //获得 short 类型的最大值
        System.out.println("short 类型的最小值是："+short_min);
        System.out.println("short 类型的最大值是："+short_max);
    }
}
```

程序运行结果如图 2-6 所示。

```
Problems @ Javadoc Declaration Console
<terminated> Test [Java Application] C:\Program Files\Ja
short类型的最小值是：-32768
short类型的最大值是：32767
```

图 2-6　short 类型的最小值与最大值

int 类型的数据占据 32 位内存空间，取值范围是-2 147 483 648～2 147 483 647。

【例 2-5】（实例文件：ch02\Chap2.5.txt）输出 int 类型的最小值与最大值。

```
public class Test {
    public static void main(String[] args) {
        int int_min = Integer.MIN_VALUE;      //获得 int 类型的最小值
        int int_max = Integer.MAX_VALUE;      //获得 int 类型的最大值
        System.out.println("int 类型的最小值是："+int_min);
        System.out.println("int 类型的最大值是："+int_max);
    }
}
```

程序运行结果如图 2-7 所示。

```
Problems  Javadoc  Declaration  Console
<terminated> Test [Java Application] C:\Program Files\J
int类型的最小值是：-2147483648
int类型的最大值是：2147483647
```

图 2-7　int 类型的最小值与最大值

long 类型的数据占据 64 位内存空间，取值范围是-9 223 372 036 854 775 808～9 223 372 036 854 775 807。

【例 2-6】（实例文件：ch02\Chap2.6.txt）输出 long 类型的最小值与最大值。

```
public class Test {
    public static void main(String[] args) {
        long long_min = Long.MIN_VALUE;  //获得 long 类型的最小值
        long long_max = Long.MAX_VALUE;  //获得 long 类型的最大值
        System.out.println("long 类型的最小值是："+long_min);
        System.out.println("long 类型的最大值是："+long_max);
    }
}
```

程序运行结果如图 2-8 所示。

```
Problems  Javadoc  Declaration  Console
<terminated> Test [Java Application] C:\Program Files\Java\jre1.8.0_
long类型的最小值是：-9223372036854775808
long类型的最大值是：9223372036854775807
```

图 2-8　long 类型的最小值与最大值

2.3.2　浮点型

Java 浮点数据类型主要有双精度（double）和单精度（float）两个类型。在 Java 中，一个小数默认的类型是 double，而 double 类型的范围是最大的。如果定义小数为 float 类型，为其赋值的时候，必须执行强制转型。有两种转换方式：一种是直接加上字母 F（大小写均可），例如“float num = 2.8F ;”；另一种是直接强制转型为 float，例如“float num2 = (float) 10.5 ;”。

【例 2-7】（实例文件：ch02\Chap2.7.txt）输出 float 类型的最小值与最大值。

```
public class Test {
    public static void main(String[] args) {
        float float_min = Float.MIN_VALUE;    //获得 float 类型的最小值
        float float_max = Float.MAX_VALUE;    //获得 float 类型的最大值
        System.out.println("float 类型的最小值是："+float_min);
```

```
        System.out.println("float 类型的最大值是: "+float_max);
    }
}
```

程序运行结果如图 2-9 所示。

```
Problems  Javadoc  Declaration  Console
<terminated> Test [Java Application] C:\Program Files\J
float类型的最小值是：1.4E-45
float类型的最大值是：3.4028235E38
```

图 2-9　float 类型的最小值与最大值

【例 2-8】（实例文件：ch02\Chap2.8.txt）输出 double 类型的最小值与最大值。

```
public class Test {
    public static void main(String[] args) {
        double double_min = Double.MIN_VALUE;      //获得 double 类型的最小值
        double double_max = Double.MAX_VALUE;      //获得 double 类型的最大值
        System.out.println("double 类型的最小值是: "+double_min);
        System.out.println("double 类型的最大值是: "+double_max);
    }
}
```

程序运行结果如图 2-10 所示。

```
Problems  Javadoc  Declaration  Console
<terminated> Test [Java Application] C:\Program Files\Java\jre1.8.0_151\b
double类型的最小值是：4.9E-324
double类型的最大值是：1.7976931348623157E308
```

图 2-10　double 类型的最小值与最大值

2.3.3　字符型

Java 中默认采用的编码方式为 UNICODE 编码，它是一种十六进制编码方案，可以表示世界上的任意文字信息。所以在 Java 中字符里面是可以保存中文数据的。在程序中使用单引号‘’声明的数据就称为字符型数据，字符型用 char 表示，占 16 位内存空间。

在 ASCII 码表中，大写字母的 ASCII 码值范围是 65～90，小写字母的 ASCII 码值范围是 97～122，可以发现，对应的大写字母和小写字母 ASCII 码值的差是 32，按照此规律，就可以轻松实现大小写的转换操作。

【例 2-9】（实例文件：ch02\Chap2.9.txt）输出字母 a 的 ASCII 码值，并将字母 a 转换为大写。

```
public class Test {
    public static void main(String[] args) {
        char x = 'a';
        int y = x;                         //将字符型赋值给整型
        System.out.println(y);             //输出字母 a 的 ASCII 码值 97

        //将字母 a 转换为 A，在 ASCII 码中值相差 32，(char)表示将 int 类型强制转换为 char 类型
        System.out.println((char)(y-32));
    }
}
```

程序运行结果如图 2-11 所示。

```
Problems @ Javadoc Declaration Console
<terminated> Test [Java Application] C:\Program Files\Ja
97
A
```

图 2-11 例 2-9 的运行结果

2.3.4 布尔型

布尔是一位数学家的名字。布尔型在 Java 中使用 boolean 声明，而布尔值的取值只有两个：true、false，一般而言，布尔型数据往往都用于条件判断。但是在这里必须重点强调的是：在一些语言中，例如 C 语言，把 0 当作 false，而把非 0 值当作 true，可是在 Java 中，布尔值只有 true 和 false，没有 0 或者非 0 值。

【例 2-10】（实例文件：ch02\Chap2.10.txt）输出 Boolean 类型数据。

```
public class Test {
    public static void main(String[] args) {
        boolean t = true;
        System.out.println("t="+t);
    }
}
```

程序运行结果如图 2-12 所示。

```
Problems @ Javadoc Declaration Console
<terminated> Test [Java Application] C:\Program Files\Ja
t=true
```

图 2-12 Boolean 类型数据

2.3.5 字符串

字符型只能够包含单个字符，这在很多情况下是无法满足要求的，所以在 Java 中专门提供了 String（字符串）类型。String 是引用型数据，是一个类（因此 String 的首字母一定要大写），但是这个类稍微特殊一些。

对 String 类型的变量使用“+”，则表示要执行字符串的连接操作。但“+”既可以表示数据的加法操作，也可以表示字符串连接，那么如果这两种操作碰到一起了那么会怎么样呢？如果遇到了字符串，所有其他的数据类型（基本、引用）都会自动变为 String 型数据。

【例 2-11】（实例文件：ch02\Chap2.11.txt）输出字符串类型。

```
public class Test {
    public static void main(String[] args) {
        String s1 = "我爱学";
        String s2 = "Java!";
        System.out.println(s1+s2);    //此处的加号表示连接
    }
}
```

程序运行结果如图 2-13 所示。

Problems @ Javadoc Declaration Console
<terminated> Test [Java Application] C:\Program Files\Ja
我爱学Java!

图 2-13　字符串类型

2.4　数据类型的转换

Java 语言是一种强类型的语言。强类型的语言有以下几个要求：

- 变量或常量必须有类型：要求声明变量或常量时必须声明类型，而且只能在声明以后才能使用。
- 赋值时，值的类型必须和变量或常量的类型一致。
- 运算时，参与运算的数据类型必须一致。

但是在实际的使用中，经常需要在不同类型的值之间进行操作，这就需要一种新的语法来适应这种需要，这个语法就是数据类型转换。

在数值处理上，计算机和现实的逻辑不太一样。对于现实来说，1 和 1.0 没有什么区别；但是对于计算机来说，1 是整数类型，而 1.0 是小数类型，其在内存中的存储方式以及占用的空间都不一样，所以类型转换在计算机内部是必须明确地进行的。

Java 语言中的数据类型转换有两种：

- 自动类型转换：编译器自动完成类型转换，不需要在程序中编写代码。
- 强制类型转换：强制编译器进行类型转换，必须在程序中编写代码。

由于基本数据类型中 boolean 类型不是数字型，所以基本数据类型的转换是除了 boolean 类型以外的其他 7 种类型之间的转换。下面来具体介绍两种类型转换的规则、适用场合以及使用时需要注意的问题。

2.4.1　自动类型转换

自动类型转换，也称隐式类型转换，是指不需要书写代码，由系统自动完成类型转换。由于实际开发中这样的类型转换很多，所以 Java 语言在设计时没有为该操作设计语法，而是由 JVM 自动完成。

有 3 种可以进行自动类型转换的情况，具体如下：

（1）整数类型之间可以实现转换，如 byte 类型的数据可以赋值给 short、int、long 类型的变量，short、char 类型的数据可以赋值给 int、long 类型的变量，int 类型的数据可以赋值给 long 类型的变量。

（2）整数类型转换为 float 类型，如 byte、char、short、int 类型的数据可以赋值给 float 类型的变量。

（3）其他类型转换为 double 类型，如 byte、char、short、int、long、float 类型的数据可以赋值给 double 类型的变量。

在具体转换的过程中，应遵循相应的转换规则，这里的规则为只能从存储范围小的类型转换到存储范围大的类型。具体规则为 byte→short(char)→int→long→float→double。

也就是说 byte 类型的变量可以自动转换为 short 类型，例如：

```
byte  b=10;
short  sh=b;
```

这里在赋值时，JVM 首先将 b 的值转换为 short 类型，然后再赋值给 sh。

另外，在类型转换时可以跳跃。例如：

```
byte b1=100;
int n=b1;
```

注意：在整数之间进行类型转换时，数值不发生改变，而将整数类型，特别是比较大的整数类型转换成小数类型时，由于存储方式不同，有可能存在数据精度的损失。

【例 2-12】（实例文件：ch02\Chap2.12.txt）将 int 类型转换为 float 类型，并输出两个数据之和。

```
public class Test {
    public static void main(String[] args) {
        int x = 10;
        float y = 20.3f;
        System.out.println(x + y);          //int 类型的 x 会自动转换为 float 类型
    }
}
```

程序运行结果如图 2-14 所示。

```
Problems  @ Javadoc  Declaration  Console
<terminated> Test [Java Application] C:\Program Files\Ja
30.3
```

图 2-14　转换数据类型

2.4.2　强制类型转换

强制类型转换，也称显式类型转换，是指必须书写代码才能完成的类型转换。强制类型转换很可能存在精度的损失，所以必须书写相应的代码，并且能够接受精度损失时才进行强制类型转换。

强制类型转换的规则为从存储范围大的类型转换到存储范围小的类型。具体规则为：double→float→long→int→short(char)→byte。具体的语法格式为（转换到的类型）需要转换的值。

实例代码如下：

```
double d = 3.10;
int n = (int)d;
```

这里将 double 类型的变量 d 强制转换成 int 类型，然后赋值给变量 n。需要说明的是，小数强制转换为整数，采用的是“去 1 法”，也就是无条件舍弃小数点后的所有数字，因此以上转换的结果是 3。int 类型的变量转换为 byte 类型时，则只保留 int 类型的低 8 位（也就是最后一个字节）的值。例如：

```
int n = 123;
byte b = (byte)n;
int m = 1234;
byte b1 = (byte)m;
```

则 b 的值还是 123，而 b1 的值为-46。b1 的计算方法为：m 的值转换为二进制是 10011010010，取该数字低 8 位的值作为 b1 的值，则 b1 的二进制值是 11010010，按照机器数的规定，最高位是符号位，1 代表负数，在计算机中负数存储的是补码，则该负数的原码是 10101110，该值就是十进制的-46。

注意：强制类型转换通常都会有精度的损失，所以使用时需要谨慎。

【例 2-13】（实例文件：ch02\Chap2.13.txt）将 float 类型强制转换为 int 类型，并输出两数之和。

```
public class Test {
    public static void main(String[] args) {
        int x = 10;
        float y = 20.3f;
        //x+y 的结果是 float 类型，(int)表示强制转换为 int 类型
```

```
        System.out.println((int) (x + y));
    }
}
```

程序运行结果如图 2-15 所示。

```
Problems @ Javadoc Declaration Console
<terminated> Test [Java Application] C:\Program Files\Ja
30
```

图 2-15　将 float 类型强制转换为 int 类型

2.5　常量与变量

有些数据在程序运行过程中值不能发生改变，有些数据在程序运行过程中值会发生改变，这两种数据在程序中分别被叫作常量和变量。

在实际的程序开发中，可以根据数据在程序运行中是否发生改变来选择应该是使用变量还是常量代表它。

2.5.1　常量

常量就是固定不变的量，一旦被定义，它的值就不能再被改变。声明常量的语法为

```
final 数据类型 常量名称 [ = 值 ]
```

常量名称通常使用大写字母，例如 PI、YEAR 等，但这并不是硬性要求，而只是一个习惯。常量标识符可由任意顺序的大小写字母、数字、下画线（_）和美元符号（$）等组成，不能以数字开头，也不能是 Java 中的保留字和关键字。

当常量用于一个类的成员变量时，必须给常量赋值，否则会出现编译错误。下面是一个常量的应用实例。

【例 2-14】（实例文件：ch02\Chap2.14.txt）输出圆周率 PI 的数值。

```
public class Test {
    public static void main(String[] args) {
        final double PI=3.14159265;
        System.out.println("圆周率π约等于"+PI);
    }
}
```

程序运行结果如图 2-16 所示。

```
Problems @ Javadoc Declaration Console
<terminated> Test [Java Application] C:\Program Files\Ja
圆周率π约等于3.14159265
```

图 2-16　输出圆周率 PI

注意：Java 中的关键字 const 是保留字，目前并没被 Java 正式启用，因此不能像 C++语言那样使用 const 来定义常量。

2.5.2 变量

变量代表程序的状态，程序通过改变变量的值来改变整个程序的状态。为了方便引用变量的值，在程序中需要为变量设定一个名称，这就是变量名。例如在 3D 游戏程序中，人物的位置需要 3 个变量，分别是 x 坐标、y 坐标和 z 坐标。在程序运行过程中，这 3 个变量的值会发生改变。

由于 Java 语言是一种强类型的语言，所以变量在使用以前必须首先声明数据类型，在程序中声明变量的语法格式如下：

```
数据类型 变量名称;
```

例如：

```
int a;
```

在该语法格式中，数据类型可以是 Java 语言中任意的类型，包括前面介绍的基本数据类型以及后续将要介绍的复合数据类型。变量名称是该变量的标识符，需要符合标识符的命名规则，在实际使用中，该名称一般和变量的用途对应，这样便于程序的阅读。数据类型和变量名称之间使用空格进行间隔，空格的个数不限，但是至少需要一个。语句使用“；”作为结束。也可以在声明变量的同时设定该变量的值，语法格式如下：

```
数据类型 变量名称 = 值;
```

例如：

```
int a = 100;
```

在该语法格式中，=代表赋值，“值”代表具体的数据。注意区别=和==，“==”用于判断是否相等。在该语法格式中，要求值的类型需要和声明变量的数据类型一致。

在程序中，变量的值代表程序的状态，在程序中可以通过变量名称来引用变量的值，也可以为变量重新赋值。例如：

```
int m = 15;
m = 100;
```

在实际开发过程中，需要声明什么类型的变量，需要声明多少个变量，需要为变量赋什么数值，都根据程序逻辑决定，上面的例子只是为了说明用法。

【例 2-15】（实例文件：ch02\Chap2.15.txt）输出变量 x 的数值。

```
public class Test {
    public static void main(String[] args) {
        int x = 10;          //声明变量 x 为 int 类型，并赋值为 10
        x = 20;              //改变变量 x 的值为 20
        System.out.println("x="+x);
    }
}
```

程序运行结果如图 2-17 所示。

```
Problems  Javadoc  Declaration  Console
<terminated> Test [Java Application] C:\Program Files\Ja
x=20
```

图 2-17 输出变量 x 的数值

2.5.3 变量的作用域

在 Java 中，变量的作用域分为 4 个级别：类级、对象实例级、方法级、块级。类级变量又称全局变量或静态变量，需要使用 static 关键字修饰。类级变量在类定义后就已经存在，占用内存空间，可以通过类名来访问，不需要实例化。对象实例级变量就是成员变量，实例化后才会分配内存空间，也才能访问。方法级变量就是在方法内部定义的变量，又称局部变量。

在定义变量时，还需要注意以下几点：

- 方法内部除了能访问方法级变量，还可以访问类级和对象实例级变量。
- 块内部能够访问类级、对象实例级变量。如果块被包含在方法内部，它还可以访问方法级变量。
- 方法级和块级变量必须显式地初始化，否则不能访问。

【例 2-16】（实例文件：ch02\Chap2.16.txt）变量作用域应用实例。

```
public class Test {
    public static String name = "世界你好";
    public int i;

    public void test1() {
        //int j;
        int j = 3;
        if (j == 3) {                          //块可以访问方法级变量，j 为 test1 方法中的变量
            int k = 5;
            System.out.println("k=" + k);      //这样写就没有问题
        }
        //System.out.println("k="+k);          //块中的变量不能被外部调用，这样写会报错
        System.out.println("name=" + name + ", i=" + i + ",j=" + j);
    }

    public static void main(String[] args) {
        System.out.println(Test.name);
        Test t = new Test();
        t.test1();
    }
}
```

程序运行结果如图 2-18 所示。

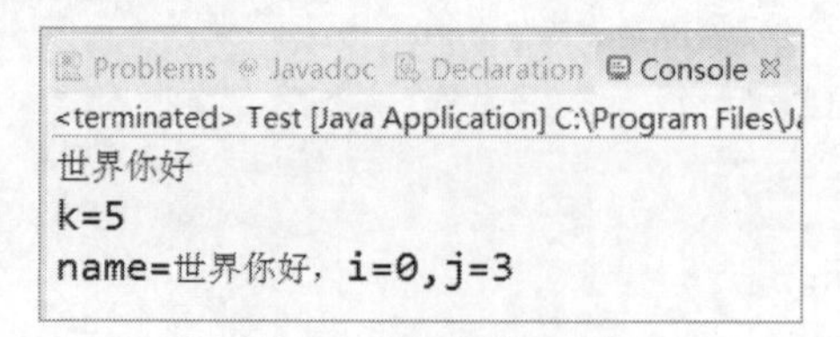

图 2-18　变量作用域

通过这个例子可以看出，变量在不同的地方起作用的范围也是不同的。块中定义的变量是局部变量，不能被外部调用。

2.6 Java 的运算符

计算机程序是由许多语句组成的，而语句是由更基本的表达式和运算符组成的。计算机最基本的用途之一就是执行数学运算，作为一门计算机语言，Java 也提供了一套丰富的运算符来操纵变量。可以把运算符分成以下几种：

- 算术运算符。
- 自增自减运算符。
- 关系运算符。
- 逻辑运算符。
- 赋值运算符。
- 条件运算符。
- 位运算符。

下面分别介绍各种运算符的使用。

2.6.1 算术运算符

算术运算符用在数学表达式中，它们的作用和在数学中的作用基本一样。算术运算符的含义及应用实例如表 2-5 所示。表格中的实例假设整数变量 A 的值为 10，变量 B 的值为 20。

表 2-5 算术运算符的含义及应用实例

运 算 符	说 明	示 例
+	加法，运算符两侧的值相加	A + B 等于 30
-	减法，左操作数减去右操作数	A – B 等于-10
*	乘法，操作符两侧的值相乘	A * B 等于 200
/	除法，左操作数除以右操作数	B / A 等于 2
%	取模，左操作数除以右操作数的余数	B%A 等于 0

【例 2-17】（实例文件：ch02\Chap2.17.txt）下面的简单实例程序演示了算术运算符的用法。

```
public class Test {
    public static void main(String[] args) {
        int a = 10;
        int b = 20;
        int c = 25;
        System.out.println("a + b = " + (a + b) );
        System.out.println("a - b = " + (a - b) );
        System.out.println("a * b = " + (a * b) );
        System.out.println("b / a = " + (b / a) );
        System.out.println("b % a = " + (b % a) );
        System.out.println("c % a = " + (c % a) );
    }
}
```

程序运行结果如图 2-19 所示。

```
@ Javadoc  Console
<terminated> Test [Java Application]
a + b = 30
a - b = -10
a * b = 200
b / a = 2
b % a = 0
c % a = 5
```

图 2-19　算术运算符

2.6.2　自增自减运算符

自增（++）和自减（--）是两个特殊的算术运算符，大多数算术运算符需要两个操作数来进行运算，而自增自减运算符只需要一个操作数。自增自减运算符的含义及应用实例如表 2-6 所示。表格中的实例假设整数变量 A 的值为 10，变量 B 的值为 20。

表 2-6　自增自减运算符的含义及应用实例

运　算　符	说　　明	示　　例
++	自增，操作数的值增加 1	B++或++B 等于 21
--	自减，操作数的值减少 1	B--或--B 等于 19

【例 2-18】（实例文件：ch02\Chap2.18.txt）自增运算++a 应用实例。

```
public class Test {
    public static void main(String[] args) {
        int a = 10;
        int b = 20;
        b = ++a;
        System.out.println("a=" +a+ ",b="+b);
    }
}
```

程序运行结果如图 2-20 所示。通过结果可以看到，b=++a 是 a 先加 1，然后把结果赋予 b。

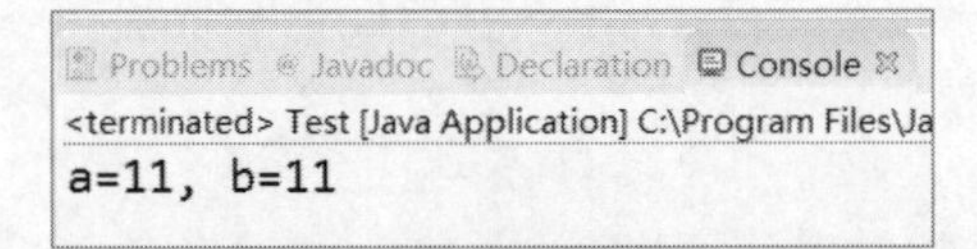

图 2-20　自增运算++a

【例 2-19】（实例文件：ch02\Chap2.19.txt）自增运算 a++应用实例。

```
public class Test {
    public static void main(String[] args) {
        int a = 10;
        int b = 20;
        b = a++;
        System.out.println("a="+a+", b="+b);
```

```
    }
}
```

程序运行结果如图 2-21 所示。通过结果可以看到，b=a++是先将 a 的值赋予 b，然后 a 再加 1。

```
Problems  Javadoc  Declaration  Console
<terminated> Test [Java Application] C:\Program Files\Ja
a=11, b=10
```

图 2-21　自增运算 a++

总之，b=a++或者 b=++a，对 a 来说最后的结果都是自加 1，但对 b 来说结果就不一样了。通过这两个例子，希望读者能够明白 a++和++a 的区别。a--和--a 的情况与此类似。

2.6.3　关系运算符

关系运算符也称为比较运算符，用于对两个操作数进行关系运算，以确定两个操作数之间的关系。常用的关系运算符的含义及应用实例如表 2-7 所示。表中的实例假设整数变量 A 的值为 10，变量 B 的值为 20。

表 2-7　关系运算符的含义及应用实例

运 算 符	说　明	示　例
==	比较两个操作数的值是否相等，如果是，则条件为真	A==B 为假（非真）
!=	比较两个操作数的值是否不相等，如果是，则条件为真	A!=B 为真
>	比较左操作数的值是否大于右操作数的值，如果是，则条件为真	A>B 非真
<	比较左操作数的值是否小于右操作数的值，如果是，则条件为真	A<B 为真
>=	比较左操作数的值是否大于或等于右操作数的值，如果是，则条件为真	A>=B 为假
<=	比较左操作数的值是否小于或等于右操作数的值，如果是，则条件为真	A<=B 为真

【例 2-20】（实例文件：ch02\Chap2.20.txt）输出两个数的比较结果。

```
public class Test {
    public static void main(String[] args) {
        int a = 10, b = 20;
        if (a > b) {
            System.out.println("a>b");
        }
        if (a < b) {
            System.out.println("a<b");
        }
        if (a == b) {
            System.out.println("a=b");
        }
    }
}
```

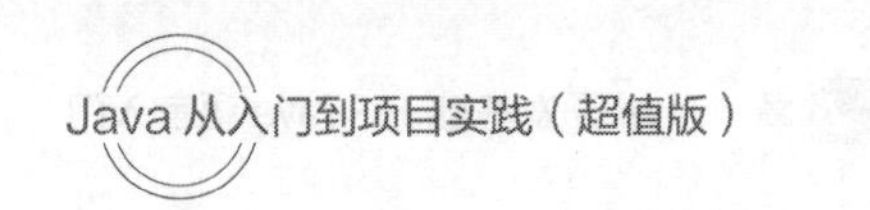

程序运行结果如图 2-22 所示。在上述程序中，首先定义了 a 和 b 的数据类型为 int 类型，并进行了赋值。通过 if 语句判断 a 和 b 的大小关系，一共有 3 种关系——大于、小于或等于，并将结果显示出来。因为 a=10，b=20，因此最后结果是 a<b。

Problems @ Javadoc Declaration Console
<terminated> Test [Java Application] C:\Program Files\Ja
a<b

图 2-22　关系运算符实例

注意：如果要判断两个变量是否相等，不是使用=，而是使用==。=表示赋值，==表示判断，这是一个非常容易出错的地方，读者应该特别注意。

2.6.4　逻辑运算符

逻辑运算符主要用来把各个运算的变量连接起来，组成一个逻辑表达式，以判断某个表达式是否成立，判断的结果是 true 或 false。逻辑运算符的含义及应用实例如表 2-8 所示。表中的实例假设布尔变量 A 为真，B 为假。

表 2-8　逻辑运算符的含义及应用实例

运 算 符	说　明	示　例
&&	逻辑与运算符。当且仅当两个操作数都为真，结果才为真	A&&B 为假
||	逻辑或操作符。如果任何两个操作数任何一个为真，结果为真	A| |B 为真
!	逻辑非运算符。用来反转操作数的逻辑状态。如果操作数为真，则结果为假	!（A && B）为真

【例 2-21】（实例文件：ch02\Chap2.21.txt）逻辑运算符！应用实例。

```
public class Test {
   public static void main(String[] args) {
      boolean flag = true;
      System.out.println(!flag);
   }
}
```

程序运行结果如图 2-23 所示。上述代码中，首先定义 flag 为布尔型，并赋值为 true，通过逻辑非运算符将 flag 的值改变为 false。

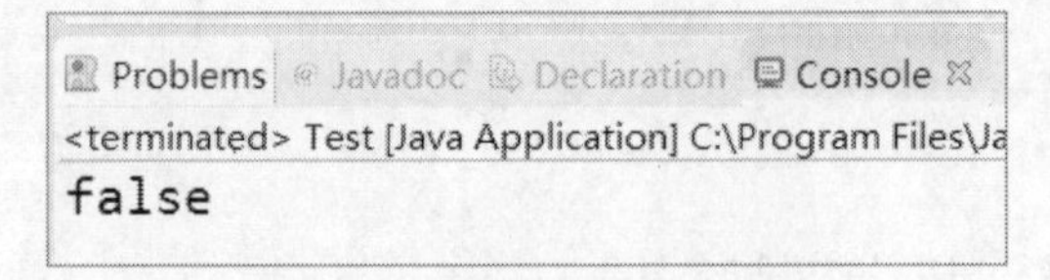

图 2-23　逻辑非运算符实例

逻辑运算符的重点是与和或两种运算，它们各有两组不同的实现。与操作的特点是若干个条件都要同时满足，若有一个条件不满足，则最终的结果就是 false。在 Java 中与操作分为两种不同的形式——&和&&，下面举例说明。

【例 2-22】（实例文件：ch02\Chap2.22.txt）&应用实例。

```
public class Test {
    public static void main(String[] args) {
        if (1 == 2 & 1 / 0 == 0) {//false & 错误
            System.out.println("条件满足! ") ;
        }
    }
}
```

程序运行结果如图 2-24 所示。运行后发现代码出现了错误，提示除数为 0。这说明 1==2 和 1/0==0 这两个条件都进行了判断，即使第一个条件 1==2 已经不成立，也会继续判断第二个条件是否成立。但这是没有必要的，因为只要有一个条件是 false，那么即使后面的条件都成立，最终结果也是 false。

```
Problems  Javadoc  Declaration  Console
<terminated> Test [Java Application] C:\Program Files\Java\jre1.8.0_151\bin
Exception in thread "main"
java.lang.ArithmeticException: / by zero
        at com.test.Test.main(Test.java:5)
```

图 2-24 &应用实例

上述实例说明&会将所有的判断条件都加以验证。下面使用与运算的另外一种形式——&&。

【例 2-23】（实例文件：ch02\Chap2.23.txt）&&应用实例。

```
public class Test {
    public static void main(String[] args) {
        if (1 == 2 && 1 / 0 == 0) {
            System.out.println("条件满足! ") ;
        }
    }
}
```

程序运行结果如图 2-25 所示。在上述代码中，与运算符为&&，运行结果没有出错，但也没有任何显示。这说明在判断完 1==2 条件为 false 后，就终止了后面的判断，if 的条件表达式的最终结果为 false。这说明&&只要判断某个条件为 false，不管后面有多少个条件都不再进行判断，最终结果就是 false。

图 2-25 &&应用实例

或运算的若干个条件有一个满足即可，或运算符两种：|和||。

【例 2-24】（实例文件：ch02\Chap2.24.txt）|应用实例。

```
public class Test {
    public static void main(String[] args) {
        if (1 == 1 | 1 / 0 == 0) {
            System.out.println("条件满足! ") ;
        }
    }
}
```

程序运行结果如图 2-26 所示。现在所有的判断条件都执行了，所以造成了错误。

事实上，对于或运算，有一个条件返回 true，后面不管有多少个 true 或 false，最终结果都肯定是 true，所以这样的操作可以采用 || 完成。

```
Problems  Javadoc  Declaration  Console
<terminated> Test [Java Application] C:\Program Files\Java\jre1.8.0_151\bin
Exception in thread "main"
java.lang.ArithmeticException: / by zero
        at com.test.Test.main(Test.java:5)
```

图 2-26　| 应用实例

【例 2-25】（实例文件：ch02\Chap2.25.txt）|| 应用实例。

```
public class Test {
    public static void main(String[] args) {
        if (1 == 1 ||1 / 0 == 0) {
            System.out.println("条件满足！") ;
        }
    }
}
```

程序运行结果如图 2-27 所示，说明没有判断 1/0==0 这个条件。|| 运算符判断有一个条件是 true，所有后面的条件就不再进行判断，最终结果就是 true。

```
Problems  Javadoc  Declaration  Console
<terminated> Test [Java Application] C:\Program Files\Ja
条件满足！
```

图 2-27　|| 应用实例

2.6.5　赋值运算符

赋值运算符的主要功能是为各种不同类型的变量赋值，简单的赋值运算由等号（=）来实现，就是把等号右边的值赋予等号左边的变量。例如：

```
int x = 2048;
```

要注意=与==的不同。

在 Java 中，赋值运算符包括基本赋值运算符（=）和复合赋值运算符。复合赋值运算符是在基本赋值运算符的基础上，结合算术运算符而形成的具有特殊意义的赋值运算符。赋值运算符及其应用实例如表 2-9 所示。

表 2-9　赋值运算符及其应用实例

运 算 符	说　明	示　例
=	简单赋值运算符，把右操作数的值赋给左操作数	C=A+B 将把 A+B 得到的值赋给 C
+=	加和赋值运算符，把左操作数和右操作数相加赋给左操作数	C+=A 等价于 C=C+A
-=	减和赋值运算符，把左操作数和右操作数相减赋给左操作数	C-=A 等价于 C=C-A

续表

运 算 符	说 明	示 例
*=	乘和赋值运算符，它把左操作数和右操作数相乘赋给左操作数	C*=A 等价于 C =C*A
/=	除和赋值运算符，把左操作数和右操作数相除赋给左操作数	C/=A 等价于 C=C/A
%=	取模和赋值运算符，把左操作数和右操作数取模后赋给左操作数	C%=A 等价于 C=C%A

【例 2-26】（实例文件：ch02\Chap2.26.txt）赋值运算符应用实例。

```
public class Test {
    public static void main(String[] args) {
        int a = 10;
        int b = 20;
        System.out.println("a=" + a + ", b=" + b);
        a += b; //a+=b 相当于 a = a+b
        System.out.println("a += b, a=" + a);
    }
}
```

程序运行结果如图 2-28 所示。

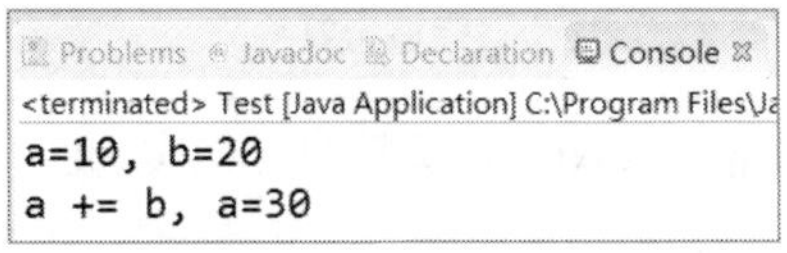

```
Problems  Javadoc  Declaration  Console
<terminated> Test [Java Application] C:\Program Files\Ja
a=10, b=20
a += b, a=30
```

图 2-28 赋值运算符应用实例

2.6.6 条件运算符

条件运算符（?:）也称为三元运算符。语法形式如下：

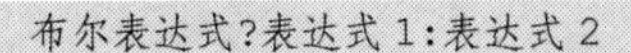

```
布尔表达式?表达式 1:表达式 2
```

其运算过程为：如果布尔表达式的值为 true，则返回表达式 1 的值；否则返回表达式 2 的值。

【例 2-27】（实例文件：ch02\Chap2.27.txt）条件运算符应用实例。

```
public class Test {
    public static void main(String[] args) {
        int score = 68;
        String mark = (score >= 60) ? "及格" : "不及格";
        System.out.println("考试成绩结果：" + mark);
    }
}
```

程序运行结果如图 2-29 所示。在上述代码中，首先定义 score 为 int 类型，赋值 68，通过比较，score>=60 这个条件成立，结果为真，这样会返回“及格”。如果定义 score 为 50，则 score>=60 这个条件不成立，结果为假，这样会返回“不及格”。

提示：条件运算也可以转换为 if 语句，其实它就是 if 语句的简写版本。读者如果觉得掌握条件运算有困难，也可以改写为 if 语句，但阅读代码中的条件运算符时应该能够理解其含义。

Problems @ Javadoc Declaration Console
<terminated> Test [Java Application] C:\Program Files\Ja
考试成绩结果：及格

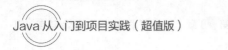

图 2-29　条件运算符应用实例

2.6.7　位运算符

位运算符主要用来对操作数的每个二进制位进行运算，其操作数的类型是整数类型以及字符型，运算的结果是整数类型。位运算符的含义及实例如表 2-10 所示。

表 2-10　位运算符及其实例

运 算 符	说　明	示　例
<<=	左移位赋值运算符	C <<= 2 等价于 C = C << 2
>>=	右移位赋值运算符	C >>= 2 等价于 C = C >> 2
&=	按位与赋值运算符	C &= 2 等价于 C = C & 2
^=	按位异或赋值运算符	C ^= 2 等价于 C = C ^ 2
|=	按位或赋值运算符	C |= 2 等价于 C = C | 2

【例 2-28】（实例文件：ch02\Chap2.28.txt）位运算符应用实例。

```
public class Test {
    public static void main(String[] args) {
      int a = 10;
      int b = 20;
      int c = 3;
      c <<= 2 ;
      System.out.println("c <<= 2 = " + c );
      c >>= 2 ;
      System.out.println("c >>= 2 = " + c );
      c >>= 2 ;
      System.out.println("c >>= a = " + c );
      c &= a ;
      System.out.println("c &= 2 = " + c );
      c ^= a ;
      System.out.println("c ^= a = " + c );
      c |= a ;
      System.out.println("c |= a = " + c );
    }
  }
```

程序运行结果如图 2-30 所示。

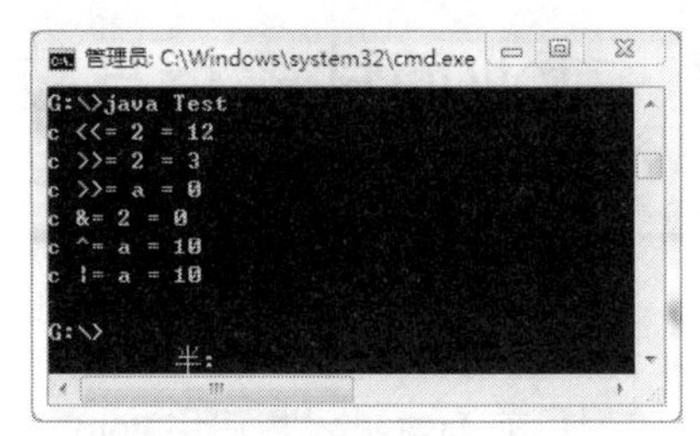

图 2-30 位运算符应用实例

2.6.8 优先级与结合性

如果多个运算符出现在一个表达式中，怎么样确定运算次序呢？这就涉及运算符的优先级的问题。在一个包含了多个运算符的表达式中，运算符优先级不同会导致最后得出的结果差别甚大。

例如，（1+3）+（3+2）*2，这个表达式如果按加号最优先计算，答案是 18，如果按照乘号最优先，答案则是 14。再如，x = 7 + 3 * 2;，这里 x 得到 13，而不是 20，因为乘法运算符比加法运算符有更高的优先级，所以先计算 3 * 2 得到 6，然后再加 7。

在表 2-11 中，最高优先级的运算符在表的最上面，最低优先级的运算符在表的最下面。

表 2-11 Java 运算符的优先级

类 别	运 算 符	关 联 性
后缀	()、[]、.（点运算符）	左到右
一元	++、--、！、～	右到左
乘性	*、/、%	左到右
加性	+ -	左到右
移位	>>、>>>、<<	左到右
关系	>> =、<< =	左到右
相等	==、!=	左到右
按位与	&	左到右
按位异或	^	左到右
按位或	|	左到右
逻辑与	&&	左到右
逻辑或	||	左到右
条件	?:	右到左
赋值	=、+ =、- =、* =、/ =、% =、>> =、<< =、& =、^ =、| =	右到左
逗号	,	左到右

2.7 就业面试解析与技巧

2.7.1 面试解析与技巧（一）

面试官：Java 中有没有 goto?

应聘者：goto 是 Java 中的保留字，但目前 Java 并没用启用 goto。

2.7.2 面试解析与技巧（二）

面试官：String 是基本数据类型吗?

应聘者：基本数据类型包括 byte、short、int、long、char、float、double 和 boolean。String 不是基本数据类型，而是引用数据类型，其本质是一个类，因此 String 的首字母应该大写。

第3章

程序的运行轨迹——Java语言的流程控制

◎ 本章教学微视频：14个　52分钟

学习指引

在Java中，程序之所以能够按照人们的意愿执行，主要是依靠程序的控制结构。无论多么复杂的程序，都是由这些基本的语句组成的。本章介绍Java语言的流程控制，主要内容为流程控制的3种方式——程序的顺序结构、分支结构和循环结构。

重点导读

- 熟悉Java程序运行的流程控制方式。
- 掌握Java程序运行的顺序结构。
- 掌握Java程序运行的分支结构。
- 掌握Java程序运行的循环结构。
- 掌握Java程序运行的跳转语句。

3.1　流程控制

Java 程序的流程控制包括顺序控制、条件控制和循环控制。顺序控制是从头到尾依次执行每条语句操作。条件控制是基于条件选择执行语句，如果条件成立，则执行操作A，反之则执行操作B。循环控制又称为回路控制，是根据循环初始条件和终结要求执行循环体内的操作。

具体地讲，程序流程控制语句分为3类：分支语句，包括if语句和switch语句；循环语句，包括for语句、while语句和do…while语句；跳转语句，包括break语句、continue语句和return语句。

3.2　顺序结构

顺序结构是最简单、最常用的程序结构，只要按照解决问题的步骤写出相应的语句就行，它的执行顺

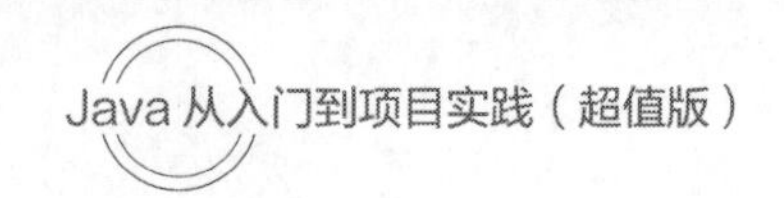

序是自上而下依次执行。有一些程序并不按顺序执行语句，这个过程称为控制的转移，它涉及了另外两类程序的控制结构，即分支结构和循环结构。

3.3 分支结构

在实际的程序设计中，根据输入数据和中间结果的不同情况需要选择不同的语句执行，在这种情况下，必须根据某个变量或表达式的值做出判断，以决定执行哪些语句和跳过哪些语句不执行。Java 有两种分支结构，分别是 if 语句和 switch 语句。

3.3.1 if 语句

一个 if 语句包含一个布尔表达式和一条或多条语句。其语法格式如下：

```
if(布尔表达式)
{
   语句//如果布尔表达式为 true 将执行的语句
}
```

如果布尔表达式的值为 true，则执行 if 语句大括号中的语句，否则执行 if 语句后面的代码。if 语句流程图如图 3-1 所示。

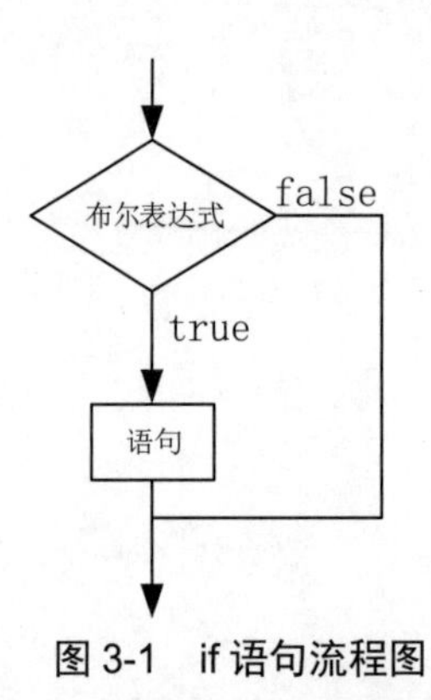

图 3-1 if 语句流程图

【例 3-1】（实例文件：ch03\Chap3.1.txt）if 语句应用实例。

```
public class Test {
   public static void main(String[] args) {
      int x = 10;
      if (x < 20) {
         System.out.print("这是 if 语句");
      }
   }
}
```

程序运行结果如图 3-2 所示。

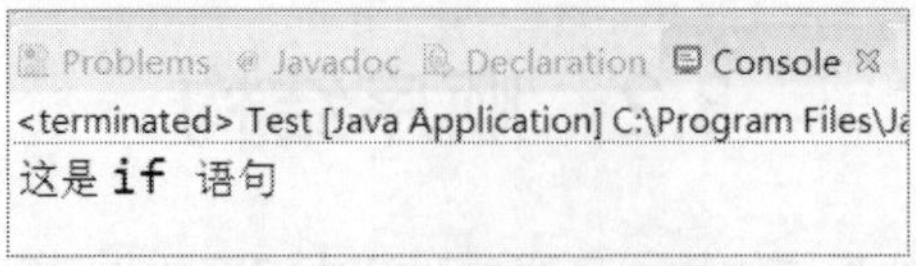

```
Problems  @ Javadoc  Declaration  Console
<terminated> Test [Java Application] C:\Program Files\Ja
这是 if 语句
```

图 3-2 if 语句应用实例

3.3.2　if…else 语句

if 语句后面可以跟 else 语句，当 if 语句的布尔表达式值为 false 时，else 语句会被执行。语法格式如下：

```
if(布尔表达式){
   语句 1 //如果布尔表达式的值为 true 将执行的语句
}else{
   语句 2 //如果布尔表达式的值为 false 将执行的语句
}
```

if…else 表示判断两种情况：要么满足 if 的条件；要么不满足 if 的条件，此时执行 else 语句。if…else 语句流程图如图 3-3 所示。

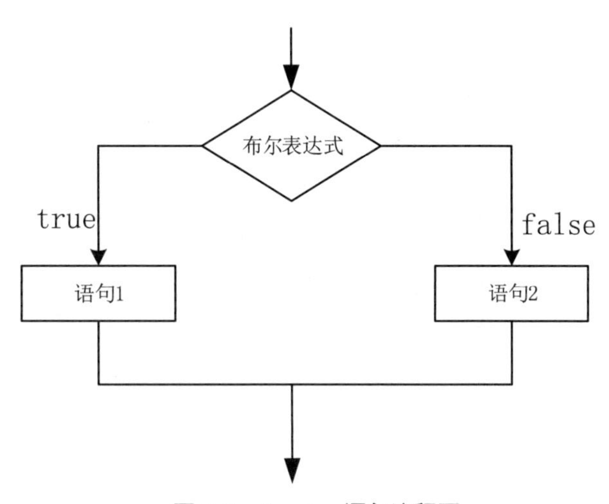

图 3-3　if…else 语句流程图

【例 3-2】（实例文件：ch03\Chap3.2.txt）if…else 语句应用实例。

```
public class Test {
    public static void main(String[] args) {
        int x = 30;
        if (x < 20) {
            System.out.print("这是 if 语句");
        } else {
            System.out.print("这是 else 语句");
        }
    }
}
```

程序运行结果如图 3-4 所示。本例中若 x 小于 20，则显示“这是 if 语句”；其他情况则显示“这是 else 语句”。x 和 20 进行比较有 3 种情况，大于、小于和等于，此时的 else 应该包括了大于和等于两种情况，即 x 只要是大于或等于 20 就会执行 else 语句内的代码。

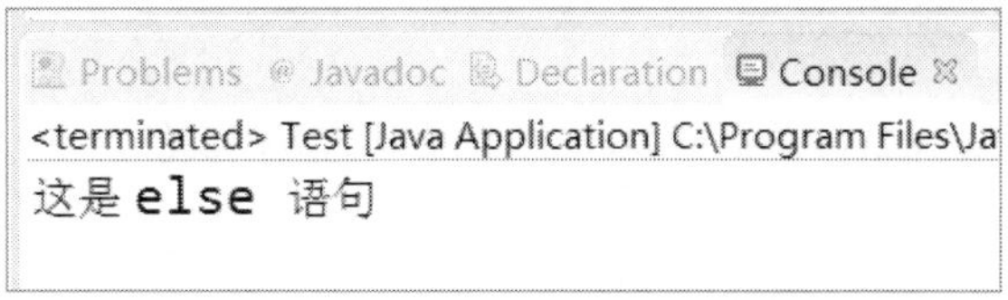

Problems @ Javadoc Declaration Console
<terminated> Test [Java Application] C:\Program Files\Ja
这是 else 语句

图 3-4　if…else 语句应用实例

3.3.3 if…else if…else 语句

if 语句后面可以跟 else if…else 语句，这种语句可以检测多种可能的情况，也被称为多条件判断语句或多分支语句。if 多条件判断语句流程图如图 3-5 所示。

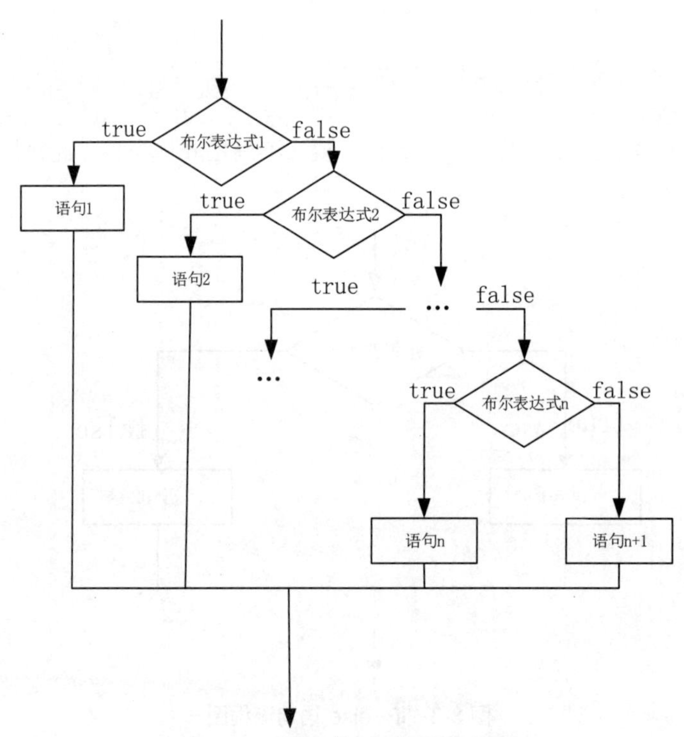

图 3-5 if 多条件判断语句流程图

使用 if…else if…else 语句的时候，需要注意下面几点：

- if 语句至多有一个 else 语句，else 语句在所有的 else if 语句之后。
- if 语句可以有若干 else if 语句，它们必须在 else 语句之前。
- 一旦其中一个 else if 语句检测为 true，其他的 else if 以及 else 语句都将被跳过。

if…else if…else 语句应用的语法格式如下：

```
if(布尔表达式 1){
   语句 1//如果布尔表达式 1 的值为 true 执行的代码
}else if(布尔表达式 2){
   语句 2//如果布尔表达式 2 的值为 true 执行的代码
}else if(布尔表达式 3){
   语句 3//如果布尔表达式 3 的值为 true 执行的代码
}else {
   语句 4//如果以上布尔表达式都不为 true 执行的代码
}
```

【例 3-3】（实例文件：ch03\Chap3.3.txt）多条件判断语句应用实例。

```
public class Test {
    public static void main(String[] args) {
        int x = 30;
```

```
        if (x == 10) {
            System.out.print("Value of X is 10");
        } else if (x == 20) {
            System.out.print("Value of X is 20");
        } else if (x == 30) {
            System.out.print("Value of X is 30");
        } else {
            System.out.print("这是 else 语句");
        }
    }
}
```

程序运行结果如图 3-6 所示。

Problems @ Javadoc Declaration Console
<terminated> Test [Java Application] C:\Program Files\Ja
Value of X is 30

图 3-6　多条件判断语句应用实例

提示：多条件判断语句就是利用多个条件进行判断，如果有一个条件满足，则执行，不满足则继续向后判断。

3.3.4　嵌套的 if…else 语句

使用嵌套的 if…else 语句是合法的，也就是说可以在一个 if 或者 else if 语句中使用 if 或者 else if 语句。语法格式如下：

```
if(布尔表达式 1){
  语句 1//如果布尔表达式 1 的值为 true 执行的代码
  if(布尔表达式 2){
  语句 2//如果布尔表达式 2 的值为 true 执行的代码
  }
}
```

【例 3-4】（实例文件：ch03\Chap3.4.txt）嵌套的 if…else 语句应用实例。

```
public class Test {
  public static void main(String args[]){
    int x = 30;
    int y = 10;
    if( x == 30 ){
      if( y == 10 ){
         System.out.print("X = 30 and Y = 10");
      }
    }
  }
}
```

程序运行结果如图 3-7 所示。

```
@ Javadoc  Console ⊠
<terminated> Test [Java Application] D:
X = 30 and Y = 10
```

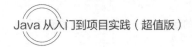

图 3-7　嵌套的 if…else 语句应用实例

3.3.5　switch 语句

switch 语句判断一个变量与一系列值中某个值是否相等，每个值称为一个分支。switch 本身只能够支持 int、char 型，在 JDK 1.5 之后可以使用 enum 型，而在 JDK 1.7 之后可以使用 String 型。语法格式如下：

```
switch(expression){
    case value :
       语句
       break; //可选
    case value :
       语句
       break; //可选
    ⋮//可以有任意数量的 case 语句
    default : //可选
       语句
}
```

switch 语句有如下规则：

- switch 语句中的变量类型可以是 byte、short、int 或者 char。从 Java SE 7 开始，switch 支持字符串类型。case 标签必须为字符串常量或字面量。
- switch 语句可以拥有多个 case 语句。每个 case 后面跟一个要比较的值和冒号。
- case 语句中的值的数据类型必须与变量的数据类型相同，而且只能是常量或者字面量。
- 当变量的值与 case 语句的值相等时，case 语句之后的语句开始执行，直到 break 语句出现才会跳出 switch 语句。
- 当遇到 break 语句时，switch 语句终止。程序跳转到 switch 语句后面的语句执行。case 语句不是必须包含 break 语句。如果没有 break 语句，程序会继续执行下一条 case 语句，直到遇到 break 语句。
- switch 语句可以包含一个 default 分支，该分支必须是 switch 语句的最后一个分支。default 在没有 case 语句的值和变量值相等的时候执行。default 分支不需要 break 语句。

【例 3-5】（实例文件：ch03\Chap3.5.txt）switch 语句应用实例。

```
public class Test {
   public static void main(String[] args) {
      char grade = 'C';
      switch (grade) {
      case 'A':
         System.out.println("优秀");
         break;
      case 'B':
      case 'C':
         System.out.println("良好");
         break;
      case 'D':
         System.out.println("及格");
```

```
            case 'F':
                System.out.println("你需要再努力努力");
                break;
            default:
                System.out.println("未知等级");
            }
            System.out.println("你的等级是 " + grade);
        }
    }
```

程序运行结果如图 3-8 所示。

Problems @ Javadoc Declaration Console
<terminated> Test [Java Application] C:\Program Files\Jav
良好
你的等级是 C

图 3-8 switch 语句应用实例

提示：使用 switch 语句的时候，如果满足条件的语句中没有 break，那么就会在执行完满足条件的 case 语句后，继续判断下一个 case 语句的值是否满足条件，一直到 switch 语句结束或者是遇到 break 为止。

3.4 循环结构

顺序结构的程序语句只能被执行一次。如果想要使同样的操作执行多次，就需要使用循环结构。Java 中有 3 种主要的循环结构，分别是 while 循环、do…while 循环、for 循环，另外，在 Java 5 中引入了一种主要用于数组的增强型 for 循环。

3.4.1 while 语句

while 是最基本的循环，只要布尔表达式为 true，循环体会一直执行下去。语法格式如下：

```
while( 布尔表达式 ) {
  语句//循环内容
}
```

while 语句流程图如图 3-9 所示。

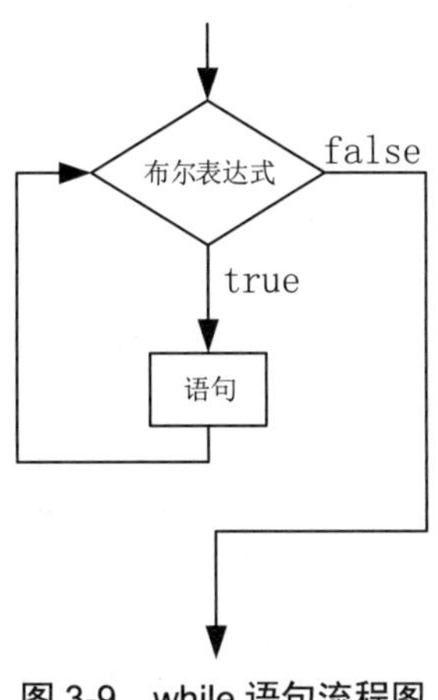

图 3-9 while 语句流程图

【例 3-6】（实例文件：ch03\Chap3.6.txt）while 语句应用实例。

```
public class Test {
    public static void main(String[] args) {
        int x = 10;
        while (x < 20) {
            System.out.print("value of x : " + x);
            x++;
            System.out.print("\n");
        }
    }
}
```

程序运行结果如图 3-10 所示。在本实例中，给定 x 初始值 10，当满足 x 小于 20 这个条件时，会循环执行 while 语句，x 每循环一次自加 1，直到不满足条件为止。

注意：while 语句一定要在循环内有让条件不成立的代码，否则就会陷入死循环。

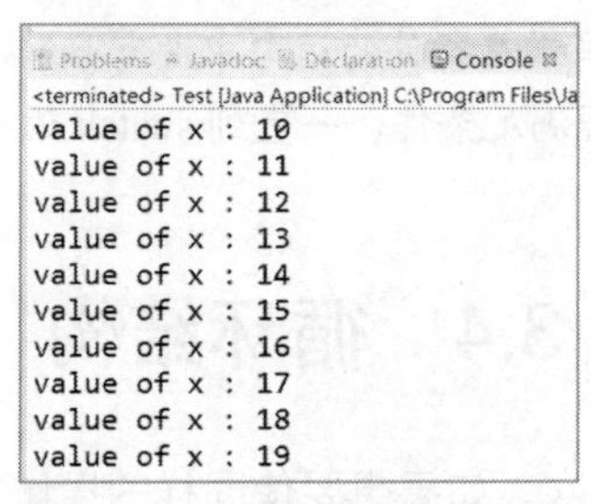

图 3-10　while 语句应用实例

3.4.2　do…while 语句

对于 while 语句而言，如果不满足条件，则不能进入循环。但有时候需要即使不满足条件也至少执行一次。do…while 循环和 while 循环相似，不同的是，do…while 循环至少会执行一次。语法格式如下：

```
do {
      语句
}while(布尔表达式);
```

注意：布尔表达式在循环体的后面，所以语句块在检测布尔表达式之前已经执行了。如果布尔表达式的值为 true，则语句块一直执行，直到布尔表达式的值为 false。do…while 语句的流程图如图 3-11 所示。

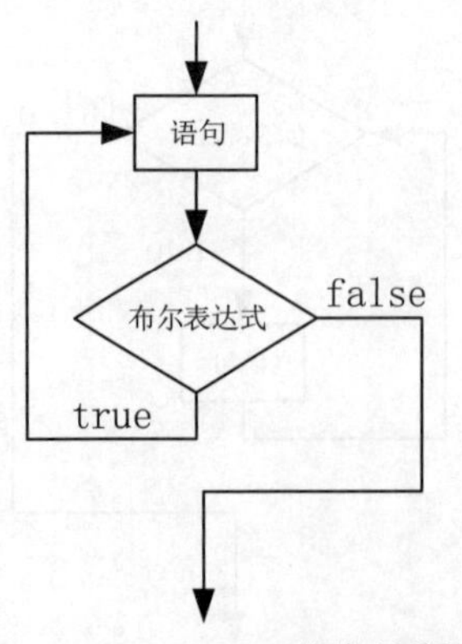

图 3-11　do…while 语句流程图

【例 3-7】（实例文件：ch03\Chap3.7.txt）do…while 语句应用实例。

```
public class Test {
    public static void main(String[] args) {
        int x = 1;                              //定义变量x，初始值为1
        do {
            System.out.println("x = " + x);     //打印x的值
            x++;                                //将x的值自增
        } while (x <= 4);                       //循环条件
    }
}
```

程序运行结果如图 3-12 所示。

提示：while 语句属于先判断后执行，而 do…while 语句先执行一次，而后再进行判断。do…while 循环和 while 循环能实现同样的功能。然而在程序运行过程中，这两种语句还是有差别的。如果循环条件在循环语句开始时就不成立，那么 while 循环的循环体一次都不会执行，而 do…while 循环的循环体会执行一次。

```
Problems  Javadoc  Declaration  Console
<terminated> Test [Java Application] C:\Program Files\Ja
x = 1
x = 2
x = 3
x = 4
```

图 3-12　do…while 语句应用实例

3.4.3　for 语句

虽然所有循环结构都可以用 while 或者 do…while 表示，但 Java 还提供了另一种语句——for 循环，使一些循环结构变得更加简单。for 循环执行的次数是在执行前就确定的。语法格式如下：

```
for(初始化表达式; 循环条件; 循环控制变量) {
    语句
}
```

for 关键字后面()中包括 3 部分内容：初始化表达式、循环条件和循环控制变量，它们之间用“;”分隔，{}中的语句为循环体。关于 for 循环有以下几点说明：

- 最先执行初始化步骤。可以声明一种类型，可以初始化一个或多个循环控制变量，也可以是空语句。
- 然后，检测循环条件的值。如果为 true，循环体被执行；如果为 false，循环终止，开始执行循环体后面的语句。
- 执行一次循环后，更新循环控制变量。
- 再次检测布尔表达式。循环执行上面的过程。

【例 3-8】（实例文件：ch03\Chap3.8.txt）for 语句应用实例。

```
public class Test {
    public static void main(String[] args) {
        for (int x = 10; x < 20; x++) {
            System.out.print("value of x : " + x);
            System.out.print("\n");
        }
```

```
    }
}
```

程序运行结果如图 3-13 所示。

```
Problems  Javadoc  Declaration  Console
<terminated> Test [Java Application] C:\Program Files\Ja
value of x : 10
value of x : 11
value of x : 12
value of x : 13
value of x : 14
value of x : 15
value of x : 16
value of x : 17
value of x : 18
value of x : 19
```

图 3-13　for 语句应用实例

3.4.4　增强 for 语句

Java 5 引入了一种主要用于数组的增强 for 语句。语法格式如下：

```
for(声明语句 : 表达式)
{
   语句
}
```

声明语句：声明新的局部变量，该变量的类型必须和数组元素的类型匹配。其作用域限定在循环语句块内，其值与此时数组元素的值相等。

表达式：是要访问的数组名，或者是返回值为数组的方法。

【例 3-9】（实例文件：ch03\Chap3.9.txt）增强 for 语句应用实例。

```
public class Test {
    public static void main(String[] args) {
        int[] numbers = { 10, 20, 30, 40, 50 };
        for (int x : numbers) {
            System.out.print(x);
            System.out.print(",");
        }
        System.out.print("\n");
        String[] names = { "James", "Larry", "Tom", "Lacy" };
        for (String name : names) {
            System.out.print(name);
            System.out.print(",");
        }
    }
}
```

程序运行结果如图 3-14 所示。

```
Problems  Javadoc  Declaration  Console
<terminated> Test [Java Application] C:\Program Files\J
10,20,30,40,50,
James,Larry,Tom,Lacy,
```

图 3-14　增强 for 语句实例

3.5　跳转语句

在 Java 语言中，支持 3 种跳转语句：break、continue 和 return 语句，这些语句把控制转移到程序的其他部分。

3.5.1　break 语句

break 语句主要用在循环语句或者 switch 语句中，用来跳出整个语句块。break 跳出最里层的循环，并且继续执行该循环下面的语句。break 的用法很简单，语法格式如下：

```
break;
```

在 Java 中，break 语句有 3 种作用：

- 在 switch 语句中，它被用来终止一个语句序列。
- 它能被用来退出一个循环。
- 它能作为一种“先进”的 goto 语句来使用。

【例 3-10】（实例文件：ch03\Chap3.10.txt）break 语句应用实例。

```
public class Test {
   public static void main(String[] args) {
      int x = 1;                                //定义变量 x，初始值为 1
      while (x <= 4) {                          //循环条件
         System.out.println("x = " + x);        //条件成立，打印 x 的值
         if (x == 3) {
            break;
         }
         x++;                                   //x 进行自增
      }
   }
}
```

程序运行结果如图 3-15 所示。在本实例中，通过 while 循环显示 x 的值，当 x 的值为 3 时，使用 break 语句跳出循环，因此显示结果中没有出现“x=4”。

```
Problems  Javadoc  Declaration  Console
<terminated> Test [Java Application] C:\Program Files\Jav
x = 1
x = 2
x = 3
```

图 3-15　break 语句应用实例

3.5.2 continue 语句

continue 语句适用于任何循环控制结构中，作用是让程序立刻跳转到下一次循环的迭代。在 for 循环中，continue 语句使程序立即跳转到下一次循环中。在 while 或者 do…while 循环中，程序立即跳转到布尔表达式的判断语句。

break 语句和 continue 语句的区别：break 语句是跳出当前层循环，终结整个循环，也不再判断循环条件是否成立；continue 语句则是结束本次循环，不再运行 continue 之后的语句，然后重新回到循环的起点，判断循环条件是否成立，继续运行。

【例 3-11】（实例文件：ch03\Chap3.11.txt）continue 语句应用实例。

```
public class Test {
    public static void main(String[] args) {
        int sum = 0;                          //定义变量 sum，用于记住和
        for (int i = 1; i <= 100; i++) {
            if (i % 2 == 0) {                 //i 是一个偶数时不累加
                continue;                     //结束本次循环
            }
            sum += i;                         //实现 sum 和 i 的累加
        }
        System.out.println("sum = " + sum);
    }
}
```

程序运行结果如图 3-16 所示。在本实例中，使用 for 循环让变量 i 的值在 1～100 内循环。在循环过程中，当 i 的值为偶数时，执行 continue 语句结束本次循环进入下一次循环；当 i 的值为奇数时，sum 和 i 进行累加，最终得到 1～100 的所有奇数之和，显示 sum=2500。

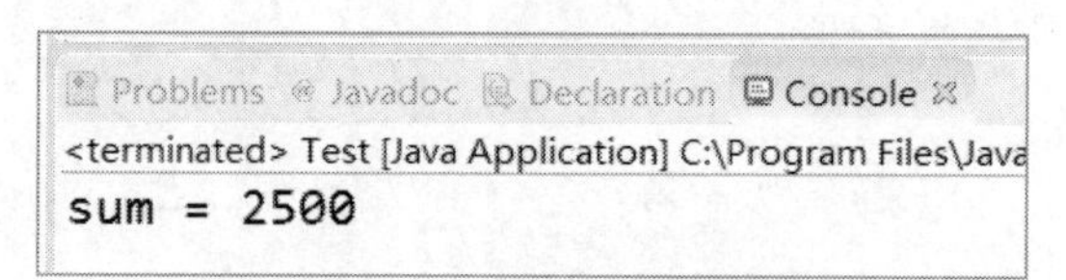

图 3-16　continue 语句应用实例

3.5.3 return 语句

return 语句作为一个无条件的分支，无须判断条件即可发生。return 语句主要有两个用途：一是用来表示一个方法返回的值（假定返回值类型不是 void），二是它导致该方法退出并返回值。

根据方法的定义，每一个方法都有返回类型，该类型可以是基本类型，也可以是对象类型，同时每个方法都必须有一个结束标志，return 起到了这个作用。在返回类型为 void 的方法中有一个隐含的 return 语句，因此，在 void 方法中 return 可以省略不写。

3.6　就业面试解析与技巧

3.6.1　面试解析与技巧（一）

面试官：在 Java 中，如何跳出当前的多重嵌套循环?

应聘者：可以使用 break 或者 return 语句。

3.6.2　面试解析与技巧（二）

面试官：break 语句和 continue 语句有什么区别?

应聘者：在循环体中，break 语句是跳出循环，即结束整个循环；而 continue 语句是跳出本次循环，执行下一次循环。

第 4 章

主流软件开发方法——面向对象编程入门

◎ 本章教学微视频：17 个　100 分钟

学习指引

Java 是一种面向对象的程序设计语言，了解面向对象的编程思想对于学习 Java 开发相当重要。本章介绍如何使用面向对象的思想开发 Java 程序，主要内容包括类和对象、类的方法、类的封装、继承和多态等。

重点导读

- 熟悉面向对象的基础知识。
- 掌握 Java 类和对象的相关知识。
- 掌握 Java 对象值的传递方式。
- 掌握作用域修饰符的使用。
- 掌握 Java 封装、继承的使用。
- 掌握 Java 重载、多态的使用。
- 掌握定义和导入包的方法。

4.1　面向对象简介

Java 是一种面向对象的程序设计语言，了解面向对象的编程思想对于学习 Java 开发相当重要。面向对象技术是一种数据抽象和信息隐藏的技术，它使软件的开发更加简单化，符合人们的思维习惯，同时又能降低软件的复杂性，提高软件的生产效率，因此得到了广泛的应用。

4.1.1　什么是面向对象

面向对象是一种符合人类思维习惯的编程思想。在现实生活中，存在着各种不同形态的事物，这些事物之间存在着各种各样的联系。在程序中使用对象来映射现实中的事物，适用对象的关系来描述事物之间的联系，这种思想就是面向对象。

面向对象编程（Object Oriented Programming，OOP）是相对于面向过程编程而言的。传统的面向过程编程语言（如 C 语言）是以过程为中心，以算法为驱动，而面向对象的编程语言则是以对象为中心，以消息为驱动。

面向过程就是分析解决问题所需要的步骤，然后用函数把这些步骤一一实现，使用的时候依次调用就可以了。面向对象则是把解决的问题按照一定规则划分为多个独立的对象，然后通过调用对象的方法来解决问题。一个应用程序会包含多个对象，通过多个对象的相互配合来实现应用程序的功能。当某个应用程序功能需要改变时，只需要修改个别的对象即可，这样可以使代码更容易维护，效率更高。

4.1.2 面向对象的特点

面向对象方法作为一种独具优越性的方法引起全世界越来越广泛的关注和高度的重视，它被誉为“研究高技术的好方法”，更是当前计算机界关心的重点。

几乎所有面向对象的程序设计语言都有 3 个特性，即封装性、继承性和多态性。

1. 封装性

封装性是面向对象的核心思想。将对象的属性和方法封装起来，不需要让外界知道具体实现的细节，这就是封装的思想。封装可以使数据的安全性得到保证。当把过程和数据封装起来后，对数据的访问只能通过已定义的接口进行。

（1）属性的封装。Java 中类的属性的访问权限的默认值不是 private，要想隐藏该属性或方法，就可以加 private（私有）修饰符来限制只能在类的内部进行访问。对于类中的私有属性，要对其给出一对方法（getXxx()和 setXxx()）访问私有属性，保证对私有属性的操作的安全性。

（2）方法的封装。对于方法的封装，该公开的公开，该隐藏的隐藏。方法公开的是方法的声明（定义），即只要知道参数和返回值就可以调用该方法。隐藏方法的实现会使实现的改变对架构的影响最小化。完全的封装是类的属性全部私有化，并且提供一对方法来访问属性。

2. 继承性

继承主要指的是类与类之间的关系。通过继承，可以效率更高地对原有类的功能进行扩展。继承不仅增强了代码的复用性，提高了开发效率，更为程序的修改补充提供了便利。

Java 中的继承要使用 extends 关键字，并且 Java 中只允许单继承，即一个类只能有一个父类。这样的继承关系呈树状，体现了 Java 的简单性。子类只能继承在父类中可以访问的属性和方法，实际上父类中私有的属性和方法也会被子类继承，只是子类无法访问。

3. 多态性

多态是把子类型的对象主观地看作其父类型的对象，那么父类型就可以是很多种类型。编译时类型指被看作的类型，是主观认定的。运行时类型指实际的对象实例的类型，是客观的，不可改变（也被看作类型的子类型）。

多态有以下特性：对象实例确定后则不可改变（客观不可改变）；只能调用编译时类型所定义的方法；运行时会根据运行时类型去调用相应类型中定义的方法。

4.2 类和对象

在面向对象的概念中，将具有相同属性及相同行为的一组对象称为类（class）。类是用于组合各个对象所共有操作和属性的一种机制。类的具体化就是对象，即对象就是类的实例化。例如，图 4-1 中，男孩、女孩为类，而具体的每个人为其中某个类的对象。

图 4-1 类和对象

4.2.1 什么是类

类是一个独立的单位，它有一个类名，其内部包括用于描述对象属性的成员变量和用于描述对象行为的成员方法。在 Java 程序设计中，类被认为是一种抽象的数据类型。在使用类之前，必须先声明，类的声明格式如下：

```
[标识符] class 类名
{
    类的成员变量
    类的方法
}
```

声明类需要使用关键字 class，在 class 之后是类名。标识符可以是 public、private、protected 或者完全省略。类名应该由一个或多个有意义的单词连缀而成，每个单词首字母大写，单词之间不要使用任何分隔符。

总之，类可以看成是创建 Java 对象的模板。通过下面一个简单的类来理解 Java 中类的定义，具体代码如下：

```
public class Dog{
  String breed;
  int age;
  String color;
  void barking(){
  }

  void hungry(){
  }

  void sleeping(){
  }
}
```

在上述代码中，可以看到一个类可以包含以下 3 种类型的变量：

- 局部变量。是在方法、构造方法或者语句块中定义的变量。这种变量声明和初始化都是在方法中，方法结束后，变量就会自动销毁。
- 成员变量。是定义在类中、方法体之外的变量。这种变量在创建对象的时候实例化。成员变量可以被类中的方法、构造方法和特定类的语句块访问。
- 类变量。也声明在类中、方法体之外，但必须声明为 static 类型。

另外，一个类还可以拥有多个方法，在上面的例子中，barking()、hungry()和 sleeping()都是 Dog 类的方法。

【例 4-1】（实例文件：ch04\Chap4.1.txt）创建类应用实例。

```
public class Person {
    String name;
    int age;
    void speak() {
        System.out.println("我叫" + name + ",今年" + age + "岁。");
    }
}
```

4.2.2 类的方法

在 Java 中，方法定义在类中，它和类的成员属性一起构成一个完整的类。一个方法有 4 个要素，分别是方法名、返回值类型、参数列表和方法体。定义一个方法的语法格式如下：

```
修饰符 返回值类型 方法名(参数列表)
{
    方法体
    return 返回值;
}
```

方法包含一个方法头和一个方法体。方法头包括修饰符、返回值类型、方法名和参数列表。具体介绍如下：

- 修饰符：定义了该方法的访问类型，这是可选的。
- 返回值类型：指定了方法返回的数据类型。它可以是任意有效的类型，如果方法没有返回值，则其返回值类型必须是 void，不能省略。方法体中的返回值类型要与方法头中定义的返回值类型一致。
- 方法名称：要遵循 Java 标识符命名规范，通常以英文中的动词开头。
- 参数列表：由类型、标识符组成，每个参数之间用逗号分隔。方法可以没有参数，但方法名后面的括号不能省略。
- 方法体：指方法头后{}内的内容，主要用来实现一定的功能。

【例 4-2】（实例文件：ch04\Chap4.2.txt）类的方法应用实例。

```
class Person {
    String name;
    int age;
    void setName(String name2) {
        name = name2;
    }
    void setAge(int age2) {
        age = age2;
    }
    void speak() {
        System.out.println("我叫" + name + ",今年" + age + "岁。");
```

```
    }
}
public class Test {
    public static void main(String[] args) {
        Person p1 = new Person();
        p1.setName("张三");
        p1.setAge(18);
        p1.speak();
    }
}
```

程序运行结果如图 4-2 所示。

```
Problems  Javadoc  Declaration  Console
<terminated> Test [Java Application] C:\Program Files\Jav
我叫张三,今年18岁。
```

图 4-2　类的方法应用实例

4.2.3　构造方法

在创建类的对象时，对类中的所有成员变量都要初始化，赋值过程比较麻烦。如果在对象最初被创建时就完成对其成员变量的初始化，程序将更加简洁。Java 允许对象在创建时进行初始化，初始化是通过构造方法来完成的。

在创建类的对象时，使用 new 关键字和一个与类名相同的方法来完成，该方法在实例化过程中被调用，称为构造方法。构造方法是一种特殊的成员方法，有以下几个主要特点：

- 构造方法的名称必须与类的名称完全相同。
- 构造方法不返回任何数据，也不需要使用 void 关键字声明。
- 构造方法的作用是创建对象并初始化成员变量。
- 在创建对象时，系统会自动调用类的构造方法。
- 构造方法一般用 public 关键字声明。
- 每个类至少有一个构造方法。如果不定义构造方法，Java 将提供一个默认的不带参数且方法体为空的构造方法。
- 构造方法也可以重载。

【例 4-3】（实例文件：ch04\Chap4.3.txt）类的构造方法应用实例。

```
class Person {
    String name;
    int age;

    public Person(String name, int age) { //定义构造方法，有两个参数
        this.name = name;
        this.age = age;
    }

    void speak() {
        System.out.println("我叫" + name + ",今年" + age + "岁。");
    }
}
```

```
public class Test {
    public static void main(String[] args) {
        Person p1 = new Person("张三", 18);
        //根据构造方法，必须含有两个参数，如果不写会报错
        //为了避免这种情况，应该再添加一种无参数的构造方法：public Person() { }
        //也就是说，如果自定义了构造方法，为了避免出错
        //应该定义一个无参数的构造方法，这样也实现了构造方法的重载
        p1.speak();
    }
}
```

程序运行结果如图 4-3 所示。

```
Problems  Javadoc  Declaration  Console
<terminated> Test [Java Application] C:\Program Files\Ja
我叫张三,今年18岁。
```

图 4-3　类的构造方法应用实例

构造方法和方法在修饰符、返回值、命名上的区别如下：

和方法一样，构造方法可以有任何访问修饰符，如 public、protected、private，或者没有修饰（通常被 package 和 friendly 调用）。而不同于方法的是，构造方法不能有 abstract、final、native、static 或 synchronized 等非访问修饰符。

方法能返回任何类型的值或者无返回值（void）；构造方法没有返回值，也不需要 void。

构造方法使用和类相同的名字，而方法则不同。按照习惯，方法通常以小写字母开始，而构造方法通常以大写字母开始。构造方法通常是一个名词，因为它和类名相同；而方法通常是动词，因为它说明一个操作。

4.2.4　认识对象

对象是根据类创建的。在 Java 中，使用关键字 new 来创建一个新的对象。创建对象需要以下 3 步：

（1）声明。声明一个对象，包括对象名称和对象类型。

（2）实例化。使用关键字 new 来创建一个对象。

（3）初始化。使用 new 创建对象时，会调用构造方法初始化对象。

对象是对类的实例化。在 Java 的世界里“一切皆为对象”，面向对象的核心就是对象。由类产生对象的格式如下：

```
类名 对象名 = new 类名( );
```

例如，声明一个对象：

```
Person p1;
```

然后，实例化一个对象：

```
p1 = new Person();
```

这时就可以连起来写：

```
Person p1 = new Person();
```

另外，访问对象的成员变量或者方法格式如下：

```
对象名.属性名
对象名.方法名()
```

例如，访问 Person 类的成员变量和方法代码如下：

```
p1.name;
p1.age;
p1.speak();
```

最后，给成员变量赋值：

```
p1.name = "张三";
p1.age = 18;
```

【例 4-4】（实例文件：ch04\Chap4.4.txt）创建对象应用实例。

```
class Person {
    String name;
    int age;
    void speak() {
        System.out.println("我叫" + name + ",今年" + age + "岁。");
    }
}

public class Test {
    public static void main(String[] args) {
        Person p1 = new Person();
        p1.name = "张三";
        p1.age = 18;
        p1.speak();
    }
}
```

程序运行结果如图 4-4 所示。

```
Problems @ Javadoc Declaration Console
<terminated> Test [Java Application] C:\Program Files\Jav
我叫张三,今年18岁。
```

图 4-4　创建对象应用实例

4.2.5　类的设计

在面向对象编程中，类的设计是一个核心问题，需要在不断学习和实践后才能有所收获，这是需要大量实践和时间的。在设计类的时候需要考虑以下几点：

- 考虑问题域里有哪些类哪些对象。
- 考虑这些类有什么属性，即成员变量和方法（成员函数），要明确这个类是做什么用的。
- 考虑这些类之间的关系。类之间的关系有关联、继承、聚合、实现和多态。

初学者不要急着开始就设计出很复杂的类，要尽可能理解类，先设计一些具有简单属性和方法的类，一步一步熟练之后再增加类的复杂程度。在定义类的时候如果不知道要定义几个类，可以按照需要实现的事情里面有几个名词来定义出需要的类。

例如，学生去北京。可以这样定义类：学生是名词，那么可以定义一个学生类，这个类里面有姓名、年龄等属性，还有去北京这个方法。那学生怎么去北京呢？坐汽车、火车还是飞机？需要设计一个交通工具类，里面有区别各个对象的属性和方法。

4.2.6 类和对象的关系

类和对象是面向对象方法的核心概念，类是对某一类事物的描述，是抽象的、概念上的定义，对象是实际存在的该类事物的个体，例如，可以定义一个桌子类，通过这个桌子类，可以定义多个桌子对象，还可以把桌子类看成是一个模板或者图纸，按照这个图纸就可以生产出许多桌子。

对象和对象之间可以不同，改变其中一个对象的某些属性，不会影响到其他的对象，例如按照桌子的图纸，可以生产出相同的桌子，也可以生产出不同高度的桌子。

4.3 对象值的传递

Java 中没有指针，所以也没有引用传递，仅仅有值传递。不过可以通过对象的方式来实现引用传递。

4.3.1 值传递

方法调用时，实际参数把它的值传递给对应的形式参数，方法执行中形式参数值的改变不影响实际参数的值。传递值的数据类型主要是基本数据类型，包括整型、浮点型等。

【例 4-5】（实例文件：ch04\Chap4.5.txt）值传递应用实例。

```
public class Test {
    public static void change(int i, int j) {
        int temp = i;
        i = j;
        j = temp;
    }

    public static void main(String[] args) {
        int a = 3;
        int b = 4;
        change(a, b);
        System.out.println("a=" + a);
        System.out.println("b=" + b);
    }
}
```

程序运行结果如图 4-5 所示。

```
Problems  Javadoc  Declaration  Console
<terminated> Test [Java Application] C:\Program Files\J
a=3
b=4
```

图 4-5 值传递应用实例

在本实例中，首先定义了一个静态方法 change，该方法有两个参数 i 和 j。在方法内定义变量 temp，将参数 i 的值赋给 temp，再将参数 j 的值赋给 i，再将 temp 的值赋给 j。初始化变量 a 和 b，将 a 和 b 的值作为 change 方法的参数，也就是说 a 相当于 i，b 相当于 j。输出的结果是 a 和 b 的值保持不变。由此可以确定，传递的值并不会改变原值。

4.3.2 引用传递

引用传递也称为传地址。方法调用时，实际参数的引用（地址，而不是参数的值）被传递给方法中对应的形式参数，在方法执行中，对形式参数的操作实际上就是对实际参数的操作，方法执行中形式参数值的改变将会影响实际参数值。

传递地址值的数据类型为除 String 以外的所有复合数据类型，包括数组、类和接口等。

【例 4-6】（实例文件：ch04\Chap4.6.txt）引用传递（对象）应用实例。

```
class A { //定义一个类
    int i = 0;
}

public class Test {
    public static void add(A a) {
        //a = new A();
        a.i++;
    }

    public static void main(String args[]) {
        A a = new A();
        add(a);
        System.out.println(a.i);
    }
}
```

程序运行结果如图 4-6 所示。

图 4-6 引用传递（对象）应用实例

在本实例中，当把 a=new A();行注释掉时，输出的结果是 1；当该行没有被注释掉时是 0，原因是 a= new A();构造了新的 A 对象，不是传递的那个对象了。

4.4 作用域修饰符

在 Java 语言中有许多修饰符，主要分为访问修饰符和非访问修饰符两种。修饰符用来定义类、方法或者变量，通常放在语句的最前面。

4.4.1 访问修饰符

在 Java 语言中，可以使用访问修饰符来规定对类、变量、方法和构造方法的访问。Java 提供了 4 种不同的访问权限，以实现不同范围的访问能力。表 4-1 列出了这些访问权限，其中 3 种有访问修饰符。

表 4-1 访问修饰符的作用范围

访问修饰符	同一个类中	同一个包中	不同包中的子类	不同包中的非子类
private	√			
无访问修饰符	√	√		
protected	√	√	√	
public	√	√	√	√

1. 私有的访问修饰符 private

private 修饰符对应最严格的访问级别，被声明为 private 的方法、变量和构造方法只能被所属类访问，并且类和接口不能声明为 private。

声明为私有访问类型的变量只能通过类中的公共方法被外部类访问。private 修饰符主要用来隐藏类的实现细节和保护类的数据。

【例 4-7】（实例文件：ch04\Chap4.7.txt）private 修饰符应用实例。

```
package create;
public class PrivateTest {
    private String name;                              //私有的成员变量
    public String getName() {                         //私有成员变量的 get 方法
        return name;
    }
    public void setName(String name) {                //私有成员变量的 set 方法
        this.name = name;
    }
    public static void main(String[] args){
        privateTest p = new PrivateTest();            //创建类的对象
        p.setName("private 访问修饰符");               //调用对象的 set 方法，为成员变量赋值
        System.out.println("name = " + p.getName());  //打印成员变量 name 的值
    }
}
```

程序运行结果如图 4-7 所示。在本例中，定义了一个私有的成员变量 name，通过它的 set 方法为成员变量 name 赋值，get 方法获取成员变量 name 的值。在 main()方法中创建类的对象 p，通过 p.setName()方法设置 name 的值，再通过调用 p.getName()方法打印输出 name 的值。

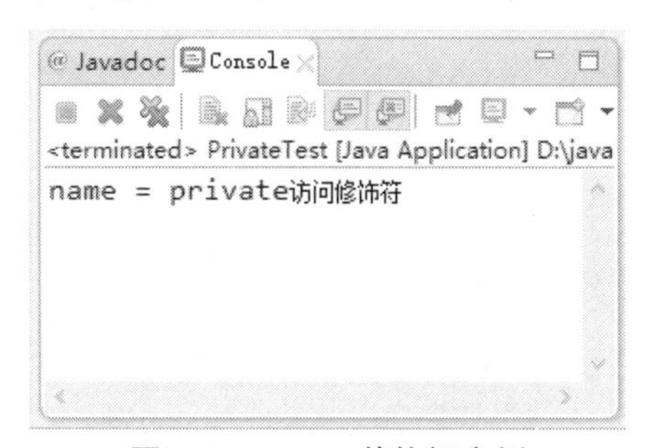

图 4-7 private 修饰词实例

2. 无访问修饰符

不使用访问修饰符声明的变量和方法，可以被这个类本身或者与类在同一个包内的其他类访问。接口中的变量都隐式声明为 public static final，而接口中的方法默认情况下访问权限为 public，因此无访问修饰符的情况也称为默认访问修饰符。

【例 4-8】（实例文件：ch04\Chap4.8.txt）变量和方法的声明，不使用任何访问修饰符。

```
package create;
public class DefaultTest {
    String name;                            //默认访问修饰符的成员变量
    String getName() {                      //默认访问修饰符成员变量的 get 方法
        return name;
    }
    void setName(String name) {             //默认访问修饰符成员变量的 set 方法
        this.name = name;
    }
public static void main(String[] args){
        DefaultTest d = new DefaultTest();
        d.setName("default test");
        System.out.println(d.getName());
    }
}
```

程序运行结果如图 4-8 所示。在本案例中，使用默认访问修饰符定义了成员变量 name、成员方法 getName() 和 setName()。它们可以被当前类或者与类在同一个包中的其他类访问。

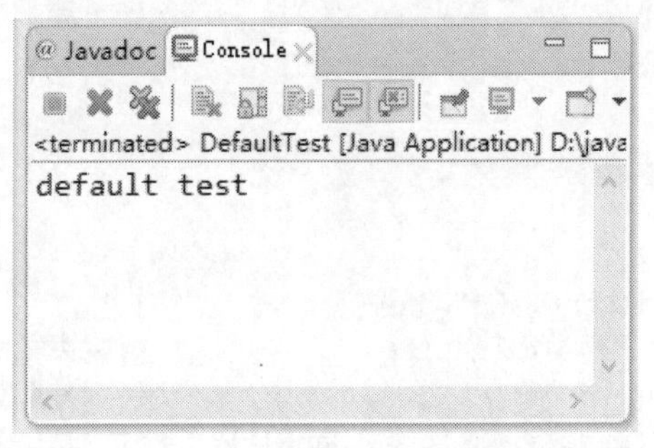

图 4-8　默认访问修饰符实例

3. 受保护的访问修饰符 protected

protected 修饰符不能修饰类和接口，方法和成员变量能够声明为 protected，但是接口的成员变量和成员方法不能声明为 protected。

【例 4-9】（实例文件：ch04\Chap4.9.txt）在父类 Person 中，使用 protected 声明了方法；在子类 Women 中，访问父类中用 protected 声明的方法。

```
package create;
public class Person {                       //父类
    protected String name;
    protected void sing(){                  //用 protected 修饰的方法
        System.out.println("父类...");
    }
}
package child;                              //与父类不在一个包中
import create.Person;                       //引入父类
```

```
public class Women extends Person{        //继承父类的子类
    public static void main(String[] args){
        Women w = new Women();
        w.sing();                          //调用子类在父类继承的方法
        w.name = "protected";
        System.out.println(w.name);
    }
}
```

程序运行结果如图 4-9 所示。

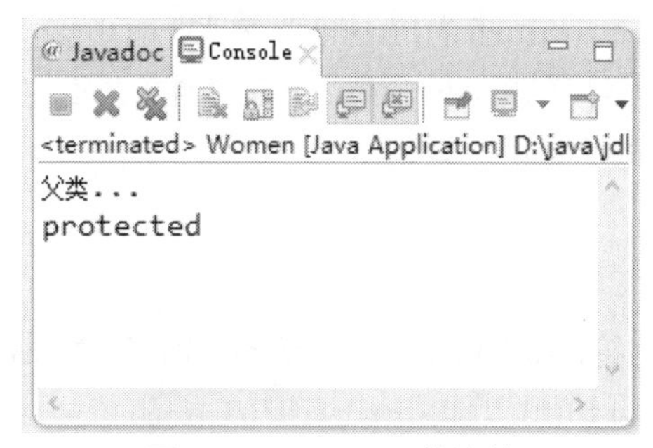

图 4-9 protected 修饰符

在本案例中，用 protected 声明了父类 Person 中的 sing()方法和成员变量 name，它可以被子类访问。在 main()方法中创建了子类对象 m，通过 m 访问了父类的 sing()方法，并为父类的 name 属性赋值，再在控制台打印它的值。

如果把 sing()方法声明为 private，那么除了父类 Person 之外的类将不能访问该方法。如果把 sing()方法声明为 public，那么所有的类都能够访问该方法。如果不给 sing()方法加访问修饰符，那么只有在同一个包中的类才可以访问它。

4. 公有的访问修饰符 public

被声明为 public 的类、方法、构造方法和接口能够被任何其他类访问。如果几个相互访问的 public 类分布在不同的包中，则需要用关键字 import 导入相应的 public 类所在的包。由于类的继承性，类所有的公有方法和变量都能被其子类继承。

【例 4-10】（实例文件：ch04\Chap4.10.txt）在类中定义 public 的方法，在不同包中访问它。

```
package create;
public class Person {                     //父类
    public void test(){
        System.out.println("父类: public test");
    }
}
package child;                            //与父类不在一个包中
import create.Person;                     //引入类
public class PublicTest {
    public static void main(String[] args) {
        Person p = new Person();          //创建 Person 对象
        p.test();                         //调用 Person 类中 public 的方法
    }
}
```

程序运行结果如图 4-10 所示。

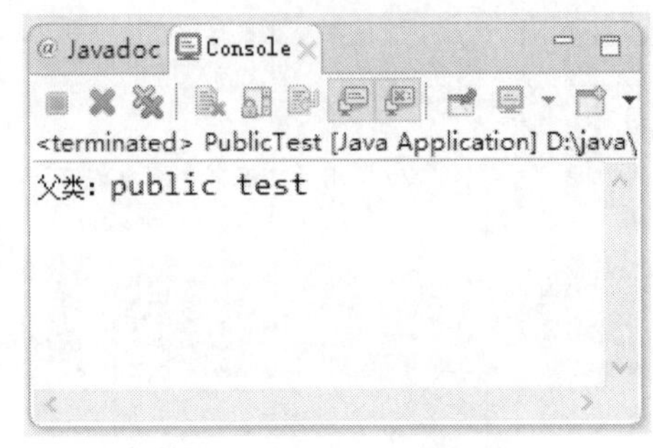

图 4-10　public 修饰符

在本案例中，定义了两个不同包中的类，两个类之间没有继承关系。在访问 PublicTest 类的 main()方法中，访问 Person 类中的 public 修饰的 test()方法。

4.4.2　非访问修饰符

Java 语言不仅提供了访问修饰符，还提供了许多非访问修饰符，如 static、final、abstract、synchronized、transient 和 volatile 等。

1. static 修饰符

static 修饰符用来修饰类的成员变量和成员方法，也可以形成静态代码块。static 修饰的成员变量和成员方法一般称为静态变量和静态方法，可以直接通过类名访问它们。访问的语法格式一般为

```
类名.静态方法名(参数列表) ;
类名.静态变量名;
```

用 static 修饰的代码块表示静态代码块，当 Java 虚拟机（JVM）加载类时，就会执行该代码块。

1）静态变量

static 修饰的成员变量独立于该类的任何对象，被类的所有对象共享。无论一个类实例化多少对象，它的静态变量都只有一份。只要加载这个类，Java 虚拟机就能根据类名在运行时数据区的方法区内找到它们。因此，static 对象可以在它的任何对象创建之前访问，无须引用任何对象。静态变量也称为类变量。局部变量不能被声明为 static 变量。

2）静态方法

static 用来声明独立于对象的静态方法。静态方法不能使用类的非静态变量。静态方法从参数列表得到数据，然后计算这些数据。由于 static 修饰的方法独立于任何对象，因此 static 方法必须被实现，而不能是抽象的 abstract。

静态方法直接通过类名调用，任何对象也都可以调用它，因此静态方法中不能用 this 和 super 关键字，不能直接访问所属类的成员变量和成员方法，只能访问所属类的静态成员变量和静态成员方法。

3）static 代码块

static 代码块也称为静态代码块，是在类中独立于类成员的 static 语句块，可以有多个，位置可以随便放，它不在任何方法体内。JVM 加载类时会执行这些静态的代码块，如果 static 代码块有多个，JVM 将按照它们在类中出现的先后顺序依次执行它们，每个代码块只会被执行一次。

4）static 和 final

用 static 和 final 修饰的成员变量一旦初始化，它的值就不可以修改，并且要通过类名访问，它的名称一般建议使用大写字母。用 static 和 final 修饰的成员方法不可以被重写，并且通过类名直接访问。

需要注意，对于被 static 和 final 修饰的成员常量，成员变量本身的值不能再改变了，但对于一些容器类型（如 ArrayList、HashMap）的成员变量，不可以改变容器变量本身的值，但可以修改容器中存放的对象，这种成员变量类似于对象的引用。

【例 4-11】（实例文件：ch04\Chap4.11.txt）static 修饰符的使用。

```
package create;
public class StaticTest {
    public static final String BANANA = "香蕉";              //static final 修饰的常量
    public static float price = 5.2f;                       //final 定义的成员变量

    static{
        System.out.println("static 静态块");
    }

    public static void test(){
        System.out.println(StaticTest.BANANA + "的价格是: " + StaticTest.price);
    }

    public static void main(String[] args){
        StaticTest st = new StaticTest();
        st.test();
        System.out.println("main()中, "+st.BANANA+"的 price = " + st.price);
    }
}
```

程序运行结果如图 4-11 所示。

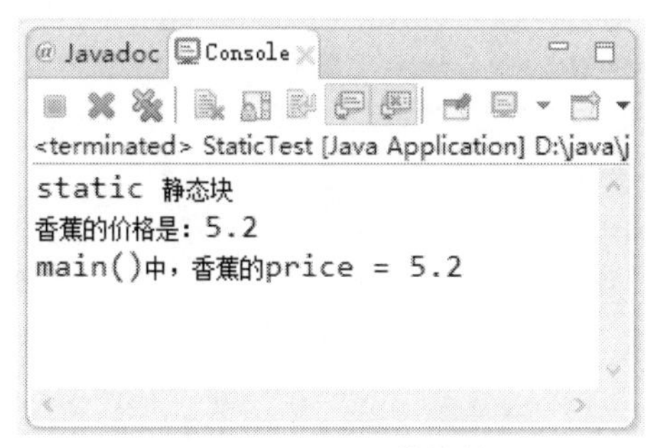

图 4-11　static 修饰符

在本例中，定义了 static 和 final 修饰的常量 BANANA 并初始化，定义了 static 修饰的静态成员变量 price 并初始化；定义 static 块，在类加载时执行；在 main()方法中创建类的对象 st，通过对象 st 调用 test()，并通过对象 st 调用类的静态成员变量和常量打印输出它们的值。

2. final 修饰符

final 可以修饰类、方法和变量，意义不同，但是本质相同，都是表示不可改变。

1）final 修饰类中的变量

用 final 修饰的成员变量表示常量，值一旦给定就无法改变。final 修饰的变量有 3 种，分别是静态变量、成员变量和局部变量。变量的初始化可以在两个地方，一是在定义时初始化，二是在构造方法中赋值。

final 变量定义的时候，可以先声明，而不给初值，这种变量也称为 final 空白，无论什么情况，编译器都确保 final 空白在使用之前必须被初始化。但是，final 空白在 final 关键字的使用上提供了更大的灵活性，为此，一个类中的 final 数据成员就可以实现既根据对象而有所不同，又保持其恒定不变的特征。

2）final 修饰类中的方法

如果一个类不允许其子类覆盖某个方法，则可以把这个方法声明为 final 方法。使用 final 方法的原因有两个：一是把方法锁定，防止任何继承类修改它的意义和实现；二是高效。编译器在遇到调用 final 方法时，会转入内嵌机制，大大提高执行效率。

类的成员方法使用 final 修饰，方法不能再被重写。final 声明方法的格式如下：

```
[修饰符] final 返回值类型 方法名([参数类型 参数，…]){
    方法体
}
```

3）final 修饰类

用 final 声明的类不能被继承，即最终类。因此 final 类的成员方法没有机会被覆盖，默认都是 final 的。在设计类时候，如果这个类不需要有子类，类的实现细节不允许改变，并且确信这个类不会被扩展，那么就设计为 final 类。final 声明类的语法格式一般为

```
final class 类名{
    类体
}
```

【例 4-12】（实例文件：ch04\Chap4.12.txt）final 关键字的使用。

```
public class Father {                          //定义父类
  final int f = 9;
  final void work(){                           //使用 final 修饰方法
      System.out.println("我在上班...");
  }
}
public class Son extends Father{               //子类继承父类
    public static void main(String[] args){
      Son s = new Son();
      s.f = 12;
      System.out.println(s.f);
    }
    void work(){                               //子类尝试重写父类的 work()
    }
}
```

将 Father.java 和 Son.java 复制到 E:\java 目录下，在 DOS 命令提示符下，编译上述子类（Son 类）时出现错误提示信息，如图 4-12 所示。

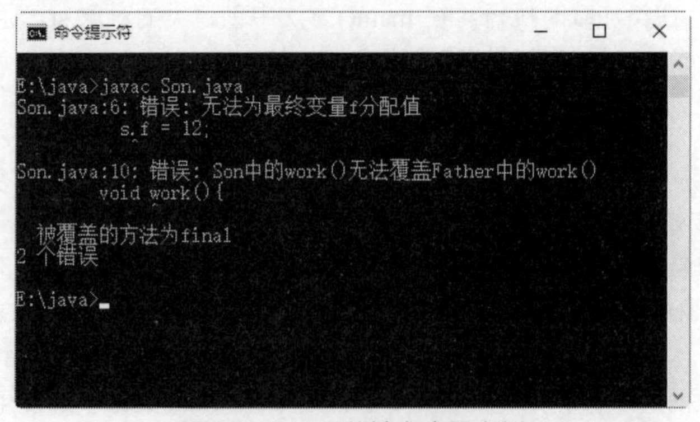

图 4-12　final 关键字应用实例

在本例中，父类使用 final 声明了 work()方法，使用 final 声明了整型变量 f。在子类中为变量 f 赋值，编译错误信息提示“错误: 无法为最终变量 f 分配值”。Son 类重写父类的 work()方法时，编译出现错误信

息提示：“Son 中的 work()无法覆盖 Father 中的 work()，被覆盖的方法为 final”，即 final 定义的成员方法不能被重写。

3. abstract 修饰符

abstract 用来修饰类，这个类称为抽象类。抽象类不能用来实例化对象，声明抽象类的唯一目的是为了将来对该类进行扩充。

抽象类可以包含抽象方法和非抽象方法。如果一个类包含若干个抽象方法，那么该类必须声明为抽象类。抽象类可以不包含抽象方法。抽象方法的声明以分号结尾。

抽象方法不能被声明成 final 和 static。抽象方法是一种没有任何实现的方法，该方法的具体实现由子类提供。任何继承抽象类的子类必须实现父类的所有抽象方法，除非该子类也是抽象类。

4. synchronized 修饰符

synchronized 声明的方法同一时间只能被一个线程访问。synchronized 的作用范围有如下两种：

（1）在某个对象内，synchronized 修饰的方法可以防止多个线程同时访问。这时，不同的对象的 synchronized 方法是不相干扰的。也就是说，其他线程照样可以同时访问相同类的另一个对象中的 synchronized 方法。如果一个对象有多个 synchronized 方法，只要一个线程访问了其中的一个 synchronized 方法，其他线程就不能同时访问这个对象中任何一个 synchronized 方法。

（2）在某个类中，用 synchronized 修饰静态方法可以防止多个线程同时访问这个类中的静态方法。它可以对类的所有对象起作用。

5. transient 修饰符

序列化的对象包含被 transient 修饰的成员变量时，JVM 跳过该特定的变量。该修饰符包含在定义变量的语句中，用来预处理类和变量的数据类型。

6. volatile 修饰符

Java 语言是支持多线程的，为了解决线程并发的问题，在语言内部引入了同步块和 volatile 关键字机制。volatile 修饰的成员变量在每次被线程访问时都强制从共享内存中重新读取该成员变量的值。而且，当成员变量发生变化时，会强制线程将变化值回写到共享内存。这样在任何时刻，两个不同的线程总是看到某个成员变量的同一个值。一个 volatile 对象引用可能是 null。

4.5 封装

封装是把过程和数据包围起来，对数据的访问只能通过已定义的接口。面向对象计算始于以下基本概念：现实世界可以被描绘成一系列完全自治的、封装的对象，这些对象通过一个受保护的接口访问其他对象。

对于封装而言，一个对象所封装的是自己的属性和方法，所以它不需要依赖其他对象就可以完成自己的操作。封装的优点如下：

- 良好的封装能够减少耦合。
- 类内部的结构可以自由修改。
- 可以对成员变量进行更精确的控制。
- 隐藏信息，实现细节。

【例 4-13】（实例文件：ch04\Chap4.13.txt）类的封装。

```
class Person {
    private String name;
    private int age;
    private float weight;

    public String getName() {
        return name;
    }

    public void setName(String name) {
        this.name = name;
    }

    public int getAge() {
        return age;
    }

    public void setAge(int age) {
        this.age = age;
    }

    public float getWeight() {
        return weight;
    }

    public void setWeight(float weight) {
        this.weight = weight;
    }
}

public class Test {
    public static void main(String[] args) {
        Person p1 = new Person();
        p1.setName("张三");                          //设置姓名
        p1.setAge(18);                               //设置年龄
        p1.setWeight(80);                            //设置体重

        System.out.println(p1.getName());            //获得姓名
        System.out.println(p1.getAge());             //获得年龄
        System.out.println(p1.getWeight());          //获得体重
    }
}
```

程序运行结果如图 4-13 所示。

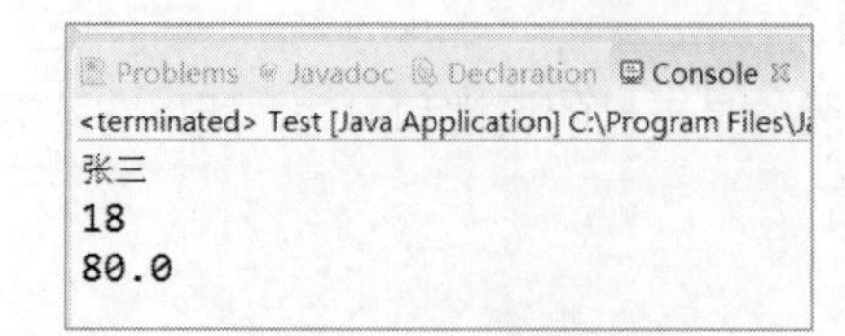

图 4-13　f 类的封装

在本例中，将 name、age、weight 3 个属性设置为 private，这样其他类就不能访问这 3 个属性。然后又为每个属性写了两个方法 getXxx()和 setXxx()，将这两个方法设置为 public，其他类可以通过 setXxx()方法来设置对应的属性，通过 getXxx()来获得对应的属性。将 setXxx()方法简称为 set 方法，将 getXxx()方法简称为 get 方法。

封装就是这样把一个对象的属性私有化，同时提供一些可以被外界访问的属性的方法，如果不想被外界访问，可以不给外界提供方法。但是如果一个类没有提供给外界访问的方法，那么这个类也没有什么意义了。例如，将一个房子看作一个对象，房子内部的装修装饰、家具、沙发等都是该房子的私有属性，但是如果没有墙壁来遮挡，别人就会对屋子内的一切一览无余，没有一点儿隐私。正因为那个遮挡的墙壁的存在，我们既能够有自己的隐私，也可以随意更改里面的摆设而不会影响到其他的人。但是如果没有门，一个包裹得严严实实的黑盒子又有什么存在的意义呢？通过门别人也能够进到房子里。门就是房子对象留给外界访问的接口。

我们继续深入这个例子，如果将 age 设置成 500 或者负数，也是不会报错的，将 weight 设置成 1000 或者负数也是不会报错的，但这是不符合实际情况的，谁会是 500 岁或者年龄是负数呢？谁会是 1000kg 或者体重是负数呢？这个问题使用封装就可以很好地解决。

【例 4-14】（实例文件：ch04\Chap4.14.txt）验证类的属性。

```
class Person {
   private String name;
   private int age;
   private float weight;

   public String getName() {
      return name;
   }
   public void setName(String name) {
      this.name = name;
   }

   public int getAge() {
      return age;
   }
   public void setAge(int age) {
      if (age <= 0 || age >150) {
         System.out.println("年龄不能为负值，设为默认 18 岁");
         this.age = 18;
      } else {
         this.age = age;
      }
   }

   public float getWeight() {
      return weight;
   }
   public void setWeight(float weight) {
      if (weight <= 0 || weight > 1000) {
         System.out.println("体重不能为负值，设为默认 50 公斤");
         this.weight = 50;
      } else {
         this.weight = weight;
```

```
        }
    }

}
public class Test {
    public static void main(String[] args) {
        Person p1 = new Person();
        p1.setName("张三");                          //设置姓名
        p1.setAge(-5);                              //设置年龄
        p1.setWeight(0);                            //设置体重

        System.out.println(p1.getName());           //获得姓名
        System.out.println(p1.getAge());            //获得年龄
        System.out.println(p1.getWeight());         //获得体重
    }
}
```

程序运行结果如图 4-14 所示。

```
Problems | @ Javadoc | Declaration | Console
<terminated> Test [Java Application] C:\Program Files\Jav
年龄不能为负值，设为默认18岁
体重不能为负值，设为默认50公斤
张三
18
50.0
```

图 4-14 验证类的属性

在本例中，在 age 和 weight 两个属性的 set 方法内加入了判断，如果符合要求就按照参数进行设置，如果不符合要求就设置为一个默认值，这样就避免了不切合实际情况的发生。

封装隐藏了类的内部实现机制，可以在不影响使用的情况下改变类的内部结构，同时也保护了数据。对外界而言，它的内部细节是隐藏的，暴露给外界的只是它的访问方法。

4.6 继承

继承是 Java 面向对象编程技术的一块基石。继承能以已有的类为基础，派生出新的类，可以简化类的定义，扩展类的功能。在 Java 中支持类的单继承和多层继承，但是不支持多继承，也就是说，一个类只能继承一个类而不能继承多个类，即一个类只能有一个父类，不能有多个父类。但是一个类却可以被多个类继承，也就是说一个类可以拥有多个子类。

子类继承父类的特征和行为，使得子类具有父类的各种属性和方法。在继承关系中，父类更通用，子类更具体。父类具有更一般的特征和行为，而子类除了具有父类的特征和行为，还具有一些自己特殊的特征和行为。

在继承关系中，父类和子类需要满足 is-a 的关系，即子类是父类。表示父类和子类的术语——父类和子类、超类和子类、基类和派生类，它们表示的是同一个意思。

所有类都直接或者间接地继承了 java.lang.Object 类，Object 类中定义了所有的 java 对象都具有的相同行为，是所有类的祖先。

一个类如果没有使用 extends 关键字，那么这个类直接继承自 Object 类。另外，使用关键字 extends 可以实现继承。具体格式如下：

```
class 子类名 extends 父类名
```

【例 4-15】（实例文件：ch04\Chap4.15.txt）类的继承。

```
class Animal {
    public String name;
    private int id;
    public void eat(){
        System.out.println(name+"正在吃");
    }
    public void sleep(){
        System.out.println(name+"正在睡");
    }
}

class Cat extends Animal {
    public void shout(){
        System.out.println(name+"正在叫");
    }
}
```

在本例中，父类 Animal 定义了一个公有的属性 name、一个私有的属性 id 和两个公有的方法 eat()、sleep()；子类 Cat 继承 Animal，虽然只定义了一个方法 shout()，但会从父类继承一个公有属性 name 和两个公有方法 eat()、sleep()，父类私有的属性 id 不能被子类继承。

1. 子类继承父类的成员变量

当子类继承了某个类之后，便可以使用父类中的成员变量，但是并不是完全继承父类的所有成员变量。具体的原则如下：

- 能够继承父类的 public 和 protected 成员变量，不能够继承父类的 private 成员变量。
- 对于父类的包访问权限成员变量，如果子类和父类在同一个包下，则子类能够继承，否则不能继承。
- 对于子类可以继承的父类成员变量，如果在子类中出现了同名的成员变量，则会发生隐藏现象，即子类的成员变量会屏蔽父类的同名成员变量。如果要在子类中访问父类中的同名成员变量，需要使用 super 关键字来进行引用。

2. 子类继承父类的方法

同样地，子类也并不是完全继承父类的所有方法。具体的原则如下：

- 子类能够继承父类的 public 和 protected 成员方法，不能够继承父类的 private 成员方法。
- 对于父类的包访问权限成员方法，如果子类和父类在同一个包下，则子类能够继承，否则不能继承。
- 对于子类可以继承的父类成员方法，如果在子类中出现了同名的成员方法，则称为覆盖，即子类的成员方法会覆盖父类的同名成员方法。如果要在子类中访问父类中的同名成员方法，需要使用 super 关键字来进行引用。

3. 构造方法

子类不能够继承父类的构造方法。需要注意的是，如果父类的构造方法都是带有参数的，则必须在子类的构造方法中显式地通过 super 关键字调用父类的构造方法并配以适当的参数列表。如果父类有无参构造

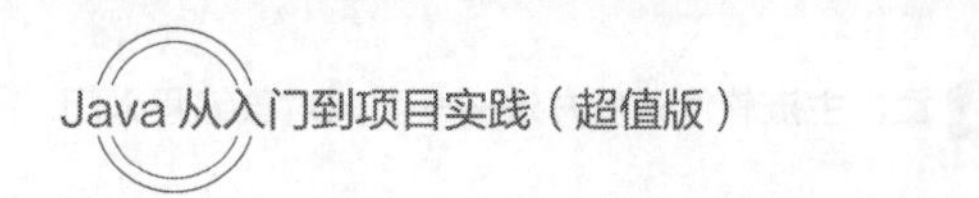

方法，则在子类的构造方法中调用父类构造方法则不是必须使用 super 关键字，如果没有使用 super 关键字，系统会自动调用父类的无参构造方法。

【例 4-16】（实例文件：ch04\Chap4.16.txt）继承构造方法在继承中的实例。

```
class Shape {
    protected String name;
    public Shape(){
        name = "shape";
    }
    public Shape(String name) {
        this.name = name;
    }
}

class Circle extends Shape {
    private double radius;
    public Circle() {
        radius = 0;
    }
    public Circle(double radius) {
        this.radius = radius;
    }
    public Circle(double radius,String name) {
        this.radius = radius;
        this.name = name;
    }
}
```

本例中的代码是没有问题的，但如果把父类的无参构造方法去掉，则下面的代码必然会出错：

```
public class Shape {
    protected String name;
/*
public Shape(){
        name = "shape";
}
*/
    public Shape(String name) {
        this.name = name;
    }
}

public class Circle extends Shape {
    private double radius;
    public Circle() {
        radius = 0;
    }
    public Circle(double radius) {
        this.radius = radius;
    }
    public Circle(double radius,String name) {
        this.radius = radius;
```

```
        this.name = name;
    }
}
```

可以改为如下代码：

```
public class Shape {
    protected String name;
/*
public Shape(){
        name = "shape";
}
*/
    public Shape (String name) {
        this.name = name;
    }
}

public class Circle extends Shape {
    private double radius;
    public Circle () {
        super("Circle");
        radius = 0;
    }
    public Circle (double radius) {
        super("Circle");
        this.radius = radius;
    }
    public Circle (double radius, String name) {
        super(name);
        this.radius = radius;
        this.name = name;
    }
}
```

由于父类没有无参构造方法，所以子类的构造方法必须先使用 super 方法调用父类的有参构造方法，这样确实比较麻烦，因此父类在设计构造方法时应该含有一个无参构造方法。

4.7 重载

在 Java 中，同一个类中的多个方法可以有相同的名字，只要它们的参数列表不同即可，这被称为方法重载（method overloading）。参数列表又叫参数签名，包括参数的类型、参数的个数和参数的顺序，只要有一个不同就叫做参数列表不同。重载是面向对象的一个基本特性。

【例 4-17】（实例文件：ch04\Chap4.17.txt）方法的重载。

```
public class Test {
    //一个普通的方法，不带参数
    void test() {
        System.out.println("No parameters");
    }
```

```
    //重载上面的方法，并且带了一个整型参数
    void test(int a) {
        System.out.println("a: " + a);
    }

    //重载上面的方法，并且带了两个参数
    void test(int a, int b) {
        System.out.println("a and b: " + a + " " + b);
    }

    //重载上面的方法，并且带了一个双精度参数
    double test(double a) {
        System.out.println("double a: " + a);
        return a * a;
    }

    public static void main(String args[]) {
        Test d1 = new Test();
        d1.test();
        d1.test(2);
        d1.test(2, 3);
        d1.test(2.0);
    }
}
```

程序运行结果如图 4-15 所示。

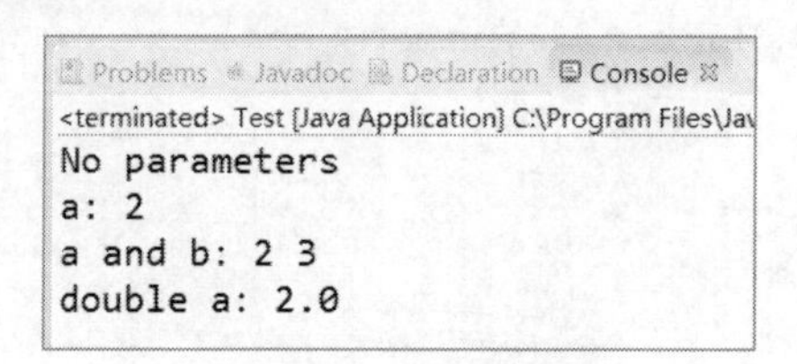

图 4-15　方法的重载

通过本例可以看出，重载就是在一个类中有相同的函数名称但形参不同的函数。重载可以让一个程序段尽量减少代码和方法的种类。方法的重载有以下几点要特别注意：

- 方法名称必须相同。
- 方法的参数列表（参数类型、参数个数、参数顺序）至少有一项不同，仅仅参数变量名称不同是不可以的。
- 方法的返回值类型和修饰符不做要求，可以相同，也可以不同。

4.8　多态

多态是面向对象程序设计中实现代码重用的一种机制。前面讲过的重载，即调用一系列具有相同名称的方法，这些方法可根据传入参数的不同而得到不同的处理结果，这其实就是多态性的一种体现，属于静态多态。这种多态是在代码编译阶段就确定下来的。还有一种多态形式，在程序运行阶段才能体现出来，

称为动态多态。

在实际编写程序时，动态多态的用法更为广泛和有效。下面讲解动态多态，简称多态。还有两个重要的概念：

- 向上转型：父类对象通过子类对象实例化。
- 向下转型：父类对象可以转换为子类对象，但必须强制转换。

另外，多态的存在要有 3 个前提：

- 要有继承关系。
- 子类要重写父类的方法。
- 父类引用指向子类。

【例 4-18】（实例文件：ch04\Chap4.18.txt）多态实例。

```
class Animal {                                    //父类 Animal
    int age = 10;

    public void eat() {
        System.out.println("动物吃东西");
    }

    public void shout() {
        System.out.println("动物在叫");
    }

    public static void run() {
        System.out.println("动物在奔跑");
    }
}

class Dog extends Animal {                        //子类 Dog 继承父类 Animal, int age = 60;
    String name = "黑子";                         //子类独有的属性 name

    public void eat() {
        System.out.println("狗在吃东西");
    }

    public static void run() {
        System.out.println("狗在奔跑");
    }

    public void watchDoor() {                     //子类独有的方法 watchDoor()
        System.out.println("狗在看门");
    }
}

public class Test {
    public static void main(String[] args) {
        Animal a1 = new Dog();                    //父类通过子类实例化，多态的表现
        a1.eat();
        a1.shout();
        a1.run();
```

```
        System.out.println(a1.age);
    }
}
```

程序运行结果如图 4-16 所示。

```
Problems  Javadoc  Declaration  Console
<terminated> Test [Java Application] C:\Program Files\Ja
狗在吃东西
动物在叫
动物在奔跑
10
```

图 4-16　多态实例

以上的 3 段代码充分体现了多态的 3 个前提，分别如下：

（1）存在继承关系。Dog 类继承了 Animal 类。

（2）子类要重写父类的方法。子类重写（override）了父类的两个成员方法 eat()和 run()。其中 eat()是非静态的，run()是静态的。

（3）父类数据类型的引用指向子类对象，即 Animal a1 = new Dog();。

【例 4-19】（实例文件：ch04\Chap4.19.txt）调用子类独有的属性和方法。

```
class Animal {                          //父类 Animal
    int age = 10;

    public void eat() {
        System.out.println("动物吃东西");
    }

    public void shout() {
        System.out.println("动物在叫");
    }

    public static void run() {
        System.out.println("动物在奔跑");
    }
}

class Dog extends Animal {              //子类 Dog 继承父类 Animal, int age = 60;
    String name = "黑子";               //子类独有的属性 name

    public void eat() {
        System.out.println("狗在吃东西");
    }

    public static void run() {
        System.out.println("狗在奔跑");
    }

    public void watchDoor() {           //子类独有的方法 watchDoor()
        System.out.println("狗在看门");
    }
```

```
}
public class Test {
    public static void main(String[] args) {
        Animal a1 = new Dog();          //父类通过子类实例化，多态的表现，向上转型
        a1.watchDoor();
        System.out.println(a1.name);
    }
}
```

运行会报错！

通过上面两个例子的运行结果可以看到，多态有以下几个特点：

- 指向子类的父类引用只能访问父类中拥有的方法和属性。
- 对于子类中存在而父类中不存在的方法，该引用是不能使用的。
- 若子类重写了父类中的某些方法，在调用这些方法的时候，必定是使用子类中定义的这些方法。

那么，如何使例子中的 a1 可以访问子类独有的方法和属性呢？可以通过向下转型来实现。

【例 4-20】（实例文件：ch04\Chap4.20.txt）向下转型，调用子类独有的属性和方法。

```
class Animal {                          //父类 Animal
    int age = 10;

    public void eat() {
        System.out.println("动物吃东西");
    }

    public void shout() {
        System.out.println("动物在叫");
    }

    public static void run() {
        System.out.println("动物在奔跑");
    }
}

class Dog extends Animal {              //子类 Dog 继承父类 Animal, int age = 60;
    String name = "黑子";               //子类独有的属性 name

    public void eat() {
        System.out.println("狗在吃东西");
    }

    public static void run() {
        System.out.println("狗在奔跑");
    }

    public void watchDoor() {           //子类独有的方法 watchDoor()
        System.out.println("狗在看门");
    }
}

public class Test {
```

```
    public static void main(String[] args) {
        Animal a1 = new Dog();          //向上转型
        Dog d1 = (Dog) a1;              //向下转型，必须强制类型转换
        d1.watchDoor();
        System.out.println(d1.name);
    }
}
```

程序运行结果如图 4-17 所示。

Problems Javadoc Declaration Console
<terminated> Test [Java Application] C:\Program Files\Ja
狗在看门
黑子

图 4-17　向下转型

通过本例可以看出，父类对象 a1 通过向下转型，强制转换为子类 Dog，转型后就可以访问子类 Dog 独有的属性和方法了。

4.9　定义和导入包

为了更好地组织类，Java 提供了包（package）机制，用于区别类名的命名空间。包具有以下作用：

- 把功能相似或相关的类或接口组织在同一个包中，方便类的查找和使用。
- 如同文件夹一样，包也采用了树形目录的存储方式。同一个包中的类名是不同的，不同的包中的类名是可以相同的，当同时调用两个不同包中类名相同的类时，应该加上包名加以区别。因此，包可以避免类名冲突。
- 包也限定了访问权限，拥有包访问权限的类才能访问某个包中的类。

包语句的语法格式为

```
package 包名1[.包名2[.包名3…]];
```

创建包的时候，需要为这个包取一个合适的名字。之后，如果另一个源文件包含了这个包提供的类、接口、枚举或者注释类型的时候，都必须将这个包的声明放在这个源文件的开头。

包声明应该在源文件的第一行，每个源文件只能有一个包声明，这个文件中的每个类型都属于它。如果一个源文件中没有使用包声明，那么其中的类、函数、枚举、注释等将被放在一个无名的包（unnamed package）中。

【例 4-21】（实例文件：ch04\Chap4.21.txt）包定义。

这个例子创建了一个叫做 animals 的包。通常使用小写的字母来命名避免与类、接口名字的冲突。在 animals 包中加入一个类 Animal：

```
package animals;

public class Animal {
    public void eat() {
        System.out.println("动物吃东西");
    }

    public void shout() {
```

```
        System.out.println("动物在叫");
    }
}
```

接下来，在同一个包中加入该类的一个子类 Dog：

```
package animals;

public class Dog extends Animal {
    public void shout() {
        System.out.println("狗正在汪汪叫");
    }
}
```

最后，在同一个包中加入该类的一个测试类 Test：

```
package animals;
public class Test {
    public static void main(String[] args) {
        Dog d1 = new Dog();
        d1.shout();
    }
}
```

程序运行测试类结果如图 4-18 所示。

```
Problems  Javadoc  Declaration  Console
<terminated> Test (1) [Java Application] C:\Program Files
狗正在汪汪叫
```

图 4-18　包定义

为了能够使用某一个包的成员，需要在 Java 程序中明确导入该包。使用 import 语句可完成此功能。在 Java 源文件中 import 语句应位于 package 语句之后并位于所有类的定义之前，可以没有，也可以有多条，其语法格式为

```
import package1[.package2…].(classname|*);
```

如果在一个包中，一个类想要使用本包中的另一个类，那么该包名可以省略。

【例 4-22】（实例文件：ch04\Chap4.22.txt）导入包。

```
import java.util.Date;      //为了使用 Java API 中定义的 Date 类，导入 java.util.Date 包
public class Test {
    public static void main(String args[]) {
        Date date = new Date();
        System.out.println(date.toString());
    }
}
```

程序运行结果如图 4-19 所示。

```
Problems  Javadoc  Declaration  Console
<terminated> Test (1) [Java Application] C:\Program Files
Tue Nov 07 21:16:00 CST 2017
```

图 4-19　导入包

4.10 就业面试解析与技巧

4.10.1 面试解析与技巧（一）

面试官：重载和重写有什么区别？重载的方法是否可以改变返回值的类型?

应聘者：方法的重写和重载是 Java 多态性的不同表现。重写是父类与子类之间多态性的一种表现，重载是一个类中多态性的一种表现。如果在子类中定义某方法与其父类有相同的名称和参数，就说该方法被重写。子类的对象使用这个方法时，将调用子类中的定义，对它而言，父类中的定义如同被屏蔽了。如果在一个类中定义了多个同名的方法，它们或有不同的参数个数，或有不同的参数类型，则称为方法的重载，重载的方法可以改变返回值的类型。

4.10.2 面试解析与技巧（二）

面试官：为什么 Java 文件中只能含有一个 public 类?

应聘者：Java 程序是从一个 public 类的 main()函数开始执行的，就像 C 程序是从 main()函数开始执行一样，main()函数只能有一个。public 类是为了给类装载器提供方便。一个 public 类只能定义在以它的类名为文件名的文件中。每个编译单元都只有一个 public 类。因为每个编译单元都只能有一个公共接口，用 public 类来表现。该接口可以按照要求包含众多的支持包访问权限的类。如果有不止一个 public 类，编译器就会报错。并且 public 类的名称必须与文件名相同，不过，严格区分大小写。当然一个编译单元内也可以没有 public 类。

第 2 篇

核心应用

在学习了 Java 的基本概念和基础知识后，读者已经能编写简单的程序了。本篇将介绍 Java 编程的核心应用技术，包括 Java 类、抽象类与接口、数组与方法、字符串的应用以及常用类在 Java 编程中的应用等技术。通过本篇的学习，读者将对 Java 编程的核心应用有更深入的理解，编程能力会有进一步的提高。

第5章

Java内部的秘密——内部类

◎ 本章教学微视频：6个　25分钟

学习指引

在Java中，允许在一个类的内部定义类，这样的类称作内部类，内部类所在的类称作外部类。根据内部类的位置、修饰符和定义的方式可以将内部类分为不同类型。本章介绍Java的内部类，主要内容包括创建内部类、链接到外部类、成员内部类、匿名内部类、局部内部类和静态内部类等。

重点导读

- 掌握创建内部类的方法。
- 掌握链接到外部类的方法。
- 掌握成员内部类的使用方法。
- 掌握匿名内部类的使用方法。
- 掌握局部内部类的使用方法。
- 掌握静态内部类的使用方法。

5.1　创建内部类

内部类就是在一个类的内部再定义一个类。内部类可以是静态的，也可以用public、default、protected和private修饰，而外部类只能使用public和default修饰。

内部类是一个编译时的概念，一旦编译成功，就会和相应的外部类成为完全不同的两个类。对于一个名为OuterTest的外部类和其内部定义的名为Inner的内部类，编译完成后出现OuterTest.class和OuterTest$Inner.class两个类。所以内部类的成员变量、方法名可以和外部类的相同。

下面举例说明如何创建和实例化内部类。

【例5-1】（实例文件：ch05\Chap5.1.txt）创建内部类应用实例。

```
public class OuterC {
    public void showOuterC() {
        System.out.println("这是外部类");
    }
    public class InnerC {
        public void showInnerC() {
            System.out.println("这是内部类");
        }
    }
}
```

在本例中，OuterC 是一个外部类，在该类中定义了一个内部类 InnerC 和一个 showOuterC()方法，其中，InnerC 类有一个 showInnerC()方法。

5.2 链接到外部类

如果想通过外部类访问内部类，则需要通过外部类对象创建内部类对象。创建内部类对象的具体语法格式如下：

```
外部类名.内部类名 对象名 = new 外部类名().new 内部类名();
```

下面通过一个例子来具体说明。

【例 5-2】（实例文件：ch05\Chap5.2.txt）实例化内部类（每个类均为单独的文件）。

```
public class OuterC {
    public void showOuterC() {
        System.out.println("这是外部类");
    }
    public class InnerC {
        public void showInnerC() {
            System.out.println("这是内部类");
        }
    }
}

public class Test {
    public static void main(String[] args) {
        OuterC.InnerC ic = new OuterC().new InnerC();
        ic.showInnerC();
    }
}
```

程序运行结果如图 5-1 所示。

Problems Javadoc Declaration Console
<terminated> Test (2) [Java Application] C:\Program Files
这是内部类

图 5-1 实例化内部类运行结果

本例通过 OuterC.InnerC ic = new OuterC().new InnerC(); 来创建内部类对象 ic，并调用内部类的 showInnerC()方法将内容显示在控制台上。

5.3 成员内部类

在一个类中除了可以定义成员变量、成员方法，还可以定义类，这样的类就被称作成员内部类，成员内部类是最普通的内部类。在成员内部类中可以访问外部类的所有成员。成员内部类的使用方法如下：

- 成员内部类定义在外部类的内部，相当于外部类的一个成员变量，成员内部类可以使用任意访问控制符，如 public、protected、private 等。
- 成员内部类的方法可以直接访问外部类的所有数据，包括私有的数据。
- 定义了成员内部类后，必须使用外部类对象来创建内部类对象。即：

```
内部类 对象名=外部类对象.new 内部类();
```

- 成员内部类 class 文件格式为“外部类名$内部类名.class”。

另外，还有一些规定如下：

- 外部类不能直接使用内部类的成员和方法。可先创建内部类的对象，然后通过内部类的对象来访问其成员变量和方法。
- 如果外部类和内部类具有相同的成员变量或方法，内部类默认访问自己的成员变量或方法。如果内部类要访问外部类的成员变量，可以使用 this 关键字（内部类默认可以引用外部类对象，引用时在对象名前面加上“外部类名.this”）。
- 外部类的外部要声明完整，如外部类名.内部类名，外部类内部则不需要。

【例 5-3】（实例文件：ch05\Chap5.3.txt）成员内部类实例。

```
public class Outer {
    private int a = 100;
    int b = 5;

    public class Inner {
        int b = 3;

        public void test() {
            System.out.println("访问外部类中的 a:" + a);
            System.out.println("访问外部类中的 b:" + Outer.this.b);
        }
    }

    public static void main(String[] args) {
        Outer o = new Outer();
        Inner i = o.new Inner();
        i.test();
    }
}
```

程序运行结果如图 5-2 所示。

```
Problems  Javadoc  Declaration  Console
<terminated> Outer [Java Application] C:\Program Files\J
访问外部类中的a:100
访问外部类中的b:5
```

图 5-2 成员内部类运行结果

本例中，外部类定义了变量 b=5，内部类也定义了变量 b=3，因此内部类如果要访问外部类的变量 b，必须通过 Outer.this.b 才能访问。

另外，成员内部类是依附外部类而存在的，也就是说，如果要创建成员内部类的对象，前提是必须存在一个外部类的对象。因此，通过 Outer o = new Outer();先创建了外部类对象，然后通过 Inner i = o.new Inner();创建了内部类对象。

5.4　匿名内部类

匿名内部类就是没有名字的内部类，多用于关注实现而不关注实现类的名称。匿名内部类一般是编写代码时用得最多的内部类。在 Swing 编程中，经常使用这种方式来绑定事件，在编写事件监听的代码时使用匿名内部类不但方便，而且使代码更加容易维护。

【例 5-4】（实例文件：ch05\Chap5.4.txt）匿名内部类实例。

```
button2.addActionListener(
     new ActionListener(){
        public void actionPerformed(ActionEvent e) {
           System.out.println("单击了 button2");
        }
});
```

本例中，为一个按钮对象 button2 添加了一个事件监听器，addActionListener()方法的参数是一个匿名内部类：

```
new ActionListener(){
     public void actionPerformed(ActionEvent e) {
         System.out.println("单击了 button2");
     }
}
```

匿名内部类是唯一的没有构造器的类。正因为其没有构造器，所以匿名内部类的使用范围非常有限，大部分匿名内部类用于接口回调。匿名内部类在编译的时候由系统自动命名为 Outter$1.class。一般来说，匿名内部类用于继承其他类或用于实现接口，并不需要增加额外的方法，因为它只是对继承方法的实现或重写。

5.5　局部内部类

局部内部类是定义在一个方法或者一个作用域中的类，它和成员内部类的区别在于局部内部类的访问仅限于方法内或者该作用域内。注意，局部内部类就像是方法中的一个局部变量一样，是不能有 public、protected、private 以及 static 修饰符的。

【例 5-5】（实例文件：ch05\Chap5.5.txt）局部内部类举例：定义在方法内。

```
class People{
    public People() {

    }
}
```

```
class Man{
    public Man(){

    }

    public People getWoman(){
        class Woman extends People{   //局部内部类
            int age =0;
        }
        return new Woman();
    }
}
```

【例 5-6】（实例文件：ch05\Chap5.6.txt）局部内部类举例：定义在作用域内。

```
public class Test {
    private void internalTracking(boolean b){
        if(b){
            class TrackingSlip{
                private String id;
                TrackingSlip(String s) {
                    id = s;
                }
                String getSlip(){
                    return id;
                }
            }
            TrackingSlip ts = new TrackingSlip("chenssy");
            String string = ts.getSlip();
        }
    }

    public void track(){
        internalTracking(true);
    }

    public static void main(String[] args) {
        Test t1 = new Test();
        t1.track();
    }
}
```

5.6 静态内部类

静态内部类也是定义在另一个类中的类，只不过在类的前面多了一个关键字 static。静态内部类是不需要依赖于外部类的，这一点和类的静态成员属性有点类似，并且它不能使用外部类的非静态成员变量或者方法，因为在没有外部类的对象的情况下，可以创建静态内部类的对象，如果允许访问外部类的非静态成员就会产生矛盾，因为外部类的非静态成员必须依附于具体的对象。

- 静态内部类是 static 修饰的内部类，这种内部类的特点如下：
- 静态内部类不能直接访问外部类的非静态成员，但可以通过“new 外部类().成员”的方式访问。
- 如果外部类的静态成员与内部类的成员名称相同，可通“类名.静态名”访问外部类的静态成员；否则可通过成员名直接调用外部类的静态成员。
- 创建静态内部类中的对象时，不需要外部类的对象，可以直接创建，格式为

内部类名 对象名 = new 内部类名();

- 在其他类中创建内部类的对象时，不需要用外部类对象创建，格式为

外部类名.内部类名 对象名 = new 外部类名.内部类名();

【例 5-7】（实例文件：ch05\Chap5.7.txt）静态内部类举例。

```
public class Outer {
    private int a = 100;
    static int b = 5;

    public static class Inner {
        int b = 3;

        public void test() {
            System.out.println("外部类的 b:" + Outer.b);
            System.out.println("内部类的 b:" + b);
            System.out.println("外部类的非静态变量 a:" + new Outer().a);
        }
    }

    public static void main(String[] args) {

        Inner inner = new Inner();
        inner.test();
    }
}
```

程序运行结果如图 5-3 所示。

```
Problems  Javadoc  Declaration  Console
<terminated> Outer [Java Application] C:\Program Files\J
外部类的b:5
内部类的b:3
外部类的非静态变量a:100
```

图 5-3 静态内部类运行结果

本例中，内部类访问外部类的静态成员变量 b 可以通过 Outer.b 实现，内部类访问外部类的非静态成员变量 a 必须通过 new Outer().a 来实现。在 Java 中需要使用内部类的原因主要有以下 4 点：

- 每个内部类都能独立地继承一个接口的实现，所以无论外部类是否已经继承了某个实现，对于内部类都没有影响。内部类使得多继承的解决方案变得更加完善。
- 方便将存在一定逻辑关系的类组织在一起，又可以对外界隐藏。
- 方便编写事件驱动程序。
- 方便编写线程代码。

5.7 就业面试解析与技巧

5.7.1 面试解析与技巧（一）

面试官：创建了匿名类，为什么编译时提示匿名类不存在呢？

应聘者：创建匿名类时，首先要创建匿名类的接口，否则编译时提示匿名类不存在。

5.7.2 面试解析与技巧（二）

面试官：成员内部类和静态内部类有什么区别？

应聘者：成员内部类的创建必须依赖于外部类，静态内部类的创建不依赖于外部类。成员内部类可以访问外部类的所有成员，静态内部类只可以访问外部类的静态成员变量和静态的方法。

第 6 章

Java 最重要的部分——抽象类与接口

◎ 本章教学微视频：19 个　107 分钟

学习指引

面向对象编程的过程是一个逐步抽象的过程。接口是比抽象类更高层的抽象，它是对行为的抽象；而抽象类是对一种事物的抽象，即对类的抽象。本章介绍 Java 的抽象类与接口的相关知识，主要内容包括抽象类和抽象方法、接口的基本知识、接口的多态等。

重点导读

- 掌握抽象类和抽象方法的应用。
- 掌握 Java 接口的基本知识。
- 掌握 Java 接口的高级应用。
- 掌握抽象类和接口的应用实例。
- 掌握 Java 集合框架的使用方法。

6.1　抽象类和抽象方法

在面向对象的概念中，所有的对象都是通过类来描绘的；但是反过来，并不是所有的类都是用来描绘对象的，若一个类中没有包含足够的信息来描绘一个具体的对象，这样的类就是抽象类。抽象方法指一些只有方法声明，而没有具体方法体的方法。抽象方法一般存在于抽象类或接口中。

6.1.1　认识抽象类

假设要编写一个计算圆、三角形和矩形的面积与周长的程序。根据面向对象编程知识，可以定义 4 个类：圆类、三角形类、矩形类和一个公共类。程序写好后虽然能执行，但从程序的整体结构上看，前 3 个类之间的许多共同属性和操作在程序中没有很好地被利用，需要重复编写代码，降低了程序的开发效率，且使出现错误的机会增加。

仔细分析上面例子中的前 3 个类，可以看到这 3 个类都要计算面积与周长，虽然公式不同，但目标相同。因此，可以为这 3 个类抽象出一个父类，在父类里定义圆、三角形和矩形 3 个类共同的成员属性及成员方法。把计算面积与周长的成员方法名放在父类中说明，再将具体的计算公式在子类中实现。

这样，通过父类就大概知道子类所要完成的任务，而且，这些方法还可以应用于求解梯形、平行四边形等其他图形的面积与周长。这种结构就是抽象类的概念。

Java 程序用抽象类（abstract class）来实现自然界的抽象概念。抽象类的作用在于将许多有关的类组织在一起，提供一个公共的类，即抽象类。而那些被它组织在一起的具体的类将作为它的子类由它派生出来。抽象类刻画了公有行为的特征，并通过继承机制传递给它的派生类。

抽象类是它的所有子类的公共属性的集合，是包含一个或多个抽象方法的类。使用抽象类的一大优点就是可以充分利用这些公共属性来提高开发和维护程序的效率。

6.1.2 定义抽象类

与普通类相比，抽象类要使用 abstract 关键字声明。普通类是一个完善的功能类，可以直接产生实例化对象，并且在普通类中可以包含构造方法、普通方法、static 方法、常量和变量等内容。而抽象类是在普通类的结构里面增加抽象方法的内容。

【例 6-1】（实例文件：ch06\Chap6.1.txt）定义抽象类应用实例。

```
public abstract class Animal {//定义一个抽象类
    //抽象方法没有方法体，用 abstract 修饰
    public abstract void shout();
}
```

本例中，定义了一个抽象类 Animal，有一个抽象方法 shout()，注意 shout()方法没有方法体，直接以分号结束。抽象类的使用原则如下：

- 抽象方法必须为 public 或者 protected（因为如果为 private，则不能被子类继承，子类便无法实现该方法），默认为 public。
- 抽象类不能直接实例化，需要依靠子类采用向上转型的方式处理。
- 抽象类必须有子类，使用 extends 继承，一个子类只能继承一个抽象类。
- 子类如果不是抽象类，则必须重写抽象类中的全部抽象方法（如果子类没有实现父类的抽象方法，则必须将子类也定义为抽象类）。
- 抽象类不能使用 final 关键字声明，因为抽象类必须有子类，而 final 定义的类不能有子类。

【例 6-2】（实例文件：ch06\Chap6.2.txt）子类继承抽象类应用实例（每个类均为单独的文件）。

```
public abstract class Animal {
    public abstract void shout();
}

public class Dog extends Animal {
     //实现抽象方法 shout()
    public void shout() {
        System.out.println("汪汪……");
    }
}
```

本例中，定义了一个子类 Dog 继承抽象类 Animal，并实现了抽象方法 shout()，定义了 shout()显示狗的叫声。

【例 6-3】（实例文件：ch06\Chap6.3.txt）抽象类通过子类向上转型实例化（每个类均为单独的文件）。

```
public abstract class Animal {
    public abstract void shout();
}

public class Dog extends Animal {
    public void shout() {
        System.out.println("汪汪……");
    }
}

public class Test {
    public static void main(String args[]) {
        Animal a1 = new Dog();
        a1.shout();
    }
}
```

程序运行结果如图 6-1 所示。

```
Problems  Javadoc  Declaration  Console
<terminated> Test [Java Application] C:\Program Files\Jav
汪汪……
```

图 6-1　程序运行结果

抽象类是不能直接实例化的，因此 Animal a1 = new Animal(); 在编译时会报错，那么如何实例化抽象类呢？答案是需要依靠子类采用向上转型的方式来实例化。本例中通过 Animal 的子类 Dog 向上转型来实例化：Animal a1 = new Dog();，a1 拥有了 Dog 类重写的 shout()方法。总结如下：

- 抽象类继承子类时必须重写方法，而普通类可以有选择地决定是否需要重写方法。
- 抽象类实际上比普通类多了一些抽象方法，其他组成部分和普通类完全一样。
- 普通类对象可以直接实例化，但抽象类的对象必须经过向上转型之后才可以得到。

虽然一个类的子类可以继承任意的一个普通类，可是从开发的实际要求来讲，普通类尽量不要继承另外一个普通类，而应该继承抽象类。

【例 6-4】（实例文件：ch06\Chap6.4.txt）抽象类实例（每个类均为单独的文件）。

```
public abstract class Shapes {
    /**
     * 定义抽象类 Shapes(图形类)，包含抽象方法 getArea()和 getPerimeter()
     **/
    public abstract double getArea();

    //获取面积
    public abstract double getPerimeter();
    //获取周长
}

public class Circle extends Shapes {
    double r;

    public Circle(double r) {
        this.r = r;
```

```
    }

    public double getArea() {
        return r * r * Math.PI;
    }

    public double getPerimeter() {
        return 2 * Math.PI * r;
    }
}
public class Square extends Shapes {
    int width;
    int height;

    public Square(int width, int height) {
        this.width = width;
        this.height = height;
    }

    public double getArea() {
        return width * height;
    }

    public double getPerimeter() {
        return 2 * (width + height);
    }
}

public class Test {
    public static void main(String args[]) {
        Circle c1=new Circle(1.0);
        System.out.println("圆形面积为"+c1.getArea());
        System.out.println("圆形周长为"+c1.getPerimeter());
        Square s1=new Square(1,1);
        System.out.println("正方形面积为"+s1.getArea());
        System.out.println("正方形周长为"+s1.getPerimeter());

    }
}
```

程序运行结果如图 6-2 所示。

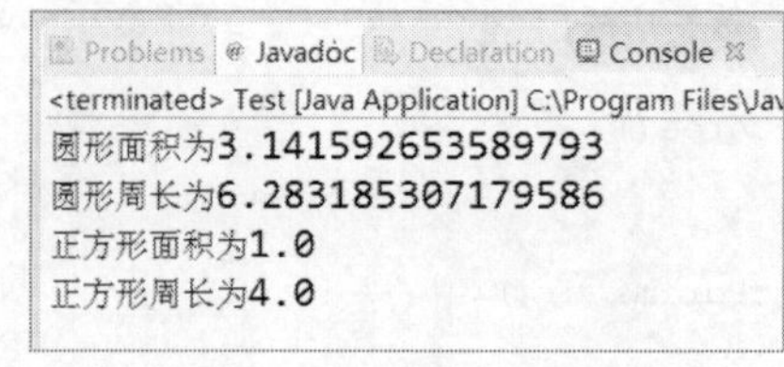

图 6-2　抽象类的应用实例

抽象类在应用的过程中，需要注意以下几点：

- 抽象类不能被实例化，如果被实例化，就会报错，编译无法通过。只有抽象类的非抽象子类才可以创建对象。
- 抽象类中不一定包含抽象方法，但是有抽象方法的类必定是抽象类。

- 抽象类中的抽象方法只是声明，不包含方法体，也就是不给出方法的具体实现（即方法的具体功能）。
- 构造方法和类方法（用 static 修饰的方法）不能声明为抽象方法。
- 抽象类的子类必须给出抽象类中的抽象方法的具体实现，除非该子类也是抽象类。

6.1.3 典型应用实例

抽象类的一个典型应用就是模板设计模式。假设现在有 3 类不同的对象：机器人、人、猫，这 3 类对象有不同的行为，分别如下：

- 机器人：充电，工作，关机。
- 人：吃饭，工作，睡觉。
- 猫：进食，逮老鼠，睡觉。

下面编写一个程序，实现 3 种不同事物的不同行为。

【例 6-5】（实例文件：ch06\Chap6.5.txt）抽象类应用：模板设计模式（每个类均为单独的文件）。

```
public abstract class Action {//定义一个抽象行为类
    //定义常量，表示不同的行为
    public static final int EAT = 1;
    public static final int SLEEP = 2;
    public static final int WORK = 5;
    //定义不同行为的抽象方法
    public abstract void eat();
    public abstract void sleep();
    public abstract void work();

    public void commond(int flags) {
        switch (flags) {
        case EAT:
            this.eat();
            break;
        case SLEEP:
            this.sleep();
            break;
        case WORK:
            this.work();
            break;
        case EAT + SLEEP:
            this.eat();
            this.sleep();
            break;
        case SLEEP + WORK:
            this.sleep();
            this.work();
            break;
        default:
            break;
        }
    }
}
```

```
public class Robot extends Action {//定义一个类 Robot 继承类 Action

    //实现抽象方法
    public void eat() {
        System.out.println("机器人充电");
    }

    public void sleep() {
        System.out.println("机器人关机");
    }

    public void work() {
        System.out.println("机器人工作");
    }
}

public class Human extends Action {//定义一个类 Human 继承类 Action

    //实现抽象方法
    public void eat() {
        System.out.println("人吃饭");
    }

    public void sleep() {
        System.out.println("人睡觉");
    }

    public void work() {
        System.out.println("人工作");
    }
}
public class Cat extends Action {// 定义一个类 Cat 继承类 Action
    // 实现抽象方法
    public void eat() {
        System.out.println("猫吃食");
    }

    public void sleep() {
        System.out.println("猫打盹");
    }

    public void work() {
        System.out.println("猫逮老鼠");
    }
}
public class Test {
    public static void main(String[] args) {
        show(new Robot());
        show(new Human());
```

```
        show(new Cat());
    }

    public static void show(Action act) {
        act.commond(Action.EAT);
        act.commond(Action.WORK);
        act.commond(Action.SLEEP);
    }
}
```

程序运行结果如图 6-3 所示。

```
Problems @ Javadoc Declaration Console
<terminated> Test (1) [Java Application] C:\Program Files\J
机器人充电
机器人工作
机器人关机
人吃饭
人工作
人睡觉
猫吃食
猫逮老鼠
猫打盹
```

图 6-3 模板设计模式实例

6.1.4 抽象方法

Java 语言中的抽象方法用关键字 abstract 修饰，这种方法只声明返回的数据类型、方法名称和所需的参数，没有方法体，即抽象方法只需要声明而不需要实现。

1. 声明抽象方法

如果一个类包含抽象方法，那么该类必须是抽象类。任何子类必须重写父类的抽象方法，否则子类自身必须声明为抽象类。声明一个抽象类的语法格式如下：

```
abstract 返回类型 方法名([参数表]);
```

注意：抽象方法没有定义方法体，方法名后面直接跟一个分号，而不是花括号。

2. 抽象方法的实现

继承抽象类的子类如果不是一个抽象类就必须重写父类的抽象方法，如果子类也是个抽象类，则父类与子类都不进行对象实例化。下面通过一个例子介绍子类如何重写父类的抽象方法。

【例 6-6】（实例文件：ch06\Chap6.6.txt）定义子类 Apple 继承抽象类 Fruit，重写父类中的方法。

```
public class Apple extends Fruit{
    public Apple(){
        color = "红色";
    }
    public void color(){
        System.out.println("苹果是: " + color);
    }
    public static void main(String[] args) {
        Apple a = new Apple();
        a.color();
```

```
    }
}
```

程序运行结果如图 6-4 所示。在本例中，定义继承抽象类 Fruit 的子类 Apple，它实现了父类的抽象方法 color()，并重写了自己的构造方法。在程序的 main()方法中创建子类对象 a，a 调用子类 Apple 实现的抽象方法 color()。

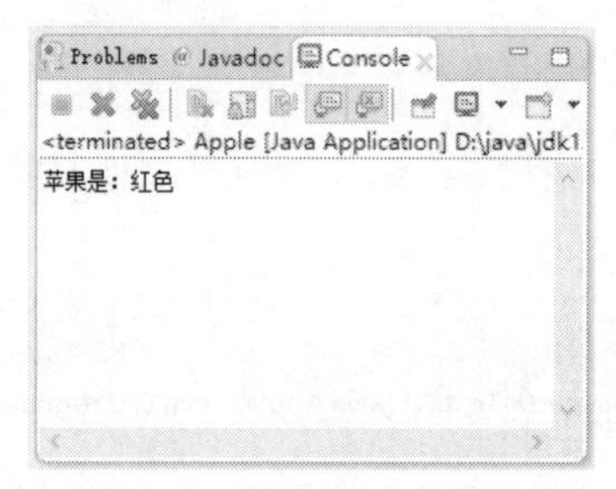

图 6-4　抽象方法的实现

6.2　接口概述

接口（interface）是 Java 所提供的另一种重要的技术，接口是一种特殊的类，它的结构和抽象类非常相似，可以认为是抽象类的一种变体。

6.2.1　接口声明

接口是比抽象类更高的抽象，它是一个完全抽象的类，即抽象方法的集合。接口使用关键字 interface 来声明，语法格式如下：

```
[public] interface 接口名称 [extends 其他的类名]{
    [public][static][final] 数据类型 成员名称=常量值;
      [public][static][abstract] 返回值 抽象方法名(参数列表);
}
```

接口中的方法是不能在接口中实现的，只能由实现接口的类来实现。一个类可以通过关键字 implements 来实现。如果实现类没有实现接口中的所有抽象方法，那么该类必须声明为抽象类。下面是接口声明的一个简单例子。

【例 6-7】（实例文件：ch06\Chap6.7.txt）接口声明。

```
public interface Shape {
   public double area();                //计算面积
   public double perimeter();           //计算周长
}
```

使用关键字 interface 声明了一个接口 Shape，并在接口内定义了两个抽象方法 area()和 perimeter()。接口有以下特性：

- 接口中也有变量，但是接口会隐式地指定为 public static final 变量，并且只能是 public，用 private 修饰会报编译错误。
- 接口中的抽象方法具有 public 和 abstract 修饰符，也只能是这两个修饰符，其他修饰符都会报错。
- 接口是通过类来实现的。

- 一个类可以实现多个接口，多个接口之间使用逗号(,)隔开。
- 接口可以被继承，被继承的接口必须是另一个接口。

6.2.2 实现接口

当类实现接口的时候，类要实现接口中所有的方法，否则类必须声明为抽象的类。类使用 implements 关键字实现接口。在类声明中，implements 关键字放在 class 声明后面。实现一个接口的语法如下：

```
class 类名称 implements 接口名称[, 其他接口]{
    …
}
```

下面给出一个实现接口的实例。

【例 6-8】（实例文件：ch06\Chap6.8.txt）实现接口（每个类均为单独的文件）。

```
public interface Shape {
   public double area();                         //计算面积
   public double perimeter();                    //计算周长
}
public class Circle implements Shape {           //Circle 类实现 Shape 接口
   double radius;                                //半径
   public Circle(double radius) {                //定义 Circle 类的构造方法
      this.radius = radius;
   }
   public double area() {                        //重写实现接口定义的抽象方法
      return Math.PI*radius*radius;
   }
   public double perimeter() {
      return 2*Math.PI*radius;
   }
}
public class Rectangle implements Shape {        //Rectangle 类实现 Shape 接口

   double a;                                     //长或宽
   double b;                                     //长或宽
   public Rectangle(double a, double b) {        //定义 Circle 类的构造方法
      this.a = a;
      this.b = b;
   }
   public double area() {                        //重写实现接口定义的抽象方法
      return a*b;
   }
   public double perimeter() {
      return 2*(a+b);
   }
}
```

在本例中，定义了两个类 Circle 和 Rectangle，它们分别实现了接口 Shape，并实现了接口定义的两个抽象方法，用来计算面积和周长。在实现接口的时候，要注意以下规则：

- 一个类可以同时实现多个接口。
- 一个类只能继承一个类，但是能实现多个接口。
- 一个接口能继承另一个接口，这和类之间的继承比较相似。
- 重写接口中声明的方法时，需要注意以下规则。
  - 类在实现接口的方法时，不能抛出强制性异常，只能在接口中，或者继承接口的抽象类中抛出该强制性异常。

◆ 类在重写方法时要保持一致的方法名，并且应该保持相同或者相兼容的返回值类型。
◆ 如果实现接口的类是抽象类，那么就没必要实现该接口的方法。

6.2.3 接口默认方法

Java 提供了接口默认方法。即允许接口中可以有实现方法，使用 default 关键字在接口修饰一个非抽象的方法，这个特征又叫扩展方法。

【例 6-9】（实例文件：ch06\Chap6.9.txt）接口默认方法。

```
public interface InterfaceNew {
    public double method(int a);
    public default void test() {
        System.out.println("Java 8 接口新特性");
    }
}
```

在本例中，定义了接口 InterfaceNew，除了声明抽象方法 method()外，还定义了使用 default 关键字修饰的实现方法 test()，实现了 InterfaceNew 接口的子类只需实现一个 calculate()方法即可，test()方法在子类中可以直接使用。

6.2.4 接口与抽象类

接口的结构和抽象类非常相似，也具有数据成员与抽象方法，但它又与抽象类不同。下面详细介绍接口与抽象类的异同。

1. 接口与抽象类的相同点

接口与抽象类存在一些相同的特性，具体如下：

- 都可以被继承。
- 都不能被直接实例化。
- 都可以包含抽象方法。
- 派生类必须实现未实现的方法。

2. 接口与抽象类的不同点

接口与抽象类还有一些不同之处，具体如下：

- 接口支持多继承，抽象类不能实现多继承。
- 一个类只能继承一个抽象类，但可以实现多个接口。
- 接口中的成员变量只能是 public static final 类型的，抽象类中的成员变量可以是各种类型的。
- 接口只能定义抽象方法；抽象类既可以定义抽象方法，也可以定义实现的方法。
- 接口中不能含有静态代码块以及静态方法（用 static 修饰的方法），抽象类可以有静态代码块和静态方法。

6.3 接口的高级应用

接口在 Java 中是最重要的概念之一，它可以被理解为一种特殊的类，是由全局常量和公共的抽象方法所组成的。需要注意的是，在接口中的抽象方法必须定义为 public 访问权限，这是不可更改的。

6.3.1 接口的多态

Java 中没有多继承，一个类只能有一个父类。而继承的表现就是多态，一个父类可以有多个子类，而在子类里可以重写父类的方法，这样每个子类里重写的代码不一样，自然表现形式就不一样。

用父类的变量去引用不同的子类，在调用这个相同的方法的时候得到的结果和表现形式就不一样了，这就是多态，调用相同的方法会有不同的结果。下面给出一个实例。

【例 6-10】（实例文件：ch06\Chap6.10.txt）接口的多态，基于实现接口的实例。

```
public class ShapeTest {
   public static void main(String[] args) {
      Shape s1 = new Circle(10.0);          //体现多态的地方
      System.out.println("圆形的面积是: "+s1.area());
      System.out.println("圆形的周长是: "+s1.perimeter());

      Shape s2 = new Rectangle(5.0, 10.0);  //体现多态的地方
      System.out.println("矩形的面积是: "+s2.area());
      System.out.println("矩形的周长是: "+s2.perimeter());
   }
}
```

运行结果如图 6-5 所示。

在本例中，Shape 是一个接口，没有办法实例化对象，但可以用 Circle 类和 Rectangle 类来实例化对象，也就实现了接口的多态。实例化产生的对象 s1 和 s2 拥有同名的方法，但各自实现的功能却不一样。根据实现接口的类中重写的方法，实现了用同一个方法计算不同图形的面积和周长的功能。

```
Problems  Javadoc  Declaration  Console
<terminated> ShapeTest [Java Application] C:\Program Fi
圆形的面积是：314.1592653589793
圆形的周长是：62.83185307179586
矩形的面积是：50.0
矩形的周长是：30.0
```

图 6-5　接口的多态应用实例

6.3.2 适配接口

在实现一个接口时，必须实现该接口的所有方法，这样有时比较浪费，因为并不是所有的方法都是我们需要的，有时只需要使用其中的一些方法。为了解决这个问题，引入了接口的适配器模式，借助于一个抽象类来实现该接口所有的方法，而我们不和原始的接口打交道，只和该抽象类取得联系。写一个类，继承该抽象类，再重写需要的方法就行。

【例 6-11】（实例文件：ch06\Chap6.11.txt）适配接口（每个类均为单独的文件）。

```
public interface InterfaceAdapter { //定义接口
   public void email();
   public void sms();
}
public abstract class Wrapper implements InterfaceAdapter {
   //写一个抽象类管理接口
```

```
    public void email() {
    }

    public void sms() {
    }
    //方法体不需要具体实现，可以为空，具体类在需要时可以重写该方法
}
public class S1 extends Wrapper {
    //继承抽象类，重写所需的方法，这里重写了 email()方法，没有重写 sms()方法
    public void email() {
        System.out.println("发电子邮件");
    }
}
public class Test {
    public static void main(String[] args) {
        S1 ss = new S1();
        ss.email();
    }
}
```

程序运行结果如图 6-6 所示。

```
Problems  Javadoc  Declaration  Console
<terminated> Test [Java Application] C:\Program Files\Ja
发电子邮件
```

图 6-6　适配接口应用实例

在本例中，首先定义了一个接口 InterfaceAdapter，并定义了两个抽象方法 email()和 sms()。然后定义了一个抽象类 Wrapper，并实现了两个抽象方法，但方法体为空。定义了一个类 S1，重写了 email()方法。这样写的好处是，定义类时不需要直接实现接口 InterfaceAdapter 并实现定义的两个方法，而只需要实现并重写 email()方法即可。

6.3.3　嵌套接口

在 Java 语言中，接口可以嵌套在类或其他接口中。由于 Java 中在 interface 内是不可以嵌套 class 的，所以接口的嵌套共有两种方式：class 内嵌套 interface、interface 内嵌套 interface。

1. class 内嵌套 interface

这时接口可以是 public、private 和 package。重点在 private 上，被定义为私有的接口只能在接口所在的类中实现。可以被实现为 public 的类也可以被实现为 private。当被实现为 public 时，只能在自身所在的类内部使用。只能够实现接口中的方法，在外部不能像正常类那样上传为接口类型。

2. interface 内嵌套 interface

由于接口的元素必须是 public 的，所以被嵌套的接口自动就是 public 的，而不能定义成 private 的。在实现这种嵌套时，不必实现被嵌套的接口。

【例 6-12】（实例文件：ch06\Chap6.12.txt）嵌套接口举例（每个类均为单独的文件）。

```
class A {
```

```
    private interface D {
        void f();
    }

    private class DImp implements D {
        public void f() {
        }
    }

    public class DImp2 implements D {
        public void f() {
        }
    }

    public D getD() {
        return new DImp2();
    }

    private D dRef;

    public void receiveD(D d) {
        dRef = d;
        dRef.f();
    }
}

public class NestingInterfaces {
    public static void main(String[] args) {
        A a = new A();
        //D是A的私有接口，不能在外部被访问
        //! A.D ad = a.getD();
        //不能从A.D转型成A.DImpl2
        //! A.DImp2 di2 = a.getD();
        //D是A的私有接口，不能在外部被访问，更不能调用其方法
        //! a.getD().f();
        A a2 = new A();
        a2.receiveD(a.getD());
    }
}
```

本例中，语句 A.D ad = a.getD();和 a.getD().f();产生编译错误，这是因为 D 是 A 的私有接口，不能在外部被访问。语句 A.DImp2 di2 = a.getD();的错误是因为 getD()方法的返回值类型为 D，不能自动向下转型为 DImp2 类型。

6.3.4　接口回调

接口回调是指可以把使用某一接口的类创建的对象的引用赋给该接口声明的接口变量，那么该接口变量就可以调用被类实现的接口的方法。实际上，当接口变量调用被类实现的接口中的方法时，就是通知相应的对象调用接口的方法，这一过程称为对象功能的接口回调。下面看一个例子。

【例 6-13】（实例文件：ch06\Chap6.13.txt）接口回调，基于实现接口的例子（每个类均为单独的文件）。

```
public interface Shape {
    public double area();                          //计算面积
    public double perimeter();                     //计算周长
}
public class Circle implements Shape {             //Circle 类实现 Shape 接口
    double radius;                                 //半径
    public Circle(double radius) {                 //定义 Circle 类的构造方法
        this.radius = radius;
    }
    public double area() {                         //重写实现接口定义的抽象方法
        return Math.PI*radius*radius;
    }
    public double perimeter() {
        return 2*Math.PI*radius;
    }
}
public class Rectangle implements Shape {          //Rectangle 类实现 Shape 接口

    double a;                                      //长或宽
    double b;                                      //长或宽
    public Rectangle(double a, double b) {         //定义 Circle 类的构造方法
        this.a = a;
        this.b = b;
    }
    public double area() {                         //重写实现接口定义的抽象方法
        return a*b;
    }
    public double perimeter() {
        return 2*(a+b);
    }
}

public class Show {                                //定义一个类用于实现显示功能
    public void print(Shape s)                     //定义一个方法，参数为接口类型
    {
        System.out.println("面积: "+s.area());
        System.out.println("周长: "+s.perimeter());
    }
}

public class Test {                                //测试类
    public static void main(String[] args) {
        Show s1 = new Show();
        s1.print(new Circle(10.0));
        //接口回调，将 Shape e 替换成 new Circle(10.0)
        s1.print(new Rectangle(5.0,10.0));
        //接口回调，将 Shape e 替换成 new Rechtangle(5.0,10.0)
        //使用接口回调的最大好处是可以灵活地将接口类型参数替换为需要的具体类
    }
}
```

程序运行结果如图 6-7 所示。

```
Problems  Javadoc  Declaration  Console
<terminated> ShapeTest [Java Application] C:\Program Fi
圆形的面积是：314.1592653589793
圆形的周长是：62.83185307179586
矩形的面积是：50.0
矩形的周长是：30.0
```

图 6-7 接口回调应用实例

本例中定义了一个类 Show，其中定义了一个方法 print()，将 Shape 类型的变量作为参数。在测试时，实例化 Show，并调用 print()方法，将 new Circle()和 new Rectangle()作为实际参数，因此会调用不同的方法，结果显示不同图形的面积和周长。

6.4 抽象类和接口的实例

在介绍了抽象类和接口的声明和使用以及抽象方法的使用后，本节举例介绍抽象类与接口的使用。

6.4.1 抽象类的应用实例

抽象类本身是不能直接实例化的，因为其本身包含抽象方法。不过，抽象类可以通过对象的多态性来实例化，即抽象类通过子类进行实例化操作。那么可以将抽象类作为某个类型的模板，而具体的子类通过继承该抽象类，重写其中的方法来实现。下面看一个例子。

【例 6-14】（实例文件：ch06\Chap6.14.txt）抽象类的实际应用（每个类均为单独的文件）。

```
public abstract class Person {
    public abstract void call();
}

public class Teacher extends Person {
    public void call() {
        System.out.println("同学们好！");
    }
}

public class Student extends Person {
    public void call() {
        System.out.println("老师好！");
    }
}
public class Lesson {
    public void lessonBegin(Person p) {
        p.call();
    }
}

public class Test {
    public static void main(String[] args) {
```

```
        Lesson l = new Lesson();
        l.lessonBegin(new Teacher());
        l.lessonBegin(new Student());
    }
}
```

程序运行结果如图 6-8 所示。

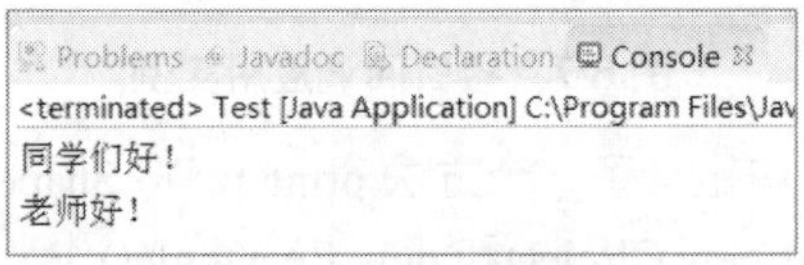

Problems Javadoc Declaration Console
<terminated> Test [Java Application] C:\Program Files\Jav
同学们好！
老师好！

图 6-8　抽象类的应用

首先定义一个抽象类 Person，定义一个抽象方法 call()，然后定义两个类 Teacher 和 Student，分别继承抽象类 Person，并分别实现了方法 call()；定义类 Lesson，定义方法 lessonBegin()，使用 Person 类型的变量作为参数，在测试时实例化 Lesson，并使用 new Teacher()和 new Student()作为实际参数。最后老师会说“同学们好!”，学生说“老师好!”。

6.4.2　接口的应用实例

接口的作用就是将方法名称开放给用户。接口与抽象类一样，需要通过子类进行实例化操作。接口的实际应用更类似于定义标准。下面看一个例子。

【例 6-15】（实例文件：ch06\Chap6.15.txt）接口的实际应用，以 USB 接口为例（每个类均为单独的文件）。

```
public interface USB {
    public void start();

    public void stop();
}

public class Mouse implements USB {
    public void start() {
        System.out.println("鼠标开始工作。");
    }

    public void stop() {
        System.out.println("鼠标停止工作。");
    }
}

public class Keyboard implements USB {
    public void start() {
        System.out.println("键盘开始工作。");
    }

    public void stop() {
        System.out.println("键盘停止工作。");
    }
}
```

```
public class MainBoard {
    public void plugIn(USB usb) { //参数为接口类型
        usb.start();
        usb.stop();
    }
}

public class Test {
    public static void main(String args[]) {
        MainBoard mb = new MainBoard();
        mb.plugIn(new Mouse());
        mb.plugIn(new Keyboard());
        //将参数由接口类型替换为子类
    }
}
```

程序运行结果如图 6-9 所示。

```
Problems  Javadoc  Declaration  Console
<terminated> Test [Java Application] C:\Program Files\J
鼠标开始工作。
鼠标停止工作。
键盘开始工作。
键盘停止工作。
```

图 6-9　接口的实际应用

首先定义接口 USB，定义两个抽象方法 start()和 stop()，然后定义两个类 Mouse 和 Keyboard，分别实现了接口 USB，并实现了两个方法 start()和 stop()。定义类 MainBoard，定义方法 plugIn()，使用 USB 类型的变量作为参数，在测试时实例化 MainBorad，并使用 new Mouse()和 new Keyborad()作为实际参数，

另外，接口在实际编程中用途非常广泛，在设计模式中也有很多应用，下面讲解设计模式中的工厂模式。

【例 6-16】（实例文件：ch06\Chap6.16.txt）接口应用：工厂模式。

```
interface Fruit
{
    public void eat() ;
}
class Apple implements Fruit
{
    public void eat()
    {
        System.out.println("吃苹果。") ;
    }
}
class Orange implements Fruit
{
    public void eat()
    {
        System.out.println("吃橘子。") ;
    }
}
class Factory1
{ //此类不需要维护属性的状态
```

```
    public static Fruit getInstance(String className)
    {
        if ("apple".equals(className))
        {
            return new Apple() ;
        }
        if ("orange".equals(className))
        {
            return new Orange() ;
        }
        return null ;
    }
}
public class Factory
{
    public static void main(String args[])
    {
        Fruit f = Factory1.getInstance(args[0]) ;    //初始化参数
        f.eat() ;
    }
}
```

当 args[0]为 apple 时，程序运行结果如图 6-10 所示。

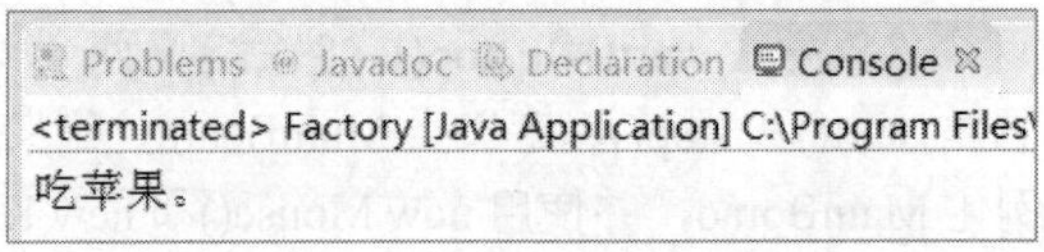

Problems Javadoc Declaration Console
<terminated> Factory [Java Application] C:\Program Files\
吃苹果。

图 6-10　当 args[0]为 apple 时程序运行结果

当 args[0]为 orange 时，程序运行结果如图 6-11 所示。

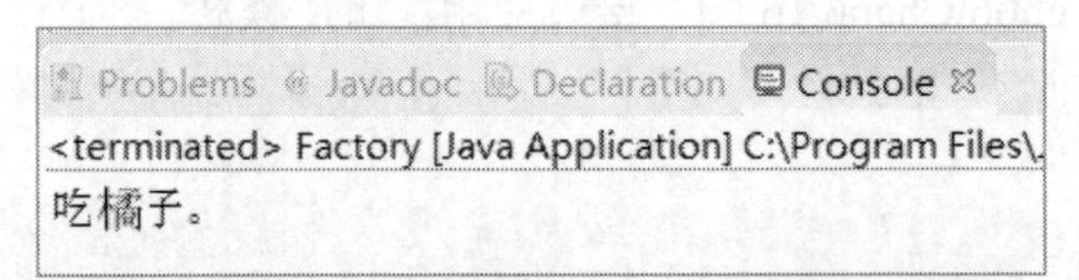

图 6-11　当 args[0]为 orange 时程序运行结果

输入参数的方法如下：选择菜单栏中的 Run→Run Configurations 命令，如图 6-12 所示。

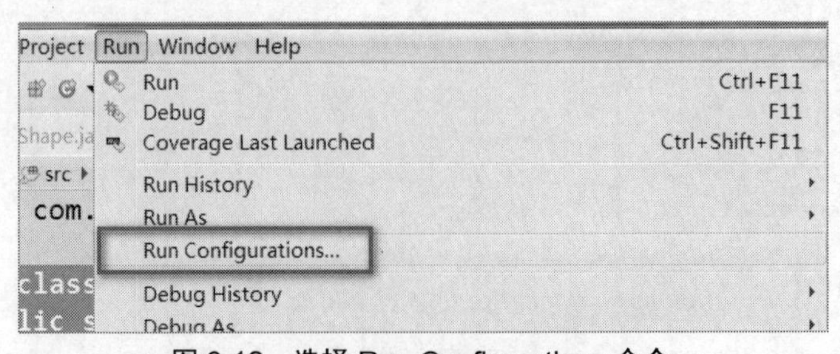

图 6-12　选择 Run Configurations 命令

打开如图 6-13 所示的窗口，在 Program arguments 文本框中输入 apple，这样就表示 args[0]为 apple，调试结果控制台会显示“吃苹果”。如果将 apple 改为 orange，则会显示“吃橘子”。

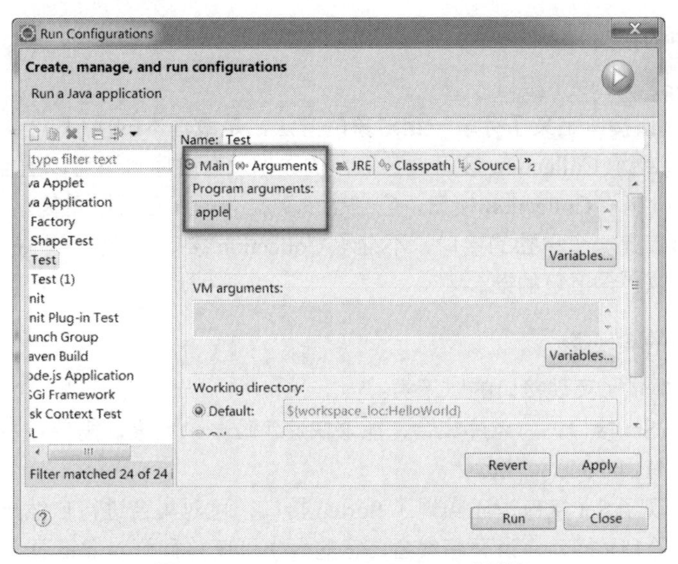

图 6-13 Run Configurations 对话框

本例中，首先定义了一个水果接口 Fruit，其中定义了一个抽象方法 eat()，然后定义了 Apple 类和 Orange 类分别实现了接口 Fruit，并实现了抽象方法 eat()，之后定义了类 Factory1，最后定义类 Factory，并根据参数内容实例化不同的子类。

根据 args[0]的内容实例化不同的子类。如果为 apple，实例化 Apple 类；如果为 orange，则实例化 Orange 类。因此输出的内容也不同。

6.5 Java 的集合框架

在 Java 语言中有一个由设计优良的接口和类组成的 Java 集合框架，以方便程序员操作成批的数据或对象元素。本节详细介绍集合框架的使用。

6.5.1 接口和实现类

Java 语言中的集合框架就是一个类库的集合，包含了实现集合框架的接口。集合框架就像一个容器，用来存储 Java 类的对象。Java 所提供的集合 API 都在 java.util 包中。集合框架结构如图 6-14 所示。

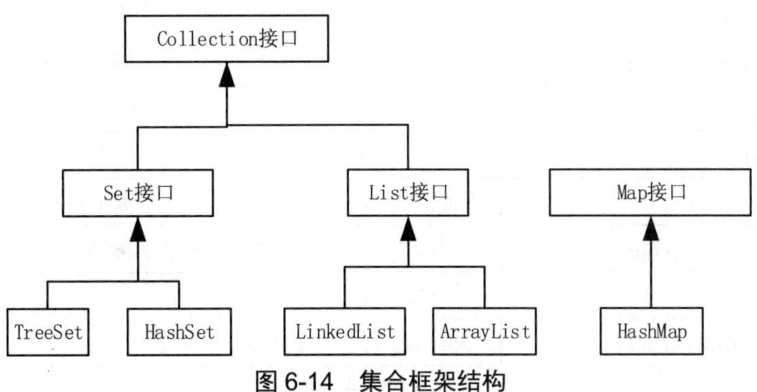

图 6-14 集合框架结构

1. Java 集合框架中的接口

在 Java 集合框架中提供了以下接口：

- Collection 接口。该接口定义了存取一组对象的方法，是最基本的接口。
- Set 接口。该接口继承 Collection 接口，它包含的数据没有顺序且不可以重复。
- List 接口。该接口继承 Collection 接口，它包含的数据有顺序且可以重复。
- Map 接口。该接口是一个单独的接口，不继承 Collection 接口。它是一种把键对象和值对象进行关联的容器，不可以包含重复的键。

2. Java 集合框架中的实现类

在 Java 集合框架中提供了实现接口的以下类：

- HashSet。实现了 Set 接口，为无序集合，能够快速定位一个元素。需要注意的是，存入 HashSet 中的对象必须实现 HashCode()方法。
- TreeSet。不仅实现了 Set 接口，还实现了 Sorted 接口，可对集合进行自然排序。
- ArrayList。实现了 List 接口，为有序集合，它的大小可变并且可以像链表一样被访问。它是以数组的方式实现的 List 接口，允许快速随机存取。
- LinkedList。实现了 List 接口，为有序集合，通过一个链表的形式实现 List 接口，提供最佳顺序存取，适合插入和移除元素。由这个类定义的链表也可以像栈或队列一样被使用。
- HashMap。实现一个“键-值”映射的哈希表，通过键获取值对象，没有顺序，通过 get(key)方法来获取 value 的值，允许存储空对象，而且允许键是空的。不过，键只能有一个。

6.5.2 Collection 接口

Collection 接口是 Set 接口和 List 接口的父接口，是最基本的接口。Collection 接口定义了对集合进行基本操作的一些通用方法。由于 Set 接口和 List 接口继承自 Collection 接口，所以可以调用这些方法。Collection 接口提供的主要方法如表 6-1 所示。

表 6-1 Collection 接口中的方法

类 型	方 法	说 明
boolean	add(E e)	向此集合中添加一个元素，元素数据类型是 E
boolean	addAll(Collection c)	将集合中的所有元素添加到集合 c
void	clear()	删除此集合中的所有元素
boolean	contains(Object o)	判断此集合中是否包含元素 o，包含则返回 true
boolean	containsAll(Collection c)	判断此集合是否包含指定集合 c 中所有元素，包含则返回 true
boolean	isEmpty()	判断此集合是否为空，是返回 true
Iterator	iterator()	返回一个 Iterator 对象，用于遍历此集合中的所有元素
boolean	remove(Object o)	删除此集合中指定的元素 o（若元素 o 存在时）
boolean	removeAll(Collection c)	删除此集合中所有在集合 c 中的元素
int	size()	返回此集合中元素的个数
boolean	retainAll(Collection c)	保留此集合和指定集合 c 中都出现的元素
Object[]	toArray()	返回此集合中所有元素的数组

在所有实现 Collection 接口的容器类中都有一个 iterator()方法，此方法返回一个实现了 Iterator 接口的对象。Iterator 对象称作迭代器，方便实现对容器内元素的遍历操作。

由于 Collection 是一个接口，不能直接实例化。下面的例子是通过 ArrayList 实现类来调用 Collection 接口的方法。

【例 6-17】（实例文件：ch06\Chap6.17.txt）Collection 接口方法的使用。

```
import java.util.ArrayList;                    //import 关键字引入类
import java.util.Collection;
import java.util.Iterator;
public class CollectionTest {
   public static void main(String[] args) {
      Collection c = new ArrayList();          //创建集合 c
                                               //向集合中添加元素
      c.add("Apple");
      c.add("Banana");
      c.add("Pear");
      c.add("Orange");
      ArrayList array = new ArrayList();       //创建集合 array
                                               //向集合中添加元素
      array.add("Cat");
      array.add("Dog");
      System.out.println("集合 c 的元素个数: " + c.size());
      if(!array.isEmpty()){                    //如果 array 集合不为空
         c.addAll(array);                      //将集合 array 中的元素添加到集合 c 中
      }
      System.out.println("集合 c 中元素个数: " + c.size());
      Iterator iterator = c.iterator();        //返回迭代器 iterator。
      System.out.println("集合 c 中元素: ");
      while(iterator.hasNext()){               //判断迭代器中是否存在下一元素
         System.out.print(iterator.next()+" ");     //使用迭代器循环输出集合中的元素
      }
      System.out.println();
      if(c.contains("Cat")){                   //判断集合 c 中是否包含元素 Cat
         System.out.println("---集合 c 中包含元素 Cat---");
      }
      c.removeAll(array);                      //从集合 c 中删除集合 array 中的所有元素
      iterator = c.iterator();                 //返回迭代器对象
      System.out.println("集合 c 中元素: ");
      while(iterator.hasNext()){
         System.out.print(iterator.next()+" ");
      }
      System.out.println();
      //将集合中的元素存放到字符串数组中
      Object[] str = c.toArray();
      String s ="";
      System.out.println("数组中元素: ");
      for(int i=0;i<str.length;i++){
         s = (String)str[i];                   //将对象强制转换为字符串类型
         System.out.print(s + " ");            //输出数组元素
      }
```

```
    }
}
```

程序运行结果如图 6-15 所示。

图 6-15 Collection 接口方法的使用

在本例中，定义了接口 List 的实现类 ArrayList 的对象 c 和 array，通过 add()方法为两个集合添加元素。

- 集合 array 调用 isEmpty()方法，在集合 array 不为空的情况下，集合 c 调用 addAll()方法，将集合 array 中的元素全部添加到集合 c 中。
- 集合 c 调用 iterator()方法返回迭代器对象 Iterator，通过 while 循环输出集合 c 中的元素。iterator.hasNext()方法判断迭代器中是否有下一个元素，如有则执行 iterator.next()方法输出元素。
- 集合 c 调用 contains()方法判断集合 c 是否包含指定的元素；调用 removeAll()方法移出 array 集合的元素；调用 toArray()方法将集合元素存放到数组 str 中，并通过 for 循环输出数组元素。

注意：任何对象加入集合类后都自动转变为 Object 类型，所以在取出的时候需要进行强制类型转换。

6.5.3 List 接口

List 接口是 Collection 的子接口，实现 List 接口的容器类中的元素是有顺序的，并且元素可以重复。List 容器中的元素对应一个整数型的序号，记录其在 List 容器中的位置，可以根据序号存取容器中的元素。List 接口除了继承 Collection 接口的方法外，又提供了一些方法，如表 6-2 所示。

表 6-2 List 接口中的方法

类　型	方　法	说　明
E	get(int index)	返回此集合中指定索引处的元素，元素数据类型是 E
int	indexOf(Object o)	返回此集合中第一次出现指定元素的索引。如果此列表不包含此元素，则返回-1
int	lastIndexOf(Object o)	返回此集合中最后一次出现指定元素的索引。如果列表不包含此元素，则返回-1
E	set(int index, E element)	用指定元素 element 替换此集合中指定索引的元素，返回此集合中指定索引的原有元素
List	subList(int fromIndex, int toIndex)	返回一个新的集合，新集合的元素是原集合 fromIndex（包括）索引与 toIndex（不包括）索引之间的所有元素

在 Java API 中提供的实现 List 接口的容器类有 ArrayList、LinkedList 等，它们是有序的容器类。使用哪个实现类要根据具体的场合来定。

1. ArrayList 类

ArrayList 类实现一个可变大小的数组，可以像链表一样被访问。它以数组的方式实现，允许快速随机存取。它允许包含所有元素，包括 null 元素。每个 ArrayList 类实例都有一个容量（capacity），即存储元素的数组大小，这个容量可以随着不断添加新元素而自动增加。

ArrayList 类常用的构造方法有 3 种重载形式，具体如下：

（1）构造一个初始容量为 10 的空列表。

```
public ArrayList()
```

（2）构造一个指定初始容量的空列表。

```
public ArrayList(int initialCapacity)
```

（3）构造一个包含指定集合元素的列表，这些元素是按照该集合的迭代器返回它们的顺序排列。

```
public ArrayList(Collection c)
```

【例 6-18】（实例文件：ch06\Chap6.18.txt）ArrayList 类的使用。

```
import java.util.ArrayList;
import java.util.Iterator;
import java.util.List;
public class ArrrayListTest {
    public static void main(String[] args) {
        ArrayList list = new ArrayList(); //创建初始容量为 10 的空列表
        list.add("cat");
        list.add("dog");
        list.add("pig");
        list.add("sheep");
        list.add("pig");
        System.out.println("---输出集合中的元素---");
        Iterator iterator = list.iterator();
        while(iterator.hasNext()){
            System.out.print(iterator.next()+" ");
        }
        System.out.println();
        //替换指定索引处的元素
        System.out.println("返回替换集合中索引是 1 的元素: " + list.set(1, "mouse"));
        iterator = list.iterator();
        System.out.println("---元素替换后集合中的元素---");
        while(iterator.hasNext()){
            System.out.print(iterator.next()+" ");
        }
        System.out.println();
        //获取指定索引处的集合元素
        System.out.println( "获取集合中索引是 2 的元素: "+ list.get(2));
        System.out.println("集合中第一次出现 pig 的索引: " + list.indexOf("pig"));
        System.out.println("集合中最后一次出现 dog 的索引: " + list.lastIndexOf("dog"));
        List l = list.subList(1, 4);
        iterator = l.iterator();
        System.out.println("---新集合中的元素---");
        while(iterator.hasNext()){
            System.out.print(iterator.next()+" ");
        }
```

```
        }
    }
```

程序运行结果如图 6-16 所示。

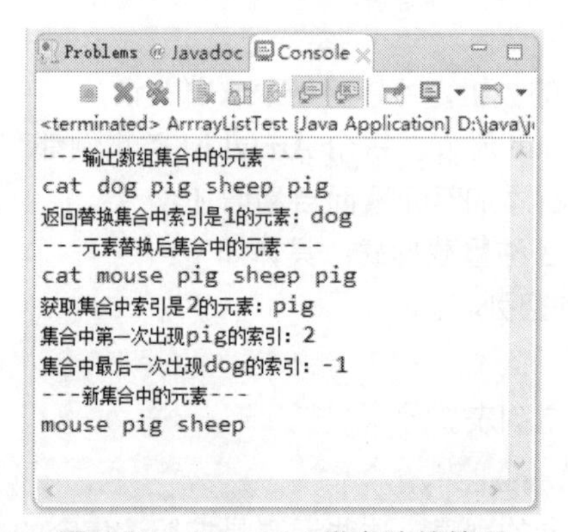

图 6-16　ArrayList 类方法的使用

在本例中，定义了一个 ArrayList 类的对象 list，list 调用 add()方法添加集合元素，通过它的 iterator()方法获取迭代器对象 iterator，通过 iterator 对象和 while 循环输出集合中的元素，可以看出集合中的元素就是按照 add()方法的添加顺序排列的。

list 集合调用 set(1)方法替换集合中指定索引 1 处的元素 dog 为 mouse；调用 get(2)方法获取指定索引 2 处的元素，返回 pig；调用 indexOf("pig")方法获取指定元素 pig 第一次出现的索引，即 2；调用 lastIndexOf("dog")方法获取指定元素 dog 最后一次出现的索引，由于 dog 被 mouse 替换，不存在 dog，所以返回-1；调用 subList(1, 4)方法返回集合中从指定开始索引 1 到结束索引 4 间的一个新集合，不包含结束索引 4 处的元素。

注意：调用 subList()方法返回的新集合中不包含结束索引处的元素。

2. LinkedList 类

LinkedList 实现了 List 接口，允许 null 元素。LinkedList 类实现一个链表，可以对集合的首部和尾部进行插入和删除操作，这些操作可以使 LinkedList 类被用作堆栈（stack）、队列（queue）或双向队列（deque）。相对于 ArrayList，LinkedList 在插入或删除元素时提供了更好的性能，但是随机访问元素的速度则相对较慢。LinkedList 类除了继承 List 接口的方法，又提供了一些方法，如表 6-3 所示。

表 6-3　LinkedList 类的方法

类　型	方　法	说　明
void	addFirst(E e)	将指定元素插入此集合的开头
void	addLast(E e)	将指定元素插入此集合的结尾
E	getFirst()	返回此集合的第一个元素
E	getLast()	返回此集合的最后一个元素
E	removeFirst()	移除并返回此集合的第一个元素
E	removeLast()	移除并返回此集合的最后一个元素

【例 6-19】（实例文件：ch06\Chap6.19.txt）LinkedList 类提供的方法的使用。

```
import java.util.Iterator;
```

```
import java.util.LinkedList;
public class LinkedListTest {
    public static void main(String[] args) {
        LinkedList list = new LinkedList(); //创建初始容量为 10 的空列表
        list.add("cat");
        list.add("dog");
        list.add("pig");
        list.add("sheep");
        list.addLast("mouse");
        list.addFirst("duck");
        System.out.println("---输出集合中的元素---");
        Iterator iterator = list.iterator();
        while(iterator.hasNext()){
            System.out.print(iterator.next()+" ");
        }
        System.out.println();
        System.out.println("获取集合的第一个元素: " + list.getFirst());
        System.out.println("获取集合的最后一个元素: " + list.getLast());
        System.out.println("删除集合的第一个元素" + list.removeFirst());
        System.out.println("删除集合的最后一个元素" + list.removeLast());
        System.out.println("---删除元素后集合中的元素---");
        iterator = list.iterator();
        while(iterator.hasNext()){
            System.out.print(iterator.next()+" ");
        }
    }
}
```

程序运行结果如图 6-17 所示。

图 6-17　LinkedList 方法的使用

在本例中，定义一个链表集合 list，通过实现类 LinkedList 自定义的 addFirst()方法和 addLast()方法，在链表的首部和尾部添加元素 duck 和 mouse，可以看出添加元素的位置与这两个方法的位置无关；但是在使用 add()方法时，添加元素顺序和 add()方法顺序有关。list 调用 getFirst()方法和 getLast()方法获取集合中第一个和最后一个元素，即 duck 和 mouse；调用 removeFirst()方法和 removeLast()方法删除集合中第一个和最后一个元素。

注意：LinkedList 没有同步方法。如果多个线程同时访问一个 List，则必须自己实现访问同步。

6.5.4 Set 接口

Set 接口是 Collection 的子接口，Set 接口没有提供新增的方法。实现 Set 接口的容器类中的元素是没有顺序的，并且元素不可以重复。在 Java API 中提供的实现 Set 接口的容器类有 HashSet、TreeSet 等，它们是无序的容器类。

1. HashSet 类

HashSet 类实现了 Set 接口，不允许出现重复元素，不保证集合中元素的顺序，允许包含值为 null 的元素，但最多只能有一个。HashSet 添加一个元素时，会调用元素的 hashCode()方法，获得其哈希码，根据这个哈希码计算该元素在集合中的存储位置。HashSet 使用哈希算法存储集合中的元素，可以提高集合元素的存储速度。

HashSet 类的常用构造方法有 3 种重载形式，具体如下：

（1）构造一个新的空 Set 集合。

```
public HashSet()
```

（2）构造一个包含指定集合中的元素的新 Set 集合。

```
public HashSet(Collection c)
```

（3）构造一个新的空 Set 集合，指定初始容量。

```
public HashSet(int initialCapacity)
```

【例 6-20】（实例文件：ch06\Chap6.20.txt）HashSet 类的使用。

```
import java.util.HashSet;
import java.util.Iterator;
public class HashSetTest {
    public static void main(String[] args) {
        HashSet hash = new HashSet();
        hash.add("56");
        hash.add("32");
        hash.add("50");
        hash.add("48");
        hash.add("48");
        hash.add("23");
        System.out.println("集合元素个数: " + hash.size());
        Iterator iter = hash.iterator();
        while(iter.hasNext()){
            System.out.print(iter.next() + " ");
        }
    }
}
```

程序运行结果如图 6-18 所示。

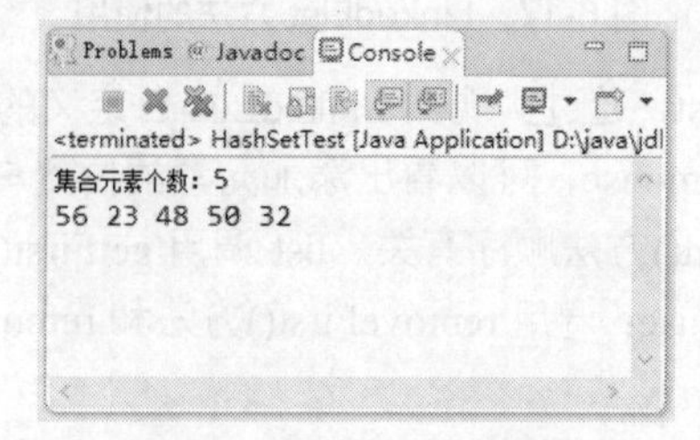

图 6-18　HashSet 的使用

在本例中，定义了 HashSet 对象 hash，通过调用它的 add()方法添加集合元素，可以看到添加的重复元素 48 被覆盖，Set 集合中不允许存在重复元素。通过 hash 对象调用 iterator()方法获得迭代器，输出集合中的元素，可以看到元素是无序的。

2. TreeSet 类

TreeSet 类不仅继承了 Set 接口，还继承了 SortedSet 接口，它不允许出现重复元素。由于 SortedSet 接口可以对集合中的元素进行自然排序（即升序排序），因此 TreeSet 类会对实现了 Comparable 接口的类的对象自动排序。TreeSet 类提供的方法如表 6-4 所示。

表 6-4　TreeSet 类提供的方法

类　型	方　法	说　明
E	first()	返回此集合中当前第一个（最低）元素，E 为集合元素数据类型
E	last()	返回此集合中当前最后一个（最高）元素，E 为集合元素数据类型
E	pollFirst()	获取并移除第一个（最低）元素；如果集合为空，则返回 null
E	pollLast()	获取并移除最后一个（最高）元素；如果集合为空，则返回 null
SortedSet<E>	subSet(E fromElement, E toElement)	返回一个新集合，其元素是原集合从 fromElement（包括）到 toElement（不包括）的所有元素
SortedSet<E>	tailSet(E fromElement)	返回一个新集合，其元素是原集合中 fromElement 对象之后的所有元素，包括 fromElement 对象
SortedSet<E>	headSet(E toElement)	返回一个新集合，其元素是原集合中 toElement 对象之前的所有元素，不包括 toElement 对象

【例 6-21】（实例文件：ch06\Chap6.21.txt）TreeSet 类方法的使用。

```
import java.util.Iterator;
import java.util.SortedSet;
import java.util.TreeSet;
public class TreeSetTest {
    public static void main(String[] args) {
        TreeSet tree = new TreeSet();
        tree.add("45");
        tree.add("32");
        tree.add("68");
        tree.add("12");
        tree.add("20");
        tree.add("80");
        tree.add("75");
        System.out.println("集合元素个数: " + tree.size() );
        System.out.println("---集合中的元素---");
        Iterator iter = tree.iterator();
        while(iter.hasNext()){
            System.out.print(iter.next() + " ");
        }
        System.out.println();
        System.out.println("---集合中 20～68 的元素---");
        SortedSet s = tree.subSet("20", "68");
```

```
        iter = s.iterator();
        while(iter.hasNext()){
            System.out.print(iter.next() + " ");
        }
        System.out.println();
        System.out.println("---集合中 45 之前的元素---");
        SortedSet s1 = tree.headSet("45");//包括 45
        iter = s1.iterator();
        while(iter.hasNext()){
            System.out.print(iter.next() + " ");
        }
        System.out.println();
        System.out.println("---集合中 45 之后的元素---");
        SortedSet s2 = tree.tailSet("45"); //不包括 45
        iter = s2.iterator();
        while(iter.hasNext()){
            System.out.print(iter.next() + " ");
        }
        System.out.println();
        System.out.println("集合中第一个元素: "+tree.first());
        System.out.println("集合中最后一个元素: "+tree.last());
        System.out.println("获取并移出集合中第一个元素: "+tree.pollFirst());
        System.out.println("获取并移出集合中最后一个元素: "+tree.pollLast());
        System.out.println("---集合中的元素---");
        iter = tree.iterator();
        while(iter.hasNext()){
            System.out.print(iter.next() + " ");
        }
        System.out.println();
    }
}
```

程序运行结果如图 6-19 所示。

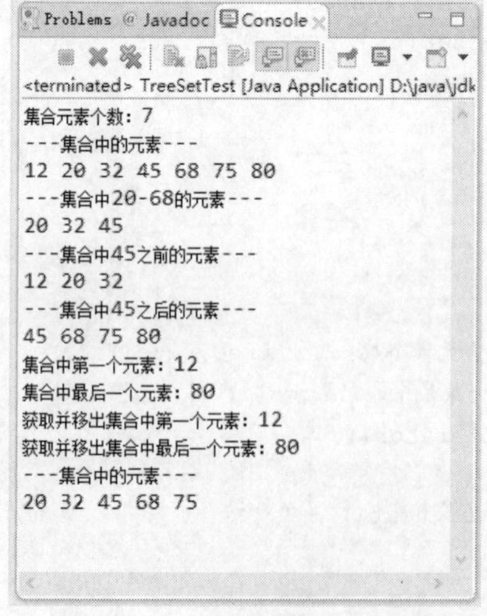

图 6-19　TreeSet 方法的使用

在本例中，定义了 TreeSet 对象 tree，对象 tree 调用 add()方法添加集合元素，这里添加的集合元素是 String 类的，由于 String 类实现了 Comparable 接口，所以 TreeSet 类对添加的元素进行了升序排序。

6.5.5 Map 接口

Map 接口是用来存储“键-值”对的集合，存储的“键-值”对是通过键来标识的，所以键不可以重复。Map 接口的实现类有 HashMap 类和 TreeMap 类。

HashMap 是基于哈希表的 Map 接口的实现类，以“键-值”对映射的形式存在。它在 HashMap 中总是被当作一个整体，系统会根据哈希算法来计算“键-值”对的存储位置，具有很快的访问速度，最多允许一条记录的键为 null，不支持线程同步。可以通过键快速地存取值。TreeMap 类继承了 AbstractMap，可以对键对象进行排序。Map 接口提供的方法如表 6-5 所示。

表 6-5 Map 接口提供的方法

类　型	方　法	说　明
V	get(Object key)	返回指定键所映射的值；如果此映射不包含该键的映射关系，则返回 null。V 是值的数据类型
V	put(K key , V value)	向 Map 集合中添加“键-值”对，返回键以前对应的值，如果没有则返回 null
Set	keySet()	返回 Map 中所有键对应的 Set 集合
Set	entrySet()	返回 Map 集合中所有“键-值”对的 Set 集合，Set 集合中元素的数据类型是 Map.Entry

【例 6-22】（实例文件：ch06\Chap6.22.txt）HashMap 类方法的使用。

```
import java.util.Iterator;
import java.util.Set;
import java.util.HashMap;
public class HashMapTest {
    public static void main(String[] args) {
        HashMap map = new HashMap();
        map.put("101", "一代天骄");              //添加“键-值”对
        map.put("102", "成吉思汗");              //添加“键-值”对
        map.put("103", "只识弯弓射大雕");        //添加“键-值”对
        map.put("104", "俱往矣");                //添加“键-值”对
        map.put("105", "数风流人物");            //添加“键-值”对
        map.put("105", "还看今朝");              //添加“键-值”对
        System.out.println("指定键 102 获取值: " + map.get("102"));
        Set s = map.keySet();                    //获得 HashMap 键的集合
        Iterator iterator = s.iterator();
        //获得 HashMap 中值的集合并输出
        String key = "";
        while(iterator.hasNext()){
            key = (String)iterator.next();    //获得 HashMap 键的集合，强制转换为 String 型
            System.out.println(key + ":" + map.get(key));
        }
    }
}
```

程序运行结果如图 6-20 所示。

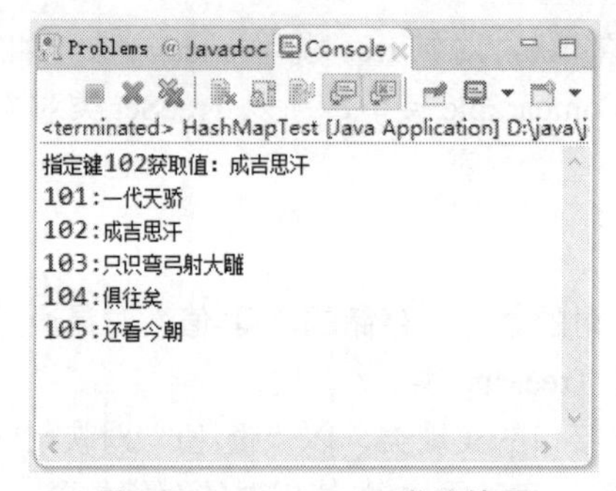

图 6-20　HashMap 类的使用

在本例中，定义了 HashMap 类的对象 map，通过调用 put()方法添加集合元素。map 对象调用 get("102")方法，获得指定键的值“成吉思汗”。map 调用 iterator()方法获得 Iterator 对象，通过 iterator.next()方法获得 HashMap 类中的键，并赋值给 String 型的 key；map 调用 get(key)方法获得 HashMap 类中的值，最后打印显示键值对。

6.6　就业面试解析与技巧

6.6.1　面试解析与技巧（一）

面试官：抽象类和接口有什么异同？

应聘者：抽象类和接口都不能够实例化，但可以定义抽象类和接口类型的引用。一个类如果继承了某个抽象类或者实现了某个接口，都需要对其中的抽象方法全部进行实现，否则该类仍然需要被声明为抽象类。接口比抽象类更加抽象，因为抽象类中可以定义构造器，可以有抽象方法和具体方法，而接口中不能定义构造方法，而且其中的方法都是抽象方法。

抽象类中的成员可以是 private、默认、protected、public 的，而接口中的成员全都是 public 的。抽象类中可以定义成员变量，而接口中定义的成员变量实际上都是常量。有抽象方法的类必须被声明为抽象类，而抽象类未必要有抽象方法。

6.6.2　面试解析与技巧（二）

面试官：Comparable 接口有什么作用？

应聘者：当需要排序的集合或数组不是单纯的数字类型时，通常可以使用 Comparable 接口，以简单的方式实现对象排序或自定义排序。这是因为 Comparable 接口内部有一个要重写的关键的方法，即 compareTo(T o)，用于比较两个对象的大小，这个方法返回一个整型数值。例如 x.compareTo(y)，情况如下：如果 x 和 y 相等，则方法返回值是 0；如果 x 大于 y，则方法返回值是大于 0 的值；如果 x 小于 y，则方法返回小于 0 的值。因此，可以对实现了 Comparable 接口的类的对象进行排序。

第 7 章

特殊的引用数据类型——数组与方法

◎ 本章教学微视频：15 个　75 分钟

学习指引

在 Java 语言中，数组也是最常用的类型之一，它是引用类型的变量，数组是有序数据的集合，数组中的每一个元素都属于同一个数据类型。本章将详细介绍数组的使用，主要内容包括一维数组、二维数组、数组排序等。

重点导读

- 了解数组的相关概念。
- 掌握一维数组的使用方法。
- 掌握数组排序的方法。
- 掌握多维数组的使用方法。
- 掌握对象数组的使用方法。
- 掌握数组在方法中的使用。

7.1　数组的概念

数组，顾名思义就是一组数据。数组对于每一门编程语言来说都是重要的数据结构之一，当然不同语言对数组的实现及处理也不尽相同。Java 语言中提供的数组用来存储固定大小的同类型元素。

如果需要存储大量的数据，例如需要读取 100 个数，那么就需要定义 100 个变量，显然重复写 100 次代码是没有太大意义的。为了解决这个问题，可以声明一个数组变量，如 numbers[100]来代替直接声明 100 个独立变量 number0，number1，…，number99。

在 Java 中，数组也可以认为是一种数据类型，它本身是一种引用类型。Java 的数组可以存储基本类型的数据，也可以存储引用类型的数据。下面就是一个 int 类型数组的例子：

```
int[] x;
x = new int[100];
```

首先声明一个 int[]类型的变量 x，然后创建一个长度为 100 的数组。数组在创建过程中内存的分配情况如图 7-1 和图 7-2 所示。

图 7-1　第一步：int[] x;

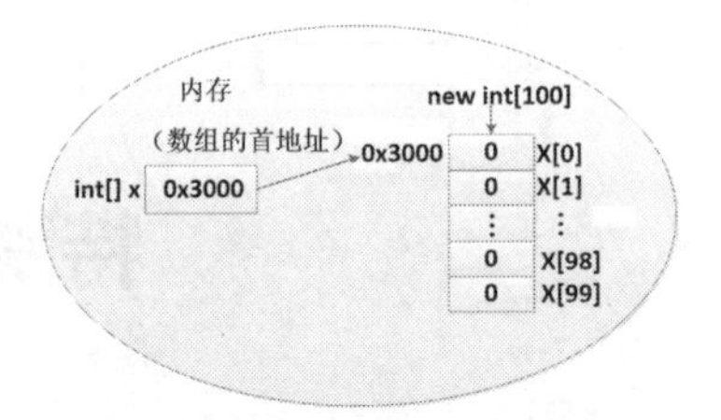

图 7-2　第二步：x = new int[100];

7.2　一维数组

一维数组就是一组具有相同类型的数据的集合，一维数组中的元素是按顺序存放的。本节详细介绍如何声明和使用一维数组。

7.2.1　数组的声明

要使用 Java 中的数组，必须先声明数组，再为数组分配内存空间。一维数组的声明有两种方式，一般语法格式如下：

```
数据类型 数组名[];
数据类型[] 数组名;
```

- 数据类型：指明数组中元素的类型。它可以是 Java 中的基本数据类型，也可以是引用类型。
- 数组名：一个合法的 Java 标识符。
- 中括号“[]”：表示数组的维数。一对中括号表示一维数组。

这两种声明的方法不同点在于[]的位置，Java 建议使用的方法是将[]放在数据类型后面，而不是数组名后面。将[]放在数组名后面这种风格来自 C/C++语言，在 Java 中也允许这种风格，其目的是让 C/C++程序员能够快速理解 Java 语言。

Java 语言使用 new 操作符来创建数组，语法格式如下：

```
arrayRefVar = new dataType[arraySize];
```

上面的语句做了两件事：第一件事是使用 dataType[arraySize]创建了一个数组，第二件事是把新创建的数组的引用赋值给变量 arrayRefVar。

声明数组变量和创建数组可以用一条语句完成，具体语法格式如下：

```
dataType[] arrayRefVar = new dataType[arraySize];
```

另外，用户还可以使用如下的方式创建数组。具体语法格式如下：

```
dataType[] arrayRefVar = {value0, value1, …, valuek};
```

数组的元素是通过索引访问的。数组索引从 0 开始，所以索引值为 0 到 arrayRefVar.length−1。

下面是这两种语法的具体应用实例。

【例 7-1】（实例文件：ch07\Chap7.1.txt）声明数组应用实例。

```
public class Test {
```

```
    public static void main(String[] args) {
        int[] ar1;                                          //声明变量
        ar1 = new int[3];                                   //创建数组对象
        System.out.println("ar1[0]=" + ar1[0]);             //访问数组中的第一个元素
        System.out.println("ar1[1]=" + ar1[1]);             //访问数组中的第二个元素
        System.out.println("ar1[2]=" + ar1[2]);             //访问数组中的第三个元素
        System.out.println("数组的长度是: " + ar1.length);   //打印数组长度
    }
}
```

程序运行结果如图 7-3 所示。

```
Problems  Javadoc  Declaration  Console
<terminated> Test [Java Application] C:\Program Files\Jav
ar1[0]=0
ar1[1]=0
ar1[2]=0
数组的长度是：3
```

图 7-3　声明数组应用实例

本例中，首先声明了一个 int[]类型的变量 ar1，并将数组在内存中的地址赋给它。ar1[0]、ar1[1]、ar1[2]表示使用数组的索引来访问数组的元素，数组的索引从 0 开始，但元素没有赋值，所以显示的都是默认值 0。数组对象有一个属性 length，可以用来获得数组的元素个数，称为数组长度。

【例 7-2】（实例文件：ch07\Chap7.2.txt）数组的声明，默认值和赋值应用实例。

```
public class Test {
    public static void main(String[] args) {
        int[] arr = new int[4]; //定义可以存储 4 个整数的数组
        arr[0] = 1;             //为第一个元素赋值 1
        arr[2] = 3;             //为第二个元素赋值 2
        //下面的代码是打印数组中每个元素的值
        System.out.println("arr[0]=" + arr[0]);
        System.out.println("arr[1]=" + arr[1]);
        System.out.println("arr[2]=" + arr[2]);
        System.out.println("arr[3]=" + arr[3]);
    }
}
```

程序运行结果如图 7-4 所示。

```
Problems  Javadoc  Declaration  Console
<terminated> Test [Java Application] C:\Program Files\Jav
arr[0]=1
arr[1]=0
arr[2]=3
arr[3]=0
```

图 7-4　数组的默认值和赋值

本例中，首先声明 int[]类型的数组变量 arr，长度为 4。然后通过数组的索引进行赋值，但并没有对 4 个元素全部赋值，而是对 arr[0]和 arr[2]进行了赋值，所以结果显示它们的值分别为 1 和 3，而 arr[1]和 arr[3]没有赋值，因此显示的是默认值 0。

7.2.2 初始化数组

在 Java 中，初始化数组有动态和静态两种方式，下面分别进行介绍。在定义数组时，指定数组的长度，并由系统自动为元素赋初值，这些称为动态初始化。

【例 7-3】（实例文件：ch07\Chap7.3.txt）数组动态初始化应用实例。

```
public class Test {
    public static void main(String[] args) {
        int size = 10;                          //数组大小
        int[] myList = new int[size];           //定义数组
        myList[0] = 5;
        myList[1] = 4;
        myList[2] = 3;
        myList[3] = 2;
        myList[4] = 18;
        myList[5] = 25;
        myList[6] = 34;
        myList[7] = 68;
        myList[8] = 102;
        myList[9] = 1000;
        //计算所有元素的总和
        int total = 0;
        for (int i = 0; i < size; i++) {
            total += myList[i];
        }
        System.out.println("总和为：" + total);
    }
}
```

程序运行结果如图 7-5 所示。

```
Problems  Javadoc  Declaration  Console
<terminated> Test [Java Application] C:\Program Files\Ja
总和为：1261
```

图 7-5　数组动态初始化

本例中，首先声明了一个数组变量 myList，接着创建了一个包含 10 个 int 类型元素的数组，并且把它的引用赋值给 myList 变量，最后通过 for 语句计算出所有元素的和为 1261。

数组的初始化还有一种静态方式，就是在定义数组的同时就为数组的每个元素赋值。数组的静态初始化有两种方式，具体格式如下：

```
1. 类型[] 数组名 = new 类型[]{元素，元素，…};
2. 类型[] 数组名 = {元素，元素，…};
```

这两种方式都可以实现数组的静态初始化，但第二种更简便，不易出错，因此建议使用第二种方式。

【例 7-4】（实例文件：ch07\Chap7.4.txt）数组静态初始化应用实例。

```
public class Test {
    public static void main(String[] args) {
        int[] ar1 = { 1, 2, 3, 4 }; //静态初始化
        String[] ar2 = new String[] { "Java", "PHP", "Python" };
        //下面的代码是依次访问数组中的元素
        System.out.println("ar1[0] = " + ar1[0]);
        System.out.println("ar1[1] = " + ar1[1]);
        System.out.println("ar1[2] = " + ar1[2]);
```

```
        System.out.println("ar1[3] = " + ar1[3]);
        System.out.println("ar2[0] = " + ar2[0]);
        System.out.println("ar2[1] = " + ar2[1]);
        System.out.println("ar2[2] = " + ar2[2]);
    }
}
```

程序运行结果如图 7-6 所示。

```
Problems  Javadoc  Declaration  Console
<terminated> Test [Java Application] C:\Program Files\Ja
ar1[0] = 1
ar1[1] = 2
ar1[2] = 3
ar1[3] = 4
ar2[0] = Java
ar2[1] = PHP
ar2[2] = Python
```

图 7-6 数组静态初始化

在本例中，使用两种静态初始化的方式为每个元素赋初值。int[]类型的数组没有采用 new 关键字，而是直接使用了{}来初始化元素的值。String[]类型的数组使用 new String[]{}来初始化，这里要特别注意的是不能写成 new String[3]{}，这样编译器会报错。

7.2.3 数组的访问

数组实际上是一种简单的数据结构，它在计算机中是顺序存储的，要使用数组，实际上是要使用数组中的元素。例如有一个数组 int[] a ={10, 8, 6, 20};，如下所示：

索引:	0	1	2	3
元素:	10	8	6	20

那么，如何找到并使用 6 这个数字呢？

数组的元素可以使用数组的索引来查找，索引又称为下标。数组的索引可以这样理解：对数组中的元素进行编号，可以把数组中的元素看成是正在排队，Java 中数组索引是从 0 开始的，可以使用 a.length 获得数组 a 的元素个数。

用数组的索引访问数组元素。还是上面那个例子，如果要访问元素 8，它的索引是 1，那么就是 a[1]。如果使用 for 循环，就可以把数组中的元素一一找出来并做处理。

【例 7-5】（实例文件：ch07\Chap7.5.txt）访问数组元素应用实例。

```
public class Test {
    public static void main(String[] args) {
        double[] myList = { 1.9, 2.9, 3.4, 3.5 };
        //打印所有数组元素
        for (int i = 0; i < myList.length; i++) {
            System.out.println(myList[i] + " ");
        }
    }
}
```

程序运行结果如图 7-7 所示。

```
Problems @ Javadoc Declaration Console
<terminated> Test [Java Application] C:\Program Files\J
1.9
2.9
3.4
3.5
```

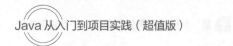

图 7-7　访问数组元素

在本例中，使用 for 循环遍历了数组的所有元素，读者一定要掌握这种写法。另外，Java JDK 1.5 引进了一种新的循环类型，被称为 for-each 循环或者加强型循环，它能在不使用索引的情况下遍历数组。for-each 循环的格式如下：

```
for(type element: array)
{
   System.out.println(element);
}
```

【例 7-6】（实例文件：ch07\Chap7.6.txt）使用 for-each 循环遍历数组元素应用实例。

```
public class Test {
   public static void main(String[] args) {
      double[] myList = { 1.9, 2.9, 3.4, 3.5 };
      //打印所有数组元素
      for (double e : myList) {
         System.out.println(e);
      }
   }
}
```

程序运行结果如图 7-8 所示。

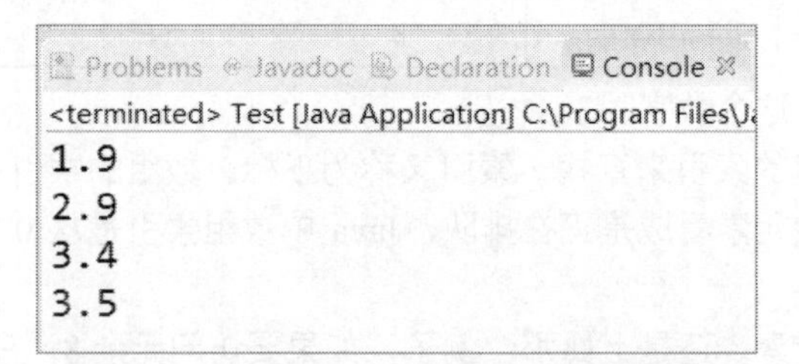

图 7-8　使用 for-each 循环遍历数组元素

在本实例中，使用 for-each 循环对数组进行了遍历，for-each 循环相对于 for 语句更简洁，但也有缺点，就是丢掉了索引信息。因此，当遍历数组时，如果需要访问数组的索引，那么最好使用 for 语句的方式来实现循环或遍历，而不要使用 for-each 循环。

7.3　数组的排序

数组排序的方法有很多种，主要有冒泡排序、选择排序、快速排序、插入排序、希尔排序等。本节通过例子详细介绍使用冒泡排序和选择排序对数组中元素进行排序的方法。

7.3.1　冒泡排序

冒泡排序（bubble sort），是计算机科学领域最常用的排序算法之一。冒泡排序就是比较相邻的两个数据，小的放在前面，大的放在后面，这样一趟下来，最小的数就被排在了第一位，第二趟也是如此，以此类推，直到所有的数据排序完成。这样数组元素中值小的就像气泡一样从底部上升到顶部。

【例 7-7】（实例文件：ch07\Chap7.7.txt）一维数组元素使用冒泡排序方法。

```
public class ArrayBubble{
    public static void main(String[] args) {
        int array[] = {15,6,2,13,8,4,};  //定义并声明数组
        int temp = 0;                    //临时变量
        //输出未排序的数组
        System.out.println("未排序的数组：");
        for(int i=0;i<array.length;i++){
            System.out.print(array[i] + " ");
        }
        System.out.println();            //输出空行
        //通过冒泡排序为数组排序
        for(int i=0;i<array.length;i++){
            for(int j=i+1;j<array.length;j++){
                if(array[i]>array[j]){   //比较两个元素的值，如果满足条件，执行下面的语句
                    //将array[i]的值和array[j]的值交换，将值小的给array[i]
                    temp = array[i];     //将array[i]的值赋给临时变量temp
                    array[i] = array[j]; //将两者中值小的array[j]赋给array[i]
                    array[j] = temp;     //将temp中暂存的大值赋给array[j]，完成一次值的交换
                }
            }
        }
        //输出排好序的数组
        System.out.println("冒泡排序，排好序的数组：");
        for(int i=0;i<array.length;i++){
            System.out.print(array[i] + " ");
        }
    }
}
```

程序运行结果如图 7-9 所示。

图 7-9　冒泡排序

在本例中，声明并初始化了一个一维数组，通过 for 循环输出原数组的元素，然后通过冒泡排序对一维数组进行排序。

提示：使用冒泡排序时，首先比较数组中前两个元素，即 array[i]和 array[j]，借助中间变量 temp，将值小的元素放到数组的前面，即 array[i]中，值大的元素在数组的后面，即 array[j]中，最后将排序后的数组输出。

7.3.2 选择排序

选择排序（selection sort）是一种简单直观的排序算法。它的工作原理是：每一次从待排序的数组元素中选出最小（或最大）的一个元素，存放在序列的起始位置，直到全部待排序的数组元素排完。选择排序是不稳定的排序方法。所谓不稳定是指：如果一个数组中有值相同的多个元素，则排序后，这几个值相同的元素之间的先后顺序可能发生变化。

【例 7-8】（实例文件：ch07\Chap7.8.txt）一维数组元素使用选择排序方法。

```
public class ArraySelect {
    public static void main(String[] args) {
        int array[] = {15,6,2,13,8,4,};  //定义并声明数组
        int temp = 0;
        //输出未排序的数组
        System.out.println("未排序的数组：");
        for(int i=0;i<array.length;i++){
            System.out.print(array[i] + " ");
        }
        System.out.println();                //输出空行
        //选择排序
        for(int i=0;i<array.length;i++){
            int index = i;
            for(int j=i+1;j<array.length;j++){
                if(array[index]>array[j]){
                    index = j;               //将数组中值最小的元素的索引找出，放到 index 中
                }
            }
            if(index != i){                  //如果值最小的元素不是索引为 i 的元素，将两者交换
                temp = array[i];
                array[i] = array[index];
                array[index] = temp;
            }
        }                                    //输出排好序的数组
        System.out.println("选择排序，排好序的数组：");
        for(int i=0;i<array.length;i++){
            System.out.print(array[i] + " ");
        }
    }
}
```

程序运行结果如图 7-10 所示。

在本例中，声明并初始化了一个一维数组，通过 for 循环输出数组的值。通过选择排序算法，对一维数组进行排序。

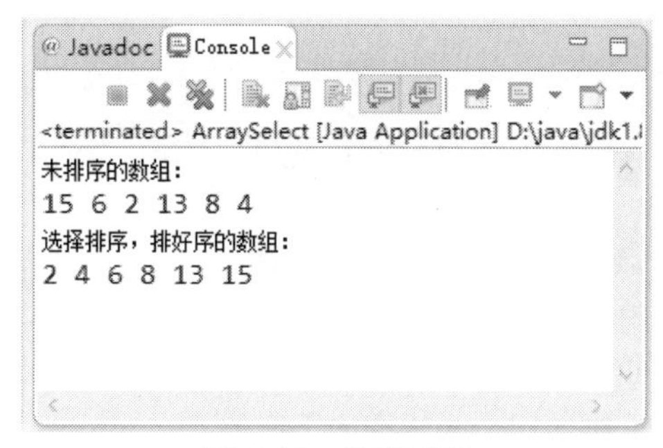

图 7-10　选择排序

7.4　多维数组

多维数组的声明与一维、二维数组类似，一维数组要使用一个大括号，二维数组要使用两个大括号，以此类推。三维数组或更高维的数组并不常用，经常使用的多维数组是二维数组，本节主要介绍二维数组的使用。

7.4.1　数组的声明

多维数组可以看成数组的数组。二维数组就是一个特殊的一维数组，其每一个元素都是一个一维数组，例如：

```
String str[][] = new String[3][4];
```

多维数组的动态初始化（以二维数组为例）有两种方式，下面分别进行介绍。

（1）直接为每一维分配空间，格式如下：

```
type arrayName = new type[arraylength1][arraylength2];
```

type 可以为基本数据类型和复合数据类型，arraylength1 和 arraylength2 必须为正整数，arraylength1 为行数，arraylength2 为列数。

例如：

```
int a[][] = new int[2][3];
```

解析：二维数组 a 可以看成一个两行三列的数组。

（2）从最高维开始，分别为每一维分配空间，例如：

```
String s[][] = new String[2][];
s[0] = new String[2];
s[1] = new String[3];
s[0][0] = new String("Good");
s[0][1] = new String("Luck");
s[1][0] = new String("to");
s[1][1] = new String("you");
s[1][2] = new String("!");
```

解析：s[0]=new String[2];和 s[1]=new String[3] ;是为最高维分配引用空间，也就是为最高维限制其能保存数据的最大长度，然后再为每个数组元素单独分配空间，即 s[0][0]=new String("Good");等操作。

7.4.2 数组的内存分配

声明二维数组后，要为二维数组分配内存空间，才可以使用。为二维数组分配内存空间的语法格式如下：

```
数据类型[][] 数组名 = new 数据类型[第一维数][第二维数];
```

- 数组名：一个合法的标识符。
- new：为数组分配内存空间的关键字。
- 第一维数：指二维数组中一维数组个数，相当于行数。
- 第二维数：指一维数组内元素的个数，相当于列数。

注意：在为二维数组分配内存时，也可以对它的每个一维数组单独分配内存空间，并且分配的内存长度可以不同。在第一个中括号中定义一维数组的个数，然后利用一维数组分配内存的方式分配内存。

【例 7-9】（实例文件：ch07\Chap7.9.txt）为二维数组分配内存，指定二维数组的维数。

```
int array = new int[3][5];        //为声明的二维数组分配内存
```

在本例中，定义二维数组时指定了二维数组的维数，是一个 3 行 5 列的规则的数组。

【例 7-10】（实例文件：ch07\Chap7.10.txt）为二维数组分配内存，只指定二维数组第一维的维数。

```
int array[][] = new int[3][];   //二维数组分配内存，指定了二维数组第一维的维数是 3
array[0] = new int[3];          //确定二维数组第二维的维数是 3
array[1] = new int[2];          //确定二维数组第二维的维数是 2
array[2] = new int[4];          //确定二维数组第二维的维数是 4
```

在本例中，声明二维数组时只指定二维数组第一维的维数，即指定一维数组个数为 3。没有指定二维数组第二维的维数，即没有指定一维数组元素的个数，而是利用一维数组的内存分配的方式单独为它们分配内存。在本例中，对二维数组第二维分配的维数不同，即 3 个一维数组 array[0]、array[1]和 array[2]的长度不等，这是一个不规则的二维数组。

7.4.3 数组的元素

二维数组也是通过数组的索引来访问数组中的元素。一般格式如下：

```
数组名[第一维索引][第二维索引]
```

- 数组名：数组的名称。
- 索引：范围是 0 到数组元素个数-1。

二维数组的长度表示格式如下：

```
二维数组名.length
```

【例 7-11】（实例文件：ch07\Chap7.11.txt）二维数组索引的使用。

```
int array[][] = new int[3][2];       //定义规则的二维数组
array[0][0] = 1;                     //表示数组中第 0 行第 0 列的元素
array[0][1] = 2;                     //表示数组中第 0 行第 1 列的元素
array[1][0] = 3;                     //表示数组中第 1 行第 0 列的元素
array[1][1] = 4;                     //表示数组中第 1 行第 1 列的元素
array[2][0] = 5;                     //表示数组中第 2 行第 0 列的元素
array[2][1] = 6;                     //表示数组中第 2 行第 1 列的元素
```

在本例中，二维数组的内存结构如图 7-11 所示。

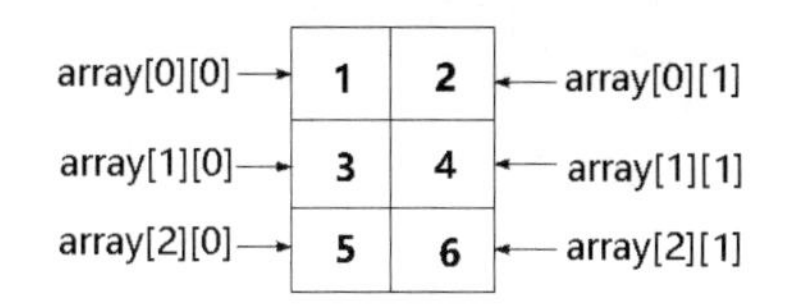

图 7-11 二维数组的内存结构

7.4.4 数组的赋值

声明二维数组时，也可以直接对数组赋值，将赋给数组的值放在大括号中，多个数值之间使用逗号(,)隔开。声明并初始化数组的一般格式如下（这里假设第二维长度为 3）：

```
数据类型 数组名[][] = {{初值 1, 初值 2, 初值 3}, {初值 4, 初值 5, 初值 6}, …};
```

【例 7-12】（实例文件：ch07\Chap7.12.txt）声明二维数组并初始化。

```
int array[] [] = {{1,2,3},{4,5},{6,7}};              //声明并初始化一个不规则二维数组
int array[][] = {{1,2,3},{4,5,6},{7,8,9}};           //声明并初始化规则数组
```

在声明二维数组时初始化，这时二维数组的维数可以不指定，系统会根据初始化的值来确定二维数组第一维的维数和第二维的维数。

注意：初始化数组时，要明确数组的索引是从 0 开始的。

7.4.5 遍历多维数组

本节以二维数组为例来介绍对多维数组的遍历。遍历二维数组中的每个元素的格式如下：

```
arrayName[index1][index2],
```

例如：

```
num[1][0];
```

【例 7-13】（实例文件：ch07\Chap7.13.txt）使用 for 循环遍历二维数组。

```
public class Test {
   public static void main(String[] args) {
      int[][] num = new int[3][3];      //定义了 3 行 3 列的二维数组
      num[0][0] = 1;                    //给第一行第一个元素赋值
      num[0][1] = 2;                    //给第一行第二个元素赋值
      num[0][2] = 3;                    //给第一行第三个元素赋值

      num[1][0] = 4;                    //给第二行第一个元素赋值
      num[1][1] = 5;                    //给第二行第二个元素赋值
      num[1][2] = 6;                    //给第二行第三个元素赋值

      num[2][0] = 7;                    //给第三行第一个元素赋值
      num[2][1] = 8;                    //给第三行第二个元素赋值
      num[2][2] = 9;                    //给第三行第三个元素赋值
      for (int x = 0; x < num.length; x++) {          //定位行
         for (int y = 0; y < num[x].length; y++) {  //定位每行的元素个数
            System.out.print(num[x][y] + "\t");
         }
```

```
            System.out.println("\n");
        }
    }
}
```

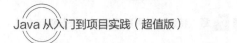

程序运行结果如图 7-12 所示。

```
Problems  Javadoc  Declaration  Console
<terminated> Test [Java Application] C:\Program Files\Ja
1       2       3

4       5       6

7       8       9
```

图 7-12　for 循环遍历数组

在本例中，创建了一个 3 行 3 列的二维数组 num，并为每个元素赋值，通过 for 循环将数组的所有元素显示出来。

【例 7-14】（实例文件：ch07\Chap7.14.txt）使用 for-each 循环遍历二维数组。

```
public class Test {
    public static void main(String[] args) {
        int[][] num = new int[3][3];      //定义了 3 行 3 列的二维数组
        num[0][0] = 1;                    //给第 1 行第 1 个元素赋值
        num[0][1] = 2;                    //给第 1 行第 2 个元素赋值
        num[0][2] = 3;                    //给第 1 行第 3 个元素赋值

        num[1][0] = 4;                    //给第 2 行第 1 个元素赋值
        num[1][1] = 5;                    //给第 2 行第 2 个元素赋值
        num[1][2] = 6;                    //给第 2 行第 3 个元素赋值

        num[2][0] = 7;                    //给第 3 行第 1 个元素赋值
        num[2][1] = 8;                    //给第 3 行第 2 个元素赋值
        num[2][2] = 9;                    //给第 3 行第 3 个元素赋值

        for (int[] n : num) {
            for (int i : n) {
                System.out.print(i + "\t");
            }
            System.out.println("\n");
        }
    }
}
```

程序运行结果如图 7-13 所示。

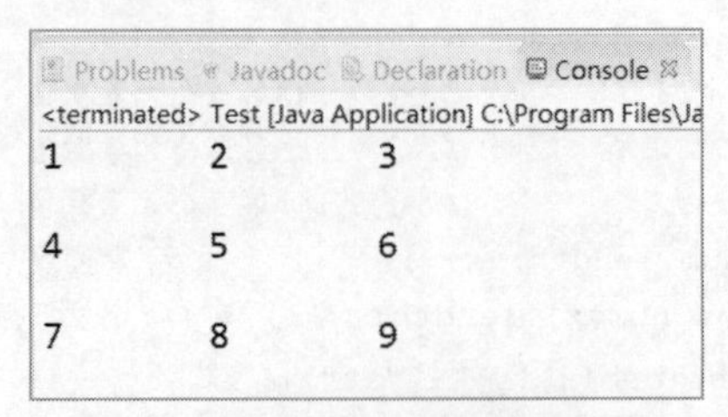

图 7-13　for-each 循环遍历数组

在本例中，创建了一个 3 行 3 列的二维数组 num，并为每个元素赋值，通过 for-each 循环将数组的所有元素显示出来。

7.5 数组排序

Java API 提供了一个数组类 Arrays（java.util.Arrays），能方便地操作数组，它提供的所有方法都是静态的，具有以下功能：

- 给数组赋值：通过 fill 方法实现。
- 对数组排序：通过 sort 方法实现，按升序。
- 比较数组：通过 equals 方法比较数组中的元素值是否相等。
- 搜索数组元素：通过 binarySearch（二分搜索）方法能对排好序的数组进行搜索操作。

具体方法的应用及说明如表 7-1 所示。

表 7-1 对象数组的功能方法及说明

方 法	说 明
public static int binarySearch(Object[] a, Object key)	用二分搜索算法在给定数组中搜索给定值的对象（byte、Int、double 等）。数组在调用前必须排好序。如果要搜索的值包含在数组中，则返回搜索键的索引；否则返回“-”后跟插入点的索引或者返回-1
public static boolean equals(long[] a, long[] a2)	如果两个指定的 long 型数组彼此相等，则返回 true。如果两个数组包含相同数量的元素，并且两个数组中的所有相应元素都是相等的，则认为这两个数组是相等的。换句话说，如果两个数组以相同顺序包含相同的元素，则两个数组是相等的。同样的方法适用于所有的其他基本数据类型（byte、short、int 等）
public static void fill(int[] a, int val)	将指定的 int 型的值分配给指定 int 型数组指定范围中的每个元素。同样的方法适用于所有的其他基本数据类型（byte、short、int 等）
public static void sort(Object[] a)	对指定对象数组根据其元素的自然顺序按升序排列。同样的方法适用于所有的其他基本数据类型（byte、short、int 等）

7.5.1 静态 sort()方法

使用 sort()方法可以对指定对象数组根据其元素的自然顺序按升序排列。

【例 7-15】（实例文件：ch07\Chap7.15.txt）数组倒序。

```
public class Test {
   public static void main(String[] args) {
      int[] test = { 1, 2, 4, 5, 7 };
      for (int i : test) {
         System.out.print(i + " ");
      }
      System.out.println("\n");
      test = Test.reverse(test);
      for (int i : test) {
         System.out.print(i + " ");
```

```
        }
    }

    public static int[] reverse(int[] arr) {
        int[] result = new int[arr.length];
        for (int i = 0, j = result.length - 1; i < arr.length; i++, j--) {
            result[j] = arr[i];
        }
        return result;
    }
}
```

程序运行结果如图 7-14 所示。

```
Problems  Javadoc  Declaration  Console
<terminated> Test [Java Application] C:\Program Files\Ja
1 2 3 4 5

5 4 3 2 1
```

图 7-14　数组倒序

【例 7-16】（实例文件：ch07\Chap7.16.txt）数组排序。

```
import java.util.Arrays;

public class Test {
    public static void main(String[] args) {
        int[] a = { 5, 26, 3, 12, 8, -29, 55 };
        Arrays.sort(a); //数组排序
        for (int i = 0; i < a.length; i++) {
            System.out.print(a[i] + " ");
        }
    }
}
```

程序运行结果如图 7-15 所示。

```
Problems  Javadoc  Declaration  Console
<terminated> Test [Java Application] C:\Program Files\Ja
-29 3 5 8 12 26 55
```

图 7-15　数组排序

在本例中，使用数组类 Arrays 的静态方法 sort()对数组的元素按升序排列，然后使用 for 循环将数组元素安排列后的顺序显示出来。

7.5.2　binarySearch()方法

Arrays 类还有一个常用的方法——binarySearch()，可以使用二分搜索法来搜索指定的数组，以获得指定对象。该方法返回要搜索元素的索引值。binarySearch()方法提供多种重载形式，用于满足各种类型数组的搜索需要。

需要注意的是，使用 binarySearch()方法前，必须先用 Arrays.sort()方法排序，否则结果可能不符合预期。binarySearch()有两种参数形式，下面分别介绍。

1. binarySearch(Object[] a, Object key)

其中参数 a 表示要搜索的数组，参数 key 表示要搜索的值。如果 key 在数组中，则返回搜索值的索引；否则返回-1 或“-”后跟插入点的索引。插入点是索引键将要插入数组的那一点，即第一个大于该键的元素的索引。使用这个方法有一些技巧需要注意：

- 搜索值不是数组元素，且在数组元素值范围内，从 1 开始计数，返回“-”后跟插入点索引。
- 搜索值是数组元素，从 0 开始计数，返回搜索值的索引。
- 搜索值不是数组元素，且大于数组内的所有元素，索引为-(length +1)。
- 搜索值不是数组元素，且小于数组内的所有元素，索引为-1。

下面看一个例子。

【例 7-17】（实例文件：ch07\Chap7.17.txt）binarySearch()方法实例一。

```
import java.util.Arrays;

public class Test {
    public static void main(String args[]) {
        int[] arr = { 4, 3, 1, 9, 5, 8 };

        Arrays.sort(arr);//排序后为{1,3,4,5,8,9}

        int s1 = Arrays.binarySearch(arr, 6);
        int s2 = Arrays.binarySearch(arr, 4);
        int s3 = Arrays.binarySearch(arr, 10);
        int s4 = Arrays.binarySearch(arr, 0);

        System.out.println("s1 = " + s1);
        System.out.println("s2 = " + s2);
        System.out.println("s3 = " + s3);
        System.out.println("s4 = " + s4);
    }
}
```

程序运行结果如图 7-16 所示。

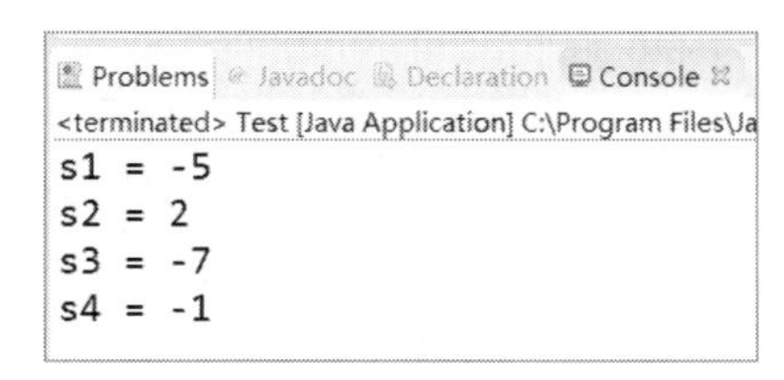

图 7-16 binarySearch()方法实例一

在本例中，首先定义数组 arr 有 6 个元素，为｛4, 3, 1, 9, 5, 8｝，经过排序后顺序是｛1, 3, 4, 5, 8, 9｝。下面分析 s1、s2、s3 和 s4 的结果。

- s1 是要在数组 arr 中查找 6，结果是-5，-表示没有查询结果，说明数组 arr 中没有元素 6，5 又在元素索引范围内，说明要查找的 6 没有超过数组的最大元素，在数组元素值范围内。根据规定，从 1 开始计数，5 表示 6 在数组 arr 的第 4 个元素后面。
- s2 是要在数组 arr 中查找 4，结果是 2，表示有查询结果，根据规定，从 0 开始计数，2 表示索引，也就是 4 在数组 arr 的第 2 个元素后面。

- s3 是要在数组 arr 中查找 10，结果是-7，-表示没有查询结果，说明数组 arr 中没有元素 10，7 已经超过了元素索引范围，说明要查找的 10 超过了数组的最大元素，不在数组元素值范围内。根据规定，从 1 开始计数，7 表示 length+1，数组 arr 的 length 为 6，表示 10 在数组 arr 的最后一个元素后面。
- s4 是要在数组 arr 中查找 0，结果是-1，-表示没有查询结果，说明数组 arr 中没有元素 0，1 表示 0 小于数组内元素，说明 0 在数组 arr 的第一个元素之前。

2. binarySearch(object[] a, int fromIndex, int endIndex, object key)

其中参数 a 表示要搜索的数组，fromIndex 表示指定范围的开始处索引（包含），toIndex 表示指定范围的结束处索引（不包含），参数 key 表示要搜索的值。如果要搜索的元素 key 在指定的范围内，则返回搜索值的索引；否则返回-1 或“-”后跟插入点索引。使用这个方法有一些技巧需要注意：

- 该搜索键在指定范围内，但不是数组元素，由 1 开始计数，返回“-”后跟插入点索引。
- 该搜索键在指定范围内，且是数组元素，由 0 开始计数，返回搜索值的索引。
- 该搜索键不在指定范围内，且小于指定范围（数组）内元素，返回-(fromIndex+1)。
- 该搜索键不在指定范围内，且大于指定范围（数组）内元素，返回-(toIndex+1)。

下面看一个例子：

【例 7-18】（实例文件：ch07\Chap7.18.txt）binarySearch()方法实例二。

```
import java.util.Arrays;
public class Test {
    public static void main(String args[]) {
        int arr[] = { 1, 3, 4, 5, 8, 9 };

        Arrays.sort(arr);

        int s1 = Arrays.binarySearch(arr, 1, 3, 6);
        int s2 = Arrays.binarySearch(arr, 1, 3, 4);
        int s3 = Arrays.binarySearch(arr, 1, 3, 2);
        int s4 = Arrays.binarySearch(arr, 1, 3, 10);
        int s5 = Arrays.binarySearch(arr, 1, 3, 0);

        System.out.println("s1 = " + s1);
        System.out.println("s2 = " + s2);
        System.out.println("s3 = " + s3);
        System.out.println("s4 = " + s4);
        System.out.println("s5 = " + s5);
    }
}
```

程序运行结果如图 7-17 所示。

```
Problems  Javadoc  Declaration  Console
<terminated> Test [Java Application] C:\Program Files\Ja
s1 = -4
s2 = 2
s3 = -2
s4 = -4
s5 = -2
```

图 7-17　binarySearch()方法实例二

在本例中，首先定义数组 arr 有 6 个元素，为 { 1, 3, 4, 5, 8, 9 }，经过排序后顺序不变。下面分析 s1、s2、s3 和 s4 的结果。

- s1 是要在数组 arr 的索引 1 至索引 3 中查找 6，也就是从数组 arr 的元素 3、4、5 中查找 6，结果是 -4，-表示没有查询结果，说明指定范围中没有元素 6，4 不在元素索引范围 1 至 3 内，说明要查找的 6 超过了 3、4、5 的最大元素，根据规定，4 表示 toIndex + 1，toIndex 是 3，6 在数组 arr 的元素 5 后面。
- s2 是要在数组 arr 的索引 1 至索引 3 中查找 4，也就是从数组 arr 的元素 3、4、5 中查找 4，结果是 2，表示 4 在数组 arr 的索引 2 位置。
- s3 是要在数组 arr 的索引 1 至索引 3 中查找 2，也就是从数组 arr 的元素 3、4、5 中查找 2，结果是 -2，-表示没有查询结果，说明指定范围中没有元素 2，根据规定，2 表示 fromIndex + 1，fromIndex 是 1，2 在数组 arr 的元素 3 前面。
- s4 是要在数组 arr 的索引 1 至索引 3 中查找 10，也就是从数组 arr 的元素 3、4、5 中查找 10，结果是-4，-表示没有查询结果，说明指定范围中没有元素 10，4 不在元素索引范围 1 至 3 内，说明要查找的 10 超过了 3、4、5 的最大元素，根据规定，4 表示 toIndex + 1，toIndex 是 3，10 在数组 arr 的元素 5 后面。
- s5 是要在数组 arr 的索引 1 至索引 3 中查找 0，也就是从数组 arr 的元素 3、4、5 中查找 0，结果是 -2，-表示没有查询结果，说明指定范围中没有元素 0，根据规定，2 表示 fromIndex + 1，fromIndex 是 1，0 在数组 arr 的元素 3 前面。

7.6　方法中使用数组作为参数

在 Java 语言中，方法可以有多个参数，参数之间使用逗号（,）隔开。方法的参数（形参）若是简单数据类型，方法调用时直接接收实参的值，但不改变实参的值，这是值传递；方法的参数（形参）若是引用数据类型，方法调用时接收的是引用，可以改变实参的值，这是引用传递。数组作为方法中的参数就是一种引用的传递。下面通过一个例子介绍数组作为方法的参数的使用。

【例 7-19】（实例文件：ch07\Chap7.19.txt）编写 Java 程序，在程序中定义一维数组 array[]，将数组作为方法的参数，在方法中修改数组元素，最后在程序中输出数组元素。

```
public class ArrayMethod {
    public static void change(char[] c,int length){
        for(int i=0;i<length;i++){
            if(c[i]=='l'){  //修改形参数组元素
                c[i] = 'w';  //将形参数组中所有字符 l 修改为 w
                //System.out.println("ok");
            }
        }
    }
    public static void main(String[] args) {
        char array[] = {'h','e','l','l','o','j','a','v','a'};
        //使用 for 循环，输出原数组元素
        System.out.println("调用方法前，数组元素：");
        for(int i=0;i<array.length;i++){
```

```
            System.out.print(array[i] + " ");
        }
        System.out.println();
        //调用方法改变数组中的元素
        change(array,array.length);
        //使用 for 循环，输出更改后的数组元素
        System.out.println("调用方法后，数组元素：");
        for(int i=0;i<array.length;i++){
            System.out.print(array[i] + " ");
        }
    }
}
```

程序运行结果如图 7-18 所示。

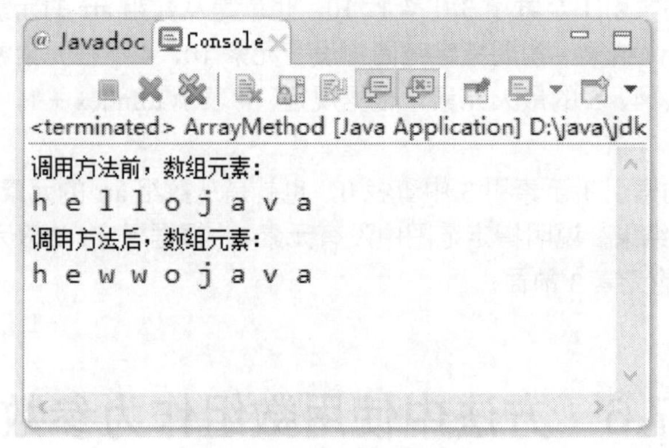

图 7-18　数组作为形参

数组的内存分析如图 7-19 所示。

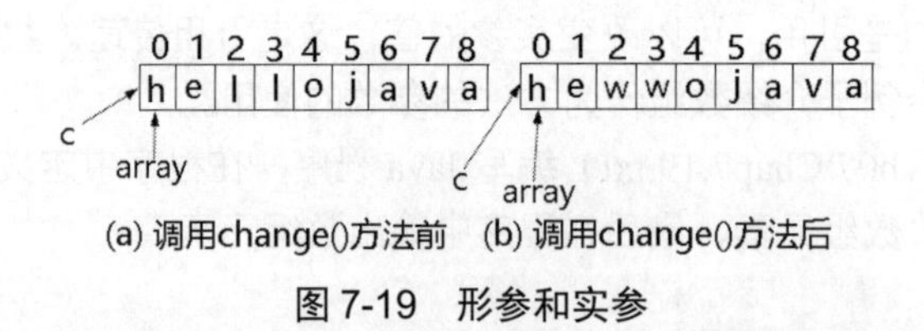

图 7-19　形参和实参

在本例中，定义了一个方法 change()，将一维数组 array[]、数组的长度作为方法的参数，在方法中将数组元素 l 修改为 w。在 main()方法中，通过 for 循环输出原数组元素和修改后的数组元素，可以看到在方法中对形参数组的操作，使得实参数组发生了改变，这就是引用传递的效果。形参数组 c[]和实参数组 array[]指向同一对象。

7.7　就业面试解析与技巧

7.7.1　面试解析与技巧（一）

面试官：Java 变量一定要初始化吗？

应聘者： 不一定。Java 数组变量是引用数据类型变量，它并不是数组对象本身，只要让数组变量指向有效的数组对象，即可使用该数组变量。对数组执行初始化，并不是对数组变量进行初始化，而是对数组对象进行初始化，也就是为该数组对象分配一块连续的内存空间，这块连续的内存空间就是数组的长度。

7.7.2 面试解析与技巧（二）

面试官： 数组作为方法的形参，在方法中修改形参数组的值，为什么实参数组的值也被修改了？

应聘者： 在方法中数组作为参数传递的只是数组在内存中的地址（即引用），而不是将数组中的元素直接传给形参。这样的引用传递使方法的形参和实参同时指向数组在内存中的位置，无论是通过形参还是实参修改数组，内存中数组的值都会发生改变。

第 8 章

字符的另一种集合——字符串的应用

◎ 本章教学微视频：19 个　62 分钟

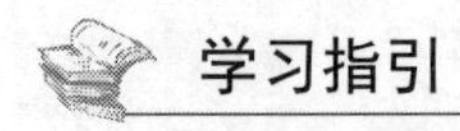

学习指引

在 Java 语言中，程序需要处理的大量文本数据一般被保存为字符串类型，即 String 类。在 Java 中提供了大量的内置字符串操作方法。本章将详细介绍 Java 语言中的字符串，主要内容包括 String 类、String 类的 API 应用、字符串的解析、字符串的类型转换以及 StringBuffer 类与 StringBuilder 类等。

重点导读

- 了解 String 类的本质。
- 掌握 String 类的 API 应用。
- 掌握字符串的解析。
- 掌握字符串的类型转换。
- 掌握 StringBuffer 类的使用。
- 掌握 StringBuilder 类的使用。

8.1　String 类的本质

String 类的本质是字符数组，String 类是 Java 中的文本数据类型。字符串是由字母、数字、汉字以及下画线组成的一串字符。字符串常量是用双引号括起来的内容。Java 程序中的所有字符串字面值（如"abc"）都作为此类的实例实现。字符串是常量，它们的值在创建之后不能更改，但是可以使用其他变量重新赋值的方式进行更改。

String 类的创建有两种方式，一种是直接使用双引号赋值，另一种是使用 new 关键字创建对象的方式。

1. 直接创建

直接使用双引号为字符串常量赋值，语法格式如下：

```
String 字符串名 = "字符串";
```

- 字符串名：一个合法的标识符。
- 字符串：由字符组成。

具体代码如下：

```
String s = "Hello Java";
```

2. 使用 new 关键字创建

在 java.lang 包的 String 类中有多种重载的构造方法，可以通过 new 关键字调用 String 类的构造方法创建字符串。

（1）public String()方法。

该方法初始化一个新创建的 String 类对象，使其表示一个空字符序列。由于 String 是不可变的，此构造方法几乎不用。使用 String()构造方法创建空字符串，具体代码如下：

```
String s = new String();
```

注意：使用 String 声明的空字符串，它的值不是 null（空值），而是""，它是实例化的字符串对象，它不包含任何字符。

（2）public String(String original)方法。

该方法初始化一个新创建的 String 类对象，使其表示一个与参数相同的字符序列，即新创建的字符串是该参数字符串的副本。由于 String 是不可变的，所以此构造方法一般不用，除非需要 original 的显式副本。参数 original 是一个字符串。

使用一个带 String 型参数的构造函数创建字符串，具体代码如下：

```
String s = new String("hello world");
```

（3）public String(char[] value)方法。

该方法分配一个新的 String 类对象，使其表示字符数组参数中当前包含的字符序列。该字符数组的内容已被复制，后续对字符数组的修改不会影响新创建的字符串。字符数组 value 的值是字符串的初始值。

使用一个带 char 型数组参数的构造函数创建字符串，具体代码如下：

```
char[] c = {'j','a','v','a'};
String s = new String(c);
```

（4）public String(char[] value, int offset, int count)方法。

该方法分配一个新的 String 类对象，它包含取自字符数组参数一个子数组的字符。offset 参数是子数组第一个字符的索引，count 参数指定子数组的长度。该子数组的内容已被复制，后续对字符数组的修改不会影响新创建的字符串。

使用带 3 个参数的构造函数创建字符数组，具体代码如下：

```
char[] c = {'h','e','l','l','o','j','a','v','a'};
String s = new String(c,3,5);
c[5] = 'J';
```

在上述代码中，定义一维数组 c，String 类通过构造方法用一维数组的部分元素来创建字符串的对象，即 s = "lojav"。当修改字符数组中的字符时对字符串 s 的值没有影响。

【例 8-1】（实例文件：ch08\Chap8.1.txt）使用 String 类创建字符串应用实例。

```
public class Test {
    public static void main(String[] args) {
        //创建一个空的字符串
        String str1 = new String();
        //创建一个内容为 hello 的字符串
```

```
        String str2 = new String("hello");
        //创建一个内容为字符数组的字符串
        char[] charArray = new char[] { 'a', 'b', 'c' };
        String str3 = new String(charArray);
        System.out.println("a" + str1 + "b");
        System.out.println(str2);
        System.out.println(str3);
    }
}
```

程序运行结果如图 8-1 所示。

```
Problems  Javadoc  Declaration  Console
<terminated> Test [Java Application] C:\Program Files\Java
ab
hello
abc
```

图 8-1　使用 String 类创建字符串

8.2　String 的 API 应用

JDK 的 API 中的 String 类提供了许多操作方法，都在 java.lang 包中。本节详细介绍各种方法的使用。

8.2.1　String 类的操作方法

Java API 定义了 String 类，该类定义了和字符串相关的方法，下面按照功能分类列举了 String 类常见的方法，如表 8-1 至表 8-8 所示。

表 8-1　字符与字符串方法

方　法	类　型	说　明
public String(char[] value)	构造方法	将全部字符数组转换为字符串
public String(char[] value, int offset, int count)	构造方法	将部分字符数组转换为字符串
public char charAt(int index)	普通方法	返回指定索引位置上的字符，索引从 0 开始
public char[] toCharArray()	普通方法	将字符串转换为字符数组

表 8-2　字节与字符串方法

方　法	类　型	说　明
public String(byte[] bytes)	构造方法	将全部字节数组转换为字符串
public String(byte[] bytes, int offset, int length)	构造方法	将部分字节数组转换为字符串
public byte[] getBytes()	普通方法	将字符串转换为字节数组
public byte[] getBytes(String charsetName) throws UnsupportedEncodingException	普通方法	字符串编码转换

表 8-3 字符串比较方法

方 法 名 称	类 型	说 明
public boolean equals(String str)	普通方法	区分大小写的相等比较
public boolean equalsIgnoreCase(String anotherString)	普通方法	不区分大小写的相等比较
public int compareTo(String anotherString)	普通方法	比较字符串的大小

compareTo 方法的返回值的数据类型为 int 型，分为如下 3 种情况：

- 大于：返回大于 0 的值。
- 小于：返回小于 0 的值。
- 等于：返回 0。

compareTo 对于大小的比较就是对字符 ASCII 编码的比较。

表 8-4 字符串的查找方法

方 法	类 型	说 明
public boolean contains(String s)	普通方法	判断字符串 s 是否在总字符串中存在，此操作在 JDK 1.5 以上版本中才提供
public int indexOf(String str)	普通方法	从头查找指定的子字符串位置，如果不存在返回-1
public int indexOf(String str, int fromIndex)	普通方法	从指定的位置查找子字符串的位置，如果不存在返回-1
public int lastIndexOf(String str)	普通方法	从尾向前查找子字符串的位置，如果不存在返回-1
public boolean startsWith(String prefix)	普通方法	判断是否以指定的字符串开头
public boolean endsWith(String suffix)	普通方法	判断是否以指定的字符串结尾

表 8-5 字符串截取方法

方 法	类 型	说 明
public String substring(int beginIndex)	普通方法	从指定位置截取到结尾
public String substring(int beginIndex, int endIndex)	普通方法	截取指定索引范围内的子字符串

表 8-6 字符串的拆分方法

方 法	类 型	说 明
public String[] split(String regex)	普通方法	根据给定正则表达式的匹配拆分此字符串
public String[] split(String regex, int limit)	普通方法	根据给定正则表达式的匹配将此字符串拆分为有限个数，limit 值用来限制返回数组中的元素个数）

表 8-7 字符串的替换方法

方 法	类 型	说 明
public String replaceAll(String regex, String replacement)	普通方法	替换全部
public String replaceFirst(String regex, String replacement)	普通方法	替换首个

表 8-8　其他操作方法

方　法	类　型	说　明
public String concat(String str)	普通方法	字符串连接，一般使用+处理
public String intern()	普通方法	将内容保存到对象池之中
public boolean isEmpty()	普通方法	判断是否为空字符串（但是不是 null）
public int length()	普通方法	取得字符串长度
public String toLowerCase()	普通方法	全部转小写
public String toUpperCase()	普通方法	全部转大写
public String trim()	普通方法	去掉左右空格，但是夹在字符中间的空格保留

8.2.2　字符串的基本操作

在程序中经常需要对字符串进行一些基本操作，例如获得字符串的长度等。本例中使用了 3 个基本操作的方法 length()、charAt()、indexOf()和 lastIndexOf()。注意，一个空格也算一个字符。

【例 8-2】（实例文件：ch08\Chap8.2.txt）字符串的基本操作。

```
public class Test {
    public static void main(String[] args) {
        String s = "hello world";                              //声明字符串
        System.out.println("字符串的长度为：" + s.length()); //获取字符串长度，即字符个数
        System.out.println("字符串中第一个字符:" + s.charAt(0));
        System.out.println("字符 c 第一次出现的位置:" + s.indexOf('l'));
        System.out.println("字符 c 最后一次出现的位置:" + s.lastIndexOf('l'));
    }
}
```

程序运行结果如图 8-2 所示。

```
Problems  Javadoc  Declaration  Console
<terminated> Test [Java Application] C:\Program Files\Ja
字符串的长度为：11
字符串中第一个字符:h
字符c第一次出现的位置:2
字符c最后一次出现的位置:9
```

图 8-2　字符串的基本操作

8.2.3　替换和去除空格操作

用户输入的数据很有可能含有误操作产生的空格，这时就需要使用一些方法来去除空格。本例使用 replace()方法替换字符串内的部分内容，使用 trim()方法去除字符串两端的空格。

【例 8-3】（实例文件：ch08\Chap8.3.txt）字符串的替换和去除空格操作。

```
public class Test {
    public static void main(String[] args) {
        String s = "hello world";
        //字符串替换操作
```

```
        System.out.println("将world替换成java的结果:" + s.replace("world", "java"));
        //字符串去除空格操作
        String s1 = "    hello java    ";
        System.out.println("去除字符串两端空格后的结果:" + s1.trim());
        System.out.println("去除字符串中所有空格后的结果:" + s1.replace(" ", ""));
    }
}
```

程序运行结果如图 8-3 所示。

```
Problems  Javadoc  Declaration  Console
<terminated> Test [Java Application] C:\Program Files\Ja
将world替换成java的结果:hello java
去除字符串两端空格后的结果:hello java
去除字符串中所有空格后的结果:hellojava
```

图 8-3　替换和去除空格操作

8.2.4　截取和分割操作

String 类中的 substring()和 split()方法可以对字符串进行截取和分割操作。substring()方法适用于截取字符串中的一部分内容，split()方法适用于将字符串按照某个分隔符进行分割，本例中通过 split()方法将字符串转换为数组。

【例 8-4】（实例文件：ch08\Chap8.4.txt）字符串的截取和分割操作。

```
public class Test {
    public static void main(String[] args) {
        String str = "Java-PHP-Python";
        //下面是字符串截取操作
        System.out.println("从第 6 个字符截取到末尾的结果: " + str.substring(5));
        System.out.println("从第 6 个字符截取到第 8 个字符的结果: " + str.substring(5, 8));
        //下面是字符串分割操作
        System.out.print("分割后的字符串数组中的元素依次为:");
        String[] strArray = str.split("-"); //将字符串转换为字符串数组
        for (int i = 0; i < strArray.length; i++) {
            if (i != strArray.length - 1) {
                //如果不是数组的最后一个元素,在元素后面加逗号
                System.out.print(strArray[i] + ",");
            } else {
                //数组的最后一个元素后面不加逗号
                System.out.println(strArray[i]);
            }
        }
    }
}
```

程序运行结果如图 8-4 所示。

```
Problems  Javadoc  Declaration  Console
<terminated> Test [Java Application] C:\Program Files\Java\jre1.8.0_151\b
从第6个字符截取到末尾的结果: PHP-Python
从第6个字符截取到第8个字符的结果: PHP
分割后的字符串数组中的元素依次为:Java,PHP,Python
```

图 8-4　截取和分割操作

需要注意的是，字符串中的索引是从 0 开始的，在字符串截取时，只包括开始索引，不包括结束索引。

8.2.5 字符串的判断操作

操作字符串时，经常需要对其进行一些判断，例如判断字符串是否以指定的字符串开始或结束，是否包含指定的字符串，字符串是否为空等。本节涉及的方法都是用于判断字符串的，返回值都是布尔型的。

需要特别注意的是，equals()方法用于比较两个字符串是否相等，它和==的作用不同。equals()方法比较的是字符串内的字符是否相等，而==用于比较两个字符串对象的地址是否相同。因此，即使两个字符串对象的字符内容完全相同，使用==判断时结果也是 false。因此，如果要比较字符串的字符内容是否相等只能使用 equals()方法。

【例 8-5】（实例文件：ch08\Chap8.5.txt）字符串的判断操作。

```
public class Test {
    public static void main(String[] args) {
        String s1 = "String";     //声明一个字符串
        String s2 = "Str";
        System.out.println("判断是否以字符串 Str 开头:" + s1.startsWith("Str"));
        System.out.println("判断是否以字符串 ng 结尾:" + s1.endsWith("ng"));
        System.out.println("判断是否包含字符串 tri:" + s1.contains("tri"));
        System.out.println("判断字符串是否为空:" + s1.isEmpty());
        System.out.println("判断两个字符串是否相等" + s1.equals(s2));
    }
}
```

程序运行结果如图 8-5 所示。

```
Problems  Javadoc  Declaration  Console
<terminated> Test [Java Application] C:\Program Files\Jav
判断是否以字符串Str开头:true
判断是否以字符串ng结尾:true
判断是否包含字符串tri:true
判断字符串是否为空:false
判断两个字符串是否相等false
```

图 8-5　字符串的判断操作

8.2.6 字符串的转换操作

通过一些方法可以将字符串转成数组，并对字符串中的字母进行大小写转换。toCharArray()方法将一个字符串转换为一个字符数组，valueOf()方法将一个 int 类型的数字转为字符串，toUpperCase()方法将字符串中的字母转换为大写。

【例 8-6】（实例文件：ch08\Chap8.8.txt）字符串的转换操作。

```
public class Test {
    public static void main(String[] args) {
        String str = "abcdefg";
        System.out.print("将字符串转为字符数组后的结果:");
        char[] charArray = str.toCharArray(); //字符串转换为字符数组
        for (int i = 0; i < charArray.length; i++) {
            if (i != charArray.length - 1) {
                //如果不是数组的最后一个元素,在元素后面加逗号
```

```
                System.out.print(charArray[i] + ",");
            } else {
                //数组的最后一个元素后面不加逗号
                System.out.println(charArray[i]);
            }
        }
        System.out.println("将int值转换为String类型之后的结果:" + String.valueOf(10));
        System.out.println("将字符串转换成大写之后的结果:" + str.toUpperCase());
    }
}
```

程序运行结果如图 8-6 所示。

Problems　Javadoc　Declaration　Console
<terminated> Test [Java Application] C:\Program Files\Java\jre1
将字符串转为字符数组后的结果:a,b,c,d,e,f,g
将int值转换为String类型之后的结果:10
将字符串转换成大写之后的结果:ABCDEFG

图 8-6　字符串的转换操作

8.2.7　字符串的连接操作

字符串的连接有两种方式，一种是使用“+”，第二种是使用 String 类提供的 concat()方法。

1. 使用“+”连接字符串

使用“+”可以连接两个字符串，使用多个“+”可以连接多个字符串。如果和字符串连接的是 int、long、float、double 和 boolean 等基本数据类型的数据，那么在做连接前系统会自动将这些数据转换成字符串。

【例 8-7】（实例文件：ch08\Chap8.7.txt）使用“+”进行字符串的连接。

```
public class test {
    public static void main(String[] args) {
        String s1 = "香蕉的价格是：";
        float f = 4.8f;
        String s2 = "元，一公斤。";
        String s = s1 + f + s2;
        System.out.println(s);
    }
}
```

程序运行结果如图 8-7 所示。在本例中，定义了两个字符串 s1 和 s2 以及一个 float 型的变量 f，在程序中使用“+”将 s1、s2 和 f 连接起来，赋给字符串 s。

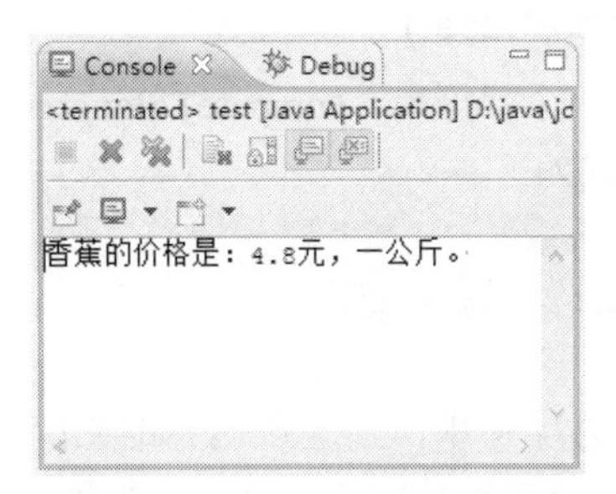

图 8-7　用“+”连接字符串

2. 使用 concat()方法

使用 String 类提供的 concat()方法将一个字符串连接到另一个字符串的后面。其语法格式如下：

```
String concat(String str);
```

参数如下：

- str：要连接到调用此方法的字符串后面的字符串。
- String：返回一个新的字符串。

【例 8-8】（实例文件：ch08\Chap8.8.txt）使用 String 类提供的 concat()方法连接字符串。

```
public class test {
    public static void main(String[] args) {
        String str1 = "Hello";
        String str2 = "Java";
        String str = str1.concat(str2);
        System.out.println(str);
    }
}
```

程序运行结果如图 8-8 所示。

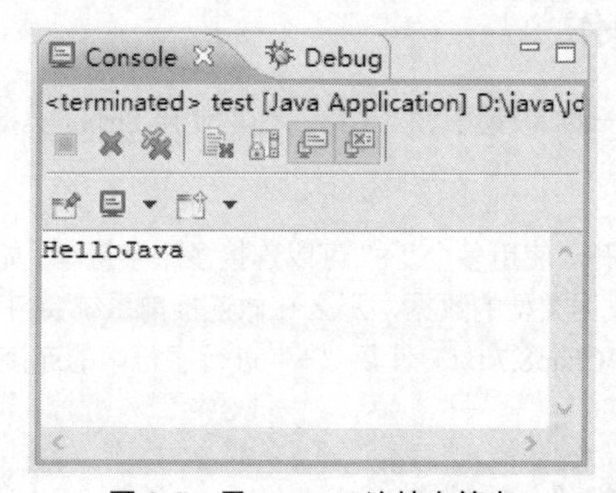

图 8-8 用 concat()连接字符串

在本例中，定义了两个字符串 str1 和 str2，使用 concat()方法将字符串 str2 连接到 str1 的后面，并赋给字符串变量 str，最后在控制台输出其值。

8.2.8 字符串的比较操作

在 Java 的 String 类中提供了许多字符串比较的方法，下面详细介绍。

1. compareTo()和 compareToIgnoreCase()

compareTo()方法按字典顺序比较两个字符串。compareToIgnoreCase()方法是按字典顺序比较两个字符串，但不考虑大小写。它们的语法格式如下：

```
public int compareTo(String str)
public int compareToIgnoreCase(String str)
```

参数如下：

- 返回值：如果此字符串等于参数字符串，则返回 0；如果此字符串按字典顺序小于参数字符串，则返回一个小于 0 的值；如果此字符串按字典顺序大于参数字符串，则返回一个大于 0 的值。

- str：参数字符串。

【例 8-9】（实例文件：ch08\Chap8.9.txt）compareTo()和 compareToIgnoreCase()方法的使用。

```
public class test {
    public static void main(String[] args) {
        //字符串比较
        String str1 = "java";
        String str2 = "script";
        String str3 = "JAVA";
        int compare1 = str1.compareTo(str2);
        int compare2 = str1.compareToIgnoreCase(str3);
        System.out.println("compareTo()方法: ");
        if(compare1 > 0){
            System.out.println("字符串 str1 大于字符串 str2");
        }else if(compare1 < 0){
            System.out.println("字符串 str1 小于字符串 str2");
        }else{
            System.out.println("字符串 str1 等于字符串 str2");
        }
        System.out.println("compareToIgnoreCase()方法: ");
        if(compare2 > 0){
            System.out.println("字符串 str1 大于字符串 str3");
        }else if(compare2 < 0){
            System.out.println("字符串 str1 小于字符串 str3");
        }else{
            System.out.println("字符串 str1 等于字符串 str3");
        }
    }
}
```

程序运行结果如图 8-9 所示。

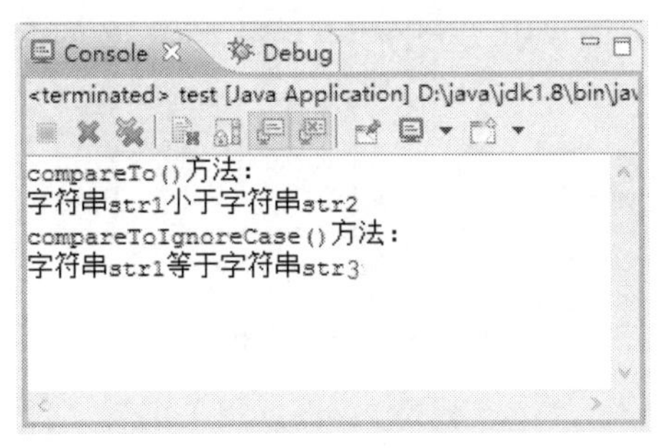

图 8-9 compareTo()和 compareToIgnoreCase()的使用

在本例中，定义了 3 个字符串 str1、str2 和 str3，分别使用 compareTo()方法和 compareToIgnoreCase()方法对它们进行比较。

- compareTo()方法比较字符串 str1 和 str2 的大小，由于字符串 str1 中首字符 j 的 Unicode 值小于字符串 str2 中首字符 s，所以字符串 str1 小于字符串 str2。
- compareToIgnoreCase()方法比较字符串 str1 和 str3，由于此方法比较时忽略大小写，因此两个字符串 str1 和 str3 相等。

2. startsWith()和 endsWith()

startsWith()方法是测试字符串是否以指定的前缀开始。endsWith()方法是测试字符串是否以指定的后缀结束。其语法格式如下：

```
public boolean startsWith(String prefix)
public boolean endsWith(String suffix)
```

参数如下：

- boolean：返回值类型。
- prefix：指定的前缀。
- suffix：指定的后缀。

【例 8-10】（实例文件：ch08\Chap8.10.txt）startsWith()和 endsWith()方法的使用。

```
public class test {
    public static void main(String[] args) {
        //startsWith()和 endsWith()
        String str = "hellojavaworld";
        String start = "he";
        String end = "dd";
        if(str.startsWith(start)){
            System.out.println("字符串以指定的字符前缀开始。");
        }else{
            System.out.println("字符串不是以指定的字符前缀开始。");
        }
        if(str.endsWith(end)){
            System.out.println("字符串以指定的字符后缀结束。");
        }else{
            System.out.println("字符串不是以指定的字符后缀结束。");
        }
    }
}
```

程序运行结果如图 8-10 所示。

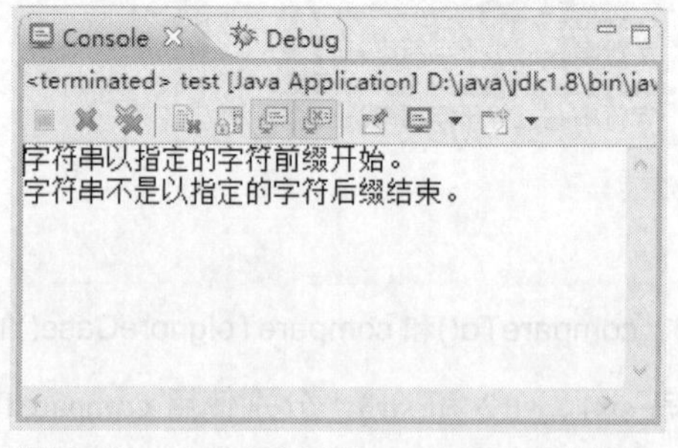

图 8-10　startsWith()和 endsWith()的使用

在本例中，定义字符串 str，通过 startsWith()判断字符串 str 是否以 start 指定的字符串开始，若是则结果为 true，否则结果为 false。通过 endsWith()判断字符串 str 是否以 end 指定的字符串结束，若是则结果为 true，否则结果为 false。

8.3　字符串解析

在 java.lang 包中有一个 String.split()方法，可以将字符串解析为一个数组。该方法的语法结构如下：

```
public String[] split(String regex)
```

其中，参数 regex 是分隔符的正则表达式。

下面通过例子来说明。

【例 8-11】（实例文件：ch08\Chap8.11.txt）字符串解析应用实例一。

```
public class Test {
    public static void main(String[] args) {
        String ss = "one little,two little,three little.";
        String[] str = ss.split("[ ,.]");
        for (String s: str) {
            System.out.println(s);
        }
    }
}
```

程序运行结果如图 8-11 所示。

```
Problems  @ Javadoc  Declaration  Console
<terminated> Test [Java Application] C:\Program Files\Ja
one
little
two
little
three
little
```

图 8-11　字符串解析 1

本例使用正则表达式将字符串 ss 分解成了数组，正则表达式的模式是空格、英文逗号和英文句号，也就是按照空格、英文逗号和英文句号对字符串 ss 中的字符进行解析和分割。

【例 8-12】（实例文件：ch08\Chap8.12.txt）字符串解析应用实例二。

```
public class Test {
    public static void main(String[] args) {
        String str = "a d, m, i.n";
        String delimiters = "\\s+|,\\s*|\\.\\s*";
        //分析字符串
        String[] tokensVal = str.split(delimiters);
        //显示字符个数
        System.out.println("字符数 = " + tokensVal.length);
        for (String token : tokensVal) { //将数组的每个元素显示出来
            System.out.print(token);
        }
    }
}
```

程序运行结果如图 8-12 所示。

```
Problems  Javadoc  Declaration  Console
<terminated> Test [Java Application] C:\Program Files\Java
字符数 = 5
admin
```

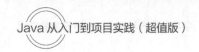

图 8-12　字符串解析 2

本例中，将字符串 str 按照正则表达式将字符串分割为字符数组，再使用数组的 length 属性得出其元素个数，也就是字符数。

8.4　正则表达式

正则表达式是一种可以用于模式匹配和替换的规范，一个正则表达式就是由普通的字符（例如字符 a 到 z）以及特殊字符（元字符）组成的文字模式，它用以描述在查找文字主体时待匹配的一个或多个字符串。正则表达式作为一个模板，将某个字符模式与所搜索的字符串进行匹配。

8.4.1　正则表达式语法

正则表达式（regular expression）描述了一种字符串匹配的模式（pattern），可以用来检查一个字符串是否含有某种子字符串，对匹配的子字符串进行替换，或者从某个字符串中取出符合某个条件的子字符串等。

在处理字符串时，经常会用到正则表达式。表 8-9 列举了正则表达式的语法。

表 8-9　正则表达式的语法

元字符	说明
\	用于表示一个标记符、一个向后引用或一个八进制转义符。例如，\\n 匹配\n（换行符），\\匹配\，\(匹配(。相当于多种编程语言中都有的“转义字符”的概念
^	匹配输入字符串的开始位置。如果设置了 RegExp 对象的 Multiline 属性，^也匹配\n 或\r 之后的位置
$	匹配输入字符串的结束位置。如果设置了 RegExp 对象的 Multiline 属性，$也匹配\n 或\r 之前的位置
*	匹配前面的子表达式任意次。例如，z*能匹配 z、zo 以及 zoo。*等价于{0,}
+	匹配前面的子表达式一次或多次（大于或等于 1 次）。例如，zo+能匹配 zo 以及 zoo，但不能匹配 z。+等价于{1,}
?	匹配前面的子表达式零次或一次。例如，do(es)?可以匹配 do 或 does 中的 do。?等价于{0,1}
{n}	n 是一个非负整数。匹配确定的 n 次。例如，o{2}不能匹配 Bob 中的 o，但是能匹配 food 中的两个 o
{n,}	n 是一个非负整数。至少匹配 n 次。例如，o{2,}不能匹配 Bob 中的 o，但能匹配 foooood 中的所有 o。o{1,}等价于 o+，o{0,}则等价于 o*。
{n,m}	m 和 n 均为非负整数，其中 n≤m。最少匹配 n 次且最多匹配 m 次。例如，o{1,3}将匹配 fooooood 中的前 3 个 o。o{0,1}等价于 o?。请注意在逗号和两个数之间不能有空格
?	当该字符紧跟在任何一个其他限制符（*,+,?，{n}，{n,}，{n,m}）后面时，匹配模式是非贪婪的，即尽可能少地匹配所搜索的字符串，而默认的贪婪模式则尽可能多地匹配所搜索的字符串。例如，对于字符串 oooo，o+?将匹配单个 o，而 o+将匹配 o 和所有连续多个 o

续表

<table>
<tr><th>元 字 符</th><th>说 明</th></tr>
<tr><td>.点</td><td>匹配除\r\n 之外的任何单个字符。要匹配包括\r\n 在内的任何字符，请使用 [\s\S]的模式</td></tr>
<tr><td>(pattern)</td><td>匹配 pattern 并获取这一匹配结果。所获取的匹配结果可以从产生的 Matches 集合得到，在 VBScript 中使用 SubMatches 集合，在 JScript 中则使用$0…$9 属性。要匹配圆括号字符，请使用\(或\)</td></tr>
<tr><td>(?:pattern)</td><td>匹配 pattern 但不获取匹配结果，也就是说这是一个非获取匹配，不进行存储供以后使用。这在使用或字符(|)来组合一个模式的各个部分时很有用。例如 industr(?:y|ies)就是一个比 industry|industries 更简略的表达式</td></tr>
<tr><td>(?=pattern)</td><td>正向肯定预查，在任何匹配 pattern 的字符串开始处匹配查找字符串。这是一个非获取匹配，也就是说，该匹配不需要获取供以后使用。例如，Windows(?=95|98|NT|2000)能匹配 Windows2000 中的 Windows，但不能匹配 Windows3.1 中的 Windows。预查不消耗字符，也就是说，在一个匹配发生后，在最后一次匹配之后立即开始下一次匹配的搜索，而不是从包含预查的字符之后开始</td></tr>
<tr><td>(?!pattern)</td><td>正向否定预查，在任何不匹配 pattern 的字符串开始处匹配查找字符串。这是一个非获取匹配。例如 Windows(?!95|98|NT|2000)能匹配 Windows3.1 中的 Windows，但不能匹配 Windows2000 中的 Windows</td></tr>
<tr><td>(?<=pattern)</td><td>反向肯定预查，与正向肯定预查类似，只是方向相反。例如，(?<=95|98|NT|2000)Windows 能匹配 2000Windows 中的 Windows，但不能匹配 3.1Windows 中的 Windows</td></tr>
<tr><td>(?<!pattern)</td><td>反向否定预查，与正向否定预查类似，只是方向相反。例如(?<!95|98|NT|2000)Windows 能匹配 3.1Windows 中的 Windows，但不能匹配 2000Windows 中的 Windows</td></tr>
<tr><td>x|y</td><td>匹配 x 或 y。例如，z|food 能匹配 z 或 food 或 zood。(z|f)ood 则匹配 zood 或 food</td></tr>
<tr><td>[xyz]</td><td>字符集合。匹配所包含的任意一个字符。例如，[abc]可以匹配 plain 中的 a</td></tr>
<tr><td>[^xyz]</td><td>负值字符集合。匹配未包含的任意字符。例如，[^abc]可以匹配 plain 中的 plin</td></tr>
<tr><td>[a-z]</td><td>字符范围。匹配指定范围内的任意字符。例如，[a-z]可以匹配 a 到 z 范围内的任意小写字母。
注意：只有连字符在字符组内部并且出现在两个字符之间时，才能表示字符的范围；如果出现在字符组的开头，则只能表示连字符本身</td></tr>
<tr><td>[^a-z]</td><td>负值字符范围。匹配不在指定范围内的任意字符。例如，[^a-z]可以匹配不在 a 到 z 范围内的任意字符</td></tr>
<tr><td>\b</td><td>匹配一个单词边界，也就是指单词和空格间的位置（即正则表达式的匹配有两种概念，一种是匹配字符，一种是匹配位置，这里的\b 就是匹配位置的）。例如，er\b 可以匹配 never 中的 er，但不能匹配 verb 中的 er</td></tr>
<tr><td>\B</td><td>匹配非单词边界。er\B 能匹配 verb 中的 er，但不能匹配 never 中的 er</td></tr>
<tr><td>\cx</td><td>匹配由 x 指明的控制字符。例如，\cM 匹配一个 Ctrl+M 或回车符。x 的值必须为 A～Z 或 a～z 之一，否则将 c 视为字母 c 本身</td></tr>
<tr><td>\d</td><td>匹配一个数字字符。等价于[0-9]</td></tr>
<tr><td>\D</td><td>匹配一个非数字字符。等价于[^0-9]</td></tr>
<tr><td>\f</td><td>匹配一个换页符。等价于\x0c 和\cL</td></tr>
<tr><td>\n</td><td>匹配一个换行符。等价于\x0a 和\cJ</td></tr>
<tr><td>\r</td><td>匹配一个回车符。等价于\x0d 和\cM</td></tr>
</table>

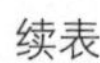
续表

元 字 符	说 明
\s	匹配任何不可见字符，包括空格、制表符、换页符等。等价于[\f\n\r\t\v]
\S	匹配任何可见字符。等价于[^ \f\n\r\t\v]
\t	匹配一个制表符。等价于\x09和\cI
\v	匹配一个垂直制表符。等价于\x0b和\cK
\w	匹配包括下画线的任何单词字符。类似但不等价于[A-Za-z0-9_]，这里的单词字符使用Unicode字符集
\W	匹配任何非单词字符。等价于[^A-Za-z0-9_]
\xn	匹配n，其中n为十六进制转义值。十六进制转义值必须为确定的两个数字长。例如，\x41匹配A，\x041则等价于\x04&1。正则表达式中可以使用ASCII编码
\num	匹配num，其中num是一个正整数。对所获取的匹配的引用。例如，(.)\1匹配两个连续的相同字符
\n	标识一个八进制转义值或一个向后引用。如果\n之前至少有n个获取式子表达式，则n为向后引用。否则，如果n为八进制数字（0～7），则n为一个八进制转义值
\nm	标识一个八进制转义值或一个向后引用。如果\nm之前至少有nm个获取式子表达式，则nm为向后引用。如果\nm之前至少有n个获取式子表达式，则n为一个后跟文字m的向后引用。如果前面的条件都不满足，若n和m均为八进制数字（0～7），则\nm将匹配八进制转义值nm
\nml	如果n为八进制数字（0～7），且m和l均为八进制数字（0～7），则匹配八进制转义值nml
\un	匹配n，其中n是一个用4个十六进制数字表示的Unicode字符。例如，\u00A9匹配版权符号（©）
\< \>	匹配词（word）的开始（\<）和结束（\>）。例如，正则表达式\<the\>能够匹配字符串for the wise中的the，但是不能匹配字符串otherwise中的the。注意：这个元字符不是所有的软件都支持的
\(\)	将 \(和 \) 之间的表达式定义为组（group），并且将匹配这个表达式的字符保存到一个临时区域（一个正则表达式中最多可以保存9个），它们可以用\1到\9的符号来引用
|	对两个匹配条件进行逻辑或（Or）运算。例如，正则表达式(him|her) 匹配it belongs to him和it belongs to her，但是不能匹配it belongs to them。注意：这个元字符不是所有的软件都支持的
+	匹配1个或多个它之前的那个字符。例如正则表达式9+匹配9、99、999等。注意：这个元字符不是所有的软件都支持的
?	匹配0个或1个它之前的那个字符。注意：这个元字符不是所有的软件都支持的
{i} {i,j}	匹配指定数目的字符，这些字符是在它之前的表达式定义的。例如正则表达式A[0-9]{3}能够匹配字符A后面跟着正好3个数字字符的字符串，例如A123、A348等，但是不匹配A1234；而正则表达式[0-9]{4,6}匹配连续的任意4个、5个或者6个数字

表8-9中也有限定元字符出现次数的限制符，例如A?表示在字符串中A出现0次或1次。

8.4.2 常用正则表达式

在了解了正则表达式的语法后，下面介绍在编程中经常会用到的正则表达式，如表8-10所示。

表 8-10　常用正则表达式

<table>
<tr><th>规　则</th><th>正则表达式语法</th></tr>
<tr><td>一个或多个汉字</td><td>^[\u0391-\uFFE5]+$</td></tr>
<tr><td>邮政编码</td><td>^[1-9]\d{5}$</td></tr>
<tr><td>QQ 号码</td><td>^[1-9]\d{4,10}$</td></tr>
<tr><td>邮箱</td><td>^[a-zA-Z_]{1,}[0-9]{0,}@(([a-zA-z0-9]-*){1,}\.){1,3}[a-zA-z\-]{1,}$</td></tr>
<tr><td>用户名（字母开头+数字/字母/下画线）</td><td>^[A-Za-z][A-Za-z1-9_-]+$</td></tr>
<tr><td>手机号码</td><td>^1[3|4|5|8][0-9]\d{8}$</td></tr>
<tr><td>URL</td><td>^((http|https)://)?([\w-]+\.)+[\w-]+(/[\w-./?%&=]*)?$</td></tr>
<tr><td>18 位身份证号</td><td>^(\d{6})(18|19|20)?(\d{2})([01]\d)([0123]\d)(\d{3})(\d|X|x)?$</td></tr>
</table>

8.4.3　正则表达式的实例

在 String 类中提供了 matches()方法，用于检查字符串是否匹配给定的正则表达式。其语法格式如下：

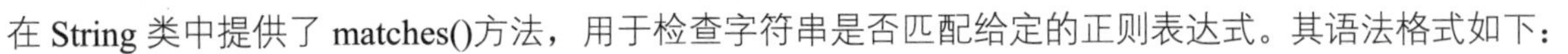

```
public boolean matches(String regex)
```

参数如下：

- regex：用来匹配字符串的正则表达式。
- boolean：返回值类型。

【例 8-13】（实例文件：ch08\Chap8.13.txt）使用正则表达式在字符串中查询字符或者字符串。

```
import java.util.regex.Matcher;
import java.util.regex.Pattern;

public class Test {
    public static void main(String[] args) {
        //要验证的字符串
        String str = "abcdefg";
        //正则表达式规则
        String regEx = "ABC*";
        //编译正则表达式
        Pattern pattern = Pattern.compile(regEx);
        //忽略大小写的写法
        //Pattern pattern = Pattern.compile(regEx, Pattern.CASE_INSENSITIVE);
        Matcher matcher = pattern.matcher(str);
        //查找字符串中是否有匹配正则表达式的字符或字符串
        boolean rs = matcher.find();
        System.out.println(rs);
    }
}
```

程序运行结果如图 8-13 所示。

```
Problems  Javadoc  Declaration  Console
<terminated> Test [Java Application] C:\Program Files\Ja
false
```

图 8-13　使用正则表达式

本例中利用正则表达式判断字符串 abcdefg 中是否含有 ABC*。*表示通配符，即以 ABC 开头的任意长度的字符串。运行结果为 false，说明字符串 abcdefg 中不含有 ABC*，原因是 Pattern.compile()方法默认区分字母的大小写。如果将 ABC 改为 abc，则结果为 true。Pattern.compile()方法也可以添加第二个参数 Pattern.CASE_INSENSITIVE，使其不区分字母大小写。

【例 8-14】（实例文件：ch08\Chap8.14.txt）使用正则表达式验证 Email 格式是否正确。

```
import java.util.regex.Matcher;
import java.util.regex.Pattern;

public class Test {
    public static void main(String[] args) {
        //要验证的字符串
        String str = "xyz@abc.net";
        //邮箱验证规则
        String regEx = "[a-zA-Z_]{1,}[0-9]{0,}@(([a-zA-z0-9]-*){1,}\\.){1,3}[a-zA-z\\-]{1,}";
        //编译正则表达式
        Pattern pattern = Pattern.compile(regEx);
        //忽略大小写的写法
        //Pattern pat = Pattern.compile(regEx, Pattern.CASE_INSENSITIVE);
        Matcher matcher = pattern.matcher(str);
        //字符串是否与正则表达式相匹配
        boolean rs = matcher.matches();
        System.out.println(rs);
    }
}
```

程序运行结果如图 8-14 所示。

```
Problems  Javadoc  Declaration  Console
<terminated> Test [Java Application] C:\Program Files\Ja
true
```

图 8-14　验证 Email 格式是否正确

一般来说，正确的邮箱格式为“用户名@服务器域名”。本例验证了用户输入的邮箱格式是否符合要求。需要验证的邮箱地址为 xyz@abc.net，通过正则表达式[a-zA-Z_]{1,}[0-9]{0,}@(([a-zA-z0-9]-*){1,}\\.){1,3}[a-zA-z\\-]{1,}验证邮箱格式正确。如果将邮箱地址中的@符号删去，则会提示错误。

8.5　字符串的类型转换

在 Java 语言的 String 类中还提供了字符串的类型转换方法，能够将字符串转换为数组，将基本数据类型转换为字符串，以及格式化字符串，本节详细介绍这些类型转换方法的使用。

8.5.1　字符串转换为数组

在 Java 语言的 String 类中提供了 toCharArray()方法，它将字符串转换为字符数组。其语法格式如下：

```
public char[] toCharArray();
```

【例 8-15】（实例文件：ch08\Chap8.15.txt）toCharArray()方法的使用。

```
public class test {
    public static void main(String[] args) {
        //toCharArray()
        String str = "java develop,jsp develop,vb develop";
        char[] c = str.toCharArray();
        System.out.println("字符数组的长度：" +  c.length);
        System.out.println("char 数组中的元素是：");
        for(int i=0;i<str.length();i++){
            System.out.print(c[i]+" ");
        }
    }
}
```

程序运行结果如图 8-15 所示。

图 8-15　toCharArray()方法的使用

在本例中，定义字符串 str，调用 toCharArray()方法将字符串转换成字符数组，打印字符数组的长度以及字符数组中的元素。

8.5.2　基本数据类型转换为字符串

在 Java 语言的 String 类中提供了 valueOf()方法，作用是返回参数数据类型的字符串表示形式。其语法格式如下：

```
public static String valueOf(boolean b) ;
public static String valueOf(char c);
public static String valueOf(int i);
public static String valueOf(long l);
public static String valueOf(float f);
public static String valueOf(double d);
public static String valueOf(Object obj);
public static String valueOf(char[] data);
public static String valueOf(char[] data, int offset, int count);
```

参数：指定要返回的字符串类型的数据类型，这里是布尔型、字符型、整型、长整型、浮点型、双精度浮点型、对象、字符数组和字符数组的子字符数组。

String：返回字符串类型。

【例 8-16】（实例文件：ch08\Chap8.16.txt）valueOf()方法的使用。

```
public class test {
    public static void main(String[] args) {
        //valueOf 方法的使用
        boolean b = true;
        System.out.println("布尔类型=>字符串:");
        System.out.println(String.valueOf(b));
        int i = 34;
        System.out.println("整数类型=>字符串:");
        System.out.println(String.valueOf(i));
    }
}
```

程序运行结果如图 8-16 所示。

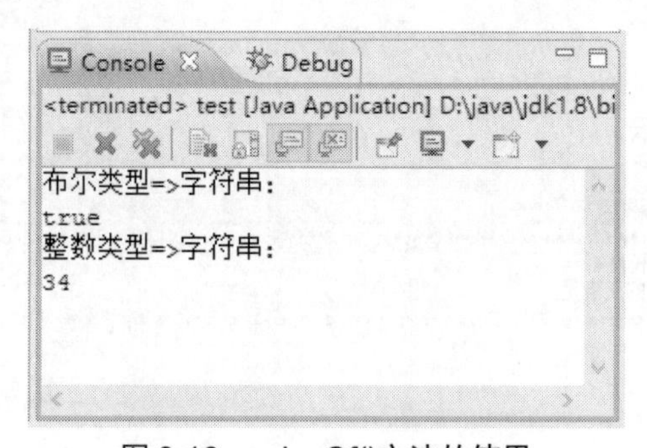

图 8-16 valueOf()方法的使用

在本例中，定义了布尔类型和整数类型的变量，通过 String 类调用它的静态方法 valueOf()，将它们转换为字符串类型。

8.5.3 格式化字符串

在 Java 语言的 String 类中提供了 format()方法，用于格式化字符串，它有两种重载形式：

```
public static String format(String format, Object... args);
public static String format(Locale l, String format, Object... args)
```

参数如下：

- locale：指定的语言环境。
- format：字符串格式。
- Object...args：字符串格式中由格式说明符引用的参数。如果还有格式说明符以外的参数，则忽略这些额外的参数。参数的数目是可变的，可以为 0 个。

第一种形式的 format()方法使用指定的格式字符串和参数生成一个格式化的新字符串。第二种形式的 format()方法使用指定的语言环境、格式字符串和参数生成一个格式化的新字符串。新字符串始终使用指定的语言环境。

format()方法中的字符串格式参数有很多种转换符选项，例如日期、整数、浮点数等。这些转换符的说明如表 8-11 所示。

表 8-11 format()转换符选项

转 换 符	说 明
%s	字符串类型
%c	字符类型
%b	布尔类型
%d	整数类型（十进制）
%x	整数类型（十六进制）
%o	整数类型（八进制）
%f	浮点类型
%a	十六进制浮点类型
%e	指数类型
%g	通用浮点类型（f 和 e 类型中较短的）
%h	散列码
%%	百分比类型
%n	换行符
%tx	日期与时间类型（x 代表不同的日期与时间转换符）

【例 8-17】（实例文件：ch08\Chap8.17.txt）format()方法的使用。

```
public class FormatTest {
    public static void main(String args[]){
        String str1 = String.format("32 的八进制: %o", 32);
        System.out.println(str1);

        String str2 = String.format("字母 G 的小写是: %c%n", 'g');
        System.out.print(str2);

        String str3 = String.format("12>8 的值: %b%n", 12>8);
        System.out.print(str3);

        String str4 = String.format("%1$d,%2$s,%3$f", 125,"ddd",0.25);
        System.out.println(str4);
    }
}
```

程序运行结果如图 8-17 所示。

图 8-17 format()方法的使用

在本例中，介绍了如何使用 String 类的 format()方法，它的使用与 print()方法类似。

8.6 StringBuffer 与 StringBuilder

在 Java 语言中，除了 String 类提供了创建和处理字符串的方法外，还有 StringBuffer 类和 StringBuilder 类，后两者的使用方法类似。本节详细介绍 StringBuilder 类提供的创建和处理字符串的方法。

8.6.1 认识 StringBuffer 与 StringBuilder

StringBuilder 是一个可变的字符序列，是 Java 5.0 新增的类。该类提供一个与 StringBuffer 兼容的 API，但不保证同步。该类被设计用作 StringBuffer 的一个简易替换，用在字符串缓冲区被单个线程使用的时候。如果可能，建议优先采用该类，因为在大多数实现中，它比 StringBuffer 要快。两者的方法基本相同。两者最大的区别是：StringBuffer 是线程安全的，而 StringBuilder 是线程非安全的。

当字符串缓冲区被多个线程使用时，JVM 不能保证 StringBuilder 的操作是安全的，但是可以保证 StringBuffer 是正确操作的。在大多数情况下都是在单线程下进行操作，所以建议用 StringBuilder 而不用 StringBuffer，因为 StringBuilder 速度更快。

对 String、StringBuffer 和 StringBuilder 这 3 个类的选择总结如下：

- 如果要操作少量的数据，建议使用 String。
- 在单线程操作字符串缓冲区的情况下操作大量数据，建议使用 StringBuilder。
- 在多线程操作字符串缓冲区的情况下操作大量数据，建议使用 StringBuffer。

8.6.2 StringBuilder 类的创建

在 Java 的 StringBuilder 类中提供了 3 个常用的构造方法，用于创建可变字符串。

（1）StringBuilder()构造方法。

该构造方法创建一个空的字符串缓冲区，初始容量为 16 个字符。其语法格式如下：

```
public StringBuilder()
```

（2）StringBuilder(int capacity)构造方法。

该构造方法创建一个空的字符串缓冲区，并指定初始容量是 capacity 的字符串缓冲区。其语法格式如下：

```
public StringBuilder(int capacity)
```

（3）StringBuilder(String str)构造方法。

该构造方法创建一个字符串缓冲区，并将其内容初始化为指定的字符串 str。该字符串的初始容量为 16 加上字符串 str 的长度。其语法格式如下：

```
public StringBuilder(String str)
```

【例 8-18】（实例文件：ch08\Chap8.18.txt）使用构造方法创建 StringBuilder 对象。

```
public class StringBuilderTest {
    public static void main(String[] args) {
        //定义空的字符串缓冲区
        StringBuilder sb1 = new StringBuilder();
```

```
        //定义指定长度的空字符串缓冲区
        StringBuilder sb2 = new StringBuilder(12);
        //创建指定字符串的缓冲区
        StringBuilder sb3 = new StringBuilder("java buffer");

        System.out.println("输出缓冲区的容量: ");
        System.out.println("sb1 缓冲区容量: "+sb1.capacity());
        System.out.println("sb2 缓冲区容量: "+sb2.capacity());
        System.out.println("sb3 缓冲区容量: "+sb3.capacity());
    }
}
```

程序运行结果如图 8-18 所示。

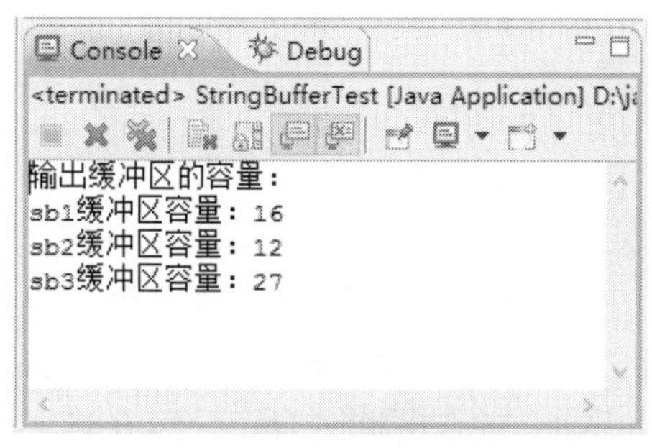

图 8-18　StringBuilder 对象的创建

在本案例中，创建了 3 个 StringBuilder 对象，分别是空缓冲区的构造方法、指定缓冲区大小的构造方法和指定字符串的构造方法。使用 capacity()方法输出 3 个 StringBuilder 对象的容量大小。

8.6.3　StringBuilder 类的方法

和 String 类相似，StringBuilder 类也提供了许多方法，主要是 append()、insert()、delete()和 reverse()。下面详细介绍这些方法。

1 追加字符串

在 StringBuilder 类中提供了许多重载的 append()方法，可以接收任意类型的数据，每个方法都能有效地将给定的数据转换成字符串，然后将该字符串添加到字符串缓冲区中。其语法格式如下：

```
public StringBuilder append(String str)
```

参数如下：

- str：要追加的字符串。
- StringBuilder：返回值类型。

注意：*该方法始终将字符串添加到缓冲区的末端。*

【例 8-19】（实例文件：ch08\Chap8.19.txt）StringBuilder 类中 append()方法的使用。

```
public class AppendMethod {
    public static void main(String[] args) {
        StringBuilder sb = new StringBuilder("测试 append 方法: ");
        sb.append("目前香蕉的市场价格: ");
        sb.append(4.8);
        sb.append("元");
```

```
        sb.append(1);
        sb.append("公斤。  ");
        sb.append(true);
        sb.append("  ");
        sb.append('c');
        System.out.println(sb);
    }
}
```

程序运行结果如图 8-19 所示。

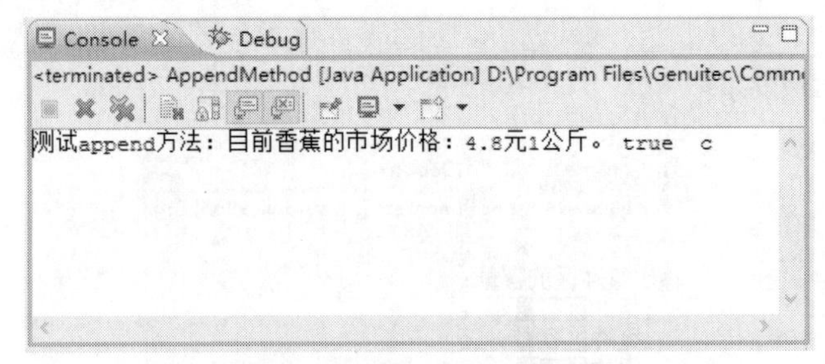

图 8-19　append()方法的使用

在本例中，创建带字符串缓冲区的 StringBuilder 类对象 sb，通过 append()方法将 Java 中的基本数据类型的数据以字符串的形式追加到 sb 后面，并在控制台打印字符串的内容。

注意：本节使用的 JDK 都是 MyEclipse 自带的 JDK 1.6。

2 插入字符串

在 StringBuilder 类中提供了许多重载的 insert()方法，可以接收任意类型的数据，将其转换为字符串，插入到指定的字符串缓冲区的位置。其语法格式如下：

```
public StringBuilder insert(int offset, String str)
```

参数如下：

- offset：要插入字符串的位置。
- str：要插入的字符串。
- StringBuilder：返回值类型。

注意：insert()方法在指定的点添加字符。

【例 8-20】（实例文件：ch08\Chap8.20.txt）StringBuilder 类中 insert()方法的使用。

```
public class InsertMethod {
    public static void main(String[] args) {
        StringBuilder sb = new StringBuilder ("hellojava");
        sb.insert(5,',');
        sb.insert(10, ".");
        sb.insert(11, true);
        sb.insert(15, 100);
        System.out.println(sb);
    }
}
```

程序运行结果如图 8-20 所示。

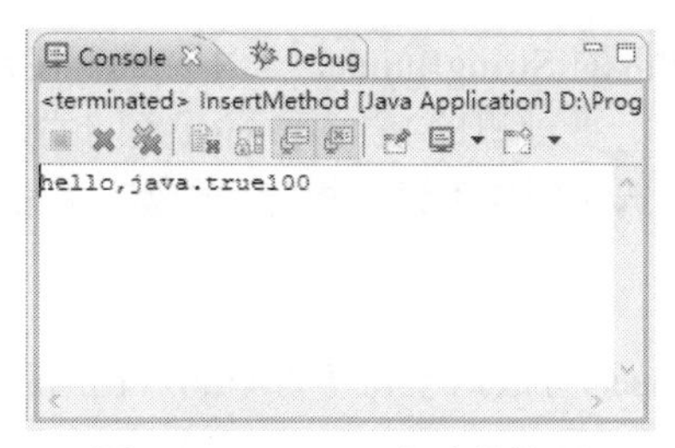

图 8-20 insert()方法的使用

在本例中，定义了带字符串缓冲区的 StringBuilder 类的对象 sb，通过 insert()方法将 Java 基本数据类型的数据以字符串形式插入到原有字符串指定的位置，并在控制台打印字符串的内容。

3. 删除字符串

在 StringBuilder 类中提供了两个用于删除字符串中字符的方法。第一个是 deleteCharAt()方法，用于删除字符串中指定位置的字符。第二个是 delete()方法，用于删除字符串中指定开始和结束位置的子字符串。其语法格式如下：

```
public StringBuilder deleteCharAt(int index)
public StringBuilder delete(int start, int end)
```

参数如下：

- index：要删除的字符的索引。
- start：要删除的子字符串开始的索引，包含它。
- end：要删除的子字符串结束的索引，不包含它。

【例 8-21】（实例文件：ch08\Chap8.21.txt）StringBuilder 类中删除方法的使用。

```
public class DeleteMethod {
    public static void main(String[] args) {
        StringBuilder sb = new StringBuilder ();
        sb.append("hello,java,world.");
        //删除一个字符
        System.out.println("删除一个字符：");
        sb.deleteCharAt(5);
        System.out.println(sb);
        System.out.println(sb.length());
        System.out.println("删除子字符串：");
        sb.delete(9, 15);
        System.out.println(sb);
    }
}
```

程序运行结果如图 8-21 所示。

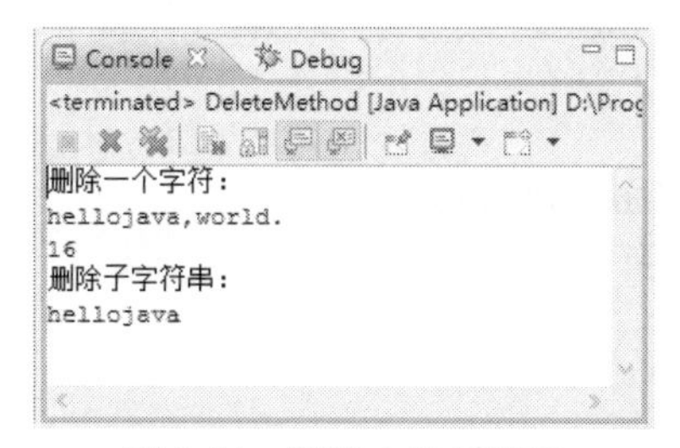

图 8-21 删除方法的使用

在本例中，定义了空字符串缓冲区的 StringBuilder 类对象 sb，使用 append()方法追加字符串内容。通过 deleteCharAt()方法删除指定的字符，此处删除 hello 和 java 之间的逗号；调用 delete()方法删除指定开始索引和结束索引的子字符串，在这里删除到结束索引指定的位置之前的字符。

4. 反转字符串

在 StringBuilder 类中提供了 reverse()方法用于将字符串的内容倒序输出。其语法格式如下：

```
public StringBuilder reverse()
```

【例 8-22】（实例文件：ch08\Chap8.22.txt）StringBuilder 类中 reverse()方法的使用。

```
public class ReverseMethod {
    public static void main(String[] args) {
        StringBuilder sb = new StringBuilder ();
        sb.append("hello,world");
        System.out.println("字符串反转前: ");
        System.out.println(sb);
        sb.reverse();
        System.out.println("字符串反转后: ");
        System.out.println(sb);
    }
}
```

程序运行结果如图 8-22 所示。

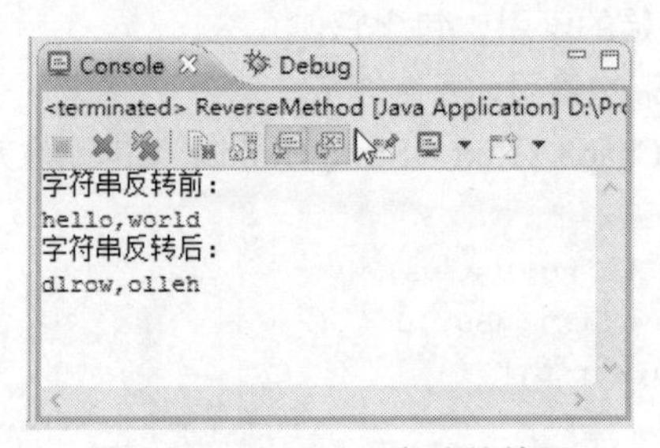

图 8-22　reverse()方法的使用

在本例中，定义了一个 StringBuilder 类对象 sb，通过 append()方法追加字符串，调用 StringBuilder 类的 reverse()方法将 sb 对象的内容反转，并在控制台输出反转前后的内容。

5. 替换字符串

在 StringBuilder 类中提供了两个字符替换方法。一个是 replace()方法，用于将字符串中指定位置的子字符串替换为新的字符串。另一个是 setCharAt()方法，用于将字符串中指定位置的字符替换为新的字符。其语法格式如下：

```
public StringBuilder replace(int start, int end, String str)
public void setCharAt(int index, char ch)
```

参数如下：

- start：被替换子字符串开始索引，包含它。
- end：被替换子字符串结束索引，不包含它。
- str：要替换成的新字符串。
- index：被替换的字符的索引。
- ch：要替换成的新字符。

【例 8-23】（实例文件：ch08\Chap8.23.txt）StringBuilder 类中替换方法的使用。

```
public class ReplaceMethod {
    public static void main(String[] args) {
        StringBuilder sb = new StringBuilder ("hello,java");
        sb.setCharAt(6, 'J');
        sb.replace(0, 5, "HELLO");
        System.out.println(sb);
    }
}
```

程序运行结果如图 8-23 所示。

在本例中，定义 StringBuilder 类的对象 sb，通过调用 setCharAt()方法替换字符，调用 replace()方法替换子字符串，最后在控制台打印输出 sb 的内容。

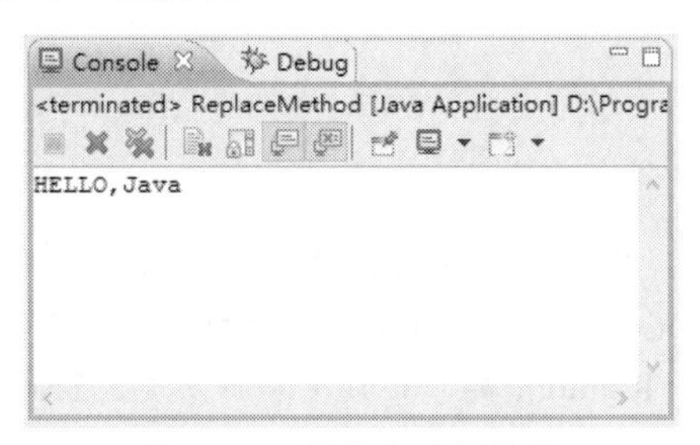

图 8-23　替换方法的使用

注意：由于 StringBuffer 与 StringBuilder 中的方法和功能是完全等价的，因此对 StringBuffer 的使用不再做介绍。

8.7　就业面试解析与技巧

8.7.1　面试解析与技巧（一）

面试官：如何比较两个字符串？使用==还是 equals()方法？

应聘者：简单来讲，==测试的是两个对象的引用是否相同，而 equals()比较的是两个字符串的值是否相等。除非想检查的是两个字符串是否是同一个对象，否则应该使用 equals()来比较字符串。

8.7.2　面试解析与技巧（二）

面试官：String 是否是基本数据类型？

应聘者：不是。基本数据类型包括 byte、char、short、int、long、float、double、boolean，这 8 种类型都是 Java 中内置的类型，也叫原生类型；而 String 不是，它是一个类。

第9章

为编程插上翅膀——常用类的应用

◎ 本章教学微视频：12 个　59 分钟

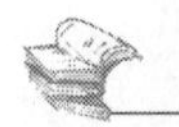

学习指引

在 Java 中定义了一些常用的类，称为 Java 类库，就是 Java API，它们是系统提供的已实现的标准类集合。使用 Java 类库可以快速高效地完成涉及字符串处理、网络等多方面的操作。本章将详细介绍 Java 常用类的应用，主要内容包括 Math 类、Random 类、日期类和日历类、Scanner 类、数字格式化类、枚举类、包装类等。

重点导读

- 掌握 Math 类的使用。
- 掌握 Random 类的使用。
- 掌握日期类 date 的使用。
- 掌握日历类 Calendar 的使用。
- 掌握 Scanner 类的使用。
- 掌握数字格式化类的使用。
- 掌握枚举类的使用。
- 掌握包装类的使用。

9.1　Math 类

Java 的 Math 类包含了用于执行基本数学运算的属性和方法，如初等指数、对数、平方根和三角函数。Math 类的方法都被定义为静态形式，通过 Math 类可以在主函数中直接调用。

【例 9-1】（实例文件：ch09\Chap9.1.txt）Math 类的基本应用。

```
public class Test {
    public static void main(String[] args) {
        System.out.println(Math.PI);
        System.out.println("90° 的正弦值: " + Math.sin(Math.PI/2));
```

```
        System.out.println("0° 的余弦值: " + Math.cos(0));
        System.out.println("π/2 的角度值: " + Math.toDegrees(Math.PI/2));
    }
}
```

程序运行结果如图 9-1 所示。

```
Problems  @ Javadoc  Declaration  Console
<terminated> Test [Java Application] C:\Program Files\Jav
3.141592653589793
90° 的正弦值: 1.0
0° 的余弦值: 1.0
π/2的角度值: 90.0
```

图 9-1 Math 类的基本应用

【例 9-2】（实例文件：ch09\Chap9.2.txt）使用 Math 类计算圆形面积。

```
public class Test {
    public static void main(String[] args) {
        int r = 10;
        double area = Math.PI * Math.pow(r, 2);
        System.out.println("半径为 10 的圆形面积是: " + area);
    }
}
```

程序运行结果如图 9-2 所示。

```
Problems  @ Javadoc  Declaration  Console
<terminated> Test (3) [Java Application] C:\Program Files\Java\
半径为10的圆形面积是: 314.1592653589793
```

图 9-2 计算圆形面积

提示：更多的 Math 类方法可以查阅 Java API 手册，每个方法的使用都非常简单，读者看一看 JDK 文档就能明白。

9.2 Random 类

Random 类是一个随机数产生器，它可以在指定的取值范围内随机产生数字。Random 类提供了如下两种构造方法：

- Random()：用于创建一个伪随机数产生器。
- Random(long seed)：使用一个 long 类型的 seed 种子创建伪随机数产生器。

第一种无参数的构造方法创建的 Random 实例对象每次以当前时间戳作为种子，因此每个对象所产生的随机数是不同的。

第二种有参数的构造方法对于相同种子数的 Random 对象，相同次数产生的随机数字是完全相同的。也就是说，两个种子数相同的 Random 对象，第一次产生的随机数字完全相同，第二次产生的随机数字也完全相同，以此类推。

【例 9-3】（实例文件：ch09\Chap9.3.txt）用 Random 类无参构造方法产生随机数。

```
import java.util.Random;
public class Test {
    public static void main(String[] args) {

        Random r = new Random(); //不传入种子
        //随机产生 10 个[0,100)的整数
        for (int x = 0; x < 10; x++) {
            System.out.println(r.nextInt(100));
        }
    }
}
```

程序第一次运行结果如图 9-3 所示。

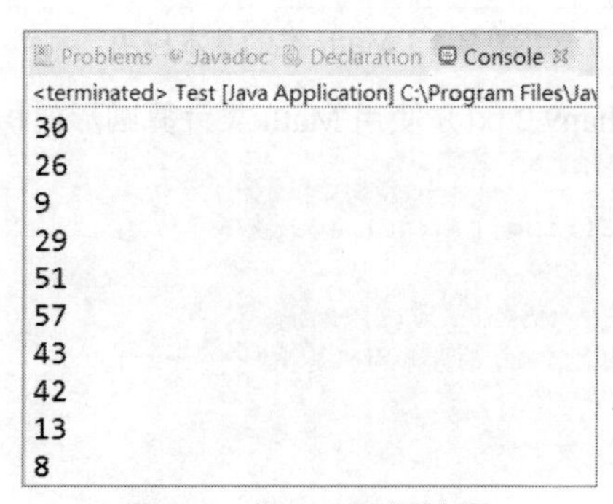

图 9-3 第一次运行结果

第二次运行结果如图 9-4 所示。

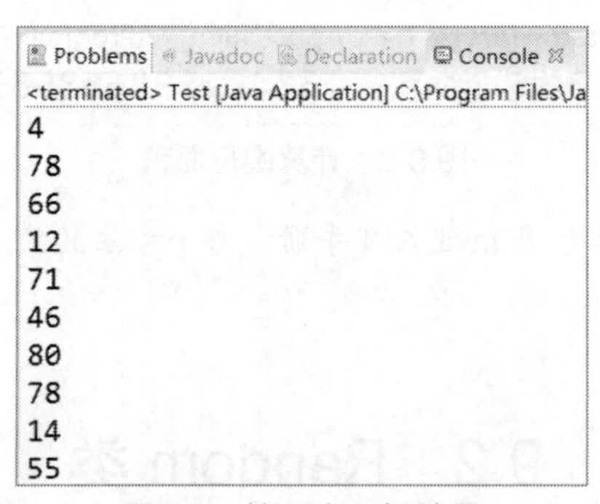

图 9-4 第二次运行结果

从运行结果可以看出，两次运行的结果是不同的，因为在创建 Random 实例时没有指定种子，系统会以当前时间戳作为种子，产生随机数，因为运行时间不同，所以产生的随机数也就不同。

【例 9-4】（实例文件：ch09\Chap9.4.txt）用 Random 类有参构造方法产生随机数。

```
import java.util.Random;
public class Test {
    public static void main(String[] args) {
        Random r = new Random(10); //传入种子
        //随机产生 10 个[0,100)的整数
        for (int x = 0; x < 10; x++) {
            System.out.println(r.nextInt(100));
```

```
        }
    }
}
```

程序第一次运行结果如图 9-5 所示。

```
Problems  Javadoc  Declaration  Console
<terminated> Test [Java Application] C:\Program Files\Ja
13
80
93
90
46
56
97
88
81
14
```

图 9-5　第一次运行结果

程序第二次运行结果如图 9-6 所示。

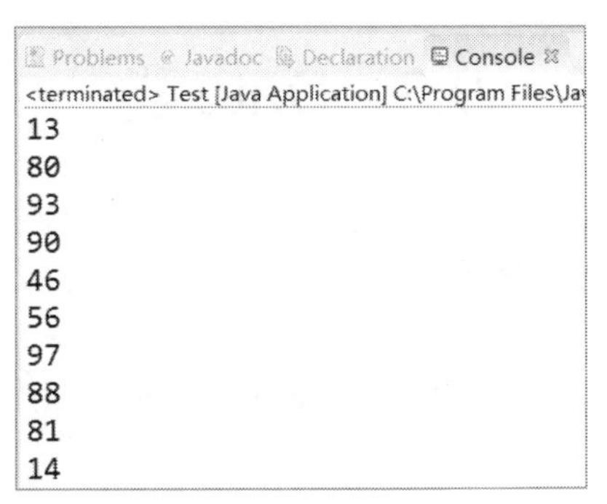

图 9-6　第二次运行结果

从运行结果可以看出，当创建 Random 的实例对象时指定了种子，则每次运行的结果都相同。

Random 类中的方法比较简单，每个方法的功能也很容易理解。下面对这些方法做基本的介绍，如表 9-1 所示。

表 9-1　Random 类中的方法

方　法	说　明
public boolean nextBoolean()	生成一个随机的 boolean 类型的值，生成 true 和 false 的概率相等，也就是都是 50%的概率
public double nextDouble()	生成一个随机的 double 类型的值，取值区间为 [0,1.0)
public int nextInt()	生成一个随机的 int 类型的值，取值范围为-2^{31}～$2^{31}-1$
public int nextInt(int n)	生成一个随机的 int 类型的值，取值区间为[0,n)
public void setSeed(long seed)	重新设置 Random 对象中的种子数。设置完种子数以后的 Random 对象和使用 new 关键字创建的相同种子数的 Random 对象相同

【例 9-5】（实例文件：ch09\Chap9.5.txt）Random 类的方法产生不同类型的随机数。

```
import java.util.Random;
public class Test {
```

```
    public static void main(String[] args) {
        Random r1 = new Random(); //创建 Random 实例对象
        System.out.println("产生 float 类型的随机数: "+ r1.nextFloat());
        System.out.println("产生 0~100 的 int 类型的随机数:"+r1.nextInt(100));
        System.out.println("产生 double 类型的随机数:"+r1.nextDouble());
    }
}
```

程序运行结果如图 9-7 所示。

```
Problems  Javadoc  Declaration  Console
<terminated> Test [Java Application] C:\Program Files\Java\jre1.8.0_1
产生float类型的随机数: 0.27321917
产生0~100之间的int类型的随机数:59
产生double类型的随机数:0.19048193966416282
```

图 9-7　产生不同类型的随机数

本例中，使用了 Random 类的不同方法产生了不同类型的随机数。

9.3　Date 类

Java 在 java.util 包中提供了 Date 类，这个类封装了当前的日期和时间。Date 类支持两种构造函数形式。第一种构造函数形式初始化对象的当前日期和时间。具体格式如下：

```
Date( )
```

第二种构造函数形式接收一个参数，其值等于自 1970 年 1 月 1 日 0 时 0 分起已经过的毫秒数。格式如下：

```
Date(long millisec)
```

Date 类常用方法的功能介绍如表 9-2 所示。

表 9-2　Date 类常用方法的功能介绍

方　法	说　明
boolean after(Date date)	如果调用 Date 对象包含或晚于指定日期则返回 true，否则返回 false
boolean before(Date date)	如果调用 Date 对象包含或早于指定日期则返回 true，否则返回 false
Object clone( )	重复调用 Date 对象
Int compareTo(Date date)	比较指定日期和调用对象的值。如果这两个值相等返回 0，如果调用对象早于指定日期返回一个负值，如果调用对象晚于指定日期返回正值
int compareTo(Object obj)	若 obj 是 Date 类型，则操作等同于 compareTo(Date)
boolean equals(Object date)	当调用此方法的 Date 对象和指定日期相等时，返回 true，否则返回 false
long getTime( )	返回自 1970 年 1 月 1 日 0 时 0 分起已经过的毫秒数
int hashCode( )	返回调用对象的哈希代码
void setTime(long time)	设置指定时间，表示自 1970 年 1 月 1 日 0 时 0 分起经过的时间，以毫秒为单位
String toString( )	调用 Date 对象并返回转换为字符串的结果

【例 9-6】（实例文件：ch09\Chap9.6.txt）使用 Date 类获取当前日期和时间。

```
import java.util.Date;

public class Test {
    public static void main(String args[]) {
        Date date = new Date();
        System.out.println(date.toString());
    }
}
```

程序运行结果如图 9-8 所示。

```
Problems  Javadoc  Declaration  Console
<terminated> Test [Java Application] C:\Program Files\Ja
Tue Aug 08 18:18:18 CST 2017
```

图 9-8 获取当前日期和时间

9.4 Calendar 类

Calendar 类的功能要比 Date 类强大很多，而且在实现方式上也比 Date 类要复杂一些。Calendar 类是一个抽象类，在实际使用时实现特定的子类的对象，创建对象的过程对程序员来说是透明的，只需要使用 getInstance 方法即可。

创建一个代表系统当前日期的 Calendar 对象，具体代码如下：

```
Calendar c = Calendar.getInstance();//默认是当前日期
```

创建一个指定日期的 Calendar 对象，使用 Calendar 类代表特定的时间，需要首先创建一个 Calendar 对象，然后再设定该对象中的年月日参数来完成。例如创建一个代表 2008 年 7 月 10 日的 Calendar 对象，具体代码如下：

```
Calendar c1 = Calendar.getInstance();
c1.set(2008, 7 - 1, 10);
```

Calendar 类中用一些常量表示不同的意义，具体常量与描述信息如表 9-3 所示。

表 9-3 Calendar 类中的常量描述信息

常　量	说　明
Calendar.YEAR	年
Calendar.MONTH	月
Calendar.DATE	日
Calendar.DAY_OF_MONTH	日，和 DATE 的意义完全相同
Calendar.HOUR	时（12 小时制）
Calendar.HOUR_OF_DAY	时（24 小时制）
Calendar.MINUTE	分
Calendar.SECOND	秒
Calendar.DAY_OF_WEEK	星期几

【例 9-7】（实例文件：ch09\Chap9.7.txt）使用 Calendar 获取日期信息。

```
import java.util.Calendar;
import java.util.Date;

public class Test {
    public static void main(String args[]) {
        Calendar c1 = Calendar.getInstance();
        //获得年
        int year = c1.get(Calendar.YEAR);
        //获得月
        int month = c1.get(Calendar.MONTH) + 1;
        //获得日
        int date = c1.get(Calendar.DATE);
        //获得时
        int hour = c1.get(Calendar.HOUR_OF_DAY);
        //获得分
        int minute = c1.get(Calendar.MINUTE);
        //获得秒
        int second = c1.get(Calendar.SECOND);
        //获得星期几（注意（与 Date 类不同）：1 代表星期日，2 代表星期一，3 代表星期二，以此类推）
        int day = c1.get(Calendar.DAY_OF_WEEK);

        System.out.print(year + "年");
        System.out.print(month + "月");
        System.out.println(date + "日");
        System.out.print(hour + ": ");
        System.out.print(minute + ": ");
        System.out.println(second);
        System.out.print("星期" + day);
    }
}
```

程序运行结果如图 9-9 所示。

```
Problems  Javadoc  Declaration  Console
<terminated> Test [Java Application] C:\Program Files\Ja
2017年8月8日
18: 18: 18
星期3
```

图 9-9　用 Calendar 获取日期信息

9.5　Scanner 类

java.util.Scanner 是 Java 5 的新特性，可以通过 Scanner 类获取用户的输入。创建 Scanner 对象的基本语法格式如下：

```
Scanner s = new Scanner(System.in);
```

【例 9-8】（实例文件：ch09\Chap9.8.txt）使用 next()方法获得用户输入的字符串。

```
import java.util.Scanner;
public class Test {
```

```
    public static void main(String[] args) {
        Scanner scan = new Scanner(System.in);
        //从键盘接收数据
        //next方式接收字符串
        System.out.println("next方式接收：");
        //判断是否还有输入
        if (scan.hasNext()) {
            String str1 = scan.next();
            System.out.println("输入的数据为：" + str1);
        }
    }
}
```

程序运行结果如图 9-10 所示。

```
Problems  Javadoc  Declaration  Console
<terminated> Test [Java Application] C:\Program Files\Ja
next方式接收：
hello world
输入的数据为：hello
```

图 9-10　使用 next()方法获得用户输入的字符串

【例 9-9】（实例文件：ch09\Chap9.9.txt）使用 nextLine()方法获得用户输入的字符串。

```
import java.util.Scanner;
public class Test {
    public static void main(String[] args) {
        Scanner scan = new Scanner(System.in);
        //从键盘接收数据
        //nextLine方式接收字符串
        System.out.println("nextLine方式接收：");
        //判断是否还有输入
        if (scan.hasNextLine()) {
            String str2 = scan.nextLine();
            System.out.println("输入的数据为：" + str2);
        }
    }
}
```

程序运行结果如图 9-11 所示。

```
Problems  Javadoc  Declaration  Console
<terminated> Test [Java Application] C:\Program Files\Ja
nextLine方式接收：
hello world
输入的数据为：hello world
```

图 9-11　使用 nextLine()方法获得用户输入的字符串

提示：注意 next()与 nextLine()的区别。

next()应用注意事项如下：

- 一定要读取到有效字符后才可以结束输入。
- 对有效字符之前输入的空白，next()方法会自动将其去掉。
- 只有输入有效字符后才将其后面输入的空白作为分隔符或者结束符。

- next()不能得到带有空格的字符串。

nextLine()应用注意事项如下：

- 以 Enter 键为结束符，也就是说 nextLine()方法返回的是输入回车之前的所有字符。
- 可以获得空白。

9.6 DecimalFormat 类

我们经常要将数字格式化，例如取 3 位小数。Java 提供了 DecimalFormat 类，可以快速将数字格式化。下面通过一个实例来说明数字格式化类的应用。

【例 9-10】（实例文件：ch09\Chap9.10.txt）DecimalFormat 类的应用实例。

```
import java.text.DecimalFormat;
public class Test {
    public static void main(String[] args) {
        double pi = 3.1415927;                                          //圆周率
        //取一位整数
        System.out.println(new DecimalFormat("0").format(pi));          //3
        //取一位整数和两位小数
        System.out.println(new DecimalFormat("0.00").format(pi));       //3.14
        //取两位整数和三位小数，整数不足部分以 0 填补
        System.out.println(new DecimalFormat("00.000").format(pi));     //03.142
        //取所有整数部分
        System.out.println(new DecimalFormat("#").format(pi));          //3
        //以百分比方式记数，并取两位小数
        System.out.println(new DecimalFormat("#.##%").format(pi));      //314.16%
        long c = 299792458;                                             //光速
        //显示为科学记数法，并取 5 位小数
        System.out.println(new DecimalFormat("#.#####E0").format(c));   //2.99792E8
        //显示为两位整数的科学记数法，并取 4 位小数
        System.out.println(new DecimalFormat("00.####E0").format(c));   //29.9792E7
        //每 3 位以逗号进行分隔
        System.out.println(new DecimalFormat(",###").format(c));        //299,792,458
        //将格式嵌入文本
        System.out.println(new DecimalFormat("光速为,###米每秒。").format(c));
    }
}
```

程序运行结果如图 9-12 所示。

```
Problems  Javadoc  Declaration  Console
<terminated> Test [Java Application] C:\Program Files\Ja
3
3.14
03.142
3
314.16%
2.99792E8
29.9792E7
299,792,458
光速为299,792,458米每秒。
```

图 9-12　DecimalFormat 类的应用实例

9.7 Enum 类

Enum（枚举，enumeration）类是 JDK 1.5 中引入的新特性，存放在 java.lang 包中。它是一种新的类型，允许用常量来表示特定的数据片段，而且全部以类型安全的形式来表示。

【例 9-11】（实例文件：ch09\Chap9.11.txt）创建枚举类的应用实例。

```
public enum EnumTest {
    MON, TUE, WED, THU, FRI, SAT, SUN;
}
```

这段代码实际上调用了 7 次 Enum(String name, int ordinal)，具体代码如下：

```
new Enum<EnumTest>("MON",0);
new Enum<EnumTest>("TUE",1);
new Enum<EnumTest>("WED",2);
⋮
```

【例 9-12】（实例文件：ch09\Chap9.12.txt）遍历和 switch 的操作实例。

```
public class Test {
    public static void main(String[] args) {
        for (EnumTest e : EnumTest.values()) {
            System.out.println(e.toString());
        }
        System.out.println("----------------------");
        EnumTest test = EnumTest.TUE;
        switch (test) {
        case MON:
            System.out.println("今天是星期一");
            break;
        case TUE:
            System.out.println("今天是星期二");
            break;
        ...
        default:
            System.out.println(test);
            break;
        }
    }
}
```

程序运行结果如图 9-13 所示。

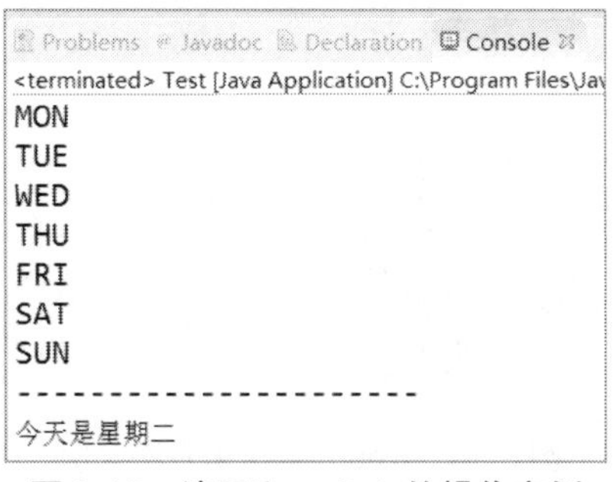

图 9-13 遍历和 switch 的操作实例

Enum 类的常用方法如表 9-4 所示。

表 9-4　Enum 类的常用方法

方　法	说　明
int compareTo(E o)	比较此枚举常量与指定对象的顺序
Class<E> getDeclaringClass()	返回与此枚举常量的枚举类型相对应的 Class 对象
String name()	返回此枚举常量的名称
int ordinal()	返回枚举常量的序数（它在枚举声明中的位置，其中初始常量序数为 0）
String toString()	返回此枚举常量的字符串，它包含在枚举声明中
static <T extends Enum<T>> T valueOf(Class<T> enumType, String name)	返回带指定名称的指定枚举类型的枚举常量

【例 9-13】（实例文件：ch09\Chap9.13.txt）Enum 类常用方法实例。

```
public class Test {
    public static void main(String[] args) {
        EnumTest test = EnumTest.TUE;
        //compareTo(E o)
        switch (test.compareTo(EnumTest.MON)) {
        case -1:
            System.out.println("TUE 在 MON 之前");
            break;
        case 1:
            System.out.println("TUE 在 MON 之后");
            break;
        default:
            System.out.println("TUE 与 MON 在同一位置");
            break;
        }
        //name()和 toString()
        System.out.println("name(): " + test.name());
        System.out.println("toString(): " + test.toString());
        //ordinal()，返回值从 0 开始
        System.out.println("ordinal(): " + test.ordinal());
    }
}
```

程序运行结果如图 9-14 所示。

```
Problems  Javadoc  Declaration  Console
<terminated> Test [Java Application] C:\Program Files\Ja
TUE 在 MON 之后
name(): TUE
toString(): TUE
ordinal(): 1
```

图 9-14　Enum 类常用方法实例

9.8 包装类

Java 语言是一个面向对象的语言，但是 Java 中的基本数据类型却是不面向对象的，这在实际使用时存在很多不便。为了解决这个问题，在设计类时为每个基本数据类型设计了一个对应的类，8 个和基本数据类型对应的类统称为包装类（wrapper class），有时也翻译为外覆类或数据类型类。

包装类均位于 java.lang 包中，包装类和基本数据类型的对应关系如表 9-5 所示。

表 9-5 包装类和基本数据类型的对应关系

包 装 类	基本数据类型
Byte	byte
Short	short
Integer	int
Long	long
Float	float
Double	double
Boolean	boolean
Character	char

在这 8 个类名中，除了 Integer 和 Character 类以外，其他 6 个类的类名和基本数据类型一致，只是类名的第一个字母大写即可。所有的包装类（Integer、Long、Byte、Double、Float、Short）都是抽象类 Number 的子类。对于包装类说，这些类的用途主要有两个：

- 作为和基本数据类型对应的类类型存在，方便涉及对象的操作。
- 包含每种基本数据类型的相关属性，如最大值、最小值等，以及相关的操作方法。

9.8.1 Boolean 类

java.lang.Boolean 类封装了一个值对象的基本布尔型。Boolean 类的对象包含一个单一的字段，其类型为布尔型。Boolean 类的构造函数和 Boolean 类方法如表 9-6、表 9-7 所示。

表 9-6 Boolean 类的构造函数

构 造 函 数	说 明
Boolean(boolean value)	分配一个布尔值参数的对象
Boolean(String s)	分配一个布尔对象的字符串

表 9-7 Boolean 类的方法

方 法	说 明
boolean booleanValue()	返回一个布尔值，这个布尔对象作为原始值
int compareTo(Boolean b)	将两个 Boolean 实例进行比较，并返回比较结果

续表

方　法	说　明
boolean equals(Object obj)	返回 true，当且仅当参数不为 null 并且是一个 Boolean 对象时它表示与此对象相同的布尔值
static boolean getBoolean(String name)	返回 true，当且仅当以参数命名的系统属性存在时。它等于字符串“true”
int hashCode()	返回这个布尔对象的哈希码
static boolean parseBoolean(String s)	返回由解析字符串参数表示的布尔值
String toString()	返回一个 String 对象，表示当前布尔值
static String toString(boolean b)	返回一个 String 对象，表示指定布尔值
static Boolean valueOf(boolean b)	返回一个 Boolean 实例指定的布尔值
static Boolean valueOf(String s)	返回指定的字符串表示的布尔值

【例 9-14】（实例文件：ch09\Chap9.14.txt）Boolean 类的方法实例。

```
public class Test {
    public static void main(String[] args) {
        //创建 Boolean 对象 b1、b2
        Boolean b1, b2;
        //创建布尔类型的基本数据类型变量b
        boolean b;
        //实例化 b1、b2 并初始化，b1 为 true，b2 为 false
        b1 = new Boolean(true);
        b2 = new Boolean(false);
        //使用 equals 方法比较 b1 和 b2，将结果赋给 b
        b = b1.equals(b2);
        String str = "b1(" + b1 + ")和 b2(" + b2 + ")是否相等：" + b;
        //将结果输出到控制台
        System.out.println(str);
    }
}
```

程序运行结果如图 9-15 所示。

```
Problems  Javadoc  Declaration  Console
<terminated> Test [Java Application] C:\Program Files\Java
b1(true)和b2(false)是否相等：false
```

图 9-15　Boolean 类的方法实例

本例通过 Boolean 类创建了两个对象 b1 和 b2 并赋值，通过 Boolean 类的 equals()方法比较两个对象是否相等，将结果保存在基本数据类型变量 b 中，由于 b1 的值是 true，b2 的值是 false，结果是 b1 和 b2 不相等，即 false。

9.8.2　Byte 类

java.lang.Byte 类的基本类型 byte 值包装在一个对象中。Byte 类的一个对象包含一个单一的字段，它的类型是字节型。Byte 类的构造函数和 Byte 类的方法如表 9-8、表 9-9 所示。

表 9-8　Byte 类的构造函数

构造函数	说明
Byte(byte value)	构造一个新分配的字节对象，表示指定的字节值
Byte(String s)	构造一个新分配的字节，表示该字节的值的字符串参数表示的对象

表 9-9　Byte 类的方法

方法	说明
byte byteValue()	返回一个字节的 byte 值
int compareTo(Byte anotherByte)	比较两个字节对象的数字
static Byte decode(String nm)	解码字符串，转换为字节
double doubleValue()	返回一个字节的 double 值
boolean equals(Object obj)	比较此对象与指定的对象
float floatValue()	返回一个字节的 float 值
int hashCode()	返回一个字节的哈希代码
int intValue()	返回一个字节的 int 值
long longValue()	返回一个字节的 long 值
static byte parseByte(String s)	将字符串 s 解析为有符号十进制字节
static byte parseByte(String s, int radix)	将字符串 s 解析为有符号 radix 进制字节
short shortValue()	返回一个字节的 short 值
String toString()	返回一个 String 对象，表示字节的值
static String toString(byte b)	返回一个 String 对象，表示指定的字节
static Byte valueOf(byte b)	返回一个字节的实例，表示指定的字节值
static Byte valueOf(String s)	返回指定字符串 s 的字节值
static Byte valueOf(String s, int radix)	返回指定字符串 s 以 radix 进制表示的字节值

【例 9-15】（实例文件：ch09\Chap9.15.txt）Byte 类的方法实例。

```
public class Test {
    public static void main(String[] args) {
        byte b = 50;
        Byte b1 = Byte.valueOf(b);
        Byte b2 = Byte.valueOf("50");
        Byte b3 = Byte.valueOf("10");
        int x1 = b1.intValue();
        int x2 = b2.intValue();
        int x3 = b3.intValue();
        System.out.println("b1:" + x1 + ", b2:" + x2 + ", b3:" + x3);
        String str1 = Byte.toString(b);
        String str2 = Byte.toString(b2);
        String str3 = b3.toString();
```

```
        System.out.println("str1:" + str1 + ", str2:" + str2 + ", str3:" + str3);
        byte bb = Byte.parseByte("50");
        System.out.println("Byte.parseByte(\"50\"): " + bb);
        int x4 = b1.compareTo(b2);
        int x5 = b1.compareTo(b3);
        boolean bool1 = b1.equals(b2);
        boolean bool2 = b1.equals(b3);
        System.out.println("b1.compareTo(b2):" + x4 + ", b1.compareTo(b3):" + x5);
        System.out.println("b1.equals(b2):" + bool1 + ", b1.equals(b3):" + bool2);
    }
}
```

程序运行结果如图 9-16 所示。

```
Problems  Javadoc  Declaration  Console
<terminated> Test [Java Application] C:\Program Files\Java\jre1.8.0_151
b1:50, b2:50, b3:10
str1:50, str2:50, str3:10
Byte.parseByte("50"): 50
b1.compareTo(b2):0, b1.compareTo(b3):40
b1.equals(b2):true, b1.equals(b3):false
```

图 9-16　Byte 类的方法举例

Java 为每个基本数据类型都提供了一个包装类，与数字有关的包装类都大体相同，因此仅以 Byte 类为例详细说明，而对 Short 类、Integer 类、Long 类、Float 类和 Double 类则不再一一讲解，读者可以自行查阅 Java API 文档。

9.8.3　Character 类

Character 类用于对单个字符进行操作。Character 类在对象中包装一个基本类型 char 的值。Characte 类提供了一系列方法来操纵字符。使用 Character 类的构造方法创建一个 Character 类对象，例如：

```
Character c1 = new Character('c');
```

Character 类的常用方法如表 9-10 所示。

表 9-10　Character 类的常用方法

方　法	说　明
isLetter()	判断是否是一个字母
isDigit()	判断是否是一个数字字符
isWhitespace()	判断是否是一个空格
isUpperCase()	判断是否是大写字母
isLowerCase()	判断是否是小写字母
toUpperCase()	将字母转换为大写形式
toLowerCase()	将字母转换为小写形式
toString()	返回字符的字符串形式，字符串的长度仅为 1

【例 9-16】（实例文件：ch09\Chap9.16.txt）Character 类的方法实例。

```
public class Test{
    public static void main (String []args)
    {
        Character ch1 = Character.valueOf('A');
        Character ch2 = new Character('A');
        Character ch3 = Character.valueOf('C');
        char c1 = ch1.charValue();
        char c2 = ch2.charValue();
        char c3 = ch3.charValue();
        System.out.println("ch1:" + c1 + ", ch2:" + c2 + ", ch3:" + c3);
        int a1 = ch1.compareTo(ch2);
        int a2 = ch1.compareTo(ch3);
        System.out.println("ch1.compareTo(ch2):" + a1 + ", ch1.compareTo(ch3):" + a2);
        boolean bool1 = ch1.equals(ch2);
        boolean bool2 = ch1.equals(ch3);
        System.out.println("ch1.equals(ch2): " + bool1 + ", ch1.equals(ch3): " + bool2);
        boolean bool3 = Character.isUpperCase(ch1);
        boolean bool4 = Character.isUpperCase('s');
        System.out.println("bool3:" + bool3 + ", bool4:" + bool4);
        char c4 = Character.toUpperCase('s');
        Character c5 = Character.toLowerCase(ch1);
        System.out.println("c4:" + c4 + ", c5:" + c5);
    }
}
```

程序运行结果如图 9-17 所示。

```
Problems  Javadoc  Declaration  Console
<terminated> Test [Java Application] C:\Program Files\Java\jre1.8.0_151\bin\javaw.
ch1:A, ch2:A, ch3:C
ch1.compareTo(ch2):0, ch1.compareTo(ch3):-2
ch1.equals(ch2): true, ch1.equals(ch3): false
bool3:true, bool4:false
c4:S, c5:a
```

图 9-17　Character 类的方法实例

9.8.4　Number 类

一般在使用数字的时候会使用内置的数据类型，例如 int、float、double。但在实际的开发当中，有时候会遇到需要使用数字对象而不是数据类型的时候。为解决这个问题，Java 为每一种数据类型提供了相应的类，即包装类。

8 种基本类型的类分别为 Integer、Double、Float、Short、Long、Boolean、Byte、Character。除了 Boolean 和 Character 类，其他 6 种类都继承 Number 类。Number 类的构造函数和 Number 类的方法分别如表 9-11、表 9-12 所示。

表 9-11　Number 类的构造函数

构 造 函 数	说　明
Number()	这是一个构造函数

表 9-12　Number 类方法

方　法	说　明
byte byteValue()	返回指定数字的 byte 值
abstract double doubleValue()	返回指定数字的 double 值
abstract float floatValue()	返回指定数字的 float 值
abstract int intValue()	返回指定数字的 int 值
abstract long longValue()	返回指定数字的 long 值
short shortValue()	返回指定数字的 short 值

9.9　就业面试解析与技巧

9.9.1　面试解析与技巧（一）

面试官：Scanner 类的使用需要注意哪些事项？

应聘者：用 Scanner 类读取输入的时候，字符都是可见的，所以 Scanner 类不适合从控制台读取密码。从 Java SE 6 开始特别引入了 Console 类来实现从控制台读取密码的功能，可以采用下面的代码：

```
Console cons = System.console();
String username = cons.readline("User name: ");
char[] passwd = cons.readPassword("Password: ");
```

为了安全起见，返回的密码存放在一维字符数组中，而不是字符串中。在对密码进行处理之后，应该马上用一个填充值覆盖数组元素。采用 Console 类的对象处理常规输入不如采用 Scanner 类的对象方便，每次只能读取一整行输入，而没有能够读取一个单词或者一个数值的方法。

9.9.2　面试解析与技巧（二）

面试官：int 和 Integer 有什么区别？

应聘者：Java 提供两种不同的类型：原始类型（或内置类型）和引用类型。int 是 Java 的原始数据类型，Integer 是 Java 为 int 类型提供的封装类，Java 为每个原始类型提供了封装类。

引用类型和原始类型的行为完全不同，并且它们具有不同的语义。引用类型和原始类型具有不同的特征和用法，包括：大小和速度问题，以哪种类型的数据结构存储。另外，当引用类型和原始类型用作某个类的实例数据时所指定的默认值不同，对象引用实例变量的默认值为 null，而原始类型的实例变量的默认值与具体的类型有关。

第 3 篇

核心技术

在本篇中，将结合案例示范学习 Java 软件开发中的一些核心技术，包括异常处理、泛型、反射、集合、注解等。

第 10 章
错误的终结者——异常处理

◎ 本章教学微视频：7 个　40 分钟

学习指引

在编程的过程中，经常会出现各种问题，Java 语言作为一种非常热门的面向对象语言，提供了强大的异常处理机制，Java 把所有的异常都封装到一个类中，在程序出现错误时，及时地抛出异常。本章将详细介绍 Java 的异常处理，主要内容包括异常的基本概念、异常处理流程以及如何抛出异常和自定义异常等知识。

重点导读

- 了解异常的概念、分类。
- 掌握常见异常的使用。
- 掌握处理异常的方法。
- 掌握自定义异常的方法。
- 掌握异常类的使用。

10.1　认识异常

在程序开发过程中，程序员会尽量避免错误的发生，但是总会发生一些不可预期的事情，例如除法运算时除数为 0、内存不足、栈溢出等，这些就是异常。Java 语言提供了异常处理机制，处理这些不可预期的事情。

10.1.1　异常的概念

异常也称为例外，是在程序运行过程中发生的、会打断程序正常执行的事件。下面是几种常见的异常：

- 算术异常（ArithmeticException）。
- 没有给对象开辟内存空间时出现的空指针异常（NullPointerException）。

- 找不到文件异常（FileNotFoundException）。

在程序设计时，必须考虑到可能发生的异常事件，并做出相应的处理，这样才能保证程序可以正常运行。

Java 的异常处理机制也秉承着面向对象的基本思想，在 Java 中，所有的异常都以类的类型存在。除了内置的异常类之外，Java 也可以自定义异常类。此外，Java 的异常处理机制也允许自定义抛出异常。

10.1.2 异常的分类

在 Java 中，所有的异常均当作对象来处理，即当发生异常时产生了异常对象。java.lang.Throwable 类是 Java 中所有错误类或异常类的根类，两个重要子类是 Error 类和 Exception 类。

1. Error 类

java.lang.Error 类是程序无法处理的错误，表示应用程序运行时出现的重大错误，例如 JVM 运行时出现的 OutOfMemoryError 以及 Socket 编程时出现的端口占用等程序无法处理的错误，这些错误都需交由系统进行处理。

2. Exception 类

java.lang.Exception 类是程序本身可以处理的异常，可分为运行时异常与编译异常。

运行时异常是指 RuntimeException 及其子类的异常。这类异常在代码编写的时候不会被编译器检测出来，可以不捕获，但是程序员也可以根据需要捕获这类异常。常见的 RuntimeException 有 NullpointerException（空指针异常）、ClassCastException（类型转换异常）、IndexOutOfBoundsException（数组越界异常）等。

编译异常是指 RuntimeException 以外的异常。在编译时编译器会提示这类异常需要捕获，如果不进行捕获则会出现编译错误。常见的编译异常有 IOException（流传输异常）、SQLException（数据库操作异常）等。

Java 的所有错误与异常如图 10-1 所示，可以看出所有的错误与异常都继承自 Throwable 类，也就是说所有的异常都是一个对象。

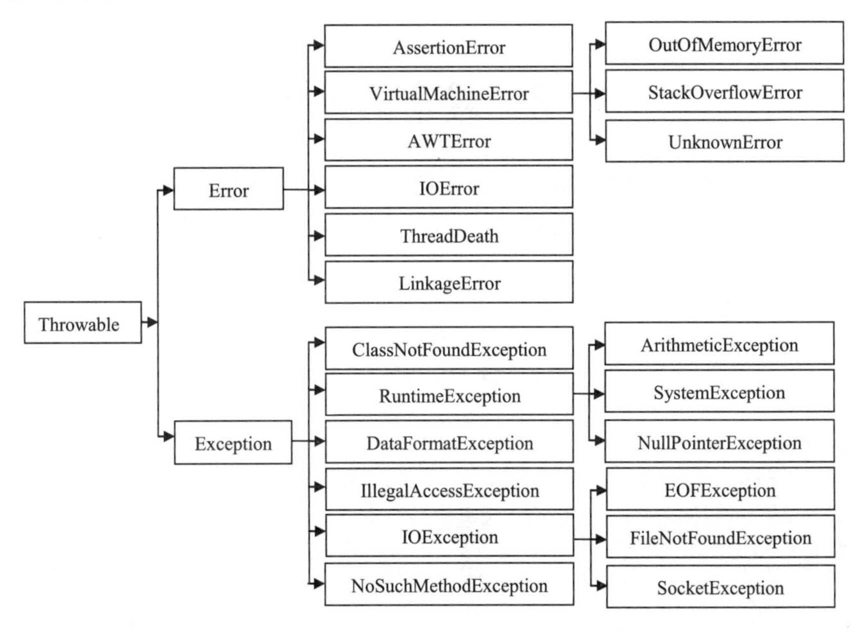

图 10-1　Java 的所有错误与异常

10.1.3 常见的异常

Java 程序在编译的过程中会出现多种多样的异常，下面是几种常见的异常。

- ArithmeticException（数学运算异常）。例如程序中出现了除数为 0 的运算，就会抛出该异常。
- NullPointerException（空指针异常）。例如当应用试图在要求使用对象的地方使用了 null 时，就会抛出该异常。
- NegativeArraySizeException（数组大小为负值异常）。例如当使用负的数组大小值创建数组时，就会抛出该异常。
- ArrayIndexOutOfBoundsException（数组下标越界异常）。例如当访问某个序列的索引值小于 0 或者大于或等于序列大小时，就会抛出该异常。
- NumberFormatException（数字格式异常）。当试图将一个 String 转换为指定的数字类型，而该字符串不满足数字类型的格式要求时，就会抛出该异常。
- InputMismatchException（输入类型不匹配异常）。它由 Scanner 类抛出，当读取的数据类型与期望类型不匹配时，就会抛出该异常。

10.1.4 异常的使用原则

Java 异常处理机制强制用户去考虑程序的健壮性和安全性。异常处理不应该用来控制程序的正常流程，其主要作用是捕获程序在运行时发生的异常并进行相应的处理。编写代码时处理某个方法可能出现的异常主要遵循以下几条原则：

- 在当前方法声明中使用 try…catch 语句捕获异常。
- 一个方法被覆盖时，覆盖它的方法必须抛出相同的异常或者异常的派生类。
- 如果父类抛出多个异常，则覆盖方法必须抛出那些异常的一个子集，不能抛出新异常。

10.2 异常的处理

异常是程序中的一些错误，但并不是所有的错误都是异常，并且错误有时候是可以避免的。例如，代码少了一个分号，那么运行的结果是提示 java.lang.Error。本节就来介绍异常的处理。

10.2.1 异常处理机制

为了保证程序出现异常之后仍然可以正确地完结，可以在开发过程中使用如下的结构进行异常处理：

```
try {
    有可能出现异常的程序块
} [catch (异常类 对象) {
    异常处理操作
} catch (异常类 对象) {
    异常处理操作
} ... ] [finally {
    不管是否出现异常，都要被执行的程序块
}]
```

在以上的异常处理格式中包括类处理：try…catch、try…catch…finally、try…finally。

【例 10-1】（实例文件：ch10\Chap10.1.txt）在程序中加入异常处理操作，保证程序正常运行。

```
public class Test {
    public static void main(String args[]) {
        System.out.println("** A、计算开始之前。") ;
        try {
            int result = 10 / 0 ;    //除法计算，有异常，此行代码之后的部分不执行
            System.out.println("** B、除法计算结果：" + result) ;
        } catch (ArithmeticException e) {
            System.out.println(e) ;
        }
        System.out.println("** C、计算结束之后。") ;
    }
}
```

程序运行结果如图 10-2 所示。

```
Problems @ Javadoc Declaration Console
<terminated> Test [Java Application] C:\Program Files\Java\jre1.8.0_144\bin\javaw.exe
** A、计算开始之前。
java.lang.ArithmeticException: / by zero
** C、计算结束之后。
```

图 10-2 加入异常处理操作

此时的程序依然会发生异常，但是从操作结果来看，程序至少是正常结束了。还可以发现，在 try 语句中出现了异常之后，异常语句之后的代码将不再执行，而是跳到 catch 处执行处理，从而保证程序即使出现了异常也可以正常地执行完毕。

但是在此处还有一个小的问题，观察现在的异常处理结果（catch 语句），在本程序中，catch 语句直接输出的是一个异常类对象，对象的信息是 java.lang.ArithmeticException: / by zero。这个时候输出的异常信息并不完整。为了得到完整的异常信息，往往会调用异常类提供的 printStackTrace()方法。

【例 10-2】（实例文件：ch10\Chap10.2.txt）得到完整的错误信息。

```
public class Test {
    public static void main(String args[]) {
        System.out.println("** A、计算开始之前。") ;
        try {
            int result = 10 / 0 ;    //除法计算，有异常
            System.out.println("** B、除法计算结果：" + result) ;
        } catch (ArithmeticException e) {
            e.printStackTrace() ;
        }
        System.out.println("** C、计算结束之后。") ;
    }
}
```

除了使用 try…catch 处理之外，也可以使用 try…catch…finally 进行处理。

【例 10-3】（实例文件：ch10\Chap10.3.txt）使用 try…catch…finally 进行异常处理。

```
public class Test {
    public static void main(String args[]) {
```

```
        System.out.println("** A、计算开始之前。") ;
        try {
            int result = 10 / 2 ;      //除法计算，有异常
            System.out.println("** B、除法计算结果：" + result) ;
        } catch (ArithmeticException e) {
            e.printStackTrace() ;
        } finally {
            System.out.println("*** 不管是否出错，都执行！！！") ;
        }
        System.out.println("** C、计算结束之后。") ;
    }
}
```

现在对于 finally 暂时不做介绍，对于其具体的应用，后面会有专门介绍。通过以上操作就可以进行异常处理了，在一个 try 语句之后实际上可以有多个异常处理语句。下面将以上的程序变得灵活一些：由用户通过初始化参数传递两个数字，而后进行除法计算。

要通过初始化参数传递数字，所有的参数类型都是 String，因此需要将其变为基本数据类型 int，可以利用 int 的包装类 Integer 的 parseInt()方法完成。

【例 10-4】（实例文件：ch10\Chap10.4.txt）通过初始化参数传递数字。

```
public class Test {
    public static void main(String args[]) {
        System.out.println("** A、计算开始之前。") ;
        try {
            int x = Integer.parseInt(args[0]) ;
            int y = Integer.parseInt(args[1]) ;
            int result = x / y ;    //除法计算，有异常
            System.out.println("** B、除法计算结果：" + result) ;
        } catch (ArithmeticException e) {
            e.printStackTrace() ;
        } finally {
            System.out.println("*** 不管是否出错，都执行！！！") ;
        }
        System.out.println("** C、计算结束之后。") ;
    }
}
```

本程序有可能出现以下几种问题：

- 执行程序的时候没有输入参数（java Test）：为 ArrayIndexOutOfBoundsException，未处理。
- 输入的参数类型不是数字（java Test a b）：为 NumberFormatException，未处理。
- 输入的参数中除数是 0（java Test 10 0）：为 ArithmeticException，已处理。

通过上面的程序可以发现，catch 只能捕获一种类型的异常，如果有多个异常，并且有的异常没有被捕获，程序依然会中断执行。现在用多个 catch 捕获异常。

【例 10-5】（实例文件：ch10\Chap10.5.txt）使用多个 catch 捕获异常。

```
public class Test {
    public static void main(String args[]) {
        System.out.println("** A、计算开始之前。") ;
        try {
```

```
            int x = Integer.parseInt(args[0]) ;
            int y = Integer.parseInt(args[1]) ;
            int result = x / y ;    //除法计算，有异常
            System.out.println("** B、除法计算结果: " + result) ;
        } catch (ArithmeticException e) {
            e.printStackTrace() ;
        } catch (ArrayIndexOutOfBoundsException e) {
            e.printStackTrace() ;
        } catch (NumberFormatException e) {
            e.printStackTrace() ;
        } finally {
            System.out.println("*** 不管是否出错，都执行！！！") ;
        }
        System.out.println("** C、计算结束之后。") ;
    }
}
```

上面的程序使用了多个 catch，所以可以捕获多种异常。

10.2.2 使用 try…catch…finally 语句处理异常

要真正理解 Java 中的异常处理机制到底有什么好处，必须首先清楚异常类的继承结构以及异常的处理流程。下面观察两个类的继承关系，如表 10-1 所示。

表 10-1 两个类的继承关系

ArithmeticException	ArrayIndexOutOfBoundsException
java.lang.Object └ java.lang.Throwable └ java.lang.Exception └ java.lang.RuntimeException └ java.lang.ArithmeticException	java.lang.Object └ java.lang.Throwable └ java.lang.Exception └java.lang.RuntimeException └ java.lang.IndexOutOfBoundsException └ java.lang.ArrayIndexOutOfBoundsException

现在发现两个异常类实际上都有一个公共的父类——Throwable，打开 Throwable 类，发现它有两个子类——Error、Exception，这两个子类的区别如下：

- Error：指的是 JVM 出错，此时的程序无法运行，用户无法处理。
- Exception：程序中所有出现异常的地方都是 Exception 的子类，对程序出现的错误，用户可以进行处理。

在进行异常处理的操作中，肯定都要对 Exception 进行处理，而 Error 根本不需要用户关心。按照以上的继承关系，所有程序中出现的异常类型都是 Exception 的子类。如果按照对象的向上转型关系来理解，就表示所有的异常都可以通过 Exception 接收。

Java 中异常处理的流程如下：

（1）如果在程序中发生了异常，那么此时会由 JVM 根据出现的异常类型自动实例化一个指定的异常类型实例化对象。

（2）程序判断是否存在异常处理操作。如果不存在，则采用 JVM 默认的异常处理方式，打印异常信息，

同时结束程序的执行；如果存在异常处理操作，则会由 try 语句捕获此异常类的对象。

（3）当捕获异常类对象之后，会与指定的 catch 语句中的异常类型进行匹配。如果匹配成功，则使用指定的 catch 进行异常的处理；如果匹配不成功，则继续交给 JVM 采用默认的方式处理，但是在此之前，会首先判断是否存在 finally 代码，如果存在，则执行完 finally 之后再交给 JVM 进行处理，如果此时已经处理了，则继续向后执行 finally 代码。

（4）执行完 finally 程序之后，如果后续还有其他程序代码，则继续向后执行。

异常捕获以及处理实际上依然属于一种引用关系的传递，既然所有的异常类对象都是 Exception 类的子类，按照对象可以自动进行向上转型的原则，则所有的异常都可以使用 Exception 类处理。

【例 10-6】（实例文件：ch10\Chap10.6.txt）使用 Exception 类处理异常。

```
public class Test {
    public static void main(String args[]) {
        System.out.println("** A、计算开始之前。") ;
        try {
            int x = Integer.parseInt(args[0]) ;
            int y = Integer.parseInt(args[1]) ;
            int result = x / y ;    //除法计算，有异常
            System.out.println("** B、除法计算结果：" + result) ;
        } catch (Exception e) {
            e.printStackTrace() ;
        } finally {
            System.out.println("*** 不管是否出错，都执行！！！") ;
        }
        System.out.println("** C、计算结束之后。") ;
    }
}
```

此时程序中的所有异常都可以通过 Exception 类进行处理，尤其是在不能确定会发生什么异常时，更适合使用这种方式来处理。

10.2.3 使用 throws 抛出异常

throws 关键字是在方法声明时使用的，表示此方法中不处理异常，一旦产生异常之后将交给方法的调用处进行处理。

【例 10-7】（实例文件：ch10\Chap10.7.txt）throws 的使用。

```
class MyMath {    //定义一个简单的数学类
    public static int div(int x,int y) throws Exception {
        return x / y ;
    }
}
public class Test {
    public static void main(String args[]) {
        try {
            System.out.println(MyMath.div(10,0)) ;
        } catch (Exception e) {
            e.printStackTrace() ;
        }
```

```
    }
}
```

当使用 throws 关键字定义一个方法的时候，调用此方法时，不管是否会产生异常，都应该采用异常处理格式进行处理，以保证程序的稳定性。

在以后编写的很多程序中都会出现用 throws 声明的方法，这时就必须强制用户使用 try…catch 进行处理了。

但是需要注意，main()方法本身也是一个方法，所以声明 main()方法时也可以使用 throws 关键字。

【例 10-8】（实例文件：ch10\Chap10.8.txt）使用 throws 关键字声明 main()方法。

```
class MyMath {    //定义一个简单的数学类
    public static int div(int x,int y) throws Exception {
        return x / y ;
    }
}
public class Test {
    public static void main(String args[]) throws Exception {
        System.out.println(MyMath.div(10,0)) ;
    }
}
```

如果在 main()方法上继续使用 throws，则表示将异常交给 JVM 进行处理。目前所有异常类对象都是由 JVM 自动实例化的，但是用户很多时候希望手工进行异常类对象的实例化操作，手工抛出异常，此时就必须依靠 throw 关键字完成了。

打开 Exception 类的一个构造方法：public Exception(String message)。

【例 10-9】（实例文件：ch10\Chap10.9.txt）使用 throw 抛出异常。

```
public class Test {
    public static void main(String args[]) {
        try {
            throw new Exception("自己抛着玩的异常。") ;
        } catch (Exception e) {
            e.printStackTrace() ;
        }
    }
}
```

10.2.4 finally 和 throw

在程序开发中应该尽可能避免出现异常，如果要想更好地理解 throw 关键字，必须要结合之前的 finally 关键字一起讨论。finally 有什么作用？throw 又在异常处理过程中起到什么作用？下面通过一个简单的例子来展示这两者的使用。

定义一个除法计算的操作方法，有如下要求：

- 在执行计算操作之前输出一行提示信息，告诉用户计算开始。
- 在执行计算操作完成之后输出一行结束信息，告诉用户计算完成。
- 计算的结果要返回给客户端输出，如果出现了异常也应该交给被调用处处理。

【例 10-10】（实例文件：ch10\Chap10.10.txt）没有异常的情况。

```
class MyMath{                                    //定义一个简单的数学类
```

```
    public static int div(int x,int y) throws Exception {      //交给被调用处处理
        System.out.println("*** A、除法计算开始。") ;
        int temp = 0 ;                                          //保存计算结果
        temp = x / y ;
        System.out.println("*** B、除法计算结束。") ;
        return temp ;
    }
}
public class Test {
    public static void main(String args[]) {
        try {
            System.out.println("计算结果: " + MyMath.div(10,2)) ;
        } catch (Exception e) {
            e.printStackTrace() ;
        }
    }
}
```

程序的运算结果如图 10-3 所示，此时的程序没有任何异常，所有的提示信息都正常显示了。

```
Problems  Javadoc  Declaration  Console
<terminated> Test [Java Application] C:\Program Files\Java\jre1.8.0_144\bin\javaw.exe
*** A、除法计算开始。
*** B、除法计算开始。
计算结果：5
```

图 10-3　没有异常的情况

【例 10-11】（实例文件：ch10\Chap10.11.txt）有异常产生的情况。

```
class MyMath {    //定义一个简单的数学类
    public static int div(int x,int y) throws Exception {    //交给被调用处处理
        System.out.println("*** A、除法计算开始。") ;
        int temp = 0 ;        //保存计算结果
        temp = x / y ;        //此处产生异常之后以下的代码将不再执行，操作返回给被调用处
        System.out.println("*** B、除法计算结束。") ;
        return temp ;
    }
}
public class Test {
    public static void main(String args[]) {
        try {
            System.out.println("计算结果: " + MyMath.div(10,0)) ;
        } catch (Exception e) {
            e.printStackTrace() ;
        }
    }
}
```

程序的运行结果如图 10-4 所示。

```
Problems  Javadoc  Declaration  Console
<terminated> Test [Java Application] C:\Program Files\Java\jre1.8.0_144\bin\javaw.exe (2017年10月23日 上午8:45:47)
*** A、除法计算开始。
java.lang.ArithmeticException: / by zero
        at haha.test.MyMath.div(Test.java:7)
        at haha.test.Test.main(Test.java:15)
```

图 10-4　有异常产生的情况

【例 10-12】（实例文件：ch10\Chap10.12.txt）throw 和 finally。

```
class MyMath {                                                    //定义一个简单的数学类
    public static int div(int x,int y) throws Exception {        //交给被调用处处理
        System.out.println("*** A、除法计算开始。") ;
        int temp = 0 ;                                            //保存计算结果
        try {
            temp = x / y ;
        } catch (Exception e) {
            throw e ;                                             //抛出一个异常对象
        } finally {                                               //不管是否有异常，都执行此代码
            System.out.println("*** B、除法计算结束。") ;
        }
        return temp ;
    }
}
public class Test {
    public static void main(String args[]) {
        try {
            System.out.println("计算结果: " + MyMath.div(10,0)) ;
        } catch (Exception e) {
            e.printStackTrace() ;
        }
    }
}
```

程序运行结果如图 10-5 所示。在本程序的 div()方法中，try 捕获的异常交给 catch 处理时使用 throw 关键字抛出，但是由于存在 finally 程序，所以最终的提示信息一定会输出。

```
Problems  @ Javadoc  Declaration  Console ⊠
<terminated> Test [Java Application] C:\Program Files\Java\jre1.8.0_144\bin\javaw.exe (2017年10月23日 上午8:48:25)
*** A、除法计算开始。
*** B、除法计算结束。
java.lang.ArithmeticException: / by zero
        at haha.test.MyMath.div(Test.java:8)
        at haha.test.Test.main(Test.java:20)
```

图 10-5　throw 和 finally

当然，以上的代码结构也可以更换另外一种方式，由 try…finally 完成。

【例 10-13】（实例文件：ch10\Chap10.13.txt）使用 try…finally 实现异常处理。

```
class MyMath {                                                //定义一个简单的数学类
    public static int div(int x,int y) throws Exception {    //交给被调用处处理
        System.out.println("*** A、除法计算开始。") ;
        int temp = 0 ;                                        //保存计算结果
        try {
            temp = x / y ;
        } finally {                                           //不管是否有异常，都执行此代码
            System.out.println("*** B、除法计算结束。") ;
        }
        return temp ;
    }
```

```
}
public class Test {
    public static void main(String args[]) {
        try {
            System.out.println("计算结果: " + MyMath.div(10,0)) ;
        } catch (Exception e) {
            e.printStackTrace() ;
        }
    }
}
```

程序运行结果如图 10-6 所示。

```
Problems @ Javadoc Declaration Console
<terminated> Test [Java Application] C:\Program Files\Java\jre1.8.0_144\bin\javaw.exe (2017年10月23日 上午8:52:33)
***  A、除法计算开始。
***  B、除法计算结束。
java.lang.ArithmeticException: / by zero
        at haha.test.MyMath.div(Test.java:8)
        at haha.test.Test.main(Test.java:18)
```

图 10-6　使用 try…finally 实现异常处理

10.3　自定义异常

在 Java 中，为了处理各种异常，可以通过继承的方式编写自定义的异常类。因为所有可处理的异常类均继承 Exception 类，所以自定义异常类也必须继承这个类。自定义异常类的语法格式如下：

```
class 异常名称 extends Exception
{
   …
}
```

读者可以在自定义异常类里编写方法来处理相关的事件，甚至不编写任何语句也可以正常工作，这是因为父类 Exception 已提供了相当丰富的方法，通过继承，子类均可使用它们。

下面用一个范例来说明如何自定义异常类，以及如何使用它们。

【例 10-14】（实例文件：ch10\Chap10.14.txt）自定义异常类。

```
class DefaultException extends Exception
{
   public DefaultException(String msg)
   {
      //调用 Exception 类的构造方法，存入异常信息
      super(msg) ;
   }
}
public class TestException_6
{
   public static void main(String[] args)
   {
      try
```

```
            {
            //在这里用 throw 直接抛出一个 DefaultException 类的实例化对象
               throw new DefaultException("自定义异常！") ;
            }
            catch(Exception e)
            {
               System.out.println(e) ;
            }
        }
    }
```

保存并运行程序，结果如图 10-7 所示。

```
Problems  @ Javadoc  Declaration  Console
<terminated> TestException_6 [Java Application] C:\Program Files\Java\jre1.8.0_144\bin\javaw.exe
haha.test.DefaultException: 自定义异常!
```

图 10-7　自定义异常类

第 1～8 行声明了一个 DefaultException 类，此类继承 Exception 类，所以此类为自定义异常类。

第 6 行调用 super 关键字，调用父类(Exception)的有一个参数的构造方法，传入的为异常信息。Exception 构造方法如下。

```
public Exception(String message)
```

第 16 行用 throw 抛出一个 DefaultException 异常类的实例化对象。在 JDK 中提供的大量 API 方法中含有大量的异常类，但这些类在实际开发中往往并不能完全满足设计者对程序异常处理的需要，在这个时候就需要用户自己去定义所需的异常类，用一个类清楚地写出所需要处理的异常。

10.4　断言语句

断言语句（assert）是专用于代码调试的语句，通常用于程序不准备使用捕获异常来处理的错误。在程序调试时，加入断言语句可以发现错误，而在程序正式执行时只要关闭断言功能即可。断言语句的语法格式有两种：

assert 布尔表达式；

assert 布尔表达式：字符串表达式；

一般情况下，在程序中可能出现错误的地方加上断言语句，以便于调试。

【例 10-15】（实例文件：ch10\Chap10.15.txt）读入一个班级的学生成绩并计算总分。要求成绩不能为负数，使用断言语句进行程序调试。

```
public class Test
{
   public static void main(String[] args)
   {
      Scanner scanner=new Scanner(System.in);
      int score;
      int sum=0;
      System.out.println("请输入成绩,输入任意非数字字符结束：");
```

```
        while(scanner.hasNextInt())
        {
            score=scanner.nextInt();//读入成绩
            //如果输入的成绩为负数，则终止执行，显示"成绩不能为负!"
            assert score>=0:"成绩不能为负!";
            //如果输入的成绩大于 100 分，则终止执行，显示"成绩满分为 100 分!"
            assert score<=100:"成绩满分为 100 分!";
            sum+=score;
        }
        System.out.println("班级总成绩为: "+sum);
    }
}
```

10.5 就业面试解析与技巧

10.5.1 面试解析与技巧（一）

面试官：请解释 Exception 和 RuntimeException 的区别。请说出几个常见的 RuntimeException 子类。

应聘者：Exception 强制要求用户必须处理；RuntimeException 是 Exception 的子类，由用户选择是否进行处理。常见的 RuntimeException 子类有 NumberFormatException、ArrayIndexOutOfBoundsException、ArithmeticException、NullPointerException、ClassCastException。

10.5.2 面试解析与技巧（二）

面试官：请解释 throws 和 throw 的区别？

应聘者：throws 在方法声明上使用，表示此方法产生的异常将交给被调用处处理；throw 指的是人为地抛出一个异常类对象。throws 出现在方法函数头；而 throw 出现在函数体；throws 表示出现异常的一种可能性，并不一定会发生这些异常；throw 则是抛出异常，执行 throw 则一定抛出了某种异常；两者都是消极处理异常的方式（这里的消极并不是说这种方式不好），只是抛出或者可能抛出异常，但是不会由函数去处理异常，真正的异常处理由函数的上层调用完成。

第 11 章

减少类的声明——Java 中的泛型

◎ 本章教学微视频：8 个　36 分钟

学习指引

不同类型的数据，如果封装方法相同，则不必为每一种类型单独定义一个类，只需要定义一个泛型类，从而提高程序的编程效率。通过定义泛型类，可以准确地表示对象的类型，避免对象类型转换时产生错误。本章将详细介绍 Java 中的泛型，主要内容包括简单泛型、泛型类、泛型方法、泛型接口等。

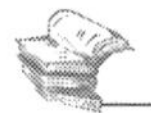

重点导读

- 了解 Java 中的泛型与 C++中的泛型的区别。
- 掌握简单泛型的应用。
- 掌握泛型类、泛型方法和泛型接口的应用。
- 掌握泛型新特性的应用。

11.1　Java 与 C++中的泛型

泛型是 Java 5 的新特性，泛型的本质是类型参数化，也就是说操作的数据类型被指定为一个参数，即“类型的变量”。

1. Java 与 C++的泛型

Java 中的泛型与 C++中的类模板的作用相同，但是编译解析的方式不同。Java 泛型类的目标代码只会生成一份，牺牲的是运行速度。C++的类模板针对不同的模板参数静态实例化，目标代码体积会稍大一些，但是运行速度快。

2. 泛型带来的问题

Java 7 之前的版本中，泛型最大的优点是提供了程序的类型安全，同时可以向后兼容。但它也带来了相应的问题，即每次定义时都要声明泛型的参数类型。

Java 8 版本可以通过编译器自动推断泛型的参数类型，减少了代码量，并提高了代码的可读性，这就是类型推导。

11.2 简单泛型

在 JDK 5 中引入了泛型。使用泛型最多的就是容器类。

【例 11-1】（实例文件：ch11\Chap11.1.txt）创建动物的实体类。

```
public class Animal {
    public String name;
    public String color;
    public String getName() {
        return name;
    }
    public void setName(String name) {
        this.name = name;
    }
    public String getColor() {
        return color;
    }
    public void setColor(String color) {
        this.color = color;
    }
    public Animal(String name, String color) {
        super();
        this.name = name;
        this.color = color;
    }
}
```

【例 11-2】（实例文件：ch11\Chap11.2.txt）创建测试类。

```
import java.util.*;
public class AnimalTest {
    public static void main(String[] args) {
        List<Animal> list = new ArrayList<>();
        Animal cat = new Animal("小猫", "white");
        Animal dog = new Animal("小狗", "black");
        Animal rabbit = new Animal("兔子", "white");
        list.add(cat);
        list.add(dog);
        list.add(rabbit);
        System.out.println("list 的大小: " + list.size());
        for(Animal a : list){
            System.out.println(a.getName()+":"+a.getColor());
        }
    }
}
```

程序运行结果如图 11-1 所示。

在例 11-1 中，定义了一个实体类 Animal，在类中定义了成员变量 name 和 color，定义了它们的 get/set 方法，定义了类的带参数的构造方法。在例 11-2 的 main()方法中创建 Animal 类对象 cat、dog 和 rabbit；创建简单泛型类 list，指定 list 容器类的类型是 Animal，即将对象 cat、dog 和 rabbit 添加到容器中；再通过增强 for 循环打印容器内 Animal 类对象的名称和颜色。

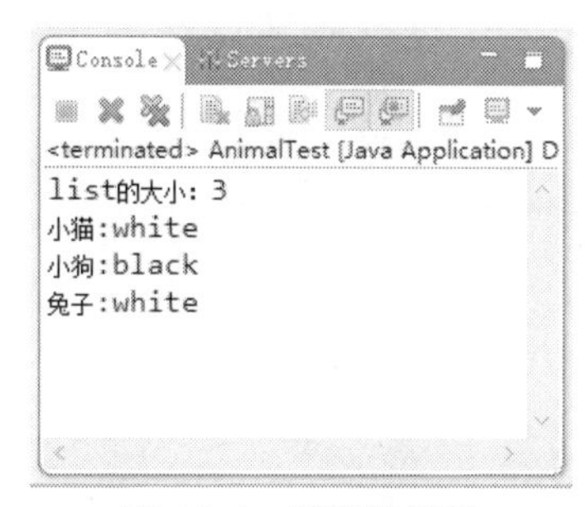

图 11-1　泛型的使用

11.3　泛型类、方法和接口

泛型是通用类型的类，泛型类对象可以用来表示多种不同类的对象。类是对属性和行为的封装，一般来说，如果多个对象的属性和行为相同，但是属性的类型不同，就应该针对每一个类型单独定义类。而采用泛型类，就可以将封装方式相同但是属性类型不同的多个类用一个泛型表示，减少程序的开发工作量，提高软件的开发效率。

11.3.1　泛型类

定义泛型类或者接口时，通过类型参数来抽象数据类型，而不是将变量的类型声明为 Object 类。这样一来，可以使泛型类或者接口的类型安全检查在编译阶段进行，并且所有的类型转换都是自动和隐式的，从而保证了类型的安全性。

定义泛型类的语法格式如下：

```
类的访问权限修饰符  class  泛型类名  <类型参数> {
        类体
    }
```

在该定义中，类型参数的定义写在类名后面，并且用尖括号“<>”括起来。类型参数可以使用任何符合 Java 命名规则的标识符，为了方便，通常都采用单个大写字母，例如可以使用字母 E 来表示集合元素类型，用 K 与 V 分别表示键-值对中的键类型与值类型，用 T、U、S 表示任意类型等。

定义了泛型类后，就可以定义泛型类的对象。格式如下：

```
泛型类名[<实际类型>]  对象名=new  泛型类名[<实际类型>]([形参列表])
```

或者

```
泛型类名[<实际类型>]  对象名=new  泛型类名[<>]([形参列表])
```

其中，的实际类型不能是基本数据类型，必须是类或者接口。根据需要，实际类型也可以不写，如果不写，则泛型类中的所有对象都是 Object 类的对象。也可以使用通配符“？”代替实际类型，用来表示任意一个类。

使用泛型类可以大大提高程序的灵活性，通过定义泛型类，可以将变量的类型作为参数来定义，而变量的具体类型是在创建泛型类的对象时再确定的。泛型类的类型参数可以用来指定类的成员变量、方法的参数以及方法返回值的类型。

【例 11-3】（实例文件：ch11\Chap11.3.txt）设计一个数组类，该类的对象能表示任何类型的对象数组。

```
class Array                              //数组类
{
   int n;                                //数组的总长度
   int total;                            //数组的实际长度
   private Object arr[];                 //Object 类型元素

   public Array(int n)                   //构造方法
   {
      this.n=n;
      total=0;
      arr=new Object[n];
   }
   public void add(Object obj)           //将一个对象加到数组中
   {
      arr[total++]=obj;
   }
   public Object indexOf(int i)          //获得数组中第 i 个元素对象
   {
      return arr[i];
   }
   public int length()                   //获得对象中数组的长度
   {
      return total;
   }
}
public class Test
{
   public static void main(String args[])
   {
      int i;

      String str[]=new String[2];        //String 型对象数组
      str[0]="Beijing";
      str[1]="Shanghai";
      Array arrObj1=new Array(10);       //创建数组对象

      for(i=0;i<str.length;i++)          //将每个元素加到数组对象中
         arrObj1.add(str[i]);

      for(i=0;i<arrObj1.length();i++)  //将数组对象中的元素值显示出来
      {
         String s=(String)arrObj1.indexOf(i);   //获得数组中第 i 个元素并强制转换成 String 型
```

```
            System.out.println(s);
        }

        //---------------------------------------------------
        System.out.println("---------------------------");
        Object arr[]=new Object[2];                 //创建一个 Object 型数组
        arr[0]="Shenzhen";                          //第 1 个元素是 String 型
        arr[1]=new Integer(123);                    //第 2 个元素是 Integer 型
        Array arrObj2=new Array(10);                //再创建一个数组对象

        for(i=0;i<arr.length;i++)                   //将每个元素加到数组对象中
            arrObj2.add(arr[i]);

        for(i=0;i<arrObj2.length();i++)             //输出方式与第 1 个数组对象相同
        {
            String s=String.valueOf(arrObj2.indexOf(i));//如果使用强制类型转换，在运行时将会出错
                //因为当 i=1 时，对象的实际类型是 Integer，不能强制转换成 String
            System.out.println(s);
        }
    }
}
```

程序运行结果如图 11-2 所示。

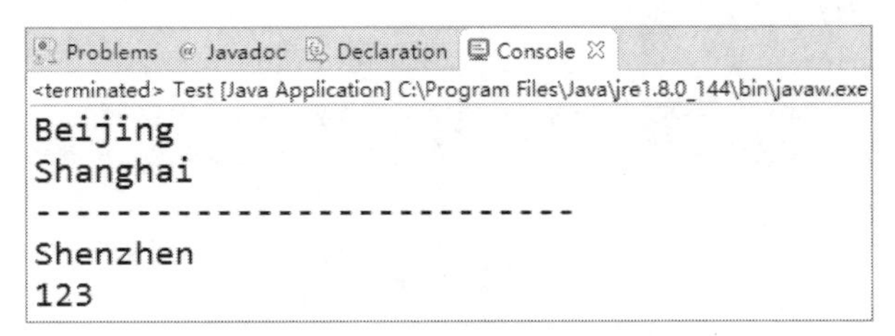

图 11-2　数组类应用实例

数组类是将数组定义在类中，数组类的每一个对象就可以表示一个数组。如果想表示任意类型对象的数组，则数组类中封装的数组的类型应该是 Object，因为它是所有类的父类，按照赋值兼容规则可以表示任何子类的对象。但是数组对象中的数组元素可以是不同类型的，则在使用时必须知道数组对象中数组的每一个元素的类型，才能将其转换成正确的类型，如果不加特别的标识，则无法知道每一个元素的类型。如果使用泛型，则可以保证每一个数组类对象中的元素都是同一类型的。

【例 11-4】（实例文件：ch11\Chap11.4.txt）定义一个泛型数组类，并创建数组对象。

```
class GenericArray<T>                       //泛型类，类型参数名 T
{
    int n;                                  //数组的总长度
    int total;                              //数组的实际长度
    private Object arr[];                   //Object 类型的对象数组

    public GenericArray(int n)              //构造方法
    {
        this.n=n;
        total=0;
```

```
        arr=new Object[n];
    }
    public void add(T obj)                          //将一个T型对象加到数组中
    {
        arr[total++]=obj;
    }
    public T indexOf(int i)                         //获得第i个元素，返回值类型是T型
    {
        return (T)arr[i];                           //返回前强制转换成T型
    }
    public int length()
    {
        return total;
    }
}
public class Test
{
    public static void main(String args[])
    {
        int i;

        String str[]=new String[2];                 //一个String类的对象数组
        str[0]="Beijing";
        str[1]="Shanghai";
        GenericArray<String> arrObj1=new GenericArray<String>(10);
                                                    //创建一个泛型类对象，所有元素均为String型

        for(i=0;i<str.length;i++)                   //将每个元素加到数组对象中
            arrObj1.add(str[i]);

        for(i=0;i<arrObj1.length();i++)             //输出元素
            System.out.println(arrObj1.indexOf(i));     //获得第i个元素后直接输出，不用强制类型转换

        //--------------------------------------------------
        System.out.println("-----------");
        Integer intObj[]=new Integer[2];            //一个Integer类的对象数组
        intObj[0]=new Integer(123);
        intObj[1]=new Integer(-456);
        GenericArray<Integer> arrObj2=new GenericArray<>(10);
                                                    //创建一个泛型类对象，所有元素均为Integer型

        for(i=0;i<intObj.length;i++)                //将每个元素加到数组对象中
            arrObj2.add(intObj[i]);

        for(i=0;i<arrObj1.length();i++)             //输出元素
            System.out.println(arrObj2.indexOf(i).intValue());
                                                    //获得第i个元素后直接输出，不用强制类型转换
```

```
        //------------------------------------------------
        System.out.println("-----------");
        Object obj[]=new Object[2];              //一个 Object 类型的对象数组
        obj[0]="Beijing";                        //第 0 个元素是 String 型
        obj[1]=new Integer(-123);                //第 1 个元素是 Integer 型
        GenericArray<String> arrObj3=new GenericArray<>(10);
                                                 //创建一个泛型类对象，所有元素均为 String 型

        arrObj3.add("Beijing");
        //arrObj3.add(-123);//泛型类对象 arrObj3 只能加 String 型对象，写上这行语句，编译不能通过

        for(i=0;i<arrObj3.length();i++)
           System.out.println(arrObj3.indexOf(i));
    }
}
```

程序的运行结果如图 11-3 所示。

```
Problems  Javadoc  Declaration  Console
<terminated> Test [Java Application] C:\Program Files\Java\jre1.8.0_144\bin\javaw.exe
Beijing
Shanghai
-----------
123
-456
-----------
Beijing
```

图 11-3　创建数组对象

11.3.2　泛型方法

类可以定义为泛型类，方法同样可以定义为泛型方法，也就是定义方法时声明了类型参数，这样的类型参数只限于在该方法中使用。泛型方法可以定义在泛型类中，也可以定义在非泛型类中。

定义泛型方法的格式如下：

```
[访问限定词]  [static]<类型参数表列>  方法类型  方法名([参数表列])
{
        …
}
```

【例 11-5】（实例文件：ch11\Chap11.5.txt）泛型方法的定义和使用。

```
public class Test
{
    public static <T> void print(T t)//泛型方法
    {
        System.out.println(t);
    }
    public static void main(String args[])
    {
        //调用泛型方法
        print("Apple");
        print(123);
        print(-487.76);
```

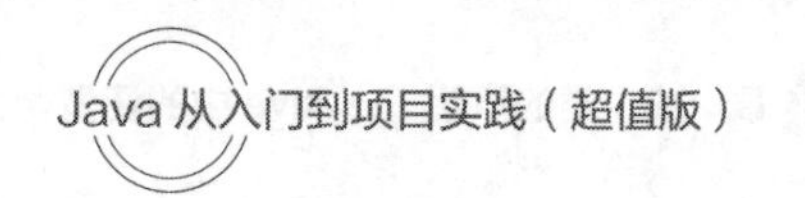


```
        print(new Date());
    }
}
```

程序的运行结果如图 11-4 所示。

```
Problems  @ Javadoc  Declaration  Console
<terminated> Test [Java Application] C:\Program Files\Java\jre1.8.0_144\bin\javaw.exe
Apple
123
-487.76
Mon Oct 23 21:14:09 CST 2017
```

图 11-4 泛型方法的定义和使用

利用泛型方法，还可以定义具有可变参数的方法，如 printf()方法，具体格式如下：

```
System.out.printf("%d,%f\n",i,f);
System.out.printf("x=%d,y=%d,z=%d",x,y,z);
```

Printf 是具有可变参数的方法。具有可变参数的方法的定义格式如下：

```
[访问限定词] <类型参数列表> 方法类型 方法名(类型参数名... 参数名)
{
      …
}
```

定义时“类型参数名”后面一定要加上“...”，表示是可变参数。“参数名”实际上是一个数组，当具有可变参数的方法被调用时，是将实际参数放到各个数组元素中。

【例 11-6】（实例文件：ch11\Chap11.6.txt）具有可变参数的方法的定义与使用。

```
public class Test
{
    static <T> void print(T...ts)//泛型方法，形参是可变参数
    {
        for(int i=0;i<ts.length;i++)//访问形参数组中的每一个元素
            System.out.print(ts[i]+" ");

        System.out.println();
    }
    public static void main(String args[])
    {
        print("北京市","长安街","故宫博物院");//3 个实际参数，类型一样
        print("这台电脑","价格",3000.00,"元");//4 个实际参数，类型不一样
        String fruit[]={"apple","banana","orange","peach","pear"};//String 对象数组
        print(fruit);//一个参数
    }
}
```

程序运行结果如图 11-5 所示。

```
Problems  @ Javadoc  Declaration  Console
<terminated> Test [Java Application] C:\Program Files\Java\jre1.8.0_144\bin\javaw.exe
北京市 长安街 故宫博物院
这台电脑 价格 3000.0 元
apple banana orange peach pear
```

图 11-5 具有可变参数的方法的定义和使用

11.3.3 泛型接口

除了可以定义泛型类外，还可以定义泛型接口。泛型接口的定义格式如下：

```
interface  接口名<类型参数列表>
{
   …
}
```

在实现接口时，也应该声明与接口相同的类型参数。格式如下：

```
class  类名<类型参数列表>  implements 接口名<类型参数列表>
{
   …
}
```

【例 11-7】（实例文件：ch11\Chap11.7.txt）定义并实现泛型接口。

```
interface Generics<T>//泛型接口
{
   public T next();
}
class SomethingGenerics<T> implements Generics<T>//泛型类，实现泛型接口
{
   private T something[];//泛型域
   int cursor;//游标，标示 something 中的当前元素

   public SomethingGenerics(T something[])//构造方法
   {
      this.something=something;
   }
   public T next()//获取游标处的元素，实现接口中的方法
   {
      if(cursor<something.length)
         return (T)something[cursor++];

      return null;//超出范围则返回空
   }
}
public class Test
{
   public static void main(String args[])
   {
      String str[]={"Beijing","Shanghai","Tianjin"};//String 对象数组，直接实例化
      Generics<String> cityName=new SomethingGenerics<String>(str);//创建泛型对象

      while(true)//遍历，将泛型对象表示的元素显示出来
      {
         String s=cityName.next();

         if(s!=null)
            System.out.print(s+" ");
```

```
        else
            break;
      }
      System.out.println();

      Integer num[]={123,-456,789};//Integer 对象数组，直接实例化
      Generics<Integer> numGen=new SomethingGenerics<Integer>(num);//创建泛型对象

      while(true)//遍历，将泛型对象表示的元素显示出来
      {
        Integer i=numGen.next();

        if(i!=null)
            System.out.print(i+" ");
        else
            break;
      }
      System.out.println();
   }
}
```

程序运行结果如图 11-6 所示。

```
Problems  @ Javadoc  Declaration  Console
<terminated> Test [Java Application] C:\Program Files\Java\jre1.8.0_144\bin\javaw.exe
Beijing Shanghai Tianjin
123 -456 789
```

图 11-6　定义并实现泛型接口

11.3.4　泛型参数

泛型数组类可以接收任意类型的类。但是如果只希望接收指定范围内的类类型，过多的类型就可能会产生错误，这时可以对泛型的参数进行限定。参数限定的语法形式如下：

```
类型形式参数    extends    父类
```

其中，“类型形式参数”是指声明泛型类时所声明的类型，“父类”表示只有这个类下面的子类才可以作为实际类型。

【例 11-8】（实例文件：ch11\Chap11.8.txt）定义一个泛型类，能够找出多个数据中的最大数和最小数。

```
class LtdGenerics<T extends Number>
//泛型类，实际类型只能是 Number 的子类，Ltd=Limited
{
   private T arr[];                  //域，数组

   public LtdGenerics(T arr[])       //构造方法
   {
      this.arr=arr;
   }
   public T max()                    //找最大数
   {
```

```
        T m=arr[0];                             //假设第 0 个元素是最大值

        for(int i=1;i<arr.length;i++)           //逐个判断
            if(m.doubleValue()<arr[i].doubleValue())
                m=arr[i];                       //Byte、Double、Float、Integer、Long、Short 类型
                                                //的对象都可以调用 doubleValue 方法得到对应的双精度数

        return m;
    }
    public T min()                              //找最小值
    {
        T m=arr[0];                             //假设第 0 个元素是最小值

        for(int i=1;i<arr.length;i++)           //逐个判断
            if(m.doubleValue()>arr[i].doubleValue())
                m=arr[i];

        return m;
    }
}
public class Test
{
    public static void main(String args[])
    {
        //定义整型数的对象数组，自动装箱
        Integer integer[]={34,72,340,93,852,37,827,940,923,48,287,48,27};
        //定义泛型类的对象，实际类型是 Integer
        LtdGenerics<Integer> ltdInt=new LtdGenerics<Integer>(integer);
        System.out.println("整型数最大值："+ltdInt.max());
        System.out.println("整型数最小值："+ltdInt.min());

        //定义双精度型的对象数组，自动装箱
        Double db[]={34.98,23.7,4.89,78.723,894.7,29.8,34.79,82.,37.48,92.374};
        //创建泛型类的对象，实际类型是 Double
        LtdGenerics<Double> ltdDou=new LtdGenerics<Double>(db);
        System.out.println("双精度型数最大值："+ltdDou.max());
        System.out.println("双精度型数最小值："+ltdDou.min());

        String str[]={"apple","banana","pear","peach","orange","watermelon"};
        //下面的语句创建泛型类的对象，这是不允许的，因为 String 不是 Number 类的子类
        //如果加上下面这条语句，程序不能编译通过
        //LtdGenerics<String> ltdStr=new LtdGenerics<String>(str);
    }
}
```

程序运行结果如图 11-7 所示。

```
Problems  Javadoc  Declaration  Console
<terminated> Test [Java Application] C:\Program Files\Java\jre1.8.0_144\bin\javaw.exe
整型数最大值：940
整型数最小值：27
双精度型数最大值：894.7
双精度型数最小值：4.89
```

图 11-7 利用泛型类找出数据中的最大值和最小值

数值对应的数据类型类有 Byte、Double、Float、Integer、Long、Short，它们都是 Number 类的子类，所以可以把类型参数限定为 Number，也就是只有 Number 的子类才能作为泛型类的实际类型参数。这些数据类型类中都重写了 Number 类中的方法 doubleValue，所以在找最大值和最小值时可以通过调用 doubleValue 方法获得对象表示的数值，从而进行比较。

11.4 泛型的新特性

在 Java 中，泛型增加了许多新的特性，其中最主要的有两个：使用“::”对方法和构造方法进行引用，以及 Lambda 表达式的作用域。

11.4.1 方法与构造方法引用

Java 中可以使用“::”传递方法或构造函数引用。

【例 11-9】（实例文件：ch11\Chap11.9.txt）创建接口。

```
public interface InterNew<String, Integer> {
    Integer InterNew(String string);
}
```

【例 11-10】（实例文件：ch11\Chap11.10.txt）创建引用静态方法的类。

```
public class FuncNew {
    public static void main(String[] args){
        //引用静态方法 valueOf()
        InterNew<String, Integer> in2 = Integer::valueOf;
        //使用 valueOf()方法将字符串转换为 Integer 类型
        Integer i2 = in2.InterNew("25");
        System.out.println("方法引用-String -> Integer: " + i2);
    }
}
```

运行上述程序，结果如图 11-8 所示。

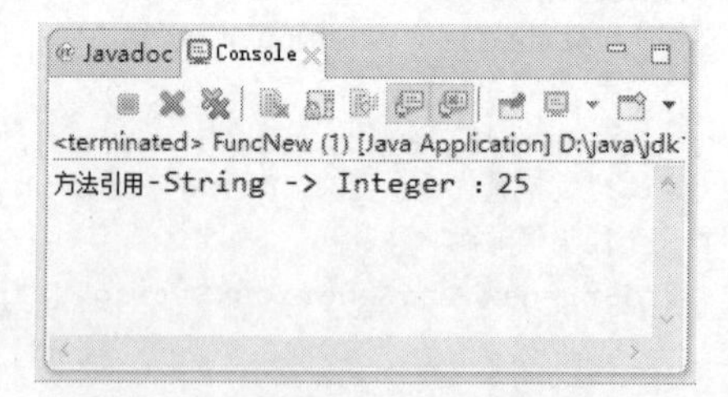

图 11-8 使用“::”引用静态方法

【例 11-11】（实例文件：ch11\Chap11.11.txt）定义一个包含多个构造函数的实体类 Fruit。

```
public class Fruit {
    private String name;
    private String color;
    public Fruit(String name, String color) {
        super();
```

```
        this.name = name;
        this.color = color;
        System.out.println("name = " + name + ",color = " + color);
    }
    public Fruit() {
        super();
    }
}
```

【例 11-12】（实例文件：ch11\Chap11.12.txt）创建一个用来指定 Fruit 对象的对象接口。

```
public interface FruitInter<f extends Fruit>{
        //在接口中定义抽象方法 Fruit
        f Fruit(String name,String color);
}
```

【例 11-13】（实例文件：ch11\Chap11.13.txt）使用构造函数引用将它们关联起来。

```
FruitInter<Fruit> fi = Fruit::new;          //获取 Fruit 类构造方法的引用
Fruit fruit = fi.Fruit("apple", "red");  //Java 编译器自动根据 fi.Fruit()方法的签名选择合适的构造函数
```

运行上述程序，结果如图 11-9 所示。

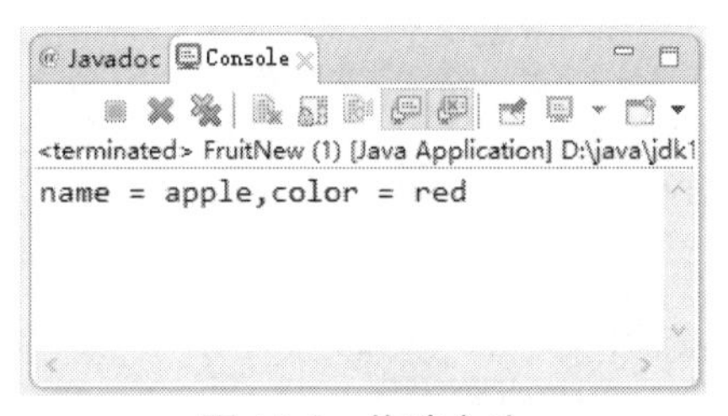

图 11-9 构造方法

11.4.2 Lambda 作用域

在 Lambda 表达式中，访问外层作用域和以前版本的匿名对象中的方式类似。可以直接访问标记了 final 的外层局部变量、对象的字段与静态变量。

1. 访问局部变量

在 Lambda 表达式中，直接访问外层的局部变量。

【例 11-14】（实例文件：ch11\Chap11.14.txt）与匿名对象不同的是，变量 number 可以不声明为 final。

```
public class Lambda {
    public static void main(String[] args){
        int number = 6;
        InterNew<Integer, String> inn = (t) -> String.valueOf(t + number);
        System.out.println("访问局部变量: " + inn.InterNew(5));
    }
}
```

运行上述程序，结果如图 11-10 所示。

在本例中，定义一个类，在类的 main()方法中定义局部变量 number 并赋值。通过 Lambda 表达式访问局部变量，然后将运算结果在控制台输出。

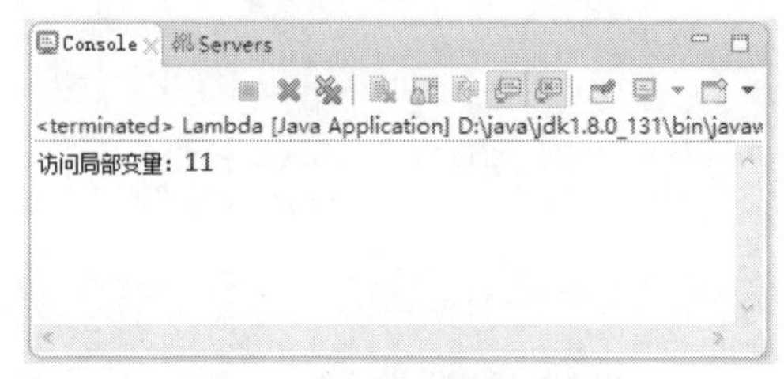

图 11-10　访问局部变量

注意：number 值不可修改，即隐性地具有 final 的语义。

2. 访问对象字段与静态变量

在 Lambda 表达式中修改变量 number 同样是不允许的。与本地变量不同，Lambda 表达式内部对于对象的字段以及静态变量是即可读又可写，这与匿名对象是相同的。

【例 11-15】（实例文件：ch11\Chap11.15.txt）访问对象字段与静态变量。

```
public class Lambda {
    public static int sNum;
    public int num;
    public void varTest() {
        InterNew<Integer, String> is = (t) -> {
            num = 56;              //成员变量
            return String.valueOf(t);
        };
        System.out.println(is);
        InterNew<Integer, String> is2 = (t) -> {
            sNum = 98;             //静态变量
            return String.valueOf(t);
        };
        System.out.println(is2);
    }
    public static void main(String[] args){
        Lambda l = new Lambda();
        l.varTest();
    }
}
```

运行上述程序，结果如图 11-11 所示。

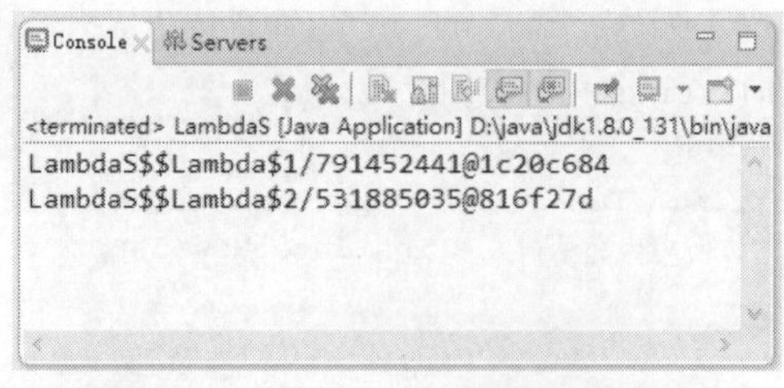

图 11-11　访问对象字段与静态变量

在本例中，定义类的成员变量 num 和静态变量 sNum 以及类的成员方法 varTest()。在类的方法中，使用 Lambda 表达式访问类的成员变量 num 和静态变量 sNum，并对 num 和 sNum 赋值，再将它们的值以字符串形式输出。

11.5　就业面试解析与技巧

11.5.1　面试解析与技巧（一）

面试官：Java 的泛型是如何工作的？什么是类型擦除？

应聘者：泛型是通过类型擦除来实现的，编译器在编译时擦除了所有类型相关的信息，所以在运行时不存在任何类型相关的信息。例如 List<String>在运行时仅用一个 List 来表示。这样做的目的是确保能和 Java 5 之前的版本开发二进制类库兼容。无法在运行时访问到类型参数，因为编译器已经把泛型类型转换成了原始类型。

11.5.2　面试解析与技巧（二）

面试官：Java 中的泛型是什么?使用泛型的好处是什么?

应聘者：泛型提供了编译期的类型安全，确保只能把正确类型的对象放入集合中，避免了在运行时出现 ClassCastException。

第12章

自检更灵活——Java中的反射

◎ 本章教学微视频：11个　32分钟

学习指引

反射指程序可以访问、检测和修改它本身状态或行为的一种能力。反射使程序的代码能够得到装载到Java虚拟机中的类的内部信息。本章将详细介绍Java的反射机制，主要内容包括java.lang.reflect包提供的Class类、Constructor类、Method类、Field类和Array类等，以及ParameterizedType接口如何获取泛型类、泛型方法的信息。

重点导读

- 了解反射概述。
- 掌握Class类如何获取对象。
- 熟悉Class类的常用方法的使用。
- 熟悉如何利用反射生成对象。
- 掌握封装反射方法的Method类。
- 掌握封装反射属性的Field类。
- 掌握利用反射动态创建数组的Array类。

12.1　反射概述

在程序运行过程中，对于任意一个对象，都能够知道这个对象所在类的所有属性和方法，都能够调用它的任意一个方法和访问它的任意一个属性，这种动态调用对象的方法及动态获取信息的功能称为Java语言的反射机制。

通过Java的反射机制，程序员可以方便、灵活地创建代码，这些代码可以在运行时进行装配，在程序运行过程中可以动态地扩展程序。

Java的反射机制主要有以下功能：

- 在运行时判断任意一个对象所属的类。

- 在运行时构造任意一个类的对象。
- 在运行时判断任意一个类所具有的成员变量和方法。
- 在运行时调用任意一个对象的方法。
- 生成动态代理。

12.2　反射类

Java 提供的反射所需要的类主要有 java.lang.Class 类和 java.lang.reflect 包中的 Field 类、Constructor 类、Method 类和 Array 类等。

- Class 类的实例表示正在运行的 Java 应用程序中的类和接口。它是 Java 反射的基础，对于任何一个类，首先要产生一个 Class 的对象，然后才可以通过 Class 类获得其他的信息。
- Field 类提供有关类或接口的单个字段的信息以及对它的动态访问权限。反射的字段可能是一个类（静态）字段或实例字段。该类封装了反射类的属性。
- Constructor 类提供关于类的单个构造方法的信息以及对它的访问权限。该类封装了反射类的构造方法。
- Method 类提供关于类或接口上单独某个方法的信息，该方法可能是类方法或实例方法（包括抽象方法）。该类是用来封装反射类的方法。
- Array 类提供了动态创建和访问 Java 数组的方法。它提供的方法都是静态方法。

12.3　Class 类

Java 程序运行时，系统对所有对象赋予运行时类型标识，Class 类是用来保存类型信息的类。Java 虚拟机为每种类型管理着一个独一无二的 Class 类。即 Java 虚拟机中会有一个 Class 对象，保存运行时的类和接口的类型信息。

12.3.1　认识 Class 类

Class 类在包 java.lang 中。Class 类的定义格式如下：

```
public final class Class<T>
    extends Object
    implements Serializable, GenericDeclaration, Type,AnnotatedElement
```

12.3.2　获取 Class 类对象

在 Java 语言中，获取 Class 类对象的方式有 3 种，具体如下。

（1）通过 Object 类提供的 getClass()方法获得 Class 类对象。这是获取 Class 类对象最常见的一种方式，具体格式如下：

```
Object obj = new Object();       //创建 Object 类对象
Class c1 = obj.getClass();       //调用 Object 类的 getClass()方法获取 Class 类对象
```

参数如下：

- obj：Object 类对象。
- c1：通过 Object 类的 getClass()方法获取的 Class 类对象。

（2）通过 Class 类的静态方法 forName()获取字符串参数指定的 Class 类对象。具体格式如下：

```
Class c2 = Class.forName("java.lang.Integer");
```

参数如下：

c2：通过 Class 类的静态方法 forName()获取的 Class 类对象。

注意：*Class.forName()方法参数必须是类或接口的全名，即包含类名（接口名）和包名，并注意捕获 ClassNotFoundException 类型的异常。*

（3）通过“类名.class”获取该类的 Class 对象。具体格式如下：

```
Class c3= Integer.class;
```

参数如下：

c3：通过“类名.class”获取的 Class 类对象。

12.3.3 Class 类常用方法

Class 类提供了大量的方法，用来获取所标识的实体的信息。这些实体可以是类、接口、数组、枚举、注解、基本类型或 void 类型等。Class 类的常用方法如表 12-1 所示。

表 12-1 Class 类的常用方法

类　型	方　法	说　明
Class	forName(String className)	返回指定字符串名的类或接口的 Class 类对象
String	getName()	返回此 Class 类对象所表示的实体的全限定名
Constructor	getConstructor(Class... parameterTypes)	返回此 Class 类对象所表示的实体的指定 public 构造方法
Constructor[]	getConstructors()	返回所有的 public 构造方法
Constructor	getDeclaredConstructor(Class. parameterTypes)	返回 Class 类对象所表示的实体的指定构造方法
Constructor[]	getDeclaredConstructors()	返回所有的构造方法
Annotation[]	getDeclaredAnnotations()	返回此元素上存在的所有注解
Field	getField()	返回此 Class 类对象所表示的类或接口指定的 public 字段
Field[]	getFields()	返回此 Class 类对象所表示的实体的所有 public 字段
Field[]	getDeclaredFields(String name)	返回此 Class 类对象所表示的实体的所有字段
Class[]	getInterfaces()	返回此 Class 类对象所表示的类或接口实现的所有接口 Class 列表
Method	getMethod(String name, Class... parameterTypes)	返回指定的方法。name 是指定方法名称，parameterTypes 是指定方法的参数数据类型
Method[]	getMethods()	返回此 Class 类对象表示的实体的所有 public 方法

续表

类　型	方　法	说　明
Method[]	getDeclaredMethods()	返回此 Class 类对象表示的实体的所有方法
Package	getPackage()	返回此类的包
Class	getSuperclass()	返回此 Class 类对象表示的实体（类、接口、基本类型或 void）的父类的 Class 类对象
T	newInstance()	创建此 Class 类对象表示的类的一个新实例
String	toString()	将对象转换为字符串

提示：Class 类提供的更多方法请查阅 JDK API 中的 java.lang.Class 的资料。

【例 12-1】（实例文件：ch12\Chap12.1.txt）Class 类的常用方法。

```
import java.lang.reflect.*;
public class ClassTest {
    public static void main(String[] args) {
        try {
            //获取指定类的 Class 对象
            Class c = Class.forName("java.util.Date");
            //获取类的包信息
            Package p = c.getPackage();
            //包名
            String pname = p.getName();
            System.out.println("Date 类包信息: " + p);
            System.out.println("Date 类包名: " + pname);
            //获取类的修饰符
            int m = c.getModifiers();
            String str = Modifier.toString(m);
            System.out.println("Date 类修饰符: " + str);
            System.out.println("Date 类名: " + c.getName());
            //获取 Date 类的字段
            Field[] f = c.getDeclaredFields();
            System.out.println("---循环输出 Date 类的字段名---");
            for(Field field : f){
                System.out.print(field.getName()+" ");
            }
            System.out.println();
            //获取类的构造方法
            Constructor[] con = c.getDeclaredConstructors();
            System.out.println("---循环输出 Date 类的构造方法信息---");
            for(Constructor cc : con){
                System.out.println(cc.getName() + "的修饰符:" + Modifier.toString(cc.getModifiers()));
                Parameter[] ps = cc.getParameters();
                System.out.println(cc.getName() + "的参数: ");
                for(Parameter pp : ps){
                    System.out.print(pp.getName() + " ");
                }
                System.out.println();
```

```
            }
        } catch (ClassNotFoundException e) {
            e.printStackTrace();
        }
    }
}
```

程序运行结果如图 12-1 所示。

```
<terminated> ClassTest [Java Application] D:\java\jdk1.8.0_131\bin\javaw.exe (2017年4月24日 下午6:17:06)
Date类包信息: package java.util, Java Platform API Specification, version 1.8
Date类包名: java.util
Date类修饰符: public
Date类名: java.util.Date
---循环输出Date类的字段名---
gcal jcal fastTime cdate defaultCenturyStart serialVersionUID wtb ttb
---循环输出Date类的构造方法信息---
java.util.Date的修饰符: public
java.util.Date的参数:
arg0 arg1 arg2 arg3 arg4 arg5
java.util.Date的修饰符: public
java.util.Date的参数:
arg0
java.util.Date的修饰符: public
java.util.Date的参数:

java.util.Date的修饰符: public
java.util.Date的参数:
arg0
java.util.Date的修饰符: public
java.util.Date的参数:
arg0 arg1 arg2
java.util.Date的修饰符: public
java.util.Date的参数:
arg0 arg1 arg2 arg3 arg4
```

图 12-1　Class 常用方法实例

12.4　生成对象

在 Java 程序中，通常使用 new 关键字调用类的构造方法来创建对象。但是，对于一些特殊情况，例如程序只有在运行时才知道要创建对象的类名，就需要使用 Java 的反射机制来创建对象。使用 Java 的反射机制创建对象有两种方法，即无参构造方法和有参构造方法。

12.4.1　无参构造方法

若使用无参数的构造方法创建对象，首先要获得这个类的 Class 类对象，然后调用 Class 类对象的 newInstance()方法。具体代码如下：

```
Class c2 = Class.forName("java.lang.Integer");   //获得 Class 类对象
c2.newInstance();                                 //使用 Class 类对象的 newInstance()方法生成对象
```

注意： 如果该类或其 null 构造方法是不可访问的，则抛出 IllegalAccessException 类型的异常；如果此 Class 类表示一个抽象类、接口、数组类、基本类型或 void 类型的实体，或者该类没有 null 构造方法，或者由于其他某种原因导致实例化失败，则抛出 InstantiationException 类型的异常。

12.4.2 有参构造方法

若使用带参数的构造方法创建对象的具体步骤如下：

（1）获得指定类的 Class 类对象。

（2）通过反射获取符合指定参数类型的构造方法类（Constructor 类）对象。

（3）调用 Constructor 类对象的 newInstance()方法传入对应参数值，创建对象。

【例 12-2】（实例文件：ch12\Chap12.2.txt）使用有参构造方法创建对象。

```
import java.lang.reflect.*;
public class ClassObj {
   public static void main(String[] args){
//使用有参构造方法创建对象
       try {
          //第一步，获得指定类的 Class 类对象
          Class c5 = Class.forName("java.lang.Integer");
          //第二步，通过 Class 类对象获得指定符合参数类型的构造方法
          Constructor construct = c5.getConstructor(int.class);
          //第三步，通过 Constructor 类对象的 newInstance()方法传入参数，创建对象
          Integer in = (Integer) construct.newInstance(1246);
       } catch (ClassNotFoundException e) {
          e.printStackTrace();
       } catch (NoSuchMethodException e) {
          e.printStackTrace();
       } catch (SecurityException e) {
          e.printStackTrace();
       } catch (InstantiationException e) {
          e.printStackTrace();
       } catch (IllegalAccessException e) {
          e.printStackTrace();
       } catch (IllegalArgumentException e) {
          e.printStackTrace();
       } catch (InvocationTargetException e) {
          e.printStackTrace();
       }
   }
}
```

在本例中，定义一个类，在类中首先获得 Class 类对象 c5，然后通过 Class 类对象的 getConstructor()方法获得指定参数类型是 int 的构造方法 construct，再通过 construct 对象的 newInstance()方法传入参数，并创建类的对象 in。

12.5 Constructor 类

Constructor 类在包 java.lang.reflect 中。Constructor 类的定义格式如下：

```
public final class Constructor<T>
    extends AccessibleObject
    implements GenericDeclaration, Member
```

Constructor 类的对象可以表示类的构造方法。该类的主要方法如表 12-2 所示。

表 12-2　Constructor 类的主要方法

类　型	方　法	说　明
Class	getDeclaringClass()	得到一个 Class 类的对象
Class[]	getParameterTypes()	获得 Constructor 类对象表示的构造方法中的参数的类型
String	getName()	获得 Method 类对象所表示的构造方法的名字
T	newInstance()	通过调用当前 Constructor 类对象所表示的类的构造方法创建一个新对象

12.6　Method 类

java.lang.reflect 包中的 Method 类的实例就是使用 Java 的反射机制获得的指定类中指定方法的对象代表，Method 类中的 invoke()方法可以动态调用这个方法。invoke()方法的语法格式如下：

```
public Object invoke(Object obj,Object... args)
    throws IllegalAccessException, IllegalArgumentException, nvocationTargetException
```

参数如下：

- obj：调用方法的对象。
- args：为指定方法传递的参数值，是一个可变参数。

invoke()方法的返回值为动态调用指定方法后的实际返回值。

注意：通过反射调用类的私有方法时，要先在这个私有方法对应的 Method 对象上调用 setAccessible(true)来取消对这个方法的访问检查，再调用 invoke()方法来真正执行这个私有方法。

Method 类的对象可以表示类或者接口中的方法，可以是类方法，也可以是实例方法。Method 类的主要方法如表 12-3 所示。

表 12-3　Method 类的主要方法

类　型	方　法	说　明
Class	getDeclaringClass()	得到一个 Class 类的对象
String	getName()	获得 Methos 类对象所表示的方法的名字
Class[]	getParameterTypes()	获得 Method 类对象表示的方法中的参数的类型
Object	invoke(Object obj, Object... args)	调用 Method 类对象表示的方法，相当于对象 obj 用参数 args 调用该方法

【例 12-3】（实例文件：ch12\Chap12.3.txt）利用反射类获取其他类的域和方法，并实现对象的复制。

```
class Computer//计算机类
```

```
{
    private double frequency=2.0;
    private int RAM=4;
    private int HardDisk=500;
    private String CPU="Intel";

    public Computer()//无参构造方法
    {}
    public Computer(double frequency,int RAM,int HardDisk,String CPU)//有参构造方法
    {
        this.frequency=frequency;
        this.RAM=RAM;
        this.HardDisk=HardDisk;
        this.CPU=CPU;
    }
    //为了能实现复制，下面的方法需按Bean规则写，即setter或getter
    public void setFrequency(double frequency)
    {
        this.frequency=frequency;
    }
    public double getFrequency()
    {
        return frequency;
    }
    public void setRAM(int RAM)
    {
        this.RAM=RAM;
    }
    public int getRAM()
    {
        return RAM;
    }
    public void setHardDisk(int HardDisk)
    {
        this.HardDisk=HardDisk;
    }
    public int getHardDisk()
    {
        return HardDisk;
    }
    public void setCPU(String CPU)
    {
        this.CPU=CPU;
    }
    public String getCPU()
    {
        return CPU;
    }
```

```
    public String toString()
    {
        String info="主频: "+frequency+"MHz 内存: "+
                RAM+"GB 硬盘: "+HardDisk+"GB CPU: "+CPU;
        return info;
    }
}
public class Test
{
    public static void main(String args[])throws Exception
    {
        //获得一个表示Computer类的Class类对象
        Class obj=Class.forName("haha.test.Computer");

        //获取Computer类中的构造方法
        Constructor constructor[]=obj.getConstructors();
        System.out.println("Computer类中的构造方法: ");
        for(Constructor con:constructor)//将构造方法输出
            System.out.println(con.toString());
        System.out.println();

        //获取Computer类中的所有域
        Field field[]=obj.getDeclaredFields();
        System.out.println("Computer类中的域: ");
        for(Field f:field)
            System.out.println(f.toString());
        System.out.println();

        //获取Computer类中的所有方法
        Method method[]=obj.getDeclaredMethods();
        System.out.println("Computer类中的方法: ");
        for(Method m:method)
            System.out.println(m);
        System.out.println();

        Computer myComputer=new Computer(2.4,4,450,"Intel");//声明一个对象
        Computer aComputer=(Computer)duplicate(myComputer);//复制一个对象
        System.out.println("复制后的对象: ");
        System.out.println(aComputer.toString());//输出复制后的对象
    }
    private static Object duplicate(Object source) throws Exception
    {
        //由对象source获得对应的Class类对象
        Class classObj = source.getClass();
        //获得source类对象所在类中的所有域
        Field[] sourceFields =classObj.getDeclaredFields();
        //利用classObj调用方法newInstance()获得一个新对象
        Object target = classObj.newInstance();
```

```
        //将 source 对象的域值赋给新对象对应的域
        for (Field sourceField : sourceFields)
        {
            sourceField.setAccessible(true);//设置域可访问
            //赋值给新对象对应的域值
            sourceField.set(target, sourceField.get(source));
        }

        return target;
    }
}
```

程序运行结果如图 12-2 所示。

```
Problems  Javadoc  Declaration  Console
<terminated> Test [Java Application] C:\Program Files\Java\jre1.8.0_144\bin\javaw.exe (2017年10月23日 下午10:35:15)
Computer类中的构造方法:
public haha.test.Computer()
public haha.test.Computer(double,int,int,java.lang.String)

Computer类中的域:
private double haha.test.Computer.frequency
private int haha.test.Computer.RAM
private int haha.test.Computer.HardDisk
private java.lang.String haha.test.Computer.CPU

Computer类中的方法:
public java.lang.String haha.test.Computer.toString()
public void haha.test.Computer.setCPU(java.lang.String)
public void haha.test.Computer.setRAM(int)
public void haha.test.Computer.setFrequency(double)
public java.lang.String haha.test.Computer.getCPU()
public void haha.test.Computer.setHardDisk(int)
public int haha.test.Computer.getHardDisk()
public int haha.test.Computer.getRAM()
public double haha.test.Computer.getFrequency()

复制后的对象:
主频: 2.4MHz 内存: 4GB 硬盘: 450GB CPU:Intel
```

图 12-2　Method 类的应用实例

12.7　Field 类

java.lang.reflect 包中 Field 类的实例是使用反射获得的类的成员变量的对象代表。可以使用 Field 类的 get 方法获取指定对象上的值，也可调用它的 set 方法动态修改指定对象上的值。Field 类在包 java.lang.reflect 中。Field 类的定义格式如下：

```
public final class Field extends AccessibleObject implements Member
```

Field 类的对象可以表示类或者接口中的一个域，可以是静态域，也可以是实例域。Field 类的主要方法如表 12-4 所示。

表 12-4　Field 类的主要方法

类　型	方　法	说　明
Object	get(Object obj)	获得 obj 对象中相应域的值
Class	getDeclaringClass()	得到一个 Class 类的对象

续表

类　型	方　法	说　明
String	getName()	获得 Field 类对象所表示的域的名字
T	getAnnotation (Class annotationClass)	获得 annotationClass 类中当前 Field 类对象所表示的域的注解实例
boolean	isAnnotationPresent (Class annotationClass)	判断 annotationClass 类中当前 Field 类对象所表示的域是否有注解
void	set(Object obj, Object value)	设置与 Field 对象对应的 obj 对象中的域的值为 value

【例 12-4】（实例文件：ch12\Chap12.4.txt）通过反射来动态设置和获取指定对象的指定成员变量的值。

```
public class FieldTest {
    public static void main(String[] args) {
        try {
            //获得 Class 对象
            Class c = Class.forName("Reflect");
            //使用无参构造方法创建对象 r
            Reflect r = (Reflect) c.newInstance();
            //获取指定类的私有属性 name
            Field f = c.getDeclaredField("name");
            //取消访问检查
            f.setAccessible(true);
            f.set(r, "成员变量");
            System.out.println("name = " + f.get(r));
            //获得私有属性 id
            Field fId = c.getDeclaredField("id");
            //取消访问检查
            fId.setAccessible(true);
            fId.setInt(r, 12);
            System.out.println("id = " + fId.getInt(r));
        } catch (ClassNotFoundException e) {
            e.printStackTrace();
        } catch (NoSuchFieldException e) {
            e.printStackTrace();
        } catch (SecurityException e) {
            e.printStackTrace();
        } catch (InstantiationException e) {
            e.printStackTrace();
        } catch (IllegalAccessException e) {
            //TODO Auto-generated catch block
            e.printStackTrace();
        }
    }
}
```

程序运行结果如图 12-3 所示。

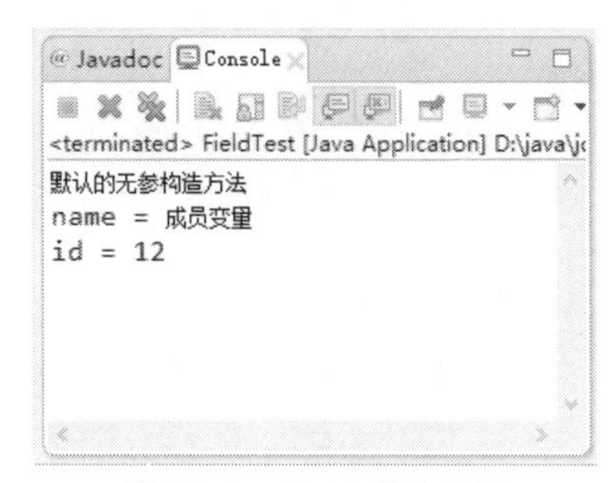

图 12-3　Field 类的使用

在本例中，通过类的反射获得指定类 Reflect 的 Class 类对象 c，然后调用 newInstance()方法创建 Reflect 类的对象 r。通过 Class 类的 getDeclaredField()方法获得对象 c 所表示的实体所指定的 name 字段，并通过 Field 类的 setAccessible(true)方法取消对私有成员变量 name 的访问检查。

通过 Field 的 set 方法为对象 r 的 name 字段赋值，并通过它的 get 方法获取 name 字段的值。对于类的 id 字段与 name 字段类似，需要注意的是 setInt()方法为对象 r 的 id 字段赋值，getInt()方法获取 id 字段的值。

12.8　数组类

java.lang.reflect 包中 Array 类提供了使用反射动态创建和访问 Java 数组的方法。数组作为一个对象，可以通过反射来查看其各个属性信息以及类型名。

【例 12-5】（实例文件：ch12\Chap12.5.txt）利用反射动态创建数组，并获取属性信息。

```
import java.lang.reflect.*;
public class ArrayReflect {
    public static void main(String[] args) {
        int[] iArr = new int[10];
        //获得整数数组的 Class 类对象 ci
        Class ci = iArr.getClass();
        System.out.println("int 数组的类型名: " + ci.getName());
        //获得整数数组类型的 Class 类对象 cia
        Class cia = ci.getComponentType();
        System.out.println("int 数组的类名: " + cia.getName());
        //使用 Array 类动态创建数组 obj
        Object obj = Array.newInstance(int.class, 10);
        //对数组元素赋值
        for(int i=0;i<10;i++){
            Array.setInt(obj, i, i*3);
        }
        //获取数组元素的值
        System.out.println("---数组元素值---");
        for(int i=0;i<10;i++){
            System.out.print(Array.getInt(obj, i) + " ");
        }
    }
}
```

程序运行结果如图 12-4 所示。

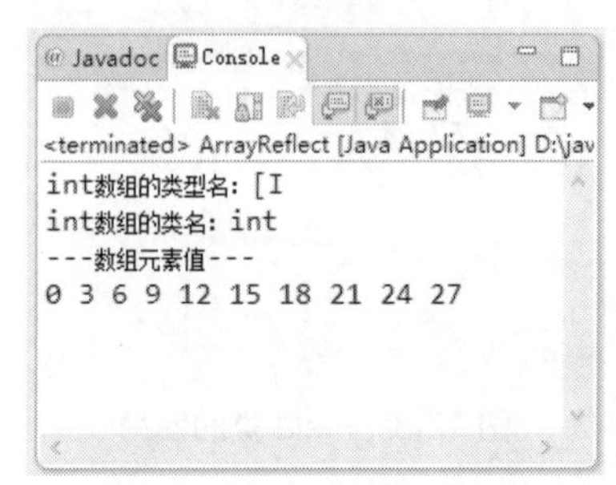

图 12-4 Array 类的使用

在本例中，使用反射获取数组类的信息，即使用数组 iArr.getClass()方法返回 Class 类对象 ci。调用 Class 类的 getName()方法获取数组的类型名；ci 调用 getComponentType()方法获取数组类型的 Class 类对象 cia，再调用 getName()方法获取数组的全名。

使用 Array 类动态创建整数类型的数组，即 Array.newInstance()方法。再通过 Array 类的 setInt()和 getInt()方法对整数数组元素赋值和取值。

12.9 获取泛型信息

java.lang.reflect 包中提供的 ParameterizedType 接口可以用来获取泛型类、泛型方法、泛型接口等的泛型参数信息。ParameterizedType 接口提供的 getActualTypeArguments()方法是返回表示此类型实际类型参数的 Type 对象的数组。

【例 12-6】（实例文件：ch12\Chap12.6.txt）使用反射获取泛型信息。

```
import java.lang.reflect.*;
import java.util.List;
public class GenericPractice {
    //定义类的成员变量，类型是泛型类 GenericClass
    private GenericClass<String,Integer,Double> gc;
    public static void main(String args[]){
        try {
            //获取指定类的 Class 类对象 cf
            Class cf = Class.forName("GenericPractice");
            //利用反射获取泛型类的参数信息
            Field field = cf.getDeclaredField("gc");
            //指定成员变量 gc 的泛型参数类型 t
            Type t = field.getGenericType();
            //若 t 属于 ParameterizedType 接口类型
            if(t instanceof ParameterizedType){
                //获取实际类型参数的对象数组 pt
                System.out.println("---泛型类信息---");
                Type[] pt=((ParameterizedType) t).getActualTypeArguments();
                for(Type tt : pt){
                    System.out.println(tt);
                }
```

```
            }
            //利用反射获取泛型方法：返回值泛型参数信息
            Class c = Class.forName("GenericClass");
            System.out.println("---泛型方法信息---");
            Type type=c.getMethod("getMyParams").getGenericReturnType();
            System.out.println(type.toString());
        } catch (NoSuchMethodException e) {
            e.printStackTrace();
        } catch (SecurityException e) {
            e.printStackTrace();
        } catch (ClassNotFoundException e) {
            e.printStackTrace();
        } catch (NoSuchFieldException e) {
            //TODO Auto-generated catch block
            e.printStackTrace();
        }
    }
}
class GenericClass<String,Integer,Double> {
    private List<String> myParams;
    public List<String> getMyParams(){
        return myParams;
    }
}
```

程序运行结果如图 12-5 所示。

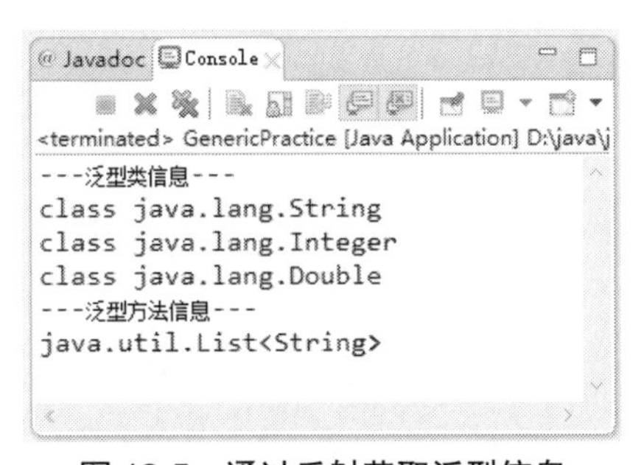

图 12-5　通过反射获取泛型信息

在本例中，定义一个泛型类 GenericClass，它有 3 个泛型类型参数，即 String、Integer 和 Double。在泛型类中定义 List<String>类型的成员变量 myParams 和返回值是 List<String>类型的方法。

在 GenericPractice 类中，定义泛型类型的成员变量 gc，通过 Class 类的 forName()方法获取 GenericPractice 类的 Class 类对象 cf，并通过 Class 类的 getDeclaredField()方法获取 GenericClass 类的成员变量 gc 的字段对象 field，再调用 Field 类的 getGenericType()方法获取当前字段的泛型类型 t。如果 t 属于 ParameterizedType 接口类型，则调用 ParameterizedType 接口的 getActualTypeArguments()方法返回实际类型参数的 Type 对象的数组 pt。最后通过增强 for 循环输出数组 pt 的值。

通过 Class 类的 forName()方法获取 GenericClass 类的 Class 类对象 c，并通过 Class 类的 getMethod()方法获取 Method 类的对象 m，再调用 Method 类的 getGenericReturnType()方法获取指定方法的返回值类型 type，并在控制台输出。

12.10　就业面试解析与技巧

12.10.1　面试解析与技巧（一）

面试官：如何使用反射获取类的私有方法的信息？

应聘者：要获取类的私有方法，首先获取指定类的 Class 类对象 c；然后利用对象 c 调用 Class 类提供的 getMethod()方法，获取指定的私有方法 Method 类的实例 m；最后通过 m 调用 Method 类的 setAccessible(true)取消对方法的访问检查，对象 m 再调用 invoke()方法真正执行这个私有方法。

12.10.2　面试解析与技巧（二）

面试官：Java 反射机制的作用有哪些？

应聘者：Java 反射机制的作用有以下几个点。

- 在运行时判断任意一个对象所属的类。
- 在运行时构造任意一个类的对象。
- 在运行时判断任意一个类所具有的成员变量和方法。
- 在运行时调用任意一个对象的方法。

第 13 章

特殊的数据容器——Java 中的集合

◎ 本章教学微视频：18 个　48 分钟

学习指引

Java 语言中的集合就像一个容器，用来存放 Java 类的对象，并且可以实现常用的数据结构，如队列、栈等。本章将详细介绍 Java 中的集合，主要内容包括集合的相关概念、List 接口、集合接口和 SortedSet 接口的使用，以及 ArrayList 类、HashSet 类和 TreeSet 类的相关知识。

重点导读

- 掌握 Collection 集合的使用方法。
- 掌握 List 集合的使用方法。
- 熟练 Set 集合的使用方法。
- 熟练 Map 集合的使用方法。

13.1　集合

在 Java 程序中可以通过数组来保存多个对象，但在某些情况下开发人员无法确定需要保存的对象的个数，这时数组就不再适用了，原因是数组的长度是固定不变的。为了在程序中保存这些数量不确定的对象，JDK 中提供了一系列特殊的类，这些类可以存储任意类型的对象，更重要的是它们的长度是可变的，在 Java 中这些类统称为集合。

13.1.1　集合概述

集合类都位于 java.util 包中，在使用这些类的时候，首先要导入这些包，否则会出现异常。集合按照其存储结构可以分为两大类：单列集合 Collection 和双列集合 Map。它们的特点如下：

- Collection 是单列集合的根接口，主要用于存储一系列符合某种规则的元素，它有两个重要的子接口 List 和 Set。List 接口的特点是元素有序可重复。Set 接口的特点是元素无序，不可重复。List 接口的主要接口实现类有两个：ArrayList 和 LinkedList，而 Set 接口的主要接口实现类也有两个：HashSet 和 TreeSet。

- Map 是双列集合的根接口，用于存储具有键（Key）、值（Value）映射关系的元素（键-值对），每个元素都包含一个键-值对，在使用该集合时可以通过指定的键找到对应的值。Map 接口的主要接口实现类有两个：HashMap 和 TreeMap。

13.1.2 addAll()方法

addAll(Collection<? extends E> col)方法用来将指定集合中的所有对象添加到该集合中。如果对该集合进行了泛化，则要求指定集合中的所有对象都符合泛化类型，否则在编译程序时将抛出异常，入口参数中的“<? extends E>”就说明了这个问题，其中的 E 为用来泛化的类型。

【例 13-1】（实例文件：ch13\Chap13.1.txt）使用 addAll()方法向集合中添加对象。

```
public class Test
{
    public static void main(String[] args) {
        String a = "A";
        String b = "B";
        String c = "C";
        Collection<String> list = new ArrayList<String>();
        list.add(a); //通过 add(E obj)方法添加指定对象到集合中
        list.add(b);
        Collection<String> list2 = new ArrayList<String>();
        //通过 addAll(Collection<? extends E> col)方法添加指定集合中的所有对象到该集合中
        list2.addAll(list);
        list2.add(c);
        Iterator<String> it = list2.iterator(); //通过 iterator()方法序列化集合中的所有对象
        while (it.hasNext()) {
            String str = it.next(); //因为对实例 it 进行了泛化，所以不需要进行强制类型转换
            System.out.println(str);
        }
    }
}
```

在本例中，首先通过 add（E obj）方法添加两个对象（a 和 b）到 list 集合中，然后依次通过 addAll（Collection<? Extends E> col）方法和 add（E obj）方法将集合 list 中的所有对象（包括对象 c）添加到集合 list2 中，又通过 iterator()方法序列化集合 list2，获得了一个 Iterator 型实例 it，因为集合 list 和 list2 中的所有对象均为 String 类型，所以将实例 it 也泛化为 String 类型，所以可以将通过 next()方法得到的对象直接赋值给 String 类型的对象 str，否则就需要先执行强制类型转换。

要特别注意，由于 Collection 是接口，所以无法实例化，而 ArrayList 类是 Collection 接口的间接实现类，所以可以通过 ArrayList 类实例化。

13.1.3 removeAll()方法

removeAll(Collection<?> col)方法用来从该集合中移除同时包含在指定集合中的对象，与 retainAll()方法正好相反。返回值为 boolean 型，如果存在符合移除条件的对象则返回 true，否则返回 false。

【例 13-2】（实例文件：ch13\Chap13.2.txt）使用 removeAll()方法从集合中移除对象。

```
public class Test
{
    public static void main(String[] args) {
        String a = "A", b = "B", c = "C";
        Collection<String> list = new ArrayList<String>();
        list.add(a);
        list.add(b);
        Collection<String> list2 = new ArrayList<String>();
        list2.add(b); //注释该行，再次运行
        list2.add(c);
        //通过 removeAll()方法从该集合中移除同时包含在指定集合中的对象，并获得返回信息
        boolean isContains = list.removeAll(list2);
        System.out.println(isContains);
        Iterator<String> it = list.iterator();
        while (it.hasNext()) {
            String str = it.next();
            System.out.println(str);
        }
    }
}
```

本程序首先分别创建了两个集合 list 和 list2，在 list 中包含了对象 a 和 b，在集合 list2 中包含了对象 b 和 c，然后从集合 list 中移除同时包含在集合 list2 中的对象，最后遍历集合 list，输出 true 说明存在符合移除条件的对象，输出 false 说明不存在符合移除条件的对象。

13.1.4 containsAll()方法

containsAll(Collection<?> col)方法用来查看在该集合中是否存在指定集合中的所有对象。返回值为 boolean 型，如果存在则返回 true，否则返回 false。

【例 13-3】（实例文件：ch13\Chap13.3.txt）使用 containsAl()方法查看在集合 list 中是否包含集合 list2 中的所有对象。

```
public class Test
{
    public static void main(String[] args) {
        String a = "A", b = "B", c = "C";
        Collection<String> list = new ArrayList<String>();
        list.add(a);
        list.add(b);
        Collection<String> list2 = new ArrayList<String>();
        list2.add(b);
        list2.add(c); //注释该行，再次运行
        //通过 containsAll()方法查看在该集合中是否存在指定集合中的所有对象，并获得返回信息
        boolean isContains = list.containsAll(list2);
        System.out.println(isContains);
    }
}
```

程序执行后，控制台输出 false，说明在集合 list（a, b）中不包含集合 list2（b, c）中的所有对象。

13.1.5 retainAll()方法

retainAll(Collection<?> col)方法仅保留该集合中同时包含在指定集合中的对象，其他的全部移除，与 removeAll()方法正好相反。返回值为 boolean 型，如果存在符合移除条件的对象则返回 true，否则返回 false。

【例 13-4】（实例文件：ch13\Chap13.4.txt）使用 retainAll()方法，仅保留集合 list 中同时包含在集合 list2 中的对象，移除其余对象。

```
public class Test
{
    public static void main(String[] args) {
        String a = "A", b = "B", c = "C";
        Collection<String> list = new ArrayList<String>();
        list.add(a); //注释该行，再次运行
        list.add(b);
        Collection<String> list2 = new ArrayList<String>();
        list2.add(b);
        list2.add(c);
        //通过 retainAll()方法仅保留该集合中同时包含在指定集合中的对象，并获得返回信息
        boolean isContains = list.retainAll(list2);
        System.out.println(isContains);
        Iterator<String> it = list.iterator();
        while (it.hasNext()) {
            String str = it.next();
            System.out.println(str);
        }
    }
}
```

程序执行后，控制台输出 true 说明存在符合移除条件的对象，否则说明不存在符合移除条件的对象。

13.1.6 toArray()方法

toArray(T[] t)方法用来获得一个包含所有对象的指定类型的数组。toArray(T[] t)方法的入口参数必须为数组类型的实例，并且必须已经被初始化，它用来指定要获得的数组的类型，如果对调用 toArray(T[] t)方法的实例进行了泛化，还要求入口参数的类型必须符合泛化类型。

【例 13-5】（实例文件：ch13\Chap13.5.txt）使用 toArray()方法获得一个包含所有对象的指定类型的数组。

```
public class Test
{
    public static void main(String[] args) {
        String a = "A", b = "B", c = "C";
        Collection<String> list = new ArrayList<String>();
        list.add(a);
        list.add(b);
        list.add(c);
```

```
        String strs[] = new String[1]; //创建一个 String 类型的数组
        String strs2[] = list.toArray(strs); //获得一个包含所有对象的指定类型的数组
        for (int i = 0; i < strs2.length; i++) {
            System.out.println(strs2[i]);
        }
    }
}
```

本程序执行后，将会生成一个 String 类型的数组 strs2，其元素就是集合 list 的所有对象。

13.2 List 集合

List 集合为列表类型，以线性方式存储对象。List 集合包括 List 接口以及 List 接口的所有实现类。List 集合中的元素允许重复，各元素的顺序就是对象插入的顺序。和 Java 数组类型一样，用户可通过使用索引来访问 List 集合中的元素。

13.2.1 List 概述

List 接口继承了 Collection 接口并定义一个允许重复项的有序集合。List 接口使用一个开始于 0 的下标，元素可以通过它们在列表中的位置被插入和访问。一个列表可以包含重复元素。除了由 Collection 定义的方法之外，List 还定义了一些它自己的方法，如表 13-1 所示。

表 13-1　List 的主要方法

方　法	说　明
void add(int index, Object obj)	将 obj 插入调用列表，插入位置的下标由 index 传递。任何已存在的，在插入点以及插入点之后的元素将前移，因此，没有元素被覆写
Boolean addAll(int index, Collection c)	将 c 中的所有元素插入到调用列表中，插入点的下标由 index 传递。在插入点以及插入点之后的元素将前移，因此，没有元素被复写。如果调用列表改变了，则返回 true；否则返回 false
Object get(int index)	返回存储在调用类集内指定下标处的对象
int indexOf(Object obj)	返回调用列表中 obj 的第一个实例的下标。如果 obj 不是列表中的元素，则返回-1
int lastIndexOf(Object obj)	返回调用列表中 obj 的最后一个实例的下标。如果 obj 不是列表中的元素，则返回-1
ListIterator listIterator()	返回调用列表开始的迭代程序
ListIterator listIterator(int index)	返回调用列表在指定下标处开始的迭代程序
Object remove(int index)	删除调用列表中 index 位置的元素并返回删除的元素。删除后，列表被压缩。也就是说，被删除元素后面的元素的下标减 1
Object set(int index, Object obj)	用 obj 对调用列表内由 index 指定的位置进行赋值
List subList(int start, int end)	返回一个列表，该列表包括了调用列表中从 start 到 end-1 的元素。返回列表中的元素也被调用对象引用

对于由 Collection 定义的 add()和 addAll()方法，List 增加了方法 add(int, Object) 和 addAll(int, Collection)，这些方法可以在指定的下标处插入元素。由 Collection 定义的 add(Object)方法和 addAll(Collection)方法的语义也被 List 改变了，以便它们在列表的尾部增加元素。

为了获得在指定位置存储的对象，可以用对象的下标调用 get 方法。为了给类集中的一个元素赋值，可以调用 set 方法，指定被改变的对象的下标。调用 indexOf()或 lastIndexOf()可以得到一个对象的下标。调用 subList()方法可以获得列表的一个指定了开始下标和结束下标的子列表。

注意：当类集不能被修改时，其中的几种方法将引发 UnsupportedOperationException 异常。当一个对象与另一个不兼容，例如将一个不兼容的对象加入一个类集中时，将产生 ClassCastException 异常。

13.2.2 ArrayList 集合

ArrayList 类扩展 AbstractList 并执行 List 接口。ArrayList 支持可随需要而增长的动态数组。在 Java 中，标准数组是定长的。在数组创建之后，它们不能被加长或缩短，这也就意味着开发者必须事先知道数组可以容纳多少元素。但是在一般情况下，只有在运行时才能知道需要多大的数组。为了解决这个问题，类集框架定义了 ArrayList。本质上，ArrayList 是对象引用的一个变长数组。也就是说，ArrayList 能够动态地增加或减小其大小。数组列表以一个原始大小被创建。当超过了它的大小时，类集就会自动增大。当有对象被删除时，数组就可以缩小。注意：动态数组也被以前版本遗留下来的类 Vector 所支持。关于这一点将在后面介绍。

ArrayList 有如下的构造方法：

```
ArrayList( )
ArrayList(Collection c)
ArrayList(int capacity)
```

其中，第一个构造方法建立一个空的数组列表。第二个构造方法建立一个数组列表，该数组列表由类 c 中的元素初始化。第三个构造方法建立一个数组列表，该数组有指定的初始容量（capacity），容量是用于存储元素的基本数组的大小。当元素被追加到数组列表上时，容量会自动增加。

下面的程序是 ArrayList 的一个简单应用。首先创建一个数组列表，接着添加 String 类型的对象（回想一个引用字符串被转换成一个字符串（String）对象的方法），接着列表被显示出来。将其中的一些元素删除后，则再一次显示列表。

【例 13-6】（实例文件：ch13\Chap13.6.txt）ArrayList 类应用实例一。

```
public class Test
{
   public static void main(String args[])
   {
      //创建一个 ArrayList 对象
      ArrayList al = new ArrayList();
      System.out.println("a1 的初始化大小: " + al.size());
      //向 ArrayList 对象中添加新内容
      al.add("C");    //0 位置
      al.add("A");    //1 位置
      al.add("E");    //2 位置
      al.add("B");    //3 位置
      al.add("D");    //4 位置
      al.add("F");    //5 位置
```

```
        //把 A2 加在 ArrayList 对象的第 2 个位置
        al.add(1, "A2");    //加入之后的内容: C A2 A E B D F
        System.out.println("a1 加入元素之后的大小: " + al.size());
        //显示 Arraylist 数据
        System.out.println("a1 的内容: " + al);
        //从 ArrayList 中移除数据
        al.remove("F");
        al.remove(2);    //C A2 E B D
        System.out.println("a1 删除元素之后的大小: " + al.size());
        System.out.println("a1 的内容: " + al);
    }
}
```

保存并运行程序，结果如图 13-1 所示。

```
Problems  @ Javadoc  Declaration  Console
<terminated> Test [Java Application] C:\Program Files\Java\jre1.8.0_144\bin\javaw.exe
a1 的初始化大小：0
a1 加入元素之后的大小：7
a1 的内容: [C, A2, A, E, B, D, F]
a1 删除元素之后的大小: 5
a1 的内容: [C, A2, E, B, D]
```

图 13-1　ArrayList 类应用实例一

要特别注意的是 a1 开始时是空的。当添加元素后，它的大小增加了；当有元素被删除时，它的大小又会变小。

在前面的例子中，使用由 toString()方法提供的默认的转换显示类集的内容，toString()方法是从 AbstractCollection 继承下来的。它对简短的程序来说是足够了，但很少使用这种方法去显示实际中的类集的内容。通常编程者会提供自己的输出程序。但在下面的几个例子中，仍将采用由 toString()方法创建的默认输出。

当对象被存储在 ArrayList 对象中时，其容量会自动增加。也可以通过调用 ensureCapacity()方法来人工地增加 ArrayList 的容量。如果事先知道将在当前能够容纳的类集中存储许许多多的内容时，读者可能会想这样做。在开始时，通过一次性地增加它的容量，就能避免后面的再分配。因为再分配是很花时间的，避免不必要的处理可以提高程序的性能。

【例 13-7】（实例文件：ch13\Chap13.7.txt）ArrayList 类应用实例二。

```
public class Test
{
    public static void main(String args[])
    {
        //创建一个 ArrayList 对象
        ArrayList al = new ArrayList();
        //向 ArrayList 中加入对象
        al.add(new Integer(1));
        al.add(new Integer(2));
        al.add(new Integer(3));
        al.add(new Integer(4));
        System.out.println("ArrayList 中的内容: " + al);
        //得到对象数组
```

```
        Object ia[] = al.toArray();
        int sum = 0;
        //计算数组内容
        for (int i = 0; i < ia.length; i++)
            sum += ((Integer) ia[i]).intValue();
        System.out.println("数组累加结果是: " + sum);
    }
}
```

保存并运行程序，结果如图 13-2 所示。

```
Problems  @ Javadoc  Declaration  Console
<terminated> Test [Java Application] C:\Program Files\Java\jre1.8.0_144\bin\javaw.exe
ArrayList 中的内容：[1, 2, 3, 4]
数组累加结果是：10
```

图 13-2　ArrayList 类应用实例二

程序开始时创建一个整数的类集。由于不能将原始类型存储在类集中，因此类型 Integer 的对象被创建并被保存。接下来，toArray( )方法被调用，它获得了一个 Object 对象数组，这个数组的内容被置成整型（Integer)，接下来对这些值进行求和操作。

13.2.3　LinkedList 集合

LinkedList 类扩展了 AbstractSequentialList 类并实现了 List 接口。它提供了一个链接列表的数据结构。它具有如下的两个构造方法：

```
LinkedList( )
LinkedList(Collection c)
```

第一个构造方法建立一个空的链接列表。第二个构造方法建立一个链接列表，该链接列表由类 c 中的元素初始化。

除了 LinkedList 类继承的方法之外，它本身还定义了一些有用的方法，这些方法主要用于操作和访问列表。使用 addFirst( )方法可以在列表头增加元素，使用 addLast( )方法可以在列表的尾部增加元素。它们的形式如下：

```
void addFirst(Object obj)
void addLast(Object obj)
```

在这里，obj 是被增加的项。

调用 getFirst( )方法可以获得第一个元素，调用 getLast( )方法可以得到最后一个元素。它们的形式如下：

```
Object getFirst( )
Object getLast( )
```

为了删除第一个元素，可以使用 removeFirst( )方法。为了删除最后一个元素，可以调用 removeLast( )方法。它们的形式如下：

```
Object removeFirst( )
Object removeLast( )
```

下面的程序是对几个 LinkedList 支持的方法的说明。

【例 13-8】（实例文件：ch13\Chap13.8.txt）LinkedList 类的使用。

```
public class Test
```

```
{
    public static void main(String args[])
    {
        //创建 LinkedList 对象
        LinkedList ll = new LinkedList();
        //加入元素到 LinkedList 中
        ll.add("F");
        ll.add("B");
        ll.add("D");
        ll.add("E");
        ll.add("C");
        //在链表的最后一个位置加上数据
        ll.addLast("Z");
        //在链表的第一个位置上加入数据
        ll.addFirst("A");
        //在链表的第二个元素的位置上加入数据
        ll.add(1, "A2");
        System.out.println("ll 最初的内容: " + ll);
        //从 linkedlist 中移除元素
        ll.remove("F");
        ll.remove(2);
        System.out.println("从 ll 中移除内容之后: " + ll);
        //移除第 1 个和最后一个元素
        ll.removeFirst();
        ll.removeLast();
        System.out.println("ll 移除第一个和最后一个元素之后的内容: " + ll);
        //取得并设置值
        Object val = ll.get(2);
        ll.set(2, (String) val + " Changed");
        System.out.println("ll 被改变之后: " + ll);
    }
}
```

保存并运行程序，结果如图 13-3 所示。

```
Problems  @ Javadoc  Declaration  Console ☒
<terminated> Test [Java Application] C:\Program Files\Java\jre1.8.0_144\bin\javaw.exe
ll 最初的内容: [A, A2, F, B, D, E, C, Z]
从ll中移除内容之后: [A, A2, D, E, C, Z]
ll 移除第一个和最后一个元素之后的内容: [A2, D, E, C]
ll 被改变之后: [A2, D, E Changed, C]
```

图 13-3　LinkedList 类的使用

因为 LinkedList 实现 List 接口，因此调用 add(Object)将项目追加到列表的尾部，就如同 addLast( )方法所做的那样。使用 add( )方法的 add(int, Object)形式插入项目到指定的位置，例如本例程序中的 add（1, "A2"）。

要特别注意，通过调用 get 和 set 方法而使得第三个元素发生了改变。为了获得一个元素的当前值，通过 get 方法传递存储该元素的下标值。为了对这个下标位置赋一个新值，通过 set 方法传递下标和对应的新值。

13.2.4 Iterator 集合

Iterator 是在进行集合输出的过程中最常见的一种输出接口，这个接口的定义如下：

```
public interface Iterator<E> {
    public boolean hasNext() ;
    public E next() ;
    public void remove() ;
}
```

在这个接口中最重要的方法只有两个：

- 判断是否有下一个元素：public boolean hasNext()。
- 取得当前元素：public E next()。

但是 Iterator 本身属于一个接口，如果要想取得这个接口的实例化对象，则必须依靠 Collection 接口中定义的一个方法：public Iterator<E> iterator()。

【例 13-9】（实例文件：ch13\Chap13.9.txt）实现迭代输出。

```
public class Test {
    public static void main(String[] args) {
        List<String> all = new ArrayList<String>() ;
        all.add("Hello") ;
        all.add("World") ;
        all.add("你好") ;
        Iterator<String> iter = all.iterator() ;
        while (iter.hasNext()) {
            String str = iter.next() ;
            System.out.println(str);
        }
    }
}
```

13.3 Set 集合

Set 集合中的对象不按特定的方式排序，只是简单地把对象加入集合中，但是 Set 集合中不能包含重复对象。Set 集合由 Set 接口和 Set 接口的实现类组成。Set 接口继承了 Collection 接口，因此也包含 Collection 接口的所有方法。

13.3.1 HashSet 集合

HashSet 扩展 AbstractSet 并且实现 Set 接口。它创建一个类集，该类集使用散列表进行存储，而散列表则通过使用称为散列法的机制来存储信息。

在散列法中，一个关键字的信息内容被用来确定唯一的一个值，称为散列码（hash code），而散列码则被用来当做与关键字相连的数据的存储下标。关键字到其散列码的转换是自动执行的，因此看不到散列码本身。程序代码也不能直接索引散列表。散列法的优点在于即使对于大的集合，也能使一些基本操作，如 add()、contains()、remove()和 size( )等方法的运行时间保持不变。

HashSet 的构造方法定义如下：

```
HashSet( )
HashSet(Collection c)
HashSet(int capacity)
HashSet(int capacity, float fillRatio)
```

第 1 种形式构造一个默认的散列集合，第 2 种形式用 c 中的元素初始化散列集合，第 3 种形式用 capacity 初始化散列集合的容量，第 4 种形式用参数初始化散列集合的容量和填充比（也称为加载容量）。填充比必须介于 0.0 与 1.0 之间，它决定在散列集合向上调整大小之前有多少能被充满。具体来说，就是当元素的个数大于散列集合容量乘以它的填充比时，散列集合被扩大。对于没有给出填充比的构造方法，默认使用 0.75。

HashSet 没有定义任何超类和接口的其他方法。

需要注意的是，散列集合并不能确定其元素的排列顺序，通常无法干预排序集合的创建。如果需要排序，另一种类集——TreeSet 将是一个更好的选择。

【例 13-10】（实例文件：ch13\Chap13.10.txt）HashSet 类的使用。

```
public class Test {
    public static void main(String args[])
    {
        //创建 HashSet 对象
        HashSet hs = new HashSet();
        //加入元素到 HashSet 中
        hs.add("B");
        hs.add("A");
        hs.add("D");
        hs.add("E");
        hs.add("C");
        hs.add("F");
        System.out.println(hs);
    }
}
```

保存并运行程序，结果如图 13-4 所示。

```
Problems  @ Javadoc  Declaration  Console
<terminated> Test [Java Application] C:\Program Files\Java\jre1.8.0_144\bin\javaw.exe
[A, B, C, D, E, F]
```

图 13-4　HashSet 类的使用

如上面解释的那样，元素并没有按顺序进行存储。

13.3.2　TreeSet 集合

TreeSet 为使用树来进行存储的 Set 接口提供了一个工具，对象按升序存储，访问和检索是很快的。在存储了大量的需要进行快速检索的排序信息的情况下，TreeSet 是一个很好的选择。

TreeSet 的构造方法定义如下：

```
TreeSet( )
TreeSet(Collection c)
TreeSet(Comparator comp)
TreeSet(SortedSet ss)
```

第 1 种形式构造一个空的树集合，该树集合将根据其元素的自然顺序按升序排序。第 2 种形式构造一个包含了集合 c 的元素的树集合。第 3 种形式构造一个空的树集合，它按照由 comp 指定的比较方法进行排序（比较方法将在本章后面介绍）。第 4 种形式构造一个包含了已排序集合 ss 的元素的树集合。下面是一个 TreeSet 的使用范例。

【例 13-11】（实例文件：ch13\Chap13.11.txt）TreeSet 的使用。

```
public class Test {
    public static void main(String args[])
    {
        //创建 TreeSet 对象
        TreeSet ts = new TreeSet();
        //加入元素到 TreeSet 中
        ts.add("C");
        ts.add("A");
        ts.add("B");
        ts.add("E");
        ts.add("F");
        ts.add("D");
        System.out.println(ts);
    }
}
```

保存并运行程序，结果如图 13-5 所示。

```
Problems  @ Javadoc  Declaration  Console
<terminated> Test [Java Application] C:\Program Files\Java\jre1.8.0_144\bin\javaw.exe
[A, B, C, D, E, F]
```

图 13-5　TreeSet 的使用

正如上面解释的那样，因为 TreeSet 按树存储其元素，因此它们被按照元素的自然顺序自动排序。

13.4　Map 集合

Map 集合没有继承 Collection 接口，其提供的是键到值的映射。Map 中不能包含相同的键，每个键只能映射一个值。键还决定了存储对象在映射中的存储位置，但不是由键对象本身决定的，而是通过一种散列技术进行处理，产生一个散列码的整数值。散列码通常用作偏移量，该偏移量对应分配给映射的内存区域的起始位置，从而确定存储对象在映射中的存储位置。Map 集合包括 Map 接口以及 Map 接口的所有接口实现类。

13.4.1　Map 集合概述

Map 接口映射唯一关键字到值。关键字（key）是以后用于检索值的对象。给定一个关键字和一个值，可以存储这个值到一个 Map 对象中。当这个值被存储以后，就可以使用它的关键字来检索它。

Map 的方法如表 13-2 所示，当调用的映射中没有元素存在时，其中的几种方法会引发一个 NoSuchElementException 异常。而当对象与映射中的元素不兼容时，则会引发一个 ClassCastException 异常。

如果试图使用映射不允许使用的 null 对象，则会引发一个 NullPointerException 异常。当试图改变一个不允许修改的映射时，则会引发一个 UnsupportedOperationException 异常。

表 13-2　Map 的方法

方　法	说　明
void clear()	从调用映射中删除所有的键-值对
boolean containsKey(Object k)	如果调用映射中包含了作为键的 k，则返回 true，否则返回 false
boolean containsValue(Object v)	如果映射中包含了作为值的 v，则返回 true，否则返回 false
Set entrySet()	返回映射中包含的项的集合（Set）。该集合包含了类型 Map.Entry 的对象。这个方法为调用映射提供了一个集合“视图”
Boolean equals(Object obj)	如果 obj 是一个映射并包含相同的输入，则返回 true，否则返回 false
Object get(Object k)	返回与键 k 相关联的值
int hashCode()	返回调用映射的散列码
boolean isEmpty()	如果调用映射是空的，则返回 true，否则返回 false
Set keySet()	返回调用映射中包含的键的集合（Set）。这个方法为调用映射的关键字提供了一个集合“视图”
Object put(Object k, Object v)	将一个输入加入调用映射，改写原先与该键相关联的值。键和值分别为 k 和 v。如果键已经不存在了，则返回 null；否则，返回原先与键相关联的值
void putAll(Map m)	将所有来自 m 的输入加入调用映射
Object remove(Object k)	删除键等于 k 的输入
int size()	返回映射中的键-值对的个数
Collection values()	返回一个映射中包含的值的类集。这个方法为映射中的值提供了一个类集“视图”。映射循环使用两个基本操作：get()和 put()。使用 put()方法可以将一个指定了键的值加入映射。为了得到值，可以用键作为参数来调用 get()方法，返回该值

正如前面谈到的，映射不是类集，但可以获得映射的类集“视图”。为了实现这种功能，可以使用 entrySet( )方法，它返回一个包含了映射中元素的集合（Set）。为了得到键的类集“视图”，可以使用 keySet( )方法。为了得到值的类集“视图”，可以使用 values()方法。类集“视图”是将映射集成到类集框架内的手段。

13.4.2　HashMap 集合

HashMap 类使用散列表实现 Map 接口。这允许一些基本操作，如 get( )和 put( )的运行时间保持恒定，即便对大型的集合也是这样的。HashMap 的构造方法定义如下：

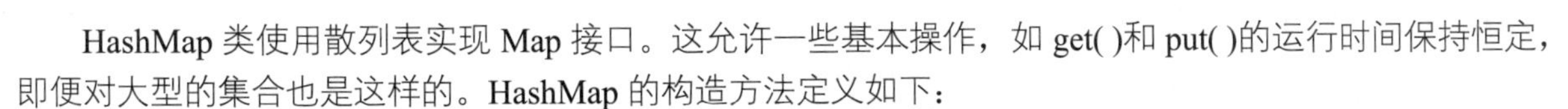

```
HashMap()
HashMap(Map m)
HashMap(int capacity)
HashMap(int capacity, float fillRatio)
```

第 1 种形式构造一个默认的散列映射。第 2 种形式用 m 的元素初始化散列映射。第 3 种形式将散列映射的容量初始化为 capacity。第 4 种形式用参数初始化散列映射的容量和填充比。容量和填充比的含义与 13.3.1 节介绍的 HashSet 中的容量和填充比相同。

HashMap 实现 Map 并扩展 AbstractMap。它本身并没有增加任何新的方法。应该注意的是：散列映射并不保证它的元素的顺序。因此，元素加入散列映射的顺序并不一定是它们被迭代方法读出的顺序。

下面的程序举例说明了 HashMap 的应用。它将名字映射到账目资产平衡表。应注意集合“视图”是如何获得和被使用的。

【例 13-12】（实例文件：ch13\Chap13.12.txt）将名字映射到账目资产平衡表。

```
public class Test {
    public static void main(String args[])
    {
        //创建 HashMap 对象
        HashMap hm = new HashMap();
        //加入元素到 HashMap 中
        hm.put("John Doe", new Double(3434.34));
        hm.put("Tom Smith", new Double(123.22));
        hm.put("Jane Baker", new Double(1378.00));
        hm.put("Todd Hall", new Double(99.22));
        hm.put("Ralph Smith", new Double(-19.08));
        //返回映射中包含的项的集合
        Set set = hm.entrySet();
        //用 Iterator 得到 HashMap 中的内容
        Iterator i = set.iterator();
        //显示元素
        while (i.hasNext())
        {
            //Map.Entry 可以操作映射的输入
            Map.Entry me = (Map.Entry) i.next();
            System.out.print(me.getKey() + ": ");
            System.out.println(me.getValue());
        }
        System.out.println();
        //让 John Doe 中的值增加 1000
        double balance = ((Double) hm.get("John Doe")).doubleValue();
        //用新的值替换旧的值
        hm.put("John Doe", new Double(balance + 1000));
        System.out.println("John Doe's 现在的资金: " + hm.get("John Doe"));
    }
}
```

保存并运行程序，结果如图 13-6 所示。

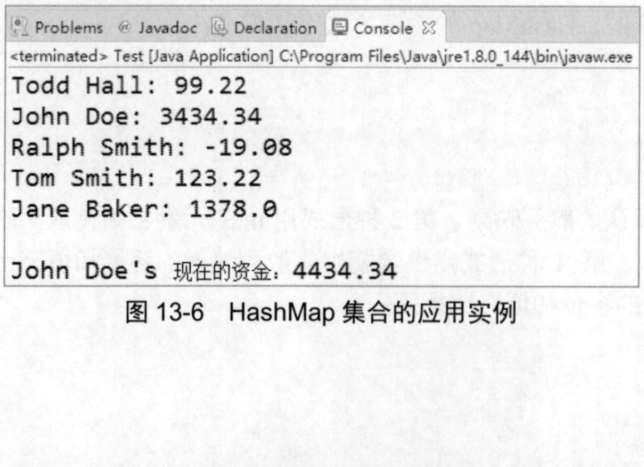

```
Problems  Javadoc  Declaration  Console
<terminated> Test [Java Application] C:\Program Files\Java\jre1.8.0_144\bin\javaw.exe
Todd Hall: 99.22
John Doe: 3434.34
Ralph Smith: -19.08
Tom Smith: 123.22
Jane Baker: 1378.0

John Doe's 现在的资金：4434.34
```

图 13-6　HashMap 集合的应用实例

程序创建了一个散列映射，然后将名字的映射增加到平衡表中。接下来，映射的内容通过调用方法 entrySet( )获得的集合“视图”显示。键和值通过调用由 Map.Entry 定义的 getKey( )和 getValue( )方法显示。注意存款是如何被加入 John Doe 的账目的。put( )方法自动用新值替换与指定键相关联的旧值。因此，在 John Doe 的账目被更新后，散列映射则仍然仅仅保留一个 John Doe 的账目。

13.4.3 TreeMap 集合

TreeMap 类通过使用树实现 Map 接口。TreeMap 提供了按顺序存储键-值对的有效手段，同时允许快速检索。应该注意的是，与散列映射不同，树映射保证它的元素按照键升序排序。

TreeMap 的构造方法定义如下：

```
TreeMap( )
TreeMap(Comparator comp)
TreeMap(Map m)
TreeMap(SortedMap sm)
```

第 1 种形式构造一个空树的映射，该映射使用键的自然顺序来排序。第 2 种形式构造一个空的基于树的映射，该映射通过使用 Comparator comp 来排序。第 3 种形式用来自映射 m 的输入初始化树映射，该映射使用键的自然顺序来排序。第 4 种形式用从已排序集合 sm 的输入来初始化一个树映射，该映射将按与 sm 相同的顺序来排序。

TreeMap 实现了 SortedMap 并且扩展了 AbstractMap。而它本身并没有另外定义其他的方法。下面的程序重新使用前面的例子运行，以便在其中使用 TreeMap。

【例 13-13】（实例文件：ch13\Chap13.13.txt）TreeMap 的使用。

```
public class Test {
    public static void main(String args[])
    {
        //创建 TreeMap 对象
        TreeMap tm = new TreeMap();
        //加入元素到 TreeMap 中
        tm.put(new Integer(10000 - 2000), "张三");
        tm.put(new Integer(10000 - 1500), "李四");
        tm.put(new Integer(10000 - 2500), "王五");
        tm.put(new Integer(10000 - 5000), "赵六");
        Collection col = tm.values();
        Iterator i = col.iterator();
        System.out.println("按工资由高到低顺序输出：");
        while (i.hasNext())
        {
            System.out.println(i.next());
        }
    }
}
```

保存并运行程序，结果如图 13-7 所示。

注意，本例对键进行了排序，然而是用名字而不是姓进行排序。可以在创建映射时指定一个比较方法来改变这种排序。

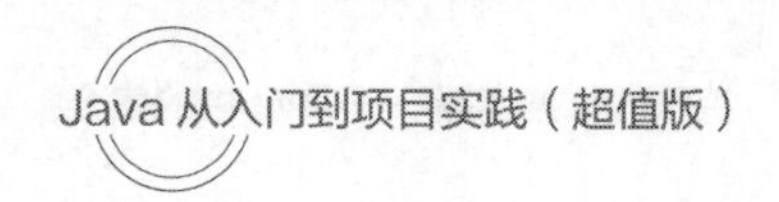


```
Problems @ Javadoc Declaration Console
<terminated> Test [Java Application] C:\Program Files\Java\jre1.8.0_144\bin\javaw.exe
按工资由高到低顺序输出：
赵六
王五
张三
李四
```

图 13-7　TreeMap 的应用实例

13.4.4　Properties 集合

Properties（属性）是 Hashtable 的一个子类。它用来保持值的列表，其中键和值都是字符串（String）。Properties 类被许多其他的 Java 类所使用。例如，当获得系统环境值时，System.getProperties( )返回对象的类型。

Properties 定义了下面的实例变量：

```
Properties defaults;
```

这个变量包含了一个与 Properties 对象相关联的默认属性列表。Properties 定义了如下的构造方法：

```
Properties( )
Properties(Properties propDefault)
```

第 1 种形式创建一个没有默认值的 Properties 对象，第 2 种形式创建一个将 propDefault 作为其默认值的对象。在这两种情况下，属性列表都是空的。

Properties 除了从 Hashtable 中继承下来的方法之外，还有自己定义的方法，如表 13-3 所示。Properties 也包含了一个不被赞成使用的方法：save()。它被 store()方法所取代，因为它不能正确地处理错误。

表 13-3　Properties 的方法

方　法	说　明
String getProperty(String key)	返回与 key 相关联的值。如果 key 既不在列表中也不在默认属性列表中，则返回一个 null 对象
String getProperty(String key, String defaultProperty)	返回与 key 相关联的值。如果 key 既不在列表中也不在默认属性列表中，则返回 defaultProperty
void list(PrintStream streamOut)	将 byte 型属性列表发送给与 streamOut 相链接的输出流
void list(PrintWriter streamOut)	将 char 型属性列表发送给与 streamOut 相链接的输出流
void load(InputStream streamIn) throws IOException	用与 streamIn 相链接的输入数据流输入一个属性列表
Enumeration propertyNames()	返回关键字的枚举，也包括那些在默认属性列表中找到的关键字
Object setProperty(String key, String value)	将 value 与 key 关联，返回与 key 关联的前一个值，如果不存在这样的关联，则返回 null（这是为了保持一致性而在 Java 2 中增加的方法）
void store(OutputStream streamOut, String description)	在写入由 description 指定的字符串之后，属性列表被写入与 streamOut 相链接的输出流（在 Java 2 中增加的方法）

Properties 类的一个有用的功能是可以指定一个默认属性，如果没有值与特定的键相关联，则返回这个默认属性。例如，默认值可以与键一起在 getProperty( )方法中被指定，例如 getProperty(" name", "default value")。

如果 name 值没有找到，则返回 default value。当构造一个 Properties 对象时，可以传递 Properties 的另一个实例作为新实例的默认值。在这种情况下，如果对一个给定的 Properties 对象调用 getProperty("foo")，而 foo 并不存在时，Java 在默认 Properties 对象中寻找 foo。它允许默认属性的任意层嵌套。

下面的例子说明了 Properties 的使用。该程序创建一个属性列表，在其中键是各国的名称，值是这些国家的首都。

【例 13-14】（实例文件：ch13\Chap13.14.txt）Properties 的使用。

```
public class Test {
      public static void main(String args[])
      {
           Properties capitals = new Properties();
           Set states;
           String str;
           capitals.put("中国", "北京");
           capitals.put("俄罗斯", "莫斯科");
           capitals.put("日本", "东京");
           capitals.put("法国", "巴黎");
           capitals.put("英国", "伦敦");
           //返回映射中包含的项的集合
           states = capitals.keySet();
           Iterator itr = states.iterator();
           while (itr.hasNext())
           {
             str = (String) itr.next();
             System.out.println("国家: " + str + " , 首都: "+ capitals.getProperty(str) + ".");
           }
           System.out.println();
           //查找列表，如果没有则显示为"没有发现"
           str = capitals.getProperty("美国", "没有发现");
           System.out.println("美国的首都: " + str + ".");
      }
}
```

保存并运行程序，结果如图 13-8 所示。

```
Problems  Javadoc  Declaration  Console
<terminated> Test [Java Application] C:\Program Files\Java\jre1.8.0_144\bin\javaw.exe
国家：法国，首都：巴黎.
国家：俄罗斯，首都：莫斯科.
国家：英国，首都：伦敦.
国家：中国，首都：北京.
国家：日本，首都：东京.

美国的首都：没有发现.
```

图 13-8　Properties 的应用实例

注意试图寻找美国首都时的情况。由于美国不在列表中，所以使用了默认值。尽管当调用 getProperty( ) 方法时使用默认值是十分有效的，正如上面的程序所展示的那样，但对大多数属性列表的应用来说，有更好的方法去处理默认值。为了展现更大的灵活性，当构造一个 Properties 对象时，可指定一个默认的属性列表。如果在主列表中没有发现期望的关键字，则会搜索默认列表。

Properties 的一个最有用之处是可以利用 store()和 load()方法方便地对包含在 Properties 对象中的信息进行存储或从盘中装入信息。在任何时候，都可以将一个 Properties 对象写入流或从中将其读出。这使得属性列表特别便于实现简单的数据库。

【例 13-15】（实例文件：ch13\Chap13.15.txt）在 Properties 类中使用 store()和 load()方法。

```
public class Test {
    public static void main(String[] args)
    {
        Properties settings = new Properties();
        try {
            settings.load(new FileInputStream("c:\\count.java"));
        } catch (Exception e) {
            settings.setProperty("count", new Integer(0).toString());
        }
        int c = Integer.parseInt(settings.getProperty("count")) + 1;
        System.out.println("这是本程序第" + c + "次被使用");
        settings.put("count", new Integer(c).toString());
        try {
            settings.store(new FileOutputStream("c:\\count.java"), "PropertiesFile use it .");
        } catch (Exception e) {
            System.out.println(e.getMessage());
        }
    }
}
```

保存并运行程序，结果如图 13-9 所示。

```
count.java - 记事本
文件(F)  编辑(E)  格式(O)  查看(V)  帮助(H)
#PropertiesFile use it .
#Mon Oct 23 19:45:00 CST 2017
count=1
```

图 13-9 Properties 类中方法的应用

程序每次启动时都去读取记录文件 count.java，直接取出文件中所记录的运行次数并加 1 后，再将新的运行次数存回文件。由于第 1 次运行时硬盘上还没有该记录文件，程序读该记录文件时会报出一个异常，就在处理异常的语句中将属性的值设置为 0，表示程序以前还没有被运行过。如果要用 Properties 类的 store()方法进行存储，每个属性的键和值都必须是字符串类型的，所以上面的程序没有用从父类 HashTable 继承的 put、get 方法进行属性的设置与读取，而是直接用 Properties 类的 setProperty()、getProperty()方法进行属性的设置与读取。

类集框架为程序员提供了一个功能强大的设计方案，以完成编程过程中面临的大多数任务。当开发者需要存储和检索信息时，可以考虑使用类集。记住，类集不仅仅是为大型作业（例如联合数据库、邮件列表或产品清单系统等）所专用的，它们对于一些小型作业也是很有效的。例如，TreeMap 可以给出一个很好的类集，以保留一组文件的字典结构。TreeSet 在存储工程管理信息时是十分有用的。坦白地说，对于采用基于类集的解决方案而受益的问题种类，只受限于开发者的想象力。

13.4.5 Stack 集合

Stack 是 Vector 的一个子类，它实现标准的后进先出堆栈。Stack 仅仅定义了创建空堆栈的默认构造方法。Stack 包括由 Vector 定义的所有方法，同时增加了几种它自己定义的方法，具体如表 13-4 所示。

表 13-4 Stack 集合的方法

方 法	说 明
boolean empty()	如果堆栈是空的，则返回 true；当堆栈包含元素时，则返回 false
Object peek()	返回位于栈顶的元素，但是并不在堆栈中删除它
Object pop()	返回位于栈顶的元素，并在进程中删除它
Object push(Object element)	将 element 压入堆栈，同时返回 element
int search(Object element)	在堆栈中搜索 element，如果发现了，则返回它相对于栈顶的偏移量。否则返回-1。调用 push()方法可将一个对象压入栈顶。调用 pop()方法可以删除和返回栈顶的元素。如果堆栈是空的，调用 pop()方法，将引发一个 EmptyStackException 异常。调用 peek()方法返回但不删除栈顶的对象。调用 empty()方法，当堆栈中没有元素时，返回 true
search()	方法确定一个对象是否存在于堆栈中，并且返回将其移至栈顶所需的弹出次数

下面是一个创建堆栈的例子，将几个整型（Integer）对象压入堆栈，然后再将它们弹出。

【例 13-16】（实例文件：ch13\Chap13.16.txt）创建堆栈。

```
public class Test {
    static void showpush(Stack st, int a)
    {
        st.push(new Integer(a));
        System.out.println("入栈(" + a + ")");
        System.out.println("Stack: " + st);
    }

    static void showpop(Stack st)
    {
        System.out.print("出栈 -> ");
        Integer a = (Integer) st.pop();
        System.out.println(a);
        System.out.println("Stack: " + st);
    }

    public static void main(String args[])
    {
        Stack st = new Stack();
        System.out.println("Stack: " + st);
        showpush(st, 42);
        showpush(st, 66);
        showpush(st, 99);
        showpop(st);
        showpop(st);
        showpop(st);
        //出栈的时候会有一个 EmptyStackException 的异常，需要进行异常处理
        try {
            showpop(st);
        } catch (EmptyStackException e) {
            System.out.println("出现异常：栈中内容为空");
```

```
        }
    }
}
```

图 13-10 是由该程序产生的输出。注意当堆栈下溢时对于 EmptyStackException 的异常处理。

```
Problems  Javadoc  Declaration  Console
<terminated> Test [Java Application] C:\Program Files\Java\jre1.8.0_144\bin\javaw.exe
Stack: []
入栈(42)
Stack: [42]
入栈(66)
Stack: [42, 66]
入栈(99)
Stack: [42, 66, 99]
出栈 -> 99
Stack: [42, 66]
出栈 -> 66
Stack: [42]
出栈 -> 42
Stack: []
出栈 -> 出现异常：栈中内容为空
```

图 13-10　创建堆栈

13.4.6　Vector 集合

Vector 实现动态数组，这与 ArrayList 相似，但两者不同的是：Vector 是同步的，并且它包含了许多从以前版本遗留下来的不属于类集框架的方法。随着 Java 2 的公布，Vector 被重新设计来扩展 AbstractList 和实现 List 接口，因此现在它与类集是完全兼容的。

Vector 的构造方法如下：

```
Vector( )
Vector(int size)
Vector(int size, int incr)
Vector(Collection c)
```

第 1 种形式创建一个原始大小为 10 的默认矢量。第 2 种形式创建一个其原始容量由 size 指定的矢量。第 3 种形式创建一个其原始容量由 size 指定，并且其增量由 incr 指定的矢量，增量指定了矢量每次允许向上改变大小的元素的个数。第 4 种形式创建一个包含了类集 c 中元素的矢量。这个构造方法是在 Java 2 中增加的。

所有的矢量开始都有一个原始容量。在达到原始容量以后，下一次再试图向矢量中存储对象时，矢量会自动为那个对象分配空间，同时为别的对象增加额外的空间。通过分配超过需要的内存，矢量减小了可能产生的分配的次数。这种次数的减少是很重要的，因为分配内存是很花时间的。在每一次的再分配中，分配的额外空间的总数由在创建矢量时指定的增量来确定。如果没有指定增量，在每个分配周期，矢量的大小增加一倍。

Vector 定义了下面的保护数据成员：

```
int capacityIncrement;
int elementCount;
Object elementData[ ];
```

增量值被存储在 capacityIncrement 中，矢量中的当前元素的个数被存储在 elementCount 中，保存矢量的数组被存储在 elementData 中。

除了由 List 定义的类集方法之外，Vector 还包含几个从以前版本遗留下来的方法，这些方法列在表 13-5 中。

表 13-5 Vector 集合的方法

方 法	说 明
final void addElement(Object element)	将由 element 指定的对象加入矢量
int capacity()	返回矢量的容量
Object clone()	返回调用矢量的一个副本
Boolean contains(Object element)	如果 element 被包含在矢量中，则返回 true；如果不包含于其中，则返回 false
void copyInto(Object array[])	将包含在调用矢量中的元素复制到由 array 指定的数组中
Object elementAt(int index)	返回由 index 指定位置的元素
Enumeration elements()	返回矢量中元素的一个枚举
Object firstElement()	返回矢量的第 1 个元素
int indexOf(Object element)	返回 element 首次出现的位置索引。如果对象不在矢量中，则返回-1
int indexOf(Object element, int start)	返回 element 在矢量中从 start 位置起第 1 次出现的位置索引。如果该对象不属于矢量的这一部分，则返回-1
void insertElementAt(Object element, int index)	在矢量中，在由 index 指定的位置处加入 element
boolean isEmpty()	如果矢量是空的，则返回 true；如果它包含了一个或更多个元素，则返回 false
Object lastElement()	返回矢量中的最后一个元素
int lastIndexOf(Object element)	返回 element 在矢量中最后一次出现的位置索引。如果对象不包含在矢量中，则返回-1
int lastIndexOf(Object element, int start)	返回 element 在矢量中，在 start 之前最后一次出现的位置索引。如果该对象不属于矢量的这一部分，则返回-1
void removeAllElements()	清空矢量，在这个方法执行以后，矢量的大小为 0
boolean removeElement(Object element)	从矢量中删除 element。如果矢量中有多个实例，则其中的第 1 个实例被删除。如果成功删除，则返回 true；如果没有发现 element，则返回 false
void removeElementAt(int index)	删除由 index 指定位置处的元素
void setElementAt(Object element, int index)	将由 index 指定的位置分配给 element
void setSize(int size)	将矢量中元素的个数设为 size。如果新的长度小于旧的长度，元素将丢失；如果新的长度大于旧的长度，则在其后增加 null 元素
int size()	返回矢量中当前元素的个数

续表

方　法	说　明
String toString()	返回矢量的字符串等价形式
void trimToSize()	将矢量的容量设为与其当前拥有的元素的个数相等

因为 Vector 实现了 List，所以可以像使用 ArrayList 的一个实例那样使用矢量。也可以使用从以前版本遗留下来的方法来操作它。例如，在实例化 Vector 时，可以通过调用 addElement( )方法为其增加一个元素，调用 elementAt( )方法可以获得指定位置处的元素。

调用 firstElement( )方法可以得到矢量的第一个元素，调用 lastElement( )方法可以检索到矢量的最后一个元素，使用 indexOf( )和 lastIndexOf( )方法可以获得元素的索引，调用 removeElement( )或 removeElementAt( )方法可以删除元素。

下面的程序使用矢量存储不同类型的数值对象。程序说明了几种由 Vector 定义的从以前版本遗留下来的方法，同时它也说明了枚举（Enumeration）接口。

【例 13-17】（实例文件：ch13\Chap13.17.txt）使用矢量存储不同类型的数值对象。

```
public class Test {
    public static void main(String[] args)
    {
        Vector v = new Vector() ;
        v.add("A") ;
        v.add("B") ;
        v.add("C") ;
        v.add("D") ;
        v.add("E") ;
        v.add("F") ;
        Enumeration e = v.elements() ;
        while(e.hasMoreElements())
        {
            System.out.print(e.nextElement()+"\t") ;
        }
    }
}
```

保存并运行程序，结果如图 13-11 所示。

图 13-11　使用矢量存储不同类型的数值对象

随着 Java 2 的公布，Vector 增加了对迭代方法的支持。现在可以使用迭代方法来替代枚举去遍历对象（正如前面的程序所做的那样）。例如，下面的基于迭代方法的程序代码替换到上面的程序中：

```
Iterator i = v.iterator() ;
while(i.hasNext())
{
    System.out.print(i.next()+"\t") ;
}
```

建议在程序中不使用枚举的方法，而使用迭代方法对矢量的内容进行遍历。当然，大量的老程序采用了枚举，不过幸运的是枚举和迭代方法的工作方式几乎相同。

13.5 就业面试解析与技巧

13.5.1 面试解析与技巧（一）

面试官： HashMap和HashTable有何不同？

应聘者： HashMap和HashTable有以下不同。

（1）HashMap允许键和值为null，而HashTable不允许。

（2）HashTable是同步的，而HashMap不是，所以HashMap适合单线程环境，HashTable适合多线程环境。

（3）HashTable被认为是一个遗留的类，如果需要在迭代的时候修改Map，应该使用CocurrentHashMap。

面试官： ArrayList和Vector有何异同点？

应聘者： ArrayList和Vector有很多类似之处。

（1）两者都是基于索引的，内部由一个数组支持。

（2）两者都维护插入的顺序，可以根据插入顺序获取元素。

（3）ArrayList和Vector都允许null值，也可以使用索引值对元素进行随机访问。

以下是ArrayList和Vector的不同点。

（1）Vector是同步的，而ArrayList不是。如果需要在迭代的时候对列表进行改变，应该使用CopyOnWriteArrayList。

（2）ArrayList比Vector快，它是同步的，因此不会过载。

（3）ArrayList更通用，可以使用Collections工具类轻易地获取同步列表和只读列表。

13.5.2 面试解析与技巧（二）

面试官： 如何决定选用HashMap还是TreeMap？

应聘者： 对于在Map中插入、删除和定位元素这类操作，HashMap是最好的选择。然而，假如需要对一个有序的键集合进行遍历，TreeMap是更好的选择。基于collection的大小，向HashMap中添加元素可能会更快。将Map换为TreeMap可以进行有序键的遍历。

面试官： Array和ArrayList有何区别？什么时候更适合用Array？

应聘者： Array可以容纳基本类型和对象，而ArrayList只能容纳对象。

Array是指定大小的，而ArrayList大小是固定的。

Array没有ArrayList的功能多，例如addAll()、removeAll()和iterator()等。尽管ArrayList明显是更好的选择，但在以下几种情况下Array比较好用：

（1）如果列表的大小已经指定，大部分情况下的操作是存储和遍历它们。

（2）对于遍历基本数据类型，尽管Collections使用自动装箱来减轻编码任务，但在指定大小的基本类型的列表上工作也会变得很慢。

（3）如果要使用多维数组，使用[][]比List<List<>>更容易。

第 14 章

简化程序的配置——Java 中的注解

◎ 本章教学微视频：15 个　30 分钟

学习指引

Java 中提供了注解功能，该功能可用于类，也可以用于构造方法、成员变量、方法、参数等的声明中。注解功能不影响程序的正常执行，但是会对编译器等辅助工具产生影响。本章将详细介绍注解功能的应用，主要内容包括注解概述、系统注解、自定义注解、元注解等。

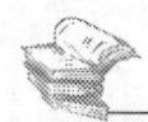

重点导读

- 了解注解的概念。
- 掌握系统注解的使用。
- 掌握如何自定义注解。
- 熟练掌握元注解的使用。
- 掌握使用反射如何获取注解信息。
- 掌握 JDK 1.8 新特性的使用。

14.1　注解概述

注解（annotation）是 Java 5.0 以上版本新增加的功能，主要添加到 Java 程序代码的元素上，用来做一些说明和解释。元数据是用来描述数据的一种数据，由于元数据的广泛应用，Java 5.0 引入了注解的概念来描述元数据。

注解又可称标注，它是程序的元数据，也是程序代码的标记。注解可以在编译、加载类和运行时获得，可以根据注解对数据进行相应的处理。使用反射功能，可以对程序代码进行分析；使用系统定义的注解，可以在编译时对程序进行检查；使用元注解，可以生成相应的文档。注解用在包、类、字段、方法、局部变量、方法参数等的前面，对这些元素进行说明和注释。注解可以自定义，也可以使用系统定义的注解。

14.2　系统注解

注解使用@标记，后面跟上注解类型的名称。Java 语言的 java.lang 包中有 3 种内置注解，即@Override、@Deprecated 和@SuppressWarnings，这些注解用来为编译器提供指令。

14.2.1　@Override

@Override 用来修饰一个方法，这个方法必须是对父类中的方法的重写。如果一个方法没有重写父类中的方法，在使用这个注解时编译器将提示错误。

在子类中重写父类或接口的方法时，@Override 并不是必须加上的，但是建议使用这个注解。在某些情况下，若修改了父类方法的名字，那么子类的方法将不再属于重写。由于没有@Override，编译器不会发现问题；但是如果有@Override，编译器就会检查注解的方法是否覆盖了父类的方法。

【例 14-1】使用 Override 注解的方法。

步骤 1：创建父类（源代码\ch14\SuperOverride.java）。

```
public class SuperOverride {
    public void method(){
        System.out.println("父类方法");
    }
}
```

步骤 2：创建子类（源代码\ch14\SubOverride.java）。

```
public class SubOverride extends SuperOverride{
    public void Method(){
        System.out.println("子类方法");
    }
}
```

步骤 3：创建测试类（源代码\ch14\OverrideTest.java）。

```
public class OverrideTest {
    public static void main(String[] args) {
        SuperOverride sover = new SubOverride();
        sover.method();
    }
}
```

运行上述程序，结果如图 14-1 所示。

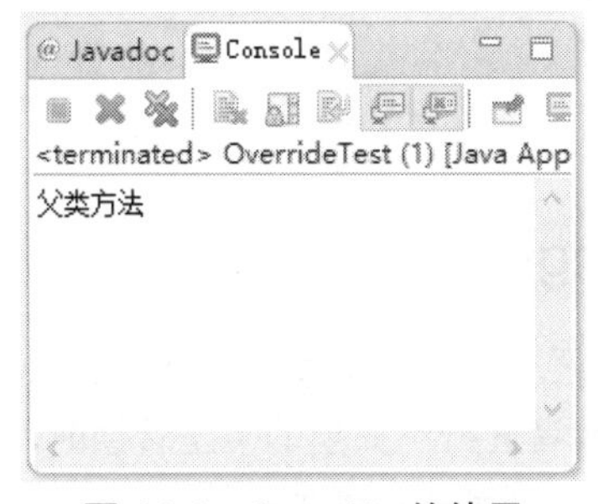

图 14-1　Override 的使用

在本例中，定义了父类 SuperOverride 和子类 SubOverride，在父类中定义了 method()方法，要求子类中重写父类的 method()方法。在测试类 OverrideTest 中创建父类引用指定子类对象 sover，然后调用 method()方法。在上面的程序中可以看出，由于多态的存在，对象 sover 调用的是父类的 method()方法，而不是子类的方法。父类的 method()方法没有被子类重写。

如果使用@Override 修饰子类中的 method()方法，即表示这个方法是重写父类中的方法。由于在父类中找不到这个方法，编译器就会报错，从而避免了上述问题的出现。

子类代码修改如下：

```
public class SubOverride extends SuperOverride{
    @Override
    public void Method(){
        System.out.println("子类方法");
    }
}
```

在本例中，使用@Override 修饰子类重写父类的方法，由于父类中不存在该方法，因此编译出错，提示 The method Method() of type SubOverride must override or implement a supertype method。

被@Override 注解的方法必须在父类中有同样的方法，编译才会通过。代码修改如下：

```
public class SubOverride extends SuperOverride{
    @Override
    public void method(){
        System.out.println("子类方法");
    }
}
```

14.2.2 @Deprecated

@Deprecated 可以用来注解不再使用已经过时的类、方法和属性。如果代码使用了@Deprecated 注解的类、方法和属性，编译器会给出警告。

当使用@Deprecated 注解时，建议使用对应的@deprecated JavaDoc 符号说明这个类、方法或属性过时的原因以及它的替代方案。

【例 14-2】（源代码\ch14\DeprecatedTest.java）@Deprecated 注解一个过时的类。

```
@Deprecated
/**
 @deprecated 这个类存在缺陷，使用新的 NewDeprecatedTest 类替代它
*/
public class DeprecatedTest {
…//类体
}
```

14.2.3 @SuppressWarnings

@SuppressWarnings 用来抑制编译器生成警告信息。它修饰的元素为类、方法、方法参数、属性和局部变量。当一个方法调用了过时的方法或者进行不安全的类型转换时，编译器会生成警告，此时可以为这个方法增加@SuppressWarnings 注解，从而抑制编译器生成警告。

```
public class SuWarningsTest {
```

```
    public static void main(String[] args) {
        @SuppressWarnings(value = { "deprecation" })
        //引用过时的类
        DeprecatedTest dtest = new DeprecatedTest();
        System.out.print(dtest);
    }
}
```

14.2.4　系统注解的使用

在了解了系统注解的使用方法后，下面给出一个系统注解的综合应用实例。

【例 14-3】（源代码\ch14\DeprecatedTest1.java）系统注解的应用。

```
class SuperClass                    //父类
{
    //对域 var 进行注解，表示 var 已过时。虽然 var 已过时，但仍可用
    @Deprecated
    int var=125;

    @Deprecated                     //对方法 MethodA()进行注解，表示该方法已过时
    public void MethodA()
    {
        System.out.println("父类中的 MethodA()方法！");
    }
    public void MethodB()           //再定义一个方法，欲被子类重写
    {
        System.out.println("父类中的 MethodB 方法()！");
    }
}
class SubClass extends SuperClass   //派生子类
{
    //@Override 表示其下面的方法应该是重写父类的方法
    //但 MathodB1()并没有在父类中定义，如果加上注解，则编译不能通过
    //@Override
    public void MethodB1()
    {
        System.out.println("子类重写父类的方法 MethodB()!");
    }
}
public class Test
{
    public static void main(String args[])
    {
        SuperClass superObj=new SuperClass();   //创建父类对象
        superObj.MethodA();                     //访问了过时的方法，Eclipse 会加上删除线
        System.out.println(superObj.var);       //访问过时的域，也会加上删除线

        SubClass subObj=new SubClass();         //创建子类对象
        subObj.MethodB1();                      //调用子类中的方法
```

```
        //--------------------------------
        //下面的注解用于抑制其下面的语句的编译警告信息
        //如果去掉该注解，则编译时会出现警告信息
        @SuppressWarnings("rawtypes")
        LinkedList list=new LinkedList();
        //下面两条语句没有加@SuppressWarnings，编译时会出现警告信息
        list.add(123);
        list.add("Beijing");
        for(int i=0;i<2;i++)
            System.out.println(list.get(i));
    }
}
```

程序运行的结果如图 14-2 所示。

```
Problems  Javadoc  Declaration  Console
<terminated> Test [Java Application] C:\Program Files\Java\jre1.8.0_144
父类中的MethodA()方法!
125
子类重写父类的方法MethodB()!
123
Beijing
```

图 14-2　系统注解应用实例

14.3　自定义注解

Java 不仅提供了系统注解，而且允许自定义注解类型。自定义注解时要使用@interface 来声明，会自动继承 java.lang.annotation.Annotation 接口。

14.3.1　自定义注解的定义

在定义自定义注解时，不可以继承其他的注解或接口。@interface 只用来声明一个注解，注解中的每一个方法实际上是声明了一个配置参数。方法的名称就是参数的名称，返回值类型就是参数的类型。返回值的类型只能是基本类型、Class、String、Enum。可以通过 default 关键字声明参数的默认值。

自定义注解的语法格式如下：

```
[public|final]    @interface    注解名
   {
      注解元素
   }
```

其中，关键字@interface 表示声明一个自定义注解，“注解名”是合法的标识符。“注解元素”是无参数的方法，方法的类型表示注解元素的类型。

注解元素的语法格式如下：

```
数据类型    注解元素名()    [default    默认值];
```

如果只有一个注解元素，在注解元素名为 value 的情况下，在使用的时候就可以不写出注解元素名，只

需要直接给出注解值即可。在使用自定义注解时，要将自定义注解放在需要注解的前一行或者同一行，并且在自定义注解后的括号中写出注解元素的值。如果使用默认值，则可以不给出注解值。如果只有一个注解元素并且名为 value，只需要给出值，而不需要给出注解元素名。

14.3.2 注解元素的值

注解元素一定要有确定的值，可以在定义注解时指定它的默认值，也可以在使用注解时指定默认值，非基本类型的注解元素的值不能为 null。因此，经常使用空字符串或 0 作为默认值。

【例 14-4】（实例文件：ch14\Chap14.4.txt）定义注解，并利用反射功能提取注解值。

```
@Retention(RetentionPolicy.RUNTIME) //元注解，运行时保留注解，必须有，否则注解值读不出
@interface ApplianceMaker           //定义注解
{
    //定义注解元素，都有默认值
    public String type() default "电视机";
    public String id() default "001";
    public String maker() default "TCL有限公司";
    public String address() default "广东省惠州市";
}

@Retention(RetentionPolicy.RUNTIME)
@interface ApplianceSaler                   //定义注解
{
    public String name() default "京东";
    public String id() default "001";
    public String address() default "北京";
}

@Retention(RetentionPolicy.RUNTIME)
@interface AppliancePrice                   //定义注解
{
    //注解元素只有一个，名为value
    public int value() default 1200;
}
class Appliance
{
    //为域maker加注解，给部分元素赋值，其余用默认值
    //如果注解元素都用默认值，则直接写@ApplianceMaker
    @ApplianceMaker(type="电脑",id="201")
    public String maker;

    @ApplianceSaler(name="苏宁",id="222",address="南京")
    public String saler;                    //域有注解

    @AppliancePrice(999)                    //也可以写成"value=999"，因为只有一个，此处只写出值即可
    public int price;                       //域有注解

    public void setMaker(String m)
```

```
    {
        maker=m;
    }
    public String getMaker()
    {
        return maker;
    }
    public void setSaler(String saler)
    {
        this.saler=saler;
    }
    public String getSaler()
    {
        return saler;
    }
    public void setPrice(int price)
    {
        this.price=price;
    }
    public int getPrice()
    {
        return price;
    }
}
public class Test
{
    public static void main(String args[])
    {
        System.out.println(readAnnotation(Appliance.class));
    }
    //读注解信息
    private static String readAnnotation(Class aClass)
    {
        String maker="制造商: ";
        String saler="销售商: ";
        String price="价格: ";

        Field fields[]=aClass.getDeclaredFields();     //获取 Appliance 类的所有字段

        for(Field aField :fields)                       //对每一个字段判断其注解的类型
        {
            //字段的注解是 ApplianceMaker 类型
            if(aField.isAnnotationPresent(ApplianceMaker.class))
            {
                ApplianceMaker aMaker;                  //声明一个注解变量
                //调用 getAnnotation()方法获得在 aField 域上的注解“实例”
                aMaker=(ApplianceMaker)aField.getAnnotation(ApplianceMaker.class);
```

```
            maker+=aMaker.type()+" ";                    //获取 type 元素的值，其余与此相同
            maker+=aMaker.id()+" ";
            maker+=aMaker.maker()+" ";
            maker+=aMaker.address()+"\n";
        }
        //字段的注解是 ApplianceSaler 类型
        else if(aField.isAnnotationPresent(ApplianceSaler.class))
        {
            ApplianceSaler aSaler;
            aSaler=(ApplianceSaler)aField.getAnnotation(ApplianceSaler.class);
            saler+=aSaler.name()+" ";
            saler+=aSaler.id()+" ";
            saler+=aSaler.address()+"\n";
        }
        //字段的注解是 AppliancePrice 类型
        else if(aField.isAnnotationPresent(AppliancePrice.class))
        {
            AppliancePrice thePrice;
            thePrice=(AppliancePrice)aField.getAnnotation(AppliancePrice.class);
            price+=thePrice.value();
        }
    }
    return maker+saler+price;
  }
}
```

程序运行结果如图 14-3 所示。

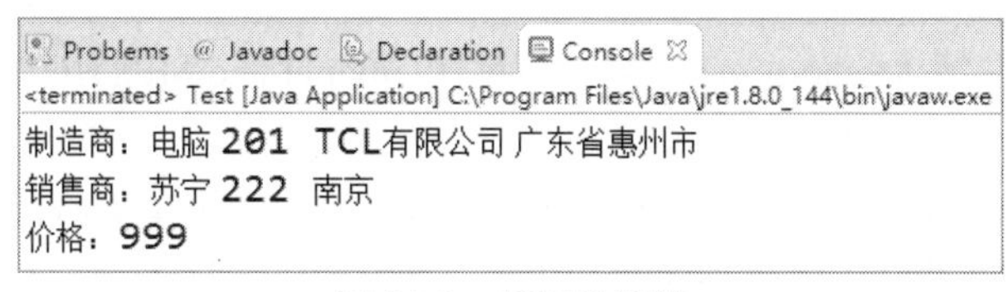

图 14-3　提取注解值

14.4　元注解

Java 5.0 API 的 java.lang.annotation 包中提供了 4 个标准的元注解类型，即@Target、@Retention、@Documented 和@Inherited。它们的作用是对其他注解类型进行注解。

14.4.1　@Target

@Target 指定注解类型所作用的程序元素的种类。若注解类型声明中不存在 Target 元注解，则声明的类型可以用在任一程序元素上；若存在元注解，则编译器强制实施指定的类型限制。

@Target 的取值是枚举类 ElementType 的成员（称为枚举常量），如表 14-1 所示。

表 14-1 ElementType 的枚举常量

枚 举 常 量	说 明
ANNOTATION_TYPE	注解类型声明
CONSTRUCTOR	构造方法声明
FIELD	字段（包括枚举常量）声明
METHOD	方法声明
PACKAGE	包声明
PARAMETER	参数声明
TYPE	类、接口（包括注解类型）或枚举声明
LOCAL_VARIABLE	局部变量声明
TYPE_PARAMETER	参数声明
TYPE_USE	用户类型声明

注意：在 JDK 1.8 中 ElementType 枚举类增加了两个枚举成员——TYPE_PARAMETER 和 TYPE_USE，它们都用来限定哪个类型可以进行注解。

【例 14-5】@Target 的使用。

步骤 1：定义注解 Method（源代码\ch14\Method.java）。

```
import java.lang.annotation.*;
@Target({ElementType.METHOD})
public @interface Method {}
```

在本例中，定义一个注解 Method。该注解的值是 ElementType.METHOD，因此该注解只能作用于方法上。

注意：Target 的值使用大括号"{}"表示它的值可以有多个，多个值之间使用逗号隔开。

步骤 2：定义类，类的方法使用注解 Method（源代码\ch14\TargetTest.java）。

```
//@Method 作用于类上，出错
public class TargetTest {
    @Method  //作用于方法上，正确
    public void testTarget(){
    }
}
```

在本例中，定义类 TargetTest，在类中定义 testTarget()方法。将定义的注解 Method 分别作用于类和类的方法上，可发现作用于类上时编译出错，而作用于方法上时编译正确。这是因为该注解的值是 ElementType.METHOD，因此它只能作用于方法上。

14.4.2 @Retention

@Retention 的作用是指定需要在什么级别保留该注释信息，它用于描述注解的生命周期，即被描述的注解在什么范围内有效。它的取值是枚举类 RetentionPolicy 的成员，如表 14-2 所示。

表 14-2　RetentionPolicy 的枚举常量

枚举常量	说　明
CLASS	在 class 文件中有效（即在 class 中保留）
RUNTIME	在运行时有效（即在运行时保留）
SOURCE	在源文件中有效（即在源文件中保留）

【例 14-6】@Retention 的使用（源代码\ch14\Runtime.java）。

```
import java.lang.annotation.*;
@Target({ElementType.FIELD})                //作用于字段，大括号表示可以有多个值
@Retention(RetentionPolicy.RUNTIME)         //其值只允许有一个，因此不用大括号
public @interface Runtime {
}
```

在本例中，定义注解 Runtime，使用元注解@Target 指明注解 Runtime 作用的程序元素是字段类型，使用元注解@Retention 指明注解 Runtime 在运行时保留。

14.4.3　@Documented

@Documented 指示某一类型的注解将通过 javadoc 和类似的默认工具进行文档化。

【例 14-7】@Documented 的使用（源代码\ch14\Document.java）。

```
import java.lang.annotation.*;
@Target(ElementType.FIELD)                  //作用于字段
@Retention(RetentionPolicy.RUNTIME)         //运行时有效
@Documented                                 //生成文档
public @interface Document {
}
```

在本案例中，定义一个注解 Document，使用元注解@Target 指定要使用注解 Document 的程序元素是字段类型，使用元注解@Retention 指定注解 Document 在运行时有效，最后使用元注解@Documented 说明注解 Document 被 javadoc 等工具文档化。

14.4.4　@Inherited

继承是 Java 的一大特征，在类中除了 private 的成员以外都会被子类继承。那么注解会不会被子类继承呢？默认情况下，父类注解是不会被子类继承的，只有使用元注解@Inherited 的注解才可以被子类继承。

【例 14-8】@Inherited 的使用。

步骤 1：创建注解 Inherite（源代码\ch14\Inherite.java）。

```
import java.lang.annotation.*;
@Inherited
public @interface Inherite {
   String inher();
}
```

在本例中，定义一个 Inherite 注解，为该注解定义一个属性 inher。

步骤 2：将创建的注解应用在父类 SuperOverride 上（源代码\ch14\SuperOverride1.java）。

```
@Inherite(inher = "继承")
```

```
public class SuperOverride {
    public void method(){
        System.out.println("父类方法");
    }
}
```

在本例中，父类 SuperOverride 使用注解 Inherite，它的子类 SubOverride 就会继承 Inherite 注解。

14.5　使用反射处理注解

利用反射可以在运行时动态地获取类的相关信息，例如类的所有方法、属性和构造方法，还可以创建对象、调用方法等。利用反射也可以获取注解的相关信息。

反射是在运行时获取相关信息的，因此要使用反射获取注解的相关信息，这个注解必须是用@Retention(RetentionPolicy.RUNTIME)声明的。

在 JDK API 中的 java.lang.reflect.AnnotatedElement 接口中定义了使用反射读取注解信息的方法，具体如下：

- Annotation getAnnotation(Class annotationType)：若存在该元素的指定类型的注解，则返回这些注解，否则返回 null。
- Annotation[] getAnnotations()：返回此元素上存在的所有注解。
- Annotation[] getDeclaredAnnotations()：返回该元素上已声明的所有注解，否则返回 null。使用该方法可以自由修改返回的数组。
- isAnnotationPresent(Class annotationType)：若指定类型的注解存在于此元素上，则返回 true，否则返回 false。

Class 类、Constructor 类、Field 类、Method 类和 Package 类都实现了 AnnotatedElement 接口，可以通过这些类的实例获取作用于其上的注解以及相关信息。

【例 14-9】利用反射获取类和方法上的注解信息。

步骤 1：定义注解（源代码\ch14\UserAnno.java）。

```
import java.lang.annotation.*;
//注解作用于类型和方法的声明上
@Target({ElementType.TYPE,ElementType.METHOD})
//注解在运行时有效
@Retention(RetentionPolicy.RUNTIME)
public @interface UserAnno {
    //为注解定义属性 value
    String value() default "user";
}
```

步骤 2：在类和类中的方法上使用注解（源代码\ch14\AnnoClass.java）。

```
@UserAnno
public class AnnoClass { //在类上使用注解
    @UserAnno("方法-注解")
    public void method(){ //在方法上使用注解
        System.out.println("在方法上使用注解");
    }
}
```

步骤 3：利用反射获取类和方法上的注解信息（源代码\ch14\ReflectAnno.java）。

```
import java.lang.annotation.Annotation;
import java.lang.reflect.Method;

//利用反射获取注解的值
public class ReflectAnno {
    public static void main(String[] args){
        try {
            //获取使用注解的类 AnnoClass 的 Class 对象 c
            Class c = Class.forName("AnnoClass");
            //获取注解类 UserAnoo 的 Class 对象 cUser
            Class cUser = Class.forName("UserAnno");

            //获取 AnnoClass 类中使用的 cUser 注解 anno
            Annotation anno = c.getAnnotation(cUser);
            //判断注解 anno 是否存在
            if(anno!=null){
                //将注解强制转换为 UserAnno 类型
                UserAnno a = (UserAnno) anno;
                System.out.println("AnnoClass 类上的注解: " + a.value());
            }

            //获取 AnnoClass 类的 method()方法上对应的 Method 实例
            Method m = c.getDeclaredMethod("method");
            Annotation an = m.getAnnotation(cUser);
            if(an!=null){
                UserAnno a = (UserAnno) an;
                System.out.println("method()方法上的注解: " + a.value());
            }
        } catch (ClassNotFoundException e) {
            e.printStackTrace();
        } catch (NoSuchMethodException e) {
            e.printStackTrace();
        } catch (SecurityException e) {
            e.printStackTrace();
        }
    }
}
```

运行上述程序，结果如图 14-4 所示。

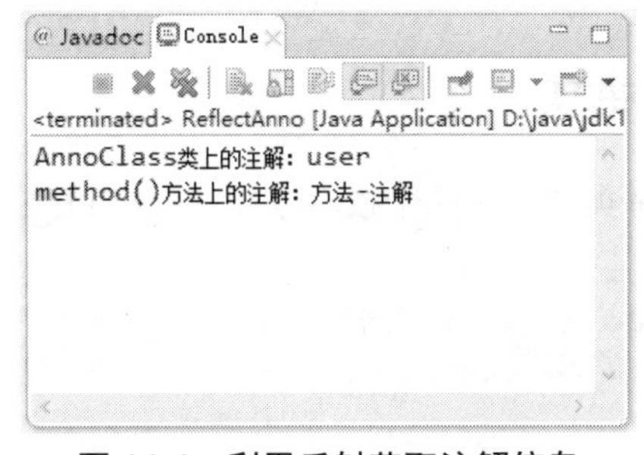

图 14-4　利用反射获取注解信息

在本例中，首先定义一个注解 UserAnno，在注解内声明注解的作用元素类型是 TYPE 和 METHOD；注解在运行时有效；还定义了注解的属性 value，它的默认值是 user。然后定义使用注解的类 AnnoClass，在类和类的方法 method()上使用注解。在类上使用注解时，使用注解属性的默认值；在方法上使用注解时，显示对注解的属性赋值。最后定义利用反射获取注解信息的处理类 ReflectAnno。

14.6 JDK 1.8 新特性

在 JDK 1.8 中，增加了支持多重注解的功能，并为 ElementType 枚举类增加了两个枚举成员——TYPE_PARAMETER 和 TYPE_USE，它们都用来限定哪个类型可以进行注解。

14.6.1 多重注解

在注解前使用@Repeatable 允许同一类型的注解多次使用。

【例 14-10】（源代码\ch14\NewAnnos.java）定义注解 NewAnnos，放置一组具体的 NewAnno 注解。在 NewAnno 注解前使用@Repeatable，允许同一类型的注解可以多次使用。

```
import java.lang.annotation.Repeatable;
public @interface NewAnnos{
   NewAnno[] value();                  //定义放置 NewAnno 注解的数组
}
@Repeatable(NewAnnos.class)            //使用@ Repeatable 说明这个注解可以多次使用
@interface NewAnno {                   //定义 NewAnno 注解
   String value();                     //定义注解的属性
}
```

【例 14-11】（源代码\ch14\NewAnnoClass.java）使用包装类作为容器来保存多个注解。

```
@NewAnnos({@NewAnno("NewAnno"), @NewAnno("NewAnno")})
public class NewAnnoClass {
}
```

Java 编译器会隐式地定义@NewAnnos 注解。

【例 14-12】（源代码\ch14\NewAnnoClass1.java）使用多重注解。

```
@NewAnno("NewAnno")
@NewAnno("NewAnno")
public class NewAnnoClass {
}
```

14.6.2 ElementType 枚举类

JDK 1.8 中的 ElementType 枚举类增加了两个枚举成员——TYPE_PARAMETER 和 TYPE_USE，它们都用来限定哪个类型可以进行注解。

```
@Target({ElementType.TYPE_PARAMETER, ElementType.TYPE_USE})
@interface MyAnnotation {}
```

14.6.3　函数式接口

Java 8.0 引入了 Lambda 表达式，它在 Java 的类型系统中被当作只包含一个抽象方法的任意接口类型。在这个接口中需要添加@FunctionalInterface 注解，编译器在发现标注这个注解的接口有不止一个抽象方法时会报错。

每一个 Lambda 表达式都对应一个类型，通常是接口类型。函数式接口是指只包含一个抽象方法的接口，每一个该类型的 Lambda 表达式都会被匹配到这个抽象方法。由于默认方法不算抽象方法，因此可以给函数式接口添加默认方法。

【例 14-13】使用函数式接口的例子。

步骤 1：在接口 InterNew 中添加@FunctionalInterface 注解（源代码\ch14\InterNew.java）。

```
@FunctionalInterface
interface InterNew<String,Integer> {
    Integer InterNew(String t);
}
```

步骤 2：在 FuncNew 类中使用 Lambda 表达式（源代码\ch14\FuncNew.java）。

```
public class FuncNew {
    public static void main(String[] args){
        //Lambda 表达式，使用函数式接口
        InterNew<String, Integer> in = (t) -> Integer.valueOf(t);
        Integer i = in.InterNew("25");
        System.out.println("Lambda 表达式: String -> Integer: " + i);
    }
}
```

运行上述程序，结果如图 14-5 所示。

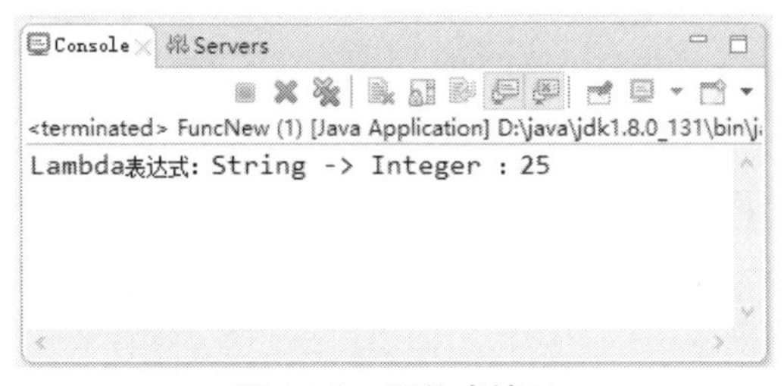

图 14-5　函数式接口

在本例中，在接口中使用@FunctionalInterface 注解来规定接口只有一个抽象方法。在 FuncNew 类中使用 Lambda 表达式将其匹配到接口抽象方法 InterNew()。

注意：若没有添加@FunctionalInterface，上面的代码也是对的。

14.7　就业面试解析与技巧

14.7.1　面试解析与技巧（一）

面试官：注解的可用类型有哪些？

应聘者：注解的可用类型包括所有基本类型、String、Class、Enum、Annotation 以及以上类型的数组形式。注解属性不能有不确定的值，即要么有默认值，要么在使用注解的时候提供属性的值，而且属性不能使用 null 作为默认值。

在注解只有一个属性且该属性的名称是 value 的情况下，在使用注解的时候可以省略“value=”，直接写需要的值即可。

14.7.2 面试解析与技巧（二）

面试官：使用@SuppressWarnings 注解时应遵循什么原则？

应聘者：使用@SuppressWarnings 注解时应遵循就近原则。例如一个方法出现警告，应该使用@SuppressWarnings 注解这个方法，而不是注解方法所在的类。虽然上面两种办法都能抑制编译器生成警告，但是范围越小越好，范围大了有可能会抑制该类下其他方法的警告信息。

第 4 篇

高级应用

在本篇中，将结合案例程序详细介绍 Java 软件开发中的高级应用技术。包括 Java 线程与并发、输入输出流、GUI 编程、Swing 编程、Java 网络编程、Java JDBC 编程等高级应用开发技术。学好本篇可以极大地扩展运用 Java 编程的应用领域。

第 15 章

齐头并进完成任务——线程与并发

◎ 本章教学微视频：16 个　50 分钟

学习指引

大多数的程序设计语言在同一时刻只能运行一个程序块，而无法同时运行不同的多个程序块。Java 的多线程恰可弥补这个缺憾，它可以让不同的程序块一起运行，如此一来就可让程序运行得更为顺畅，同时也可达到多任务处理的目的。本章将详细介绍线程与并发的相关知识，主要内容包括线程的概念、线程的创建、线程的状态、线程的同步与交互等。

重点导读

- 了解线程的概念。
- 掌握线程的创建与启动。
- 掌握线程的状态。
- 熟练掌握线程的同步。
- 熟练掌握线程的交互。
- 掌握线程的调度。

15.1　线程概述

操作系统中运行的程序就是一个进程，而线程是进程的组成部分，因此在了解线程之前先了解一下进程以及它与线程的区别。

15.1.1　进程

进程（process）是计算机中的程序基于某个数据集合上的一次独立运行活动，是系统进行资源分配和调度的基本单位，是操作系统结构的基础。在早期面向进程设计的计算机结构中，进程是程序的基本执行实体；在当代面向线程设计的计算机结构中，进程是线程的容器。程序是指令、数据及其组织形式的描述，进程是程序的实体。

进程的特征如下：

（1）一个进程就是一个执行中的程序，而每一个进程都有自己独立的一块内存空间和一组系统资源。每一个进程的内部数据和状态都是完全独立的。

（2）创建并执行一个进程的系统开销是比较大的。

（3）进程是程序的一次执行过程，是系统运行程序的基本单位。

15.1.2 线程

线程，有时被称为轻量级进程（Light Weight Process，LWP），是程序执行流的最小单元。一个标准的线程由线程 ID、当前指令指针（PC）、寄存器集合和堆栈组成。另外，线程是进程中的一个实体，是被系统独立调度和分派的基本单位，线程自己不拥有系统资源，只拥有少量在运行中必不可少的资源，但它可与同属一个进程的其他线程共享进程所拥有的全部资源。一个线程可以创建和撤销另一个线程，同一进程中的多个线程之间可以并发执行。

多线程是实现并发机制的一种有效手段。进程和线程一样，都是实现并发的一个基本单位。线程和进程的主要差别体现在以下两个方面。

- 同样作为基本的执行单位，线程是划分得比进程更小的执行单位。
- 每个进程都有一段专用的内存区域。与此相反，线程则共享内存单元（包括代码和数据），通过共享的内存单元来实现数据交换、实时通信与必要的同步操作。

多线程的应用范围很广。在一般情况下，程序的某些部分同特定的事件或资源联系在一起，同时又不想为它而暂停程序其他部分的执行，在这种情况下，就可以考虑创建一个线程，令它与那个事件或资源关联到一起，并让它独立于主程序运行。通过使用线程，可以避免用户在运行程序和得到结果之间的停顿，还可以让一些任务（如打印任务）在后台运行，而用户则在前台继续完成一些其他的工作。总之，利用多线程技术，可以使编程人员方便地开发出能同时处理多个任务的功能强大的应用程序。

15.2 创建线程

在 Java 语言中，线程也是一种对象，但并不是任何对象都可以成为线程，只有实现了 Runnable 接口或者继承了 Thread 类的对象才能成为线程。

线程的创建有两种方式：一种是继承 Thread 类，另一种是实现 Runnable 接口。

15.2.1 继承 Thread 类

Thread 存放在 java.lang 类库里，但并不需要加载 java.lang 类库，因为它会自动加载。而 run()方法是定义在 Thread 类里的一个方法，因此把线程的程序代码编写在 run()方法内，事实上所做的就是覆写的操作。因此要使一个类可激活线程，必须按照下面的语法来编写：

```
class 类名称 extends Thread        //从 Thread 类扩展出子类
{
    属性
    方法
    修饰符 run(){                  //覆写 Thread 类里的 run()方法
        以线程处理的程序;
```

```
    }
}
```

【例 15-1】（实例文件：ch15\Chap15.1.txt）同时激活多个线程。

```
public class Test
{
   public static void main(String args[])
   {
      new TestThread().start();
      //循环输出
      for(int i=0;i<10;i++)
      {
         System.out.println("main 线程在运行");
      }
   }
}
class TestThread extends Thread
{
   public void run()
   {
      for(int i=0;i<10;i++)
      {
         System.out.println("TestThread 在运行");
      }
   }
}
```

程序运行结果如图 15-1 所示。

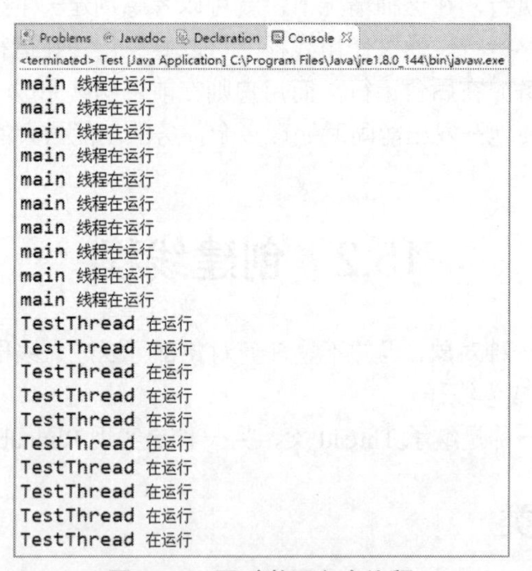

图 15-1　同时激活多个线程

从运行结果中可以看到程序是采用多线程机制运行的。程序的第 13 行 TestThread 类继承了 Thread 类，第 5 行调用的不是 run()方法，而是 start()方法。可见，要启动线程必须调用 Thread 类之中的 start()方法，而调用了 start()方法，也就是调用了 run()方法。

15.2.2　实现 Runnable 接口

从前面的章节中读者应该已经清楚，Java 程序只允许单一继承，即一个子类只能有一个父类，所以在

Java 中如果一个类继承了某一个类，同时又想采用多线程技术，就不能用 Thread 类产生线程，因为 Java 不允许多继承，这时要用 Runnable 接口来创建线程。多线程的定义语法如下：

```
class 类名称 implements Runnable        //实现 Runnable 接口
{
   属性
   方法
   修饰符 run(){                        //覆写 Thread 类里的 run()方法
      以线程处理的程序;
   }
}
```

【例 15-2】（实例文件：ch15\Chap15.2.txt）用 Runnable 接口实现多线程。

```
public class Test
{
   public static void main(String args[])
   {
      TestThread t = new TestThread() ;
      new Thread(t).start();
      //循环输出
      for(int i=0;i<10;i++)
      {
         System.out.println("main 线程在运行");
      }
    }
}
class TestThread implements Runnable
{
   public void run()
   {
      for(int i=0;i<10;i++)
      {
         System.out.println("TestThread 在运行");
      }
   }
}
```

保存并运行程序，结果如图 15-2 所示。

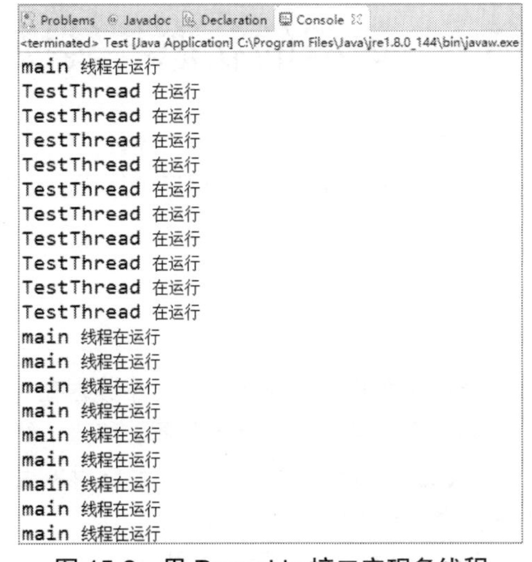

图 15-2　用 Runnable 接口实现多线程

第 14 行中的 TestThread 类实现了 Runnable 接口，同时覆写了 Runnable 接口中的 run()方法，也就是说此类为一个多线程实现类。

第 5 行实例化了一个 TestThread 类的对象。

第 6 行通过 TestThread 类（Runnable 接口的子类）实例化一个 Thread 类的对象，之后调用 start()方法启动多线程。

从输出结果可以看到，无论继承了 Thread 类还是实现了 Runnable 接口，运行的结果都是一样的。有些读者可能不理解，为什么实现了 Runnable 接口还需要调用 Thread 类中的 start()方法才能启动多线程呢？查阅 JDK 文档就可以发现，在 Runnable 接口中只有一个 run()方法，如图 15-3 所示。

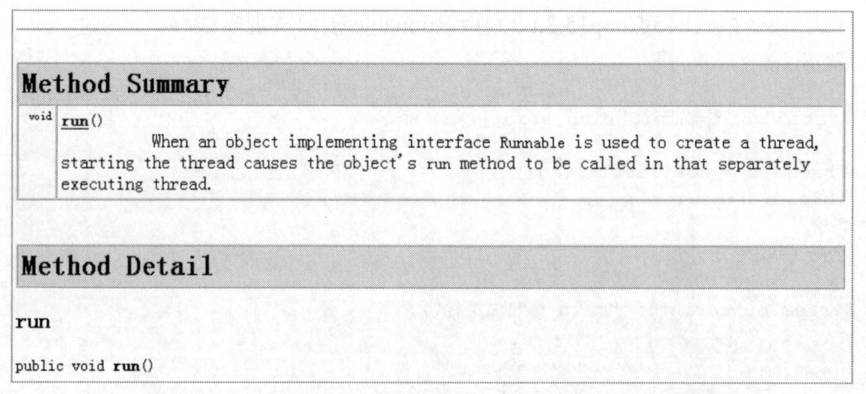
Method Summary

void	run() When an object implementing interface Runnable is used to create a thread, starting the thread causes the object's run method to be called in that separately executing thread.

Method Detail

run

public void run()

图 15-3　JDK 文档关于 Runnable 接口的 run()方法说明

也就是说在 Runnable 接口中并没有 start()方法，所以一个类实现了 Runnable 接口也必须用 Thread 类中的 start()方法来启动多线程。对这一点，通过查找 JDK 文档中的 Thread 类可以看到，在 Thread 类中有这样一个构造方法：

```
public Thread(Runnable target)
```

在这个构造方法中，用一个 Runnable 接口的实例化对象作为参数去实例化 Thread 类对象。在实际的开发中，建议尽可能多地使用 Runnable 接口去实现多线程机制。

15.3　线程的状态与转换

每个 Java 程序都有一个默认的主线程，对于 Java 应用程序，主线程是 main()方法执行的线索；对于 Applet 程序，主线程是指挥浏览器加载并执行 Java Applet 程序的线索。要想实现多线程，必须在主线程中创建新的线程对象。

15.3.1　线程状态

线程从创建到执行完成的整个过程称为线程的生命周期。一个线程在生命周期内总是处于某一种状态，任何一个线程一般都具有 5 种状态，即创建、就绪、运行、阻塞、终止，线程的状态如图 15-4 所示。

（1）创建状态：new 关键字和 Thread 类或其子类创建一个线程对象后，该线程对象就处于创建状态。它保持这个状态直到调用 start()方法启动这个线程。

（2）就绪状态：线程一旦调用了 start()方法后，就进入就绪状态。就绪状态的线程不一定立即运行，它处于就绪队列中，要等待 JVM 里线程调度器的调度。

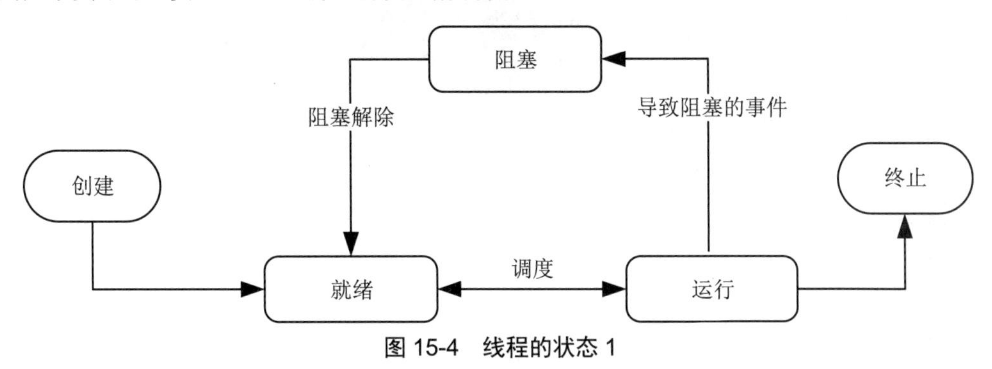

图 15-4 线程的状态 1

（3）运行状态：当线程得到系统的资源后进入运行状态。

（4）阻塞状态：处于运行状态的线程因为某种特殊的情况，例如 I/O 操作，让出系统资源，进入阻塞状态，调度器立即调度就绪队列中的另一个线程开始运行。当阻塞事件解除后，线程由阻塞状态回到就绪状态。

（5）终止状态：线程执行完成或调用 stop()方法时，进入终止状态。

15.3.2 线程状态转换

线程创建后，调用 start()方法进入就绪状态，在就绪队列里等待执行；当线程执行 run()方法时，线程进入运行状态。

1. 线程睡眠

当线程调用 Thread 类的 sleep()静态方法时，线程进入睡眠状态。

【例 15-3】（实例文件：ch15\Chap15.3.txt）调用 sleep()方法使线程睡眠。

```
import java.util.Date;
public class SleepTest implements Runnable{
    boolean flag = true;                //声明成员变量
    public void run(){
        System.out.println("子线程执行...");
        while(flag){
            System.out.println("---"+new Date()+"---");
            try {
                Thread.sleep(1000);     //当前线程睡眠 1s
            } catch (InterruptedException e) {
                //线程体捕获中断异常，跳出循环
                System.out.println("中断子线程，跳出 while 循环");
                break;
            }
        }
    }
    public static void main(String[] args) {
        SleepTest s = new SleepTest();
        Thread t = new Thread(s);       //创建子线程
        System.out.println("主线程执行...");
```

```
        System.out.println("主线程睡眠 5s");
        t.start();                    //启动子线程
        try {
            Thread.sleep(5000);       //主线程睡眠 5s
        } catch (InterruptedException e) {
            e.printStackTrace();
        }
        System.out.println("主线程执行...");
        //主线程睡眠结束后，如果子线程没有结束，则中断子线程
        t.interrupt();
    }
}
```

运行上述程序，结果如图 15-5 所示。

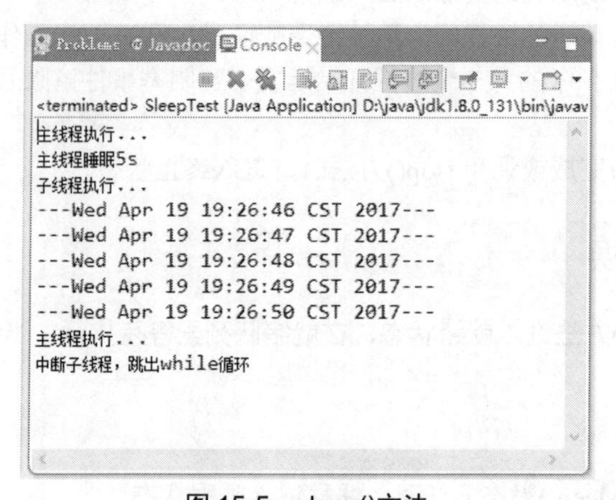

图 15-5　sleep()方法

在本例中，定义了实现 Runnable 接口的类，在类中重写了 run()方法。run()方法中定义了 while 死循环，在循环体中，调用 sleep()方法让当前线程睡眠 1s，当线程调用 interrupt()方法时，发生打断线程的异常，在捕获异常的 catch 块中，使用 break 语句跳出 while 循环。

在程序的 main()方法中，创建线程 t 并启动子线程 t。首先主线程调用 Thread 类的静态方法 sleep(5000)，睡眠 5s。这时子线程获得 CPU 资源，子线程执行线程体 run()方法。在线程体中，由于 flag 始终是 true，所以子线程执行死循环，调用 sleep(1000)睡眠 1s。子线程循环执行 5 次后，主线程睡眠结束，获得 CPU 开始执行，子线程调用它的 interrupt()方法中断执行。

注意 wait()方法和 sleep()方法的区别：调用 wait()方法，线程释放资源；调用 sleep()方法，线程不会释放资源。

2. 线程合并

当线程调用 Thread 类的 join()方法时，合并某个线程。即当前线程进入阻塞状态，被调用的线程执行。

【例 15-4】（实例文件：ch15\Chap15.4.txt）调用 join()方法合并线程。

```
public class JoinTest implements Runnable{
    public void run(){
        for(int i=0;i<10;i++){
            System.out.println("我是: " + Thread.currentThread().getName());
            try {
```

```
                Thread.sleep(1000); //睡眠1s
            } catch (InterruptedException e) {
                e.printStackTrace();
            }
        }
    }
    public static void main(String[] args) {
        JoinTest j = new JoinTest();
        Thread t = new Thread(j);
        t.setName("子线程");
        t.start();
        for(int i=0;i<10;i++){
            System.out.println("我是主线程");
            if(i==5){
                try {
                    t.join();//合并子线程
                } catch (InterruptedException e) {
                    e.printStackTrace();
                }
            }
        }
    }
}
```

运行上述程序，结果如图15-6所示。

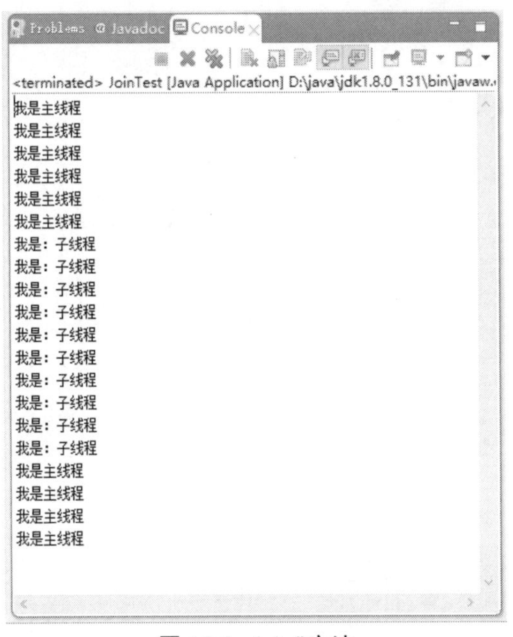

图15-6 join()方法

在本例中，定义实现Runnable接口的类，在类中重写run()方法。在for循环中，循环调用Thread类的静态方法sleep(1000)。在程序的main()方法中，创建线程t，并命名为子线程。在程序中主线程和子线程抢占CPU资源，主线程和子线程执行的顺序以及次数不定。当主线程执行for循环到i=5时，主线程进入阻塞状态，子线程获得 CPU 执行。注意：在子线程调用 join()方法前，它也可能分配到 CPU 执行，因此每次输出结果可能不同。在本例中，子线程在调用 join()方法前执行一次；调用 join()方法后，主线程阻塞，子线程执行。

3. 线程让出

当线程调用 Thread 类的 yield()静态方法时，线程让出 CPU 资源，从运行状态进入阻塞状态。

【例 15-5】（实例文件：ch15\Chap15.5.txt）调用 yield()方法使线程让出 CPU 资源。

```
public class YieldTest implements Runnable {
    public void run(){
        for(int i=1;i<10;i++){
            System.out.println(Thread.currentThread().getName() + ": " + i);
            if(i%3==0){
                Thread.yield();  //让出 CPU 资源
            }
        }
    }
    public static void main(String[] args) {
        YieldTest y = new YieldTest();
        Thread t1 = new Thread(y);
        Thread t2 = new Thread(y);
        t1.setName("thread1");
        t2.setName("thread2");
        t1.start();
        t2.start();
    }
}
```

运行上述程序，结果如图 15-7 所示。

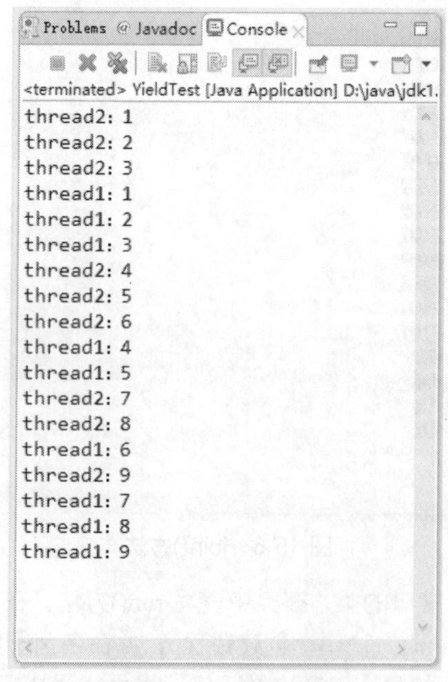

图 15-7　yield()方法

在本例中，定义了实现 Runnable 接口的类，在类中重写了 run()方法，在 for 循环中，当 i 可以被 3 整除时，调用 yield()方法让出 CPU。在程序的 main()方法中，创建了线程 t1 和 t2，并对线程命名，再调用 start()方法启动线程。两个线程执行线程体即 run()方法。从运行结果可以看出，当线程 thread1 执行到 i 可以被 3 整除时，让出线程，线程 thread2 执行；当线程 2 执行到 i 可以被 3 整除时，也让出线程，线程 1 再执行。两个线程循环执行。

15.4　线程的同步

在编程过程中，为了防止多线程访问共享资源时发生冲突，在 Java 语言中提供了线程同步机制。

15.4.1　线程安全

当一个类已经很好地同步以保护它的数据时，这个类就称为线程安全的（thread safe）。相反地，线程不安全就是不提供数据访问保护，有可能出现多个线程先后更改数据造成某些线程得到的是无效数据。

线程安全问题都是由多个线程对共享的变量进行读写引起的，例如购买火车票的问题。

【例 15-6】（实例文件：ch15\Chap15.6.txt）购买火车票。

```
class MyThread implements Runnable {     //线程主体类
   private int ticket = 6 ;
   @Override
   public void run() {                   //理解为线程的主方法
      for (int x = 0; x < 50; x++) {
         if (this.ticket > 0) {          //卖票的条件
            try {
               Thread.sleep(1000) ;
            } catch (InterruptedException e) {
               e.printStackTrace();
            }
            System.out.println(Thread.currentThread().getName()
                  + "卖票, ticket = " + this.ticket--);
         }
      }
   }
}
public class Test {
   public static void main(String[] args) {
      MyThread mt = new MyThread() ;
      new Thread(mt, "售票员 A").start();
      new Thread(mt, "售票员 B").start();
      new Thread(mt, "售票员 C").start();
   }
}
```

程序运行结果如图 15-8 所示。

```
Problems  @ Javadoc  Declaration  Console ☒
<terminated> Test [Java Application] C:\Program Files\Java\jre1.8.0_144\bin\javaw.exe
售票员A卖票，ticket = 6
售票员C卖票，ticket = 5
售票员B卖票，ticket = 4
售票员A卖票，ticket = 3
售票员C卖票，ticket = 2
售票员B卖票，ticket = 1
售票员A卖票，ticket = 0
```

图 15-8　购买火车票

通过该程序的运行结果发现，当票数已经为 0 时，仍然卖出了一张票，很明显这是由于不同步所造成的，实际上程序在运行过程中需要两步完成卖票操作：

步骤 1：判断是否还有票。

步骤 2：卖票。

但是在第二步和第一步之间出现了延迟，假设现在只有最后一张票了，所有的线程都几乎同时进入 run()方法执行，此时的 if 判断条件应该都满足，所以再进行自减操作就会出错，这就是线程不同步的问题。

要解决此类问题，有两种实现方式：同步代码块、同步方法。

15.4.2　同步代码块

同步代码块是使用 synchronized 关键字定义的代码块，但是在同步的时候需要设置一个对象锁，一般都会给当前对象 this 上锁。

【例 15-7】（实例文件：ch15\Chap15.7.txt）使用同步代码块解决线程同步问题。

```
class MyThread implements Runnable {          //线程主体类
    private int ticket = 6 ;
    @Override
    public void run() {                       //理解为线程的主方法
        for (int x = 0; x < 50; x++) {
            synchronized(this) {
                if (this.ticket > 0) {        //卖票的条件
                    try {
                        Thread.sleep(1000) ;
                    } catch (InterruptedException e) {
                        e.printStackTrace();
                    }
                    System.out.println(Thread.currentThread().getName()
                        + "卖票，ticket = " + this.ticket--);
                }
            }
        }
    }
}
public class Test {
    public static void main(String[] args) {
        MyThread mt = new MyThread() ;
        new Thread(mt, "售票员 A").start();
```

```
        new Thread(mt, "售票员 B").start();
        new Thread(mt, "售票员 C").start();
    }
}
```

程序执行结果如图 15-9 所示。

```
Problems  @ Javadoc  Declaration  Console
<terminated> Test [Java Application] C:\Program Files\Java\jre1.8.0_144\bin\javaw.exe
售票员A卖票，ticket = 6
售票员C卖票，ticket = 5
售票员B卖票，ticket = 4
售票员C卖票，ticket = 3
售票员A卖票，ticket = 2
售票员C卖票，ticket = 1
```

图 15-9　使用同步代码块

这种方法解决了不同步的问题，但是同时可以发现，程序的执行速度变慢了。同步要比之前的异步操作线程的安全性高，但是性能会降低。

15.4.3　同步方法

如果在一个方法上使用了 synchronized 定义，那么此方法就称为同步方法。

【例 15-8】（实例文件：ch15\Chap15.8.txt）实现同步方法。

```
class MyThread implements Runnable {            //线程主体类
    private int ticket = 6;
    @Override
    public void run() {                         //可理解为线程的主方法
        for (int x = 0; x < 50; x++) {
            this.sale() ;
        }
    }
    public synchronized void sale() {           //同步方法
        if (this.ticket > 0) {                  //卖票的条件
            try {
                Thread.sleep(1000);
            } catch (InterruptedException e) {
                e.printStackTrace();
            }
            System.out.println(Thread.currentThread().getName()
                    + "卖票, ticket = " + this.ticket--);
        }
    }
}
public class Test {
    public static void main(String[] args) {
        MyThread mt = new MyThread();
```

```
        new Thread(mt, "售票员A").start();
        new Thread(mt, "售票员B").start();
        new Thread(mt, "售票员C").start();
    }
}
```

程序运行结果如图 15-10 所示。

```
Problems @ Javadoc Declaration Console
<terminated> Test [Java Application] C:\Program Files\Java\jre1.8.0_144\bin\javaw.exe
售票员A卖票，ticket = 6
售票员C卖票，ticket = 5
售票员B卖票，ticket = 4
售票员C卖票，ticket = 3
售票员A卖票，ticket = 2
售票员C卖票，ticket = 1
```

图 15-10　使用同步方法

所谓同步就是指一个线程等待另一个线程操作完再继续的情况。

15.4.4　死锁

如果有多个进程，且它们都要争用对多个锁的独占访问，那么就有可能发生死锁。

最常见的死锁形式是当线程 1 持有对象 A 上的锁，而且正在等待对象 B 上的锁；而线程 2 持有对象 B 上的锁，却正在等待对象 A 上的锁。这两个线程永远都不会获得第二个锁或释放第一个锁，所以它们只会永远等待下去。这就好比两个人在吃饭，甲拿到了一根筷子和一把刀子，乙拿到了一把叉子和一根筷子，于是，就会发生下面的事件。

甲：“你先给我筷子，我再给你刀子！”

乙：“你先给我刀子，我才给你筷子！”

……

结果可想而知，谁也没法吃到饭。

要避免死锁，应该确保所有的线程都以相同的顺序获取锁。

在下面的例子中，程序创建了两个类 A 和 B，它们分别具有方法 funA()和 funB()，在调用对方的方法前，funA()和 funB()都睡眠一会儿。主类 DeadLockDemo 创建 A 和 B 实例，然后产生第二个线程以构成死锁条件。funA()和 funB()使用 sleep()方法来强制死锁条件出现。而在真实程序中，死锁是较难发现的。

【例 15-9】（实例文件：ch15\Chap15.9.txt）程序死锁的产生。

```
class A
{
   synchronized void funA(B b)
   {
      String name=Thread.currentThread().getName();
      System.out.println(name+ " 进入 A.foo ");
      try
      {
         Thread.sleep(1000);
      }
      catch(Exception e)
```

```
        {
            System.out.println(e.getMessage());
        }
        System.out.println(name+ " 调用 B类中的last()方法");
        b.last();
    }
    synchronized void last()
    {
        System.out.println("A类中的last()方法");
    }
}
class B
{
    synchronized void funB(A a)
    {
        String name=Thread.currentThread().getName();
        System.out.println(name + " 进入 B.foo");
        try
        {
            Thread.sleep(1000);
        }
        catch(Exception e)
        {
            System.out.println(e.getMessage());
        }
        System.out.println(name + " 调用 A类中的last()方法");
        a.last();
    }
    synchronized void last()
    {
        System.out.println("B类中的last()方法");
    }
}
class Test implements Runnable
{
    A a=new A();
    B b=new B();
    Test()
    {
        //设置当前线程的名称
        Thread.currentThread().setName("Main -->> Thread");
        new Thread(this).start();
        a.funA(b);
        System.out.println("main线程运行完毕");
    }
    public void run()
    {
        Thread.currentThread().setName("Test -->> Thread");
```

```
        b.funB(a);
        System.out.println("其他线程运行完毕");
    }
    public static void main(String[] args)
    {
        new Test();
    }
}
```

保存并运行程序，结果如图 15-11 所示。

```
Problems  @ Javadoc  Declaration  Console
Test [Java Application] C:\Program Files\Java\jre1.8.0_144\bin\javaw.exe
Main -->> Thread 进入A.foo
Test -->> Thread 进入B.foo
Test -->> Thread 调用A类中的last()方法
Main -->> Thread 调用B类中的last()方法
```

图 15-11　程序死锁的产生

从运行结果可以看到，Test-->>Thread 进入了 b 的监听器，然后又在等待 a 的监听器。同时 Main-->>Thread 进入了 a 的监听器，并等待 b 的监听器。这个程序永远不会完成。

15.5　线程交互

线程间的交互指的是线程之间需要一些协调通信来共同完成一项任务。线程的交互可以通过 wait()方法和 notify()方法来实现。

15.5.1　wait()和 notify()方法

在 Java 程序执行过程中，当线程调用 Object 类提供的 wait()方法时，当前线程停止执行，并释放其占有的资源，线程从运行状态转换为等待状态。当线程执行某个对象的 notify()方法时，会唤醒在此对象等待池中的某个线程，使该线程从等待状态转换为就绪状态；当线程执行某个对象的 notifyAll()方法时，会唤醒对象等待池中的所有线程，使这些线程从等待状态转换为就绪状态。Object 类提供的 wait()方法和 notify()方法的使用如表 15-1 所示。

表 15-1　Object()方法

类　型	方　法	说　明
void	notify()	唤醒在此对象监听器上等待的单个线程
void	notifyAll()	唤醒在此对象监听器上等待的所有线程
void	wait()	在其他线程调用此对象的 notify()方法或 notifyAll()方法前，当前线程等待
void	wait(long timeout)	在其他线程调用此对象的 notify()方法、notifyAll()方法或未超过指定的时间前，当前线程等待
void	wait(long timeout, int nanos)	在其他线程调用此对象的 notify()方法、notifyAll()方法、其他某个线程中断当前线程或未超过指定的时间前，当前线程等待

15.5.2 生产者-消费者问题

在Java语言中,线程交互的经典问题就是生产者-消费者的问题。这个问题是通过wait()方法和notifyAll()方法实现的。

生产者-消费者问题描述如下：生产者将生产的产品放到仓库中，而消费者从仓库中取走产品。仓库一次存放固定数量的产品。如果仓库满了，生产者停止生产，等待消费者消费产品；如果仓库不满，生产者继续生产；如果仓库是空的，消费者停止消费，等仓库有产品再继续消费。

【例15-10】（实例文件：ch15\Chap15.10.txt）生产者—消费者问题。

```
public class ProducerConsumer {
    public static void main(String[] args) {
        Stack s = new Stack();                          //创建栈对象s
        Producer p = new Producer(s);                   //创建生产者对象
        Consumer c = new Consumer(s);                   //创建消费者对象
        new Thread(p).start();                          //创建生产者线程1
        new Thread(p).start();                          //创建生产者线程2
        new Thread(p).start();                          //创建生产者线程3
        new Thread(c).start();                          //创建消费者线程
    }
}
// Rabbit类(产品:玩具兔)
class Rabbit {
    int id;                                             //玩具兔的id
    Rabbit(int id) {
        this.id = id;
    }
    public String toString() {
        return "玩具 : " + id;                          //重写toString()方法,打印玩具兔的id
    }
}
//栈(存放玩具兔的仓库)
class Stack {
    int index = 0;
    Rabbit[] rabbitArray = new Rabbit[6];               //存放玩具兔的数组
    public synchronized void push(Rabbit wt) {          //玩具兔放入数组栈的方法
        while(index == rabbitArray.length) {
            try {
                this.wait();                            //栈满,等待消费者消费
            } catch (InterruptedException e) {
                e.printStackTrace();
            }
        }
        this.notifyAll();                               //唤醒所有生产者线程
        rabbitArray[index] = wt;                        //将玩具兔放入栈
        index ++;
    }
    public synchronized Rabbit pop() {                  //将玩具兔取走(消费)的方法
        while(index == 0) {                             //如果栈空
```

```
            try {
                this.wait();                                      //等待生产玩具兔
            } catch (InterruptedException e) {
                e.printStackTrace();
            }
        }
        this.notifyAll();                                     //栈不空，唤醒所有消费者线程
        index--;                                              //消费
        return rabbitArray[index];
    }
}
//生产者类
class Producer implements Runnable {
    Stack st = null;
    Producer(Stack st) {                                      //构造方法，为类的成员变量 ss 赋值
        this.st = st;
    }
    public void run() {                                       //线程体
        for(int i=0; i<20; i++) {                             //循环生产 20 个玩具兔
            Rabbit r = new Rabbit(i);                         //创建玩具兔类
            st.push(r);                                       //将生产的玩具兔放入栈
            //输出生产了玩具 r，默认调用玩具兔类的 toString()
            System.out.println("生产-" + r);
            try {
                Thread.sleep((int)(Math.random() * 200));     //生产一个玩具兔后睡眠
            } catch (InterruptedException e) {
                e.printStackTrace();
            }
        }
    }
}
//消费者类
class Consumer implements Runnable {
    Stack st = null;
    Consumer(Stack st) {                                      //构造方法，为类的成员变量 ss 赋值
        this.st = st;
    }
    public void run() {
        for(int i=0; i<20; i++) {                             //循环消费，即取走 20 个玩具兔
            Rabbit r = st.pop();                              //从栈中取走一个玩具兔
            System.out.println("消费-" + r);
            try {
                Thread.sleep((int)(Math.random() * 1000));    //消费一个玩具兔后睡眠
            } catch (InterruptedException e) {
                e.printStackTrace();
            }
```

```
        }
    }
}
```

运行上述程序，结果如图 15-12 所示。

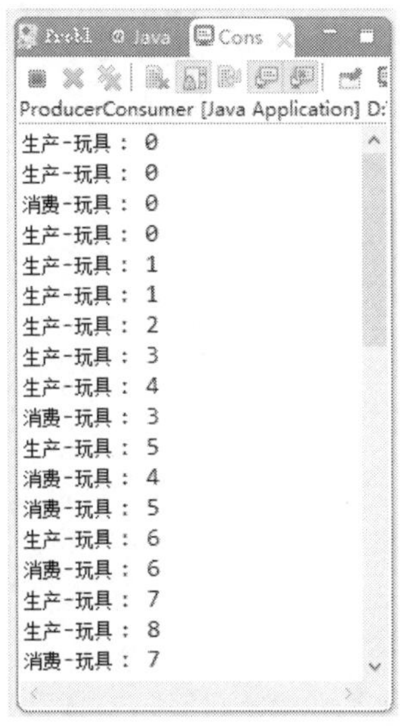

图 15-12 生产者-消费者问题

在本例中，定义了产品类 Rabbit（玩具兔），它有一个成员变量 id，通过它的构造方法对 id 赋值。

定义了存放产品（玩具兔）的类 Stack，在类中定义了一个存放 Rabbit 类的数组 rabbitArray，它可以放 6 个玩具兔。在类中定义了存放玩具兔的 push()方法和取走玩具兔的 pop()方法。在 push()方法中，首先判断数组是否已经存满玩具兔，如果数组已满，则当前生产者线程执行 wait()；如果数组不满，唤醒所有生产者线程，进行生产。在 pop()方法中，首先判断数组是否为空，如果为空，则当前消费者线程执行 wait()；如果不为空，唤醒所有消费者线程，进行消费。

定义了继承 Runnable 的实现类，即生产者类 Producer；在它的构造方法中，对存放玩具兔的 Stack 类成员变量赋值；在类的 run()方法中，通过 for 循环生产 20 个玩具兔，每一次循环生产一个玩具兔，然后通过 Stack 类中定义的 push()方法将玩具兔放入数组中，最后线程睡眠一段随机时间。

定义了继承 Runnable 的实现类，即消费者类 Consumer；在它的构造方法中，对存放玩具兔的 Stack 类成员变量赋值；在类的 run()方法中，通过 for 循环消费 20 个玩具兔，每一次循环通过 Stack 类中定义的 pop()方法从数组中消费（取出）一个玩具兔，然后线程睡眠一段随机时间。

在程序的 main()方法中，首先创建了 Stack 类对象 s，然后创建了生产者对象 p 和消费者对象 c。将生产者对象 p 作为 Thread 类的构造方法参数，创建 3 个生产者线程，并启动它们；将消费者对象 c 作为 Thread 类的构造方法参数，创建 1 个消费者线程，并启动它。

【例 15-11】（实例文件：ch15\Chap15.11.txt）多线程协作完成计算任务。

```
public class Test
{
    public static void main(String[] args)
    {
        ThreadB b = new ThreadB();
        System.out.print(Thread.currentThread().getName());
        //启动计算线程
```

```
        b.start();
        //线程 main 拥有 b 对象上的锁
        synchronized (b)
        {
            try
            {
                   System.out.println("等待对象 b 完成计算……");
                   //当前线程 main 等待
                   b.wait();
            }
            catch (InterruptedException e)
            {
                    e.printStackTrace();
            }
            System.out.println("b 对象计算的总和是: " + b.total);
         }
    }
}
class ThreadB extends Thread
{
    int total;
    public void run()
    {
        synchronized (this)
        {
            for (int i = 0; i < 101; i++)
            {
                   total += i;
            }
            //计算完成了，唤醒在此对象监听器上等待的单个线程
            notify();
        }
    }
}
```

程序运行结果如图 15-13 所示。

```
Problems  Javadoc  Declaration  Console
<terminated> Test [Java Application] C:\Program Files\Java\jre1.8.0_144\bin\javaw.exe
main等待对象b完成计算……
b对象计算的总和是：5050
```

图 15-13　线程交互实例

对 wait()方法和 notify()方法的使用方法，还需要注意以下两个关键点：

（1）必须从同步环境内调用 wait()、notify()、notifyAll()方法，线程拥有对象的锁才能调用对象等待或通知方法。

（2）多个线程在等待一个对象锁时要使用 notifyAll()。

15.6　线程的调度

要理解线程调度的原理以及线程的执行过程，必须理解线程栈模型。线程栈是指某时刻时内存中线程

调度的栈信息，当前调用的方法总是位于栈顶。线程栈的内容是随着程序的运行动态变化的，程栈必须选择一个运行的时刻（实际上指代码运行到什么地方）。图 15-14 的代码中说明了线程（调用）栈的变化过程。

```
public class Test Thread
{                                          { }
    public staic void main(String[] args)
    {
        System.out.println("Hello World");
        new TestThread().methon();                 main
    }
    public void method()                           栈A
    {
        Runnable r =new MyRunnable();
        Thread t =new MyThread(r);                 method
        t start();                           run   main
    }
}
                                             栈B   栈A
```

图 15-14　线程的调度

15.6.1　线程的优先级

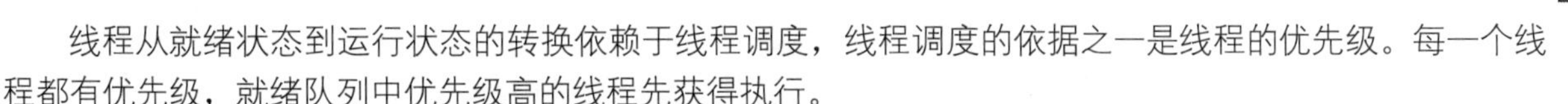

线程从就绪状态到运行状态的转换依赖于线程调度，线程调度的依据之一是线程的优先级。每一个线程都有优先级，就绪队列中优先级高的线程先获得执行。

Java 线程有 10 个优先级，用数字 1～10 表示，线程默认的优先级是 5 级。

对线程可通过 setPriority(int) 方法设置优先级，通过 getPriority()方法获知一个线程的优先级。

有 3 个常数用于表示线程的优先级：Thread.MIN_PRIORITY、Thread.MAX_PRIORITY、Thread.NORM_PRIORITY，分别对应优先级 1、10、5。

15.6.2　线程休眠

在 Thread 类中有一个名为 sleep(long millis)的静态方法，此方法用于线程的休眠。

【例 15-12】（实例文件：ch15\Chap15.12.txt）线程的休眠。

```
public class Test extends Thread {
    public void run() {
      loop();
    }
    public void loop() {
      String name = Thread.currentThread().getName();
      System.out.println(name+" ---->> 刚进入 loop()方法");
      for ( int i = 0; i < 10; i++ )
      {
        try {
          Thread.sleep(2000);
        } catch ( InterruptedException x ) {}
        System.out.println("name=" + name);
      }
      System.out.println(name+" ---->> 离开 loop()方法") ;
    }
```

```
    public static void main(String[] args)
    {
        Test tt = new Test();
        tt.setName("my worker thread");
        tt.start();
        try {
            Thread.sleep(700);
        } catch ( InterruptedException x ) {}
        tt.loop();
    }
}
```

保存并运行程序，结果如图 15-15 所示。

```
Problems  Javadoc  Declaration  Console
<terminated> Test [Java Application] C:\Program Files\Java\jre1.8.0_144\bin\javaw.exe
my worker thread ---->> 刚进入loop()方法
main ---->> 刚进入loop()方法
name=my worker thread
name=main
name=my worker thread
name=main
name=my worker thread
name=main
name=my worker thread
name=main
name=my worker thread
name=main
name=my worker thread
name=main
name=my worker thread
name=main
name=my worker thread
name=main
name=my worker thread
name=main
name=my worker thread
my worker thread ---->> 离开loop()方法
name=main
main ---->> 离开loop()方法
```

图 15-15　线程的休眠

程序的第 11 行和第 23 行分别使用了 sleep()方法，所以运行此程序时会发现运行的速度明显降低了很多，这是因为每次运行时都需要先睡眠一会儿。由于使用 sleep()方法会抛出一个 InterruptedException，所以在程序中需要用 try…catch 捕获异常。

15.6.3　线程让步

线程让步是指暂停当前正在执行的线程对象，转而执行其他线程。如果当前运行的线程优先级大于或等于线程池中其他线程的优先级，当前线程能得到更多的执行时间。如果某线程想让和它具有相同优先级的其他线程获得运行机会，使用让步方法 yield()即可。yield()方法只是令当前线程从运行状态转到可运行状态。

【例 15-13】（实例文件：ch15\Chap15.13.txt）使用线程让步方法 yield()。

```
public class Test
{
```

```
    public static void main(String[] args)
    {
        Thread t1 = new MyThread1();
        Thread t2 = new Thread(new MyRunnable1());
        t2.start();
        t1.start();
    }
}
class MyThread1 extends Thread
{
    public void run()
    {
        for (int i = 1; i <= 10; i++)
        {
            System.out.println("线程 1 第" + i + "次执行! ");
        }
    }
}
class MyRunnable1 implements Runnable
{
    public void run()
    {
        for (int i = 1; i <= 10; i++)
        {
            System.out.println("线程 2 第" + i + "次执行! ");
            Thread.yield();
        }
        for (int i = 1; i <= 10000; i++);
    }
}
```

程序运行结果如图 15-16 所示。

```
Problems  @ Javadoc  Declaration  Console
<terminated> Test [Java Application] C:\Program Files\Java\jre1.8.0_144\bin\javaw.exe
线程2第1次执行!
线程1第1次执行!
线程1第2次执行!
线程1第3次执行!
线程1第4次执行!
线程1第5次执行!
线程1第6次执行!
线程1第7次执行!
线程1第8次执行!
线程1第9次执行!
线程1第10次执行!
线程2第2次执行!
线程2第3次执行!
线程2第4次执行!
线程2第5次执行!
线程2第6次执行!
线程2第7次执行!
线程2第8次执行!
线程2第9次执行!
线程2第10次执行!
```

图 15-16 使用线程让步方法 yield()

15.6.4 线程联合

Thread 的方法 join()让一个线程 B 与另一个线程 A 联合，即加到 A 的尾部。在 A 执行完毕之前 B 不能执行。A 执行完毕，B 才能重新转为可运行状态。假设在主线程 main 中有如下代码：

```
Thread t = new MyThread();
t.start();
t.join();
```

【例 15-14】（实例文件：ch15\Chap15.14.txt）main 线程等待 sub 线程执行完才能继续得到执行机会。

```
public class Test
{
    public static void main(String args[]) throws Exception
    {
    Thread sub = new Sub();
    sub.setName("子线程");
    System.out.println("主线程 main 开始执行。");
    sub.start();
    System.out.println("主线程 main 等待线程 sub 执行……");
    sub.join();
    System.out.println("主线程 main 结束执行。");
    }
}

class Sub extends Thread
{
    public void run()
    {
        System.out.println(this.getName()+"开始执行。");
        System.out.println(this.getName()+"正在执行……");
        try
        {
            sleep(3000);
        }
        catch(InterruptedException e)
        {
            System.out.println("interrupted!");
        }
        System.out.println(this.getName()+"结束执行。");
    }
}
```

程序运行结果如图 15-17 所示。

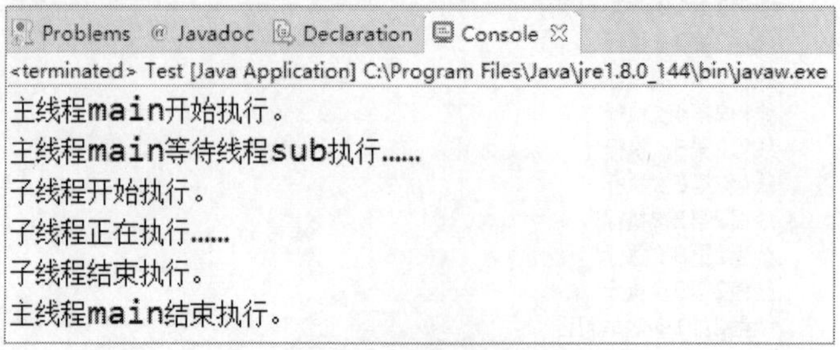

```
Problems @ Javadoc Declaration Console
<terminated> Test [Java Application] C:\Program Files\Java\jre1.8.0_144\bin\javaw.exe
主线程main开始执行。
主线程main等待线程sub执行……
子线程开始执行。
子线程正在执行……
子线程结束执行。
主线程main结束执行。
```

图 15-17　线程的联合

15.7 就业面试解析与技巧

15.7.1 面试解析与技巧（一）

面试官：是用 Runnable 还是用 Thread 来实现线程？

应聘者：在 Java 中可以通过继承 Thread 类或者调用 Runnable 接口来实现线程。Java 不支持类的多重继承，但允许调用多个接口。所以，如果要继承其他类，应该调用 Runnable 接口来实现线程。

15.7.2 面试解析与技巧（二）

面试官：Thread 类中的 start()和 run()方法有什么区别？

应聘者：start()方法用来启动新创建的线程，而且 start()内部调用了 run()方法，这和直接调用 run()方法的效果不一样。当调用 run()方法的时候，只是在原来的线程中调用，没有启动新的线程，start()方法才会启动新线程。

第 16 章

Java 中的输入输出类型——输入输出流

◎ 本章教学微视频：27 个　71 分钟

学习指引

在 Java 语言中，将与不同输入输出设备之间的数据传输抽象为流，程序允许通过流的方式与输入输出设备进行数据传输。本章将详细介绍 Java 中的输入输出流，主要内容包括流的概念、文件类、字节流、字符流、文件流、数据操作流等。

重点导读

- 了解流的概念。
- 熟练掌握文件类的应用。
- 熟练掌握字节流的应用。
- 熟练掌握字符流的应用。
- 熟练掌握文件流的应用。
- 熟练掌握字符缓冲流的应用。
- 熟练掌握打印流的应用。
- 熟练掌握数据操作流的应用。
- 熟练掌握系统类的应用。

16.1　流的概念

流是一组有序的数据序列，根据操作的类型，可以分为输入流和输出流两种。输入输出流提供了一条通道，可以使用这条通道把源中的字节序列送到目标。虽然输入输出流通常与磁盘文件存取有关，但是程序的源和目标也可以是键盘、鼠标、内存或显示器等对象。

Java 以数据流的形式处理输入输出。程序从指向源的输入流中读取源中的数据，源可以是文件、网络、压缩包或者其他数据源。

程序通过向输出流中写入数据把信息传递到目标，输出流的目标可以是文件、网络、压缩包、控制台或者其他数据输出目标。

16.2 文件类

File 类是 I/O 包中唯一代表磁盘文件本身的对象。File 类定义了一些与平台无关的方法来操纵文件，通过调用 File 类提供的各种方法，能够完成文件的创建、删除和重命名，判断文件的读写权限及文件是否存在，设置和查询文件的最近修改时间等操作。

16.2.1 文件类的常用方法

文件类的方法非常多，常用的方法如表 16-1 所示。

表 16-1 文件类的常用方法

类 型	方 法	说 明
	File(String filename)	在当前路径下，创建一个名为 filename 的文件
	File(String path, String filename)	在给定的 path 路径下，创建一个名为 filename 的文件
String	getName()	获取文件（目录）的名称
String	getPath()	获取路径的字符串
String	getAbsolutePath()	获取绝对路径的字符串
long	length()	获取文件的长度。如果是目录，则返回值不确定
boolean	canRead()	判断文件是否可读
boolean	canWrite()	判断文件是否可写
boolean	canExecute()	判断文件是否可执行
boolean	exists()	判断文件（目录）是否存在
boolean	isFile()	判断文件是否是一个标准文件
boolean	isDirectory()	判断文件是否是一个目录
boolean	isHidden()	判断文件是否是一个隐藏文件
long	lastModified()	获取文件最后一次被修改的时间

下面的构造方法可以用来生成 File 对象。

```
File(String directoryPath)
```

在这里，directoryPath 是文件的路径名。

File 类定义了很多获取 File 对象标准属性的方法。例如，getName()返回文件名；getParent( )返回父目录名；exists( )方法在文件存在的情况下返回 true，反之返回 false。然而 File 类是不对称的，意思是虽然存在可以验证一个简单文件对象属性的很多方法，但是没有相应的方法来改变这些属性。下面的例子说明了 File 类的几个方法。

【例 16-1】（实例文件：ch16\Chap16.1.txt）File 方法的使用。

```
public class Test
{
    public static void main(String[] args)
    {
        File f=new File("e:\\1.txt");
        if(f.exists())
            f.delete();
        else
            try
            {
                f.createNewFile();
            }
            catch(Exception e)
            {
                System.out.println(e.getMessage());
            }
        //getName()，返回文件名
        System.out.println("文件名："+f.getName());
        //getPath()，返回文件路径
        System.out.println("文件路径："+f.getPath());
        //getAbsolutePath()，返回绝对路径
        System.out.println("绝对路径："+f.getAbsolutePath());
        //getParent()，返回父文件夹名
        System.out.println("父文件夹名称："+f.getParent());
        //exists()，判断文件是否存在
        System.out.println(f.exists()?"文件存在":"文件不存在");
        //canWrite()，判断文件是否可写
        System.out.println(f.canWrite()?"文件可写":"文件不可写");
        //canRead()，判断文件是否可读
        System.out.println(f.canRead()?"文件可读":"文件不可读");
        ///isDirectory()，判断是否是目录
        System.out.println(f.isDirectory()?"是":"不是"+"目录");
        //isFile()，判断是否是文件
        System.out.println(f.isFile()?"是文件":"不是文件");
        //isAbsolute()，是否是绝对路径
        System.out.println(f.isAbsolute()?"是绝对路径":"不是绝对路径");
        //lastModified()，返回文件最后的修改时间
        System.out.println("文件最后修改时间："+f.lastModified());
        //length()，返回文件的长度
        System.out.println("文件大小："+f.length()+" Bytes");
    }
}
```

保存并运行程序，结果如图 16-1 所示。

Problems Javadoc Declaration Console
<terminated> Test [Java Application] C:\Program Files\Java\jre1.8.0_144\bin\javaw.exe
文件路径：e:\1.txt
绝对路径：e:\1.txt
父文件夹名称：e:\
文件存在
文件可写
文件可读
不是目录
是文件
是绝对路径
文件最后修改时间：1508828381726
文件大小：0 Bytes

图 16-1　File 方法的使用

【例 16-2】（实例文件：ch16\Chap16.2.txt）读取给定文件的相关属性，如果该文件不存在则创建该文件。

```
public class Test
{
    public static void main(String[] args)
    {
        Scanner scanner=new Scanner(System.in);
        System.out.println("请输入文件名，例如：d:\\1.png");
        String s=scanner.nextLine();
        File file=new File(s);

        System.out.println("文件名："+file.getName());
        System.out.println("文件大小为："+file.length()+"字节");
        System.out.println("文件所在路径为："+file.getAbsolutePath());

        if (file.isHidden())
        {
            System.out.println("该文件是一个隐藏文件");
        }
        else
        {
            System.out.println("该文件不是一个隐藏文件");
        }
        if (!file.exists())
        {
            System.out.println("该文件不存在");
            try
            {
                file.createNewFile();
                System.out.println("新文件创建成功");
            }
            catch(IOException e){}
        }
    }
}
```

程序的运行结果如图 16-2 所示。

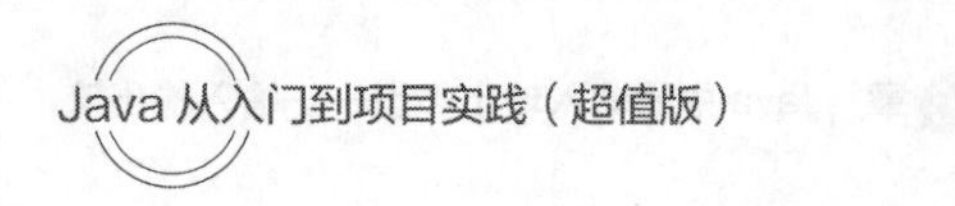

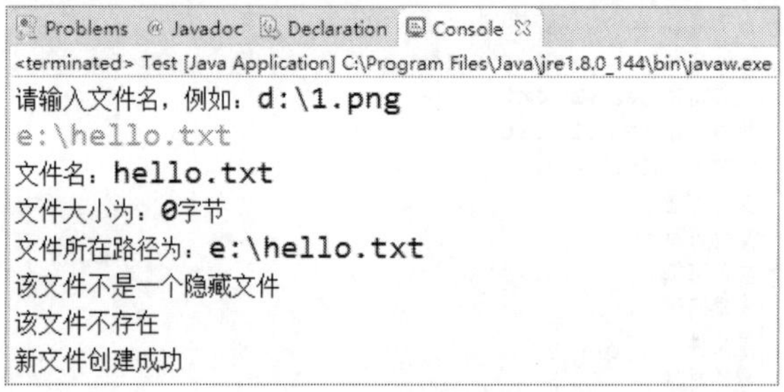

```
Problems  @ Javadoc  Declaration  Console
<terminated> Test [Java Application] C:\Program Files\Java\jre1.8.0_144\bin\javaw.exe
请输入文件名，例如：d:\1.png
e:\hello.txt
文件名：hello.txt
文件大小为：0字节
文件所在路径为：e:\hello.txt
该文件不是一个隐藏文件
该文件不存在
新文件创建成功
```

图 16-2　读取给定文件相关属性

在 File 类中还有许多方法，读者没有必要死记这些用法，只要在需要的时候查阅 Java 的 API 手册就可以了。

16.2.2　遍历目录文件

Java 把目录作为一种特殊的文件进行处理，它除了具备文件的基本属性，如文件名、所在路径等信息以外，同时也提供了专用于目录的一些操作方法，如表 16-2 所示。

表 16-2　遍历目录文件的方法

类　型	方　法	说　明
boolean	mkdir()	创建一个目录，并返回创建结果。成功返回 true，失败（目录已存在）返回 false
boolean	mkdirs()	创建一个包括父目录在内的目录。创建所有目录成功返回 true；如果失败返回 false，但要注意的是有可能部分目录已创建成功
String[]	list()	获取目录下字符串表示形式的文件名和目录名
String[]	list(FilenameFilter filter)	获取满足指定过滤器条件的字符串表示形式的文件名和目录名
File[]	listFiles()	获取目录下文件类型表示形式的文件名和目录名
File[]	listFiles(FileFilter filter)	获取满足指定过滤器文件条件的文件表示形式的文件名和目录名
File[]	listFiles(FilenameFilter filter)	获取满足指定过滤器路径和文件条件的文件表示形式的文件名和目录名

【例 16-3】（实例文件：ch16\Chap16.3.txt）列出给定目录下的所有文件名，并列出给定扩展名的所有文件名。

```
public class Test
{
    public static void main(String args[])
    {
        Scanner scanner = new Scanner(System.in);
        System.out.println("请输入要访问的目录：");
        String s = scanner.nextLine();                          //读取待访问的目录名

        File dirFile = new File(s);                             //创建目录文件对象
        String[] allresults = dirFile.list();                   //获取目录下的所有文件名
        for (String name : allresults)
```

```
            System.out.println(name);                         //输出所有文件名

        System.out.println("输入文件扩展名:");
        s = scanner.nextLine();
        Filter_Name fileAccept = new Filter_Name();           //创建文件名过滤对象
        fileAccept.setExtendName(s);                          //设置过滤条件
        String result[] = dirFile.list(fileAccept);           //获取满足条件的文件名
        for (String name : result)
            System.out.println(name);                         //输出满足条件的文件名
    }
}
class Filter_Name implements FilenameFilter
{
    String extendName;
    public void setExtendName(String s)
    {
        extendName = s;
    }
    public boolean accept(File dir, String name)
    {                                                         //重写接口中的方法，设置过滤内容
        return name.endsWith(extendName);
    }
}
```

程序运行结果如图 16-3 所示。

```
Problems  @ Javadoc  Declaration  Console
<terminated> Test [Java Application] C:\Program Files\Java\jre1.8.0_144\bin\javaw.exe
请输入要访问的目录：
e:\test
1.txt
count.java
hello.txt
输入文件扩展名：
txt
1.txt
hello.txt
```

图 16-3 列出文件名

16.2.3 删除文件和目录

在操作文件时，经常需要删除一个目录下的某个文件或者删除整个目录，这时可以使用 File 类的 delete()方法。接下来通过一个案例来演示其用法。

【例 16-4】（实例文件：ch16\Chap16.4.txt）删除文件和目录。

```
public class DeleteDirectory {
    /**
     * 删除空目录
     * @param dir 将要删除的目录路径
     */
```

```
    private static void doDeleteEmptyDir(String dir) {
        boolean success = (new File(dir)).delete();
        if (success) {
            System.out.println("Successfully deleted empty directory: " + dir);
        } else {
            System.out.println("Failed to delete empty directory: " + dir);
        }
    }

    /**
     * 递归删除目录下的所有文件及子目录下的所有文件
     * @param dir 将要删除的文件目录
     * @return boolean Returns "true" if all deletions were successful.
     *                 If a deletion fails, the method stops attempting to
     *                 delete and returns "false".
     */
    private static boolean deleteDir(File dir) {
        if (dir.isDirectory()) {
            String[] children = dir.list(); //递归删除子目录下的所有文件
            for (int i=0; i<children.length; i++) {
                boolean success = deleteDir(new File(dir, children[i]));
                if (!success) {
                    return false;
                }
            }
        }
        //目录此时为空，可以删除
        return dir.delete();
    }
    /**
     *测试
     */
    public static void main(String[] args) {
        doDeleteEmptyDir("new_dir1");
        String newDir2 = "new_dir2";
        boolean success = deleteDir(new File(newDir2));
        if (success) {
            System.out.println("Successfully deleted populated directory: " + newDir2);
        } else {
            System.out.println("Failed to delete populated directory: " + newDir2);
        }
    }
}
```

16.3 字节流

字节流（byte stream）类是以字节为单位来处理数据的，由于字节流不会对数据进行任何转换，因此可以用来处理二进制的数据。字节流类为处理字节式输入输出提供了功能丰富的环境。一个字节流可以和其他任何类型的对象并用，包括二进制数据。这样的多功能性使得字节流对很多类型的程序都很重要。

16.3.1 输入流

字节输入流的作用是从数据输入源（例如磁盘、网络等）获取字节数据到应用程序（内存）中。InputStream 是一个定义了 Java 流式字节输入模式的抽象类，该类的所有方法在出错时都会引发一个 IOException 异常。表 16-3 列出了 InputStream 的方法。

表 16-3 InputStream 的方法

方　法	说　明
int available( )	返回当前可读的输入字节数
void close( )	关闭输入流。关闭之后若再读取则会产生 IOException 异常
void mark(int numBytes)	在输入流的当前点放置一个标记。该流在读取 numBytes 个字节前都保持有效
boolean markSupported( )	如果调用的流支持 mark( )/reset( )就返回 true
int read( )	如果下一个字节可读则返回一个整型，遇到文件尾时返回-1
int read(byte buffer[ ])	试图读取 buffer.length 个字节到 buffer 中，并返回实际成功读取的字节数。遇到文件尾时返回-1
int read(byte buffer[ ], int offset, int numBytes)	试图读取 buffer 中从 buffer[offset]开始的 numBytes 个字节，返回实际读取的字节数。遇到文件结尾时返回-1
void reset( )	重新设置输入指针到先前设置的标志处
long skip(long numBytes)	忽略 numBytes 个输入字节，返回实际忽略的字节数

FileInputStream 类创建一个能从文件读取字节的 InputStream 类，它的两个常用的构造方法如下：

```
FileInputStream(String filepath)
FileInputStream(File fileObj)
```

这两个构造方法都能引发 FileNotFoundException 异常。在这里 filepath 是文件的绝对路径，fileObj 是描述该文件的 File 对象。

下面的例子创建了两个使用同一个磁盘文件且各含一个上面所描述的构造方法的 FileInputStream 类：

```
InputStream f0 = new FileInputStream("c:\\test.txt") ;
File f = new File("c:\\test.txt");
InputStream f1 = new FileInputStream(f);
```

第一个构造方法更常用，而第二个构造方法则允许在把文件赋给输入流之前用 File 方法更进一步检查文件。当一个 FileInputStream 被创建时，它可以被公开读取。

【例 16-5】（实例文件：ch16\Chap16.5.txt）从磁盘文件中读取指定文件并显示出来。

```
public class Test {
```

```
    public static void main(String[] args)
    {
        byte[] b=new byte[1024];//设置字节缓冲区
        int n=-1;
        System.out.println("请输入要读取的文件名:(例如: d:\\hello.txt)");
        Scanner scanner =new Scanner(System.in);
        String str=scanner.nextLine();//获取要读取的文件名

        try
        {
            FileInputStream in=new FileInputStream(str);//创建字节输入流
            while((n=in.read(b,0,1024))!=-1)
            {//读取文件内容到缓冲区并显示
                String s=new String (b,0,n);
                System.out.println(s);
            }
            in.close();//读取文件结束，关闭文件
            }
        catch(IOException e)
        {
            System.out.println("文件读取失败");
        }
    }
}
```

程序执行结果如图 16-4 所示。

```
Problems  @ Javadoc  Declaration  Console
<terminated> Test [Java Application] C:\Program Files\Java\jre1.8.0_144\bin\javaw.exe
请输入要读取的文件名:(例如: d:\hello.txt)
e:\hello.txt
hello,this is hello.txt.
```

图 16-4　读取指定文件并显示出来

16.3.2 输出流

字节输出流的作用是将字节数据从应用程序（内存）中传送到输出目标，如外部设备、网络等。字节输出流 OutputStream 的常用方法如表 16-4 所示。OutputStream 是定义了流式字节输出模式的抽象类，该类的所有方法都返回一个 void 值并且在出错的情况下引发一个 IOException 异常。

表 16-4　OutputStream 的方法

方　法	说　明
void close( )	关闭输出流。关闭后的写操作会产生 IOException 异常
void flush( )	刷新输出缓冲区
void write(int b)	向输出流写入单个字节。注意，参数是一个整型数，它允许设计者不必把参数转换成字节型就可以调用 write()方法

续表

方　法	说　明
void write(byte buffer[ ])	向一个输出流写一个完整的字节数组
void write(byte buffer[ ], int offset, int numBytes)	写数组 buffer 以 buffer[offset]为起点的 numBytes 个字节区域内的内容

要特别注意的是，表 16-3 和表 16-4 中的多数方法由 InputStream 和 OutputStream 的子类来实现，但 mark( )和 reset( )方法除外。注意下面讨论的每个子类中这些方法的使用和不使用的情况。

FileOutputStream 创建了一个可以向文件写入字节的类 OutputStream，它常用的构造方法如下：

```
FileOutputStream(String filePath)
FileOutputStream(File fileObj)
FileOutputStream(String filePath, boolean append)
```

它们可以引发 IOException 或 SecurityException 异常。在这里 filePath 是文件的绝对路径，fileObj 是描述该文件的 File 对象。如果 append 为 true，文件则以设置搜索路径模式打开。FileOutputStream 的创建不依赖于文件是否存在。在创建对象时，FileOutputStream 会在打开输出文件之前就创建它。在这种情况下如果试图打开一个只读文件，则会引发一个 IOException 异常。

在完成写操作过程中，系统会将数据暂存到缓冲区中，缓冲区存满后再一次性写入到输出流中。执行 close()方法时，不管缓冲区是否已满，都会把其中的数据写到输出流。

【例 16-6】（实例文件：ch16\Chap16.6.txt）向一个磁盘文件中写入数据，第二次写操作采用追加方式完成。

```
public class Test {
    public static void main(String[] args)
    {
        String content;                     //待输出字符串
        byte[] b;                           //输出字节流
        FileOutputStream out;               //文件输出流
        Scanner scanner = new Scanner(System.in);
        System.out.println("请输入文件名：（例如，d:\\hello.txt）");
        String filename=scanner.nextLine();
        File file = new File(filename);   //创建文件对象

        if (!file.exists())
        {//判断文件是否存在
            System.out.println("文件不存在，是否创建？(y/n)");
            String f =scanner.nextLine();
            if (f.equalsIgnoreCase("n"))
                System.exit(0);             //不创建，退出
            else
            {
                try
                {
                    file.createNewFile();  //创建新文件
                }
                catch(IOException e)
                {
```

```
                System.out.println("创建失败");
                System.exit(0);
            }
        }
    }

    try
    {//向文件中写内容
        content="Hello";
        b=content.getBytes();
        out = new FileOutputStream(file);          //建立文件输出流
        out.write(b);                              //完成写操作
        out.close();                               //关闭输出流
        System.out.println("文件写操作成功！");
    }
    catch(IOException e)
    {e.getMessage();}

    try
    {//向文件中追加内容
        System.out.println("请输入追加的内容：");
        content = scanner.nextLine();
        b=content.getBytes();
        out = new FileOutputStream(file,true); //创建可追加内容的输出流
        out.write(b);                              //完成追加写操作
        out.close();                               //关闭输出流
        System.out.println("文件追加写操作成功！");
        scanner.close();
    }
    catch(IOException e)
    {e.getMessage();}
  }
}
```

程序执行结果如图 16-5 所示。

```
Problems  @ Javadoc  Declaration  Console
<terminated> Test [Java Application] C:\Program Files\Java\jre1.8.0_144\bin\javaw.exe
请输入文件名：（例如，d:\hello.txt）
e:\hello.txt
文件写操作成功！
请输入追加的内容：
You are welcome !
文件追加写操作成功！
```

图 16-5 程序运行结果

在下面的例子中，用 FileOutputStream 类向文件中写入一个字符串，并用 FileInputStream 读出写入的内容。

【例 16-7】（实例文件：ch16\Chap16.7.txt）向文件中写入字符串并读出。

```
public class Test {
   public static void main(String args[])
```

```
{
        File f = new File("e:\\temp.txt") ;
        OutputStream out = null ;
        try
        {
          out = new FileOutputStream(f) ;
        }
        catch (FileNotFoundException e)
        {
          e.printStackTrace();
        }
        //将字符串转成字节数组
        byte b[] = "Hello World!!!".getBytes() ;
        try
        {
          //将byte数组写入文件
          out.write(b) ;
        }
        catch (IOException e1)
        {
          e1.printStackTrace();
        }
        try
        {
          out.close() ;
        }
        catch (IOException e2)
        {
          e2.printStackTrace();
        }

        //以下为读文件操作
        InputStream in = null ;
        try
        {
          in = new FileInputStream(f) ;
        }
        catch (FileNotFoundException e3)
        {
          e3.printStackTrace();
        }
        //开辟一个空间用于接收从文件读入的数据
        byte b1[] = new byte[1024] ;
        int i = 0 ;
        try
        {
          //将b1的引用传递到read()方法之中，同时此方法返回读入数据的个数
```

```
                i = in.read(b1) ;
            }
            catch (IOException e4)
            {
                e4.printStackTrace();
            }
            try
            {
                in.close() ;
            }
            catch (IOException e5)
            {
                e5.printStackTrace();
            }
            //将 byte 数组转换为字符串输出
            System.out.println(new String(b1,0,i)) ;
        }
    }
```

保存并运行程序，结果如图 16-6 所示。

```
Problems  @ Javadoc  Declaration  Console
<terminated> Test [Java Application] C:\Program Files\Java\jre1.8.0_144\bin\javaw.exe
Hello World!!!
```

图 16-6　向文件中写入字符串并读出

此程序分为两个部分，一部分是向文件中写入内容（第 8～34 行），另一部分是从文件中读出内容（第 36～65 行）。

第 6 行通过一个 File 类找到 E 盘下的 temp.txt 文件。

向文件写入内容的步骤如下：

（1）第 8～15 行通过 File 类的对象实例化 OutputStream 的对象，此时是通过其子类 FileOutputStream 实例化的 OutputStream 对象，属于对象的向上转型。

（2）因为字节流主要以操作 byte 数组为主，所以第 17 行通过 String 类中的 getBytes()方法，将字符串转换成一个 byte 数组。

（3）第 18～26 行调用 OutputStream 类中的 write()方法，将 byte 数组中的内容写入到文件中。

（4）第 27～34 行调用 OutputStream 类中的 close()方法，关闭数据流操作。

从文件中读出内容的步骤如下：

（1）第 37～45 行通过 File 类的对象实例化 InputStream 的对象，此时是通过其子类 FileInputStream 实例化的 InputStream 对象，属于对象的向上转型。

（2）因为字节流主要以操作 byte 数组为主，所以第 47 行声明了一个 1024 大小的 byte 数组，此数组用于存放读入的数据。

（3）第 49～57 行调用 InputStream 类中的 read()方法将文件中的内容读入到 byte 数组中，同时返回读入数据的个数。

（4）第 58～65 行调用 InputStream 类中的 close()方法，关闭数据流操作。

（5）第 67 行将 byte 数组转成字符串输出。

从本例中可以看到，大部分的方法操作时都进行了异常处理，这是因为所使用的方法处都用 throws 关键字抛出了异常，所以在这里需要进行异常捕捉。

要特别注意，可以将程序中的第 27～34 行注释掉，也就是说在向文件写入内容之后不关闭文件，然后打开文件，可以发现文件中没有任何内容，这是为什么？从 JDK 文档中查找 FileWriter 类，如图 16-7 所示。

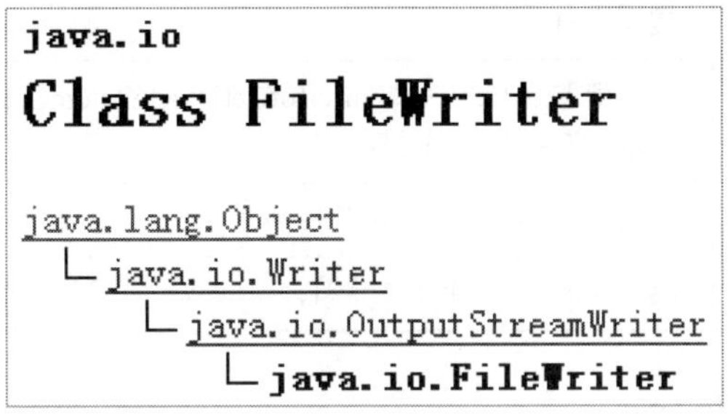

java.io

Class FileWriter

java.lang.Object
  └ java.io.Writer
      └ java.io.OutputStreamWriter
          └ java.io.FileWriter

图 16-7 查找 FileWriter 类

可以看到，FileWriter 类并不是直接继承自 Writer 类，而是继承了 Writer 的子类（OutputStreamWriter），此类为字节流和字符流的转换类，后面会介绍。也就是说真正从文件中读取的数据还是字节，只是在内存中将字节转换成了字符。所以可得出一个结论：字符流用到了缓冲区，而字节流没有用到缓冲区。另外也可以用 Writer 类中的 flush()方法强制清空缓冲区。

16.4 字符流

尽管字节流提供了处理任何类型输入输出操作的足够的功能，但它们不能直接操作 Unicode 字符。但是在实际应用中，经常会出现直接操作字符的需求，如果依然采用字节流才实现，不仅效率不高，而且容易出错。本节讨论几个字符输入输出类。字符流层次结构的顶层是 Reader 和 Writer 抽象类，所以本节主要介绍这两个类的使用方法。

16.4.1 字符输入流 Reader

Reader 是专门用于输入数据的字符操作流，它是一个抽象类，它的定义如下：

```
public abstract class Reader
extends Object
implements Readable, Closeable
```

该类的所有方法在出错的情况下都将引发 IOException 异常。该类的主要方法如表 16-5 所示。

表 16-5 Reader 类的方法

方 法	说 明
abstract void close( )	关闭输入源。关闭后的读操作会产生 IOException 异常
void mark(int numChars)	在输入流的当前位置设立一个标志。该输入流在 numChars 个字符被读取之前有效
boolean markSupported( )	判断该流是否支持 mark( )/reset( )，是则返回 true
int read( )	如果调用的输入流的下一个字符可读则返回一个整型。遇到文件尾时返回-1

续表

方　法	说　明
int read(char buffer[ ])	试图读取 buffer 中的 buffer.length 个字符，返回实际成功读取的字符数。遇到文件尾返回-1
abstract int read(char buffer[ ], int offset, int numChars)	试图读取 buffer 中从 buffer[offset]开始的 numChars 个字符，返回实际成功读取的字符数。遇到文件尾返回-1
boolean ready( )	如果下一个输入请求不等待则返回 true，否则返回 false
long skip(long numChars)	跳过 numChars 个输入字符，返回跳过的字符。设置输入指针到先前设立的标志处

16.4.2 字符输出流 Writer

Writer 是定义流式字符输出的抽象类，所有该类的方法都返回一个 void 值并在出错的条件下引发 IOException 异常。表 16-6 中给出了 Writer 类的方法。

表 16-6 Writer 类的方法

方　法	说　明
abstract void close( )	关闭输出流。关闭后的写操作会产生 IOException 异常
abstract void flush( )	定制输出状态以使每个缓冲器都被清除。也就是刷新输出缓冲
void write(int ch)	向输出流写入单个字符。注意参数是一个整型，它允许设计者不必把参数转换成字符型就可以调用 write()方法
void write(char buffer[ ])	向一个输出流写一个完整的字符数组
abstract void write(char buffer[ ], int offset, int numChars)	向调用的输出流写入数组 buffer 以 buffer[offset]为起点，长度为 numChars 个字符的区域内的内容
void write(String str)	向调用的输出流写 str
void write(String str, int offset, int numChars)	写数组 str 中以 offset 为起点，长度为 numChars 个字符的区域内的内容

【例 16-8】（实例文件：ch16\Chap16.8.txt）应用 BufferedReader 类和 BufferedWriter 类读写文件。

```
public class Test
{
    public static void main(String args[ ]) throws IOException
    {
        String strLine;
        String strTest="Welcome to the Java World!";
        BufferedWriter bwFile=new BufferedWriter(new FileWriter("demo.txt"));
        bwFile.write(strTest,0,strTest.length());
        bwFile.flush( );
        System.out.println("成功写入 demo.txt!\n");
        BufferedReader bwReader=new BufferedReader(new FileReader("demo.txt"));
        strLine=bwReader.readLine( );
        System.out.println("从 demo.txt 读取的内容为:");
        System.out.println(strLine);
```

```
    }
}
```

保存并运行程序，结果如图 16-8 所示。

```
Problems  @ Javadoc  Declaration  Console
<terminated> Test [Java Application] C:\Program Files\Java\jre1.8.0_144\bin\javaw.exe
成功写入demo.txt!

从demo.txt读取的内容为：
Welcome to the Java World!
```

图 16-8　读写文件

16.5　文件流

文件流是用来对文件进行读写的流类，主要包括 FileReader 类和 FileWriter 类。

16.5.1　FileReader 类

FileReader 类创建了一个可以读取文件内容的 Reader 类。它最常用的构造方法如下：

```
FileReader(String filePath)
FileReader(File fileObj)
```

这两个方法都能引发一个 FileNotFoundException 异常。在这里 filePath 是一个文件的完整路径，fileObj 是描述该文件的 File 对象。

16.5.2　FileWriter 类

FileWriter 创建一个可以写文件的 Writer 类。它最常用的构造方法如下：

```
FileWriter(String filePath)
FileWriter(String filePath, boolean append)
FileWriter(File fileObj)
```

它们可以引发 IOException 或 SecurityException 异常。在这里 filePath 是文件的绝对路径，fileObj 是描述该文件的 File 对象。如果 append 为 true，输出是附加到文件尾的。FileWriter 类的创建不依赖于文件存在与否。在创建文件之前，FileWriter 将在创建对象时打开它来作为输出。如果试图打开一个只读文件，将引发一个 IOException 异常。

【例 16-9】（实例文件：ch16\Chap16.9.txt）利用文件流实现文件的复制功能。

```
public class Test
{
    public static void main(String[] args) throws IOException
    {
        Scanner scanner=new Scanner(System.in);
        System.out.println("请输入源文件名和目的文件名，中间用空格分隔");
        String s=scanner.next();                              //读取源文件名
        String d=scanner.next();                              //读取目的文件名
        File file1=new File(s);                               //创建源文件对象
```

```
        File file2=new File(d);                              //创建目的文件对象

        if(!file1.exists())
        {
            System.out.println("被复制的文件不存在");
            System.exit(1);
        }

        InputStream input=new FileInputStream(file1);        //创建源文件流
        OutputStream output=new FileOutputStream(file2);     //创建目的文件流
        if((input!=null)&&(output!=null))
        {
            int temp=0;
            while((temp=input.read())!=(-1))
                output.write(temp);                          //完成数据复制
        }
        input.close();                                       //关闭源文件流
        output.close();                                      //关闭目的文件流
        System.out.println("文件复制成功！");
    }
}
```

保存并运行程序，结果如图 16-9 所示。

```
Problems  Javadoc  Declaration  Console
<terminated> Test [Java Application] C:\Program Files\Java\jre1.8.0_144\bin\javaw.exe
请输入源文件名和目的文件名，中间用空格分隔
e:\hello.txt e:\nihao.txt
文件复制成功!
```

图 16-9　利用文件流实现文件的复制功能

16.6　字符缓冲流

缓冲流是在实体 I/O 流基础上增加一个缓冲区，应用程序和 I/O 设备之间的数据传输都要经过缓冲区来进行。缓冲流分为缓冲输入流和缓冲输出流。使用缓冲流可以减少应用程序与 I/O 设备之间的访问次数，提高传输效率；可以对缓冲区中的数据进行按需访问和预处理，增强访问的灵活性。

16.6.1　缓冲输入流类

缓冲输入流是将从输入流读入的字节或字符数据先存在缓冲区中，应用程序从缓冲区而不是从输入流读取数据；包括字节缓冲输入流 BufferedInputStream 类和字符缓冲输入流 BufferedReader 类。

1. 字节缓冲输入流 BufferedInputStream 类

先通过实体输入流（例如 FileInputStream 类）对象逐一读取字节数据并存入缓冲区，应用程序则从缓冲区中读取数据。

该类的构造方法如下：

```
public BufferedInputStream(InputStream in)
public BufferedInputStream(InputStream in,int size)
```

其中，size 为指定缓冲区的大小。

BufferedInputStream 类继承自 InputStream，所以该类的方法与 InputStream 类的方法相同。

2. 字符缓冲输入流 BufferedReader 类

BufferedReader 类与字节缓冲输入流 BufferedInputStream 类在功能和实现上基本相同，但只适用于字符读入。该类的构造方法如下：

```
public BufferedReader(Reader in)
public BufferedReader(Reader in,int sz)
```

BufferedReader 类继承自 Reader，所以该类的方法与 Reader 类的方法相同。

该类新增了按行读取的方法：String readLine()。该方法返回值为该行不包含结束符的字符串内容，如果已到达流末尾，则返回 null。

16.6.2 缓冲输出流类

缓冲输出流是在进行数据输出时先把数据存在缓冲区中，当缓冲区满时再一次性地写到输出流中。缓冲输出流包括字节缓冲输出流 BufferedOutputStream 类和字符缓冲输出流 BufferedWriter 类。

1. 字节缓冲输出流 BufferedOutputStream 类

完成输出操作时，先将字节数据写入缓冲区，当缓冲区满时，再把缓冲区中的所有数据一次性写到底层输出流中。该类的构造方法如下：

```
public BufferedOutputStream(OutputStream out)
public BufferedOutputStream(OutputStream out,int size)
```

BufferedOutputStream 类继承自 OutputStream 类，所以该类的方法与 OutputStream 类的方法相同。

2. 字符缓冲输出流 BufferedWriter 类

BufferedWriter 类与字节缓冲输出流 BufferedOutputStream 类在功能和实现上是相同的，但只适用于字符输出。该类的构造方法如下：

```
public BufferedWriter(Writer out)
public BufferedWriterr(Writer out,int sz)
```

BufferedWriter 类继承自 Writer 类，所以该类的方法与 Writer 类的方法相同。

这类新增写行分隔符的方法：String newLine()，行分隔符字符串由系统属性 line.separator 定义。

【例 16-10】（实例文件：ch16\Chap16.10.txt）向指定文件写入内容，并重新读取该文件内容。

```
public class Test
{
    public static void main(String[] args)
    {
        File file;
        FileReader fin;
        FileWriter fout;
        BufferedReader bin;
        BufferedWriter bout;
```

```
        Scanner scanner = new Scanner(System.in);
        System.out.println("请输入文件名，例如 d:\\hello.txt");
        String filename = scanner.nextLine();

        try
        {
            file = new File(filename);                          //创建文件对象
            if (!file.exists())
            {
                file.createNewFile();                           //创建新文件
                fout = new FileWriter(file);                    //创建文件输出流对
            }
            else
                fout = new FileWriter(file, true);              //创建追加内容的文件输出流对象

            fin = new FileReader(file);                         //创建文件输入流
            bin = new BufferedReader(fin);                      //创建缓冲输入流
            bout = new BufferedWriter(fout);                    //创建缓冲输出流

            System.out.println("请输入数据，最后一行为字符'0'结束。");
            String str = scanner.nextLine();                    //从键盘读取待输入字符串
            while (!str.equals("0"))
            {
                bout.write(str);                                //输出字符串内容
                bout.newLine();                                 //输出换行符
                str = scanner.nextLine();                       //读下一行
            }
            bout.flush();                                       //刷新输出流
            bout.close();                                       //关闭缓冲输出流
            fout.close();                                       //关闭文件输出流
            System.out.println("文件写入完毕！");

            //重新将文件内容显示出来
            System.out.println("文件" + filename + "的内容是：");
            while ((str = bin.readLine()) != null)
                System.out.println(str);                        //读取文件内容并显示

            bin.close();                                        //关闭缓冲输入流
            fin.close();                                        //关闭文件输入流
        }
        catch (IOException e)
        {e.printStackTrace();}
    }
}
```

程序执行结果如图 16-10 所示。

```
Problems  Javadoc  Declaration  Console
<terminated> Test [Java Application] C:\Program Files\Java\jre1.8.0_144\bin\javaw.exe
请输入文件名，例如d:\hello.txt
e:\hello.txt
请输入数据，最后一行为字符'0'结束。
hello
welcome
0
文件写入完毕！
文件e:\hello.txt的内容是：
HelloYou are welcome !hello
welcome
```

图 16-10　向指定文件写入内容

16.7　打印流

如果要想进行数据的输出，肯定要使用 OutputStream 类，但是这个类在输出数据的时候并不方便。OutputStream 类所提供的 write()方法只适合输出字节数组，如果要输出字符、数字、日期，该如何解决？

为了简化输出的操作难度，Java 提供了两种打印流：PrintStream（字节打印流）、PrintWriter（字符打印流）。

16.7.1　PrintStream 类

PrintStream 类提供了一系列的 print()和 println()方法，可以实现将基本数据类型的格式转换成字符串输出。在前面的程序中大量用到的 System.out.println 语句中的 System.out 就是 PrintStream 类的一个实例对象。PrintStream 有下面几个构造方法：

```
PrintStream(OutputStream out)
PrintStream(OutputStream out,boolean autoflush)
PrintStream(OutputStream out,boolean autoflush, String encoding)
```

其中，autoflush 控制在 Java 中遇到换行符(\n)时是否自动清空缓冲区，encoding 指定编码方式。

println()方法与 print()方法的区别是：前者会在打印完的内容后面再打印一个换行符(\n)，所以 println()等于 print("\n")。

Java 的 PrintStream 对象具有多个重载的 print()和 println()方法，它们可输出各种类型（包括 Object）的数据。对于基本数据类型的数据，print()和 println()方法会先将它们转换成字符串的形式，然后再输出，而不是输出原始的字节内容，如整数 221 的打印结果是字符 2、2、1 所组合成的一个字符串，而不是整数 221 在内存中的原始字节数据。对于一个非基本数据类型的对象，print()和 println()方法会先调用对象的 toString 方法，然后输出 toString 方法所返回的字符串。

16.7.2　PrintWriter 类

I/O 包中提供了一个与 PrintStream 对应的 PrintWriter 类，PrintWriter 类有下列几个构造方法：

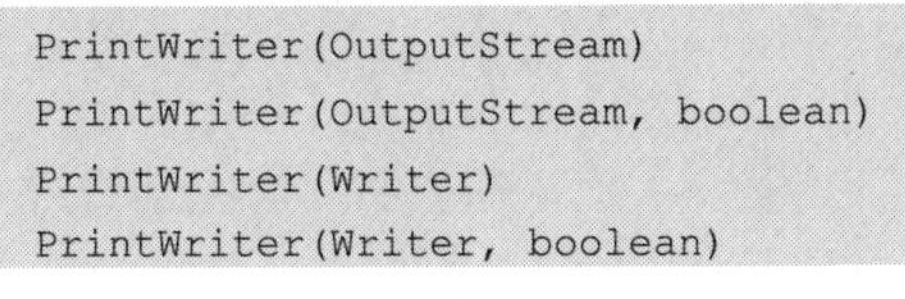

```
PrintWriter(OutputStream)
PrintWriter(OutputStream, boolean)
PrintWriter(Writer)
PrintWriter(Writer, boolean)
```

PrintWriter 即使遇到换行符(\n)也不会自动清空缓冲区，只在 autoflush 模式下使用了 println 方法后才会自动清空缓冲区。PrintWriter 相对 PrintStream 最有利的一个地方就是 println 方法的行为，Windows 下的文本换行是\r\n，而 Linux 下的文本换行是\n。如果希望程序能够生成平台相关的文本换行，而不是在各种平台下都用\n 作为文本换行，那么就应该使用 PrintWriter 的 println()方法，PrintWriter 的 println()方法能根据不同的操作系统生成相应的换行符。

下面的范例通过 PrintWriter 类向屏幕输出信息。

【例 16-11】（实例文件：ch16\Chap16.11.txt）PrintWriter 类向屏幕输出信息。

```
public class Test
{
    public static void main(String args[])
    {
        PrintWriter out = null;
        //通过 System.out 对 PrintWriter 实例化
        out = new PrintWriter(System.out);
        //向屏幕输出
        out. print ("Hello World!");
        out.close();
    }
}
```

保存并运行程序，结果如图 16-11 所示。

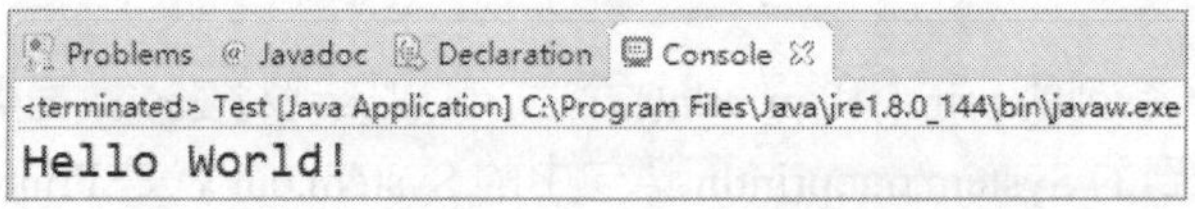

Problems @ Javadoc Declaration Console
<terminated> Test [Java Application] C:\Program Files\Java\jre1.8.0_144\bin\javaw.exe
Hello World!

图 16-11　使用 PrintWriter 类向屏幕输出信息

第 6 行通过 System.out 实例化 PrintWriter，此时 PrintWriter 类的实例化对象 out 就具备了向屏幕输出信息的能力，所以在第 10 行调用 print()方法时，就会将内容打印到屏幕上。

【例 16-12】（实例文件：ch16\Chap16.12.txt）通过 PrintWriter 向文件中输出信息。

```
public class Test
{
    public static void main(String args[])
    {
        PrintWriter out = null ;
        File f = new File("e:\\temp.txt") ;
        try
        {
            out = new PrintWriter(new FileWriter(f)) ;
        }
        catch (IOException e)
        {
            e.printStackTrace();
        }
        //由 FileWriter 类实例化，则向文件中输出
        out. print ("Hello World!"+"\r\n");
```

```
        out.close() ;
    }
}
```

保存并运行程序，结果如图 16-12 所示。

temp.txt - 记事本
文件(F) 编辑(E) 格式(O) 查看(V) 帮助(H)
Hello World!

图 16-12 通过 PrintWriter 向文件中输出信息

第 10 行通过 FileWriter 类实例化 PrintWriter，此时 PrintWriter 类的实例化对象 out 就具备了向文件输出信息的能力，所以在第 17 行调用 print()方法时，就会将内容输出到文件中。

16.8 数据操作流

数据流是 Java 提供的一种装饰类流，建立在实体流基础上，让程序不须考虑数据所占字节个数就能够正确地完成读写操作。数据流类分为 DataInputStream 类和 DataOutputStream 类，分别为数据输入流类和数据输出流类。

16.8.1 数据输入流

数据输入流 DataInputStream 类允许程序以与机器无关的方式从底层输入流中读取基本 Java 数据类型。DataInputStream 类的常用方法如表 16-7 所示。

表 16-7 DataInputStream 类的常用方法

类 型	方 法	说 明
	DataInputStream(InputStream in)	使用指定的实体流 InputStream 创建一个数据输入流
boolean	readBoolean()	读取一个布尔值
byte	readByte()	读取一个字节
char	readChar()	读取一个字符
long	readLong()	读取一个长整型数
int	readInt()	读取一个整型数
short	readShort()	读取一个短整型数
float	readFloat()	读取一个浮点数
double	readDouble()	读取一个双精度浮点数
String	readUTF()	读取一个 UTF-8 编码形式的字符串
int	skipBytes(int n)	跳过并丢弃 n 个字节，返回实际跳过的字节数

16.8.2 数据输出流

数据输出流 DataOutputStream 类允许程序以适当方式将基本 Java 数据类型写入输出流。DataOutputStream 类的常用方法如表 16-8 所示。

表 16-8 DataOutputStream 类的常用方法

类 型	方 法	说 明
	DataOuputStream(OutputStream out)	创建一个新的数据输出流，将数据写入指定的输出流
void	writeBoolean(Boolean v)	将一个布尔值写入输出流
void	writeByte(int v)	将一个字节写入输出流
void	writeBytes(String s)	将字符串按字节（每个字符的高 8 位丢弃）顺序写入输出流中
void	writeChar(int c)	将一个 char 值以两字节值形式写入输出流，先写入高字节
void	writeChars(String s)	将字符串按字符顺序写入输出流
void	writeLong(long v)	将一个长整型数写入输出流
void	writeInt(int v)	将一个整型数写入输出流
void	writeShort(int v)	将一个短整型数写入输出流
void	writeFloat(float v)	将一个浮点数写入输出流
void	writeDouble(double v)	将一个 Double 数写入输出流
void	writeUTF(String s)	将一个字符串用 UTF-8 编码形式写入输出流
int	size()	返回写入数据输出流的字节数
void	flush()	清空输出流，使所有缓冲中的字节被写入输出流

【例 16-13】（实例文件：ch16\Chap16.13.txt）将几个 Java 基本数据类型的数据写入一个文件，再将其读出后显示。

```
public class Test
{
   public static void main(String args[])
   {
      File file=new File("data.txt");
      try
      {
         FileOutputStream out=new FileOutputStream(file);
         DataOutputStream outData=new DataOutputStream(out);
         outData.writeBoolean(true);
         outData.writeChar('A');
         outData.writeInt(10);
         outData.writeLong(88888888);
         outData.writeFloat(3.14f);
         outData.writeDouble(3.1415926897);
```

```
            outData.writeChars("hello,every one!");
        }
        catch(IOException e){}

        try
        {
            FileInputStream in=new FileInputStream(file);
            DataInputStream inData=new DataInputStream(in);
            System.out.println(inData.readBoolean());          //读取布尔数据
            System.out.println(inData.readChar());             //读取字符数据
            System.out.println(inData.readInt());              //读取整型数据
            System.out.println(inData.readLong());             //读取长整型数据
            System.out.println(+inData.readFloat());           //读取浮点数据
            System.out.println(inData.readDouble());           //读取双精度浮点数据

            char c = '\0';
            while((c=inData.readChar())!='\0')//读入字符不为空
                System.out.print(c);
        }
        catch(IOException e){}
    }
}
```

程序的运行结果如图16-13所示。

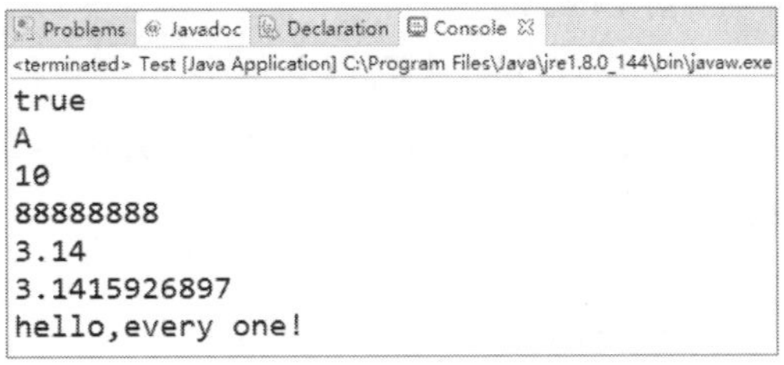

```
Problems  Javadoc  Declaration  Console
<terminated> Test [Java Application] C:\Program Files\Java\jre1.8.0_144\bin\javaw.exe
true
A
10
88888888
3.14
3.1415926897
hello,every one!
```

图 16-13　显示数据类型

16.9　系统类 System

System类是一个表示系统的类，在Java应用中，System类对I/O给予了一定的支持，该类定义了3个十分常用常量，如表16-9所示。

表 16-9　系统类 System 的 3 个变量

System 的常量	说　明
public static final PrintStream out	对应系统标准输出，一般是显示器
public static final PrintStream err	错误信息输出
public static final PrintStream in	对应系统标准输入，一般是键盘

16.9.1 系统标准输入 System.in

在 Java 应用中，System.in 是一个键盘输入流，是 InputStream 类的对象。在 Java 程序中，可以使用它从键盘读取数据。

【例 16-14】（实例文件：ch16\Chap16.14.txt）从键盘上读取数据。

```
public class Test
{
    public static void main(String[] args) throws Exception{
        //TODO Auto-generated method stub
        InputStream input = System.in;
        //从键盘接收数据
        byte b[] = new byte[5];
        //开辟内存空间，用来接收数据
        System.out.print("请输入内容: ");
        int len = input.read(b);
        System.out.println("您输入的内容为: "+new String(b,0,len));
        input.close();
    }
}
```

程序执行结果如图 16-14 所示。

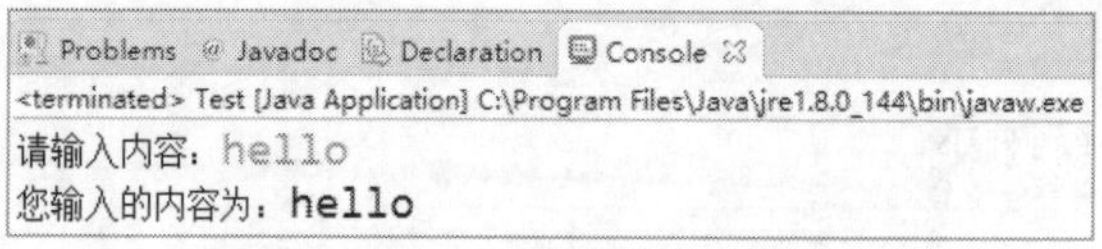

```
Problems  @ Javadoc  Declaration  Console
<terminated> Test [Java Application] C:\Program Files\Java\jre1.8.0_144\bin\javaw.exe
请输入内容：hello
您输入的内容为：hello
```

图 16-14 从键盘上读取数据

在本例中，实现了从键盘接收输入数据，但是程序中指定了数组的长度。如果希望解决该问题，实现任意长度数据的输入，则要用 BufferedReader 类来实现。

16.9.2 系统标准输出 System.out

System.out 是 PrintStream 类的对象，在 PrintStream 类中定义了一些列的 print()和 println()方法，用来向显示器输出信息。

【例 16-15】（实例文件：ch16\Chap16.15.txt）向屏幕输出信息。

```
public class Test
{
    public static void main(String[] args) throws Exception{
        //TODO Auto-generated method stub
        File f = new File("e:"+File.separator+"test.txt");
        Reader input = null;
        input = new FileReader(f);
        char c[] = new char[1024];
        int len = input.read(c);
        input.close();
        System.out.println("内容为: "+new String(c,0,len));
```

```
    }
}
```

程序执行结果如图 16-15 所示。

```
Problems  @ Javadoc  Declaration  Console
<terminated> Test [Java Application] C:\Program Files\Java\jre1.8.0_144\bin\javaw.exe
内容为：this is test.txt.
```

图 16-15　向屏幕输出信息

16.9.3　错误信息输出 System.err

在 Java 程序中，System.err 用来实现错误信息输出，如果程序出现错误，则可以直接用 System.err 输出错误信息。

【例 16-16】（实例文件：ch16\Chap16.16.txt）错误信息输出。

```
public class Test
{
    public static void main(String[] args){
        //TODO Auto-generated method stub
        String str = "hello";
        try {
            System.out.println(Integer.parseInt(str));
        } catch (Exception e) {
            //TODO: handle exception
            System.err.println(e);
        }
    }
}
```

程序执行结果如图 16-16 所示：

```
Problems  @ Javadoc  Declaration  Console
<terminated> Test [Java Application] C:\Program Files\Java\jre1.8.0_144\bin\javaw.exe (2017年10月27日 下午7:59:35)
java.lang.NumberFormatException: For input string: "hello"
```

图 16-16　错误信息输出

16.10　内存流

常用的内存流包括字节数组流、字符数组流与字符串流，本节就来详细介绍。

16.10.1　字节数组流

ByteArrayInputStream 是输入流的一种实现，它有两个构造方法，每个构造方法都需要一个字节数组来作为其数据源，具体内容如下：

```
ByteArrayInputStream(byte[] buf)
ByteArrayInputStream(byte[] buf,int offset, int length)
ByteArrayOutputStream()
```

```
ByteArrayOutputStream(int)
```

如果程序在运行的过程中要产生一些临时文件，可以采用虚拟文件方式实现，JDK 中提供了 ByteArrayInputStream 和 ByteArrayOutputStream 两个类，可以实现类似于内存虚拟文件的功能。

【例 16-17】（实例文件：ch16\Chap16.17.txt）ByteArrayInputStream 类的使用。

```
public class Test
{
    public static void main(String[] args) throws Exception
    {
        String tmp = "abcdefghijklmnopqrstuvwxyz";
        byte[] src = tmp.getBytes();    //src 为转换前的内存块
        ByteArrayInputStream input = new ByteArrayInputStream(src);
        ByteArrayOutputStream output = new ByteArrayOutputStream();
        new Test().transform(input, output);
        byte[] result = output.toByteArray();    //result 为转换后的内存块
        System.out.println(new String(result));
    }
    public void transform(InputStream in, OutputStream out)
    {
        int c = 0;
        try
        {
            while ((c = in.read()) != -1)    //read 在读到流的结尾处返回-1
            {
                int C = (int) Character.toUpperCase((char) c);
                out.write(C);
            }
        }
        catch (Exception e)
        {
            e.printStackTrace();
        }
    }
}
```

程序运行结果如图 16-17 所示。

```
Problems  @ Javadoc  Declaration  Console
<terminated> Test [Java Application] C:\Program Files\Java\jre1.8.0_144\bin\javaw.exe
ABCDEFGHIJKLMNOPQRSTUVWXYZ
```

图 16-17　ByteArrayInputStream 类的使用

16.10.2　字符数组流

CharArrayReader 是字符数组输入流，用于读取字符数组。它继承 Reader 类，操作的数据以字符为单位。与之相似，CharArrayWriter 类是字符数组输出流，主要用于输出字符数组。它继承 Writer 类，操作的数据是以字符为单位。

（1）CharArrayReader 实际上是通过字符数组保存数据的。

（2）在构造函数中有 buf，通过 buf 来创建对象。

（3）read()函数读取下一个字符。

该类的主要方法如下：

```
CharArrayReader(char[] buf)
CharArrayReader(char[] buf, int offset, int length)
void     close()
void     mark(int readLimit)
boolean  markSupported()
int      read()
int      read(char[] buf, int offset, int length)
boolean     ready()
void     reset()
long     skip(long charCount)
```

【例 16-18】（实例文件：ch16\Chap16.18.txt）字符数组应用。

```
public class Test
{
    private static final int LEN = 5;
    //对应英文字母"abcdefghijklmnopqrstuvwxyz"
    private static final char[] ArrayLetters = new char[] {'a','b','c','d','e','f','g','h','i','j',
'k','l','m','n','o','p','q','r','s','t','u','v','w','x','y','z'};
    public static void main(String[] args) {
        tesCharArrayReader() ;
    }
    /**
     * CharArrayReader的API测试函数
     */
    private static void tesCharArrayReader() {
        try {
            //创建CharArrayReader字符流，内容是ArrayLetters数组
            CharArrayReader car = new CharArrayReader(ArrayLetters);
            //从字符数组流中读取5个字符
            for (int i=0; i<LEN; i++) {
                //若能继续读取下一个字符，则读取下一个字符
                if (car.ready() == true) {
                    //读取字符流的下一个字符
                    char tmp = (char)car.read();
                    System.out.printf("%d : %c\n", i, tmp);
                }
            }
            //若该字符流不支持标记功能，则直接退出
            if (!car.markSupported()) {
                System.out.println("make not supported!");
                return ;
            }
            //标记字符流中下一个被读取的位置，即标记f
            //因为前面已经读取了5个字符，所以下一个被读取的位置是第6个字符
            //CharArrayReader类的mark(0)函数中的参数0是没有实际意义的
            //mark()与reset()是配套的
```

```
            //reset()会将字符流中下一个被读取的位置重置为mark()中所保存的位置
            car.mark(0);
            //跳过5个字符。此后，字符流中下一个被读取的值应该是k。
            car.skip(5);
            //从字符流中读取5个数据，即读取klmno
            char[] buf = new char[LEN];
            car.read(buf, 0, LEN);
            System.out.printf("buf=%s\n", String.valueOf(buf));
            //重置字符流，即，将字符流中下一个被读取的位置重置为mark()所标记的位置，即f
            car.reset();
            //从重置后的字符流中读取5个字符到buf中，即读取fghij
            car.read(buf, 0, LEN);
            System.out.printf("buf=%s\n", String.valueOf(buf));
        } catch (IOException e) {
            e.printStackTrace();
        }
    }
}
```

程序执行结果如图 16-18 所示。

```
Problems  Javadoc  Declaration  Console
<terminated> Test [Java Application] C:\Program Files\Java\jre1.8.0_144\bin\javaw.exe
0 : a
1 : b
2 : c
3 : d
4 : e
buf=klmno
buf=fghij
```

图 16-18　字符数组应用

16.10.3　字符串流

BufferedReader 类是 Reader 类的子类，使用该类可以以行为单位读取数据。BufferedReader 类的主要构造方法如下：

```
BufferedReader(Reader in)
```

该构造方法使用 Reader 类的对象创建一个 BufferedReader 对象，语法格式如下：

```
new BufferedReader(in);
```

BufferedReader 类中提供了 ReaderLine()方法，Reader 类中没有该方法。该方法能够读取文本行。例如：

```
    FileReader fr;
    try {
        fr=new FileReader("C:\\Example6.txt");
        BufferedReader br=new BufferedReader(fr);
        String aline;
        while((aline=br.readLine())!=null) {
            String str=new String(aline);
            System.out.println(str);
        }
        fr.close();
```

```
        br.close();
    }catch (Exception e) {
        //TODO: handle exception
        e.printStackTrace();
    }
```

BufferedWriter 类是 Writer 类的子类，该类可以以行为单位写入数据。BufferedWriter 类常用的构造方法为

```
BufferedWriter(Writer out)
```

该构造方法使用 Writer 类的对象来创建一个 BufferedWriter 对象，语法格式如下：

```
new BufferedWriter(out);
```

BufferedWriter 类中提供了 newLine()方法，Writer 类中没有该方法。该方法是换行标记。例如：

```
    File file=new File("C:\\","test.txt");
    FileWriter fos;
    try {
        fos=new FileWriter(file,true);
        BufferedWriter bw=new BufferedWriter(fos);
        bw.write("Example");
        bw.newLine();
        bw.write("Example");
        bw.close();
    }catch (Exception e) {
        //TODO: handle exception
        e.printStackTrace();
    }
```

【例 16-19】（实例文件：ch16\Chap16.19.txt）创建两个 File 类的对象，分别判断两个文件是否存在，如果不存在，则新建该文件。从文件 test1.txt 中读取数据，复制到文件 test2.txt 中，最终使文件 test2.txt 中的内容与 test1.txt 中的内容相同。

```
public class Test
{
    public static void main(String[] args) {
        //TODO Auto-generated method stub
        try {
            FileReader fr;
            fr=new FileReader("e:\\test1.txt");
            File file =new File("e:\\test2.txt");
            FileWriter   fos=new FileWriter(file);
            BufferedReader   br=new BufferedReader(fr);
            BufferedWriter bw=new BufferedWriter(fos);
            String str=null;
            while((str=br.readLine())!=null) {
                bw.write(str+"\n");
            }
            br.close();
            bw.close();
        }catch (Exception e) {
            //TODO: handle exception
            e.printStackTrace();
```

```
        }
    }
}
```

程序执行后的结果如图 16-19 所示。

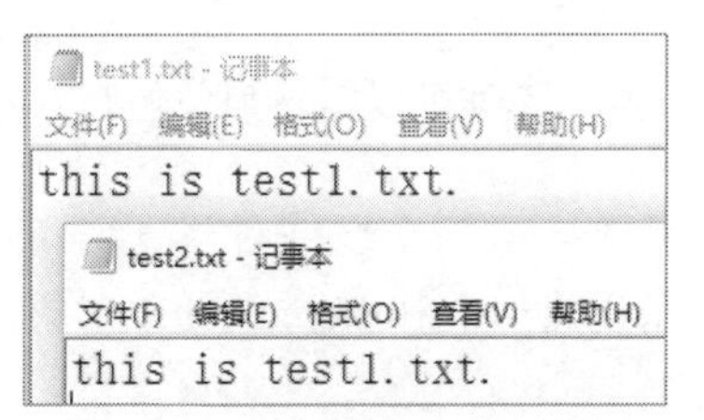

图 16-19 创建 File 类的对象

16.11 扫描流

从 JDK 1.5 版本以后，Java 专门提供了输入数据类 Scanner，该类不仅可以完成数据的输入，也可以方便地验证输入的数据。本节主要讲述该类的使用方法。

Scanner 类位于 java.util 包中，其常用方法如表 16-10 所示。

表 16-10 Scanner 类常用方法

方 法	类 型	说 明
Public Scanner(File source) throws FileNotFoundException	构造	从文件中接收内容
Public Scanner(InputStream source)	构造	从指定的字节输入流中接收内容
Public boolean hasNext(Pattern pattern)	普通	判断输入的数据是否符合指定的正则标准
Public boolean hasNextInt()	普通	判断输入的是否是整数
Public boolean hasNextFloat()	普通	判断输入的是否是小数
Public String next()	普通	接收内容
Public String next(Pattern pattern)	普通	接收内容，进行正则验证
Public int nextInt()	普通	接收数字
Public float nextFloat()	普通	接收小数
Public Scanner useDelimiter(String pattern)	普通	设置读取的分隔符

Scanner 类可以接收任意的输入流，由于在 Scanner 类中有一个可以接收 InputStream 类的构造方法，所以只要是字节输入流的子类，都可以通过 Scanner 类方便地读取。

16.11.1 输入各类数据

在 Java 应用中，可以使用 Scanner 类实现基本的数据输入，其中最简单的方法就是直接使用 Scanner 类的 next()方法来实现数据的输入。

【例 16-20】（实例文件：ch16\Chap16.20.txt）使用 Scanner 类输入数据。

```
public class Test
{
    public static void main(String[] args) {
        //TODO Auto-generated method stub
        Scanner scan=new Scanner(System.in);
        System.out.println("请输入数据：");
        String str=scan.next();
        System.out.println("您输入的数据是："+str);
    }
}
```

程序执行后的结果如图16-20所示。

```
Problems  @ Javadoc  Declaration  Console
<terminated> Test [Java Application] C:\Program Files\Java\jre1.8.0_144\bin\javaw.exe
请输入数据：
hello,java
您输入的数据是：hello,java
```

图16-20 使用Scanner类输入数据

该程序能够将输入的字符串数据原封不动地输出，但是如果输入的数据中有空格，则输出的数据只有空格之前的那一段，因为Scanner类将空格当成了分隔符。Scanner类也支持int、float等类型的数据输入，但是最好在输入之前使用方法hasNextXxx()进行验证。

【例16-21】（实例文件：ch16\Chap16.21.txt）使用Scanner输入各种类型的数据。

```
public class Test
{
    public static void main(String[] args) {
        //TODO Auto-generated method stub
        Scanner scan=new Scanner(System.in);
        int i=0;
        float f=0.0f;
        System.out.print("请输入整数：");
        if(scan.hasNextInt()) {
            i=scan.nextInt();
            System.out.println("您输入的整数为："+i);
        }else {
            System.out.println("您输入的不是整数！");
        }

        System.out.println("请输入小数：");
        if(scan.hasNextFloat()) {
            f=scan.nextFloat();
            System.out.println("您输入的小数为："+f);
        }else {
            System.out.println("您输入的不是小数！");
        }
        scan.close();
    }
}
```

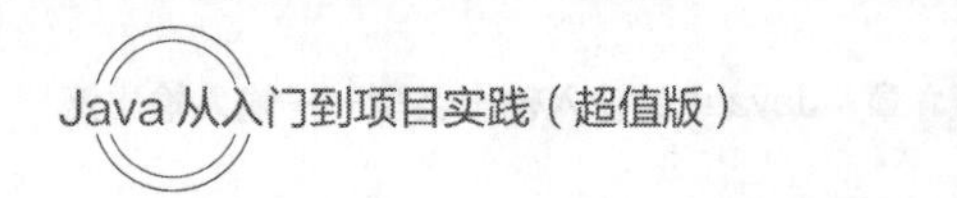

程序执行后的结果如图 16-21 所示。

```
Problems  Javadoc  Declaration  Console
<terminated> Test [Java Application] C:\Program Files\Java\jre1.8.0_144\bin\javaw.exe
请输入整数：20
您输入的整数为：20
请输入小数：
3.14
您输入的小数为：3.14
```

图 16-21　使用 Scanner 输入各种类型的数据

16.11.2　读取文件内容

Scanner 类功能强大，还可以用来读取文件内容。

【例 16-22】（实例文件：ch16\Chap16.22.txt）使用 Scanner 类读取文件内容。

```
public class Test
{
    public static void main(String[] args) {
        //TODO Auto-generated method stub
        Scanner scan=null;
        File f=new File("E:"+File.separator+"test.txt");
        try {
            scan=new Scanner(f);
        }catch (Exception e) {
            //TODO: handle exception
        }
        StringBuffer str=new StringBuffer();
        while(scan.hasNext()) {
            str.append(scan.next()).append("\n");
        }
        System.out.println("文件内容为：\n"+str);
    }
}
```

程序执行结果如图 16-22 所示。

```
Problems  Javadoc  Declaration  Console
<terminated> Test [Java Application] C:\Program Files\Java\jre1.8.0_144\bin\javaw.exe
文件内容为：
this
is
test1.txt.
```

图 16-22　使用 Scanner 类读取文件内容

16.12　过滤器流

过滤器流（filter stream）也称为包装流，它是为某种目的过滤字节或字符的数据流。基本输入流提供的读取方法只能用来读取字节或字符。而过滤器流能够读取整数值、双精度值或字符串，但需要一个过滤器类来包装输入流。

DataInputStream 和 DataOutputStream 类分别是 FilterInputStream 和 FilterOutputStream 类的子类。它们分别实现了 DataInput 和 DataOutput 接口，该接口中定义了独立于具体机器的带格式的读写操作，从而可以实现对 Java 中的不同基本类型数据的读写。

例如，从文件中读取数据。可以先创建一个 FileInputStream 类的对象，然后把该类传递给一个 DataInputStream 的构造方法，代码如下：

```
fis = new FileInputStream("Example.txt");
DataInputStream dis=new DataInputStream(fis);
int i=dis.readInt();
dis.close();
```

再如，把数据写入文件，可以先创建一个 FileOutputStream 类的对象，然后把该类传递给一个 DataOutputStream 的构造方法，代码如下：

```
FileOutputStream  fos=new FileOutputStream("Example.txt");
DataOutputStream  dos=new DataOutputStream(fos);
dos.writeBytes("Example");
dos.close();
```

16.13　对象序列化

对象序列化指的是把一个对象变成二进制的数据流的一种方法，通过对象序列化可以方便地实现对象的传输或者存储。本节主要介绍对象序列化的应用。

16.13.1　序列化接口 Serializable

要实现对一个类的对象序列化处理，则对象所在的类就必须实现 Serializable 接口。声明 Serializable 接口的格式如下：

```
public interface Serializable{}
```

显而易见，在该接口中并没有定义任何方法，该接口只是一个标识接口，用来标识一个类可以被序列化。

【例 16-23】（实例文件：ch16\Chap16.23.txt）定义可序列化的类。

```
public class Person implements Serializable{
    private String name;
    private int age;
    public Person(String name,int age) {
        this.name = name;
        this.age = age;
    }
    public String toString() {
        return "姓名: "+this.name+"; 年龄: "+this.age;
    }
}
```

在本例中，Person 类已经实现了序列化接口，于是该类的对象是可以经过二进制数据流进行传输的。

如果要完成对象的输入和输出，还必须依靠对象输出流（ObjectOutputStream）和对象输入流（ObjectInputStream）。使用对象输出流输出序列化对象的步骤也可以称为序列化，而使用对象输入流读入对象的过程可以称为反序列化。

16.13.2 实现序列化与反序列化

实现序列化就是使用对象输出流输出序列化对象，而反序列化就是使用对象输入流输入对象。

如果要输出一个对象，就必须用到ObjectOutputStream类，定义该类的语法格式如下：

```
public class ObjectOutputStream
extends OutputStream
implements ObjectOutput,ObjectStreamConstants
```

其中，ObjectOutputStream类是OutputStream类的子类。使用该类的形式和使用PrintStream的形式相似，在实例化的过程中也需要传入一个OutputStream的子类对象。根据传入的OutputStream子类的对象不同，输出的位置也不同。

【例16-24】（实例文件：ch16\Chap16.24.txt）将Person类的对象保存在文件中（序列化）。

```
public class Test {
    public static void main(String[] args) throws Exception{
        //TODO Auto-generated method stub
        File f = new File("E:"+File.separator+"test.txt");
        ObjectOutputStream oos=null;
        OutputStream   out = new FileOutputStream(f);
        oos = new ObjectOutputStream(out);
        oos.writeObject(new Person("张三",30));
        oos.close();
    }
}
class Person implements Serializable{
    private String name;
    private int age;
    public Person(String name,int age) {
        this.name = name;
        this.age = age;
    }
    public String toString() {
        return "姓名："+this.name+"；年龄："+this.age;
    }
}
```

该程序执行后，可以将内容保存到文件test.txt中，保存的都是二进制数据，不能直接对该文件进行修改，否则会破坏其保存格式。

反序列化则需要使用对象输入流ObjectInputStream，其定义格式如下：

```
public class ObjectInputStream
extends InputStream
implements ObjectInput, ObjectStreamConstants
```

ObjectInputStream类也是InputStream类的子类，使用方法与PrintStream类似。ObjectInputStream类也

需要接收 InputStream 类的实例才可以实例化。

【例 16-25】（实例文件：ch16\Chap16.25.txt）从文件中读出 Person 对象（反序列化）。

```
public class Test {
    public static void main(String[] args) throws Exception{
        //TODO Auto-generated method stub
        File f = new File("E:"+File.separator+"test.txt");
        ObjectInputStream ois=null;
        InputStream input = new FileInputStream(f);
        ois = new ObjectInputStream(input);
        Object obj = ois.readObject();
        ois.close();
        System.out.println(obj);
    }
}
class Person implements Serializable{
    private String name;
    private int age;
    public Person(String name,int age) {
        this.name = name;
        this.age = age;
    }
    public String toString() {
        return "姓名: "+this.name+"; 年龄: "+this.age;
    }
}
```

该程序执行后的结果如图 16-23 所示。

Problems　Javadoc　Declaration　Console
<terminated> Test [Java Application] C:\Program Files\Java\jre1.8.0_144\bin\javaw.exe
姓名：张三；年龄：30

图 16-23　从文件中读出 Person 对象

16.13.3　transient 关键字

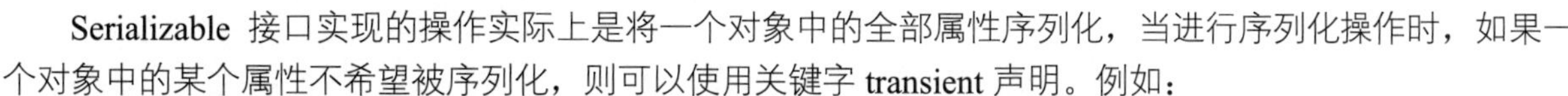

Serializable 接口实现的操作实际上是将一个对象中的全部属性序列化，当进行序列化操作时，如果一个对象中的某个属性不希望被序列化，则可以使用关键字 transient 声明。例如：

```
public class Person implements Serializable{
    //Person 类的对象可以被序列化
    private transient String   name;
    //name 属性将不被序列化
    private int age;
    //age 属性将被序列化
    public Person(String name,int age) {
        this.name = name;
        this.age = age;
    }
    public String toString() {
```

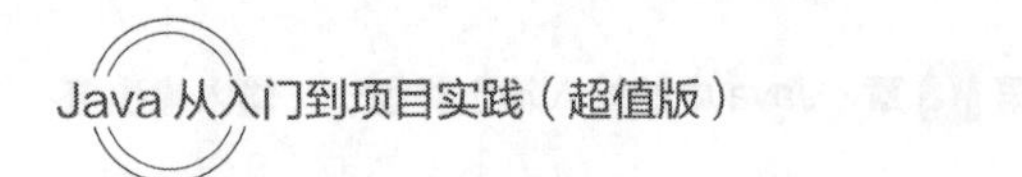


```
        return "姓名: "+this.name+"; 年龄: "+this.age;
    }
}
```

【例 16-26】（实例文件：ch16\Chap16.26.txt）重新保存并且再读取对象。

```
public class Test {
    public static void main(String[] args) throws Exception{
        //TODO Auto-generated method stub
        ser();
        dser();
    }
    public static void ser() throws Exception{
        File f = new File("E:"+File.separator+"test.txt");
        ObjectOutputStream oos=null;
        OutputStream    out = new FileOutputStream(f);
        oos = new ObjectOutputStream(out);
        oos.writeObject(new Person("张三",30));
        oos.close();
    }
    public static void dser() throws Exception{
        File f = new File("E:"+File.separator+"test.txt");
        ObjectInputStream ois=null;
        InputStream input = new FileInputStream(f);
        ois = new ObjectInputStream(input);
        Object obj = ois.readObject();
        ois.close();
        System.out.println(obj);
    }
}
class Person implements Serializable{
    private String name;
    private int age;
    public Person(String name,int age) {
        this.name = name;
        this.age = age;
    }
    public String toString() {
        return "姓名: "+this.name+"; 年龄: "+this.age;
    }
}
```

16.14 就业面试解析与技巧

16.14.1 面试解析与技巧（一）

面试官：Java 中有几种类型的流？JDK 为每种类型的流提供了一些抽象类以供继承，请指出它们分别是哪些类？

应聘者：Java 中按所操作的数据单元的不同分为字节流和字符流。字节流继承 InputStream 和 OutputStream 类，字符流继承 Reader 和 Writer。按流的流向的不同，分为输入流和输出流；按流的角色来分，可分为节点流和处理流。缓冲流、转换流、对象流和打印流等都属于处理流，使得输入输出更简单，执行效率更高。

16.14.2 面试解析与技巧（二）

面试官：相同的 I/O 功能有两组操作类可以使用，那么在开发中到底使用哪种更好呢？

应聘者：关于字节流和字符流的选择没有明确的要求，选择时可以参考以下几点。

- Java 最早提供的实际上只有字节流，而在 JDK 1.1 之后才增加了字符流。
- 字符数据可以方便地进行中文的处理，而字节数据处理起来会比较麻烦。
- 在网络传输或者进行数据保存的时候，数据操作单位都是字节，而不是字符。
- 字节流和字符流在操作形式上是类似的，只要一种流会使用了，另一种流都可以采用同样的方式完成。
- 字节流操作时不使用缓冲区，字符流操作时需要利用缓冲区处理数据。字符流在关闭的时候默认清空缓冲区，如果在操作时没有关闭，则用户可以使用 flush()方法手工清空缓冲区。

第 17 章

窗口程序设计——GUI 编程

◎ 本章教学微视频：21 个 70 分钟

学习指引

GUI 全称是 Graphical User Interface，即图形用户界面。顾名思义，就是应用程序提供给用户操作的图形界面，包括窗口、菜单、按钮、工具栏和其他各种图形界面元素。目前，图形用户界面已经成为一种趋势，几乎所有的程序设计语言都提供了 GUI 设计功能。本章将详细介绍 GUI 编程的相关知识，主要内容包括布局管理器、AWT 事件处理、常用事件、AWT 绘图等。

重点导读

- 了解 GUI 编程与 AWT 的概念。
- 掌握容器类的使用。
- 掌握布局管理器的应用。
- 熟练 AWT 事件处理的应用。
- 掌握常用事件的应用。
- 掌握 AWT 绘图的应用。

17.1 认识 GUI 编程

Java 中针对 GUI 设计提供了丰富的类库，这些类分别位于 java.awt 和 javax.swing 包中，简称为 AWT 和 Swing。其中，AWT 是 Sun 公司最早推出的一套 API，它需要利用本地操作系统所提供的图形库，属于重量级组件，不跨平台，它的组件种类有限，可以提供基本的 GUI 设计工具，却无法实现目前 GUI 设计所需的所有功能。

随后，Sun 公司对 AWT 进行改进，提供了 Swing 组件，Swing 组件由纯 Java 语言编写，属于轻量级组件，可跨平台，Swing 不仅实现了 AWT 中的所有功能，而且提供了更加丰富的组件和功能，足以满足 GUI 设计的一切需求。Swing 会用到 AWT 中的许多知识，掌握了 AWT，学习 Swing 就变成了一件很容易的事情，因此本章将从 AWT 开始学习图形用户界面。

17.2 AWT 概述

AWT 是用于创建图形用户界面的一个工具包，它提供了一系列用于实现图形界面的组件，如窗口、按钮、文本框、对话框等。在 JDK 中针对每个组件都提供了对应的 Java 类，这些类都位于 java.awt 包中，图 17-1 描述了这些类的继承关系。

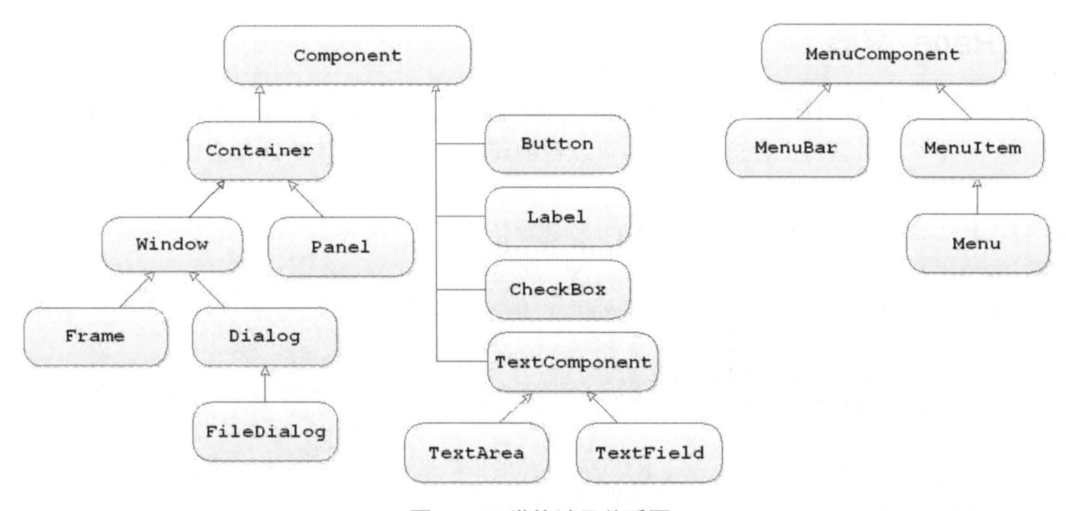

图 17-1　类的继承关系图

从继承关系可以看出，在 AWT 中组件分为两大类，这两类的基类分别是 Component 和 MenuComponent。其中，MenuComponent 是所有与菜单相关组件的父类，Component 则是除菜单外其他 AWT 组件的父类，它表示一个能以图形化方式显示出来并可与用户交互的对象。

17.3 容器类

Container 类表示容器，它是一种特殊的组件，可以用来容纳其他组件，Container 又分为两种类型，分别是 Window 和 Panel，接下来对这两种类型进行详细讲解。

17.3.1 Window 类

Window 类是不依赖其他容器而独立存在的容器，它有两个子类，分别是 Frame 类和 Dialog 类。Frame 类用于创建一个具有标题栏的框架窗口，作为程序的主界面，如图 17-2 所示。

图 17-2　程序的主界面

Dialog 类用于创建一个对话框，实现与用户的信息交互，如图 17-3 所示。

图 17-3　Dialog 类对话框

17.3.2　Panel 容器

Panel 也是一个容器，但是它不能单独存在，只能存在于其他容器（Window 或其子类）中，一个 Panel 对象代表了一个长方形的区域，在这个区域中可以容纳其他组件。在程序中通常会使用 Panel 来实现一些特殊的布局。

【例 17-1】（实例文件：ch17\Chap17.1.txt）创建窗体程序。

```
public class Test {
    public static void main(String[] args) {
        //建立新窗体对象
        Frame f = new Frame("我的窗体！");
        //设置窗体的宽和高
        f.setSize(400, 300);
        //设置窗体在屏幕中所处的位置(参数是左上角坐标)
        f.setLocation(300, 200);
        //设置窗体可见
        f.setVisible(true);
    }
}
```

程序运行后如图 17-4 所示。

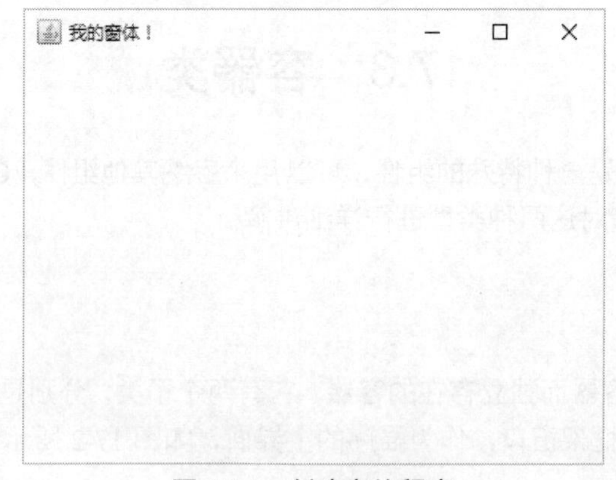

图 17-4　创建窗体程序

17.4　布局管理器

组件不能单独存在，必须放置于容器中，而组件在容器中的位置和尺寸是由布局管理器来决定的。本节就来介绍布局管理器的应用。

17.4.1　布局管理器概述

在 java.awt 包中提供了 5 种布局管理器，分别是 FlowLayout（流式布局管理器）、BorderLayout（边界布局管理器）、GridLayout（网格布局管理器）、GridBagLayout（网格包布局管理器）和 CardLayout（卡片布局管理器）。每个容器在创建时都会使用一种默认的布局管理器，在程序中可以通过调用容器对象的 setLayout()方法设置布局管理器，通过布局管理器自动进行组件的布局管理。

例如，把一个 Frame 窗体的布局管理器设置为 FlowLayout，代码如下：

```
Frame frame = new Frame();
frame.setLayout(new FlowLayout());
```

17.4.2　流式布局管理器

流式布局管理器（FlowLayout）是最简单的布局管理器，在这种布局下，容器会将组件按照添加顺序从左向右放置。当到达容器的边界时，会自动将组件放到下一行的开始位置。这些组件可以左对齐、居中对齐（默认方式）或右对齐的方式排列。FlowLayout 对象有 3 个构造方法，如表 17-1 所示。

表 17-1　FlowLayout 对象的构造方法

方　法	说　明
FlowLayout()	组件默认居中对齐，水平、垂直间距默认为 5 个单位
FlowLayout(int align)	指定组件相对于容器的对齐方式，水平、垂直间距默认为 5 个单位
FlowLayout(int align, int hgap, int vgap)	指定组件的对齐方式和水平、垂直间距

其中，参数 align 决定组件在每行中相对于容器边界的对齐方式，可以使用该类中提供的常量作为参数传递给构造方法，其中 FlowLayout.LEFT 用于表示左对齐，FlowLayout.RIGHT 用于表示右对齐，FlowLayout.CENTER 用于表示居中对齐。参数 hgap 和参数 vgap 分别设定组件之间的水平和垂直间隙，可以填入一个任意数值。

【例 17-2】（实例文件：ch17\Chap17.2.txt）流式布局管理器 FlowLayout 的应用。

```
public class Test {
    public static void main(String[] args) {
        final Frame f = new Frame("Flowlayout");  //创建一个名为 Flowlayout 的窗体
        //设置窗体中的布局管理器为 FlowLayout，所有组件左对齐，水平间距为 20，垂直间距为 30
        f.setLayout(new FlowLayout(FlowLayout.LEFT, 20, 30));
        f.setSize(220, 300);                      //设置窗体大小
        f.setLocation(300, 200);                  //设置窗体显示的位置
        f.add(new Button("第 1 个按钮"));          //把"第 1 个按钮"添加到 f 窗体
        f.add(new Button("第 2 个按钮"));
        f.add(new Button("第 3 个按钮"));
        f.add(new Button("第 4 个按钮"));
        f.add(new Button("第 5 个按钮"));
        f.add(new Button("第 6 个按钮"));
        f.setVisible(true);                       //设置窗体可见
    }
}
```

程序运行后如图 17-5 所示。

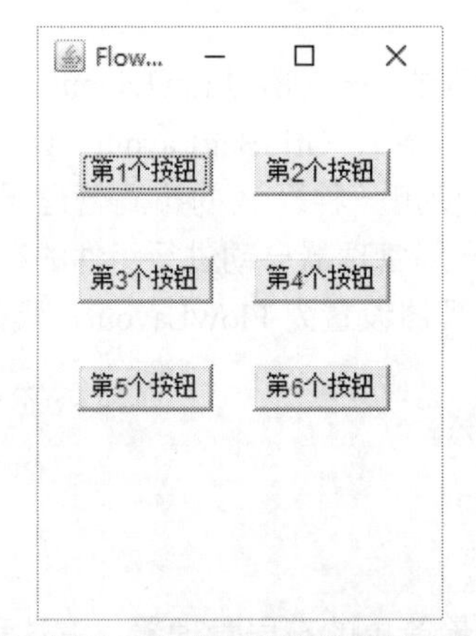

图 17-5　流式布局管理器的应用

17.4.3　边界布局管理器

BorderLayout（边界布局管理器）是一种较为复杂的布局方式，它将容器划分为 5 个区域，分别是东(EAST)、南(SOUTH)、西(WEST)、北(NORTH)、中(CENTER)。组件可以被放置在这 5 个区域中的任意一个。BorderLayout 布局的效果如图 17-6 所示。

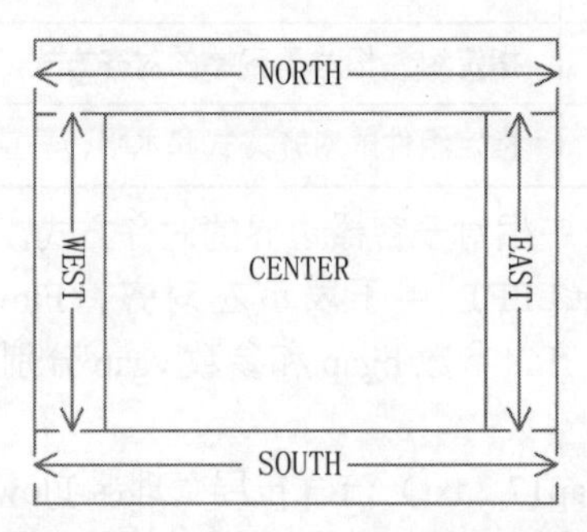

图 17-6　BorderLayout 布局的效果

在图 17-6 中，箭头是改变容器大小时各个区域尺寸改变的方向。也就是说，在改变容器时，NORTH 和 SOUTH 区域高度不变，长度调整，WEST 和 EAST 区域宽度不变高度调整，CENTER 会相应进行调整。

当向 BorderLayout 的容器中添加组件时，需要使用 add(Component comp, Object constraints)方法。其中参数 comp 表示要添加的组件，constraints 是指定将组件添加到布局中的方式和位置的对象，它是一个 Object 类型，在传参时可以使用 BorderLayout 类提供的 5 个常量，它们分别是 EAST、SOUTH、WEST、NORTH 和 CENTER。

【例 17-3】（实例文件：ch17\Chap17.3.txt）边界布局管理器 BordLayout 的应用。

```
public class Test {
   public static void main(String[] args) {
      final Frame f = new Frame("BorderLayout");      //创建一个名为 BorderLayout 的窗体
      f.setLayout(new BorderLayout());                //设置窗体中的布局管理器为 BorderLayout
      f.setSize(300, 300);                            //设置窗体大小
      f.setLocation(300, 200);                        //设置窗体显示的位置
      f.setVisible(true);                             //设置窗体可见
```

```
        //下面的代码是创建 5 个按钮，分别用于填充 BorderLayout 的 5 个区域
        Button but1 = new Button("东部");                    //创建新按钮
        Button but2 = new Button("西部");
        Button but3 = new Button("南部");
        Button but4 = new Button("北部");
        Button but5 = new Button("中部");
        //下面的代码是将创建好的按钮添加到窗体中，并设置按钮所在的区域
        f.add(but1, BorderLayout.EAST);                      //设置按钮所在区域
        f.add(but2, BorderLayout.WEST);
        f.add(but3, BorderLayout.SOUTH);
        f.add(but4, BorderLayout.NORTH);
        f.add(but5, BorderLayout.CENTER);
    }
}
```

程序运行结果如图 17-7 所示。

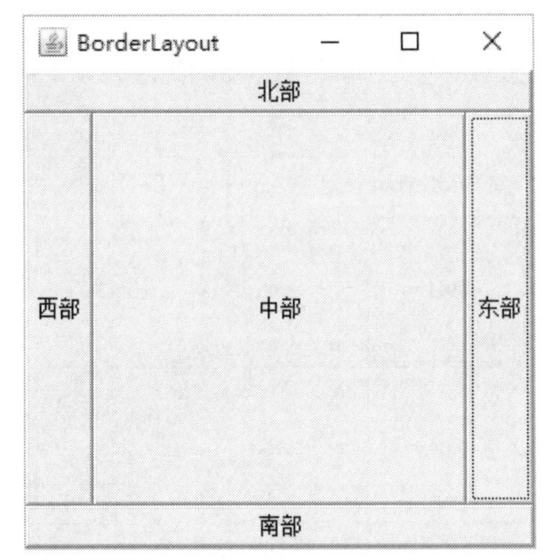

图 17-7　边界布局管理器 BordLayout 的应用

17.4.4　网格布局管理器

GridLayout（网格布局管理器）使用纵横线将容器分成 n 行 m 列大小相等的网格，每个网格中放置一个组件。添加到容器中的组件首先放置在第 1 行第 1 列（左上角）的网格中，然后在第 1 行的网格中从左向右依次放置其他组件，第 1 行满后，继续在下一行中从左到右放置组件。与 FlowLayout 不同的是，放置在 GridLayout 布局管理器中的组件将自动占据网格的整个区域。

接下来学习下 GridLayout 的构造方法，如表 17-2 所示。

表 17-2　GridLayout 的构造方法

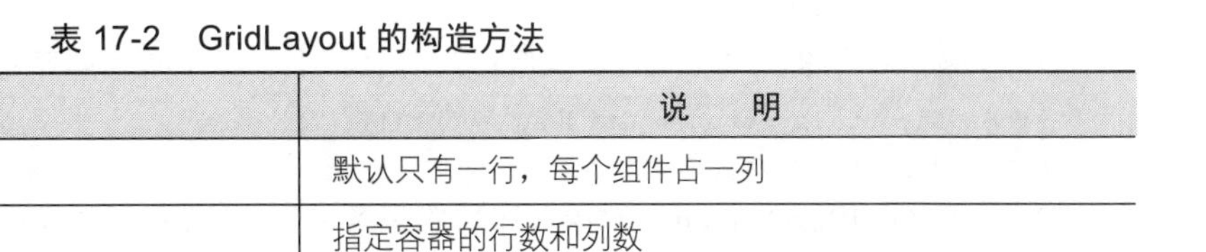

方　法	说　明
GridLayout()	默认只有一行，每个组件占一列
GridLayout(int rows, int cols)	指定容器的行数和列数
GridLayout(int rows, int cols, int hgap, int vgap)	指定容器的行数和列数以及组件之间的水平、垂直间距

在表 17-2 中，参数 rows 代表行数，cols 代表列数，hgap 和 vgap 规定水平和垂直方向的间距。水平间距指的是网格之间的水平距离，垂直间距指的是网格之间的垂直距离。

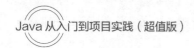

【例 17-4】（实例文件：ch17\Chap17.4.txt）网格布局管理器 GridLayout 的应用。

```
public class Test {
    public static void main(String[] args) {
        Frame f = new Frame("GridLayout");          //创建一个名为 GridLayout 的窗体
        f.setLayout(new GridLayout(3, 3));          //设置该窗体为 3×3 的网格
        f.setSize(300, 300);                        //设置窗体大小
        f.setLocation(400, 300);
        //下面的代码是循环添加 9 个按钮到 GridLayout 中
        for (int i = 1; i <= 9; i++) {
            Button btn = new Button("btn" + i);
            f.add(btn); //向窗体中添加按钮
        }
        f.setVisible(true);
    }
}
```

程序运行结果如图 17-8 所示。

图 17-8　网格布局管理器 GridLayout 的应用

17.4.5　网格包布局管理器

GridBagLayout（网格包布局管理器）是最灵活、最复杂的布局管理器。它与 GridLayout 布局管理器类似，不同的是，它允许网格中的组件大小各不相同，而且允许一个组件跨越一个或者多个网格。

使用 GridBagLayout 布局管理器的步骤如下：

（1）创建 GridbagLayout 布局管理器，并使容器采用该布局管理器。例如：

```
GridBagLayout layout=new GridBagLayout();
container.setLayout(layout);
```

（2）创建 GridBagContraints 对象（布局约束条件），并设置该对象的相关属性。例如：

```
GridBagConstraints constraints=new GridBagConstraints();
constraints.gridx=1;        //设置网格的左上角横向索引
```

```
constraints.gridy=1;              //设置网格的左上角纵向索引
constraints.gridheight=1;         //设置组件横向跨越的组件
constraints.gridwidth=1;          //设置组件纵向跨越的组件
```

（3）调用 GridBagLayout 对象的 setConstraints()方法建立 GridBagConstraints 对象和受控组件之间的关联。例如：

```
layout.setConstraints(component, constraints);
```

（4）向容器中添加组件：

```
container.add(component);
```

GridBagConstraints 对象可以重复使用，只需要改变它的属性即可。如果要向容器中添加多个组件，则重复（2）、（3）、（4）步骤。

从上面的步骤可以看出，使用 GridBagLayout 布局管理器的关键在于 GridBagConstraints 对象，它才是控制容器中每个组件布局的核心类。在 GridBagConstraints 类中有很多表示约束的属性，下面对 GridBagConstraints 类的一些常用属性进行介绍，如表 17-3 所示。

表 17-3　GridBagConstraints 类的属性

属　性	说　明
gridx 和 gridy	设置组件的左上角所在网格的横向和纵向索引（即所在的行和列）。如果将 gridx 和 gridy 的值设置为 GridBagConstraints.RELATIVE（默认值），表示当前组件紧跟在上一个组件后面
gridwidth 和 gridheight	设置组件横向、纵向跨越几个网格，两个属性的默认值都是 1。如果把这个两个属性的值设为 GridBagConstraints.REMAINDER，表示当前组件在其行或其列上为最后一个组件。如果把这两个属性的值设为 GridBagConstraints.RELATIVE，表示当前组件在其行或列上为倒数第二个组件
fill	如果组件的显示区域大于组件需要的大小，设置是否以及如何改变组件大小，该属性接收以下几个属性值： • NONE：默认，不改变组件大小。 • HORIZONTAL：使组件水平方向足够长以填充显示区域，但是高度不变。 • VERTICAL：使组件垂直方向是够高以填充显示区域，但长度不变。 • BOTH：使组件足够大，以填充整个显示区域
weightx 和 weighty	设置组件占用容器多余的水平方向和垂直方向空白的比例（也称为权重）。假设容器的水平方向放置 3 个组件，其 weightx 分别为 1、2、3，当容器宽度增加 60 个像素时，这 3 个容器分别增加 10、20 和 30 像素。这两个属性默认值是 0，即不占用多余的空间

在表 17-3 中，gridx 和 gridy 用于设置组件左上角所在网格的横向和纵向索引，gridwidth 和 gridheight 用于设置组件横向、纵向跨越几个网格，fill 用于设置是否及如何改变组件大小，weightx 和 weighty 用于设置组件在容器中的水平方向和垂直方向的权重。

注意：如果希望组件的大小随着容器的增大而增大，必须同时设置 GridBagConstraints 对象的 fill 属性和 weightx、weighty 属性。

【例 17-5】（实例文件：ch17\Chap17.5.txt）网格包布局管理器 GridBagLayout 的应用。

```
class Layout extends Frame {
    public Layout(String title) {
        GridBagLayout layout = new GridBagLayout();
        GridBagConstraints c = new GridBagConstraints();
        this.setLayout(layout);
```

```
        c.fill = GridBagConstraints.BOTH;                    //设置组件横向和纵向都可以拉伸
        c.weightx = 1;                                       //设置横向权重为 1
        c.weighty = 1;                                       //设置纵向权重为 1
        this.addComponent("btn1", layout, c);
        this.addComponent("btn2", layout, c);
        this.addComponent("btn3", layout, c);
        c.gridwidth = GridBagConstraints.REMAINDER;          //添加的组件是本行最后一个组件
        this.addComponent("btn4", layout, c);
        c.weightx = 0;                                       //设置横向权重为 0
        c.weighty = 0;                                       //设置纵向权重为 0
        addComponent("btn5", layout, c);
        c.gridwidth = 1;                                     //设置组件跨一个网格(默认值)
        this.addComponent("btn6", layout, c);
        c.gridwidth = GridBagConstraints.REMAINDER;          //添加的组件是本行最后一个组件
        this.addComponent("btn7", layout, c);
        c.gridheight = 2;                                    //设置组件纵向跨两个网格
        c.gridwidth = 1;                                     //设置组件横向跨一个网格
        c.weightx = 2;                                       //设置横向权重为 2
        c.weighty = 2;                                       //设置纵向权重为 2
        this.addComponent("btn8", layout, c);
        c.gridwidth = GridBagConstraints.REMAINDER;
        c.gridheight = 1;
        this.addComponent("btn9", layout, c);
        this.addComponent("btn10", layout, c);
        this.setTitle(title);
        this.pack();
        this.setVisible(true);
    }
    //增加组件的方法
    private void addComponent(String name, GridBagLayout layout, GridBagConstraints c) {
        Button bt = new Button(name);                        //创建一个名为 name 的按钮
        layout.setConstraints(bt, c);                        //设置 GridBagConstraints 对象和按钮的关联
        this.add(bt);                                        //增加按钮
    }
}
public class Test {
    public static void main(String[] args) {
        new Layout("GridBagLayout");
    }
}
```

程序运行结果如图 17-9 所示。

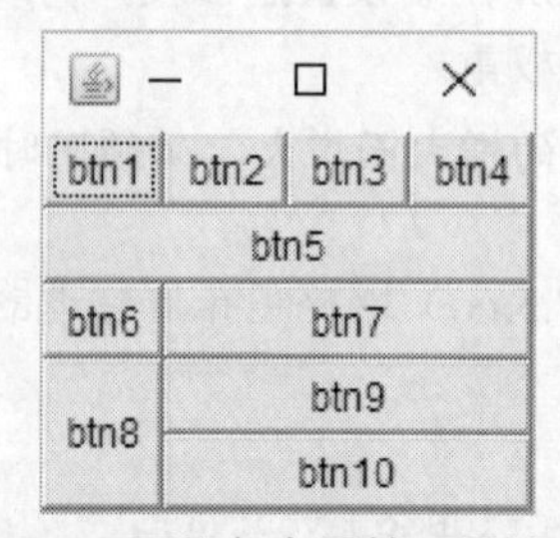

图 17-9　网格包布局管理器的应用

17.4.6 卡片布局管理器

在操作程序时，经常会通过选项卡来切换程序中的界面，这些界面就相当于一张张卡片，而管理这些卡片的布局管理器就是卡片布局管理器(CardLayout)。卡片布局管理器将界面看作一系列卡片，在任何时候只有其中一张卡片是可见的，这张卡片占据容器的整个区域。

在 CardLayout 布局管理器中经常用到的方法如表 17-4 所示。

表 17-4 CardLayout 布局管理器中常用的方法

方 法	说 明
void first(Container parent)	显示 parent 容器的第一张卡片
void last(Container parent)	显示 parent 容器的最后一张卡片
void previous(Container parent)	显示 parent 容器的上一张卡片
void next(Container parent)	显示 parent 容器的下一张卡片
void show(Container parent, String name)	显示 parent 容器中名称为 name 的组件，如果不存在，则不会发生任何操作

【例 17-6】（实例文件：ch17\Chap17.6.txt）卡片布局管理器 CardLayout 的应用。

```
class Cardlayout extends Frame implements ActionListener {
    Panel cardPanel = new Panel();                  //定义 Panel 面板放置卡片
    Panel controlpaPanel = new Panel();             //定义 Panel 面板放置按钮
    Button nextbutton, preButton;                   //声明两个按钮
    CardLayout cardLayout = new CardLayout();       //定义卡片布局对象
    //定义构造方法，设置卡片布局管理器的属性
    public Cardlayout() {
        setSize(300, 200);
        setVisible(true);
        //为窗口添加关闭事件监听器
        this.addWindowListener(new WindowAdapter() {
            public void windowClosing(WindowEvent e) {
                Cardlayout.this.dispose();
            }
        });
        cardPanel.setLayout(cardLayout);            //设置 cardPanel 面板对象为卡片布局
        //在 cardPanel 面板对象中添加 3 个文本标签
        cardPanel.add(new Label("第一个界面", Label.CENTER));
        cardPanel.add(new Label("第二个界面", Label.CENTER));
        cardPanel.add(new Label("第三个界面", Label.CENTER));
        //创建两个按钮对象
        nextbutton = new Button("下一张卡片");
        preButton = new Button("上一张卡片");
        //为按钮对象注册监听器
        nextbutton.addActionListener(this);
        preButton.addActionListener(this);
        //将按钮添加到 controlpaPanel 中
        controlpaPanel.add(preButton);
        controlpaPanel.add(nextbutton);
```

```
            //将 cardPanel 面板放置在窗口边界布局的中间，窗口默认为边界布局
            this.add(cardPanel, BorderLayout.CENTER);
            //将 controlpaPanel 面板放置在窗口边界布局的南区
            this.add(controlpaPanel, BorderLayout.SOUTH);
        }
        //下面的代码实现了按钮的监听触发，并对触发事件做出相应的处理
        public void actionPerformed(ActionEvent e) {
            //如果用户单击 nextbutton，执行的语句
            if (e.getSource() == nextbutton) {
                //切换到 cardPanel 面板中当前组件的下一个组件
                //若当前组件为最后一个组件，则显示第一个组件
                cardLayout.next(cardPanel);
            }
            if (e.getSource() == preButton) {
                //切换到 cardPanel 面板中当前组件的前一个组件
                //若当前组件为第一个组件，则显示最后一个组件
                cardLayout.previous(cardPanel);
            }
        }
    }
    public class Test {
        public static void main(String[] args) {
            Cardlayout cardlayout = new Cardlayout();
        }
    }
```

程序运行结果如图 17-10 所示。

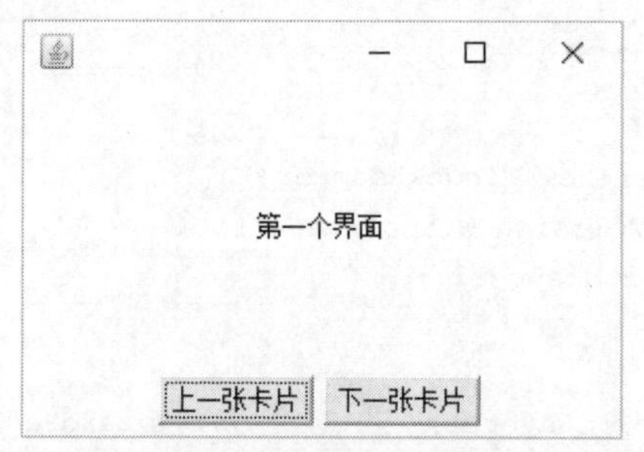

图 17-10　卡片布局管理器 CardLayout 的应用

17.4.7　自定义布局

当一个容器被创建后，都会有一个默认的布局管理器。Window、Frame 和 Dialog 的默认布局管理器是 BorderLayout，Panel 的默认布局管理器是 FlowLayout。如果不希望通过布局管理器对容器进行布局，也可以调用容器的 setLayout(null)方法，将布局管理器取消。在这种情况下，程序必须调用容器中每个组件的 setSize()和 setLocation()方法或者 setBounds()方法（这个方法接收 4 个参数，分别是左上角的 *x*、*y* 坐标和组件的长、宽），为这些组件在容器中定位。

【例 17-7】（实例文件：ch17\Chap17.7.txt）自定义布局。

```
public class Test {
```

```
    public static void main(String[] args) {
        Frame f = new Frame("hello");
        f.setLayout(null);              //取消 Frame 的布局管理器
        f.setSize(300, 150);
        Button btn1 = new Button("press");
        Button btn2 = new Button("pop");
        btn1.setBounds(40, 60, 100, 30);
        btn2.setBounds(140, 90, 100, 30);
        //在窗口中添加按钮
        f.add(btn1);
        f.add(btn2);
        f.setVisible(true);
    }
}
```

程序运行结果如图 17-11 所示。

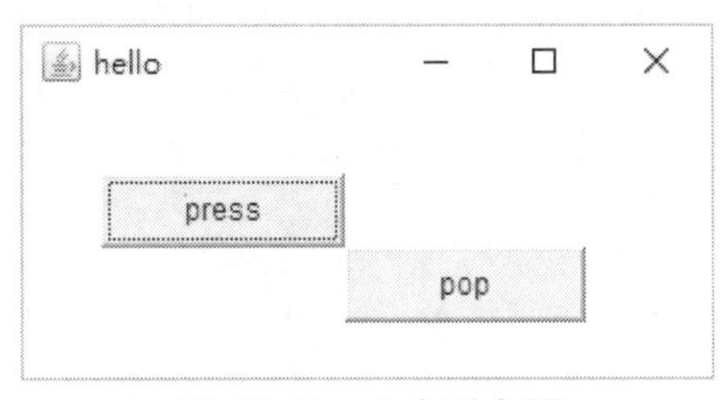

图 17-11　自定义布局

17.5　AWT 事件处理

17.4 节的实例中实现了几个图形化窗口，单击窗口右上角的关闭按钮会发现窗口无法关闭，这说明该按钮的单击功能没有实现。Frame 的设计者无法确定用户关闭 Frame 窗口的方式，例如，是直接关闭窗口还是需要弹出对话框询问用户是否关闭。如果想要关闭窗口，就需要通过事件处理机制对窗口进行监听。

17.5.1　事件处理机制

事件处理机制专门用于响应用户的操作，例如，要响应用户的单击鼠标、按下键盘键等操作，就需要使用 AWT 的事件处理机制。在学习如何使用 AWT 事件处理机制之前，首先介绍几个比较重要的概念。

- 事件对象（Event）：封装了 GUI 组件上发生的特定事件（通常就是用户的一次操作）。
- 事件源（组件）：事件发生的场所，通常就是产生事件的组件。
- 监听器（Listener）：负责监听事件源上发生的事件，并对各种事件做出相应处理的对象（对象中包含事件处理器）。
- 事件处理器：监听器对象对接收的事件对象进行相应处理的方法。

上面提到的事件对象、事件源、监听器、事件处理器在整个事件处理机制中都起着非常重要的作用，它们彼此之间有着非常紧密的联系。事件处理的工作流程如图 17-12 所示。

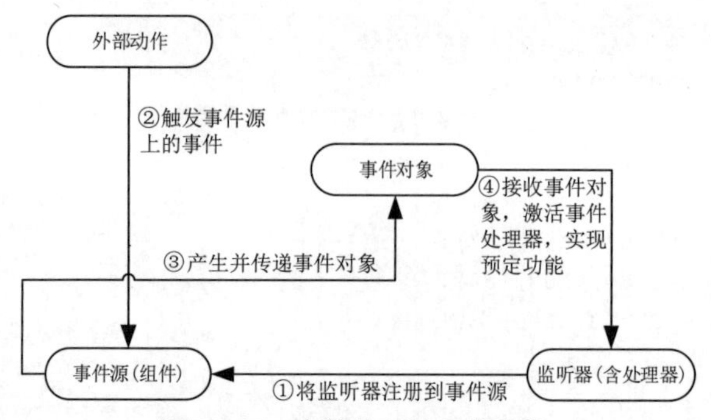

图 17-12 事件处理的工作流程

在程序中，如果想实现事件的监听机制，首先需要定义一个实现了事件监听器接口的类，例如 Window 类型的窗口需要实现 WindowListener。接着通过 addWindowListener()方法为事件源注册事件监听器对象。当事件源发生事件时，便会触发事件监听器对象，由事件监听器调用相应的方法来处理相应的事件。

【例 17-8】（实例文件：ch17\Chap17.8.txt）实现窗口的关闭功能。

```
public class Test {
    public static void main(String[] args) {
        //建立新窗体
        Frame f = new Frame("我的窗体! ");
        //设置窗体的宽和高
        f.setSize(400, 300);
        //设置窗体出现的位置
        f.setLocation(300, 200);
        //设置窗体可见
        f.setVisible(true);
        //为窗口组件注册监听器
        MyWindowListener mw = new MyWindowListener();
        f.addWindowListener(mw);
    }
}
//创建 MyWindowListener 类实现 WindowListener 接口
class MyWindowListener implements WindowListener {
    //监听器监听事件对象作出处理
    public void windowClosing(WindowEvent e) {
        Window window = e.getWindow();
        window.setVisible(false);
        //释放窗口
        window.dispose();
    }
    public void windowActivated(WindowEvent e) {
    }
    public void windowClosed(WindowEvent e) {
    }
    public void windowDeactivated(WindowEvent e) {
    }
    public void windowDeiconified(WindowEvent e) {
    }
```

```
    public void windowIconified(WindowEvent e) {
    }
    public void windowOpened(WindowEvent e) {
    }
}
```

程序运行后，直接单击窗口右上角的关闭按钮即可关闭该窗口，如图 17-13 所示。

图 17-13　实现窗口的关闭功能

17.5.2　事件适配器

17.5.1 节【例 17-8】中的 MyWindowListener 类在实现了 WindowListener 接口后，需要实现接口中定义的 7 个方法，然而在程序中需要用到的只有 windowClosing()一个方法，其他 6 个方法都是空实现，没有发挥任何作用，这样的代码编写明显是一种多余但又无法省略的工作。针对这样的问题，JDK 提供了一些适配器类，它们是监听器接口的默认实现类，这些实现类中实现了接口的所有方法，但方法中没有任何代码，程序可以通过继承适配器类来达到实现监听器接口的目的。

【例 17-9】（实例文件：ch17\Chap17.9.txt）使用适配器来实现窗口的关闭。

```
public class Test {
    public static void main(String[] args) {
        //建立新窗体
        Frame f = new Frame("我的窗体! ");
        //设置窗体的宽和高
        f.setSize(400, 300);
        //设置窗体出现的位置
        f.setLocation(300, 200);
        //设置窗体可见
        f.setVisible(true);
        //为窗口组件注册监听器
        f.addWindowListener(new MyWindowListener());
    }
}

//继承 WindowAdapter 类，重写 windowClosing()方法
class MyWindowListener extends WindowAdapter {
    public void windowClosing(WindowEvent e) {
        Window window = (Window) e.getComponent();
```

```
        window.dispose();
    }
}
```

程序运行后的功能同例 17.8 一样，单击窗口右上角的关闭按钮即可关闭该窗口，如图 17-14 所示。

图 17-14　使用适配器来实现窗口的关闭

17.6　常用事件

Java 中的常用事件包括窗体事件、鼠标事件、键盘事件、动作事件、选项事件、焦点事件和文档事件，下面详细介绍这些常用事件的应用。

17.6.1　窗体事件

大部分 GUI 应用程序都需要使用 Window（窗体）对象作为最外层的容器，可以说窗体对象是所有 GUI 应用程序的基础，在应用程序中通常都是将其他组件直接或者间接地置于窗体中。

对窗体进行的操作，如窗体的打开、关闭、激活、停用等，都属于窗体事件，JDK 中提供了一个类 WindowEvent 用于表示这些窗体事件。在应用程序中，当对窗体事件进行处理时，首先需要定义一个实现了 WindowListener 接口的类作为窗体监听器，然后通过 addWindowListener()方法将窗体对象与窗体监听器绑定。

【例 17-10】（实例文件：ch17\Chap17.10.txt）监听窗体事件。

```
public class Test {
    public static void main(String[] args) {
        final Frame f = new Frame("WindowEvent");
        f.setSize(400, 300);
        f.setLocation(300, 200);
        f.setVisible(true);
        //使用内部类创建 WindowListener 实例对象，监听窗体事件
        f.addWindowListener(new WindowListener() {
            public void windowOpened(WindowEvent e) {
                System.out.println("windowOpened---窗体打开事件");
            }
            public void windowIconified(WindowEvent e) {
                System.out.println("windowIconified---窗体图标化事件");
            }
```

```
            public void windowDeiconified(WindowEvent e) {
                System.out.println("windowDeiconified---窗体取消图标化事件");
            }
            public void windowDeactivated(WindowEvent e) {
                System.out.println("windowDeactivated---窗体停用事件");
            }
            public void windowClosing(WindowEvent e) {
                System.out.println("windowClosing---窗体正在关闭事件");
                ((Window) e.getComponent()).dispose();
            }
            public void windowClosed(WindowEvent e) {
                System.out.println("windowClosed---窗体关闭事件");
            }
            public void windowActivated(WindowEvent e) {
                System.out.println("windowActivated---窗体激活事件");
            }
        });
    }
}
```

程序运行后，当激活窗体、最小化窗体等操作发生时，监听器能捕捉到这些事件，并通过响应方法输出不同的提示语，如图 17-15 所示。

```
Problems  Javadoc  Declaration  Console
<terminated> Example11 [Java Application] C:\Program Files\Java\jre1.8.0_144\bin\javaw.exe
windowDeactivated---窗体停用事件
windowActivated---窗体激活事件
windowIconified---窗体图标化事件
windowDeactivated---窗体停用事件
windowDeiconified---窗体取消图标化事件
```

图 17-15 监听窗体事件

17.6.2 鼠标事件

在图形用户界面中，用户会经常使用鼠标来进行选择、切换界面等操作，这些操作被定义为鼠标事件，其中包括鼠标按下、鼠标松开、鼠标单击等。JDK 中提供了一个 MouseEvent 类用于表示鼠标事件，几乎所有的组件都可以产生鼠标事件。

处理鼠标事件时，首先需要实现 MouseListener 接口定义监听器（也可以通过继承适配器 MouseAdapter 类来实现），然后调用 addMouseListener()方法将监听器绑定到事件源对象。

【例 17-11】（实例文件：ch17\Chap17.11.txt）监听鼠标事件。

```
public class Test {
    public static void main(String[] args) {
        final Frame f = new Frame("WindowEvent");
        //为窗口设置布局
        f.setLayout(new FlowLayout());
        f.setSize(300, 200);
        f.setLocation(300, 200);
        f.setVisible(true);
        Button but = new Button("Button");              //创建按钮对象
        f.add(but);                                     //在窗口添加按钮组件
        //为按钮添加鼠标事件监听器
```

```
        but.addMouseListener(new MouseListener() {
            public void mouseReleased(MouseEvent e) {
                System.out.println("mouseReleased-鼠标放开事件");
            }
            public void mousePressed(MouseEvent e) {
                System.out.println("mousePressed-鼠标按下事件");
            }
            public void mouseExited(MouseEvent e) {
                System.out.println("mouseExited-鼠标移出按钮区域事件");
            }
            public void mouseEntered(MouseEvent e) {
                System.out.println("mouseEntered-鼠标进入按钮区域事件");
            }
            public void mouseClicked(MouseEvent e) {
                System.out.println("mouseClicked-鼠标完成单击事件");
            }
        });
    }
}
```

程序运行后，当鼠标的光标在窗口中移动和单击鼠标时，系统都会及时捕捉到鼠标事件，并且在控制台输出响应的提示信息，如图 17-16 所示。

图 17-16　监听鼠标事件应用实例

鼠标的操作分为左键点击、右键点击和中键（滚轮）点击。上面只给出这些事件的处理，能满足实际需求吗？答案是肯定的，MouseEvent 类中定义了很多常量来标识鼠标动作，如图 17-17 所示。

从上面的代码可以看出，MouseEvent 类中针对鼠标的按键都定义了对应的常量，可以通过 MouseEvent 对象的 getButton()方法获取被操作按键的常量键值，从而判断是哪个按键的操作。另外，鼠标的单击次数也可以通过 MouseEvent 对象的 getClickCount()方法获取。因此，在鼠标事件中，可以根据不同的操作做出相应的处理。

```
public void mouseClicked(MouseEvent e) {
    if(e.getButton()==e.BUTTON1){
        System.out.println("鼠标左键点击事件");
    }
    if(e.getButton()==e.BUTTON3){
        System.out.println("鼠标右键点击事件");
    }
    if(e.getButton()==e.BUTTON2){
        System.out.println("鼠标中键点击事件");
    }
}
```

图 17-17　MouseEvent 类中的定义常量

17.6.3 键盘事件

键盘操作也是最常用的用户交互方式，例如键按下、释放等，这些操作被定义为键盘事件。JDK 中提供了一个 KeyEvent 类表示键盘事件，处理 KeyEvent 事件的监听器对象需要实现 KeyListener 接口或者继承 KeyAdapter 类。

【例 17-12】（实例文件：ch17\Chap17.12.txt）监听键盘事件。

```
public class Test {
    public static void main(String[] args) {
        Frame f = new Frame("KeyEvent");
        f.setLayout(new FlowLayout());
        f.setSize(400, 300);
        f.setLocation(300, 200);
        TextField tf = new TextField(30);                  //创建文本框对象
        f.add(tf);                                         //在窗口中添加文本框组件
        f.setVisible(true);
        //为文本框添加键盘事件监听器
        tf.addKeyListener(new KeyAdapter() {
            public void keyPressed(KeyEvent e) {
                int KeyCode = e.getKeyCode();              //返回所按键对应的整数值
                String s = KeyEvent.getKeyText(KeyCode);   //返回按键的字符串描述
                System.out.print("输入的内容为: " + s + ",");
                System.out.println("对应的 KeyCode 为: " + KeyCode);
            }
        });
    }
}
```

程序执行结果如图 17-18 所示。

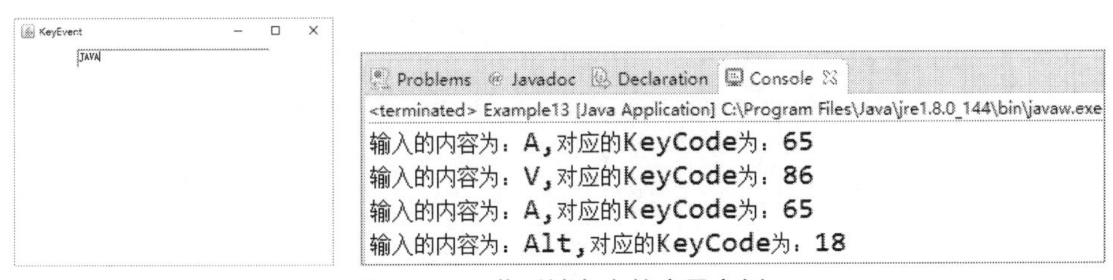

图 17-18 监听键盘事件应用实例

17.6.4 动作事件

动作事件与前面 3 种事件有所不同，它不代表某个具体的动作，只是表示一个动作发生了。例如，在关闭一个文件时，可以通过键盘关闭，也可以通过鼠标关闭。在这里不需要关心使用哪种方式关闭文件，只要对关闭按钮进行操作，就会触发了动作事件。

在 Java 中，动作事件用 ActionEvent 类表示，处理 ActionEvent 事件的监听器对象需要实现 ActionListener 接口。监听器对象在监听动作时，不会像鼠标事件一样处理鼠标的移动和单击的细节，而是处理类似于“按钮按下”这样“有意义”的事件。

ActionEvent 称动作事件，能产生 ActionEvent 事件的事件源有按钮、文本框、密码框、菜单项、单选

按钮等。注册监听器的方法为

事件源对象.addActionListener(ActionListener listener)

参数 listener 是监听事件源对象的监听器，并能对事件进行处理，它是一个实现 ActionListener 接口的类的对象。

ActionListener 接口中只有一个方法：public void actionPerformed(ActionEvent e)，ActionEvent 是动作事件类，其对象用于表示产生的动作事件。常用方法如下

- public Object getSource()，用于获取产生这个事件的事件源对象。
- public String getActionCommand()，用于返回与此动作相关的命令字符串。

【例 17-13】（实例文件：ch17\Chap17.13.txt）利用 ActionEvent 事件实现扑克牌的逐一显示。

要想实现扑克牌的逐一显示，需要使用 CardLayout 布局管理器，按顺序添加各张扑克牌。由于图片对象不能直接加入到容器中，可以将图片添加到 JLabel 组件中。为了实现图片的逐一显示，可以根据需要创建若干个按钮，通过 ActionEvent 事件的监听来完成不同的翻看动作。具体的代码如下：

```
class ComponentWithActionEvent extends JFrame implements ActionListener//实现动作监听器接口
{                                                                    //创建一个窗口界面
   JButton button_up, button_down, button_first, button_last;        //声明所需的按钮组件
   JLabel label1, label2, label3;                                    //声明所需的 JLabel 组件
   JPanel panel;                                  //声明一个 JPanel 容器，用于图片的载入和显示
   CardLayout card;                               //声明一个 CardLayout 布局管理器,用于组件的叠加存放

   public ComponentWithActionEvent() {
      button_up = new JButton("上一张");
      button_down = new JButton("下一张");
      button_first = new JButton("第一张");
      button_last = new JButton("最后一张");

      label1 = new JLabel();                      //创建 JLabel，用于装入图片
      label2 = new JLabel();
      label3 = new JLabel();
      label1.setIcon(new ImageIcon("1.png"));     //将图片加入 label，实现图片的显示
      label2.setIcon(new ImageIcon("2.png"));
      label3.setIcon(new ImageIcon("3.png"));

      panel = new JPanel();                       //创建一个 JPanel 容器，用于载入各个 JLabel 组件
      card = new CardLayout();                    //将 JPanel 容器的布局管理器设为 CardLayout
      panel.setLayout(card);                      //实现图片的逐一显示

      panel.add(label1);                          //将各个 JLabel 组件加入到 JPanel 容器
      panel.add(label2);
      panel.add(label3);

      card.first(panel);
      add(panel, BorderLayout.CENTER);            //将 JPanel 容器加入到窗口的中间位置
      add(button_up, BorderLayout.WEST);          //将各个按钮组件加入到窗口的指定位置
      add(button_down, BorderLayout.EAST);
      add(button_first, BorderLayout.NORTH);
      add(button_last, BorderLayout.SOUTH);
```

```
        button_up.addActionListener(this);          //注册监听器。用当前对象 this 作监听器
        button_down.addActionListener(this);        //因为当前对象所在的类实现了 ActionEvent 接口
        button_first.addActionListener(this);       //所以它可以作监听器
        button_last.addActionListener(this);

        setTitle("动作事件实例");
        setSize(260, 260);
        setVisible(true);
        this.setDefaultCloseOperation(JFrame.EXIT_ON_CLOSE);
    }

    //actionPerformed 是 ActionEvent 接口中的方法，必须定义
    //当事件发生后，该方法就会被调用，并将事件对象传递给参数 e
    public void actionPerformed(ActionEvent e) {
    //一个监听器同时监听 4 个按钮，所以要判断是哪一个事件源产生的事件
        if (e.getSource() == button_up)             //监听 up 按钮，显示上一张图片
            card.previous(panel);
        else if (e.getSource() == button_down)      //监听 down 按钮，显示下一张图片
            card.next(panel);
        else if (e.getSource() == button_first)     //监听 first 按钮，显示第一张图片
            card.first(panel);
        if (e.getSource() == button_last)           //监听 last 按钮，显示最后一张图片
            card.last(panel);
    }
}

public class Test {
    public static void main(String[] args) {
        new ComponentWithActionEvent();
    }
}
```

程序运行后的结果如图 17-19 所示。

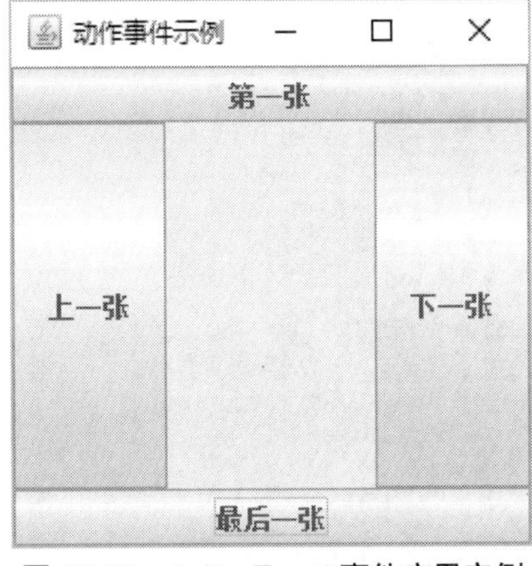

图 17-19　ActionEvent 事件应用实例

17.6.5 选项事件

选项事件（ItemEvent）类用于表示选项事件。

产生 ItemEvent 事件的事件源有复选框（JCheckBox）、下拉列表框（JComboBox）、菜单项（JMenuItem）等。例如，当用户对复选框 JCheckBox 进行操作时，当 JChenkBox 从未选中状态变成选中状态时就会触发改事件。

事件源注册监听器的方法如下：

```
addItemListener(ItemListener listener)
```

ItemListener 接口实现对项目状态改变事件的监听，它只有一个方法：

```
public void itemStateChanged(ItemEvent e)
```

当选择项发生改变时调用该方法。

ItemEvent 类可以用于产生项目状态改变事件的对象，该类的常用方法如下：

```
public Object getItem()
public int getStateChange()
public String paramString()
```

第一个方法可以获取受事件影响的对象；第二个方法可以获取状态更改的类型，有两个常量值，分别是 ItemEvent.SELECTED（选择项改变，值为 1）和 ItemEvent.DESELECTED（选择项未改变，值为 2）；第三个方法获取标识此项事件的参数字符串。这个方法会得到一系列与此事件相关的信息，在程序调试时非常有用。

【例 17-14】（实例文件：ch17\Chap17.14.txt）设计一个图形用户界面，界面中有编辑域（JTextField）、按钮（JButton）、复选框（JCheckBox）和下拉列表框（JComboBox）等组件，设置相应的监听器对组件进行监听，并将监听结果显示在 TextArea 中。

```
class FrameWithItemEvent extends JFrame implements ItemListener {
//定义一个窗口，继承并实现 ItemListener 接口
    JTextField text;
    JButton button;
    JCheckBox checkBox1, checkBox2, checkBox3;
    JRadioButton radio1, radio2;
    ButtonGroup group;
    JComboBox comBox;
    JTextArea area;

    public void display() {
        setLayout(new FlowLayout());

        add(new JLabel("文本框:"));
        text = new JTextField(10);
        add(text);
        add(new JLabel("按钮:"));
        button = new JButton("确定");
        add(button);

        add(new JLabel("复选框:"));
```

```
        checkBox1 = new JCheckBox("喜欢音乐");
        checkBox2 = new JCheckBox("喜欢旅游");
        checkBox3 = new JCheckBox("喜欢篮球");
        checkBox1.addItemListener(this);//注册监听器，监听 JCheckBox 组件
        checkBox2.addItemListener(this);
        checkBox3.addItemListener(this);
        add(checkBox1);
        add(checkBox2);
        add(checkBox3);

        add(new JLabel("单选按钮:"));
        group = new ButtonGroup();
        radio1 = new JRadioButton("男");
        radio2 = new JRadioButton("女");
        group.add(radio1);
        group.add(radio2);
        add(radio1);
        add(radio2);

        add(new JLabel("下拉列表:"));
        comBox = new JComboBox();
        comBox.addItem("请选择");
        comBox.addItem("音乐天地");
        comBox.addItem("武术天地");
        comBox.addItem("象棋乐园");
        comBox.addItemListener(this);//注册监听器，监听 JComboBox 组件
        add(comBox);

        add(new JLabel("文本区:"));
        area = new JTextArea(6, 12);
        add(new JScrollPane(area));

        setSize(300, 300);
        setVisible(true);
        setDefaultCloseOperation(JFrame.EXIT_ON_CLOSE);
    }

    public void itemStateChanged(ItemEvent e) {//重写 itemStateChange 方法，实现监听的处理
        if (e.getItem() == checkBox1) {
            //如果监听到的对象是 checkBox1，显示对象内容和选择状态
            String str = checkBox1.getText() + checkBox1.isSelected();
            area.append(str + "\n");
        } else if (e.getItemSelectable() == checkBox2) {
            //如果监听到的对象是 checkBox2，显示对象内容和选择状态
            String str = checkBox2.getText() + checkBox2.isSelected();
            area.append(str + "\n");
        } else if (e.getSource() == checkBox3) {
```

```
            //如果监听到的对象是 checkBox3，显示对象内容和选择状态
            String str = checkBox3.getText() + checkBox3.isSelected();
            area.append(str + "\n");
        } else if (e.getItemSelectable() == comBox) {//如果监听到的对象是 comBox，显示当前选择的内容
            if (e.getStateChange() == ItemEvent.SELECTED) {
                String str = comBox.getSelectedItem().toString();
                area.append(str + "\n");
            }
        }
    }
}

public class Test {
    public static void main(String[] args) {
        new FrameWithItemEvent().display();
    }
}
```

程序运行结果如图 17-20 所示。

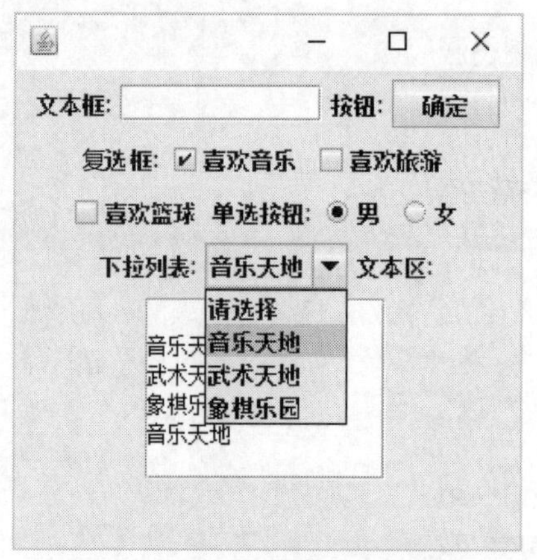

图 17-20　设计图形用户界面

17.6.6　焦点事件

焦点事件（FocusEvent）类用于表示焦点事件。

每个 GUI 组件都能够作为 FocusEvent 焦点事件的事件源，也就是每个组件在获得焦点或者失去焦点的时候都会产生焦点时间。

事件源注册监听器的方法如下：

```
addFocusListener(FocusListener listener)
```

FocusListener 接口实现焦点事件的监听，它有两个方法：

```
public void focusGained(FocusEvent e)
public void focusLost(FocusEvent e)
```

当组件从无焦点变成有焦点时调用第一个方法，当组件从有焦点变成无焦点时调用第二个方法。FocusListener 接口的适配器类是 FocusAdapter 类。

FocusEvent 类用于产生焦点事件对象，常用方法如下：

```
public Component getOppositeComponent()
public boolean isTemporary()
```

第一个方法用于获得此焦点变更中涉及的另一个组件 Component，对于 FOCUS_GAINED（获得焦点）事件，返回的组件是失去当前焦点的组件；对于 FOCUS_LOST（失去焦点）事件，返回的组件是获得当前焦点的组件。第二个方法用于获得焦点变更的级别，如果焦点变更是暂时性的，则返回 true，否则返回 false。焦点事件有持久性和暂时性两个级别。当焦点直接从一个组件移动到另一个组件时，会发生持久性焦点变更事件；如果失去焦点是暂时的，例如窗口拖放时失去焦点，拖放结束后就会自动恢复焦点，这就是暂时性焦点变更事件。

17.6.7 文档事件

文档事件（DocumentEvent）接口用于处理文档事件。

能够产生 javax.swing.event.DocumentEvent 事件的事件源有文本框（JTextField）、密码框（JPasswordField）、文本区（JTextArea）。

这些组件不能直接触发 DocumentEvent 事件，而是由组件对象调用 getDocument()方法获取文本区维护文档，这个维护文档可以触发 DocumentEvent 事件。

事件源注册监听器的方法如下：

```
addDocumentListener(DocumentListener listener)
```

DocumentListener 接口实现文本事件的监听。接口中的方法如下：

```
public void changedUpdate(DocumentEvent e)
public void removeUpdate(DocumentEvent e)
public void insertUpdate(DocumentEvent e)
```

当文本区内容改变时调用第一个方法，当文本区做删除式修改操作时调用第二个方法，当文本区做插入式修改时调用第三个方法。

DocumentEvent 不是类，而是一个接口，位于 javax.swing.event 包中，用于处理文档事件。接口的方法如下：

```
Document getDocument()
DocumentEvent.EventType getType()
int getOffset()
int getLength()
```

第一个方法可以获得发起更改事件的文档，第二个方法可以获得事件类型，第三个方法可以获得文档中更改开始的偏移量，第四个方法可以获得更改的长度。

17.7 AWT 绘图

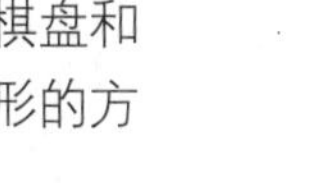

很多 GUI 程序都需要在组件上绘制图形，例如实现一个五子棋的小游戏，就需要在组件上绘制棋盘和棋子。在 java.awt 包中专门提供了 Graphics 类，它相当于一个抽象的画笔，其中提供了各种绘制图形的方法，使用 Graphics 类的方法就可以在组件上绘制图形。表 17-5 列出了 Graphics 类的常用方法。

表 17-5　Graphics 类的常用方法

方　法	说　明
void setColor(Color c)	将此图形的当前颜色设置为指定颜色
void setFont(Font f)	将此图形的字体设置为指定字体
void drawLine(int x1, int y1, int x2, int y2)	以（x1, y1）和（x2, y2）为端点绘制一条线段
void drawRect(int x, int y, int width, int height)	绘制指定矩形的边框，矩形的左边缘和右边缘分别位于 x 和 x+width，上边缘和下边缘分别位于 y 和 y+height
void drawOval(int x, int y, int width, int height)	绘制椭圆的边框。得到一个圆或椭圆，它刚好能放入由 x、y、width 和 height 参数指定的矩形中，椭圆覆盖区域的宽度为 width+1 像素，高度为 height+1 像素
void fillRect(int x, int y, int width, int height)	用当前颜色填充指定的矩形，该矩形左边缘和右边缘分别位于 x 和 x+width−1，上边缘和下边缘分别位于 y 和 y+height−1
void fillOval(int x, int y, int width, int height)	用当前颜色填充外接指定矩形框的椭圆
void drawString(String str, int x, int y)	使用此图形的当前字体和颜色绘制指定的文本 str，最左侧字符左下角位于（x, y）坐标处

为了更好地理解和使用这些方法，下面对它们进行详细的说明。

（1）setColor()方法用于指定图形的颜色，该方法接收一个 Color 类型的参数。在 AWT 中，Color 类代表颜色，其中定义了许多代表各种颜色的常量，如 Color.RED、Color.BLUE 等，这些常量都是 Color 类型的，可以直接作为参数传递给 setColor()方法。

（2）setFont()方法用于指定图形的字体，该方法接收一个 Font 类型的参数。Font 类表示字体，可以使用 new 关键字创建 Font 对象。Font 的构造方法中接收 3 个参数：第一个是 String 类型，表示字体名称，如“宋体”“微软雅黑”等；第二个参数是 int 类型，表示字体的样式，该参数接收 Font 类的 3 个常量 Font.PLAINT、Font.ITALIC 和 Font.BOLD；第三个参数为 int 类型，表示字体的大小。

（3）drawRect()方法和 drawOval()方法用于绘制矩形和椭圆形的边框。

（4）fillRect()和 fillOval()方法用于使用当前的颜色填充绘制完成的矩形和椭圆形。

（5）drawString()方法用于绘制一段文本，第一个参数 str 表示文本内容，第二个和第三个参数 x、y 为文本的左下角坐标。

【例 17-15】（实例文件：ch17\Chap17.15.txt）使用 Graphics 类在组件中绘图。

```
public class Test {
    public static void main(String[] args) {
        final Frame frame = new Frame("验证码");          //创建 Frame 对象
        final Panel panel = new MyPanel();               //创建 Panel 对象
        frame.add(panel);
        frame.setSize(200, 100);
        //将 Frame 窗口居中
        frame.setLocationRelativeTo(null);
        frame.setVisible(true);
    }
}
```

```
class MyPanel extends Panel {
    public void paint(Graphics g) {
        int width = 160;                                    //定义验证码图片的宽度
        int height = 40;                                    //定义验证码图片的高度
        g.setColor(Color.LIGHT_GRAY);                       //设置颜色
        g.fillRect(0, 0, width, height);                    //填充验证码背景
        g.setColor(Color.BLACK);                            //设置颜色
        g.drawRect(0, 0, width - 1, height - 1);            //绘制边框
        //绘制干扰点
        Random r = new Random();
        for (int i = 0; i < 100; i++) {
            int x = r.nextInt(width) - 2;
            int y = r.nextInt(height) - 2;
            g.drawOval(x, y, 2, 2);
        }
        g.setFont(new Font("黑体", Font.BOLD, 30));        //设置验证码字体
        g.setColor(Color.BLUE);                             //设置验证码颜色
        //产生随机验证码
        char[] chars = ("0123456789abcdefghijkmnopqrstuvwxyzABCDEFG"
                + "HIJKLMNPQRSTUVWXYZ").toCharArray();
        StringBuilder sb = new StringBuilder();
        for (int i = 0; i < 4; i++) {
            int pos = r.nextInt(chars.length);
            char c = chars[pos];
            sb.append(c + " ");
        }
        g.drawString(sb.toString(), 20, 30);                //写入验证码
    }
}
```

程序运行结果如图 17-21 所示。

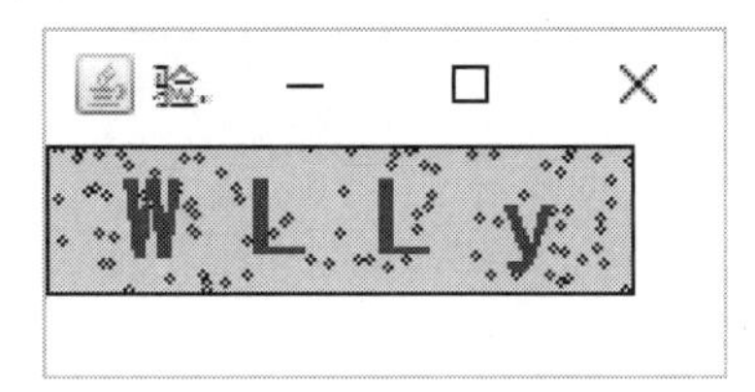

图 17-21　使用 Graphics 类在组件中绘图

17.8　就业面试解析与技巧

17.8.1　面试解析与技巧（一）

面试官：GUI 组件如何来处理它自己的事件？

应聘者：GUI 组件可以处理它自己的事件，只要它实现相应的事件监听器接口，并且把自己作为事件监听器即可。

17.8.2 面试解析与技巧（二）

面试官：Java 的布局管理器与传统的窗口系统相比有哪些优势？

应聘者：Java 使用布局管理器以一种一致的方式在所有的窗口平台上摆放组件。因为布局管理器不会和组件的绝对大小和位置绑定，所以能够适应跨窗口系统的特定平台的不同。

第 18 章

图形界面设计——Swing 编程

◎ 本章教学微视频：27 个　79 分钟

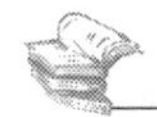

学习指引

随着时代的发展和开发技术的不断进步，AWT 已经不能满足程序设计者的需求。而 Swing 的出现正好弥补了这一不足，它建立在 AWT 基础上，能够在不同平台上保持相同的程序界面样式。本章将详细介绍 Swing 的使用，主要内容包括常用面板、Swing 常用控件、表格组件、组件面板、菜单组件等。

重点导读

- 了解 Swing 的概念。
- 掌握常用面板的使用。
- 掌握 Swing 常用控件的应用。
- 熟练掌握表格组件的使用。
- 熟练掌握组件面板的应用。
- 熟练掌握菜单组件的使用。
- 熟练掌握对话框的使用。

18.1　Swing 概述

Swing 是 Java 基类的一部分，是基于 AWT 开发的，AWT 是 Java 语言开发用户界面程序的基本工具包，是 Swing 的基础。Swing 提供了大量的轻量级组件，还提供了一个用于实现包含插入式界面样式等特性的 GUI 的下层构件，使得 Swing 组件在不同的平台上都能够保持组件的界面样式特性。

由 Swing 提供的组件几乎都是轻量级组件，其中提供的少数重量级组件都是必需的。因为轻量级组件是绘制在包含它的容器中的，而不是绘制在它自己的窗口中的，所以，轻量级组件最终必须包含在一个重量级的容器中，因此，由 Swing 提供的小应用程序、窗体、窗口和对话框都必须是重量级组件，以便提供一个可以用来绘制 Swing 轻量级组件的窗口。

Swing 提供了超过 40 个组件，是 AWT 提供的组件的 4 倍，一部分用来替代 AWT 重量级组件，这些替代组件除了拥有原组件的功能外，还增加了一些特性。Swing 组件都放在 javax.swing 包中。Swing 组件的继承关系如图 18-1 所示。

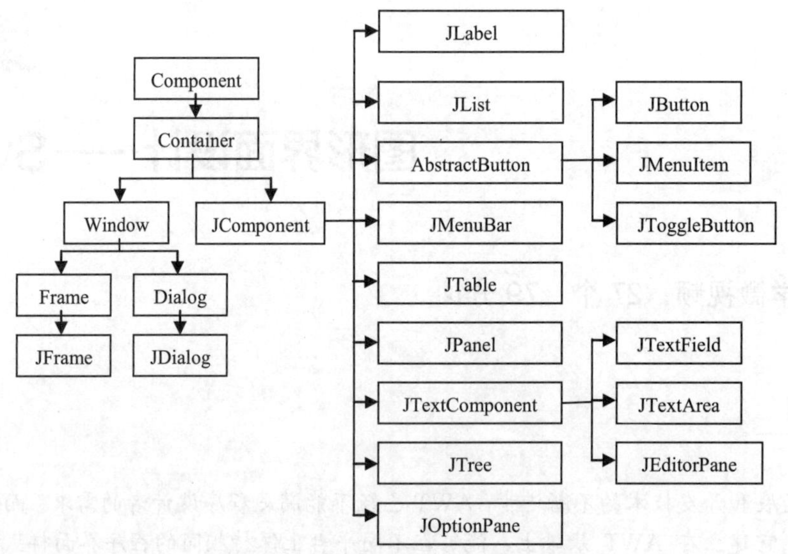

图 18-1　Swing 组件的继承关系

18.2　常用面板

在编程中，可以将面板添加到 JFrame 窗体中，也可以将子面板添加到上级面板中，然后将组件添加到面板中。通过面板可以对所有组件进行分层管理，即对不同关系的组件采用不同的布局管理方式，使组件的布局更合理，软件的界面更美观。

18.2.1　JPanel 面板

如果将所有的组件都添加到由 JFrame 窗体提供的默认组件容器中，将存在如下两个问题：

（1）一个界面中的所有组件只能采用一种布局方式，这样很难得到一个富于变化的界面。

（2）有些布局方式只能管理有限个组件，例如 JFrame 窗体默认的 BorderLayout 布局管理器最多只能管理 5 个组件。

这两个问题通过使用 JPanel 面板就可以解决，首先将面板和组件添加到 JFrame 窗体中，然后再将子面板和组件添加到上级面板中，这样就可以向面板中添加数量不限的组件，并且通过对每个面板采用不同的布局管理器，真正解决众多组件的布局问题。JPanel 面板默认采用 FlowLayout 布局管理器。

【例 18-1】（实例文件：ch18\Chap18.1.txt）使用 JPanel 面板实现带有显示器的计算器界面。

```
public class Test extends JFrame {                //继承窗体类 JFrame
    public static void main(String args[]) {
        Test frame = new Test();
        frame.setVisible(true);                   //设置窗体可见，默认为不可见
    }

    public Test() {
```

```
        super();                                        //继承父类的构造方法
        setTitle("计算器");
        setResizable(false);                            //设置窗体大小不可改变
        setBounds(100, 100, 230, 230);
        setDefaultCloseOperation(JFrame.EXIT_ON_CLOSE);

        final JPanel viewPanel = new JPanel();    //创建显示器面板，采用默认的流布局
        getContentPane().add(viewPanel, BorderLayout.NORTH);    //将显示器面板添加到窗体顶部

        JTextField textField = new JTextField();  //创建显示器
        textField.setEditable(false);                   //设置显示器不可编辑
        textField.setHorizontalAlignment(SwingConstants.RIGHT);
        textField.setColumns(18);
        viewPanel.add(textField);                       //将显示器添加到显示器面板中

        final JPanel buttonPanel = new JPanel();  //创建按钮面板
        final GridLayout gridLayout = new GridLayout(4, 0);
        gridLayout.setVgap(10);
        gridLayout.setHgap(10);
        buttonPanel.setLayout(gridLayout);                          //按钮面板采用网格布局
        getContentPane().add(buttonPanel, BorderLayout.CENTER);     //将按钮面板添加到窗体中部

        String[][] names = { { "1", "2", "3", "+" }, { "4", "5", "6", "-" },
              { "7", "8", "9", "*" }, { ".", "0", "=", "/" } };
        JButton[][] buttons = new JButton[4][4];
        for (int row = 0; row < names.length; row++) {
           for (int col = 0; col < names.length; col++) {
              buttons[row][col] = new JButton(names[row][col]);     //创建按钮
              buttonPanel.add(buttons[row][col]);                   //将按钮添加到按钮面板中
           }
        }

        final JLabel leftLabel = new JLabel();                      //创建左侧的占位标签
        leftLabel.setPreferredSize(new Dimension(10, 0));           //设置标签的宽度
        getContentPane().add(leftLabel, BorderLayout.WEST);         //将标签添加到窗体左侧

        final JLabel rightLabel = new JLabel();                     //创建右侧的占位标签
        rightLabel.setPreferredSize(new Dimension(10, 0));          //设置标签的宽度
        getContentPane().add(rightLabel, BorderLayout.EAST);        //将标签添加到窗体右侧
    }
}
```

程序运行后的效果如图 18-2 所示。

图 18-2　计算器界面

18.2.2 JScrollPane 面板

JScrollPane 类实现了一个带有滚动条的面板，用来为某些组件添加滚动条。JScrollPane 类提供的常用方法如表 18-1 所示。

表 18-1　JScrollPane 类的常用方法

方　法	说　明
setViewportView(Component view)	设置在滚动面板中显示的组件对象
setHorizontalScrollBarPolicy(int policy)	设置水平滚动条的显示策略
setVerticalScrollBarPolicy(int policy)	设置垂直滚动条的显示策略
setWheelScrollingEnabled(false)	设置滚动面板的滚动条是否支持鼠标的滚动轮

在调用表 18-1 中设置滚动条显示策略的方法时，方法的参数可以选择 JScrollPane 类中与滚动条显示策略对应的静态常量，如表 18-2 所示。

表 18-2　JScrollPane 类的静态常量

静 态 常 量	常 量 值	滚动条的显示策略
HORIZONTAL_SCROLLBAR_AS_NEEDED	30	设置水平滚动条只在需要时显示（默认策略）
HORIZONTAL_SCROLLBAR_NEVER	31	设置水平滚动条永远不显示
HORIZONTAL_SCROLLBAR_ALWAYS	32	设置水平滚动条一直显示
VERTICAL_SCROLLBAR_AS_NEEDED	20	设置垂直滚动条只在需要时显示（默认策略）
VERTICAL_SCROLLBAR_NEVER	21	设置垂直滚动条永远不显示
VERTICAL_SCROLLBAR_ALWAYS	22	设置垂直滚动条一直显示

在开发应用程序时，对事件的处理是必不可少的，只有这样才能够实现软件与用户的交互。常用事件有动作事件处理、焦点事件处理、鼠标事件处理和键盘事件处理。

【例 18-2】（实例文件：ch18\Chap18.2.txt）应用滚动面板。

```
public class Test extends JFrame{
   public Test(){
      final JScrollPane frameScrollPane = new JScrollPane();
      //创建窗体的滚动面板
      frameScrollPane.setVerticalScrollBarPolicy(JScrollPane.VERTICAL_SCROLLBAR_ALWAYS);
      getContentPane().add(frameScrollPane);
      //将窗体滚动面板添加到窗体中
      final JPanel framePanel = new JPanel();
      framePanel.setLayout(new BorderLayout());
      frameScrollPane.setViewportView(framePanel);
      final JPanel typePanel = new JPanel();
      framePanel.add(typePanel, BorderLayout.NORTH);
      final JLabel typeLabel = new JLabel();
      typeLabel.setText("类别：");
      typePanel.add(typeLabel);
      JScrollPane typeScrollPane = new JScrollPane();
```

```
        //创建用于 JList 组件的滚动面板
        typeScrollPane
            .setVerticalScrollBarPolicy(JScrollPane.VERTICAL_SCROLLBAR_ALWAYS);
        typePanel.add(typeScrollPane);
        String[] items = { "电子信息", "计算机", "通信工程", "电气工程","机械工程" };
        JList list = new JList(items);
        list.setVisibleRowCount(3);
        typeScrollPane.setViewportView(list);
        final JLabel label = new JLabel();
        label.setPreferredSize(new Dimension(110, 0));
        typePanel.add(label);
        final JPanel contentPanel = new JPanel();
        framePanel.add(contentPanel);
        final JLabel contentLabel = new JLabel();
        contentLabel.setText("内容: ");
        contentPanel.add(contentLabel);
        JScrollPane contentScrollPane = new JScrollPane();
        //创建用于 JTextArea 组件的滚动面板
        contentScrollPane.setHorizontalScrollBarPolicy(JScrollPane.HORIZONTAL_SCROLLBAR_NEVER);
        contentPanel.add(contentScrollPane);
        JTextArea textArea = new JTextArea();
        textArea.setRows(3);
        textArea.setColumns(20);
        textArea.setLineWrap(true);
        contentScrollPane.setViewportView(textArea);
    }
    public static void main(String []args){
        Test t=new Test();
        t.setSize(300,200);
        t.setResizable(false);
        t.setTitle("滚动面板");
        t.setVisible(true);
        t.setDefaultCloseOperation(JFrame.EXIT_ON_CLOSE);
    }
}
```

程序运行结果如图 18-3 所示。

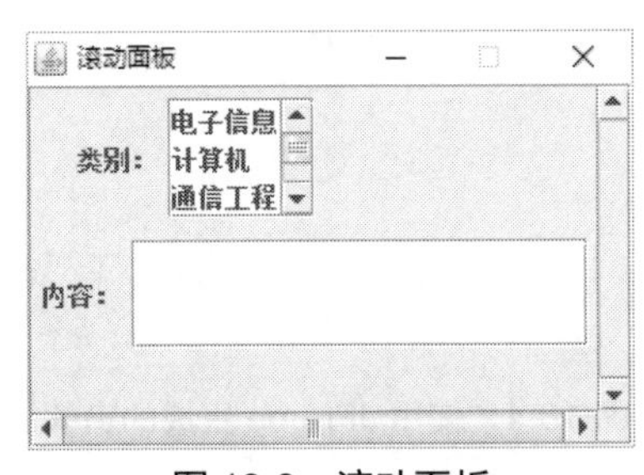

图 18-3　滚动面板

在该程序中，为 JFrame 窗体添加了一个滚动面板，窗体中的所有组件都在滚动面板或其子面板中，该面板的水平滚动条在需要时才显示出来，垂直滚动条则一直显示。JList 和 JTextArea 组件均添加到了一个滚动面板中。JList 组件的滚动面板的水平滚动条在需要时才显示，垂直滚动条则一直显示。JTextArea 组件的滚动面板的水平滚动条一直显示，而垂直滚动条则在需要时才显示。

18.3 Swing 常用控件

Swing 常用控件包括 JFrame、JLabel、JButton、JTextArea 等，下面进行详细介绍。

18.3.1 JFrame

在 Swing 组件中，最常见的一个控件就是 JFrame，它和 Frame 一样是一个独立存在的顶级窗口，不能放置在其他容器中。JFrame 支持通用窗口所有的基本功能，例如窗口最小化、设定窗口大小等。

【例 18-3】（实例文件：ch18\Chap18.3.txt）使用 JFrame 生成窗体。

```
public class Test extends JFrame {
    public Test() {
        this.setTitle("JFrameTest");
        this.setSize(300, 200);
        //定义一个按钮组件
        JButton bt = new JButton("按钮");
        //设置流式布局管理器
        this.setLayout(new FlowLayout());
        //添加按钮组件
        this.add(bt);
        //设置单击关闭按钮时的默认操作
        this.setDefaultCloseOperation(JFrame.EXIT_ON_CLOSE);
        this.setVisible(true);
    }
    public static void main(String[] args) {
        new Test();
    }
}
```

程序执行结果如图 18-4 所示。

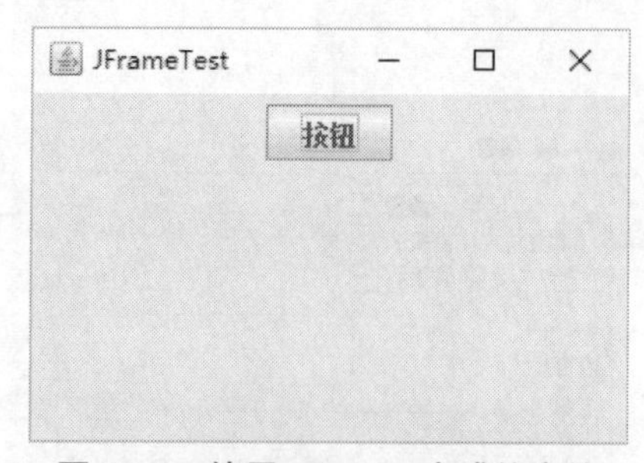

图 18-4 使用 JFrame 生成的窗体

程序中通过继承 JFrame 类创建了一个窗体，并且向该窗体中添加了一个按钮组件。JFrame 和 Frame 窗体的效果基本相同，但是 JFrame 类提供了关闭窗口的功能，在程序中不需要添加窗体监听器，只需要调用 setDefaultColseOperation()方法，然后将常量 JFrame.EXIT_ON_CLOSE 作为参数传入即可。

18.3.2 JLabel

JLabel 组件用来显示文本和图像，可以只显示其中之一，也可以两者同时显示。JLabel 类提供了一系列用来设置标签的方法，例如通过 setText(String text)方法设置标签显示的文本，通过 setFont(Font font)方法设置标签文本的字体及大小，通过 setHorizontalAlignment(int alignment)方法设置文本的显示位置，该方法的参数可以从 JLabel 类提供的与水平布置方式有关的静态常量中选择，如表 18-3 所示。

表 18-3 JLabel 类与水平布置方式有关的静态常量

静态常量	常量值	标签内容显示位置
LEFT	2	靠左侧显示
CENTER	0	居中显示
RIGHT	4	靠右侧显示

如果需要在标签中显示图片，可以通过 setIcon(Icon icon)方法设置。如果想在标签中既显示文本又显示图片，可以通过 setHorizontalTextPosition(int textPosition)方法设置文字相对图片在水平方向的显示位置。还可以通过 setVerticalTextPosition(int textPosition)方法设置文字相对图片在垂直方向的显示位置，该方法的入口参数可以从 JLabel 类提供的与垂直布置方式有关的静态常量中选择，如表 18-4 所示。

表 18-4 JLabel 类与垂直布置方式有关的可选静态常量

静态常量	常量值	标签内容显示位置
TOP	1	文字显示在图片的上方
CENTER	0	文字与图片在垂直方向重叠显示
BOTTOM	3	文字显示在图片的下方

【例 18-4】（实例文件：ch18\Chap18.4.txt）同时显示文本和图片标签。

```
public class Test extends JFrame {                          //继承窗体类 JFrame
    public static void main(String args[]) {
        Test frame = new Test();
        frame.setVisible(true);                             //设置窗体可见，默认为不可见
    }

    public Test() {
        super();                                            //继承父类的构造方法
        setTitle("标签组件实例");                            //设置窗体的标题
        setBounds(100, 100, 500, 375);                      //设置窗体的显示位置及大小
        getContentPane().setLayout(null);                   //设置为不采用任何布局管理器
        setDefaultCloseOperation(JFrame.EXIT_ON_CLOSE);     //设置窗体关闭按钮的动作为退出

        final JLabel label = new JLabel();                  //创建标签对象
        label.setBounds(0, 0, 492, 341);                    //设置标签的显示位置及大小
        label.setText("欢迎进入 Swing 世界！");              //设置标签显示文字
        label.setFont(new Font("", Font.BOLD, 22));         //设置文字的字体及大小
        label.setHorizontalAlignment(JLabel.CENTER);        //设置标签内容居中显示
        label.setIcon(new ImageIcon("img/QCKJ.JPG"));       //设置标签显示图片
```

```
        label.setHorizontalTextPosition(JLabel.CENTER);    //设置文字相对于图片在水平方向的显示位置
        label.setVerticalTextPosition(JLabel.BOTTOM);      //设置文字相对于图片在垂直方向的显示位置
        getContentPane().add(label);                       //将标签添加到窗体中
    }
}
```

程序运行结果如图 18-5 所示。

需要注意的是，如果只是通过图片的名称来创建图片对象，则需要将图片和相应的类文件放在同一路径下，否则将无法正常显示图片。

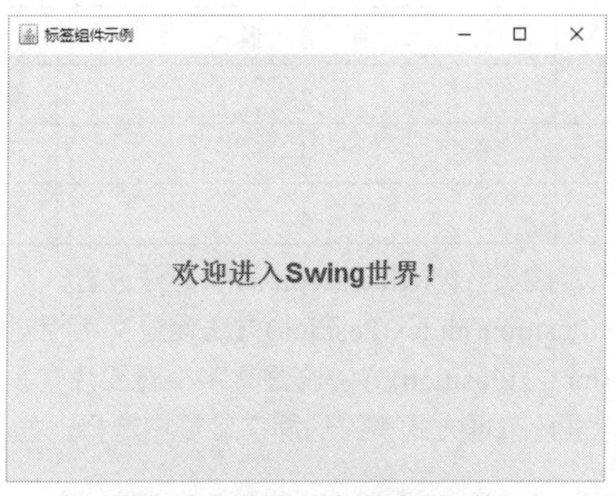

图 18-5　显示文本和图片标签

18.3.3　JButton

JButton 组件是最简单的按钮组件，只是在按下和释放两个状态之间切换，可以通过捕获按下并释放的动作执行一些操作，从而完成和用户的交互。JButton 类提供了一系列用来设置按钮的方法，例如通过 setText(String text)方法设置按钮的标签文本。通过下面的代码就可以创建一个最简单的按钮：

```
final JButton button = new JButton();
button.setBounds(10, 10, 70, 23);
button.setText("确 定");
getContentPane().add(button);
```

更多的是为按钮设置图片，方法 setIcon(Icon defaultIcon)用来设置按钮在默认状态下显示的图片，方法 setRolloverIcon(Icon rolloverIcon)用来设置当光标移动到按钮上方时显示的图片，方法 setPressedIcon(Icon pressedIcon)用来设置当按钮被按下时显示的图片。

当将按钮设置为显示图片时，建议通过 setMargin(Insets m)方法将按钮边框和标签四周的间隔均设置为 0，该方法的入口参数为 Insets 类的实例。Insets 类的构造方法为 Insets(int top, int left, int bottom,int right)，该方法接收 4 个 int 型参数，依次为标签上方、左侧、下方和右侧的间隔。通过 setContent AreaFilled(boolean b)方法设置是否绘制按钮的内容区域，也可以理解为设置按钮的背景为透明，当设为 false 时表示不绘制，默认为绘制。通过 setBorderPainted(boolean b)方法设置是否绘制按钮的边框，当设为 false 时表示不绘制，默认为绘制。

【例 18-5】（实例文件：ch18\Chap18.5.txt）实现一个典型的按钮。

```
public class Test extends JFrame {                              //继承窗体类 JFrame
    public static void main(String args[]) {
        Test frame = new Test();
```

```
        frame.setVisible(true);                                  //设置窗体可见，默认为不可见
    }

    public Test() {
        super();                                                 //继承父类的构造方法
        setTitle("按钮组件实例");                                //设置窗体的标题
        setBounds(100, 100, 500, 375);                           //设置窗体的显示位置及大小
        getContentPane().setLayout(null);                        //设置为不采用任何布局管理器
        setDefaultCloseOperation(JFrame.EXIT_ON_CLOSE);          //设置窗体关闭按钮的动作为退出

        final JButton button = new JButton();                    //创建按钮对象
        button.setMargin(new Insets(0, 0, 0, 0));                //设置按钮边框和标签之间的间隔
        button.setContentAreaFilled(false);                      //设置不绘制按钮的内容区域
        button.setBorderPainted(false);                          //设置不绘制按钮的边框
        button.setIcon(new ImageIcon("img/land.png"));           //设置默认情况下按钮显示的图片
        button.setRolloverIcon(new ImageIcon("img/land_over.png")); //设置光标经过时显示的图片
        button.setPressedIcon(new ImageIcon("img/land_pressed.png"));//设置按钮被按下时显示的图片
        button.setBounds(10, 10, 150, 100);                      //设置标签的显示位置及大小
        getContentPane().add(button);                            //将按钮添加到窗体中
    }
}
```

程序的运行结果如图 18-6 所示。

图 18-6　一个典型的按钮

仍然要注意，如果需要在按钮上显示图片，则务必把图片放在工程的根目录下。本程序中的图片文件夹 img 必须放在和 src 同一级，也就是工程的主目录下。该文件夹中有 3 个图片文件：land.png、land_over.png 和 land_pressed，默认显示 land.png，而当光标移到该按钮上时，则显示 land_over.png，如果在该按钮上按下左键不松开，则显示 land_pressed.png，松开鼠标则又显示 land_over.png。

18.3.4　JTextArea

JTextArea 组件实现一个文本域，文本域可以接收用户输入的多行文本。在创建文本域时，可以通过 setLineWrap(boolean wrap)方法设置文本是否自动换行，默认为 false，即不自动换行，否则为自动换行。JTextArea 类的常用方法如表 18-5 所示。

表 18-5　JTextArea 类的常用方法

方　法	说　明
append(String str)	将指定文本追加到文档结尾
insert(String str, int pos)	将指定文本插入指定位置
replaceRange(String str, int start, int end)	用指定新文本替换从指定的起始位置到结尾位置的文本
getColumnWidth()	获取列的宽度
getColumns()	返回文本域的列数
getLineCount()	确定文本域中实际文本的行数
getPreferredSize()	返回文本域的首选大小
getRows()	返回文本域的行数
setLineWrap(boolean wrap)	设置文本域是否自动换行，默认为 false，即不自动换行

【例 18-6】（实例文件：ch18\Chap18.6.txt）实现文本域，要求 15 列 3 行，自动换行。

```
public class Test extends JFrame { //继承窗体类 JFrame
    public static void main(String args[]) {
        Test frame = new Test();
        frame.setVisible(true);                                  //设置窗体可见，默认为不可见
    }

    public Test() {
        super();                                                 //继承父类的构造方法
        setTitle("文本域组件实例");                                //设置窗体的标题
        setBounds(100, 100, 500, 375);                           //设置窗体的显示位置及大小
        getContentPane().setLayout(null);                        //设置为不采用任何布局管理器
        setDefaultCloseOperation(JFrame.EXIT_ON_CLOSE);          //设置窗体关闭按钮的动作为退出

        final JLabel label = new JLabel();
        label.setText("备注：");
        label.setBounds(10, 10, 46, 15);
        getContentPane().add(label);

        JTextArea textArea = new JTextArea();                    //创建文本域对象
        textArea.setColumns(15);                                 //设置文本域显示文字的列数
        textArea.setRows(3);                                     //设置文本域显示文字的行数
        textArea.setLineWrap(true);                              //设置文本域自动换行

        final JScrollPane scrollPane = new JScrollPane();        //创建滚动面板对象
        scrollPane.setViewportView(textArea);                    //将文本域添加到滚动面板中
        Dimension dime = textArea.getPreferredSize();            //获得文本域的首选大小
        scrollPane.setBounds(62, 5, dime.width, dime.height);  //设置滚动面板的位置及大小
        getContentPane().add(scrollPane);                        //将滚动面板添加到窗体中
    }
}
```

程序运行结果如图 18-7 所示。

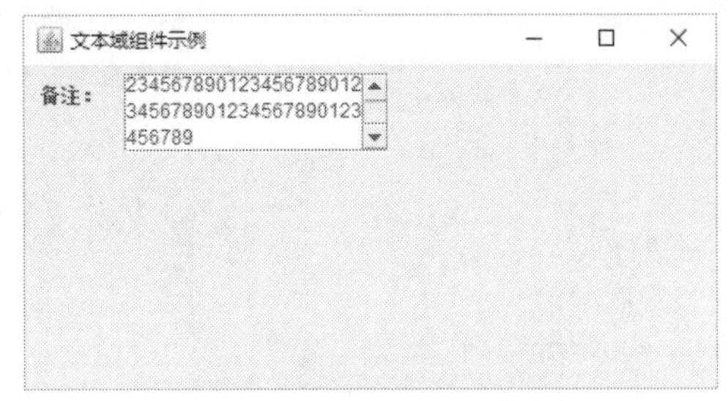

图 18-7　文本域组件实例

18.3.5　JTextField

JTextField 组件实现一个文本框，用来接收用户输入的单行文本信息。如果需要为文本框设置默认文本，可以通过构造函数 JTextField(String text)创建文本框对象，例如：

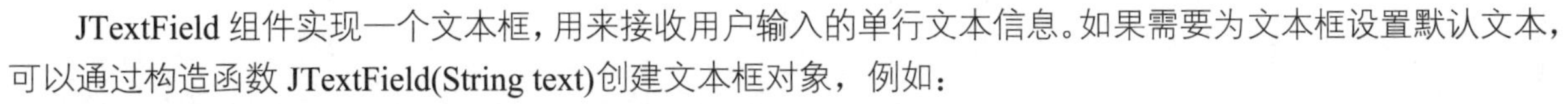

```
JTextField textField= new JTextField ("请输入姓名");
```

也可以通过方法 setText(String t)为文本框设置文本信息，例如：

```
JTextField textField= new JTextField ("请输入姓名");
textField.setText("请输入姓名");
```

在设置文本框时，可以通过 setHorizontalAlignment(int alignment)方法设置文本框内容的水平对齐方式，该方法的入口参数可以从 JTextField 类中的静态常量中选择，具体信息如表 18-6 所示。

表 18-6　JTextField 类中的静态常量

静 态 常 量	常　量　值	标签内容显示位置
LEFT	2	靠左侧显示
CENTER	0	居中显示
RIGHT	4	靠右侧显示

JTextField 类提供的常用方法如表 18-7 所示。

表 18-7　JTextField 类提供的常用方法

方　　法	说　　明
getPreferredSize()	获得文本框的首选大小，返回值为 Dimensions 类型的对象
scrollRectToVisible(Rectangle r)	向左或向右滚动文本框中的内容
setColumns(int columns)	设置文本框最多可显示内容的列数
setFont(Font f)	设置文本框的字体
setScrollOffset(int scrollOffset)	设置文本框的滚动偏移量（以像素为单位）
setHorizontalAlignment(int alignment)	设置文本框内容的水平对齐方式

【例 18-7】（实例文件：ch18\Chap18.7.txt）创建文本框。

```
public class Test extends JFrame {                          //继承窗体类 JFrame
    public static void main(String args[]) {
```

```
        Test frame = new Test();
        frame.setVisible(true);                          //设置窗体可见，默认为不可见
    }

    public Test() {
        super();                                         //继承父类的构造方法
        setTitle("文本框组件实例");                        //设置窗体的标题
        setBounds(100, 100, 500, 375);                   //设置窗体的显示位置及大小
        getContentPane().setLayout(null);                //设置为不采用任何布局管理器
        setDefaultCloseOperation(JFrame.EXIT_ON_CLOSE);  //设置窗体关闭按钮的动作为退出

        final JLabel label = new JLabel();               //创建标签对象
        label.setText("姓名：");                          //设置标签文本
        label.setBounds(10, 10, 46, 15);                 //设置标签的显示位置及大小
        getContentPane().add(label);                     //将标签添加到窗体中

        JTextField textField = new JTextField();         //创建文本框对象
        textField.setHorizontalAlignment(JTextField.CENTER);  //设置文本框内容的水平对齐方式
        textField.setFont(new Font("", Font.BOLD, 12));  //设置文本框内容的字体样式
        textField.setBounds(62, 7, 120, 21);             //设置文本框的显示位置及大小
        getContentPane().add(textField);                 //将文本框添加到窗体中
    }
}
```

程序执行结果如图 18-8 所示。

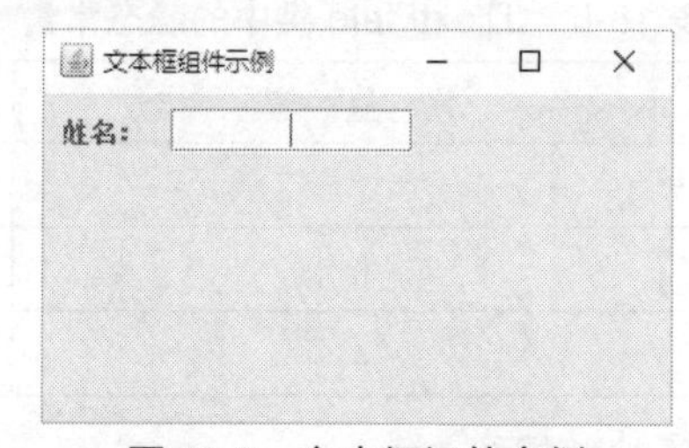

图 18-8　文本框组件实例

【例 18-8】（实例文件：ch18\Chap18.8.txt）在窗体中实现文本框。

```
public class Test extends JFrame {                   //继承窗体类 JFrame
    JTextField nameTextField, addressTextField ;
    Container message;
    JLabel nameLabel,addresLlabel;
    JButton findButton;
    public static void main(String args[]) {
        Test frame = new Test();
        frame.setSize(400, 150);
        frame.setVisible(true);                      //设置窗体可见，默认为不可见
    }

    public Test() {
        super();                                     //继承父类的构造方法
        message=getContentPane();
        message.setLayout(null);
```

```
        JLabel nameLabel = new JLabel("客户名称");
        nameLabel.setBounds(10, 34, 54, 15);
        message.add(nameLabel);

        nameTextField = new JTextField();
        nameTextField.setBounds(62, 31, 97, 25);
        message.add(nameTextField);
        nameTextField.setColumns(10);

        addresLlabel = new JLabel("地址");
        addresLlabel.setBounds(169, 34, 38, 15);
        message.add(addresLlabel);

        addressTextField = new JTextField();
        addressTextField.setBounds(204, 31, 119, 25);
        message.add(addressTextField);
        addressTextField.setColumns(10);
    }
}
```

程序执行结果如图 18-9 所示。

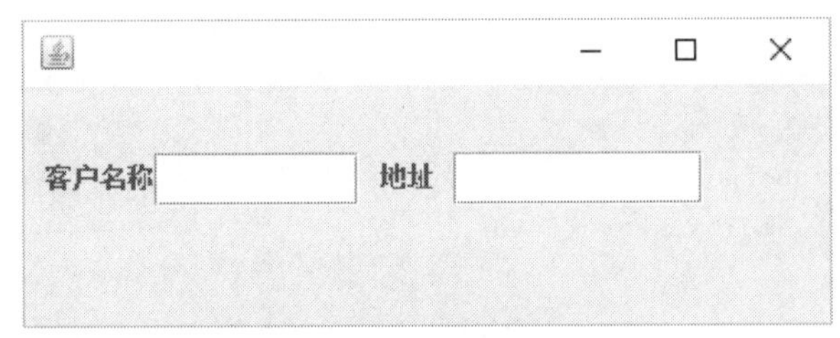

图 18-9 在窗体中实现文本框

18.3.6 JPasswordField

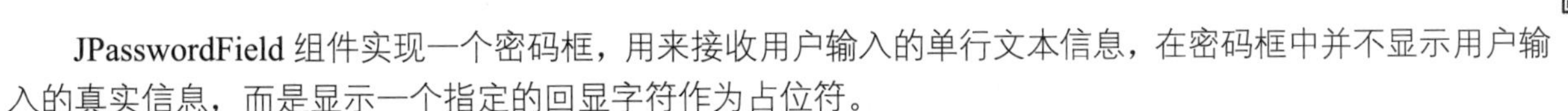

JPasswordField 组件实现一个密码框，用来接收用户输入的单行文本信息，在密码框中并不显示用户输入的真实信息，而是显示一个指定的回显字符作为占位符。

新创建密码框的默认回显字符为*，可以通过 setEchoChar(char c)方法修改回显字符，例如将回显字符修改为#，这两种效果如图 18-10 所示。

图 18-10 密码的显示效果

JPasswordField 类提供的常用方法如表 18-8 所示。

表 18-8 JPasswordField 类提供的常用方法

方 法	说 明
setEchoChar(char c)	设置回显字符为指定字符
getEchoChar()	获得回显字符，返回值为 char 型
echoCharIsSet()	查看是否已经设置了回显字符，如果设置了则返回 true，否则返回 false
getPassword()	获得用户输入的文本信息，返回值为 char 型数组

【例 18-9】（实例文件：ch18\Chap18.9.txt）创建密码框。

```
public class Test extends JFrame {                                  //继承窗体类 JFrame
    public static void main(String args[]) {
        Test frame = new Test();
        frame.setVisible(true);                                     //设置窗体可见，默认为不可见
    }

    public Test() {
        super();                                                    //继承父类的构造方法
        setTitle("密码框组件实例");                                    //设置窗体的标题
        setBounds(100, 100, 500, 375);                              //设置窗体的显示位置及大小
        getContentPane().setLayout(null);                           //设置为不采用任何布局管理器
        setDefaultCloseOperation(JFrame.EXIT_ON_CLOSE);             //设置窗体关闭按钮的动作为退出

        final JLabel label = new JLabel();                          //创建标签对象
        label.setText("密码：");                                      //设置标签文本
        label.setBounds(10, 10, 46, 15);                            //设置标签的显示位置及大小
        getContentPane().add(label);                                //将标签添加到窗体中

        JPasswordField passwordField = new JPasswordField();        //创建密码框对象
        passwordField.setEchoChar('¥');                             //设置回显字符为¥
        passwordField.setBounds(62, 7, 150, 21);                    //设置密码框的显示位置及大小
        getContentPane().add(passwordField);                        //将密码框添加到窗体中
    }
}
```

程序运行结果如图 18-11 所示。

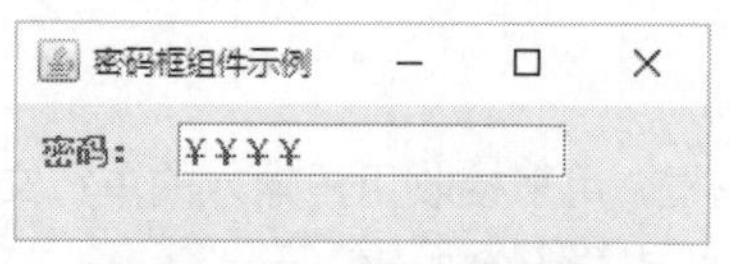

图 18-11　创建密码框

18.3.7　JRadioButton

JRadioButton 组件实现一个单选按钮，用户可以很方便地查看单选按钮的状态。JRadioButton 类可以单独使用，也可以与 ButtonGroup 类联合使用。当单独使用时，该单选按钮可以被选定和取消选定；当与 ButtonGroup 类联合使用时，则组成了一个单选按钮组，此时用户只能选定按钮组中的一个单选按钮，取消选定的操作将由 ButtonGroup 类自动完成。

ButtonGroup 类用来创建一个按钮组，其作用是负责维护该组按钮的开启状态，在按钮组中只能有一个按钮处于开启状态。假设在按钮组中有且仅有 A 按钮处于开启状态，在开启其他按钮时，按钮组将自动关闭 A 按钮的开启状态。

ButtonGroup 类经常用来维护由 JRadio Button、JRadioButtonMenuItem 或 JToggleButton 类型的按钮组成的单选按钮组。ButtonGroup 类提供的常用方法如表 18-9 所示。

表 18-9　ButtonGroup 类提供的常用方法

方　法	说　明
add(AbstractButton b)	添加按钮到按钮组中
remove(AbstractButton b)	从按钮组中移除按钮
getButtonCount()	返回按钮组中包含按钮的个数，返回值为 int 型
getElements()	返回一个 Enumeration 类型的对象，通过该对象可以遍历按钮组中包含的所有按钮对象

JRadioButton 类提供了一系列用来设置单选按钮的方法，例如通过 setText(String text)方法设置单选按钮的标签文本，通过 setSelected(boolean b)方法设置单选按钮的初始状态，默认情况下单选按钮未被选中，当设为 true 时表示单选按钮在初始时被选中。

【例 18-10】（实例文件：ch18\Chap18.10.txt）单选按钮。

```
public class Test extends JFrame {                                  //继承窗体类 JFrame
    public static void main(String args[]) {
        Test frame = new Test();
        frame.setVisible(true);                                     //设置窗体可见，默认为不可见
    }

    public Test() {
        super();                                                    //继承父类的构造方法
        setTitle("单选按钮组件实例");                                  //设置窗体的标题
        setBounds(100, 100, 500, 375);                              //设置窗体的显示位置及大小
        getContentPane().setLayout(null);                           //设置为不采用任何布局管理器
        setDefaultCloseOperation(JFrame.EXIT_ON_CLOSE);             //设置窗体关闭按钮的动作为退出

        final JLabel label = new JLabel();                          //创建标签对象
        label.setText("性别：");                                      //设置标签文本
        label.setBounds(10, 10, 46, 15);                            //设置标签的显示位置及大小
        getContentPane().add(label);                                //将标签添加到窗体中
        ButtonGroup buttonGroup = new ButtonGroup();                //创建按钮组对象

        final JRadioButton manRadioButton = new JRadioButton();     //创建单选按钮对象
        buttonGroup.add(manRadioButton);                            //将单选按钮添加到按钮组中
        manRadioButton.setSelected(true);                           //设置单选按钮初始时被选中
        manRadioButton.setText("男");                                //设置单选按钮的文本
        manRadioButton.setBounds(62, 6, 46, 23);                    //设置单选按钮的显示位置及大小
        getContentPane().add(manRadioButton);                       //将单选按钮添加到窗体中

        final JRadioButton womanRadioButton = new JRadioButton();
        buttonGroup.add(womanRadioButton);
        womanRadioButton.setText("女");
        womanRadioButton.setBounds(114, 6, 46, 23);
        getContentPane().add(womanRadioButton);
    }
}
```

程序运行结果如图 18-12 所示。

图 18-12　单选按钮组件实例

18.3.8　JCheckBox

JCheckBox 组件实现一个复选框，该复选框可以被选定和取消选定。可以同时选定多个复选框。用户可以很方便地查看复选框的状态。

JCheckBox 类提供了一系列用来设置复选框的方法，例如通过 setText(String text)方法设置复选框的标签文本，通过 setSelected(boolean b)方法设置复选框的状态，默认情况下复选框未被选中，当设为 true 时表示复选框被选中。

【例 18-11】（实例文件：ch18\Chap18.11.txt）复选框。

```
public class Test extends JFrame {                              //继承窗体类 JFrame
    public static void main(String args[]) {
        Test frame = new Test();
        frame.setVisible(true);                                 //设置窗体可见，默认为不可见
    }

    public Test() {
        super();                                                //继承父类的构造方法
        setTitle("复选框组件实例");                              //设置窗体的标题
        setBounds(100, 100, 500, 375);                          //设置窗体的显示位置及大小
        getContentPane().setLayout(null);                       //设置为不采用任何布局管理器
        setDefaultCloseOperation(JFrame.EXIT_ON_CLOSE);         //设置窗体关闭按钮的动作为退出

        final JLabel label = new JLabel();                      //创建标签对象
        label.setText("爱好：");                                 //设置标签文本
        label.setBounds(10, 10, 46, 15);                        //设置标签的显示位置及大小
        getContentPane().add(label);                            //将标签添加到窗体中

        final JCheckBox readingCheckBox = new JCheckBox(); //创建复选框对象
        readingCheckBox.setText("读书");                         //设置复选框的标签文本
        readingCheckBox.setBounds(62, 6, 55, 23);               //设置复选框的显示位置及大小
        getContentPane().add(readingCheckBox);                  //将复选框添加到窗体中

        final JCheckBox musicCheckBox = new JCheckBox();
        musicCheckBox.setText("听音乐");
        musicCheckBox.setBounds(123, 6, 68, 23);
        getContentPane().add(musicCheckBox);

        final JCheckBox pingpongCheckBox = new JCheckBox();
        pingpongCheckBox.setText("乒乓球");
        pingpongCheckBox.setBounds(197, 6, 75, 23);
        getContentPane().add(pingpongCheckBox);
    }
}
```

程序运行结果如图 18-13 所示。

图 18-13 复选框组件实例

18.3.9 JComboBox

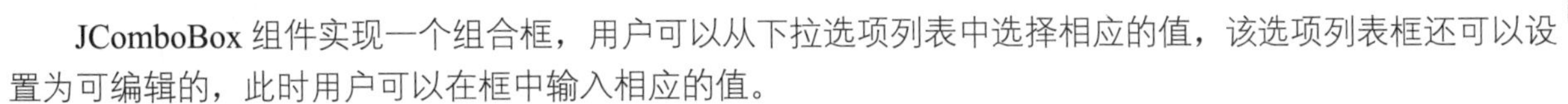

JComboBox 组件实现一个组合框，用户可以从下拉选项列表中选择相应的值，该选项列表框还可以设置为可编辑的，此时用户可以在框中输入相应的值。

在创建组合框时，可以通过构造函数 JComboBox(Object[] items)直接初始化该组合框包含的选项。

例如创建一个包含选项“身份证”“士兵证”和“驾驶证”的组合框，具体代码如下：

```
String[] idCards = { "身份证", "士兵证", "驾驶证" };
JComboBox idCardComboBox = new JComboBox(idCards);
```

也可以通过 setModel(ComboBoxModel aModel)方法初始化该组合框包含的选项，例如：

```
String[] idCards = { "身份证", "士兵证", "驾驶证" };
JComboBox idCardComboBox = new JComboBox();
comboBox.setModel(new DefaultComboBoxModel(idCards));
```

还可以通过方法 addItem(Object item)和 insertItemAt(Object item, int index)向组合框中添加选项，例如：

```
JComboBox idCardComboBox = new JComboBox();
comboBox.addItem("士兵证");
comboBox.addItem("驾驶证");
comboBox.insertItemAt("身份证", 0);
```

JComboBox 类提供了一系列用来设置组合框的方法，例如通过方法 setSelectedItem()或 setSelectedIndex()设置组合框的默认选项，通过方法 setEditable()设置组合框是否可编辑。JComboBox 类提供的常用方法如表 18-10 所示。

表 18-10 JComboBox 类提供的常用方法

方　法	说　明
addItem(Object item)	添加选项到选项列表的尾部
insertItemAt(Object item, int index)	添加选项到选项列表的指定索引位置，索引从 0 开始
removeItem(Object item)	从选项列表中移除指定的选项
removeItemAt(int index)	从选项列表中移除指定索引位置的选项
removeAllItems()	移除选项列表中的所有选项
setSelectedItem(Object item)	设置指定选项为组合框的默认选项
setSelectedIndex(int index)	设置指定索引位置的选项为组合框的默认选项
setMaximumRowCount(int count)	设置组合框弹出时显示选项的最多行数，默认为 8 行
setEditable(boolean isEdit)	设置组合框是否可编辑，当设置为 true 时表示可编辑，默认为不可编辑（false）

【例 18-12】（实例文件：ch18\Chap18.12.txt）选择框。

```
public class Test extends JFrame {                          //继承窗体类 JFrame
    public static void main(String args[]) {
```

```
        Test frame = new Test();
        frame.setVisible(true);                                        //设置窗体可见，默认为不可见
    }

    public Test() {
        super();                                                       //继承父类的构造方法
        setTitle("选择框组件实例");                                    //设置窗体的标题
        setBounds(100, 100, 500, 375);                                 //设置窗体的显示位置及大小
        getContentPane().setLayout(null);                              //设置为不采用任何布局管理器
        setDefaultCloseOperation(JFrame.EXIT_ON_CLOSE);                //设置窗体关闭按钮的动作为退出

        final JLabel label = new JLabel();                             //创建标签对象
        label.setText("学历：");                                       //设置标签文本
        label.setBounds(10, 10, 46, 15);                               //设置标签的显示位置及大小
        getContentPane().add(label);                                   //将标签添加到窗体中
        String[] schoolAges = { "本科", "硕士", "博士" };              //创建选项数组

        JComboBox comboBox = new JComboBox(schoolAges);                //创建组合框对象
        comboBox.setEditable(true);                                    //设置组合框为可编辑
        comboBox.setMaximumRowCount(3);                                //设置组合框弹出时显示选项的最多行数
        comboBox.insertItemAt("大专", 0);                              //在索引为 0 的位置插入一个选项
        comboBox.setSelectedItem("本科");                              //设置索引为 0 的选项被选中
        comboBox.setBounds(62, 7, 104, 21);                            //设置组合框的显示位置及大小
        getContentPane().add(comboBox);                                //将组合框添加到窗体中
    }
}
```

程序执行结果如图 18-14 所示。

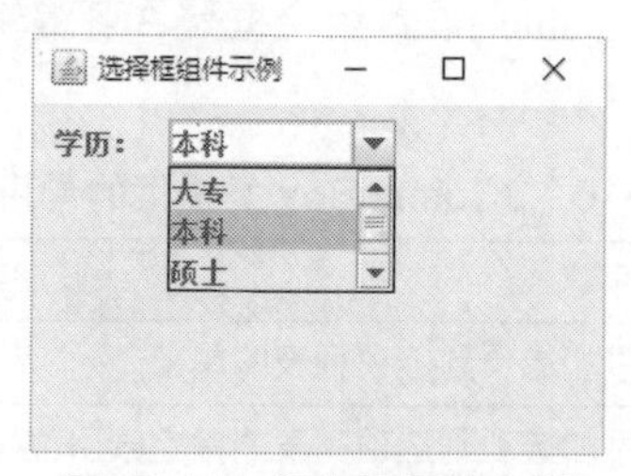

图 18-14　组合框组件实例

18.3.10　JList

JList 组件实现一个列表框，列表框与组合框的主要区别是列表框可以多选，而组合框只能单选。在创建列表框时，需要通过构造函数 JList(Object[] list)直接初始化该列表框包含的选项。例如创建一个用来选择月份的列表框，具体代码如下：

```
Integer[] months = { 1, 2, 3, 4, 5, 6, 7, 8, 9, 10, 11, 12 };
JList list = new JList(months);
```

由 JList 组件实现的列表框有 3 种选取模式，可以通过 JList 类的 setSelectionMode(int selectionMode)方法设置，该方法的参数可以从 ListSelectionModel 类中的静态常量中选择。这 3 种选取模式包括一种单选模式和两种多选模式，如表 18-11 所示。

表 18-11 ListSelectionModel 类与选取模式有关的静态常量

静 态 常 量	常 量 值	标签内容显示位置
SINGLE_SELECTION	0	只允许选取一个
SINGLE_INTERVAL_SELECTION	1	只允许连续选取多个
MULTIPLE_INTERVAL_SELECTION	2	既允许连续选取，又允许间隔选取

JList 类提供了一系列用来设置列表框的方法，常用方法如表 18-12 所示。

表 18-12 JList 类的常用方法

方 法	说 明
setSelectedIndex(int index)	选中指定索引的一个选项
setSelectedIndices(int[] indices)	选中指定索引的一组选项
setSelectionBackground(Color selectionBackground)	设置被选项的背景颜色
setSelectionForeground(Color selectionForeground)	设置被选项的字体颜色
getSelectedIndices()	以 int[]形式获得被选中的所有选项的索引值
getSelectedValues()	以 Object[]形式获得被选中的所有选项的内容
clearSelection()	取消所有被选中的项
isSelectionEmpty()	查看是否有被选中的项，如果有则返回 false
isSelectedIndex(int index)	查看指定选项是否已经被选中
ensureIndexIsVisible(int index)	使指定项在选择窗口中可见
setFixedCellHeight(int height)	设置选择窗口中每个选项的高度
setVisibleRowCount(int visibleRowCount)	设置在选择窗口中最多可见的选项个数
getPreferredScrollableViewportSize()	获得使指定个数的选项可见需要的窗口高度
setSelectionMode(int selectionMode)	设置列表框的选取模式

【例 18-13】（实例文件：ch18\Chap18.13.txt）列表框。

```
public class Test extends JFrame {                          //继承窗体类 JFrame
    public static void main(String args[]) {
        Test frame = new Test();
        frame.setVisible(true);                             //设置窗体可见，默认为不可见
    }

    public Test() {
        super();                                            //继承父类的构造方法
        setTitle("列表框组件实例");                            //设置窗体的标题
        setBounds(100, 100, 500, 375);                      //设置窗体的显示位置及大小
        getContentPane().setLayout(null);                   //设置为不采用任何布局管理器
        setDefaultCloseOperation(JFrame.EXIT_ON_CLOSE);     //设置窗体关闭按钮的动作为退出

        final JLabel label = new JLabel();                  //创建标签对象
```

```
        label.setText("爱好：");                                //设置标签文本
        label.setBounds(10, 10, 46, 15);                        //设置标签的显示位置及大小
        getContentPane().add(label);                            //将标签添加到窗体中

        String[] likes = { "读书", "听音乐", "跑步", "乒乓球", "篮球", "游泳", "滑雪" };
        JList list = new JList(likes);                          //创建列表对象
        list.setSelectionMode(ListSelectionModel.MULTIPLE_INTERVAL_SELECTION);
        list.setFixedCellHeight(20);                            //设置选项高度
        list.setVisibleRowCount(4);                             //设置选项可见个数

        JScrollPane scrollPane = new JScrollPane();             //创建滚动面板对象
        scrollPane.setViewportView(list);                       //将列表添加到滚动面板中
        scrollPane.setBounds(62, 5, 65, 80);                    //设置滚动面板的显示位置及大小
        getContentPane().add(scrollPane);                       //将滚动面板添加到窗体中
    }
}
```

程序执行结果如图 18-15 所示。

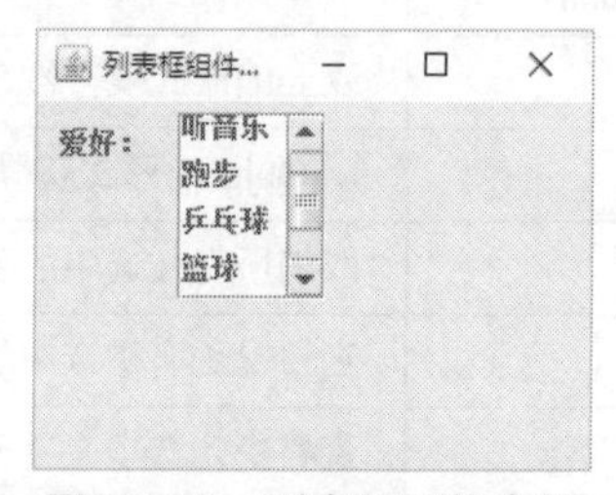

图 18-15　列表框组件实例

要特别注意的是，JList 类实现的列表框并不提供滚动窗口，如果需要将列表框中的选项显示在滚动窗口中，则需要将列表框添加到面板中，然后再将滚动面板添加到窗体中。

18.4　表格组件

表格也是 GUI 程序中常用的组件，它是一个由多行、多列组成的二维显示区。Swing 的 JTable 以及相关类提供了对表格的支持。使用 JTable 以及相关类，可以创建功能丰富的表格，还可以为表格定义各种显示外观和编辑特性。

18.4.1　创建表格

在 JTable 类中除了默认的构造方法外，还提供了利用指定表格列名数组和表格数据数组创建表格的构造方法，代码如下：

```
JTable(Object[][] rowData, Object[] columnNames)
```

参数说明如下：

- rowData：封装表格数据的数组。
- columnNames：封装表格列名的数组。

在使用表格时，通常将其添加到滚动面板中，然后将滚动面板添加到相应的位置。下面看一个这样的例子。

【例 18-14】（实例文件：ch18\Chap18.14.txt）可以滚动的表格。

```
public class Test extends JFrame {
    public static void main(String args[]) {
        Test frame = new Test();
        frame.setVisible(true);
    }

    public Test() {
        super();
        setTitle("创建可以滚动的表格");
        setBounds(100, 100, 240, 150);
        setDefaultCloseOperation(JFrame.EXIT_ON_CLOSE);
        String[] columnNames = { "A", "B" }; //定义表格列名数组
        //定义表格数据数组
        String[][] tableValues = { { "A1", "B1" }, { "A2", "B2" },
                { "A3", "B3" }, { "A4", "B4" }, { "A5", "B5" } };
        //创建指定列名和数据的表格
        JTable table = new JTable(tableValues, columnNames);
        //创建显示表格的滚动面板
        JScrollPane scrollPane = new JScrollPane(table);
        //将滚动面板添加到边界布局的中间
        getContentPane().add(scrollPane, BorderLayout.CENTER);
    }
}
```

程序执行结果如图 18-16 所示。

图 18-16　可以滚动的表格

要特别注意，如果直接将表格添加到相应的容器中，则首先需要通过 JTable 类的 getTableHeader()方法获得 JTableHeader 类的对象，然后再将该对象添加到容器的相应位置，否则表格将没有列名。

表格创建完成后，还需要对其进行一系列的定义，以便适应具体的使用情况。默认情况下通过双击表格中的单元格就可以对其进行编辑。如果不需要提供该功能，可以通过重构 JTable 类的 isCellEditable(int row, int column)方法实现。默认情况下该方法返回 boolean 型值 true，表示指定单元格可编辑，如果返回 false 则表示不可编辑。

【例 18-15】（实例文件：ch18\Chap18.15.txt）定义表格。

```
public class Test extends JFrame {
    public static void main(String args[]) {
        Test frame = new Test();
        frame.setVisible(true);
    }
```

```
    public Test() {
        super();
        setTitle("定义表格");
        setBounds(100, 100, 500, 375);
        setDefaultCloseOperation(JFrame.EXIT_ON_CLOSE);
        final JScrollPane scrollPane = new JScrollPane();
        getContentPane().add(scrollPane, BorderLayout.CENTER);
        String[] columnNames = { "A", "B", "C", "D", "E", "F", "G" };
        Vector columnNameV = new Vector();
        for (int column = 0; column < columnNames.length; column++) {
            columnNameV.add(columnNames[column]);
        }
        Vector tableValueV = new Vector();
        for (int row = 1; row < 21; row++) {
            Vector rowV = new Vector();
            for (int column = 0; column < columnNames.length; column++) {
                rowV.add(columnNames[column] + row);
            }
            tableValueV.add(rowV);
        }
        JTable table = new MTable(tableValueV, columnNameV);
        //关闭表格列的自动调整功能
        table.setAutoResizeMode(JTable.AUTO_RESIZE_OFF);
        //选择模式为单选
        table.setSelectionMode(ListSelectionModel.SINGLE_SELECTION);
        //被选择行的背景色为黄色
        table.setSelectionBackground(Color.YELLOW);
        //被选择行的前景色（文字颜色）为红色
        table.setSelectionForeground(Color.RED);
        table.setRowHeight(30);                                         //表格的行高为30像素
        scrollPane.setViewportView(table);
    }
    private class MTable extends JTable {                               //实现自己的表格类
        public MTable(Vector rowData, Vector columnNames) {
            super(rowData, columnNames);
        }
        @Override
        public JTableHeader getTableHeader() {                          //定义表头
            //获得表头对象
            JTableHeader tableHeader = super.getTableHeader();
            tableHeader.setReorderingAllowed(false);                    //设置表格列不可重排
            DefaultTableCellRenderer hr = (DefaultTableCellRenderer) tableHeader
                    .getDefaultRenderer();                              //获得表头的单元格对象
            //设置列名居中显示
            hr.setHorizontalAlignment(DefaultTableCellRenderer.CENTER);
            return tableHeader;
        }
        //定义单元格
```

```
        @Override
        public TableCellRenderer getDefaultRenderer(Class<?> columnClass) {
            DefaultTableCellRenderer cr = (DefaultTableCellRenderer) super
                    .getDefaultRenderer(columnClass);                    //获得表格的单元格对象
            //设置单元格内容居中显示
            cr.setHorizontalAlignment(DefaultTableCellRenderer.CENTER);
            return cr;
        }
        @Override
        public boolean isCellEditable(int row, int column) {          //表格不可编辑
            return false;
        }
    }
}
```

程序运行结果如图 18-17 所示。

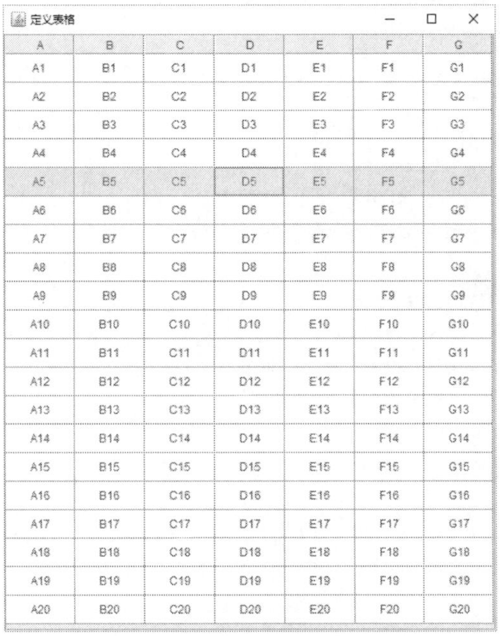

定义表格

A	B	C	D	E	F	G
A1	B1	C1	D1	E1	F1	G1
A2	B2	C2	D2	E2	F2	G2
A3	B3	C3	D3	E3	F3	G3
A4	B4	C4	D4	E4	F4	G4
A5	B5	C5	D5	E5	F5	G5
A6	B6	C6	D6	E6	F6	G6
A7	B7	C7	D7	E7	F7	G7
A8	B8	C8	D8	E8	F8	G8
A9	B9	C9	D9	E9	F9	G9
A10	B10	C10	D10	E10	F10	G10
A11	B11	C11	D11	E11	F11	G11
A12	B12	C12	D12	E12	F12	G12
A13	B13	C13	D13	E13	F13	G13
A14	B14	C14	D14	E14	F14	G14
A15	B15	C15	D15	E15	F15	G15
A16	B16	C16	D16	E16	F16	G16
A17	B17	C17	D17	E17	F17	G17
A18	B18	C18	D18	E18	F18	G18
A19	B19	C19	D19	E19	F19	G19
A20	B20	C20	D20	E20	F20	G20

图 18-17　定义表格

18.4.2　操作表格

在编写应用表格的程序时，经常需要获得表格的一些信息，如表格的行数和列数。下面是 JTable 类中 3 个经常用来获得表格信息的方法。

- getRowCount()：获得表格的行数，返回值为 int 型。
- getColumnCount()：获得表格的列数，返回值为 int 型。
- getColumnName(int column)：获得位于指定索引位置的列的名称，返回值为 String 型。

【例 18-16】（实例文件：ch18\Chap18.16.txt）操作表格。

```
public class Test extends JFrame {
    private JTable table;
```

```
public static void main(String args[]) {
    Test frame = new Test();
    frame.setVisible(true);
}
public Test() {
    super();
    setTitle("操纵表格");
    setBounds(100, 100, 500, 375);
    setDefaultCloseOperation(JFrame.EXIT_ON_CLOSE);

    final JScrollPane scrollPane = new JScrollPane();
    getContentPane().add(scrollPane, BorderLayout.CENTER);

    String[] columnNames = { "A", "B", "C", "D", "E", "F", "G" };
    Vector columnNameV = new Vector();
    for (int column = 0; column < columnNames.length; column++) {
        columnNameV.add(columnNames[column]);
    }
    Vector tableValueV = new Vector();
    for (int row = 1; row < 21; row++) {
        Vector rowV = new Vector();
        for (int column = 0; column < columnNames.length; column++) {
            rowV.add(columnNames[column] + row);
        }
        tableValueV.add(rowV);
    }
    table = new JTable(tableValueV, columnNameV);
    table.setRowSelectionInterval(1, 3);                //设置选中行
    table.addRowSelectionInterval(5, 5);                //添加选中行
    scrollPane.setViewportView(table);

    JPanel buttonPanel = new JPanel();
    getContentPane().add(buttonPanel, BorderLayout.SOUTH);

    JButton selectAllButton = new JButton("全部选择");
    selectAllButton.addActionListener(new ActionListener() {
        public void actionPerformed(ActionEvent e) {
            table.selectAll();                          //选中所有行
        }
    });
    buttonPanel.add(selectAllButton);

    JButton clearSelectionButton = new JButton("取消选择");
    clearSelectionButton.addActionListener(new ActionListener() {
        public void actionPerformed(ActionEvent e) {
            table.clearSelection();                     //取消所有选中行的选择状态
        }
    });
```

```
        buttonPanel.add(clearSelectionButton);
        System.out.println("表格共有" + table.getRowCount() + "行"
                + table.getColumnCount() + "列");
        System.out.println("共有" + table.getSelectedRowCount() + "行被选中");
        System.out.println("第 3 行的选择状态为: " + table.isRowSelected(2));
        System.out.println("第 5 行的选择状态为: " + table.isRowSelected(4));
        System.out.println("被选中的第一行的索引是: " + table.getSelectedRow());
        int[] selectedRows = table.getSelectedRows();        //获得所有被选中行的索引
        System.out.print("所有被选中行的索引是: ");
        for (int row = 0; row < selectedRows.length; row++) {
            System.out.print(selectedRows[row] + "  ");
        }
        System.out.println();
        System.out.println("列移动前第 2 列的名称是: " + table.getColumnName(1));
        System.out.println("列移动前第 2 行第 2 列的值是: " + table.getValueAt(1, 1));
        table.moveColumn(1, 5);//将位于索引 1 处的列移动到索引 5 处
        System.out.println("列移动后第 2 列的名称是: " + table.getColumnName(1));
        System.out.println("列移动后第 2 行第 2 列的值是: " + table.getValueAt(1, 1));

    }
}
```

程序执行结果如图 18-18 所示。

```
ExampleFrame_04 [Java Application] C:\Program Files\Java\jre1.8.0_144\bin\javaw.exe
表格共有20行7列
共有4行被选中
第3行的选择状态为：true
第5行的选择状态为：false
被选中的第一行的索引是：1
所有被选中行的索引是：1  2  3  5
列移动前第2列的名称是：B
列移动前第2行第2列的值是：B2
列移动后第2列的名称是：C
列移动后第2行第2列的值是：C2
```

图 18-18　操作表格应用实例

18.5　组件面板

常用的组件面板包括分割面板与选项卡面板，下面进行详细介绍。

18.5.1　分割面板

SplitPane（分割面版）一次可将两个组件同时显示在两个显示区中，如果要同时在多个显示区显示组件，就必须同时使用多个 SplitPane。JSplitPane 可以设置面板是水平分割还是垂直分割，这需要设置两个常量：HORIZONTAL_SPLIT、VERTICAL_SPLIT。除了这两个重要的常量外，JSplitPane 还提供了许多常量来支撑其功能，更多的常量和方法可以参考 Java API。

JSplitPane 的构造函数如下：

- JSplitPane()：建立一个新的 JSplitPane，里面含有两个默认按钮，并沿水平方向排列，但没有 Continuous Layout 功能。
- JSplitPane(int newOrientation)：建立一个指定沿水平或垂直方向切割的 JSplitPane，但没有 Continuous Layout 功能。
- JSplitPane(int newOrientation,boolean newContinuousLayout)：建立一个指定沿水平或垂直方向切割的 JSplitPane，且指定是否具有 Continuous Layout 功能。
- JSplitPane(int newOrientation,boolean newContinuousLayout,Component newLeftComponent,Component newRightComponent)：建立一个指定沿水平或垂直方向切割的 JSplitPane，且指定显示区要显示的组件，并设置是否具有 Continuous Layout 功能。
- JSplitPane(int newOrientation,Component newLeftComponent,Component newRightComponent)：建立一个指定沿水平或垂直方向切割的 JSplitPane，且指定显示区要显示的组件，但没有 Continuous Layout 功能。

上面所说的 Continuous Layout 意思是指当拖曳切割面版的分隔线时，窗口内的组件是否会随着分隔线的移动而动态改变大小。newContinuousLayout 是一个 boolean 值，若设为 true，则组件大小会随着分隔线的移动而一起改变；若设为 false，则组件大小在分隔线停止移动时才确定。也可以使用 JSplitPane 中的 setContinuousLayout()方法来设置此项目。

【例 18-17】（实例文件：ch18\Chap18.17.txt）分割面板。

```
public class Test{
   public Test(){
       JFrame f=new JFrame("JSplitPaneDemo");
       Container contentPane=f.getContentPane();
       JLabel label1=new JLabel("Label 1",JLabel.CENTER);
       label1.setBackground(Color.green);
       label1.setOpaque(true);
       //setOpaque(ture)方法让组件变成不透明，这样在 JLabel 上设置的颜色就会显示出来
       JLabel label2=new JLabel("Label 2",JLabel.CENTER);
       label2.setBackground(Color.pink);
       label2.setOpaque(true);
       JLabel label3=new JLabel("Label 3",JLabel.CENTER);
       label3.setBackground(Color.yellow);
       label3.setOpaque(true);
       /*加入 label1、label2 到 splitPane1 中，并设置 splitPane1 为水平分割且具有 Continuous Layout 的功能
        */
       JSplitPane splitPane1=new JSplitPane(JSplitPane.HORIZONTAL_SPLIT,false,label1,label2);
       /*设置 splitPane1 的分隔线位置，0.3 是相对于 splitPane1 的相对值，这个值的范围是 0.0～1.0。若使用整
数值来设置 splitPane 的分隔线位置，如第 34 行所示，则该值以像素为计算单位
        */
       splitPane1.setDividerLocation(0.3);
       splitPane1.setResizeWeight(0.3);
       /*设置 JSplitPane 是否可以展开或收起，设为 true 表示打开此功能
        */
       splitPane1.setOneTouchExpandable(true);
       splitPane1.setDividerSize(10);//设置分隔线的宽度，以像素为计算单位


       JSplitPane splitPane2=new JSplitPane(JSplitPane.VERTICAL_SPLIT,false,splitPane1,label3);
```

```
        splitPane2.setDividerLocation(35);
        //设置 JSplitPane 是否可以展开或收起，设为 true 表示打开此功能
        splitPane2.setOneTouchExpandable(false);
        splitPane2.setDividerSize(5);

        contentPane.add(splitPane2);

         f.setSize(250,200);
         f.show();
         f.addWindowListener(
             new WindowAdapter(){
                 public void windowClosing(WindowEvent e){
                    System.exit(0);
                 }
             }
         );
    }
    public static void main(String[] args){
        new Test();
    }
}
```

程序运行结果如图 18-19 所示。

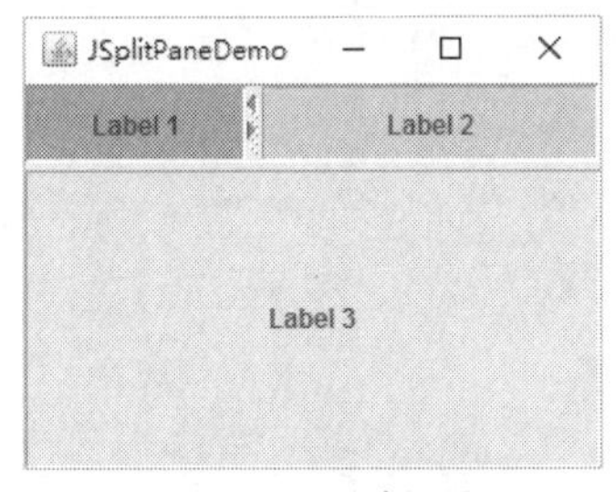

图 18-19　分割面板

【例 18-18】（实例文件：ch18\Chap18.18.txt）设置分割面板的属性。

```
public class Test extends JFrame {
    public static void main(String args[]) {
        Test frame = new Test();
        frame.setVisible(true);
    }
    public Test() {
        super();
        setTitle("分割面板");
        setBounds(100, 100, 500, 375);
        setDefaultCloseOperation(JFrame.EXIT_ON_CLOSE);
        //创建一个水平方向的分割面板
        final JSplitPane hSplitPane = new JSplitPane();
        //分隔条左侧的宽度为 40 像素
        hSplitPane.setDividerLocation(40);
        //添加到指定区域
        getContentPane().add(hSplitPane, BorderLayout.CENTER);
```

```
        //在水平面板左侧添加一个标签组件
        hSplitPane.setLeftComponent(new JLabel("    1"));
        //创建一个垂直方向的分割面板
        final JSplitPane vSplitPane = new JSplitPane(
                JSplitPane.VERTICAL_SPLIT);
        //分隔条上方的高度为30像素
        vSplitPane.setDividerLocation(30);
        vSplitPane.setDividerSize(8);//分隔条的宽度为8像素
        vSplitPane.setOneTouchExpandable(true);//提供UI小部件
        //在调整分隔条位置时面板的重绘方式为连续绘制
        vSplitPane.setContinuousLayout(true);
        hSplitPane.setRightComponent(vSplitPane);//添加到水平面板的右侧
        //在垂直面板上方添加一个标签组件
        vSplitPane.setLeftComponent(new JLabel("    2"));
        //在垂直面板下方添加一个标签组件
        vSplitPane.setRightComponent(new JLabel("    3"));
    }
}
```

程序运行结果如图 18-20 所示。

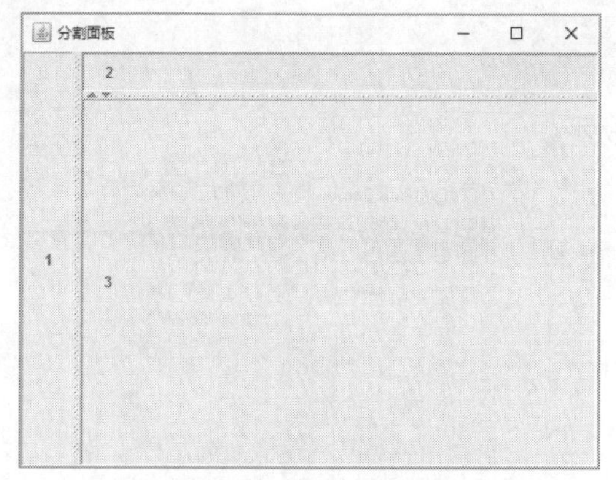

图 18-20　设置分割面板的属性

18.5.2　选项卡面板

选项卡面板由 javax.swing.JTabbedPane 类实现。它实现了一个包含多个选项卡的用户界面，通过它可以将一个复杂的对话框分割成若干个选项卡，实现对信息的分类显示和管理，使界面更加简洁、美观，还可以减少窗体数量。

JTabbedPane 提供了 3 个构造方法用于创建 JTabbedPane 类对象，如表 18-13 所示。

表 18-13　JTabbedPane 提供的构造方法

构 造 方 法	说　明
public JTabbedPane()	创建一个具有默认的 JTabbedPane.TOP 选项卡布局的空 TabbedPane
public JTabbedPane(int tabPlacement)	创建一个空的 TabbedPane，使其按照 tabPlacement 值指定选项卡的布局
public JTabbedPane(int tabPlacement, int tabLayoutPolicy)	创建一个空的 TabbedPane，使其具有指定的选项卡布局（tabPlacement 值指定）和选项卡布局策略（tabLayoutPolicy 指定）

构造方法中涉及的两个参数的含义及具体值如下：

- tabPlacement：选项卡布局，是 int 型枚举类型，值为 JTabbedPane.TOP、JTabbedPane.BOTTOM、JTabbedPane.LEFT 或 JTabbedPane.RIGHT，分别表示将标签文本显示在上方、下方、左侧、右侧。
- tabLayoutPolicy：一行不能放置所有选项卡标签值时的放置策略，是 int 型枚举类型，值为 JTabbedPane.WRAP_TAB_LAYOUT 或 JTabbedPane.SCROLL_TAB_LAYOUT。前者表示在容器中显示所有标签，如果一排内不能容纳，则把剩下的标签放到下一排；后者表示只显示一排标签，剩下的标签可以通过滚动图标显示。

【例 18-19】（实例文件：ch18\Chap18.19.txt）定义一个 JTabbedPaneTest 类，在该类中添加一个 JTabbedPane 类对象，为该类对象添加 6 个选项卡，单击任何一个选项卡，在窗口下方的 JTextField 中显示出相应的选项卡的标题。

```
class JTabbedPaneTest extends JFrame{
    private JTabbedPane jtabbedpane = new JTabbedPane();
    private JTextField jtextField = new JTextField();
    public JTabbedPaneTest(String title){
        super(title);
        Container contentPane = this.getContentPane();
        //添加 6 个选项卡
        jtabbedpane.addTab("第一页", new JPanel());
        jtabbedpane.addTab("第二页", new JPanel());
        jtabbedpane.addTab("第三页", new JPanel());
        jtabbedpane.addTab("第四页", new JPanel());
        jtabbedpane.addTab("第五页", new JPanel());
        jtabbedpane.addTab("第六页", new JPanel());
        //注册监听器
        jtabbedpane.addChangeListener(new MyChangeListener());
        contentPane.add(jtextField,BorderLayout.SOUTH);
        contentPane.add(jtabbedpane,BorderLayout.CENTER);
        this.setSize(300,200);
        this.setVisible(true);
    }
    //命名内部类处理 Change 事件
    private class MyChangeListener implements ChangeListener{
        public void stateChanged(ChangeEvent e) {
            String temp = jtabbedpane.getTitleAt(jtabbedpane.getSelectedIndex());
            jtextField.setText(temp+"被选择");
        }
    }
}
public class Test {
    public static void main(String[] args) {
        new JTabbedPaneTest("JTabbedPane 测试");
    }
}
```

程序运行结果如图 18-21 所示。

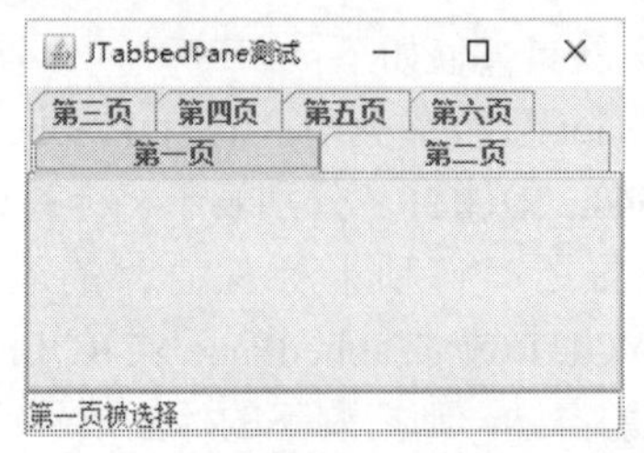

图 18-21　定义 JTabbedPaneTest 类

如果将创建 JTabbedPane 类对象的无参构造方法修改为如下代码：

```
private JTabbedPane jtabbedpane =new JTabbedPane(JTabbedPane.BOTTOM,JTabbedPane.SCROLL_TAB_LAYOUT);
```

则程序运行结果如图 18-22 所示。

图 18-22　程序运行结果

事件处理中有如下一段代码：

```
String temp = jtabbedpane.getTitleAt(jtabbedpane.getSelectedIndex());
```

getSelectedIndex()方法表示获得当前选择的选项卡的索引值（int 类型，从 0 开始，-1 表示未选中任何选项卡）。

getTitleAt(index)方法表示获得索引值为 index 的选项卡的标题。

18.6　菜单组件

真正的 GUI 应用程序一定有菜单，它可以给用户提供简明清晰的信息，让用户从多个项目中进行选择，又可以节省界面空间。

18.6.1　创建菜单栏

位于窗口顶部的菜单栏和其子菜单一般会包括一个应用程序的所有方法和功能，是比较重要的组件。创建菜单栏的基本步骤如下：

（1）创建菜单栏对象，并添加到窗体的菜单中。

（2）创建菜单对象，并将菜单对象添加到菜单栏对象中。

（3）创建菜单项对象，并将菜单项对象添加到菜单对象中。

（4）为菜单项添加事件监听器，捕获菜单项被单击的时间，从而完成相应的业务逻辑。

（5）如果需要，还可以在菜单中包含子菜单，即将菜单对象添加到其所属的上级菜单对象中。

（6）通常情况下，一个菜单栏可以包含很多个菜单，可以重复步骤（2）～（5）添加新菜单。

18.6.2 下拉式菜单

一个完整的菜单系统包括菜单栏（JMenuBar）、装配到菜单栏上的菜单（JMenu）和菜单上的菜单项（JMenuItem）。菜单项的作用与按钮相似，用户单击菜单项时引发一个 ActionEvent。

使用菜单栏的程序必须是 JFrame 的子类，JMenuBar 是整个下拉式菜单的根，是 JMenu 的容器。在一个时刻，一个主窗口可以显示一个菜单栏。可以根据程序的需要切换菜单栏，这样在不同的时刻就可以显示不同的菜单。JMenu 提供了一个基本的下拉式菜单，可以包含若干 JMenuItem。

JMenu 需要添加到 JMenuBar 上，JMenuItem 是菜单树的叶结点，菜单子项组件需要添加到菜单项。一个菜单子项（JMenuItem）的标题是一个字符串，可以使用菜单项 JMenu 类的 addSeperator()方法添加水平分割线。

JCheckboxMenuItem 类用于创建复选菜单项。当选中复选菜单子项时，在该菜单子项左边出现一个选择标记；如果再次选中该项，则该选项左边的选择标记就会消失。

JRadioButtonMenuItem 类用于创建单选菜单项，即在一组中只能选择一个项，被选择的项显示为选择状态，同时，其他任何以前被选择的项都切换到未选择的状态。

在程序中使用菜单的基本过程如下：

（1）创建一个菜单栏(JMenuBar)。

（2）创建若干菜单(JMenu)，并把它们添加到 JMenuBar 中。

（3）创建若干个菜单项(JMenuItem)，或者创建若干个带有复选框的菜单项（JCheckBoxMenuItem），并把它们分别添加到每个 JMenu 中。

（4）通过 JFrame 类的 setJMenuBar()方法，将 JMenuBar 添加到框架中，使之能够显示。

1. JMenuBar

JMenuBar 是放置菜单的菜单栏，可以通过 new JMenuBar 来创建菜单栏对象，JMenuBar 类的常用方法如表 18-14 所示。

表 18-14 JMenuBar 类的常用方法

方　法	说　明
JMenuBar ()	构造新菜单栏
JMenu getMenu(int index)	返回菜单栏中指定位置的菜单
int getMenuCount()	返回菜单栏上的菜单数
void paintBorder(Graphics g)	如果 BorderPainted（绘制边框）属性为 true，则绘制菜单栏的边框
void setBorderPainted(boolean b)	设置是否绘制边框
void setHelpMenu(JMenu menu)	设置用户选择菜单栏中的“帮助”选项时显示的帮助菜单
void setMargin(Insets m)	设置菜单栏的边框与其菜单之间的空白
void setSelected(Component sel)	设置当前选择的组件

2. JMenu

JMenu 是菜单对象，用 new JMenu("文件")构造一个菜单对象。例如：

```
JMenu menu = new JMenu("文件(F)"); //创建一个菜单对象
```

JMenu 类的常用方法如表 18-15 所示。

表 18-15　JMenu 类的常用方法

方　法	说　明
JMenu()	构造没有文本的新 JMenu
JMenu(Action a)	构造一个从提供的 Action 获取其属性的菜单
JMenu(String s)	构造一个新 JMenu，用提供的字符串作为其文本
JMenu(String s, boolean b)	构造一个新 JMenu，用提供的字符串作为其文本并指定其是否为分离式（tear-off）菜单
void add()	将组件或菜单项追加到此菜单的末尾
void addMenuListener(MenuListener l)	添加菜单事件的监听器
void addSeparator()	将新分隔符追加到菜单的末尾
void doClick(int pressTime)	以编程方式执行“单击”
JMenuItem getItem(int pos)	返回指定位置的 JMenuItem
void setMenuLocation(int x, int y)	设置弹出组件的位置
int getItemCount()	返回菜单上的项数，包括分隔符
JMenuItem insert(Action a, int pos)	在给定位置插入连接到指定 Action 对象的新菜单项
JMenuItem insert(JMenuItem mi, int pos)	在给定位置插入指定的 JMenuItem
void insert(String s, int pos)	在给定的位置插入一个具有指定文本的新菜单项
void insertSeparator(int index)	在给定的位置插入分隔符
boolean isSelected()	如果菜单是当前选择的（即突出显示的）菜单，则返回 true
void remove()	从菜单中移除组件或菜单项
void removeAll()	从菜单中移除所有菜单项
void setDelay(int d)	设置 PopupMenu 向上或向下弹出前的延迟
void setMenuLocation(int x, int y)	设置弹出组件的位置

3. JMenuItem 菜单项

JMenuItem 是菜单项类，通过 new JMenuItem("菜单项 1")语句来构造一个菜单项对象，其构造方法和常用方法如表 18-16 所示。

表 18-16　JMenuItem 类的构造方法和常用方法

方　法	说　明
JMenuItem()	创建不带有设置文本或图标的菜单项
JMenuItem(Action a)	创建一个从指定的 Action 获取其属性的菜单项
JMenuItem(Icon icon)	创建带有指定图标的菜单项
JMenuItem(String text)	创建带有指定文本的菜单项
JMenuItem(String text, Icon icon)	创建带有指定文本和图标的菜单项
JMenuItem(String text, int mnemonic)	创建带有指定文本和键盘助记符的菜单项

续表

方　法	说　明
boolean isArmed()	返回菜单项是否被选中
void setArmed(boolean b)	将菜单项标识为选中状态
void setEnabled(boolean b)	启用或禁用菜单项
void setAccelerator(KeyStroke keystroke)	设置菜单项的快捷键
void setMnemonic(char mnemonic)	设置菜单项的键盘助记符
KeyStroke getAccelerator( )	返回菜单项的快捷键

JMenuItem 类的使用方法非常简单，例如：

```
JMenuItem item = new JMenuItem("新建(N)",KeyEvent.VK_N);
//创建带有制定文本和键盘助记符的菜单项
item.setAccelerator(KeyStroke.getKeyStroke(KeyEvent.VK_N,ActionEvent.CTRL_MASK));
//设置快捷键，它能直接调用菜单项的操作监听器而不必显示菜单的层次结构
menu.add(item);//将菜单项添加到菜单栏中
```

4. JCheckBoxMenuItem 菜单项

JCheckBoxMenuItem 是复选菜单项，可以使用 new JCheckBoxMenuItem("粗体")的形式创建一个复选菜单子项，其常用方法如表 18-17 所示。

表 18-17　JCheckBoxMenuItem 类的常用方法

方　法	说　明
JCheckBoxMenuItem()	创建一个不带有设置文本或图标的复选菜单项
JCheckBoxMenuItem(String text)	创建一个有指定文本的复选菜单项
JCheckBoxMenuItem(Icon icon)	创建一个带有指定图标的复选菜单项
JCheckBoxMenuItem(String text, Icon icon)	创建一个有文本和图标的复选菜单项
JCheckBoxMenuItem(String text, boolean b)	创建一个有文本和设置选择状态的复选菜单项
JCheckBoxMenuItem(String text, Icon icon, boolean b)	创建一个有文本、图标和设置选择状态的复选的菜单项
boolean getState()	返回菜单项的选择状态
void setState(boolean b)	设置菜单项的选择状态

5. JRadioButtonMenuItem

JRadioButtonMenuItem 是单选菜单项，可以直接使用 new JRadioButtonMenuItem（"男"）的形式创建单选菜单项。其构造方法如表 18-18 所示。

表 18-18　JRadioButtonMenuItem 类的构造方法

方　法	说　明
JRadioButtonMenuItem()	创建一个新的单选菜单项

续表

方　法	说　明
JRadioButtonMenuItem(String text)	创建一个有指定文本的单选菜单项
JRadioButtonMenuItem(Icon icon)	创建一个带有指定图标的单选菜单项
JRadioButtonMenuItem(String text, Icon icon)	创建一个有文本和图标的单选菜单项
JRadioButtonMenuItem(String text, boolean selected)	创建一个有文本和设置选择状态的单选菜单项
JRadioButtonMenuItem(Icon icon, boolean selected)	创建一个有图标和设置选择状态的单选菜单项
JRadioButtonMenuItem(String text, Icon icon, boolean selected)	创建一个有文本、图标和设置选择状态的单选菜单项

【例 18-20】（实例文件：ch18\Chap18.20.txt）下拉菜单。

```
public class Test extends JFrame {
    public Test() {
        JMenuBar menuBar = new JMenuBar();                      //创建菜单栏
        this.setJMenuBar(menuBar);                              //将菜单栏添加到 JFrame 窗口中
        JMenu menu = new JMenu("操作");                         //创建菜单
        menuBar.add(menu);                                      //将菜单添加到菜单栏上
        //创建两个菜单项
        JMenuItem item1 = new JMenuItem("弹出窗口");
        JMenuItem item2 = new JMenuItem("关闭");
        //为菜单项添加事件监听器
        item1.addActionListener(new ActionListener() {
            public void actionPerformed(ActionEvent e) {
                //创建一个 JDialog 窗口
                JDialog dialog = new JDialog(Test.this, true);
                dialog.setTitle("弹出窗口");
                dialog.setSize(200, 200);
                dialog.setLocation(50, 50);
                dialog.setVisible(true);
            }
        });
        item2.addActionListener(new ActionListener() {
            public void actionPerformed(ActionEvent e) {
                System.exit(0);
            }
        });
        menu.add(item1);                                        //将菜单项添加到菜单中
        menu.addSeparator();                                    //添加一个分隔符
        menu.add(item2);
        this.setDefaultCloseOperation(JFrame.EXIT_ON_CLOSE);
        this.setSize(300, 300);
        this.setVisible(true);
    }
    public static void main(String[] args) {
        new Test();
    }
}
```

程序运行结果如图 18-23 所示。

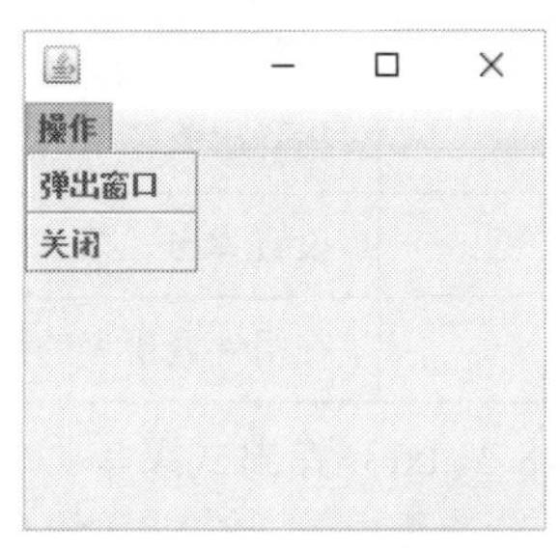

图 18-23 定义下拉菜单

18.6.3 弹出式菜单

弹出式菜单（JPopupMenu）也称快捷菜单，它可以附加在任何组件上使用。当在附有快捷菜单的组件上右击时，即显示出快捷菜单。

弹出式菜单的结构与下拉式菜单中的菜单项 JMenu 类似，一个弹出式菜单包含若干个菜单项 JMenuItem。只是，这些菜单项不是装配到 JMenu 中，而是装配到 JPopupMenu 中。

方法 show（Component origin，intx，int y）用于在相对于组件的 x、y 位置显示弹出式菜单。

弹出式菜单与其他组件有一个重要的不同：不能将菜单添加到一般的容器中，而且不能使用布局管理器对它们进行布局。弹出式菜单因为可以以浮动窗口形式出现，因此也不需要布局。

不论是弹出式菜单还是下拉式菜单，仅在其某个菜单项（JMenuItem 类或 JCheckBoxMenuItem 类）被选中时才会产生事件。

当一个 JMenuItem 类菜单项被选中时，产生 ActionEvent 事件对象；当一个 JCheckBoxMenuItem 类菜单子项被选中或被取消选中时，产生 ItemEvent 事件对象。

ActionEvent 事件、ItemEvent 事件分别由 ActionListener 接口和 ItemListener 接口来监听处理。当菜单中既有 JMenuItem 类的菜单项，又有 JCheckBoxMenuItem 类的菜单项时，必须同时实现 ActionListener 接口和 ItemListener 接口，才能处理菜单上的事件。

JPopupMenu 类的常用方法如表 18-19 所示。

表 18-19 JPopupMenu 类的常用方法

方　法	说　明
JPopupMenu()	构造一个不带“调用者”的弹出式菜单
JPopupMenu(String s)	构造一个具有指定标题的弹出式菜单
boolean isVisible( )	如果弹出菜单可见（当前显示的），则返回 true
String getLabel( )	返回弹出式菜单的标签
Void insert(Component component, int index)	将指定组件插入到菜单的给定位置
void pack( )	布置容器，让它使用显示其内容所需的最小空间
void setLocation(int x, int y)	使用 x、y 坐标设置弹出式菜单左上角的位置
void setPopupSize(Dimension d)	使用 Dimension 对象设置弹出式菜单的大小

续表

方　法	说　明
void setPopupSize(int width, int height)	将弹出式菜单的大小设置为指定的宽度和高度
void setVisible(boolean b)	设置弹出式菜单的可见性
void show(Component invoker, int x, int y)	在组件调用者的坐标空间中的 x、y 坐标处显示弹出菜单

【例 18-21】（实例文件：ch18\Chap18.21.txt）弹出式菜单。

```
public class Test extends JFrame {
    private JPopupMenu popupMenu;
    public Test() {
        //创建一个弹出式菜单
        popupMenu = new JPopupMenu();
        //创建 3 个菜单项
        JMenuItem refreshItem = new JMenuItem("refresh");
        JMenuItem createItem = new JMenuItem("create");
        JMenuItem exitItem = new JMenuItem("exit");
        //为 exitItem 菜单项添加事件监听器
        exitItem.addActionListener(new ActionListener() {
            public void actionPerformed(ActionEvent e) {
                System.exit(0);
            }
        });
        //在弹出式菜单添加菜单项
        popupMenu.add(refreshItem);
        popupMenu.add(createItem);
        popupMenu.addSeparator();
        popupMenu.add(exitItem);
        //为 JFrame 窗口添加 clicked 鼠标事件监听器
        this.addMouseListener(new MouseAdapter() {
            public void mouseClicked(MouseEvent e) {
                //如果单击的是鼠标的右键，显示弹出式菜单
                if (e.getButton() == e.BUTTON3) {
                    popupMenu.show(e.getComponent(), e.getX(), e.getY());
                }
            }
        });
        this.setSize(300, 300);
        this.setDefaultCloseOperation(JFrame.EXIT_ON_CLOSE);
        this.setVisible(true);
    }

    public static void main(String[] args) {
        new Test();
    }
}
```

程序运行结果如图 18-24 所示，在窗口中右击，则弹出该菜单。

图 18-24　定义弹出式菜单

18.7　对话框

对话框用于用户和程序之间进行信息交换。JDialog 类及其子类（用户定义）的对象表示对话框。JDialog 类和 JFrame 类一样都是 Window 的子类，同属于顶层容器。

对话框分为有模式对话框和无模式对话框两类。在创建一些简单、标准的对话框时，主要使用 javax.swing.JOptionPane 类来完成。如果要创建一个自定义的对话框，则可以使用 javax.swing.JDialog 类。

18.7.1　消息对话框

消息对话框 showMessageDialog 是显示指定内容的、带有一个按钮的对话框。用于显示一些提示信息，它是一个有模式对话框。创建消息对话框的常用方法为

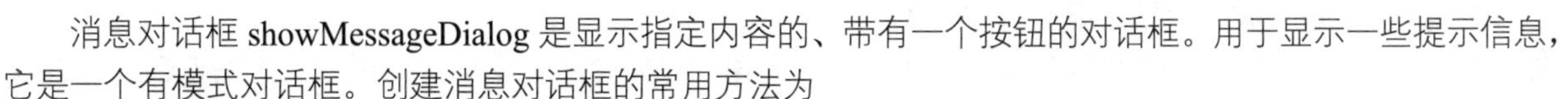

```
public static void showMessageDialog(Component parentComponent, object message,String title,
int messageType)
```

它是 JOptionPane 类的一个静态方法，有 4 个参数：

- parentComponent 用于确定显示消息对话框的父窗口，并在这个父窗口的中间显示。
- message 用于在对话框中显示提示信息。
- title 用于设置对话框的标题栏内容。
- messageType 指定要显示的消息类型。

例如：

```
JOptionPane.showMessageDialog(this,"您输入了错误的字符","消息对话框", JOptionPane.ERROR_MESSAGE);
```

该语句执行结果如图 18-25 所示（消息类型 ERROR_MESSAGE 会使对话框显示一个“×”）。

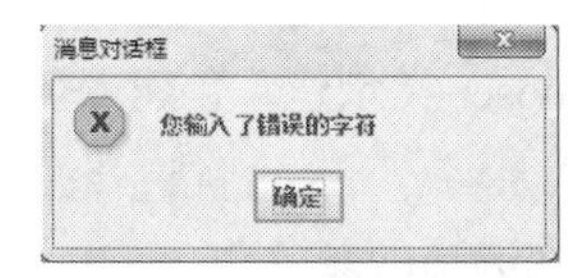

图 18-25　消息对话框

18.7.2　输入对话框

输入对话框 showInputDialog 可以让用户在对话框中输入信息，实现用户与程序之间的动态交互。对话框

中包括用户输入文本的文本区、“确定”按钮和“取消”按钮 3 个部分。创建输入对话框的常用方法如下：

```
public static String showInputDialog(Component parentComponent, Object message,String title, int messageType)
```

它是 JOptionPane 类的一个静态方法，方法中的参数定义与消息对话框相同。这个方法的返回值是用户输入的字符串内容。例如，下面的语句可以显示一个输入对话框，方法返回输入的字符串并存放在 str 中：

```
String str=JOptionPane.showInputDialog(this,"输入数字,用空格分隔","输入对话框", JOptionPane.PLAIN_MESSAGE);
```

该语句执行结果如图 18-26 所示。

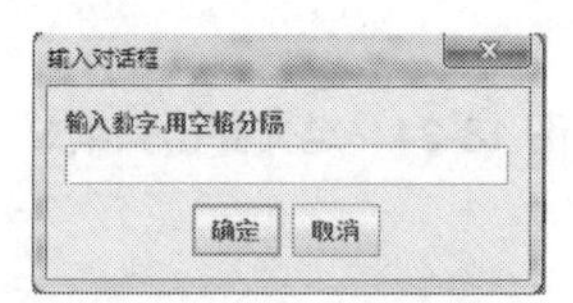

图 18-26　输入对话框

18.7.3　确认对话框

确认对话框 showConfirmDialog 用于显示一个提示信息让用户确认。确认对话框是有模式对话框。创建确认对话框的常用方法如下：

```
public static int showConfirmDialog(Component parentComponent, Object message,String title, int optionType,int messageType) )
```

该方法是 JOptionPane 类的一个静态方法，方法中的参数定义与消息对话框中相同名称的参数定义相同。增加的参数 optionType 指定显示的按钮类型和格式。

执行结束后会返回一个整数值常量。例如，下面的语句可以显示一个确认对话框，方法返回的值存放在 n 中：

```
int n=JOptionPane.showConfirmDialog(this,"确认是否正确","确认对话框", JOptionPane.YES_NO_OPTION );
```

该语句执行结果如图 18-27 所示。

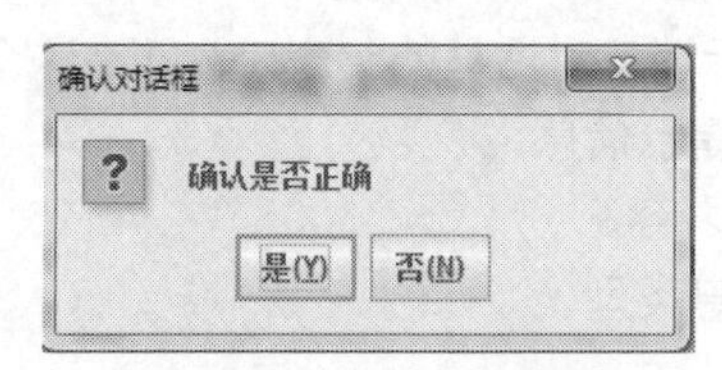

图 18-27　确认对话框

18.7.4　颜色对话框

颜色对话框使用 javax.swing.JColorChooser 类创建。创建颜色对话框的方法如下：

```
public static Color showDialog(Component component, String title,Color initialColor)
```

该方法是一个静态方法，返回值是本次选择的颜色。

方法中的参数定义与消息对话框中相同名称的参数定义相同，参数 initialColor 为初始选择的颜色。例如，下面的语句显示一个颜色对话框，方法返回颜色对象：

```
Color color=JColorChooser.showDialog(this, "color", Color.RED);
```

该语句执行结果如图 18-28 所示。

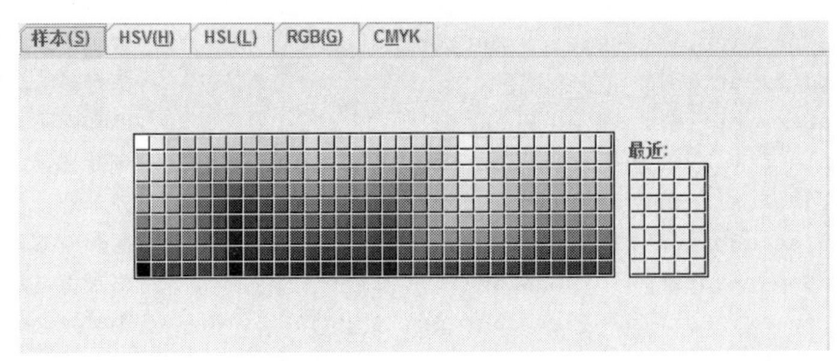

图 18-28 颜色对话框

18.7.5 自定义对话框

自定义对话框使用 JDialog 类创建。JDialog 本身就是一个容器，其默认布局是 BorderLayout。通过向其中添加相应的组件就可以设计出合适的对话框。

18.8 工具栏

工具栏可以提供快速执行常用命令的按钮，可以将它随意拖曳到窗体的四周任何位置，甚至脱离窗体，在这种情况下，当关闭工具栏时它会自动恢复到脱离窗体之前的默认位置。

如果希望工具栏能随意拖动，窗体一定要采用默认的边界布局方式，并且不能在边界布局的四周添加任何组件。工具栏默认都是可以随意拖动的，如果不希望它能随意拖动，则可以通过调用方法 setFloatable（boolean b）来设定，将参数设定为 true 表示允许随意拖动，而设定为 false 则表示不允许随意拖动。

创建工具栏需要使用 JToolBar 类，可以通过调用其无参构造方法 JToolBar()来创建实例，当工具栏脱离了窗体时，工具栏窗体没有标题。如果希望工具栏有标题，则可以调用有参构造方法 JToolBar（String name）来创建具有指定标题的工具栏。

还可以使用方法 add（Component cp）将组件添加到工具栏的末尾，同时还可以利用 addSeparator()方法在组件之间添加默认大小的分隔符，也可以使用 addSeparator（Dimension size）方法添加指定大小的分隔符。

【例 18-22】（实例文件：ch18\Chap18.22.txt）创建工具栏。

```
public class Test extends JFrame {
    public static void main(String args[]) {
        Test frame = new Test();
        frame.setVisible(true);
    }
    public Test() {
        super();
        setTitle("使用工具栏");
        setBounds(100, 100, 500, 375);
        setDefaultCloseOperation(JFrame.EXIT_ON_CLOSE);
        final JToolBar toolBar = new JToolBar("工具栏");          //创建工具栏对象
        toolBar.setFloatable(false);                              //设置工具栏为不允许拖动
        getContentPane().add(toolBar, BorderLayout.NORTH);        //添加到网格布局的上方
        final JButton newButton = new JButton("新建");            //创建按钮对象
```

```
        newButton.addActionListener(new ButtonListener());          //添加动作事件监听器
        toolBar.add(newButton);                                     //添加到工具栏中
        toolBar.addSeparator();                                     //添加默认大小的分隔符
        final JButton saveButton = new JButton("保存");             //创建按钮对象
        saveButton.addActionListener(new ButtonListener());         //添加动作事件监听器
        toolBar.add(saveButton);                                    //添加到工具栏中
        toolBar.addSeparator(new Dimension(20, 0));                 //添加指定大小的分隔符
        final JButton exitButton = new JButton("退出");             //创建按钮对象
        exitButton.addActionListener(new ButtonListener());         //添加动作事件监听器
        toolBar.add(exitButton);                                    //添加到工具栏中
    }
    private class ButtonListener implements ActionListener {
        public void actionPerformed(ActionEvent e) {
            JButton button = (JButton) e.getSource();
            System.out.println("您单击的是: " + button.getText());
        }
    }
}
```

程序运行结果如图 18-29 所示。

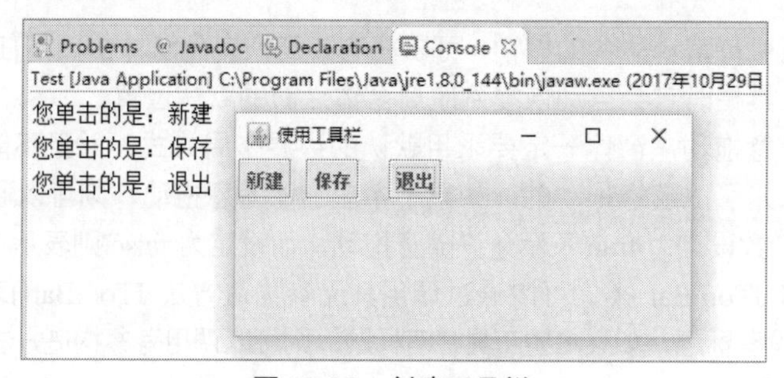

图 18-29　创建工具栏

18.9　进度条

利用 JProgressBar 类可以创建进度条。进度条本质就是一个矩形组件，通过填充它的一部分或者全部来指示一个任务的具体执行情况。

默认情况下，要确保既定任务的执行进度和进度条的填充区域成正比关系，如果并不确定任务的执行进度，则可以通过调用方法 setIndeterminate（boolean b）来设置进度条的样式。设置为 true，表示不确定任务的执行进度，填充区域会来回滚动；设置为 false 则表示确定任务的执行进度。

一般来说，在进度条中不显示提示信息，可以通过调用 setStringPainted（boolean b）来设置是否显示提示信息，true 表示显示信息，false 表示不显示信息。如果是将确定进度的进度条设置为显示信息，默认为当前任务完成的百分比，也可以通过方法 setString（String s）设置指定的提示信息；如果将不确定进度的进度条设置为显示提示信息，则必须设置指定的提示信息，否则将出现填充面积和进度提示信息不匹配的不正确效果。

如果采用确定进度的进度条，进度条并不能自动获取任务的执行进度，必须通过方法 setValue(int n)反复修改当前的执行进度，例如将入口参数设置为 88，则将显示为 88%；如果采用不确定进度的进度条，则

需要在任务执行完成后将其设置为采用确定进度的进度条，并将任务的执行进度设置为 100%，或者是设置指定的提示已经完成的信息。

【例 18-23】（实例文件：ch18\Chap18.23.txt）使用进度条。

```
public class Test extends JFrame {

    public static void main(String args[]) {
        Test frame = new Test();
        frame.setVisible(true);
    }
    public Test() {
        super();
        getContentPane().setLayout(new GridBagLayout());
        setTitle("使用进度条");
        setBounds(100, 100, 500, 375);
        setBounds(100, 100, 266, 132);
        setDefaultCloseOperation(JFrame.EXIT_ON_CLOSE);

        final JLabel label = new JLabel();
        label.setForeground(new Color(255, 0, 0));
        label.setFont(new Font("", Font.BOLD, 16));
        label.setText("欢迎使用在线升级功能！");
        final GridBagConstraints gridBagConstraints = new GridBagConstraints();
        gridBagConstraints.gridy = 0;
        gridBagConstraints.gridx = 0;
        getContentPane().add(label, gridBagConstraints);

        final JProgressBar progressBar = new JProgressBar();        //创建进度条对象
        progressBar.setStringPainted(true);                         //设置显示的提示信息
        progressBar.setIndeterminate(true);                         //设置采用不确定进度的进度条
        progressBar.setString("升级进行中......");                   //设置提示信息
        final GridBagConstraints gridBagConstraints_1 = new GridBagConstraints();
        gridBagConstraints_1.insets = new Insets(5, 0, 0, 0);
        gridBagConstraints_1.gridy = 1;
        gridBagConstraints_1.gridx = 0;
        getContentPane().add(progressBar, gridBagConstraints_1);

        final JButton button = new JButton();
        button.setText("完成");
        button.setEnabled(false);
        button.addActionListener(new ActionListener() {
            public void actionPerformed(ActionEvent e) {
                System.exit(0);
            }
        });
        final GridBagConstraints gridBagConstraints_2 = new GridBagConstraints();
        gridBagConstraints_2.insets = new Insets(5, 0, 0, 0);
        gridBagConstraints_2.gridy = 2;
        gridBagConstraints_2.gridx = 1;
```

```
        getContentPane().add(button, gridBagConstraints_2);
        new Progress(progressBar, button).start();          //利用线程模拟一个在线升级任务
    }

    class Progress extends Thread {                         //利用线程模拟一个在线升级任务
        private final int[] progressValue = { 6, 18, 27, 39, 51, 66, 81, 100 };
                                                            //模拟任务完成百分比
        private JProgressBar progressBar;                   //进度条对象
        private JButton button;                             //完成按钮对象

        public Progress(JProgressBar progressBar, JButton button) {
            this.progressBar = progressBar;
            this.button = button;
        }

        public void run() {
            //通过循环更新任务完成百分比
            for (int i = 0; i < progressValue.length; i++) {
                try {
                    Thread.sleep(1000);                     //令线程休眠1s
                } catch (InterruptedException e) {
                    e.printStackTrace();
                }
                progressBar.setValue(progressValue[i]);    //设置任务完成百分比
            }
            progressBar.setIndeterminate(false);           //设置采用确定进度的进度条
            progressBar.setString("升级完成！");             //设置提示信息
            button.setEnabled(true);                        //设置按钮可用
        }
    }
}
```

程序执行结果如图 18-30 所示。

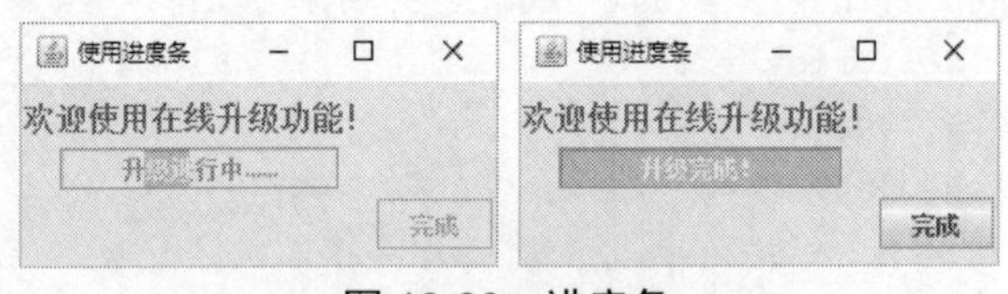

图 18-30　进度条

18.10　就业面试解析与技巧

18.10.1　面试解析与技巧（一）

面试官： 弹出式选择菜单（Choice）和列表（List）有什么区别？

应聘者： Choice 是以一种紧凑的形式展示的，需要下拉才能看到所有的选项，Choice 中一次只能选中一个选项；List 同时可以有多个元素可见，支持选中一个或者多个元素。

18.10.2　面试解析与技巧（二）

面试官：常用的容器有哪些？

应聘者：常用的容器有以下 4 种。

（1）JPanel 面板：使用 JPanel 创建面板，再向这个面板添加组件，然后把这个面板添加到其他容器中。

（2）滚动窗格 JScrollPane：可以将文本区放到一个滚动窗格中。

（3）拆分窗格 JSplitPane：有两种类型，分别是水平拆分窗格和垂直拆分窗格。

（4）JLayeredPane 分层窗格：用于设计分层窗格。

第 19 章

Java 的网络世界——网络编程

◎ 本章教学微视频：10 个　37 分钟

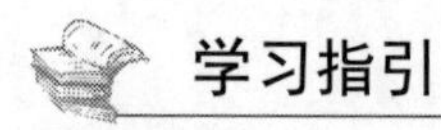

学习指引

网络编程是 Java 编程技术中非常重要的组成部分，Java 语言的推广与流行也恰到好处地借助了网络的迅猛发展。本章将详细介绍如何使用 Java 语言进行网络编程，主要内容包括网络编程基础、TCP 网络编程、UDP 网络编程、广播数据报等。

重点导读

- 了解网络编程基础。
- 掌握 TCP 网络编程的应用。
- 掌握 UDP 网络编程的应用。
- 掌握广播数据报的使用。

19.1　网络编程基础

计算机网络是指将地理位置不同的计算机通过通信线路连接起来，实现资源共享和信息传递。网络中的计算机通常称为主机。而网络编程就是通过程序实现两台以上主机之间的数据通信，实际的通信网络非常复杂，但是 Java 语言提供了非常强大的网络类，屏蔽了底层的复杂细节，使程序员可以很容易地编写出网络程序，而不需要非常深的网络知识。本节介绍网络的基本知识。

19.1.1　IP 地址和端口

虽然通过计算机网络可以使多台计算机实现连接，但是位于同一个网络中的计算机在进行连接和通信时必须遵守一定的规则，这就好比在道路中行驶的汽车一定要遵守交通规则一样。在计算机网络中，这些连接和通信的规则称为网络通信协议，它对数据的传输格式、传输速率、传输步骤等做了统一规定，通信双方必须同时遵守网络通信协议才能完成数据交换。

网络通信协议有很多种，目前应用最广泛的是 TCP/IP（Transmission Control Protocol/Internet Protocol，传输控制协议/英特网互联协议）、UDP（User Datagram Protocol，用户数据报协议）、ICMP（Internet Control Message Protocol，Internet 控制报文协议）和其他一些协议的协议族。

本章所介绍的网络编程知识主要是基于 TCP/IP 中的内容。在学习具体的内容之前，首先来了解一下 TCP/IP。TCP/IP（又称 TCP/IP 协议族）是一组用于实现网络互联的通信协议，其名称来源于该协议族中两个重要的协议（TCP 协议和 IP 协议）。基于 TCP/IP 的模型将协议分成 4 个层次，如图 19-1 所示。

图 19-1　TCP/IP 模型

TCP/IP 模型中的 4 层分别是链路层、网络层、传输层和应用层，每层分别负责不同的通信功能，具体功能如下：

- 链路层也称为网络接口层，该层负责监视数据在主机和网络之间的交换。事实上，TCP/IP 本身并未定义该层的协议，而由参与互连的各网络使用自己的物理层和数据链路层协议与 TCP/IP 模型的网络层进行连接。
- 网络层也称网络互联层，是整个 TCP/IP 的核心，它主要用于将传输的数据进行分组，将分组数据发送到目标计算机或者网络。
- 传输层主要使网络程序进行通信，在进行网络通信时，可以采用 TCP，也可以采用 UDP。
- 应用层主要负责应用程序的协议，例如 HTTP、FTP 等。

本章所需的网络编程主要涉及的是传输层的 TCP、UDP 和网络层的 IP，后面将会介绍这些协议。

要想使网络中的计算机能够进行通信，必须为每台计算机指定一个标识号，通过这个标识号来指定接收数据的计算机或者发送数据的计算机。在 TCP/IP 中，这个标识号就是 IP 地址，它可以唯一地标识一台计算机。目前，IP 地址广泛使用的版本是 IPv4，它用 4 个字节的二进制数来表示，如 00001010000000000000000000000001。由于二进制形式表示的 IP 地址非常不便于记忆和处理，因此通常会将 IP 地址写成十进制的形式，每个字节用一个十进制数字（0～255）表示，数字间用符号“.”分开，如 10.0.0.1。

随着计算机网络规模的不断扩大，对 IP 地址的需求也越来越多，IPv4 这种用 4 个字节表示的 IP 地址将面临枯竭。为解决此问题，IPv6 应运而生。IPv6 使用 16 个字节表示 IP 地址，它所拥有的地址容量约是 IPv4 的 8×10^{28} 倍，达到 2^{128} 个（算上全零的），这样就解决了网络地址资源数量不足的问题。

IP 地址由两部分组成，即“网络.主机”。其中网络部分表示其属于互联网的哪一个网络，是网络的地址编码；主机部分表示其属于该网络中的哪一台主机，是网络中一台主机的地址编码。二者是主从关系。IP 地址总共分为 5 类，常用的有 3 类：

- A 类地址：由第一段的网络地址和其余 3 段的主机地址组成，范围是 1.0.0.0～127.255.255.255。
- B 类地址：由前两段的网络地址和其余两段的主机地址组成，范围是 128.0.0.0～191.255.255.255。
- C 类地址：由前 3 段的网络地址和最后一段的主机地址组成，范围是 192.0.0.0～223.255.255.255。

另外，还有一个回送地址 127.0.0.1，指本机地址，该地址一般用于测试，例如，执行 ping 127.0.0.1 来测试本机 TCP/IP 是否正常。

通过 IP 地址可以连接到指定计算机，但如果想访问目标计算机中的某个应用程序，还需要指定端口号。在计算机中，不同的应用程序是通过端口号区分的。端口号是用两个字节（16 位的二进制数）表示的，它的取值范围是 0～65 535，其中，0～1023 的端口号由操作系统的网络服务所占用，用户的普通应用程序需要使用 1024 以上的端口号，从而避免端口号被另一个应用程序或服务所占用。

接下来通过图 19-2 来了解 IP 地址和端口号的作用。

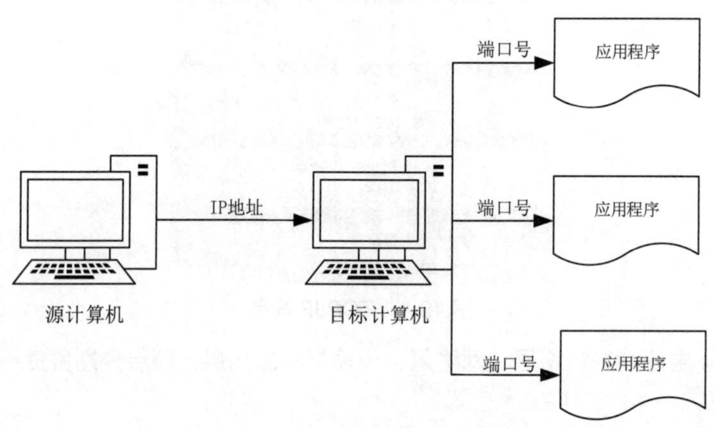

图 19-2　IP 地址和端口号的作用

从图 19-2 中可以清楚地看到，位于网络中的一台计算机可以通过 IP 地址访问另一台计算机，并通过端口号访问目标计算机中的某个应用程序。

19.1.2　InetAddress

在 JDK 中提供了一个与 IP 地址相关的 InetAddress 类，该类用于封装一个 IP 地址，并提供了一系列与 IP 地址相关的方法，表 19-1 中列举了 InetAddress 类的常用方法。

表 19-1　InetAddress 类的常用方法

方　法	说　明
InetAddress getByName(String host)	参数 host 表示指定的主机，该方法用于在给定主机名的情况下确定主机的 IP 地址。
InetAddress getLocalHost()	创建一个表示本地主机的 InetAddress 对象
String getHostName()	得到 IP 地址的主机名，如果是本机则是计算机名，如果不是本机则是主机名，如果没有域名则是 IP 地址
boolean isReachable(int timeout)	判断在指定的时间内地址是否可以到达
String getHostAddress()	得到字符串格式的原始 IP 地址

表 19-1 中，前两个方法用于获得该类的实例对象，第一个方法用于获得表示指定主机的 InetAddress 对象，第二个方法用于获得表示本地主机的 InetAddress 对象。通过 InetAddress 对象便可获取指定主机名、IP 地址等。接下来通过一个案例来演示 InetAddress 常用方法的使用。

【例 19-1】（实例文件：ch19\Chap19.1.txt）InetAddress 的简单用法。

```
public class Test {
    public static void main(String[] args) throws Exception {
        InetAddress localAddress = InetAddress.getLocalHost();
```

```
        InetAddress remoteAddress = InetAddress.getByName("www.sohu.com");
        System.out.println("本机的 IP 地址: " + localAddress.getHostAddress());
        System.out.println("sohu 的 IP 地址: " + remoteAddress.getHostAddress());
        System.out.println("3s 是否可达: " + remoteAddress.isReachable(3000));
        System.out.println("sohu 的主机名为: " + remoteAddress.getHostName());
    }
}
```

程序运行结果如图 19-3 所示。

```
Problems  Javadoc  Declaration  Console
<terminated> Test [Java Application] C:\Program Files\Java\jre1.8.0_144\bin\javaw.exe
本机的IP地址：192.168.1.103
sohu的IP地址：61.158.246.131
3s是否可达：true
sohu的主机名为：www.sohu.com
```

图 19-3　InetAddress 的简单用法

从图 19-3 可以看出 InetAddress 类每个方法的作用。需要注意的是，getHostName()方法用于得到某个主机的域名。如果创建的 InetAddress 对象是用主机名创建的，则将该主机名返回；否则，将根据 IP 地址反向查找对应的主机名，如果找到将其返回，否则返回 IP 地址。

19.1.3　UDP 和 TCP

在介绍 TCP/IP 结构时，提到了传输层的两个重要的高级协议，分别是 UDP 和 TCP。UDP 是 User Datagram Protocol 的简称，称为用户数据报协议；TCP 是 Transmission Control Protocol 的简称，称为传输控制协议。

UDP 是无连接通信协议，即在数据传输时，数据的发送端和接收端不建立逻辑连接。简单来说，当一台计算机向另外一台计算机发送数据时，发送端不确认接收端是否存在，就发出数据；同样，接收端在收到数据时，也不会向发送端反馈是否收到数据。由于使用 UDP 消耗资源小，通信效率高，所以通常都会用于音频、视频和普通数据的传输，例如视频会议使用 UDP，因为这种情况即使偶尔丢失一两个数据包，也不会对接收结果产生太大影响。但是在使用 UDP 传送数据时，由于 UDP 的面向无连接性，不能保证数据的完整性，因此在传输重要数据时不建议使用 UDP。UDP 的交换过程如图 19-4 所示。

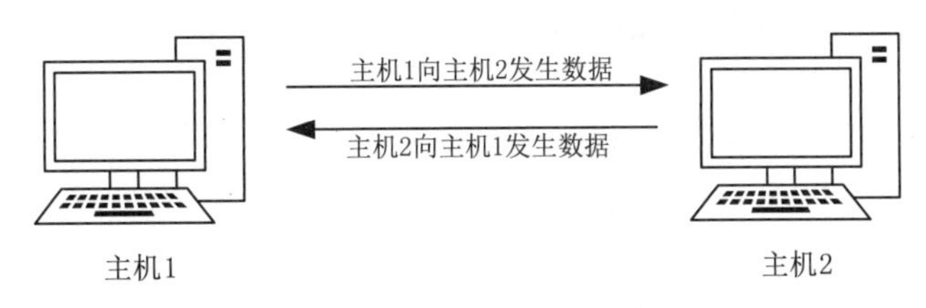

图 19-4　UDP 的交换过程

TCP 是面向连接的通信协议，即在传输数据前先在发送端和接收端建立逻辑连接，然后再传输数据，它提供了两台计算机之间可靠、无差错的数据传输。在 TCP 连接中必须明确客户端与服务器端，由客户端向服务器端发出连接请求，每次连接的创建都需要经过三次握手。第一次握手，客户端向服务器端发出连接请求，等待服务器端确认；第二次握手，服务器端向客户端回送一个响应，通知客户端收到了连接请求；第三次握手，客户端再次向服务器端发送确认信息，确认连接。TCP 连接的整个交互过程如图 19-5 所示。

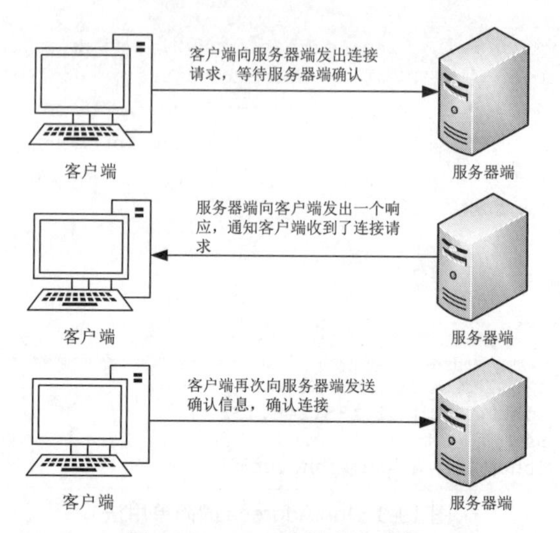

图 19-5　TCP 连接交互过程

由于 TCP 的面向连接特性，它可以保证传输数据的安全性，所以是一个被广泛采用的协议。例如，在下载文件时，如果数据接收不完整，将会导致文件因数据丢失而无法打开，因此，下载文件时必须采用 TCP。

19.2　TCP 网络编程

TCP 通信同 UDP 通信一样，都能实现两台计算机之间的通信，但 TCP 通信的两端需要创建 Socket 对象。UDP 通信与 TCP 通信的区别在于：UDP 中只有发送端和接收端，不区分客户端与服务器端，计算机之间可以任意地发送数据；而 TCP 通信是严格区分客户端与服务器端的，在通信时，必须先由客户端主动连接服务器端才能实现通信，服务器端不可以主动连接客户端，并且服务器端程序需要事先启动，等待客户端的连接。

在 JDK 中提供了两个用于实现 TCP 程序的类：一个是 ServerSocket 类，用于表示服务器端；另一个是 Socket 类，用于表示客户端。通信时，首先要创建代表服务器端的 ServerSocket 对象，创建该对象相当于开启一个服务，此服务会等待客户端的连接；然后创建代表客户端的 Socket 对象，使用该对象向服务器端发出连接请求，服务器端响应请求后，两者才建立连接，开始通信。整个通信过程如图 19-6 所示。

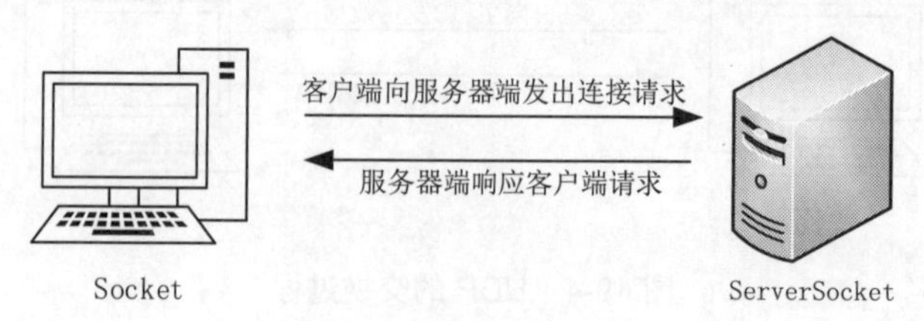

图 19-6　TCP 通信过程

19.2.1　ServerSocket

在开发 TCP 程序时，首先需要创建服务器端程序。JDK 的 java.net 包中提供了 ServerSocket 类，该类的实例对象可以实现一个服务器端的程序。通过查阅 API 文档可知，ServerSocket 类提供了多种构造方法。接下来就对 ServerSocket 的构造方法进行讲解。

（1）ServerSocket()。

使用该构造方法在创建 ServerSocket 对象时并没有绑定端口号，这样的对象创建的服务器端没有监听任何端口，不能直接使用，还需要继续调用 bind(SocketAddress endpoint)方法将其绑定到指定的端口号上，才可以正常使用。

（2）ServerSocket(int port)。

使用该构造方法在创建 ServerSocket 对象时可以将其绑定到一个指定的端口号上（参数 port 就是端口号）。端口号可以指定为 0，此时系统就会分配一个还没有被其他网络程序使用的端口号。由于客户端需要根据指定的端口号来访问服务器端程序，因此端口号随机分配的情况并不常用，通常都会让服务器端程序监听一个指定的端口号。

（3）ServerSocket(int port, int backlog)。

该构造方法是在第二个构造方法的基础上增加了 backlog 参数。该参数用于指定在服务器忙时可以与之保持连接请求的等待客户数量，如果没有指定这个参数，默认为 50。

（4）ServerSocket(int port, int backlog, InetAddress bindAddr)。

该构造方法是在第三个构造方法的基础上增加了 bindAddr 参数，该参数用于指定相关的 IP 地址。该构造方法适用于计算机上有多块网卡和多个 IP 的情况，使用时可以明确规定 ServerSocket 在哪块网卡或 IP 地址上等待客户的连接请求。显然，对于只有一块网卡的情况，就不用专门的指定了。

在以上介绍的构造方法中，第二个构造方法是最常用的。了解了如何通过 ServerSocket 的构造方法创建对象后，接下来学习一下 ServerSocket 的常用方法，如表 19-2 所示。

表 19-2　ServerSocket 的常用方法

方　法	说　明
Socket accept()	用于等待客户端的连接，在客户端连接之前会一直处于阻塞状态，如果有客户端连接，就会返回一个与之对应的 Socket 对象
InetAddress getInetAddress	用于返回一个 InetAddress 对象，该对象中封装了 ServerSocket 绑定的 IP 地址
Boolean isClosed()	用于判断 ServerSocket 对象是否为关闭状态，如果是关闭状态则返回 true，反之则返回 false
Void bind(SocketAddress endpoint)	用于将 ServerSocket 对象绑定到指定的 IP 地址和端口号，其中参数 endpoint 封装了 IP 地址和端口号

ServerSocket 对象负责监听某台计算机的某个端口号，在创建 ServerSocket 对象后，需要继续调用该对象的 accept()方法，接收来自客户端的请求。当执行了 accept()方法之后，服务器端程序会发生阻塞，直到客户端发出连接请求时，accept()方法才会返回一个 Socket 对象用于和客户端实现通信，程序才能继续向下执行。

【例 19-2】（实例文件：ch19\Chap19.2.txt）简单的 TCP 网络程序——服务器端程序。

```
public class Test {
   public static void main(String[] args)
   {
      ServerSocket server_socket=null;
      Socket socket=null;
      DataInputStream in=null;
      DataOutputStream out=null;
      int port=5050;
```

```
        try
        {
            server_socket=new ServerSocket(port);          //创建绑定端口的服务器端 Socket
        }
        catch(IOException e)
        {
            System.out.println(e);
        }

        try
        {
            System.out.println("服务器启动！");
            socket=server_socket.accept();
                    //监听并接受到此 Socket 的连接。此方法在连接传入之前处于阻塞状态
            in=new DataInputStream(socket.getInputStream());    //创建输入流
            out=new DataOutputStream(socket.getOutputStream()); //创建输出流
            String str=in.readUTF();          //从输入流读取字符串，读取结束之前处于阻塞状态
            System.out.println("客户机发送过来的信息是： "+str);
            out.writeUTF("你好，我是服务器 B");   //向输出流写入字符串
        }
        catch(Exception e)
        {
            System.out.println(e);
        }
        finally
        {
            try//关闭网络连接
            {
                out.close();
                in.close();
                socket.close();
                server_socket.close();
            }
            catch(Exception e){}
        }
    }
}
```

该程序首先创建了绑定 5050 端口的服务器端 Socket，并进行连接监听。如果有连接请求，则创建 Socket 连接，并且建立输入流对象和输出流对象。通过输入流对象读取客户端发来的内容，通过输出流对象向客户端发送相应内容。

19.2.2 Socket

使用 ServerSocket 对象可以实现服务器端程序，但只实现服务器端程序还不能完成通信，此时还需要一个客户端程序与之交互，为此 JDK 提供了一个 Socket 类，用于实现 TCP 客户端程序。通过查阅 API 文档可知，Socket 类同样提供了多种构造方法。接下来就对 Socket 的常用构造方法进行详细讲解。

（1）Socket()。

使用该构造方法在创建 Socket 对象时并没有指定 IP 地址和端口号，也就意味着只创建了客户端对象，并没有连接任何服务器。通过该构造方法创建对象后还需调用 connect(SocketAddress endpoint)方法，才能完成与指定服务器端的连接，其中参数 endpoint 用于封装 IP 地址和端口号。

（2）Socket(String host, int port)。

使用该构造方法在创建 Socket 对象时会根据参数去连接在指定地址和端口上运行的服务器程序，其中参数 host 接收的是一个字符串类型的 IP 地址。

（3）Socket(InetAddress address, int port)。

该构造方法在使用上与第二个构造方法类似，参数 address 用于接收一个 InetAddress 类型的对象，该对象用于封装一个 IP 地址。

在以上 Socket 的构造方法中，最常用的是第一个构造方法。在 TCP 编程中，除了经常使用 Socket 的构造方法外，还有一些方法非常常用，如表 19-3 所示。

表 19-3　Socket 的常用方法

方　法	说　明
int getPort()	返回一个 int 类型对象，该对象是 Socket 对象与服务器端连接的端口号
InetAddress getLocalAddress()	获取 Socket 对象绑定的本地 IP 地址，并将 IP 地址封装成 InetAddress 类型的对象返回
void close()	关闭 Socket 连接，结束本次通信。在关闭 Socket 之前，应将与 Socket 相关的所有输入输出流全部关闭，这是因为一个良好的程序应该在执行完毕时释放所有的资源
InputStream getInputStream()	返回一个 InputStream 类型的输入流对象。如果该对象是由服务器端的 Socket 返回的，就用于读取客户端发送的数据；反之，就用于读取服务器端发送的数据
OutputStream getOutputStream()	返回一个 OutputStream 类型的输出流对象。如果该对象是由服务器端的 Socket 返回的，就用于向客户端发送数据；反之，就用于向服务器端发送数据

在表 19-3 中，getInputStream()和 getOutputStream()方法分别用于获取输入流和输出流。当客户端和服务器端建立连接后，数据是以 I/O 流的形式进行交互，从而实现通信的。接下来通过图 19-7 来描述服务器端和客户端的数据传输。

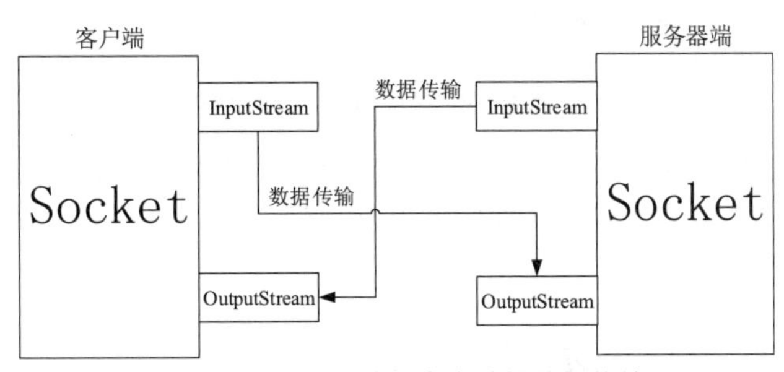

图 19-7　服务器端和客户端的数据传输

【例 19-3】（实例文件：ch19\Chap19.3.txt）简单的 TCP 网络程序——客户端程序。

```
public class Test {
    public static void main(String[] args)
    {
        Socket client_socket=null;
        DataInputStream in=null;
        DataOutputStream out=null;
        String ip="127.0.0.1";                          //服务器 IP 地址
        int port=5050;                                  //服务器端口号
```

```
        try
        {
            client_socket=new Socket(ip,port);                       //与服务器建立连接
            in=new DataInputStream(client_socket.getInputStream());    //创建输入流
            out=new DataOutputStream(client_socket.getOutputStream()); //创建输出流
            out.writeUTF("你好，我是客户机A");                         //向服务器端发送信息
            System.out.println("客户机启动，向服务器发送信息：你好，我是客户机A");
            String str=in.readUTF();//等待读取服务器端响应的信息，进入阻塞状态
            System.out.println("服务器端的响应信息："+str);
        }
        catch (Exception e)
        {
            System.out.println(e);
        }
        finally
        {
            try//关闭网络连接
            {
                in.close();
                out.close();
                client_socket.close();
            }
            catch(Exception e){}
        }
    }
}
```

程序运行结果如图 19-8 所示。

```
Problems  Javadoc  Declaration  Console
<terminated> Test [Java Application] C:\Program Files\Java\jre1.8.0_144\bin\javaw.exe
客户机启动，向服务器发送信息：你好，我是客户机A
服务器端的响应信息：你好，我是服务器B
```

图 19-8 简单的 TCP 网络程序

本例中的客户端程序必须在服务器端程序运行后方可运行，当服务器端程序处于运行状态时，客户端向其发出连接请求。连接建立成功，客户端通过输出流向服务器端发送请求内容，并从输入流读取服务器响应的内容，最后关闭连接。

19.2.3 多线程的 TCP 网络编程

在 19.2.2 节的网络通信程序中，客户端建立了一次连接，只发送了一次数据就关闭了，而服务器端也只是监听了一个网络连接，进行了一次通信就关闭了。

如果需要进行多次数据交互，就可以在程序中设置一个循环，不断地向对方发送请求，即可完成多次数据交互。同样，如果需要让服务器端同时响应多个客户端的请求，可以使用多线程的方法，也就是服务器端每接收到一个新的连接请求，就启动一个专门的线程与该客户端进行交互。

【例 19-4】使用多线程，实现简单的四则运算。用户从键盘输入四则运算表达式，但不进行运算，转

而将该表达式发送给服务器端；服务器端收到表达式后进行处理和计算，之后将计算结果返回给客户端进行显示。

本例分为 3 个类：客户端类、服务器端类和逻辑线程类。

（1）客户端类（实例文件：ch19\Chap19.4.txt）。

客户端类的主要功能是与服务器建立连接，连接成功后生成 Socket 对象，并且进一步建立输入流对象和输出流对象。程序如下：

```
public class ClientTest {
   public static void main(String args[])
   {
      Scanner scanner = new Scanner(System.in);
      String input=null;
      Socket socket=null;
      DataInputStream in=null;
      DataOutputStream out=null;
      String serverIP="127.0.0.1";                                    //服务器IP地址
      int port=5050;                                                  //服务器端口号

      try
      {
         socket=new Socket(serverIP,port);                            //连接服务器
         in=new DataInputStream(socket.getInputStream());             //创建输入流
         out=new DataOutputStream(socket.getOutputStream());          //创建输出流
         System.out.println("请输入一个正整数的四则运算表达式：");

         while(scanner.hasNext())
         {
            input=scanner.nextLine();                        //从键盘输入一个待计算的四则运算表达式
            if (!input.equals("0"))
            {
               out.writeUTF(input);                          //向服务器端发送运算请求
               String result=in.readUTF();                   //等待读取运算结果
               System.out.println("服务器返回的计算结果："+result);
               System.out.println("请输入一个正整数的四则运算表达式(输入0退出)：");
            }
            else
               break;                                        //请求结束
         }
      }
      catch(Exception e)
      {
         System.out.println("与服务器连接中断");
      }
      finally
      {
         try                                                 //关闭网络连接
         {
            in.close();
```

```
                out.close();
                socket.close();
                System.out.println("连接结束");
            }
            catch(Exception e){}
        }
    }
}
```

（2）服务器端类（实例文件：ch19\Chap19.5.txt）。

服务器端类接收客户端的连接请求，启动专门的逻辑处理线程进行处理。程序如下：

```
public class ServerTest{
    public static void main(String args[])
    {
        ServerSocket server_socket=null;
        Socket socket=null;
        int port=5050;

        while(true)
        {
            try
            {
                server_socket=new ServerSocket(port);
                System.out.println("服务器启动！");
            }
            catch(IOException e1)
            {
                System.out.println("正在监听");            //ServerSocket对象不能重复创建
            }

            try
            {
                System.out.println("等待客户请求");
                socket=server_socket.accept();
                System.out.println("客户的地址:"+socket.getInetAddress()+":"+socket.getPort());
            }
            catch (IOException e)
            {
                System.out.println("正在等待客户");
            }

            if(socket!=null)
            {
                new ThreadTest(socket);                    //为每个客户启动一个专门的线程
            }
        }
    }
}
```

（3）逻辑线程类（实例文件：ch19\Chap19.6.txt）。

逻辑线程类主要实现对客户端的逻辑处理，对接收到的表达式进行计算，并将结果返回给客户端。程序如下：

```
public class ThreadTest extends Thread{
        Socket socket=null;
        DataInputStream in=null;
        DataOutputStream out=null;
        String str;
        String response;
        String ip;
        int port;

        public ThreadTest(Socket socket)
        {
            this.socket=socket;
            start();
        }
        public void run()
        {
            try
            {
                in=new DataInputStream(socket.getInputStream());          //创建输入流
                out=new DataOutputStream(socket.getOutputStream());       //创建输出流
                ip=socket.getInetAddress().getHostAddress();              //客户端IP地址
                port=socket.getPort();                                    //客户端的端口号

                while (true)
                {
                    str=in.readUTF();                                     //获取客户端的表达式
                    System.out.println("客户端"+ip+":"+port+"发送的请求内容: ");
                    System.out.println(str+"=?");

                    if (str.equals("0"))
                    {
                        System.out.println("连接结束");
                        break;
                    }
                    else
                    {
                        response =doComputer(str);                        //对表达式进行计算
                        out.writeUTF(response);                           //响应计算结果
                    }
                }
            }
            catch(Exception e)
            {
                System.out.println("连接结束");
            }
```

```
        finally
        {
            try
            {
                in.close();
                out.close();
                socket.close();
            }
            catch(Exception e){}
        }
    }
    public String doComputer(String str)
    {
        String input;
        String[] sym;
        String [] data;
        int a=0,b=0,result=0;
        input = str;
        data = input.split("\\D+");                        //分解表达式中的正整数
        sym = input.split("\\d+");                         //分解表达式中的运算符
        a = Integer.parseInt(data[0]);                     //第一个正整数
        b = Integer.parseInt(data[1]);                     //第二个正整数

        try
        {
            switch(sym[1])                                 //判断运算符，完成相应的运算
            {
            case "+":
                result=a+b;break;
            case "-":
                result=a-b;break;
            case "*":
                result=a*b;break;
            case "/":
                result=a/b;
            }
            System.out.println("计算结果: "+input+"="+result);
            return String.valueOf(result);
        }
        catch(java.lang.ArithmeticException e)
        {
            System.out.println("数据错误!");
            return "数据错误!";
        }
    }
}
```

在本例子中，首先运行服务器端 ServerTest，运行后将出现如图 19-9 所示的结果，等待客户端的连接请求。

```
Problems  @ Javadoc  Declaration  Console
ServerTest [Java Application] C:\Program Files\Java\jre1.8.0_144\bin\javaw.exe
服务器启动!
等待客户请求
```

图 19-9 运行服务器端程序

然后启动客户端 ClientTest，运行后如图 19-10 所示。

```
Problems  @ Javadoc  Declaration  Console
Test [Java Application] C:\Program Files\Java\jre1.8.0_144\bin\javaw.exe
请输入一个正整数的四则运算表达式:
```

图 19-10 运行客户端程序

输入运算表达式 3+5，如图 19-11 所示。

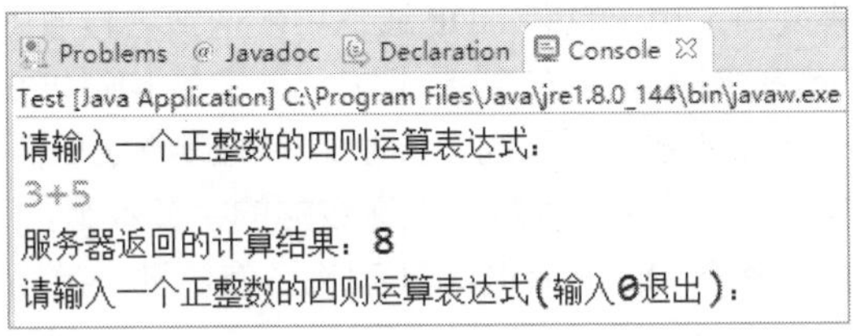

```
Problems  @ Javadoc  Declaration  Console
Test [Java Application] C:\Program Files\Java\jre1.8.0_144\bin\javaw.exe
请输入一个正整数的四则运算表达式:
3+5
服务器返回的计算结果: 8
请输入一个正整数的四则运算表达式(输入0退出):
```

图 19-11 输入运算表达式

输入的表达式 3+5 被发送给服务器端，由服务器端执行后，把运算结果返回给客户端。再次输入 7+9，执行后如图 19-12 所示。

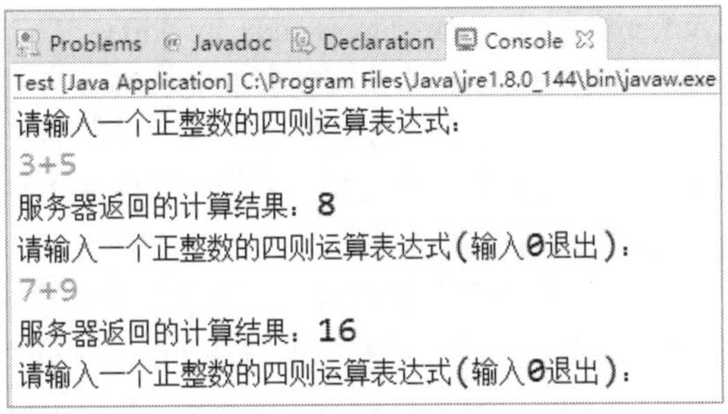

```
Problems  @ Javadoc  Declaration  Console
Test [Java Application] C:\Program Files\Java\jre1.8.0_144\bin\javaw.exe
请输入一个正整数的四则运算表达式:
3+5
服务器返回的计算结果: 8
请输入一个正整数的四则运算表达式(输入0退出):
7+9
服务器返回的计算结果: 16
请输入一个正整数的四则运算表达式(输入0退出):
```

图 19-12 再次输入运算表达式

输入 0，断开连接，如图 19-13 所示。

```
Problems  @ Javadoc  Declaration  Console
ServerTest [Java Application] C:\Program Files\Java\jre1.8.0_144\bin\javaw.exe
服务器启动!
等待客户请求
客户的地址:/127.0.0.1:61505
正在监听
等待客户请求
客户端127.0.0.1:61505发送的请求内容:
3+5=?
计算结果: 3+5=8
客户端127.0.0.1:61505发送的请求内容:
7+9=?
计算结果: 7+9=16
连接结束
```

图 19-13 输入 0 断开连接

19.3 UDP 网络编程

UDP 和 TCP 一样，都属于网络中传输层的协议，和 TCP 不同的是，UDP 是一种相对不可靠的传输控制协议。采用 UDP 方式进行通信时，不需要先建立连接，故而速度快。数据发送时需要封装成数据包，就像把信件装入信封一样。

19.3.1 DatagramPacket

UDP 是一种面向无连接的协议，因此，在通信时发送端和接收端不用建立连接。UDP 通信的过程就像是货运公司在两个码头间运送货物一样，在码头发送和接收货物时都需要使用集装箱来装载货物。UDP 通信也是一样，发送和接收的数据也需要使用“集装箱”进行打包，为此 JDK 中提供了 DatagramPacket 类，该类的实例对象就相当于一个集装箱，用于封装 UDP 通信中发送或者接收的数据。

想要创建一个 DatagramPacket 对象，首先需要了解一下它的构造方法。在创建发送端和接收端的 DatagramPacket 对象时，使用的构造方法有所不同，接收端的构造方法只需要接收一个字节数组来存放接收到的数据，而发送端的构造方法不但要接收存放了发送数据的字节数组，还需要指定发送端的 IP 地址和端口号。接下来根据 API 文档的内容对 DatagramPacket 的构造方法进行详细讲解。

（1）DatagramPacket(byte[] buf, int length)。

使用该构造方法在创建 DatagramPacket 对象时指定了封装数据的字节数组和数据的大小，没有指定 IP 地址和端口号。很明显，这样的对象只能用于接收端，不能用于发送端。因为发送端一定要明确指出数据的目的地（IP 地址和端口号），而接收端不需要明确知道数据的来源，只需要接收到数据即可。

（2）DatagramPacket(byte[] buf, int length, InetAddress addr, int port)。

使用该构造方法在创建 DatagramPacket 对象时不仅指定了封装数据的字节数组和数据的大小，还指定了数据包的目标 IP 地址（addr）和端口号（port）。该对象通常用于发送端，因为在发送数据时必须指定接收端的 IP 地址和端口号，就好像发送货物的集装箱上面必须标明接收人的地址一样。

（3）DatagramPacket(byte[] buf, int offset, int length)。

该构造方法与第一个构造方法类似，同样用于接收端，只不过在第一个构造方法的基础上增加了 offset 参数，该参数用于指定接收到的数据在放入 buf 缓冲数组时是从 offset 处开始的。

（4）DatagramPacket(byte[] buf, int offset, int length, InetAddress addr, int port)。

该构造方法与第二个构造方法类似，同样用于发送端，只不过在第二个构造方法的基础上增加了 offset 参数，该参数用于指定一个数组中发送数据的偏移量为 offset，即从 offset 位置开始发送数据。

接下来介绍 DatagramPacket 类中的常用方法，如表 19-4 所示。

表 19-4　DatagramPacket 类中的常用方法

方　法	说　明
InetAddress getAddress()	返回发送端或者接收端的 IP 地址。如果是发送端的 DatagramPacket 对象，就返回接收端的 IP 地址；反之，就返回发送端的 IP 地址
int getPort()	返回发送端或者接收端的端口号。如果是发送端的 DatagramPacket 对象，就返回接收端的端口号；反之，就返回发送端的端口号
byte[] getData()	返回将要接收或者将要发送的数据。如果是发送端的 DatagramPacket 对象，就返回将要发送的数据；反之，就返回将要接收的数据
Int getLength()	返回将要接收或者将要发送的数据的长度。如果是发送端的 DatagramPacket 对象，就返回将要发送的数据的长度；反之，就返回将要接收的数据的长度

通过表 19-4 中的 4 个方法，可以得到发送或者接收到的 DatagramPacket 数据包中的信息。

19.3.2 DatagramSocket

19.3.1 节讲到 DatagramPacket 数据包的作用就如同“集装箱”，可以将发送端或者接收端的数据封装起来，然而运输货物只有集装箱是不够的，还需要有码头。同理，在程序中，要实现通信，只有 DatagramPacket 数据包也是不行的，它也需要一个“码头”。为此，JDK 提供了一个 DatagramSocket 类，该类的作用就类似于“码头”，使用该类的实例对象就可以发送和接收 DatagramPacket 数据包。发送数据的过程如图 19-14 所示。

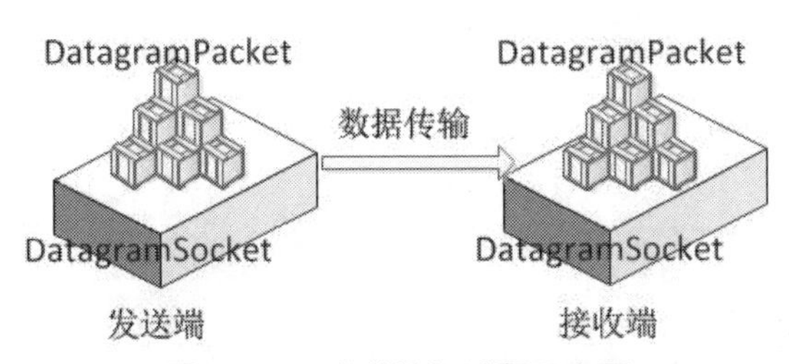

图 19-14 发送数据过程示意图

在创建发送端和接收端的 DatagramSocket 对象时，使用的构造方法也有所不同，下面对 DatagramSocket 类中常用的构造方法进行讲解。

（1）DatagramSocket()。

该构造方法用于创建发送端的 DatagramSocket 对象，在创建 DatagramSocket 对象时，并没有指定端口号，此时，系统会分配一个没有被其他网络程序使用的端口号。

（2）DatagramSocket(int port)。

该构造方法既可用于创建接收端的 DatagramSocket 对象，又可以创建发送端的 DatagramSocket 对象。在创建接收端的 DatagramSocket 对象时，必须指定一个端口号，这样就可以监听指定的端口。

（3）DatagramSocket(int port, InetAddress addr)。

使用该构造方法创建 DatagramSocket 对象时不仅指定了端口号，还指定了相关的 IP 地址。该对象适用于计算机上有多块网卡的情况，在使用时可以明确规定数据通过哪块网卡向外发送和接收哪块网卡的数据。由于计算机中针对不同的网卡会分配不同的 IP 地址，因此在创建 DatagramSocket 对象时需要通过指定 IP 地址来确定使用哪块网卡进行通信。

接下来介绍 DatagramSocket 类的常用方法，如表 19-5 所示。

表 19-5 DatagramSocket 类的常用方法

方　法	说　明
void receive(DatagramPacket p)	将接收到的数据填充到 DatagramPacket 数据包中，在接收到数据之前会一直处于阻塞状态，只有当接收到数据包时，该方法才会返回
void send(DatagramPacket p)	发送 DatagramPacket 数据包，发送的数据包中包含将要发送的数据、数据的长度、远程主机的 IP 地址和端口号
void close	关闭当前的 Socket，通知驱动程序释放为这个 Socket 保留的资源

在表 19-5 中，前两个方法可以完成数据的发送或者接收的功能。

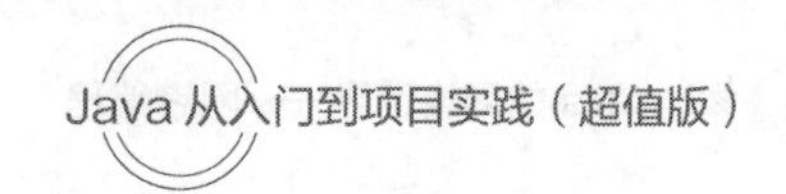

19.3.3 UDP 网络编程

UDP 和 TCP 实现的功能类似，要求服务器端和客户端能够正常进行网络通信，故而程序也分为服务器端和客户端两部分。

【例 19-5】 使用 UDP 协议进行网络通信。

（1）服务器端（实例文件：ch19\Chap19.7.txt）。

```
public class ServerTest{
    public static void main(String[] args)
    {
        DatagramSocket socket=null;
        DatagramPacket packet_send=null;
        DatagramPacket packet_receive=null;
        int port=5151;                                              //服务器监听端口号
        try
        {
            socket=new DatagramSocket(port);                        //创建连接对象
            System.out.println("服务器启动! ");
            byte [] r=new byte[1024];                               //创建缓存数组
            packet_receive=new DatagramPacket(r,r.length);          //创建数据包对象
            socket.receive(packet_receive);                         //接收数据包
            InetAddress client_ip=packet_receive.getAddress();      //客户端地址
            int client_port=packet_receive.getPort();               //客户端的端口号
            byte [] data=packet_receive.getData();                  //客户端字节数据
            int len=packet_receive.getLength();                     //数据有效长度
            String str1=new String (data,0,len);                    //将字节数据转换成字符串
            System.out.println("客户机"+client_ip+":"+client_port+"\n 发送的信息是: "+str1);
            String response="Hello,I am Server B";
            byte [] s=response.getBytes();
            packet_send=new DatagramPacket(s,s.length,client_ip,client_port);//创建响应数据包对象
            socket.send(packet_send);                               //发送响应数据包
        }
        catch(Exception e)
        {
            System.out.println(e);
        }
        finally
        {
            socket.close();
        }
    }
}
```

程序运行后，服务器端启动，等待客户端连接，如图 19-15 所示。

Problems @ Javadoc Declaration Console
ServerTest [Java Application] C:\Program Files\Java\jre1.8.0_144\bin\javaw.exe
服务器启动!

图 19-15　启动服务器端

（2）客户端（实例文件：ch19\Chap19.8.txt）。

```
public class ClientTest {
    public static void main(String[] args)
    {
        DatagramSocket socket=null;
        DatagramPacket packet_send=null;
        DatagramPacket packet_receive=null;
        String server="127.0.0.1";                                    //服务器端 IP 地址
        int port=5151;                                                //服务器端的端口号
        String str="Hello,I am Client A";
        byte[] data=str.getBytes();                                   //将发送信息转换成字节数组

        try
        {
            socket=new DatagramSocket();                              //创建连接 socket 对象
            InetAddress addr=InetAddress.getByName(server);
                                  //将服务器端 IP 地址封装成 InetAddress 对象
            packet_send=new DatagramPacket(data,data.length,addr,port); //创建数据包对象
            socket.send(packet_send);                                 //向服务器端发送数据
            byte [] r=new byte[1024];                                 //设置接收缓冲区
            packet_receive=new DatagramPacket(r,r.length);            //创建数据包对象
            socket.receive(packet_receive);                           //接收数据包
            byte [] response=packet_receive.getData();                //读取数据包中的数据信息
            int len=packet_receive.getLength();                       //获取数据长度
            String str1=new String (response,0,len);                  //将字节数据转换成字符串
            System.out.println("服务器响应的信息是："+str1);
        }
        catch(Exception e)
        {
            System.out.println(e);
        }
        finally
        {
            socket.close();
        }
    }
}
```

客户端执行后，发送请求给服务器端，服务器端响应，客户端把服务器端的响应信息显示出来，如图 19-16 所示。

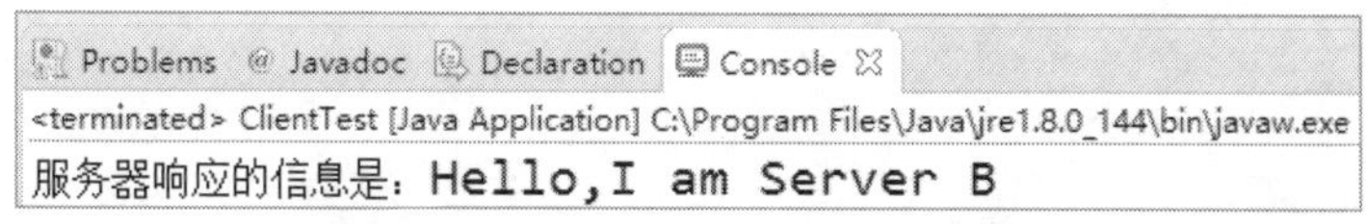

图 19-16　显示服务器端响应的信息

19.4 广播数据报

这种通信类似于收音机的广播，用户只要调到指定的频道上就能收听到广播的内容。要想实现这个功能，需要使用特殊的 IP 地址。要想实现多播或广播通信的主机都必须加入同一个 D 类地址中。D 类地址的十进制表示范围是 224.0.0.0～239.255.255.255。

要实现广播，需要使用 java.net.MulticastSocket 类。该类是一种基于 UDP 的 DatagramSocket，用于发送和接收 IP 多播包。该类的对象可以加入 Internet 上其他多播主机的“组”中。类 DatagramSocket 的常用方法如下：

（1）MulticastSocket(int port) throws IOException：创建一个多播套接字，并将其绑定到指定端口上。

（2）MulticastSocket(SocketAddress bindaddr) throws IOException：创建一个多播套接字，并将其绑定到一个指定套接字地址上。

（3）public void joinGroup(InetAddress mcastaddr) throws IOException：将多播套接字加入指定多播组。

（4）public void leaveGroup(InetAddress mcastaddr) throws IOException：将多播套接字移出多播组。

（5）public void setTimeToLive(int ttl) throws IOException：设置在此 MulticastSocket 上发出的多播数据包的默认生存时间。

ttl 参数设置数据包最多可以跨过多少个网络：

- 当 ttl 为 0 时，数据包应停留在本地主机。
- 当 ttl 为 1 时，数据包应发送到本地局域网。
- 当 ttl 为 32 时，数据包应发送到本站点的网络上。
- 当 ttl 为 64 时，数据包应保留在本地区。
- 当 ttl 为 128 时，数据包应保留在本大洲。
- 当 ttl 为 255 时，数据包可以发送到所有地方。

【例 19-6】广播数据报。

（1）发送端（实例文件：ch19\Chap19.9.txt）。

```
class BroadCast
{
   public void send()
   {
      String msg="Hello,This is Broadcast Message";          //多播的内容
      int port=6666;                                          //多播端口号
      InetAddress group=null;
      MulticastSocket ms=null;

      try
      {
         group=InetAddress.getByName("224.1.1.1");            //创建多播地址
         ms=new MulticastSocket(port);                        //创建多播套接字
         ms.joinGroup(group);                                 //将套接字加入多播地址
         ms.setTimeToLive(1);                                 //设置数据报发送范围为本地
         DatagramPacket dp=new DatagramPacket(msg.getBytes(),msg.length(),group,port);
                           //创建待发送的数据报
         ms.send(dp);      //发送数据报
      }
```

```
        catch(IOException e)
        {
            System.out.println(e);
        }
        finally
        {
            ms.close();            //关闭套接字
        }
    }
}

public class BroadcastTest
{
    public static void main(String[] args)
    {
        new BroadCast().send();
    }
}
```

（2）接收端（实例文件：ch19\Chap19.10.txt）。

```
class Receiver
{
    public void receive()
    {
        byte [] data=new byte[1024];                    //数据缓存区
        int port=6666;                                  //多播端口号
        InetAddress group=null;
        MulticastSocket ms=null;

        try
        {
            group=InetAddress.getByName("224.1.1.1");  //创建多播地址
            ms=new MulticastSocket(port);               //创建多播套接字
            ms.joinGroup(group);                        //将套接字加入多播地址
            DatagramPacket dp = new DatagramPacket(data, data.length,group, port);
                                                        //创建待接收的数据报
            ms.receive(dp);                             //接收数据报
            String msg=new String(dp.getData(),0,dp.getLength());
            System.out.println("接收的广播数据为: "+msg);
        }
        catch(IOException e)
        {
            System.out.println(e);
        }
        finally
        {
            ms.close();                                 //关闭套接字
        }
    }
```

```
}

public class ReceiverTest
{
    public static void main(String[] args)
    {
        new Receiver().receive();
    }
}
```

首先运行接收端，然后运行广播端，广播端将发送广播消息“Hello, This is Broadcast Message”，客户端收到该消息后将其显示出来，如图 19-17 所示。

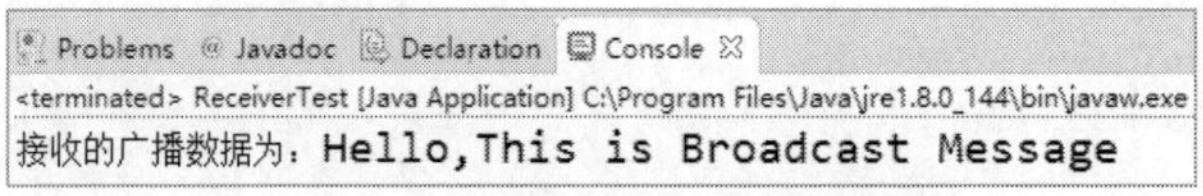

```
Problems  @ Javadoc  Declaration  Console ⊠
<terminated> ReceiverTest [Java Application] C:\Program Files\Java\jre1.8.0_144\bin\javaw.exe
接收的广播数据为：Hello,This is Broadcast Message
```

图 19-17 客户端显示的广播消息

19.5 就业面试解析与技巧

19.5.1 面试解析与技巧（一）

面试官：TCP 和 UDP 的区别有哪些？

应聘者：TCP 是面向连接的流传输控制协议，具有高可靠性，确保传输数据的正确性，有验证重发机制，因此不会出现丢失或乱序。UDP 是无连接的数据报服务，不对数据报进行检查与修改，无须等待对方的应答，会出现分组丢失、重复、乱序的情况，但具有较好的实时性。UDP 的段结构比 TCP 的段结构简单，因此网络开销也小。

19.5.2 面试解析与技巧（二）

面试官： Java Socket 网络编程的过程是怎样的？

应聘者：客户端向服务器端发送连接请求后，就被动地等待服务器的响应。典型的 TCP 客户端要进行下面 3 步操作：

步骤 1：创建一个 Socket 实例，通过构造函数与指定的远程主机和端口建立一个 TCP 连接。

步骤 2：通过套接字的 I/O 流与服务器端通信。

步骤 3：使用 Socket 类的 close()方法关闭连接。

服务器端的工作是建立一个通信终端，并被动地等待客户端的连接。典型的 TCP 服务器端执行如下两步操作：

步骤 1：创建一个 ServerSocket 实例并指定本地端口，用来监听客户端在该端口发送的 TCP 连接请求。

步骤 2：重复执行以下操作：

①调用 ServerSocket 的 accept()方法以获取客户端连接，并通过其返回值创建一个 Socket 实例。

②为返回的 Socket 实例开启新的线程，并使用返回的 Socket 实例的 I/O 流与客户端通信。

③通信完成后，使用 Socket 类的 close()方法关闭该客户端的套接字连接。

第20章

通向数据之路——JDBC编程

◎ 本章教学微视频：22个　32分钟

学习指引

在软件开发过程中，经常要使用数据库来存储和管理数据。为了在Java语言中提供对数据库访问的支持，Sun公司提供了一套访问数据库的标准Java类库，即JDBC。JDBC是Java程序访问数据库的应用程序接口（API），JDBC向应用程序开发者提供了独立于数据库的统一的API，提供了数据库访问的基本功能，它为多种关系数据库提供了统一的访问接口。

重点导读

- 了解JDBC的概念。
- 掌握JDBC常用API的使用。
- 掌握JDBC连接数据库的方法。
- 熟练掌握数据库的基本操作方法。
- 掌握事务处理的方法。

20.1　JDBC概述

JDBC的全称是Java数据库连接（Java Database Connectivity），它是一套用于执行SQL语句的Java API。应用程序可以通过这套API连接到关系数据库，并使用SQL语句来完成对数据库中数据的查询、新增、更新和删除等操作。JDBC由两层构成：上层是JDBC API，负责在Java应用程序和JDBC驱动程序管理器之间进行通信，负责发送程序中的SQL语句；下层是JDBC驱动程序API，负责JDBC驱动程序管理器与实际连接的数据库的厂商驱动程序和第三方驱动程序之间进行通信，返回查询信息或者执行规定的操作，如图20-1所示。

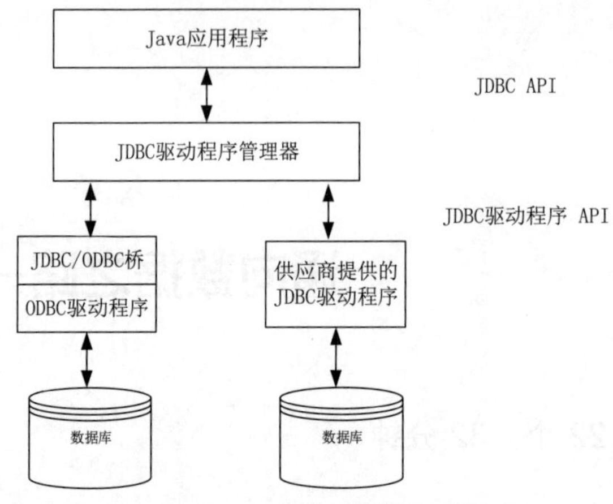

图 20-1 JDBC 应用示意图

图 20-1 中主要部分功能如下。

1. Java 应用程序

Java 应用程序除了程序本身以外还包括 Applet 和 Servlet，这些类型的程序都可以利用 JDBC 实现对数据库的访问。JDBC 在其中可以执行请求与数据库建立连接、向数据库发送 SQL 请求、处理查询、错误处理等操作。

2. JDBC 驱动程序管理器

JDBC 驱动程序管理器动态地管理和维护数据库查询所需要的驱动程序对象，实现 Java 程序与特定驱动程序的连接。它可以为特定的数据库选取驱动程序，处理 JDBC 初始化调用，为每个驱动程序提供 JDBC 功能的入口，为 JDBC 调用传递参数，等等。

3. 厂商或第三方提供的驱动程序

数据库厂商或者第三方提供的驱动程序，由 JDBC 方法调用，向特定数据库发送 SQL 请求，并为程序获取结果。驱动程序完成与数据库建立连接、向数据库发送请求、在用户程序请求时进行翻译、错误处理等操作。

JDBC 驱动程序分为以下 4 种类型：

（1）JDBC-ODBC Bridge Driver 类型。

（2）Native-API Partly-Java Driver 类型。

（3）JDBC-Net All-Java Driver 类型。

（4）Native-Protocol All-Java Driver 类型。

以上 4 种驱动类型中，第一种简单易用，第四种是纯 Java 代码实现的且性能好，因此这两种类型最为常用。

4. 数据库

数据库指数据库管理系统和用户程序所需要的数据库。在实际操作中，要使用 JDBC-ODBC 桥驱动程序连接数据库。

20.2 JDBC 常用 API

JDBC 常用的 API 主要位于 java.sql 包中，该包定义了一系列访问数据库的接口和类，本节对此做简单介绍。

20.2.1　Driver 接口

Driver 接口是所有 JDBC 驱动程序必须实现的接口，该接口专门提供给数据库厂商使用。需要注意的是，在编写 JDBC 程序时，必须把要使用的数据库驱动程序或类库加载到项目的 classpath 中（这里指 MySQL 驱动 JAR 包）。

20.2.2　DriverManager 类

DriverManager 类用于加载 JDBC 驱动程序并且创建与数据库的连接。在 DriverManager 类中定义了几个比较重要的静态方法，如表 20-1 所示。

表 20-1　DriverManager 类中的静态方法

方　法	说　明
getConnection(String url, String user, String password)	用来获得数据库连接，3 个入口参数依次为要连接数据库的 URL、用户名和密码，返回值的类型为 java.sql.Connection
setLoginTimeout(int seconds)	用来设置每次等待建立数据库连接的最长时间
setLogWriter(java.io.PrintWriter out)	用来设置日志的输出对象
println(String message)	用来输出指定消息到当前的 JDBC 日志流

20.2.3　Connection 接口

Connection 接口代表 Java 程序和数据库的连接，只有获得该连接对象，才能访问数据库并操作数据表。在 Connection 接口中定义了一系列方法，其常用方法如表 20-2 所示。

表 20-2　Connection 接口定义的常用方法

方　法	说　明
createStatement()	创建并返回一个 Statement 实例，通常在执行无参的 SQL 语句时创建该实例
prepareStatement()	创建并返回一个 PreparedStatement 实例，通常在执行包含参数的 SQL 语句时创建该实例，并对 SQL 语句进行了预编译处理
prepareCall()	创建并返回一个 CallableStatement 实例，通常在调用数据库存储过程时创建该实例
setAutoCommit()	设置当前 Connection 实例的自动提交模式。默认为 true，即自动将更改同步到数据库中；如果设为 false，需要通过执行 commit()或 rollback()方法手动将更改同步到数据库中
getAutoCommit()	查看当前的 Connection 实例是否处于自动提交模式，如果是则返回 true，否则返回 false
setSavepoint()	在当前事务中创建并返回一个 Savepoint 实例，前提条件是当前的 Connection 实例不能处于自动提交模式，否则将抛出异常
releaseSavepoint()	从当前事务中移除指定的 Savepoint 实例
setReadOnly()	设置当前 Connection 实例的读取模式，默认为非只读模式。不能在事务中执行该操作，否则将抛出异常。它有一个 boolean 型的入口参数，设为 true 表示开启只读模式，设为 false 表示关闭只读模式
isReadOnly()	查看当前的 Connection 实例是否为只读模式，如果是则返回 true，否则返回 false

续表

方　法	说　明
isClosed()	查看当前的 Connection 实例是否被关闭，如果被关闭则返回 true，否则返回 false
commit()	将从上一次提交或回滚以来进行的所有更改同步到数据库，并释放 Connection 实例当前拥有的所有数据库锁定
rollback()	取消当前事务中的所有更改，并释放当前 Connection 实例拥有的所有数据库锁定。该方法只能在非自动提交模式下使用，如果在自动提交模式下执行该方法，将抛出异常。该方法有一个参数为 Savepoint 实例的重载方法，用来取消 Savepoint 实例之后的所有更改，并释放对应的数据库锁定
close()	立即释放 Connection 实例占用的数据库和 JDBC 资源，即关闭数据库连接

20.2.4 Statement 接口

java.sql.Statement 接口用来执行静态的 SQL 语句并返回执行结果。例如，对于 INSERT、UPDATE 和 DELETE 语句，调用 executeUpdate(String sql)方法；对于 SELECT 语句，则调用 executeQuery(String sql)方法，并返回一个永远不能为 null 的 ResultSet 实例。Statement 接口提供的常用方法如表 20-3 所示。

表 20-3　Statement 接口提供的常用方法

方　法	说　明
executeQuery(String sql)	执行指定的静态 SELECT 语句，并返回一个永远不能为 null 的 ResultSet 实例
executeUpdate(String sql)	执行指定的静态 INSERT、UPDATE 或 DELETE 语句，并返回一个 int 型数值，此数值为同步更新记录的条数
clearBatch()	清除位于 Batch 中的所有 SQL 语句。如果驱动程序不支持批量处理，将抛出异常
addBatch(String sql)	将指定的 SQL 命令添加到 Batch 中。String 型入口参数通常为静态的 INSERT 或 UPDATE 语句。如果驱动程序不支持批量处理，将抛出异常
executeBatch()	执行 Batch 中的所有 SQL 语句，如果全部执行成功，则返回由更新计数组成的数组，数组元素的顺序与 SQL 语句的顺序对应。数组元素有以下几种情况： ● 大于或等于零的数：说明 SQL 语句执行成功，此数为影响数据库中行数的更新计数。 ● SUCCESS_NO_INFO 的值：说明 SQL 语句执行成功，但未得到受影响的行数。 ● EXECUTE_FAILED 的值：说明 SQL 语句执行失败，仅当执行失败后继续执行后面的 SQL 语句时出现。 如果驱动程序不支持批量处理或者未能成功执行 Batch 中的 SQL 语句之一，将抛出异常
close()	立即释放 Statement 实例占用的数据库和 JDBC 资源

20.2.5 PreparedStatement 接口

java.sql.PreparedStatement 接口继承并扩展了 Statement 接口，用来执行动态的 SQL 语句，即包含参数的 SQL 语句。通过 PreparedStatement 实例执行的动态 SQL 语句将被预编译并保存到 PreparedStatement 实例中，从而可以反复地、高效地执行该 SQL 语句。

需要注意的是，在通过 set 方法为 SQL 语句中的参数赋值时，建议利用与参数类型匹配的方法，也可以利用 setObject()方法为各种类型的参数赋值。PreparedStatement 接口的使用方法如下：

```
PreparedStatement ps = connection
    .prepareStatement("select * from table_name where id>? and (name=? or name=?)");
ps.setInt(1, 6);
ps.setString(2, "马先生");
ps.setObject(3, "李先生");
ResultSet rs = ps.executeQuery();
```

PreparedStatement 接口提供的常用方法如表 20-4 所示。

表 20-4　PreparedStatement 接口提供的常用方法

方　法	说　明
executeQuery()	执行前面定义的动态 SELECT 语句，并返回一个永远不能为 null 的 ResultSet 实例
executeUpdate()	执行前面定义的动态 INSERT、UPDATE 或 DELETE 语句，并返回一个 int 型数值，为同步更新记录的条数
SetInt(int i, int x)	为指定参数设置 int 型值，对应参数的 SQL 类型为 INTEGER
setLong(int i, long x)	为指定参数设置 long 型值，对应参数的 SQL 类型为 BIGINT
setFloat(int i, float x)	为指定参数设置 float 型值，对应参数的 SQL 类型为 FLOAT
setDouble(int i, double x)	为指定参数设置 double 型值，对应参数的 SQL 类型为 DOUBLE
setString(int i, String x)	为指定参数设置 String 型值，对应参数的 SQL 类型为 VARCHAR 或 LONGVARCHAR
setBoolean(int i, boolean x)	为指定参数设置 boolean 型值，对应参数的 SQL 类型为 BIT
setDate(int i, Date x)	为指定参数设置 java.sql.Date 型值，对应参数的 SQL 类型为 DATE
setObject(int i, Object x)	用来设置各种类型的参数，JDBC 规范定义了从 Object 类型到 SQL 类型的标准映射关系，在向数据库发送不同类型的数据时，这些数据将被转换为相应的 SQL 类型
setNull(int i, int sqlType)	将指定参数设置为 SQL 中的 NULL。该方法的第二个参数用来设置参数的 SQL 类型，具体值从 java.sql.Types 类中定义的静态常量中选择
clearParameters()	清除当前所有参数的值

20.2.6　CallableStatement 接口

java.sql.CallableStatement 接口继承并扩展了 PreparedStatement 接口，用来执行 SQL 的存储过程。

JDBC API 定义了一套存储过程 SQL 转义语法，该语法允许对所有 RDBMS 通过标准方式调用存储过程。该语法定义了两种形式，分别是包含结果参数和不包含结果参数的形式，如果使用结果参数，则必须将其注册为 OUT 型参数，参数是根据定义位置按顺序引用的，第一个参数的索引为 1。

为参数赋值的方法使用从 PreparedStatement 类中继承来的 set 方法。在执行存储过程之前，必须注册所有 OUT 参数的类型，它们的值是在执行后通过 get 方法获得的。

CallableStatement 接口可以返回一个或多个 ResultSet 对象。处理多个 ResultSet 对象的方法是从 Statement 中继承来的。

20.2.7　ResultSet 接口

java.sql.ResultSet 接口类似于一个数据表，通过该接口的实例可以获得检索结果集以及对应数据表的相关信息，例如列名和类型等，ResultSet 实例通过执行查询数据库的语句生成。

ResultSet 实例具有指向当前数据行的指针，最初，指针指向第一行记录，通过 next()方法可以将指针移动到下一行，如果存在下一行，该方法则返回 true，否则返回 false，所以可以通过 while 循环来读取 ResultSet 结果集。默认情况下 ResultSet 实例不可以更新，只能移动指针，所以只能迭代一次，并且只能按从前向后的顺序。如果需要，可以生成可滚动和可更新的 ResultSet 实例。

ResultSet 接口提供了从当前行检索不同类型列值的 get 方法，均有两个重载方法，分别根据列的索引编号和列的名称检索列值，其中使用列的索引编号更高效，编号从 1 开始。对于不同的 get 方法，JDBC 驱动程序尝试将基础数据转换为与 get 方法相应的 Java 类型并返回。

在 JDBC 2.0 API 之后，为该接口添加了一组更新方法——updateXxx()，每个更新方法均有两个重载方法，分别根据列的索引编号和列的名称指定列。可以用来更新当前行的指定列，也可以用来初始化要插入行的指定列，但是该方法并未将操作同步到数据库，需要执行 updateRow()或 insertRow()方法完成同步操作。ResultSet 接口提供的常用方法如表 20-5 所示。

表 20-5 ResultSet 接口提供的常用方法

方　法	说　明
first()	移动指针到第一行。如果结果集为空则返回 false，否则返回 true。如果结果集类型为 TYPE_FORWARD_ONLY，将抛出异常
last()	移动指针到最后一行。如果结果集为空则返回 false，否则返回 true。如果结果集类型为 TYPE_FORWARD_ONLY，将抛出异常
previous()	移动指针到上一行。如果存在上一行则返回 true，否则返回 false。如果结果集类型为 TYPE_FORWARD_ONLY，将抛出异常
next()	移动指针到下一行。指针最初位于第一行之前，第一次调用该方法将移动到第一行。如果存在下一行则返回 true，否则返回 false
beforeFirst()	移动指针到 ResultSet 实例的开头，即第一行之前。如果结果集类型为 TYPE_FORWARD_ONLY，将抛出异常
afterLast()	移动指针到 ResultSet 实例的末尾，即最后一行之后。如果结果集类型为 TYPE_FORWARD_ONLY，将抛出异常
absolute()	移动指针到指定行。有一个 int 型参数，正数表示从前向后编号，负数表示从后向前编号，编号均从 1 开始。如果存在指定行则返回 true，否则返回 false。如果结果集类型为 TYPE_FORWARD_ONLY，将抛出异常
relative()	移动指针到相对于当前行的指定行。有一个 int 型入口参数，正数表示向后移动，负数表示向前移动，视当前行为 0。如果存在指定行则返回 true，否则返回 false。如果结果集类型为 TYPE_FORWARD_ONLY，将抛出异常
getRow()	查看当前行的索引编号。索引编号从 1 开始，如果位于有效记录行上则返回一个 int 型索引编号，否则返回 0
findColumn()	查看指定列名的索引编号。该方法有一个 String 型参数，为要查看的列的名称。如果包含指定列，则返回 int 型索引编号，否则将抛出异常
isBeforeFirst()	查看指针是否位于 ResultSet 实例的开头，即第一行之前。如果是则返回 true，否则返回 false
isAfterLast()	查看指针是否位于 ResultSet 实例的末尾，即最后一行之后。如果是则返回 true，否则返回 false
isFirst()	查看指针是否位于 ResultSet 实例的第一行。如果是则返回 true，否则返回 false
isLast()	查看指针是否位于 ResultSet 实例的最后一行。如果是则返回 true，否则返回 false

续表

方 法	说 明
close()	立即释放 ResultSet 实例占用的数据库和 JDBC 资源，当关闭所属的 Statement 实例时也将执行此操作
getInt()	以 int 型获取指定列对应的 SQL 类型的值。如果列值为 NULL，则返回 0
getLong()	以 long 型获取指定列对应的 SQL 类型的值。如果列值为 NULL，则返回 0
getFloat()	以 float 型获取指定列对应的 SQL 类型的值。如果列值为 NULL，则返回 0
getDouble()	以 double 型获取指定列对应的 SQL 类型的值。如果列值为 NULL，则返回 0
getString()	以 String 型获取指定列对应的 SQL 类型的值。如果列值为 NULL，则返回 null
getBoolean()	以 boolean 型获取指定列对应的 SQL 类型的值。如果列值为 NULL，则返回 false
getDate()	以 java.sql.Date 型获取指定列对应的 SQL 类型的值。如果列值为 NULL，则返回 null
getObject()	以 Object 型获取指定列对应的 SQL 类型的值。如果列值为 NULL，则返回 null
getMetaData()	获取 ResultSet 实例的相关信息，并返回 ResultSetMetaData 类型的实例
updateNull()	将指定列更改为 NULL。用于插入和更新，但并不会同步到数据库，需要执行 updateRow()或 insertRow()方法完成同步
updateInt()	更改 SQL 类型对应的 int 型的指定列。用于插入和更新，但并不会同步到数据库，需要执行 updateRow()或 insertRow()方法完成同步
updateLong()	更改 SQL 类型对应的 long 型的指定列。用于插入和更新，但并不会同步到数据库，需要执行 updateRow()或 insertRow()方法完成同步
updateFloat()	更改 SQL 类型对应的 float 型的指定列。用于插入和更新，但并不会同步到数据库，需要执行 updateRow()或 insertRow()方法完成同步
updateDouble()	更改 SQL 类型对应的 double 型的指定列。用于插入和更新，但并不会同步到数据库，需要执行 updateRow()或 insertRow()方法完成同步
updateString()	更改 SQL 类型对应的 String 型的指定列。用于插入和更新，但并不会同步到数据库，需要执行 updateRow()或 insertRow()方法完成同步
updateBoolean()	更改 SQL 类型对应的 boolean 型的指定列。用于插入和更新，但并不会同步到数据库，需要执行 updateRow()或 insertRow()方法完成同步
updateDate()	更改 SQL 类型对应的 Date 型的指定列。用于插入和更新，但并不会同步到数据库，需要执行 updateRow()或 insertRow()方法完成同步
updateObject()	可更改所有 SQL 类型的指定列。用于插入和更新，但并不会同步到数据库，需要执行 updateRow()或 insertRow()方法完成同步
moveToInsertRow()	移动指针到插入行，并记住当前行的位置。插入行实际上是一个缓冲区，在插入行可以插入记录，此时，仅能调用更新方法和 insertRow()方法，通过更新方法为指定列赋值，通过 insertRow()方法同步到数据库。在调用 insertRow()方法之前，必须为不允许为空的列赋值
moveToCurrentRow()	移动指针到当前行，即调用 moveToInsertRow()方法之前指针所在的行
insertRow()	将插入行的内容同步到数据库。如果指针不在插入行上，或者有不允许为空的列的值为空，将抛出异常

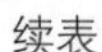
续表

方　法	说　明
updateRow()	将当前行的更新内容同步到数据库。更新当前行的列值后，必须调用该方法，否则不会将更新内容同步到数据库
deleteRow()	删除当前行。执行该方法后，并不会立即同步到数据库，而是在执行 close()方法后才同步到数据库

20.3　使用 JDBC 连接数据库

在实际操作中，要使用 JDBC-ODBC 桥驱动程序连接数据库。通常，使用 JDBC 连接数据库可以按照以下几个步骤进行：

（1）加载并注册数据库驱动。

（2）通过 DriverManager 获取数据库连接。

（3）通过 Connection 对象获取 Statement 对象。

（4）使用 Statement 接口执行 SQL 语句。

（5）操作 ResultSet 结果集。

（6）关闭连接，释放资源。

下面就分别介绍这几个步骤的具体操作。

20.3.1　加载 JDBC 驱动程序

注册数据库驱动程序的语法格式如下：

```
DriverManager.registerDriver(Driver driver);
```

或者

```
Class.forName("DriverName");
```

20.3.2　创建数据库连接

创建数据库连接的语句实例如下：

```
String url = "jdbc:odbc:student";
//student 是在数据源管理器中创建的数据源名字
Connection con = DriverManager.getConnection(url);
```

如果数据库设置了登录名和口令，则在创建连接时需在方法中包含相关的参数，格式如下：

```
DriverManager.getConnection(String url,String loginName,String password)
```

以下语句采用了一种无数据源连接数据库的方式：

```
con=DriverManager.getConnection("jdbc:odbc:driver={Microsoft Access Driver(*.mdb)};
DBQ=d:\\xsgl.mdb")
```

20.3.3　获取 Statement 对象

Connection 创建 Statement 对象的方式主要有 3 种，分别如下：

- createStatement()：创建基本的 Statement 对象。
- prepareStatement()：创建 PreparedStatement 对象。
- prepareCall()：创建 CallableStatement 对象。

以创建基本的 Statement 对象为例，语法格式如下：

```
Statement stmt = conn.createStatement();
```

20.3.4　执行 SQL 语句

与数据库建立连接之后，需要向数据库发送 SQL 语句。在特定的程序环境和功能需求下，可能需要不同的 SQL 语句，例如数据库的增、删、改、查等操作或者数据库表的创建及维护操作等。其语法格式是相同的。例如，以下代码向数据库发送查询语句，获取查询结果：

```
String query = "select * from table1";        //查询语句
Satement st = con.createStatement();               //或用带参数的 createStatement()方法
    ResultSet rs = st.executeQuery(query);         //发送 SQL 语句，获得结果
```

所有的 Statement 都有以下 3 种执行 SQL 语句的方法：

- execute()：可以执行任何 SQL 语句。
- executeQuery()：通常执行查询语句，执行后返回代表结果集的 ResultSet 对象。
- executeUpdate()：主要用于执行 DML 和 DDL 语句。执行 DML 语句时返回 SQL 语句影响的行数，执行 DDL 语句返回 0。

20.3.5　获得执行结果

如果执行的 SQL 语句是查询语句，执行结果将返回一个 ResultSet 对象，该对象里保存了 SQL 语句查询的结果。程序可以通过操作该 ResultSet 对象来获得查询结果。

20.3.6　关闭连接

每次操作数据库结束后都要关闭数据库连接，释放资源，包括关闭 ResultSet、Statement 和 Connection 等资源。

【例 20-1】（实例文件：ch20\Chap20.1.txt）访问数据库。

```
public class Test {
    public static void main(String[] args) {
        Statement stmt = null;
        ResultSet rs = null;
        Connection conn=null;
        try {
            // 1.注册数据库的驱动程序
            Class.forName("com.hxtt.sql.access.AccessDriver");
            // 2.通过 DriverManager 获取数据库连接
            conn = DriverManager.getConnection("jdbc:Access:///e:/xsgl.mdb");
            // 3.通过 Connection 对象获取 Statement 对象
            stmt = conn.createStatement();
            // 4.使用 Statement 执行 SQL 语句
            String sql = "select * from studentInfo";
```

```
            rs = stmt.executeQuery(sql);
            // 5.操作 ResultSet 结果集
            System.out.println("studentID | studentName   | studentSEX ");
            while (rs.next()) {
                int id = rs.getInt("studentID"); // 通过列名获取指定字段的值
                String name = rs.getString("studentName");
                String psw = rs.getString("studentSEX");
                System.out.println(id + " | " + name + " | " + psw);
            }
        } catch (Exception e) {
            e.printStackTrace();
        } finally {
            // 6.回收数据库资源
            if (rs != null) {
                try {
                    rs.close();
                } catch (SQLException e) {
                    e.printStackTrace();
                }
                rs = null;
            }
            if (stmt != null) {
                try {
                    stmt.close();
                } catch (SQLException e) {
                    e.printStackTrace();
                }
                stmt = null;
            }
            if (conn != null) {
                try {
                    conn.close();
                } catch (SQLException e) {
                    e.printStackTrace();
                }
                conn = null;
            }
        }
    }
}
```

程序执行结果如图 20-2 所示。

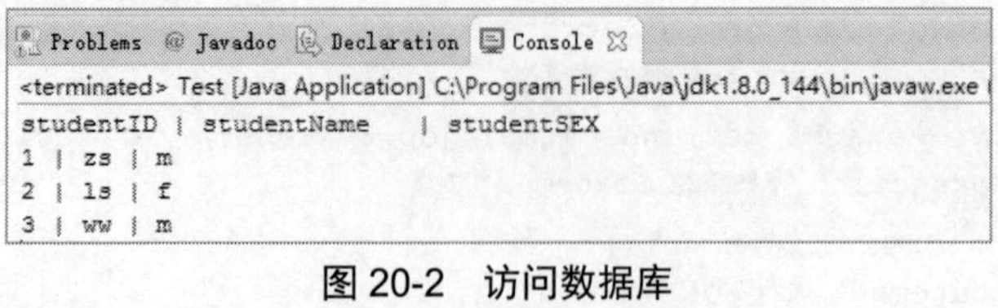

```
Problems  @ Javadoc  Declaration  Console
<terminated> Test [Java Application] C:\Program Files\Java\jdk1.8.0_144\bin\javaw.exe
studentID | studentName    | studentSEX
1 | zs | m
2 | ls | f
3 | ww | m
```

图 20-2　访问数据库

要特别注意，JDK 1.7 以后的版本不再包含 Access 桥接驱动程序，因此不再支持 JDBC-ODBC 桥接方式，需要下载 Access 驱动程序的 jar 包（Access_JDBC30.jar），而 JDK 1.1 到 JDK1.6 都自带该 jar 包，不需要下载。

下载完成后，把 Access_JDBC30.jar 放到 JDK 的 lib 文件夹里，之后修改环境变量 CLASSPATH，在其中加上这个 jar 包，路径为 jar 包的绝对路径，例如 C:\ProgramFiles\Java\jre1.8.0_65\lib\Access_JDBC30.jar。如果 CLASSPATH 中已有其他值，在最后添加该包就行，不同值之间以分号作为分隔。环境变量添加完成后，在 Eclipse 中，在项目上右击，选择 Properties→Java Build Path→Libraries→Add Jars，把文件 Access_JDBC30.jar 添加到工程中，至此就可以正常连接 Access 数据库。但是驱动名称不再是 sun.jdbc.odbc.JdbcOdbcDriver，而是 com.hxtt.sql.access.AccessDriver，数据库路径也可以采用直连，URL 可以设置为 jdbc:Access:///d:/MYDB.accdb。其中，jdbc:Access:为固定格式，后面的///d:/MYDB.accdb 表示连接对象是 d 盘根目录下的文件 MYDB.accdb。具体格式如下：

```
Class.forName("com.hxtt.sql.access.AccessDriver");
Connection con = DriverManager.getConnection("jdbc:Access:///d:/MYDB.accdb");
```

20.4 数据库的基本操作

访问数据库要使用 SQL 语句。SQL 语句主要有 4 大类：数据查询语言（DQL）、数据操纵语言（DML）、数据定义语言（DDL）和数据控制语言（DCL）。每一类语言包含或多或少的语句，使用在不同的应用程序中。在一般的应用程序中使用较多的是表的创建和管理、视图的操作和索引的操作等，对数据的操作主要包括数据的插入、删除、更新、查找、过滤和排序等。除此之外，还有获取数据库元数据和结果集元数据等操作。有时候也可以使用 CRUD 来概括地表示对数据库的常见操作，即表的创建（Create）、数据检索（Retrieve）、数据更新（Update）和删除（Delete）操作。

20.4.1 查询数据

在查询数据时，既可以利用 Statement 实例通过执行静态 SELECT 语句完成，也可以利用 PreparedStatement 实例通过执行动态 SELECT 语句完成，还可以利用 CallableStatement 实例通过执行存储过程完成。

（1）利用 Statement 实例通过执行静态 SELECT 语句查询数据的代码实例如下：

```
String sql = "select * from tb_record where sex=?";
Statement stmt = con.createStatement() ;
PreparedStatement pstmt = con.prepareStatement(sql) ;
CallableStatement cstmt =con.prepareCall("{CALL demoSp(? , ?)}") ;
```

（2）利用 PreparedStatement 实例通过执行动态 SELECT 语句查询数据的代码实例如下：

```
String sql = "select * from tb_record where sex=?";
PreparedStatement prpdStmt = connection.prepareStatement(sql);
prpdStmt.setString(1, "男");
ResultSet rs = prpdStmt.executeQuery();
```

（3）利用 CallableStatement 实例通过执行存储过程查询数据的代码实例如下：

```
String call = "{call pro_record_select_by_sex(?)}";
CallableStatement cablStmt = connection.prepareCall(call);
```

```
cablStmt.setString(1, "男");
ResultSet rs = cablStmt.executeQuery();
```

无论利用哪个实例查询数据，都需要执行 executeQuery()方法，这时才真正执行 SELECT 语句，从数据库中查询符合条件的记录。该方法将返回一个 ResultSet 型的结果集，在该结果集中不仅包含所有满足查询条件的记录，还包含相应数据表的相关信息，例如每一列的名称、类型和列的数量等。

【例 20-2】（实例文件：ch20\Chap20.2.txt）使用 Statement 实例执行静态 SELECT 语句查询记录。

```
public class Test {
    private static final String URL = "jdbc:Access:///e:/xsgl.mdb";
    static {
        try {
            Class.forName("com.hxtt.sql.access.AccessDriver");
        } catch (ClassNotFoundException e) {
            e.printStackTrace(); // 输出捕获到的异常信息
        }
    }
    public static void main(String[] args) {
        try {
            Connection conn = DriverManager.getConnection(URL);

            Statement stmt = conn.createStatement();
            String sql = "select * from studentInfo";        // 定义静态 SELECT 语句
            ResultSet rs = stmt.executeQuery(sql);           // 执行静态 SELECT 语句
            while (rs.next()) { // 遍历结果集，通过 next()方法可以判断是否还存在符合条件的记录
                int id = rs.getInt(1);                       // 通过列索引获得指定列的值
                String name = rs.getString(2);               // 通过列索引获得指定列的值
                String sex = rs.getString(3);                // 通过列索引获得指定列的值
                System.out.println(id + " " + name + " " + sex);
            }
            stmt.close();
            conn.close();
        } catch (SQLException e) {
            e.printStackTrace();
        }
    }
}
```

程序运行结果如图 20-3 所示。

```
Problems  @ Javadoc  Declaration  Console
<terminated> Test [Java Application] C:\Program Files\Java\jdk1.8.0_144\bin\javaw.exe
1 zs m
2 ls f
3 ww m
```

图 20-3　Statement 应用实例

【例 20-3】（实例文件：ch20\Chap20.3.txt）通过 PreparedStatement 实例执行动态 SELECT 语句查询记录。

```
public class Test {
    private static final String URL = "jdbc:Access:///e:/xsgl.mdb";
```

```
    static {
        try {
            Class.forName("com.hxtt.sql.access.AccessDriver");
        } catch (ClassNotFoundException e) {
            e.printStackTrace(); // 输出捕获到的异常信息
        }
    }
    public static void main(String[] args) {
        try {
            Connection conn = DriverManager.getConnection(URL);
            Statement stmt = conn.createStatement();
            String sql = "select * from studentInfo";                  // 定义静态 SELECT 语句
            PreparedStatement prpdStmt = conn.prepareStatement(sql);    // 预处理动态 INSERT 语句
            ResultSet rs = prpdStmt.executeQuery();                    // 执行动态 INSERT 语句
            ResultSetMetaData metaData = rs.getMetaData();        // 获得 ResultSetMetaData 类的实例
            System.out.print(metaData.getColumnName(1) + "        ");
                                    // 通过列索引获得指定列的名称
            System.out.print(metaData.getColumnName(2) + "  ");      // 通过列索引获得指定列的名称
            System.out.println(metaData.getColumnName(3) + " ");    // 通过列索引获得指定列的名称
            while (rs.next()) {
                int id = rs.getInt(1);                                // 通过列索引获得指定列的值
                String name = rs.getString(2);                        // 通过列索引获得指定列的值
                String sex = rs.getString(3);                         // 通过列索引获得指定列的值
                System.out.println(id + "  " + name + "  " + sex );
            }
            rs.close();
            prpdStmt.close();
            conn.close();
        } catch (SQLException e) {
            e.printStackTrace();
        }
    }
}
```

程序执行结果如图 20-4 所示。

```
Problems  @ Javadoc  Declaration  Console
<terminated> Test [Java Application] C:\Program Files\Java\jdk1.8.0_144\bin\javaw.exe
studentID        studentName  studentSEX
1  zs  m
2  ls  f
3  ww  m
```

图 20-4 PreparedStatement 应用实例

20.4.2 插入数据

在添加记录时，一条 INSERT 语句只能添加一条记录。如果只需要添加一条记录，通常情况下通过 Statement 实例完成。

Insert 语句格式如下：

```
INSERT INTO <表名>[(字段名[, 字段名]…)] VALUES(常量[, 常量]…)
```

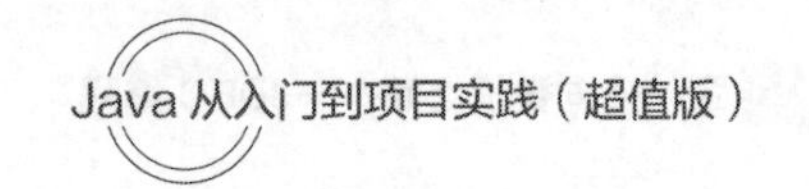

例如，如果要向表 member 中插入一行数据的 SQL 语句是

```
INSERT INTO member (name,age,sex,wage,addr) VALUES ('LiMing',40,'男',4500,'北京市')
```

事实上，对很多数据库而言，对数据的插入、删除和更新操作都有两种可选的操作模式，一是直接使用 SQL 语句插入（或更新、删除）模式，二是通过可更新的结果集对象间接插入（或更新、删除）。用下面的形式创建语句对象：

```
Statement stmt = con.createStatement(ResultSet.TYPE_SCROLL_SENSITIVE,
ResultSet.CUNCUR_UPDATABLE);
```

以下是插入数据的两种方式的实例。

第一种方式：

```
String sqlins = "INSERT INTO students values(' " + name +" ', ' " +age + " ', ' " + sex + " ', ' " +
wage + " ', ' " +" ', ' " + addr + " ') ";
```

第二种方式：

```
rs.moveToInsertRow();
   rs.updateString("name","LiMing");
   rs.updateInt("age",40);
   rs.updateString("sex","男");
   rs.updateInt("wage",4500);
   rs.updateString("addr","北京市");
   rs.insertRow();
```

【例 20-4】（实例文件：ch20\Chap20.4.txt）通过 Statement 实例执行静态 INSERT 语句添加单条记录。

```
public class Test {
   private static final String URL = "jdbc:Access:///e:/xsgl.mdb";
   static {
      try {
         Class.forName("com.hxtt.sql.access.AccessDriver");
      } catch (ClassNotFoundException e) {
         e.printStackTrace();                    // 输出捕获到的异常信息
      }
   }
   public static void main(String[] args) {
      try {
         Connection conn = DriverManager.getConnection(URL);
         Statement statement = conn.createStatement();
         String sql = "insert into studentInfo(studentID,studentName) values(201701,'老陈')";
         statement.executeUpdate(sql);      // 执行 INSERT 语句
         statement.close();
         conn.close();
         System.out.println("插入数据成功");
      } catch (SQLException e) {
         e.printStackTrace();
      }
   }
}
```

程序执行完成后，数据库中将多出一条记录，插入完成。如果需要添加多条记录，可以批量添加，也就是通过 Statement 实例反复执行静态 INSERT 语句。例如：

```
statement.executeUpdate("insert into studentInfo (studentID,studentName) values(201702, '老张' ");
statement.executeUpdate("insert into studentInfo (studentID,studentName) values(201703, 'Tony' ");
```

在通过 Statement 实例的 executeUpdate（String sql）方法执行 SQL 语句时，每条 SQL 语句都要单独提交一次，比较烦琐，当需要批量添加数据时一般使用 PreparedStatement 实例或者 CallableStatement 实例来完成。

【例 20-5】（实例文件：ch20\Chap20.5.txt）通过 PreparedStatement 实例执行动态 INSERT 语句批量添加记录。

```
public class Test {
    private static final String URL = "jdbc:Access:///e:/xsgl.mdb";
    static {
        try {
            Class.forName("com.hxtt.sql.access.AccessDriver");
        } catch (ClassNotFoundException e) {
            e.printStackTrace();              // 输出捕获到的异常信息
        }
    }
    public static void main(String[] args) {
        try {
            Connection conn = DriverManager.getConnection(URL);
            String[][] records = { { "201702", "老张" }, { "201703", "Tony" } };
            String sql = "insert into studentInfo(studentID,studentName) values(?,?)";
                                              // 定义动态 INSERT 语句
            PreparedStatement prpdStmt = conn.prepareStatement(sql);    // 预处理动态 INSERT 语句
            prpdStmt.clearBatch();            // 清空 Batch
            for (int i = 0; i < records.length; i++) {
                prpdStmt.setInt(1, Integer.valueOf(records[i][0]).intValue());    // 为参数赋值
                prpdStmt.setString(2, records[i][1]);                              // 为参数赋值
                prpdStmt.addBatch();          // 将 INSERT 语句添加到 Batch 中
            }
            prpdStmt.executeBatch();          // 批量执行 Batch 中的 INSERT 语句
            prpdStmt.close();
            conn.close();
        } catch (SQLException e) {
            e.printStackTrace();
        }
    }
}
```

要特别注意，在为动态 SQL 语句中的参数赋值时，参数的索引值从 1 开始，而不是从 0 开始。另外，要为动态 SQL 语句中的每一个参数赋值，否则在提交时将会抛出“错误的参数绑定”异常。

当通过 PreparedStatement 实例和 CallableStatement 实例添加单条记录时，在设置完参数值后，也需要调用 executeUpdate()方法，这时才真正执行 INSERT 语句向数据库添加记录。

20.4.3 更新数据

数据更新语句的命令格式如下：

```
UPDATE <table_name> SET colume_name = 'xxx' WHERE <条件表达式>
```

在更新数据时，既可以利用 Statement 实例通过执行静态 UPDATE 语句完成，也可以利用 PreparedStatement 实例通过执行动态 UPDATE 语句完成，还可以利用 CallableStatement 实例通过执行存储过程完成。

（1）利用 Statement 实例通过执行静态 UPDATE 语句修改数据的代码实例如下：

```
String sql = "update tb_record set salary=3000 where duty='部门经理'";
statement.executeUpdate(sql);
```

（2）利用 PreparedStatement 实例通过执行动态 UPDATE 语句修改数据的代码实例如下：

```
String sql = "update tb_record set salary=? where duty=?";
PreparedStatement prpdStmt = connection.prepareStatement(sql);
prpdStmt.setInt(1, 3000);
prpdStmt.setString(2, "部门经理");
prpdStmt.executeUpdate();
```

（3）利用 CallableStatement 实例通过执行存储过程修改数据的代码实例如下：

```
String call = "{call pro_record_update_salary_by_duty(?,?)}";
CallableStatement cablStmt = connection.prepareCall(call);
cablStmt.setInt(1, 3000);
cablStmt.setString(2, "部门经理");
cablStmt.executeUpdate();
```

无论利用哪个实例修改数据，都需要执行 executeUpdate()方法，这时才真正执行 UPDATE 语句，修改数据库中符合条件的记录。该方法将返回一个 int 型数，为被修改记录的条数。

【例 20-6】（实例文件：ch20\Chap20.6.txt）通过 Statement 实例每次执行一条 UPDATE 语句。

```
public class Test {
    private static final String URL = "jdbc:Access:///e:/xsgl.mdb";
    static {
        try {
            Class.forName("com.hxtt.sql.access.AccessDriver");
        } catch (ClassNotFoundException e) {
            e.printStackTrace(); // 输出捕获到的异常信息
        }
    }
    public static void main(String[] args) {
        try {
            Connection conn = DriverManager.getConnection(URL);
            Statement statement = conn.createStatement();

            String sql = "update tb_record set Salary=Salary+100 where Duty='部门经理'";
            statement.executeUpdate(sql);

            statement.close();
            conn.close();
        } catch (SQLException e) {
            e.printStackTrace();
        }
    }
}
```

更新语句执行后，所有部门经理的薪水将会在原来的基础上增加 100。

【例 20-7】（实例文件：ch20\Chap20.7.txt）使用 PreparedStatement 实例一次执行多条 UPDATE 语句。

```
public class Test {
    private static final String URL = "jdbc:Access:///e:/xsgl.mdb";
    static {
        try {
            Class.forName("com.hxtt.sql.access.AccessDriver");
        } catch (ClassNotFoundException e) {
            e.printStackTrace();                        // 输出捕获到的异常信息
        }
    }
    public static void main(String[] args) {
        try {
            Connection conn = DriverManager.getConnection(URL);
            String[][] infos = { { "A", "200" }, { "B", "100" } };
            String sql = "update tb_record set salary=salary+? where cname=?";
            PreparedStatement prpdStmt = conn.prepareStatement(sql);
            prpdStmt.clearBatch();
            for (int i = 0; i < infos.length; i++) {
                prpdStmt.setInt(1, Integer.valueOf(infos[i][1]).intValue());
                prpdStmt.setString(2, infos[i][0]);
                prpdStmt.addBatch();
            }
            prpdStmt.executeBatch();

            prpdStmt.close();
            conn.close();
        } catch (SQLException e) {
            e.printStackTrace();
        }
    }
}
```

程序执行后名为 A 的员工薪水增加 200，名字为 B 的员工薪水增加 100。

20.4.4 删除数据

DELETE 语句的格式如下：

```
DELETE FROM <表名> WHERE <条件表达式>
```

例如：

```
DELETE FROM table1 WHERE No = 7658
```

上面的语句从表 table1 中删除一条记录，其字段 No 的值为 7658。在删除数据时，既可以利用 Statement 实例通过执行静态 DELETE 语句完成，也可以利用 PreparedStatement 实例通过执行动态 DELETE 语句完成，还可以利用 CallableStatement 实例通过执行存储过程完成。

（1）利用 Statement 实例通过执行静态 DELETE 语句删除数据的代码实例如下：

```
String sql = "delete from tb_record where date<'2017-2-14'";
```

```
statement.executeUpdate(sql);
```

（2）利用 PreparedStatement 实例通过执行动态 DELETE 语句删除数据的代码实例如下：

```
String sql = "delete from tb_record where date<?";
PreparedStatement prpdStmt = connection.prepareStatement(sql);
prpdStmt.setString(1, "2017-2-14");        // 为日期型参数赋值
prpdStmt.executeUpdate();
```

注意：当需要为日期型参数赋值时，如果已经存在 java.sql.Date 型对象，可以通过 setDate(int parameterIndex, java.sql.Date date)方法为日期型参数赋值；如果不存在 java.sql.Date 型对象，也可以通过 setString(int parameterIndex, String x)方法为日期型参数赋值。

（3）利用 CallableStatement 实例通过执行存储过程删除数据的代码实例如下：

```
String call = "{call pro_record_delete_by_date(?)}";
CallableStatement cablStmt = connection.prepareCall(call);
cablStmt.setString(1, "2017-2-14");    // 为日期型参数赋值
cablStmt.executeUpdate();
```

无论利用哪个实例删除数据，都需要执行 executeUpdate()方法，这时才真正执行 DELETE 语句，删除数据库中符合条件的记录。该方法将返回一个 int 型数，为被删除记录的条数。

【例 20-8】（实例文件：ch20\Chap20.8.txt）通过 Statement 实例每次执行一条 DELETE 语句。

```
public class Test {
   private static final String URL = "jdbc:Access:///e:/xsgl.mdb";
   static {
      try {
         Class.forName("com.hxtt.sql.access.AccessDriver");
      } catch (ClassNotFoundException e) {
         e.printStackTrace(); // 输出捕获到的异常信息
      }
   }
   public static void main(String[] args) {
      try {
         Connection conn = DriverManager.getConnection(URL);
         Statement statement = conn.createStatement();

         String sql = "delete from tb_record where Salary<1000";
         statement.executeUpdate(sql);

         statement.close();
         conn.close();
      } catch (SQLException e) {
         e.printStackTrace();
      }
   }
}
```

程序执行后，所有 salary 少于 1000 的记录都被删除。

【例 20-9】（实例文件：ch20\Chap20.9.txt）通过 PreparedStatement 实例一次执行多条 DELETE 语句。

```
public class Test {
   private static final String URL = "jdbc:Access:///e:/xsgl.mdb";
```

```
    static {
        try {
            Class.forName("com.hxtt.sql.access.AccessDriver");
        } catch (ClassNotFoundException e) {
            e.printStackTrace(); // 输出捕获到的异常信息
        }
    }
    public static void main(String[] args) {
        try {
            Connection conn = DriverManager.getConnection(URL);
            String[] names = { "部门经理", "会计" };
            String sql = "delete from tb_record where duty=?";
            PreparedStatement prpdStmt = conn.prepareStatement(sql);
            prpdStmt.clearBatch();
            for (int i = 0; i < names.length; i++) {
                prpdStmt.setString(1, names[i]);
                prpdStmt.addBatch();
            }
            prpdStmt.executeBatch();

            prpdStmt.close();
            conn.close();
        } catch (SQLException e) {
            e.printStackTrace();
        }
    }
}
```

程序执行后将会将表格 tb_record 中 duty 为“部门经理”和“会计”的所有记录逐条删除。

20.4.5 编译预处理

PreparedStatement 是与编译预处理有关的类，是 Statement 的一个子类。它与 Statement 类的一个重要区别是，用 Statement 定义的语句是一个功能明确而具体的语句，而用 PreparedStatement 类定义的 SQL 语句中则包含一个或多个问号“？”占位符，它们对应多个 IN 参数。带占位符的 SQL 语句可以被编译，而在后续执行过程中，这些占位符需要用 set 方法设置为具体的 IN 参数值，再将这些语句发送至数据库获得执行。

下面给出若干编译预处理语句实例来说明 PreparedStatement 的用法。

（1）创建对象：

```
PreparedStatement pstmt = con.prepareStatement("update table1 set x=? where y=?");
```

在对象 pstmt 中包含了语句“update table1 set x=? where y=?”，该语句被发送到 DBMS 进行编译预处理，为执行做准备。

（2）为每个 IN 参数设定参数值，即每个占位符“？”对应一个参数值。

设定参数值是通过调用 setXxx 方法实现的，其中 Xxx 是与参数相对应的类型。加入上面例子中的参数类型为 long，则用下面的代码为参数设定值：

```
pstmt.setLong(1,123456789);
```

```
pstmt.setLong(2,987654321);
```

这里的 1 和 2 是与占位符从左到右的次序相对应的序号，它们不是从 0 开始计数的。

（3）执行语句：

```
Pstmt.executeUpdate();
```

【例 20-10】（实例文件：ch20\Chap20.10.txt）编译预处理。

```
public class Test
{
    public static void main(String args[])
    {
        Connection con=null;
        PreparedStatement ps;
        ResultSet rs=null;
        try
        {
                Class.forName("com.hxtt.sql.access.AccessDriver");
                String URL = "jdbc:Access:///e:/xsgl.mdb";
                con=DriverManager.getConnection(URL);
        }
        catch(Exception e){}
        try
        {
                String update = "update tb_record set cname = ? where  ID = ?";
                ps=con.prepareStatement(update);
                ps.setString(1,"项羽");
                ps.setInt(2, 4);
                for(int i = 0;i < 10; i++)
                {
                    ps.setInt(2,i);
                    ps.setString(1, String.valueOf((char)(65+i)));
                    int rowCount = ps.executeUpdate();
                }

                ps.close();
                con.close();
        }
        catch(Exception e) {}
    }
}
```

程序执行后将对表 tb_record 执行批量更新操作（Update），采用 PreparedStatement，通过设置该类对象的两个参数 cname 和 id，循环执行更新操作。

20.5 事务处理

所谓事务，泛指一系列的数据库操作，这些操作要么全做，要么全不做，是一个不可分割的工作单元，是数据库应用程序中的一个基本逻辑单元。

20.5.1 事务概述

事务是指一组相互依赖的操作单元的集合，用来保证对数据库的正确修改，保持数据的完整性，如果一个事务的某个单元操作失败，将取消本次事务的全部操作。例如，银行交易、股票交易和网上购物等都需要利用事务来控制数据的完整性。假设要将 A 账户的资金转入 B 账户，在 A 中扣除成功，在 B 中添加失败，导致数据失去平衡，事务将回滚到原始状态，即 A 中资金没少，B 中资金没多。

数据库是共享资源，可供多个用户使用。多个用户并发地存取数据库时就可能产生多个事务同时存取同一数据的情况，由此可能会造成不正确地存取数据，破坏数据的一致性的结果。因而可能会出现 3 种数据错误：

（1）脏读（dirty read）。一个事务修改了某一行数据而未提交时，另一事务读取了该行数据。假如前一事务发生了回退，则后一事务将得到一个无效的值。

（2）不可重复读（non-repeatable read）。一个事务读取某一数据行时，另一事务同时在修改此数据行，则前一事务在重复读取此行时将得到一个与以前不一致的数据。

（3）错误读（phantom read）。也称为幻影读，一个事务在某一表中查询时，另一事务恰好插入了满足查询条件的数据行，则前一事务在重复读取满足条件的值时将得到一个或多个额外的“幻影”值。

数据库事务必须具备以下特征（简称 ACID）：

（1）原子性（Atomic）。每个事务是一个不可分割的整体，只有所有的操作单元执行成功，整个事务才成功；否则此次事务就失败，所有执行成功的操作单元必须撤销，数据库回到此次事务之前的状态。

（2）一致性（Consistency）。在执行一次事务后，数据的完整性和业务逻辑的一致性不能被破坏。例如 A 与 B 转账结束后，他们的资金总额是不能改变的。

（3）隔离性（Isolation）。在并发环境中，一个事务所做的修改必须与其他事务所做的修改相隔离。例如一个事务查看的数据必须是其他并发事务修改之前或修改完毕的数据，不能是修改中的数据。

（4）持久性（Durability）。事务结束后，对数据的修改是永久保存的，即使系统故障导致重启数据库系统，数据依然是修改后的状态。

数据库管理系统采用锁的机制来管理事务。当多个事务同时修改同一数据时，只允许持有锁的事务修改该数据，其他事务只能排队等待，直到前一个事务释放其拥有的锁。

20.5.2 常用事务处理方法

JDBC 事务处理可采用隔离级别控制数据读取操作。JDBC 支持 5 个隔离级别，其名称和含义如表 20-6 所示。

表 20-6 事务处理的隔离级别

类 型	隔 离 级 别	含 义
static int	TRANSACTION-NONE	不支持事务
static int	TRANSACTION-READ-COMMITED	脏读、不可重复读和错误读取都是允许的
static int	TRANSACTION-READ-UNCOMMITED	禁止脏读，不可重复读和错误读取都是允许的
static int	TRANSACTION-REPEATABLE-READ	事务保证能够再次读取相同的数据而不会失败，错误读取是允许的
static int	TRANSACTION-SERIALIZABLE	禁止脏读、不可重复读和错误读取

用 con.setTransactionIsolation(Connection.Isolationlevel);进行事务隔离级别设置。Isolation_level 取值即表 20-6 中的 5 个常量之一。

一个事务也许包含几个任务，只有当全部任务结束后，事务才结束。如果其中的任何一个任务失败，则事务失败，之前完成的任务也要恢复到原来的状态。

在具体的事务操作中，可以使用 Connection 中的 3 个方法来完成基本的事务管理：

（1）setAutoCommit(boolean true/false)：设置自动提交属性 AutoCommit，默认为 true。

（2）rollback()：回滚事务。

（3）commit()：事务提交。

在调用了 commit()方法之后，所有为这个事务创建的结果集对象都被关闭了，除非通过 createStatement()方法传递参数 HOLD_CURSORS_OVER_COMMIT。与该参数功能相对应的另一个参数是 CLOSE_CURSORS_AT_COMMIT，在 commit()方法被调用时关闭 ResultSet 对象。

事务中若包含多个任务，当事务失败时，也许其中一部分任务不需要回滚。例如，处理一个订单要完成 3 个任务，分别是更新消费者账户表、订单插入到待处理的订单表和给消费者发送确认电子邮件。如果上述 3 个任务中完成了前两个，只是最后一个因为邮件服务器掉线而未完成，那么不需要对整个事务回滚。

可以使用保存点（Savepoint）来控制回滚的数量。所谓保存点，就是对事务的某些子任务设置符号标识，用来为回滚操作提供位置指示。

关于保存点的方法主要有以下 3 个：

（1）setSavepoint("保存点名称")：在某子任务前设置保存点。

（2）releaseSavepoint("保存点名称")：释放指定的保存点。

（3）rollback("保存点名称")：指示事务回滚到指定的保存点。

20.6 就业面试解析与技巧

20.6.1 面试解析与技巧（一）

面试官：什么是 JDBC？在什么时候会用到它？

应聘者：JDBC 的全称是 Java DataBase Connection，也就是 Java 数据库连接，可以用它来操作关系型数据库。JDBC 接口及相关类在 java.sql 包和 javax.sql 包里。可以用它来连接数据库，执行 SQL 查询，存储过程，并处理返回的结果。JDBC 接口让 Java 程序和 JDBC 驱动程序实现了松耦合，使得不同数据库间的切换变得更加简单。

20.6.2 面试解析与技巧（二）

面试官：与 Statement 相比，PreparedStatement 的优点是什么？

应聘者：PreparedStatement 和 Statement 相比有以下几个优点：

- PreparedStatement 有助于防止 SQL 注入，因为它会自动将特殊字符转义。
- PreparedStatement 可以用来进行动态查询。
- PreparedStatement 执行更快，尤其在重用它或者使用它的批量查询接口执行多条语句时。

使用 PreparedStatement 的 set 方法更容易写出面向对象的代码；而使用 Statement，需要拼接字符串来生成查询语句，如果参数太多了，字符串拼接看起来会非常复杂，并且容易出错。

第 5 篇

行业应用

在本篇中，将前面所学的各项知识和技能应用于不同行业的软件开发中。通过本篇的学习，读者将具备在游戏开发、金融、移动互联网、教育等行业应用 Java 进行软件开发的能力，积累不同行业的开发经验。

第21章

Java在游戏开发行业中的应用

◎ 本章教学微视频：18个 61分钟

学习指引

通过前面的学习，大家已经掌握了Java编程的基础知识和各项技能。本章通过一个五子棋游戏项目开发案例，深入探讨Java在游戏开发行业的项目开发技术。

重点导读

- 熟悉Swing编程的相关知识。
- 掌握Java中显示图片类ImagaIO的使用。
- 掌握Java中绘制图片类Graphics的使用。
- 掌握游戏开发的设计过程。
- 熟悉项目必备扩展知识。

21.1 案例运行及配置

本节将系统学习案例开发及运行所需环境、案例系统配置和运行方法、项目开发及导入步骤等知识。

21.1.1 开发及运行环境

本系统的软件开发环境如下：

- 编程语言：Java。
- 操作系统：Windows 7/8/10。
- JDK版本：Java SE Development KIT(JDK) Version 7.0。
- 开发工具：MyEclipse。

21.1.2 系统运行

首先介绍如何运行本案例程序，以使读者对本案例程序的功能有所了解。本案例程序运行的具体步骤如下。

步骤 1：下载 jdk-7u79-windows-i586.exe 软件，结合前面介绍的知识安装并配置好环境变量 JAVA_HOME、CLASSPATH 和 PATH。

步骤 2：复制程序输出文件。把素材中 ch21 文件夹复制到计算机硬盘中，例如 D:\ts\，如图 21-1 所示。

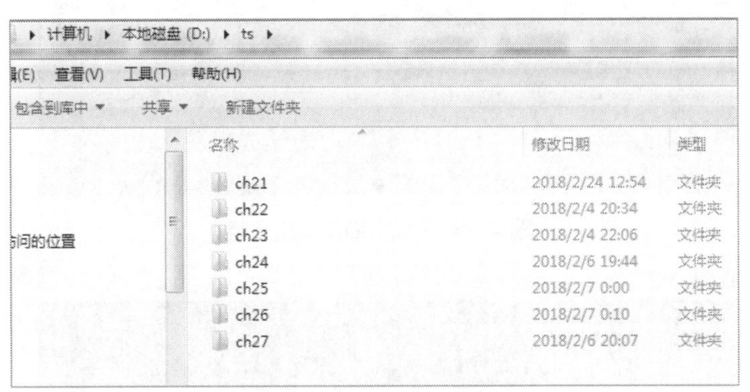

图 21-1 复制案例素材文件

步骤 3：运行程序。

（1）按 Win+R 快捷键打开“运行”对话框，输入并执行 cmd 命令，打开命令提示符窗口，如图 21-2 所示。

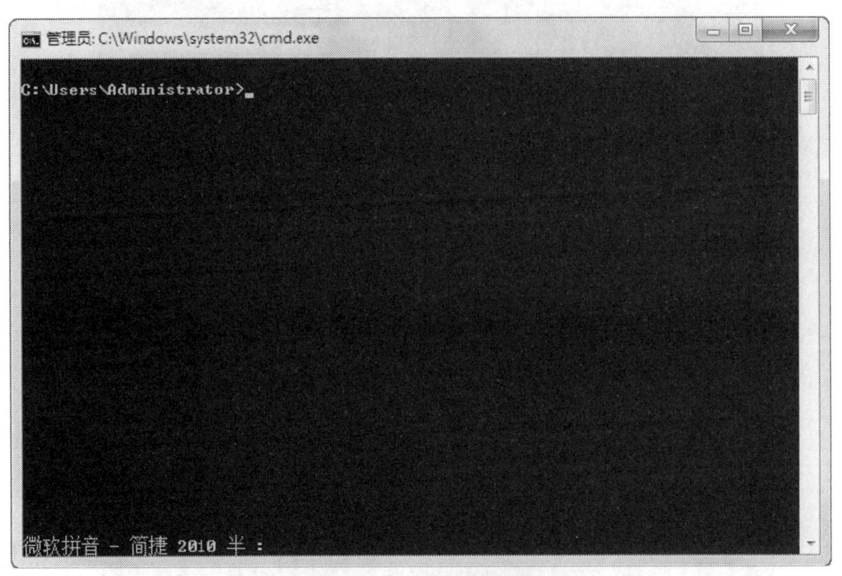

图 21-2 命令提示符窗口

（2）验证 JDK 安装是否正确。在命令提示符窗口中输入并执行 java-version 命令，如果屏幕输出 java version "1.x.x"，说明安装成功，如图 21-3 所示。

（3）在命令提示符窗口中输入并执行 cd d:\ts\ch21 命令，转换到 d:\ts\ch21 目录下，如图 21-4 所示。

（4）在命令提示符窗口中输入并执行 java-jar wzq.jar 命令，启动案例程序，如图 21-5 所示。

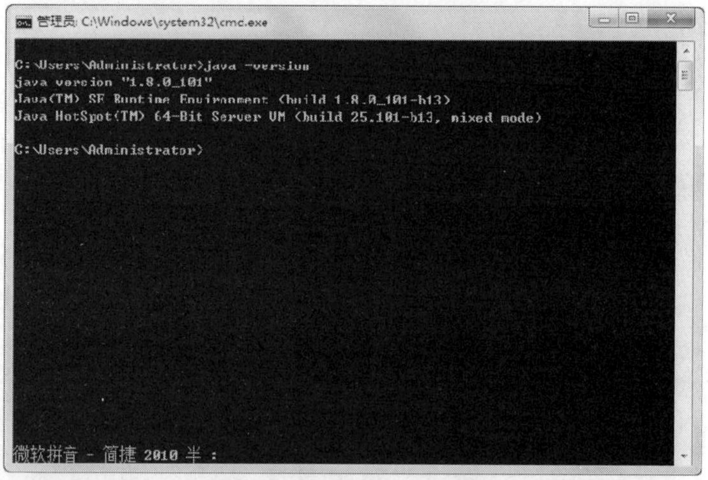

管理员: C:\Windows\system32\cmd.exe
C:\Users\Administrator>java -version
java version "1.8.0_101"
Java(TM) SE Runtime Environment (build 1.8.0_101-b13)
Java HotSpot(TM) 64-Bit Server VM (build 25.101-b13, mixed mode)
C:\Users\Administrator>
微软拼音 - 简捷 2010 半 :

图 21-3　验证 JDK 安装正确

管理员: C:\Windows\system32\cmd.exe
C:\Users\Administrator>cd d:\ts\ch21
C:\Users\Administrator>d:
d:\ts\ch21>
微软拼音　简捷 2010 半 :

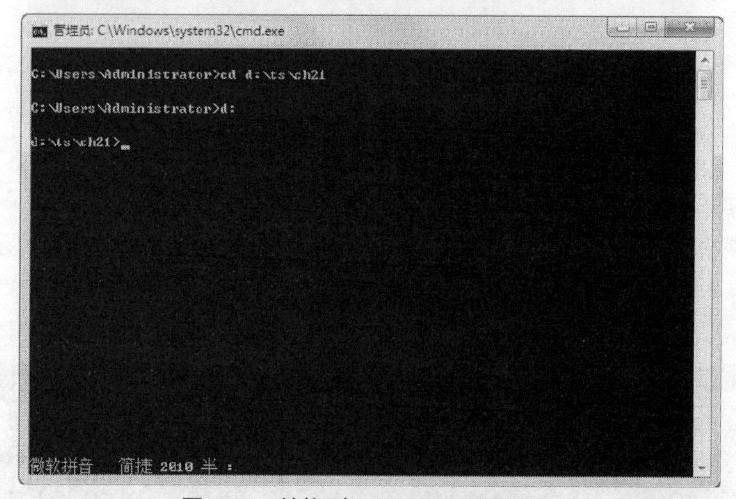

图 21-4　转换到 d:\ts\ch21 目录路径

管理员: C:\Windows\system32\cmd.exe - java -jar wuziqi.jar
d:\ts\ch21>java -jar wuziqi.jar
微软拼音 - 简捷 2010 半 :

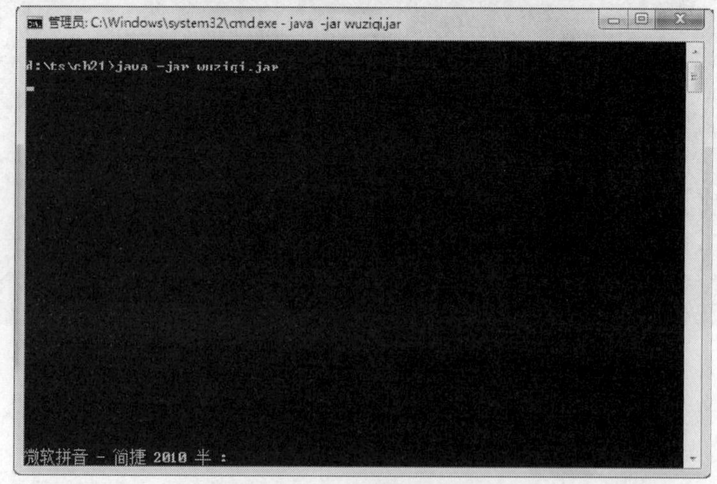

图 21-5　启动案例程序

（5）如果输出如图 21-6 所示的程序界面，即表明程序运行成功。

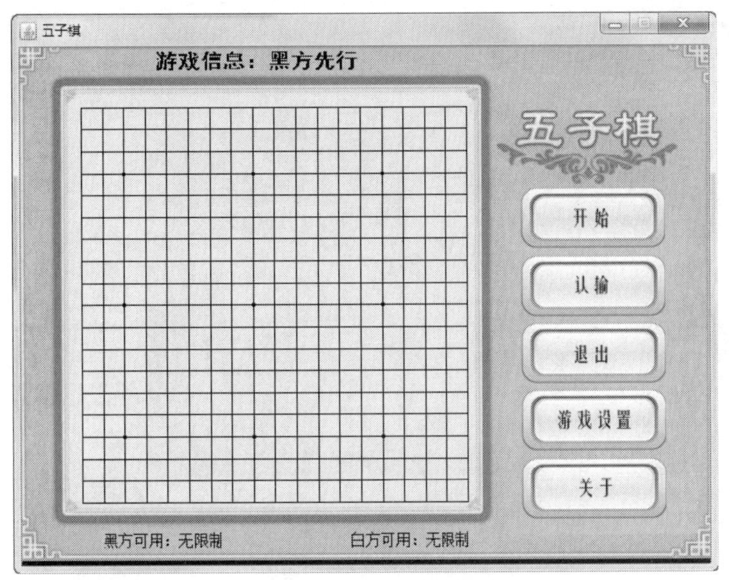

图 21-6　案例运行界面

21.1.3　项目开发及导入步骤

在前面已经运行了项目，接下来的操作中将项目导入到项目开发环境中，为项目的开发做准备。具体操作步骤如下：

（1）把素材中的 ch21 文件夹复制到计算机硬盘中，例如 d:\ts\。

（2）单击 Windows 窗口中的【开始】按钮，在展开的【所有程序】菜单项中，依次展开 MyEclipse→MyEclipse 2014→MyEclipse Professional 2014，如图 21-7 所示。

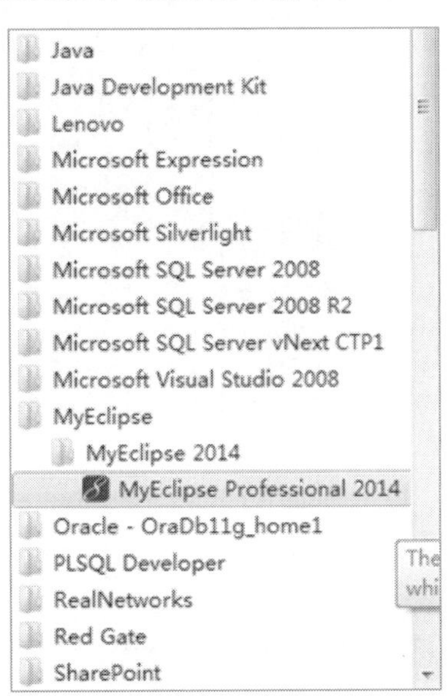

图 21-7　启动 MyEclipse 程序

（3）选择 MyEclipse Professional 2014，启动 MyEclipse 开发工具，如图 21-8 所示。

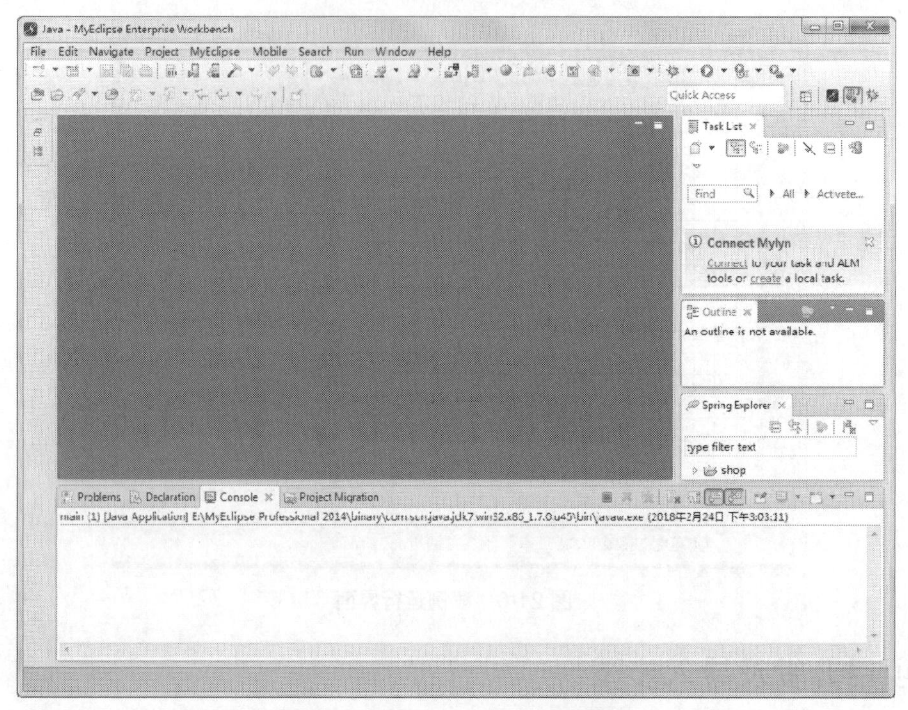

图 21-8　MyEclipse 开发工具界面

（4）在菜单栏中执行 File→Import 命令，如图 21-9 所示。

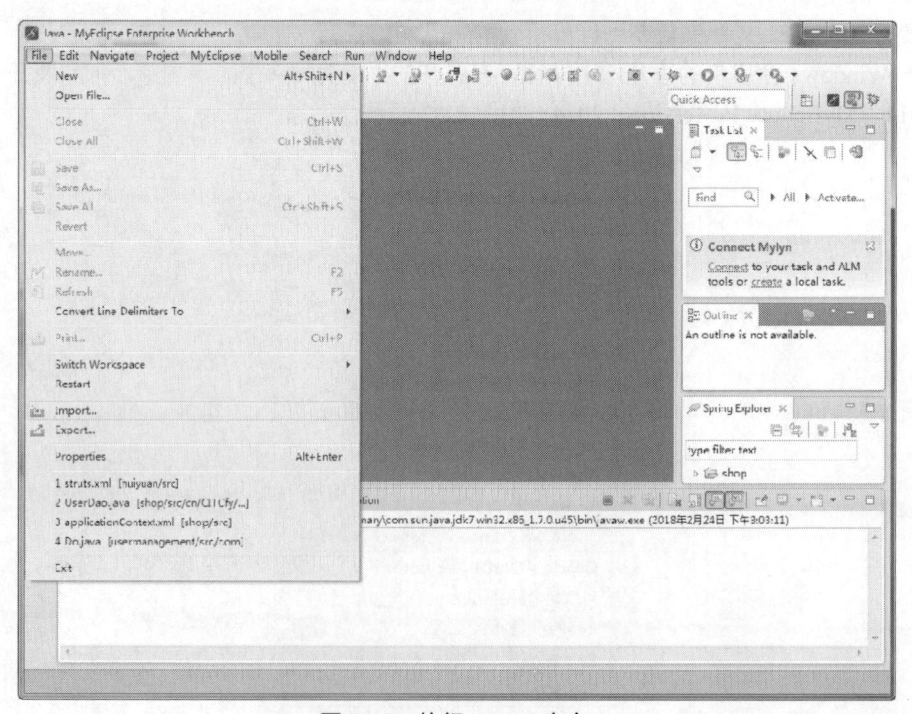

图 21-9　执行 Import 命令

（5）在打开的 Import 窗口中，选择 Existing Projects into Workspace 选项并单击 Next 按钮，如图 21-10 所示。

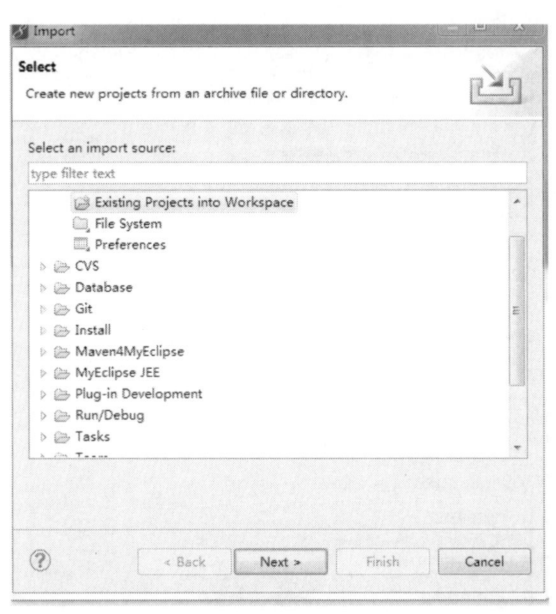

图 21-10　选择项目工作区

（6）在 Import Projects 界面中，单击 Select root directory 单选按钮右边的 Browse 按钮，在打开的【浏览文件夹】对话框中依次选择项目源码根目录，本例选择 d:\ts\ch21\Wzqwork 目录，单击【确定】按钮，如图 21-11 所示。

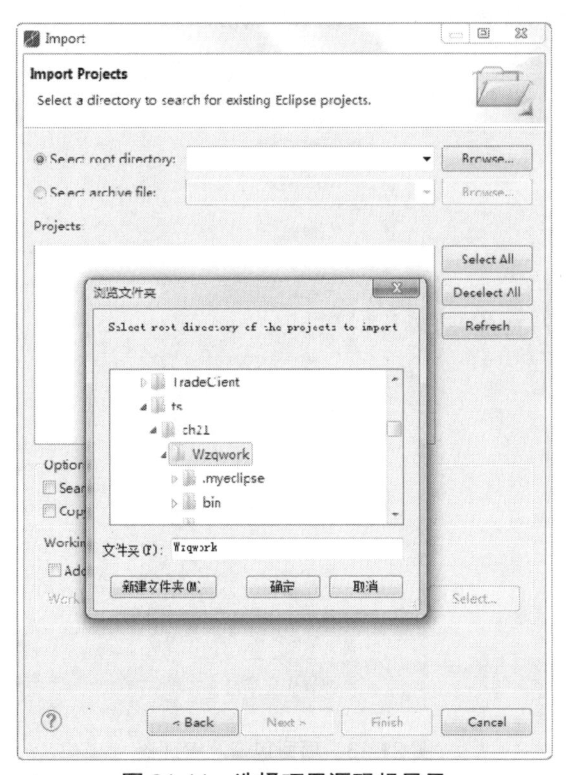

图 21-11　选择项目源码根目录

（7）单击 Finish 按钮，完成项目导入操作，如图 21-12 所示。

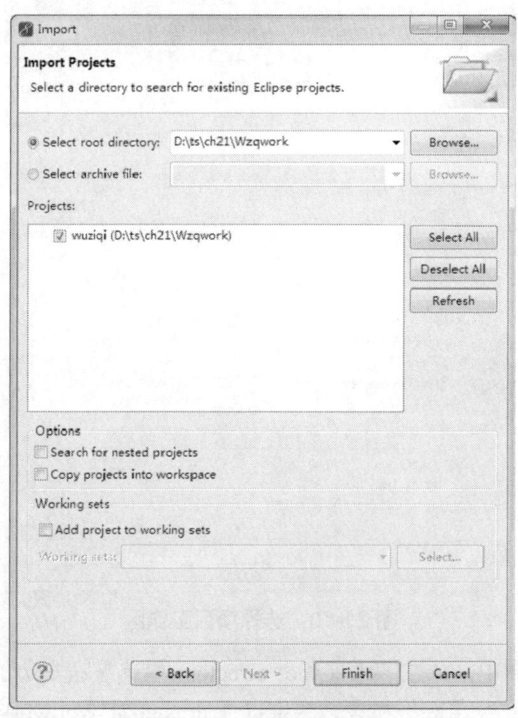

图 21-12　完成项目导入

（8）在 MyEclipse 项目包资源管理器中，可以看到 wuziqi 项目包资源，如图 21-13 所示。

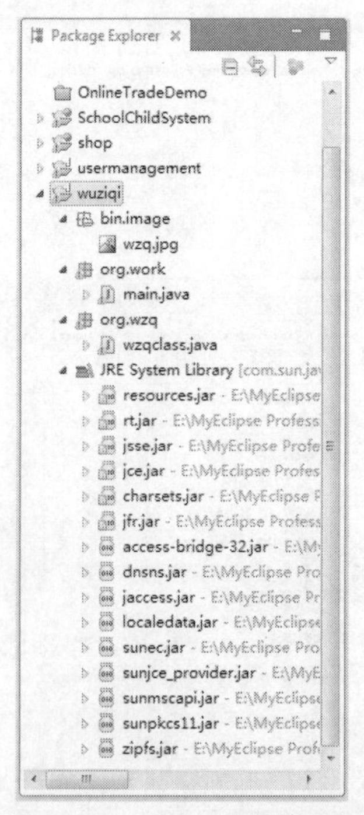

图 21-13　项目包资源管理器

（9）在项目包资源管理器中，依次展开 wuziqi→org.work→main.java 选项，右击 main.java 选项，弹出关于 main.java 的快捷菜单，如图 21-14 所示。

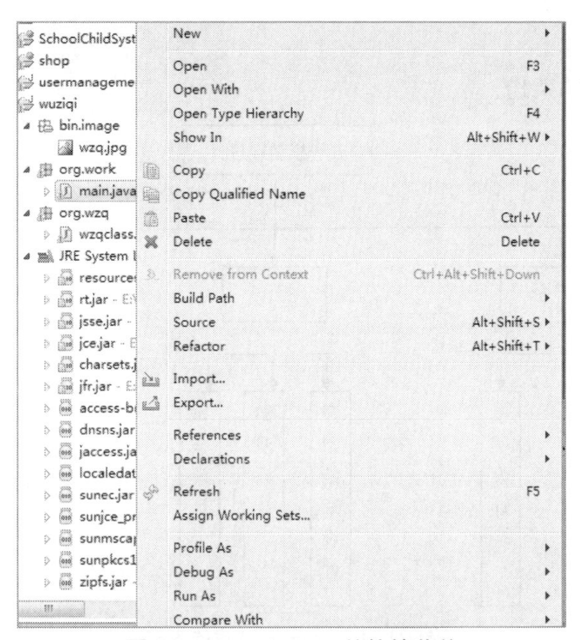

图 21-14　main.java 的快捷菜单

（10）在快捷菜单中选择 Run As→1 Java Application 命令，运行案例项目，如图 21-15 所示。

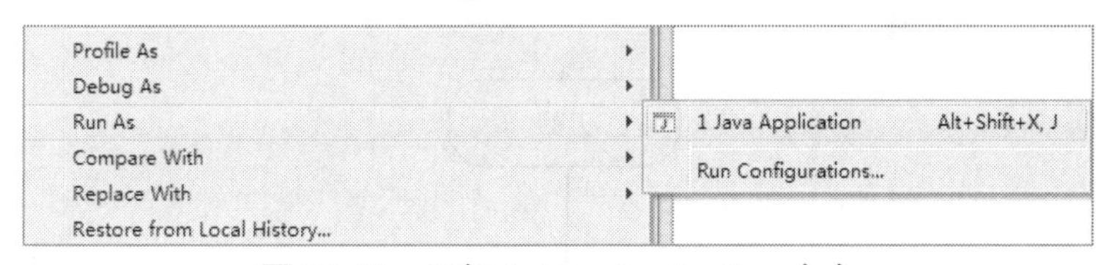

图 21-15　运行 1 Java Application 命令

（11）如果程序导入和运行正确，即可出现五子棋游戏界面（见图 21-6）。此时就可以玩一玩该游戏，测试一下它的功能了。

21.2　系统分析

五子棋是一种两人对弈的纯策略型棋类游戏，棋具与围棋通用，是起源于中国古代的传统黑白棋种之一。五子棋游戏规则简单易懂，老少皆宜，趣味横生，引人入胜。它不仅能增强思维能力，提高智力，而且富含哲理，有助于修身养性，因此，当前已在多个网络游戏平台得到普遍应用。

21.2.1　系统总体设计

下面从系统目标、系统架构以及系统运行流程等几个方面讨论该游戏系统。

1. 系统目标

游戏开始时，由黑方先开局，将一枚棋子落在棋盘上的一个交叉点上，然后由白方落子，如此轮流下子，直到某一方首先在棋盘的横向、纵向或对角线上的五子连成一条直线，则该方该局获胜。在一局中的任意时刻都可以认输，也可以重新开局。

2. 系统架构

图 21-16 是五子棋游戏的架构。

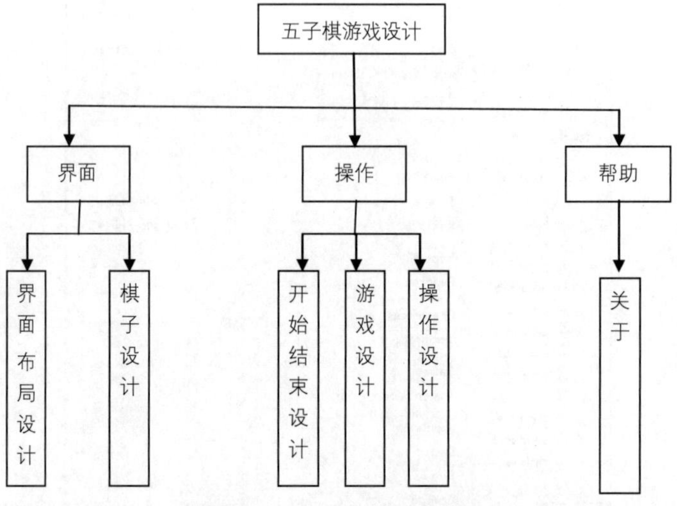

图 21-16　五子棋游戏的架构

3. 系统运行流程

图 21-17 是五子棋运行流程图。

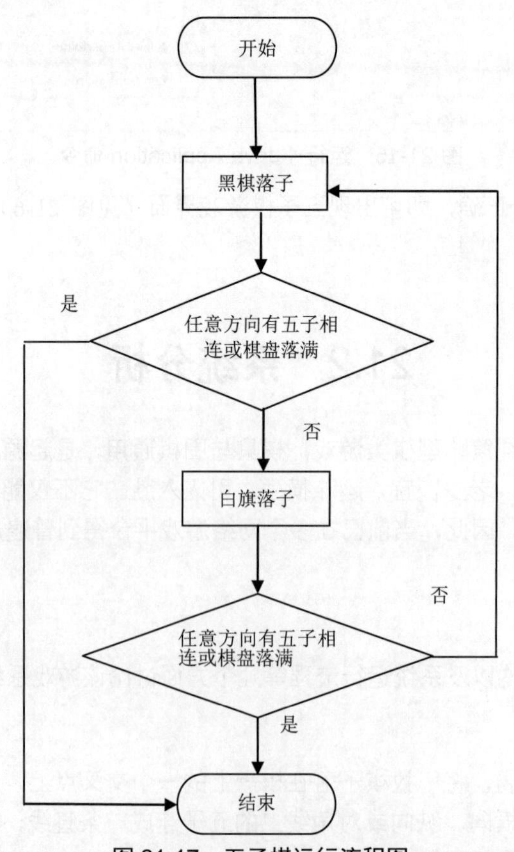

图 21-17　五子棋运行流程图

21.2.2 系统界面

游戏界面分为三大板块，分别是游戏区、左下角计时区和右侧操作按钮区。见图 21-6。

21.2.3 游戏规则设计

五子棋游戏具有如下游戏规则：

（1）游戏开始：打开游戏，用户可以直接进入游戏，由黑方首先开始下棋。

（2）游戏认输操作：用户可以单击“认输”按钮主动认输，结束本局。

（3）游戏退出操作：用户可以单击“退出”按钮结束游戏。

（4）游戏设置：单击“游戏设置”按钮，可以设置游戏时间，当一方最先把游戏时间用完时，该方判输。

（5）“关于”信息：单击“关于”按钮时，向用户提示关于游戏开发者的信息。

21.3 功能分析

本节对五子棋游戏系统的功能进行分析。

21.3.1 系统主要功能

五子棋游戏的主要功能如下：

（1）在单击鼠标时，在相应的位置显示棋子。

（2）自动判断游戏是否结束以及哪一方获胜。

（3）对游戏时间进行设置，判断双方是否超出规定的时间。

21.3.2 系统文件结构

在项目开发中，为了方便对文件的管理，对文件进行分组管理，这样做的好处是便于团队合作。在编写代码前，规划好系统文件组织结构，把窗体、公共类、数据模型、工具类或者图片资源放到不同的文件包中。本项目文件结构如图 21-18 所示。

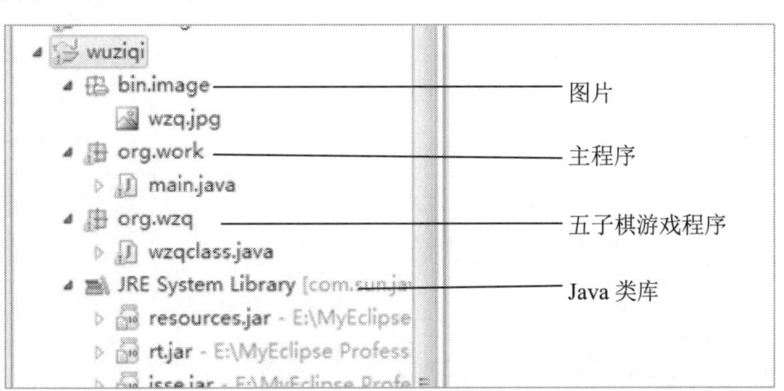

图 21-18 文件结构

21.4 系统主要功能实现

本节对五子棋游戏系统功能的实现方法进行分析，引领大家掌握使用 Java 进行游戏项目开发的基本方法。

21.4.1 棋盘界面开发

游戏开发的第一步是设计棋盘界面，在本项目中使用 paint()函数绘制棋盘。

关于棋盘界面的具体约定如下。

（1）设置棋盘的大小，这里设定的是 19×19 间距的棋盘（即纵向和横向各 19 条线）。

（2）棋盘总宽度为 360 像素，分成 18 份，每份是 20 像素。

（3）棋盘总高度同样为 360 像素，分成 18 份，每份是 20 像素。

具体实现代码如下：

```
public void paint(Graphics g) {
    // 双缓冲技术防止屏幕闪烁
    BufferedImage bi = new BufferedImage(650, 500,BufferedImage.TYPE_INT_RGB);
    Graphics g1 = bi.createGraphics();
    g1.setColor(Color.BLACK);
    // 绘制背景
    g1.drawImage(bgtu, 1, 20, this);
    // 输出标题信息
    g1.setFont(new Font("黑体", Font.BOLD, 20));
    g1.drawString("游戏信息: " + xinxi, 130, 45);
    // 输出时间信息
    g1.setFont(new Font("宋体", 0, 14));
    g1.drawString("黑方时间: " + heixinxi, 80, 480);
    g1.drawString("白方时间: " + baixinxi, 310, 480);

    // 绘制棋盘
    for (int i = 0; i < 19; i++) {
        g1.drawLine(60, 80 + 20 * i, 420, 80 + 20 * i);
        g1.drawLine(60 + 20 * i, 80, 60 + 20 * i, 440);
    }
    // 标注点位
    g1.fillOval(98, 138, 4, 4);
    g1.fillOval(98, 258, 4, 4);
    g1.fillOval(98, 378, 4, 4);

    g1.fillOval(218, 138, 4, 4);
    g1.fillOval(218, 258, 4, 4);
    g1.fillOval(218, 378, 4, 4);

    g1.fillOval(338, 138, 4, 4);
    g1.fillOval(338, 258, 4, 4);
    g1.fillOval(338, 378, 4, 4);
```

```
        // 绘制全部棋子
        for (int i = 0; i < 19; i++) {
            for (int j = 0; j < 19; j++) {
                if (allwzq[i][j] == 1) {
                    // 黑子
                    int tempX = i * 20 + 60;
                    int tempY = j * 20 + 80;
                    g1.fillOval(tempX - 7, tempY - 7, 14, 14);
                }
                if (allwzq[i][j] == 2) {
                    // 白子
                    int tempX = i * 20 + 60;
                    int tempY = j * 20 + 80;
                    g1.setColor(Color.WHITE);
                    g1.fillOval(tempX - 7, tempY - 7, 14, 14);
                    g1.setColor(Color.BLACK);
                    g1.drawOval(tempX - 7, tempY - 7, 14, 14);
                }
            }
        }
        g.drawImage(bi, 0, 0, this);
    }
```

21.4.2 保存棋局数组

下棋过程中需要存储已下的棋局，本项目通过一个二维数组保存已经下过的所有棋子的位置。定义一个二维数组 int[][] allChess = new int[19][19]。19 代表棋盘的大小，数组中各个元素的值为 0、1、2，约定 0 表示这个点并没有棋子，1 表示这个点是黑子，2 表示这个点是白子。

21.4.3 绘制棋子

当鼠标单击棋盘上的某个纵横线交叉点时，在该点上显示一个棋子。这需要在 public void mousePressed(MouseEvent e)事件中编写代码。mousePressed 代表鼠标按下的操作，当鼠标被按下时将在光标处绘制一个棋子。其中，黑子用一个实心的黑圆来表示，白子用一个空心的黑圆加一个实心的白圆来表示（实心的白圆用来覆盖白子下面的线和交叉点）。

具体实现代码如下：

```
        // 绘制全部棋子
        for (int i = 0; i < 19; i++) {
            for (int j = 0; j < 19; j++) {
                if (allwzq[i][j] == 1) {
                    // 黑子
                    int tempX = i * 20 + 60;
                    int tempY = j * 20 + 80;
                    g1.fillOval(tempX - 7, tempY - 7, 14, 14);
                }
```

```
                if (allwzq[i][j] == 2) {
                    // 白子
                    int tempX = i * 20 + 60;
                    int tempY = j * 20 + 80;
                    g1.setColor(Color.WHITE);
                    g1.fillOval(tempX - 7, tempY - 7, 14, 14);
                    g1.setColor(Color.BLACK);
                    g1.drawOval(tempX - 7, tempY - 7, 14, 14);
                }
            }
        }
        g.drawImage(bi, 0, 0, this);
```

drawImage()方法在任何情况下都立刻返回，甚至在整个图像没有针对当前输出设备完成缩放、抖动或转换的情况下也是如此。如果当前输出表示形式尚未完成，则 drawImage 返回 false。

21.4.4 棋子连接数量函数

当棋盘新增黑子或白子之后，需要统计在新增棋子纵横方向连续的同色棋子数目，当该统计值为 5 时说明相应的一方胜利。统计功能通过 checkljsl()函数实现。

在新增一个棋子后，统计该颜色棋子在纵向、横向、对角连续数量，具体实现代码如下：

```
private int checkljsl(int xlx, int ylx, int color) {
        int count = 1;
        int tempX = xlx;
        int tempY = ylx;
        while (x + xlx >= 0 && x + xlx <= 18 && y + ylx >= 0 && y + ylx <= 18
                && color == allwzq[x + xlx][y + ylx]) {
            count++;
            if (xlx != 0)
                xlx++;
            if (ylx != 0) {
                if (ylx > 0)
                    ylx++;
                else {
                    ylx--;
                }
            }
        }
        xlx = tempX;
        ylx = tempY;
        while (x - xlx >= 0 && x - xlx <= 18 && y - ylx >= 0 && y - ylx <= 18
                && color == allwzq[x - xlx][y - ylx]) {
            count++;
            if (xlx != 0)
                xlx++;
            if (ylx != 0) {
                if (ylx > 0)
```

```
                ylx++;
            else {
                ylx--;
            }
        }
    }
    return count;
}
```

Checkljsl()函数的参数如果传入（1, y, 1），统计横向黑子连续数量；如果传入（x, 0, 1），统计黑子纵向连续数量。同理，参数如果传入（1, y, 2），统计横向白子连续数量；如果传入（x, 0, 2），统计白子纵向连续数量。

21.4.5 判断胜负

一方下子后，需要判断该方是否获胜，当在横向或纵向或对角线上有 5 个连续的同色棋子时，程序判定该方胜利。这通过 checkhs()函数实现。该函数主要调用 checkljsl()函数进行判定。具体实现代码如下：

```
private boolean checkhs() {
    boolean flag = false;
    // 保存连续的同色棋子数
    int count = 1;
    // 判断横向是否有 5 个同色棋子相连，其特点是纵坐标相同，即 allwzq[x][y]中 y 值相同
    int color = allwzq[x][y];
    // 判断横向
    count = this.checkljsl(1, 0, color);
    if (count >= 5) {
        flag = true;
    } else {
        // 判断纵向
        count = this.checkljsl(0, 1, color);
        if (count >= 5) {
            flag = true;
        } else {
            // 判断右上到左下的对角线方向
            count = this.checkljsl(1, -1, color);
            if (count >= 5) {
                flag = true;
            } else {
                // 判断右下到左上的对角线方向
                count = this.checkljsl(1, 1, color);
                if (count >= 5) {
                    flag = true;
                }
            }
        }
    }
    return flag;
}
```

判定胜负界面效果如图 21-19 所示。

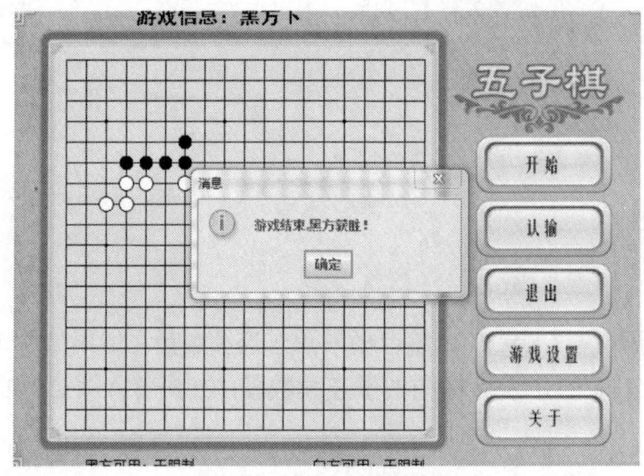

图 21-19　判定胜负界面

21.4.6　功能按钮的实现

本系统设计了【开始】、【认输】、【退出】、【游戏设置】、【关于】5 个功能按钮来控制游戏操作与设置。

1.【开始】按钮

单击【开始】按钮可以开始新的游戏，代码如下：

```
// 单击【游戏设置】按钮
if (e.getX() >= 490 && e.getX() <= 590 && e.getY() >= 166 && e.getY() <= 200) {
    int result = JOptionPane.showConfirmDialog(this, "是否重新开始游戏?");
        if (result == 0) {
            // 重新开始游戏
            // 重新执行操作:
            // (1)把棋盘清空,将allwzq数组中全部数据清零
            // (2)将游戏信息: 的显示改回到开始位置
            // (3)将下一步下棋的改为黑方
            for (int i = 0; i < 19; i++) {
                for (int j = 0; j < 19; j++) {
                    allwzq[i][j] = 0;
                }
            }
            // 另一种方式: allwzq = new int[19][19];
            xinxi = "黑方先行";
            isheiqi = true;
            heisj = zdsj;
            baisj = zdsj;
            if (zdsj > 0) {
                heixinxi = zdsj / 3600 + ":"
                        + (zdsj / 60 - zdsj / 3600 * 60) + ":"
                        + (zdsj - zdsj / 60 * 60);
                baixinxi = zdsj / 3600 + ":"
                        + (zdsj / 60 - zdsj / 3600 * 60) + ":"
                        + (zdsj - zdsj / 60 * 60);
                djs_t.resume();
            } else {
                heixinxi = "无限制";
```

```
                baixinxi = "无限制";
            }
            this.iswan = true;
            this.repaint();
        }
    }
```

实现效果如图 21-20 所示。

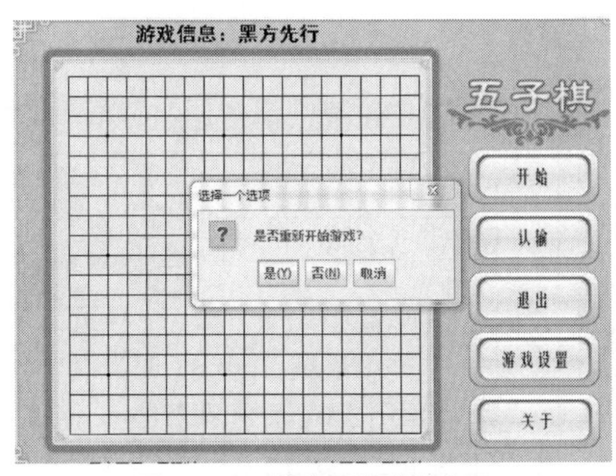

图 21-20　游戏开始确认选项

2. 【认输】按钮

单击【认输】按钮，表示某一方放弃游戏，投子认输。具体实现代码如下：

```
// 单击【认输】按钮
if (e.getX() >= 490 && e.getX() <= 590 && e.getY() >= 230 && e.getY() <= 260) {
    int result = JOptionPane.showConfirmDialog(this, "是否确认认输?");
    if (result == 0) {
        if (isheiqi) {
            JOptionPane.showMessageDialog(this, "黑方已经认输,游戏结束!");
        } else {
            JOptionPane.showMessageDialog(this, "白方已经认输,游戏结束!");
        }
        iswan = false;
    }
}
```

实现效果如图 21-21 所示。

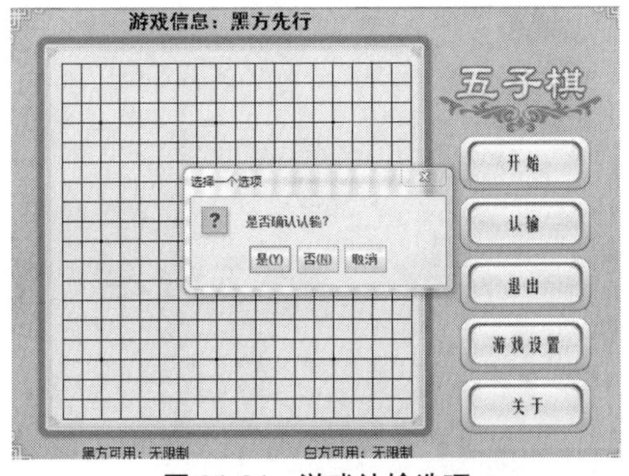

图 21-21　游戏认输选项

3.【退出】按钮

当单击【退出】按钮时，程序结束。具体实现代码如下：

```
// 单击【退出】按钮
if (e.getX() >= 490 && e.getX() <= 590 && e.getY() >= 290 && e.getY() <= 310) {
    JOptionPane.showMessageDialog(this, "要退出游戏吗");
    System.exit(0);
}
```

实现效果如图 21-22 所示。

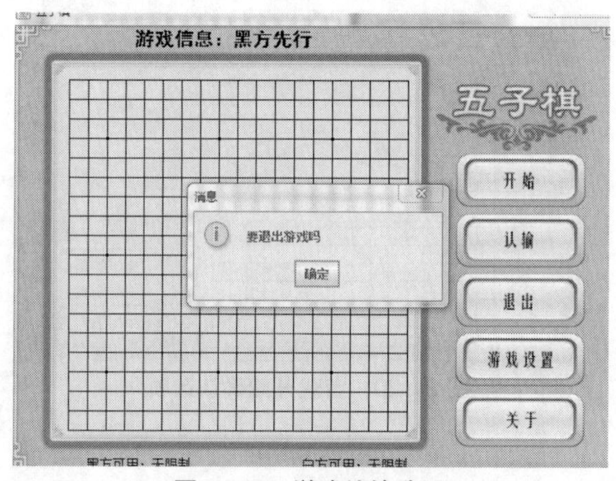

图 21-22　游戏认输选项

4.【游戏设置】按钮

这里将实现游戏倒计时的设置。在围棋游戏中如果设置倒计时，当一方时间提前用完，系统将自动判定该方为输，通过单击【游戏设置】按钮完成时间的设置。具体实现代码如下：

```
        // 单击【游戏设置】按钮
        if (e.getX() >= 490 && e.getX() <= 590 && e.getY() >= 350 && e.getY() <= 380) {
            String input = JOptionPane
                    .showInputDialog("请输入游戏的最大时间(单位:分钟),如果输入0,表示没有时间限制:");
            try {
                zdsj = Integer.parseInt(input) * 60;
                if (zdsj < 0) {
                    JOptionPane.showMessageDialog(this, "请输入正确信息,不允许输入负数!");
                }
                if (zdsj == 0) {
                    int result = JOptionPane.showConfirmDialog(this, "设置完成,重新开始游戏?");
                    if (result == 0) {
                        for (int i = 0; i < 19; i++) {
                            for (int j = 0; j < 19; j++) {
                                allwzq[i][j] = 0;
                            }
                        }

                        xinxi = "黑方先行";
                        isheiqi = true;
                        heisj = zdsj;
```

```
                baisj = zdsj;
                heixinxi = "无限制";
                baixinxi = "无限制";
                this.iswan = true;
                this.repaint();
            }
        }
        if (zdsj > 0) {
            int result = JOptionPane.showConfirmDialog(this, "设置完成,重新开始游戏?");
            if (result == 0) {
                for (int i = 0; i < 19; i++) {
                    for (int j = 0; j < 19; j++) {
                        allwzq[i][j] = 0;
                    }
                }
                // 另一种方式: allwzq = new int[19][19];
                xinxi = "黑方先行";
                isheiqi = true;
                heisj = zdsj;
                baisj = zdsj;
                heixinxi = zdsj / 3600 + ":"
                        + (zdsj / 60 - zdsj / 3600 * 60) + ":"
                        + (zdsj - zdsj / 60 * 60);
                baixinxi = zdsj / 3600 + ":"
                        + (zdsj / 60 - zdsj / 3600 * 60) + ":"
                        + (zdsj - zdsj / 60 * 60);
                djs_t.resume();
                this.iswan = true;
                this.repaint();
            }
        }
    } catch (NumberFormatException e1) {
        JOptionPane.showMessageDialog(this, "请正确输入信息!");
    }
```

实现效果如图 21-23 所示。

图 21-23　游戏倒计时设置

5.【关于】按钮

【关于】按钮用来显示程序的作者或编写单位的相关信息。作为一个系统，需要为用户提供一个版权归属的信息。具体实现代码如下：

```
//单击【关于】按钮
    if (e.getX() >= 490 && e.getX() <= 590 && e.getY() >= 415 && e.getY() <= 445) {
        JOptionPane.showMessageDialog(this, "关于");
    }
```

关于消息对话框效果，如图 21-24 所示。

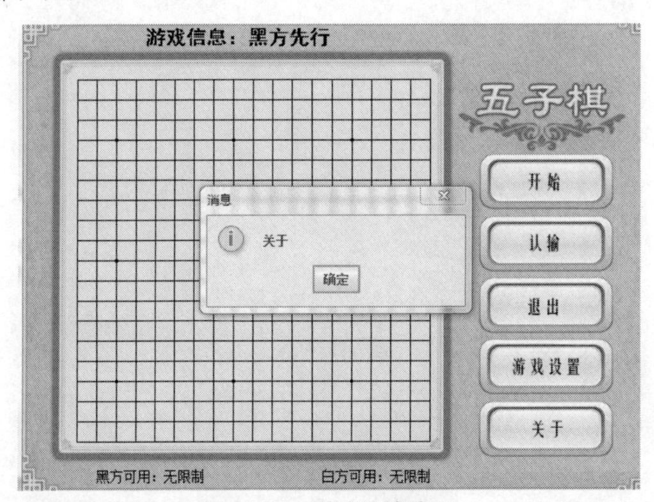

图 21-24 游戏认输选项

这个功能也响应鼠标单击事件，所以也要在鼠标单击事件中完成，只需要判断鼠标单击的区域，并进行相应操作即可。这些功能按钮代码部署到 mousePressed(MouseEvent e)鼠标事件中。

21.5 项目知识拓展

21.5.1 Swing 编程

由于本节需要绘制图形界面，因此需要 Java Swing 工具支持 GUI 编程。

Swing 是一个用于开发 Java 应用程序用户界面的工具包。它以抽象窗口工具包（AWT）为基础，使跨平台应用程序可以使用统一的外观风格。Swing 开发人员只需要用很少的代码，就可以利用 Swing 丰富、灵活的功能和模块化组件来创建优美的用户界面。

GUI 库最初的设计目的是让程序员构建一个通用的 GUI，使其在所有的平台上都能够正常显示。但遗憾的是，AWT 产生的是在各系统看来都同样欠佳的 GUI。Java 1.2 为 Java 1.0 的 AWT 添加了 Java 基础类（JFC），这是一个被称为 Swing 的 GUI 的一部分。Swing 是第二代 GUI 开发工具集，AWT 采用了与特定平台相关的实现，而绝大部分 Swing 组件却不是。Swing 是构筑在 AWT 上层的一组 GUI 组件的集合，为了保证其可移植性，它完全用 Java 语言编写。与 AWT 相比，Swing 提供了更完整的组件，引入了许多新的特性和能力。Swing 提供了更多的组件库，如 JTable、JTree、JComboBox 等。Swing 也增强了 AWT 中的组件的功能。正因为 Swing 具备了如此多的优势，所以在本书后面的开发中都使用 Swing。JComponent

类是 Swing 组件的基类，而 JComponent 类继承自 Container 类，因此所有的 Swing 组件都是 AWT 的容器。

21.5.2 ImageIO 类的使用

Java ImageIO 提供了许多基本类和接口，有的用来描述图像文件内容，有的用来控制图像读取和写入过程，还有的用来执行格式之间的代码转换和报告错误。

21.5.3 处理屏幕闪烁问题

在运行程序的时候，发现屏幕总是会闪烁，影响操作。这种现象是用户所不能容忍的，为此双缓冲技术应用而生。双缓冲技术在手机游戏中用得最多，原因是手机的内存相对较小，屏幕闪烁问题比较明显。

屏幕闪烁的原因如下：如果内存较小，运行速度较慢，当程序在绘制界面时，不是绘制整张图，而是绘制很多直线、曲线和各种填充等，这个过程可能包括成千上万个绘制动作，屏幕来不及显示，就会形成闪烁。Java 中有一个名为 BufferImage 的类，可避免形成屏幕闪烁。其原理是：不把成千上万条线逐一绘制到屏幕上，而是绘制到缓冲区中，在需要显示界面的时候，直接显示缓冲区中的图片即可。项目中双缓冲技术的实现代码如下：

```
//双缓冲技术防止屏幕闪烁
BufferedImage bi = new BufferedImage(650,500, BufferedImage.TYPE_INT_RGB);
Graphics g1 = bi.createGraphics();
```

Graphics g1 = bi.createGraphics()即把图形绘制到定义的缓冲区中。

第 22 章

Java 在金融行业开发中的应用

◎ 本章教学微视频：17 个　83 分钟

学习指引

本章通过一个银行业务系统的开发案例，深入剖析 Java 在金融行业项目开发中的应用。

重点导读

- 掌握 Structs 编程的相关知识。
- 掌握系统设计流程。
- 掌握 MySQL 数据库的使用。

22.1　案例运行及配置

本节系统介绍案例开发及运行所需环境、案例系统配置和运行方法、项目开发及导入步骤等知识。

22.1.1　开发及运行环境

本系统的软件开发环境如下：

- 编程语言：Java。
- 操作系统：Windows 7/8/10。
- JDK 版本：Java SE Development KIT(JDK) Version 7.0。
- 开发工具：MyEclipse。
- 数据库：MySQL。

22.1.2　系统运行

首先介绍如何运行本系统，以使读者对本程序的功能有所了解。下面简述案例程序运行的具体步骤。

步骤 1：安装 Tomcat 7.0 或更高版本（本例安装 Tomcat 8.0），假定安装在 E:\Program Files\Apache

Software Foundation\Tomcat 8.0，该目录简记为 TOMCAT_HOME。

步骤 2：部署程序文件。

（1）把素材中 ch22\ibank 文件夹中 WebRoot 复制到 TOMCAT_HOME\webapps 目录下并重命名为 ibank，如图 22-1 所示。

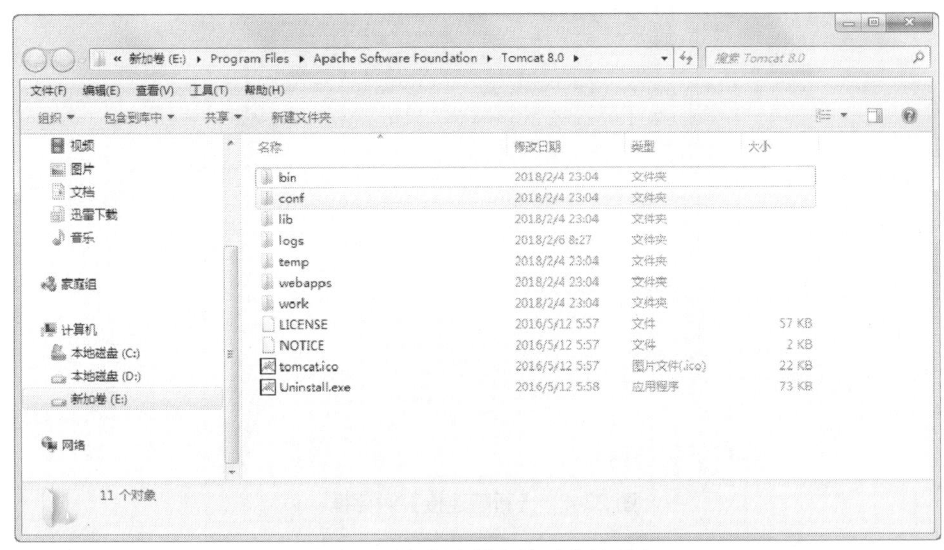

图 22-1　复制素材文件到本地硬盘

（2）运行 Tomcat。进入 TOMCAT_HOME\bin 目录，运行 startup.bat，在显示器上输出 Info: Server startup in ××× ms，表明 Tomcat 启动成功，如图 22-2 所示。

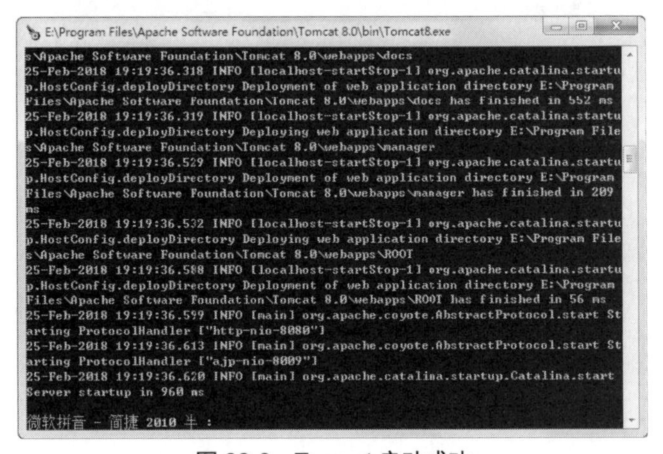

图 22-2　Tomcat 启动成功

（3）安装 MySQL 数据库，版本为 MySQL Community Server 5.7.21（也可安装其他版本，本项目以本版本为例，具体安装步骤请参照 22.5.2 节的内容）。

（4）安装 MySQL 数据库管理工具 Navicat for MySQL 软件（具体安装步骤请参照 22.5.3 节的内容）。

（5）运行 Navicat for MySQL 软件，双击桌面【navicat.exe 快捷方式】图标，如图 22-3 所示。

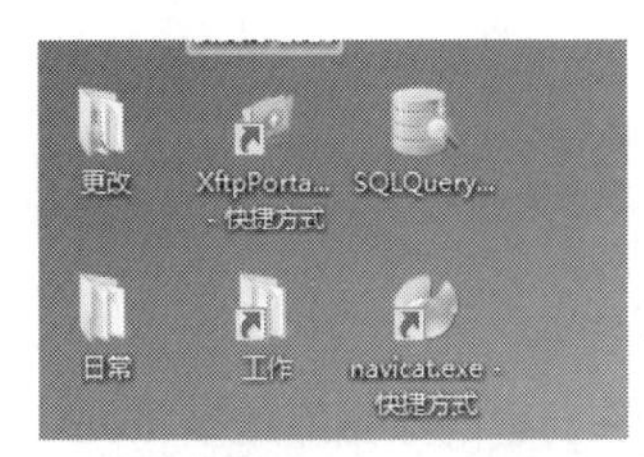

图 22-3　运行 Navicat for MySQL 软件

（6）在 Navicat 管理界面中单击【连接】按钮，打开【新建连接】对话框，如图 22-4 所示。

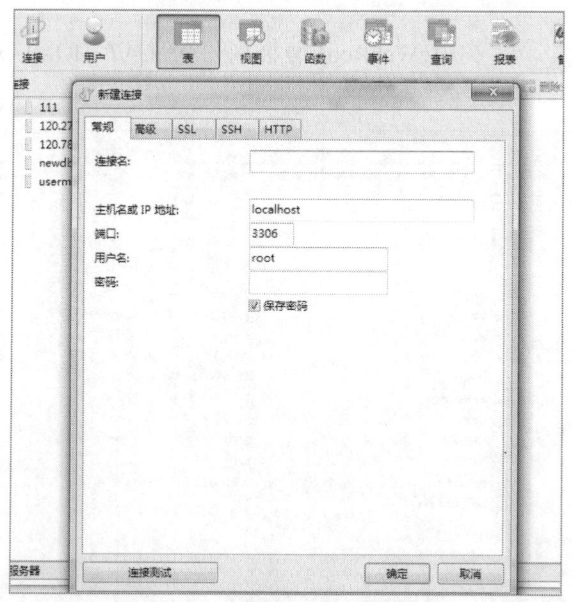

图 22-4 【新建连接】对话框

（7）在【常规】选项卡的【连接名】和【密码】文本框中输入数据库连接名称 ibank 和数据库密码 1234，单击【连接测试】按钮测试数据库连接是否成功。如果出现【连接成功】信息，则说明数据库连接成功，如图 22-5 所示。

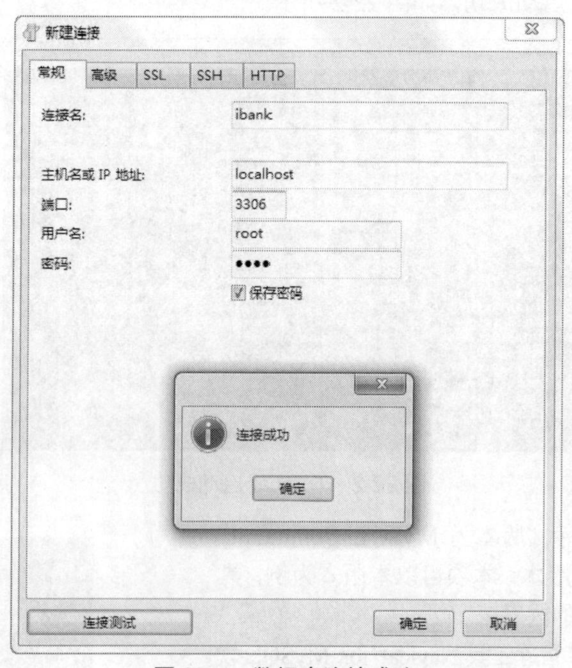

图 22-5 数据库连接成功

（8）在新建的数据库连接 ibank 名称上右击，在弹出的快捷菜单中选择【打开连接】命令，如图 22-6 所示。

图 22-6　打开数据库连接

（9）再次右击打开的 ibank 数据库连接，在弹出的快捷菜单中选择【新建数据库】命令，如图 22-7 所示。

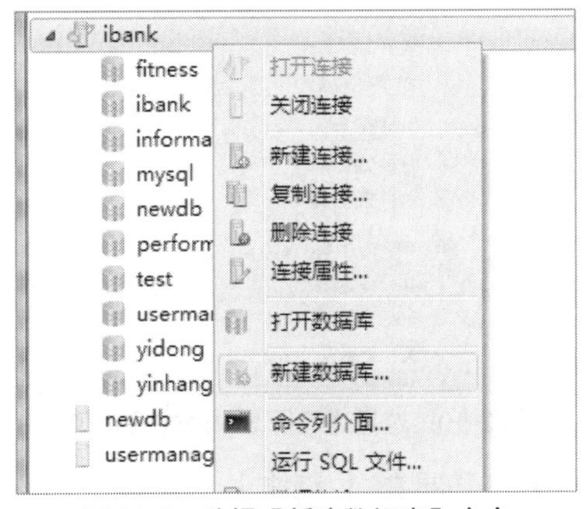

图 22-7　选择【新建数据库】命令

（10）在打开的【新建数据库】对话框的【数据库名】文本框中输入 ibank，并单击【确定】按钮，新建一个名称为 ibank 的数据库，如图 22-8 所示。

图 22-8　新建 ibank 数据库

（11）右击新建的 ibank 数据库，在弹出的快捷菜单中选择【打开数据库】命令打开该数据库，如图 22-9 所示。

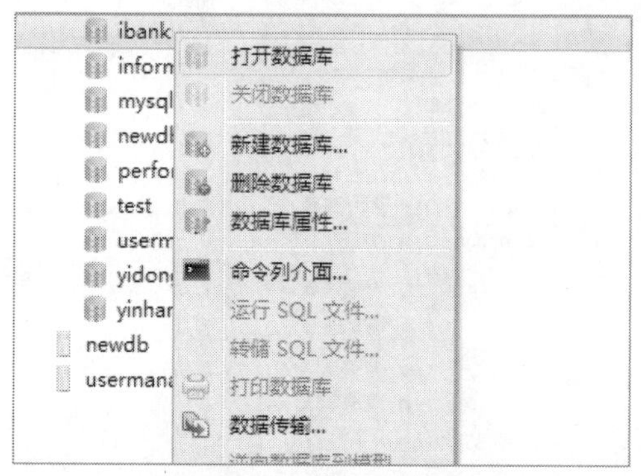

图 22-9　打开新建数据库

（12）右击打开的 ibank 数据库，在弹出的快捷菜单中选择【运行 SQL 文件】命令，打开【运行 SQL 文件】对话框，如图 22-10 所示。

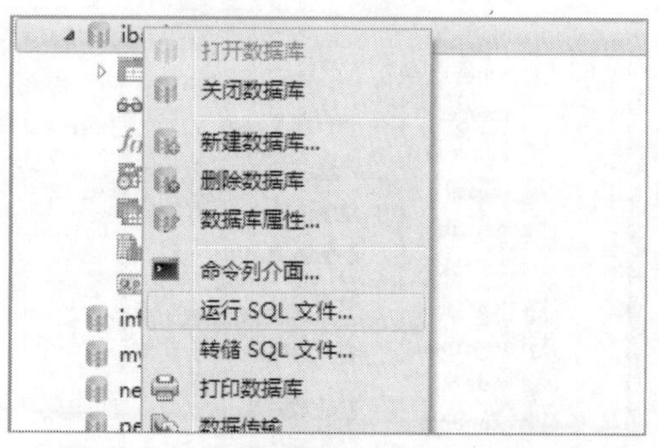

图 22-10　选择【运行 SQL 文件】命令

（13）在【运行 SQL 文件】对话框的【文件】文本框中输入本例数据库 SQL 文件地址 D:\ts\ch22\dbsql\ibank.sql（本例 SQL 文件存放在素材 ch22\dbsql 下，请复制到本地计算机中），单击【开始】按钮进行数据导入操作，如图 22-11 所示。

图 22-11　导入数据库

步骤 3：运行项目。

打开浏览器，在地址栏输入访问地址 http://localhost:8080/ibank。在登录提示框中输入用户名 1001、密码 1，单击【登录】按钮，便可进入【银行业务系统】主界面，如图 22-12 所示。

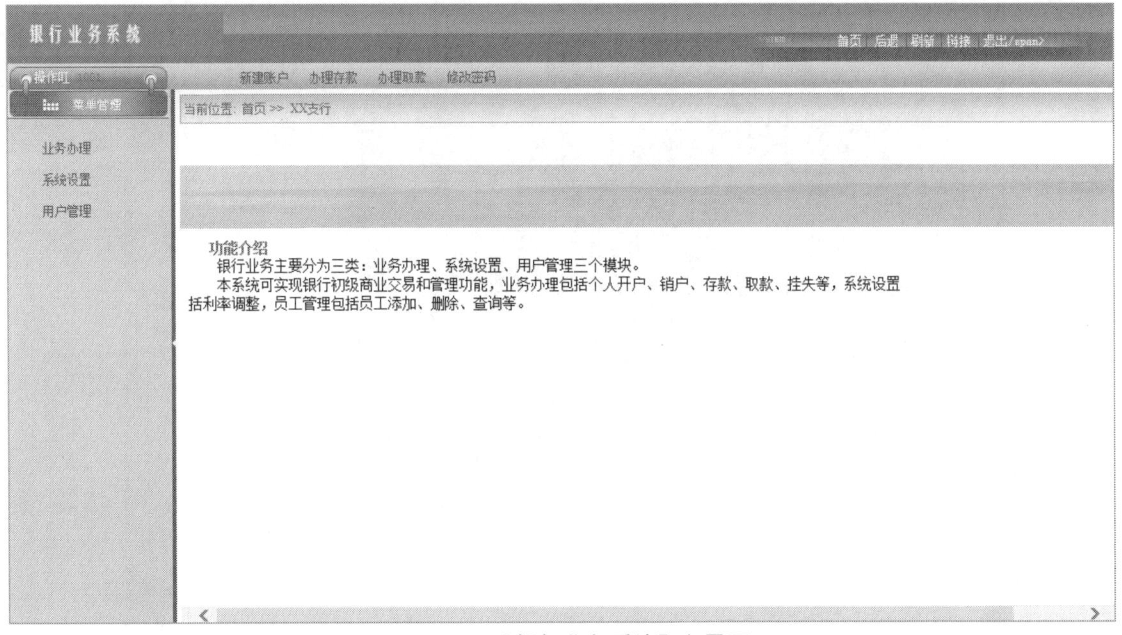

图 22-12 【银行业务系统】主界面

22.1.3 项目开发及导入步骤

在前面已经运行了项目，接下来的操作中将项目导入到项目开发环境中，为项目的开发做准备。具体操作步骤如下：

（1）把素材中的 ch22 文件夹复制到本地硬盘中，本例放在 D:\ts 目录下。

（2）单击 Windows 窗口中的【开始】按钮，在展开的【所有程序】菜单项中，依次展开 MyEclipse→MyEclipse 2014→MyEclipse Professional 2014，如图 22-13 所示。

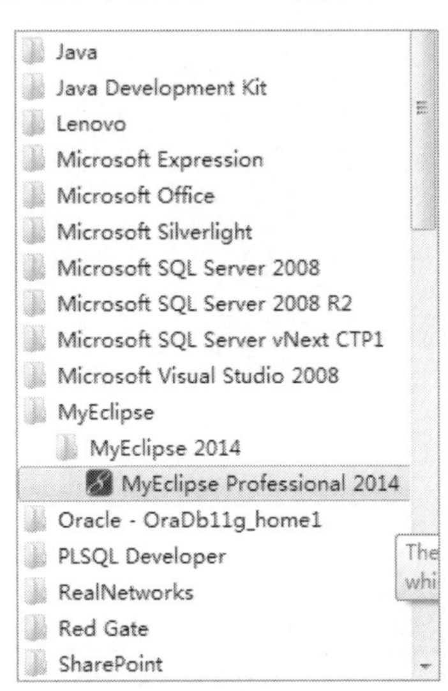

图 22-13 启动 MyEclipse 程序

（3）选择 MyEclipse Professional 2014，启动 MyEclipse 开发工具，如图 22-14 所示。

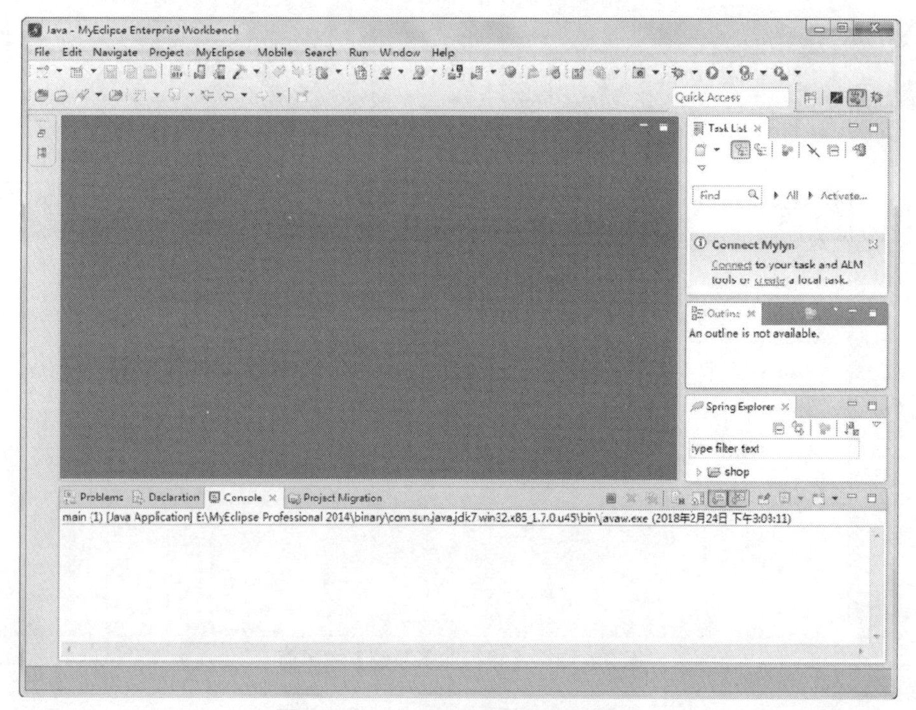

图 22-14　MyEclipse 开发工具界面

（4）在菜单栏中执行 File→Import 命令，如图 22-15 所示。

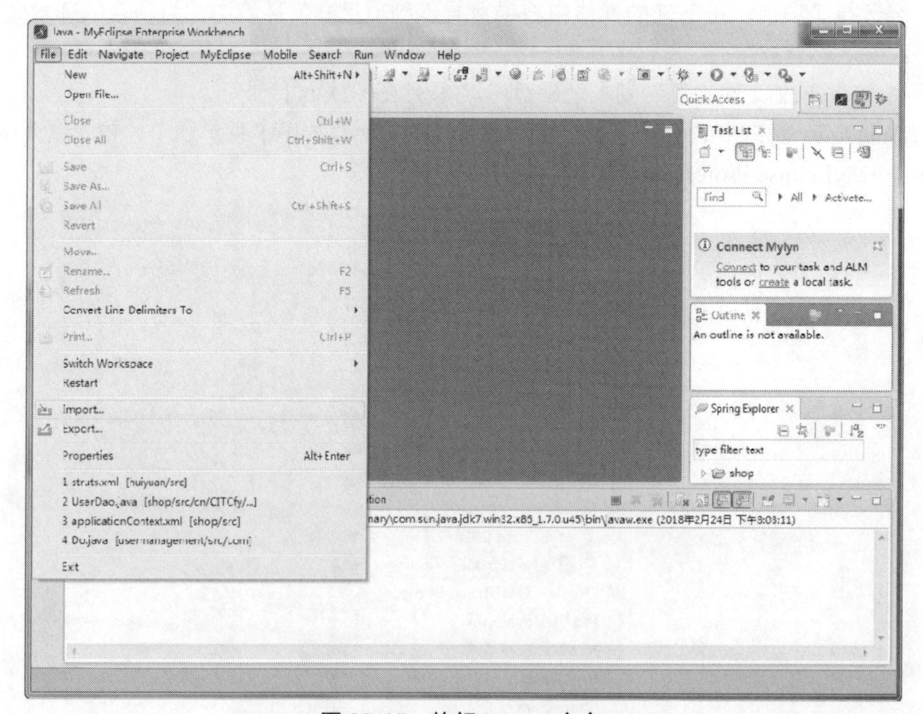

图 22-15　执行 Import 命令

（5）在打开的 Import 窗口中，选择 Existing Projects into Workspace 选项并单击 Next 按钮，如图 22-16 所示。

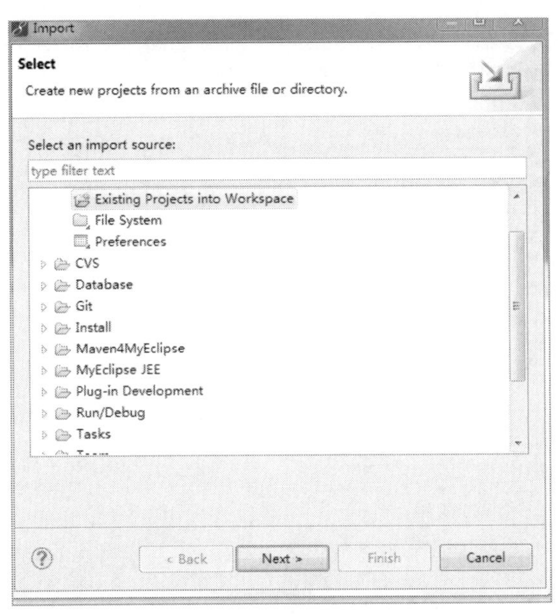

图 22-16 选择项目工作区

（6）在 Import Projects 界面中，单击 Select root directory 单选按钮右边的 Browse 按钮，在打开的【浏览文件夹】对话框中依次选择项目源码根目录，本例选择 d:\ts\ch22\ibank 目录，单击【确定】按钮，如图 22-17 所示。

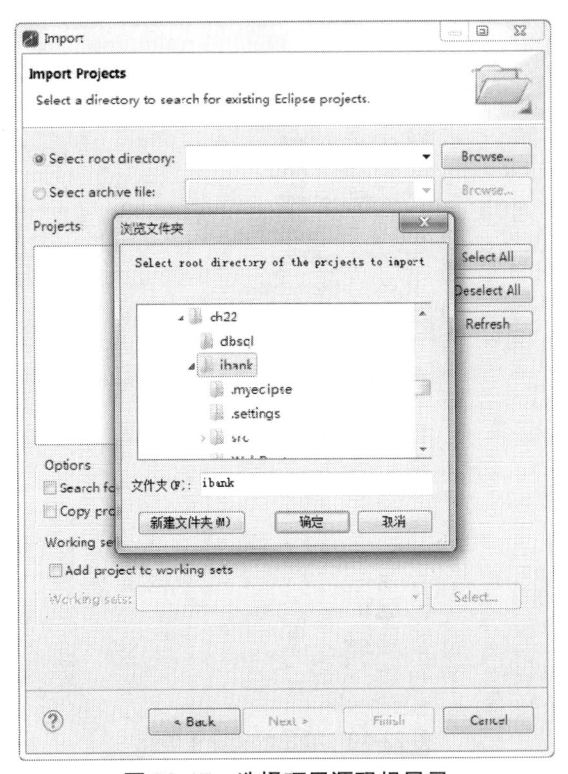

图 22-17 选择项目源码根目录

（7）完成项目源码根目录的选择后，单击 Finish 按钮，完成项目导入操作，如图 22-18 所示。

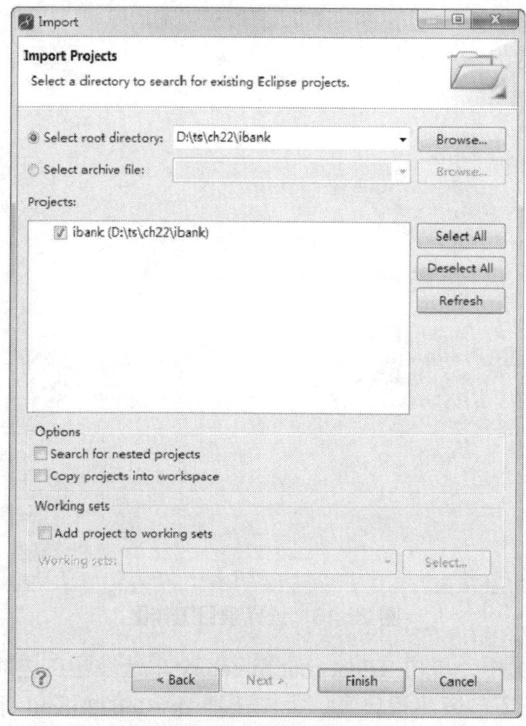

图 22-18　完成项目导入

（8）在 MyEclipse 项目包资源管理器中，可以看到 ibank 项目包资源，如图 22-19 所示。

图 22-19　项目包资源管理器

（9）加载项目到 Web 服务器。在 MyEclipse 主界面中，单击按钮，打开 Manage Deployments 对话框，如图 22-20 所示。

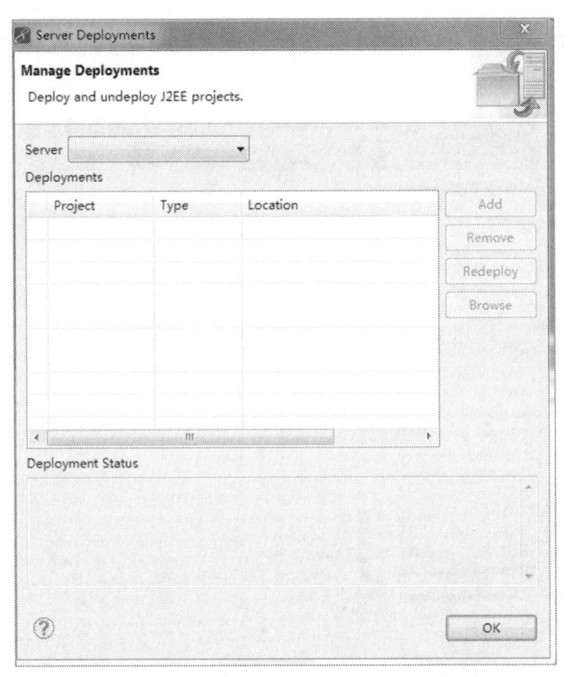

图 22-20　Manage Deployments 对话框

（10）单击 Manage Deployments 对话框 Server 选项右边的下三角按钮，在弹出的选项菜单中选择 MyEclipse Tomcat 7 选项。单击 Add 按钮，打开 New Deployment 对话框，如图 22-21 所示。

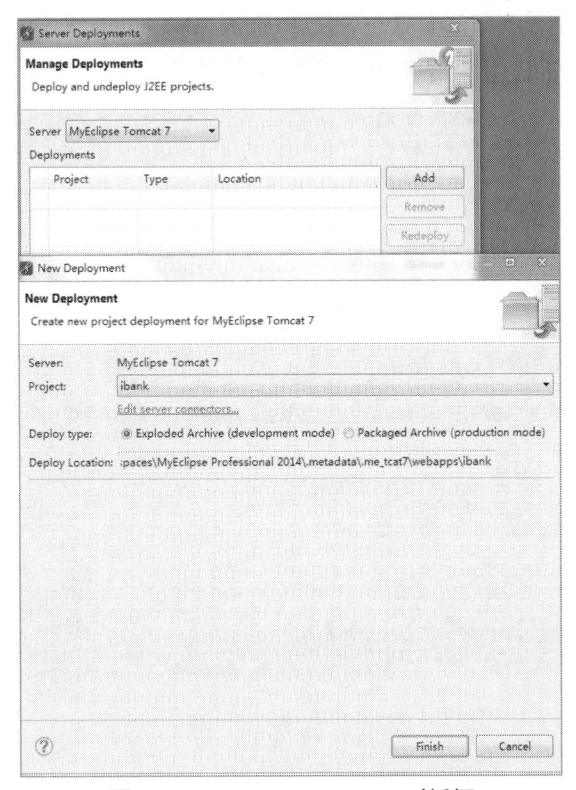

图 22-21　New Deployment 对话框

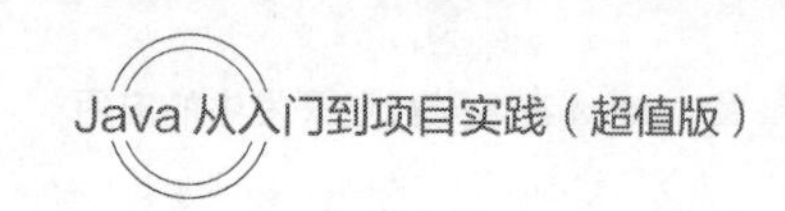

（11）在 New Deployment 对话框的 Project 项目中选择 ibank 选项，单击 Finish 按钮，然后单击 OK 按钮，完成项目加载，如图 22-22 所示。

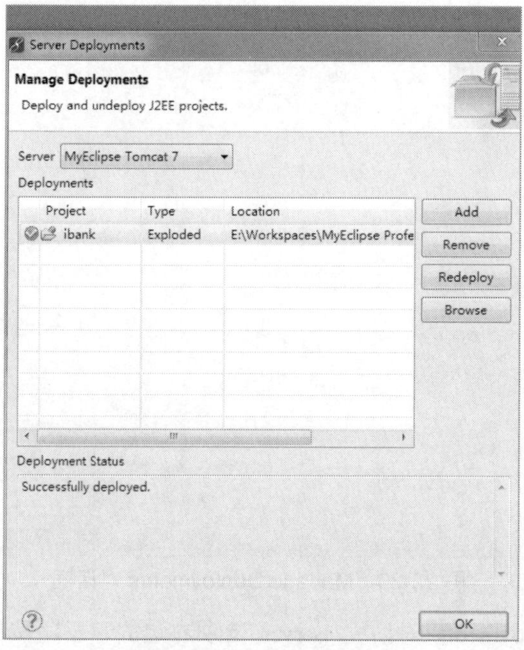

图 22-22　完成项目加载

（12）在 MyEclipse 主界面中，单击 Run/Stop/Restart MyEclipse Servers 按钮，在展开菜单中执行 MyEclipse Tomcat 7→Start 命令，启动 Tomcat，如图 22-23 所示。

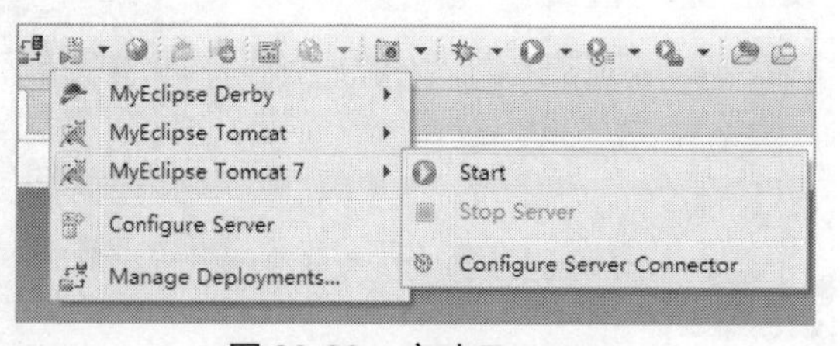

图 22-23　启动 Tomcat

（13）Tomcat 启动成功，如图 22-24 所示。

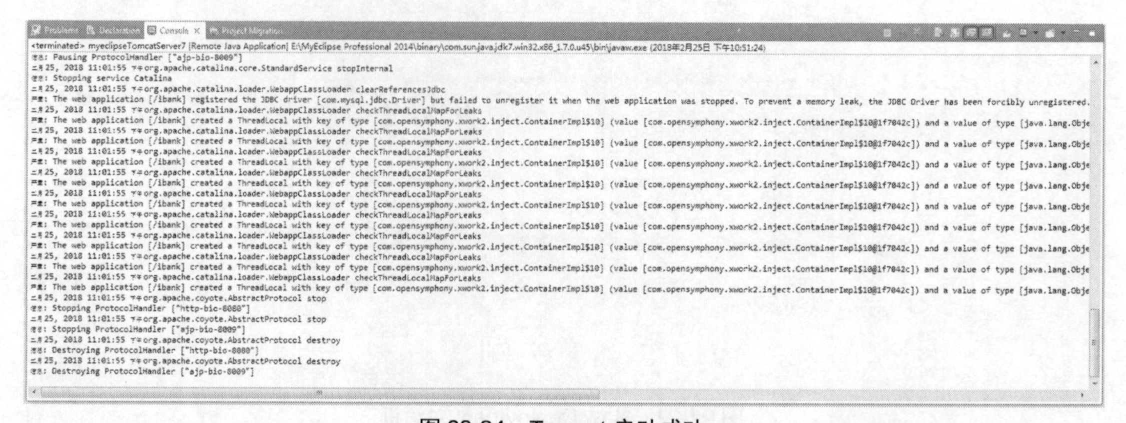

图 22-24　Tomcat 启动成功

22.2 系统分析

金融行业信息化在当前社会已经层层深入细化到业务管理的方方面面，向精细化管理发展。

在日常业务处理中，银行业务系统作用巨大，节省了大量人力物力，提高了业务办理效率，科学合理地设计一套稳定可靠的业务系统势在必行。

在银行业务系统设计中要处处考虑系统安全问题，保证用户数据不丢失、用户数据隐私不泄露等安全要求。

22.2.1 系统总体设计

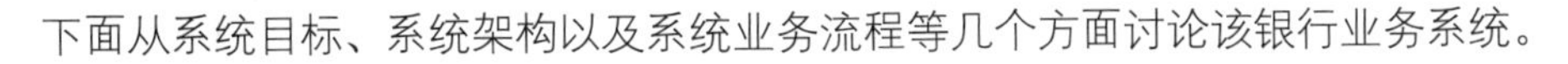

下面从系统目标、系统架构以及系统业务流程等几个方面讨论该银行业务系统。

1.系统目标

银行业务系统应该具备体积小、操作界面友好、基本功能稳定、运行速度较快等特点。通过计算机技术开发出这样的银行管理系统，以方便快捷地进行信息管理。

银行业务系统的目标是对银行各项业务的信息进行管理，实现银行业务流程信息化、系统化、规范化和智能化。使银行业务进入信息灵敏、管理科学、决策准确的良性循环，为银行带来更高的经济效益。

2.系统架构

银行业务可以分为用户管理、业务办理、系统设置 3 个大的主题，其中，用户管理包括用户添加、删除、查询等，业务办理包括开户、销户、存款、取款、挂失、贷款的申请和偿还贷款等，系统设置包括利率调整。

图 22-25 是银行业务系统架构。

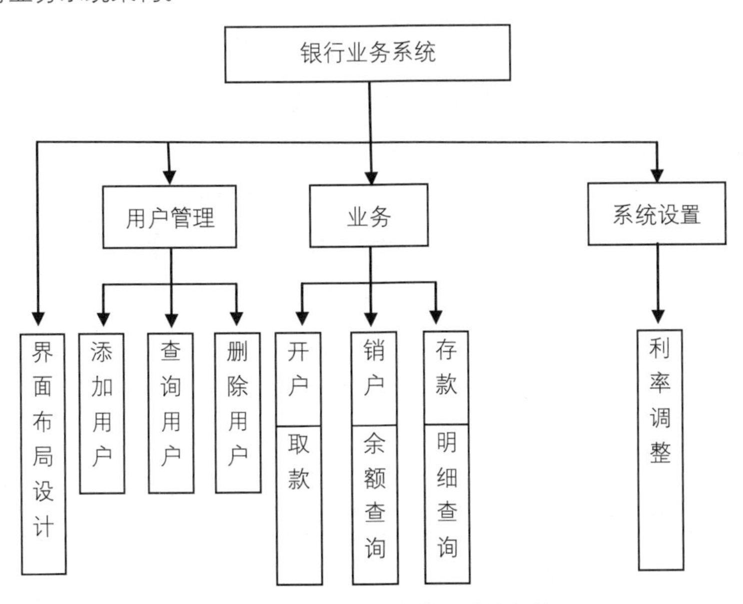

图 22-25 银行业务管理系统架构

3. 系统业务数据流图

（1）开户数据流图如图 22-26 所示。

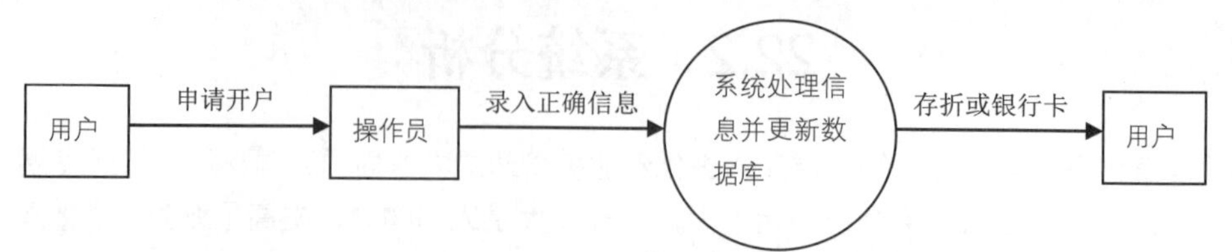

图 22-26　开户数据流图

（2）销户数据流图如图 22-27 所示。

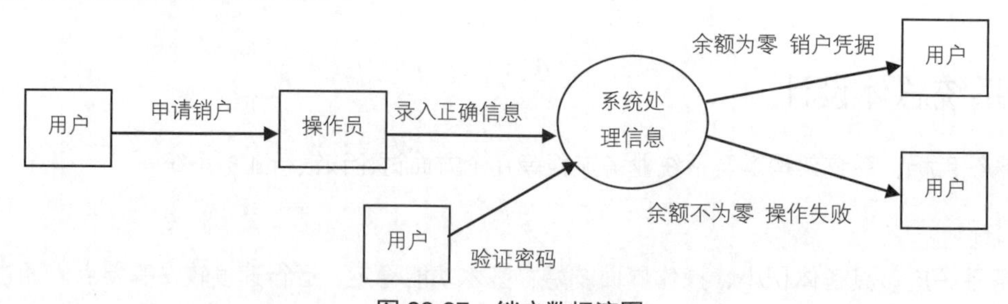

图 22-27　销户数据流图

（3）存款数据流图如图 22-28 所示。

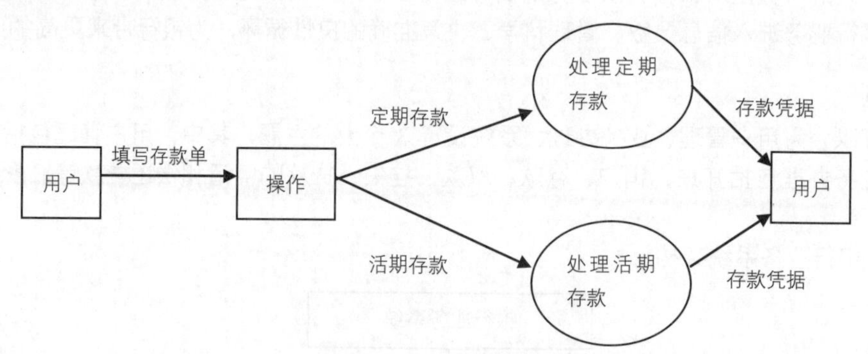

图 22-28　存款数据流图

（4）取款数据流图如图 22-29 所示。

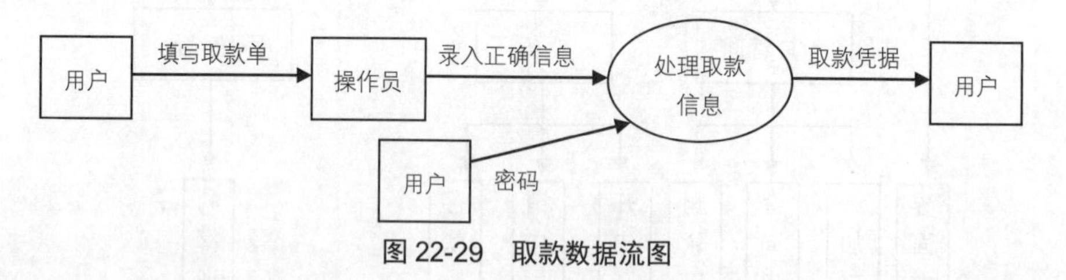

图 22-29　取款数据流图

（5）转账数据流图如图 22-30 所示。

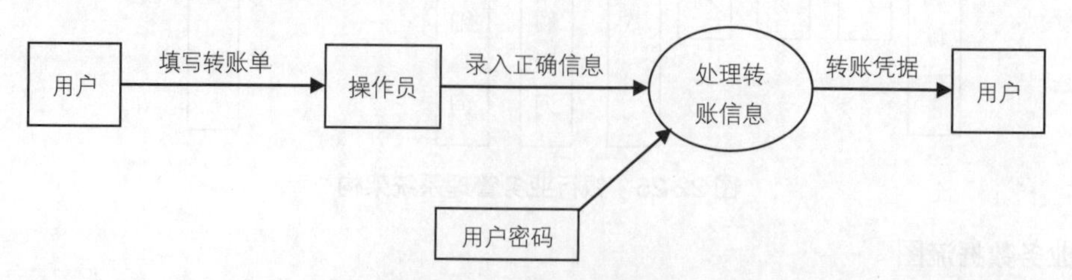

图 22-30　转账数据流图

（6）查询、修改密码数据流图如图 22-31 所示。

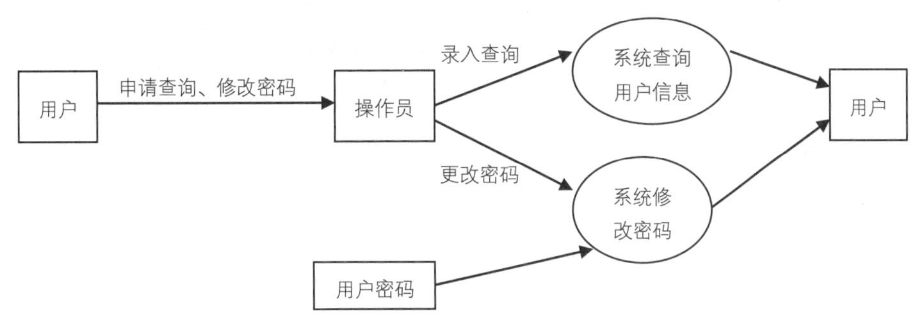

图 22-31　查询、修改密码数据流图

22.2.2　系统界面设计

银行业务系统界面设计要考虑操作员的使用习惯，主色调采用蓝色，长时间使用不容易造成视觉疲劳等问题。界面设计包括登录面和管理中心两大板块。登录界面如图 22-32 所示。

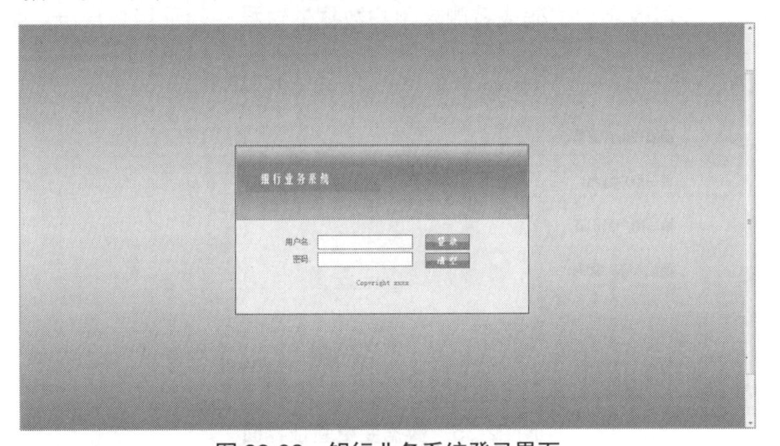

图 22-32　银行业务系统登录界面

管理中心是按照上下（左右）进行布局的。上部显示公共信息，如系统名称、当前账号等信息。下部左侧显示各业务菜单，下部右侧为业务功能区，如图 22-33 所示。

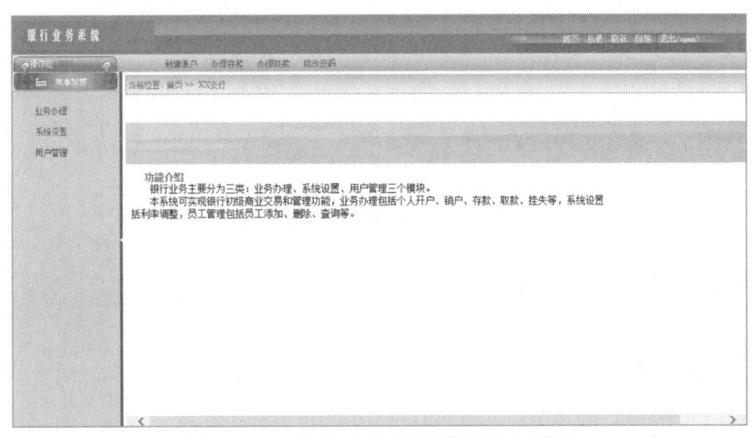

图 22-33　银行业务系统管理中心界面

22.2.3 系统安全策略

系统安全策略主要包括用户隐私安全和数据变更安全两个方面。

（1）用户隐私安全。在查询用户余额和明细的过程中验证用户密码，如图 22-34 所示。

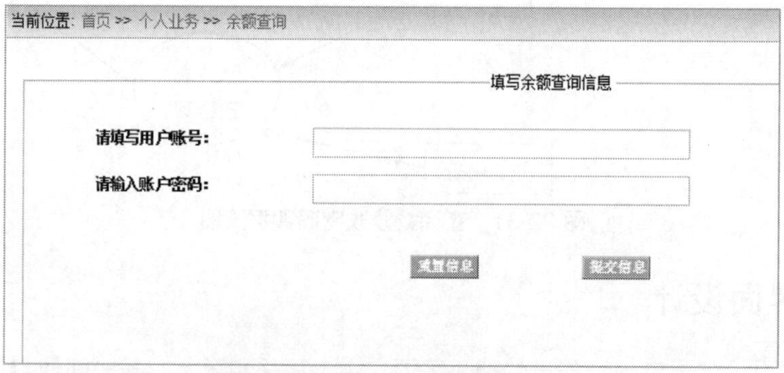

图 22-34 用户密码验证界面

（2）数据变更安全。在修改用户密码或者删除用户数据的过程中验证用户身份，如图 22-35 所示。

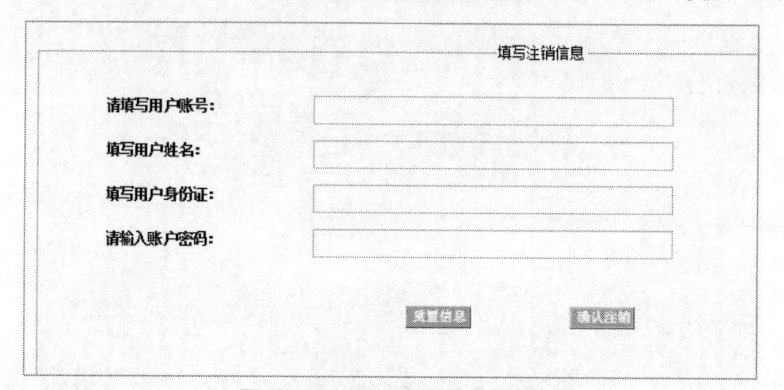

图 22-35 数据变更验证界面

22.2.4 系统性能要求

系统性能要求如下：

（1）满足同时在线人数 10 万人以上。

（2）数据并发时不阻塞。

22.3 功能分析

本节对银行业务系统的功能进行分析。

22.3.1 系统主要功能

银行业务的主要功能如下。

（1）用户登录。基于数据安全和分布式多用户考虑，本系统首先要求操作人员进行登录，只有具有相应权限的人员方可操作。

（2）业务办理。实现银行日常业务办理功能，如开户、销户等。

（3）系统设置。设置一些系统参数，如利率、银行支行名称。

（4）用户管理。实现对用户的增删改查。

22.3.2 系统文件结构图

本项目文件包的文件结构如图22-36所示。

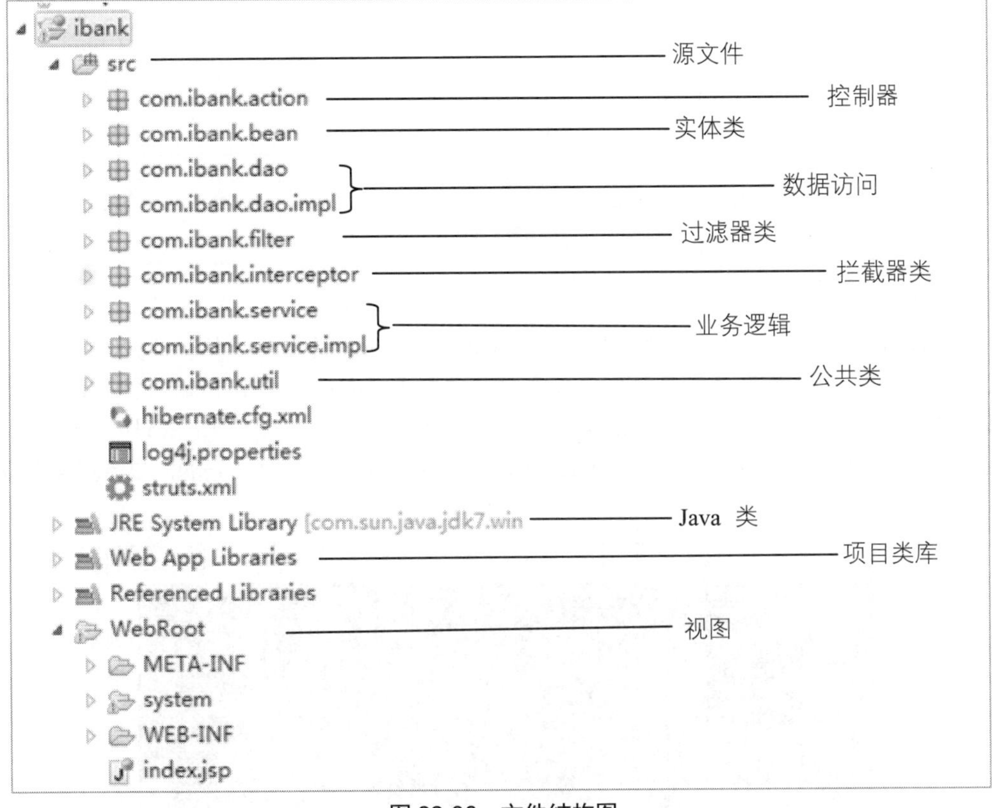

图22-36 文件结构图

22.4 系统主要功能的实现

本节对银行业务系统功能的实现方法进行分析，引领大家学习如何使用Java进行金融项目开发。

22.4.1 数据库与数据表设计

银行业务系统是企业管理信息系统，数据库是其基础组成部分，系统的数据库是依据基本功能需求建立的。

1．数据库分析

根据银行业务的实际情况，本系统采用一个数据库，命名为 ibank。整个数据库包含了系统几大模块的所有数据信息。ibank 数据库共分 7 张数据表，如表 22-1 所示，使用 MySQL 进行数据存储管理。

表 22-1　ibank 数据库表

数据表名称	说　明	备　注
account	业务用户表	
acchistory	存取款数据表	
actype	银行卡类型表	信用卡、储蓄卡
admin	系统操作用户表	
interest	利率表	
loan	借贷表	
ibank	银行支行表	

2．创建数据库

数据库设计与创建是系统开发的首要步骤。在 MySQL 中创建数据库的具体步骤如下：

（1）连接到 MySQL 数据库。首先打开 DOS 窗口，进入 mysql\bin 目录，再输入命令 mysql -u root -p，按 Enter 键后提示输入密码。注意，用户名前可以有空格，也可以没有空格，但是密码前必须没有空格，否则系统会要求重新输入密码。如果刚安装好 MySQL，超级用户 root 是没有密码的，故直接按 Enter 键即可进入 MySQL 中了，如图 22-37 所示。

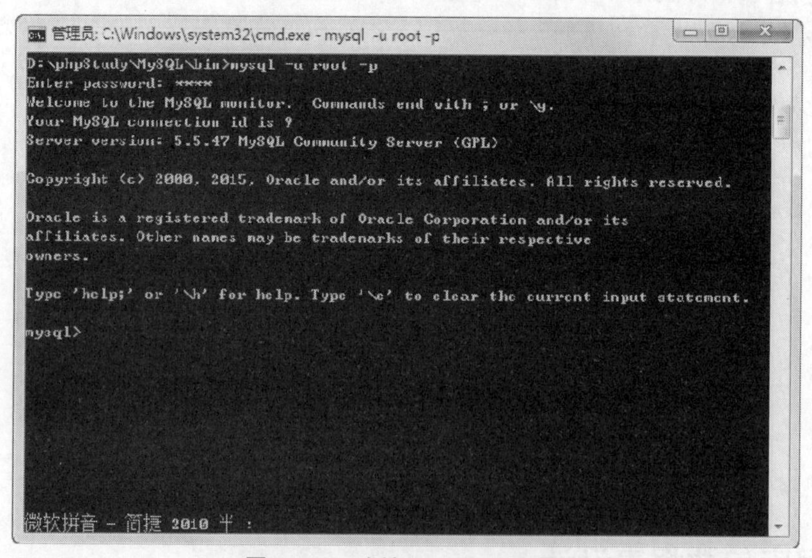

图 22-37　连接 MySQL 数据库

（2）数据库连接成功后，执行命令 Create Database ibank；即可创建数据库，如图 22-38 所示。

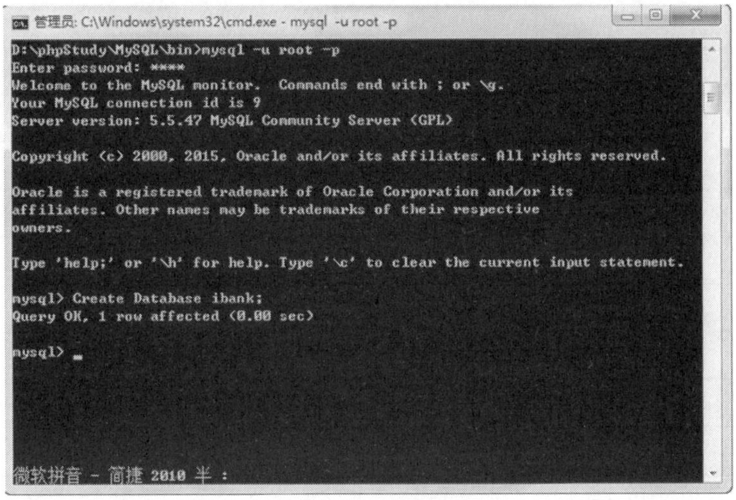

```
管理员: C:\Windows\system32\cmd.exe - mysql -u root -p
D:\phpStudy\MySQL\bin>mysql -u root -p
Enter password: ****
Welcome to the MySQL monitor.  Commands end with ; or \g.
Your MySQL connection id is 9
Server version: 5.5.47 MySQL Community Server (GPL)

Copyright (c) 2000, 2015, Oracle and/or its affiliates. All rights reserved.

Oracle is a registered trademark of Oracle Corporation and/or its
affiliates. Other names may be trademarks of their respective
owners.

Type 'help;' or '\h' for help. Type '\c' to clear the current input statement.

mysql> Create Database ibank;
Query OK, 1 row affected (0.00 sec)

mysql> _

微软拼音 - 简捷 2010 半 :
```

图 22-38　创建数据库

3. 创建数据表

在已创建的 ibank 数据库中创建 7 个数据表，这里给出业务用户表的创建过程：

```
DROP TABLE IF EXISTS 'account';
CREATE TABLE 'account' (
  'id' varchar(20) NOT NULL COMMENT '编号',
  'name' varchar(10) NOT NULL COMMENT '姓名',
  'password' varchar(6) NOT NULL COMMENT '密码',
  'identitycard' varchar(20) NOT NULL COMMENT '身份证',
  'sex' varchar(2) NOT NULL COMMENT '性别',
  'balance' double(20,2) NOT NULL COMMENT '余额',
  'overdraft' double(10,2) NOT NULL COMMENT '可透支额',
  'regtime' datetime NOT NULL COMMENT '注册时间',
  'interesttime' datetime default NULL,
  'typeid' int(2) NOT NULL COMMENT '类别',
  'ibankid' int(2) NOT NULL COMMENT '开户行编号',
  'status' int(1) NOT NULL COMMENT '状态(0 注销 1 正常 2 挂失)',
  PRIMARY KEY  ('id')
) ENGINE=InnoDB DEFAULT CHARSET=utf8;
```

为了避免重复创建，在创建表之前先使用 drop 命令删除同名的表（即假设已存在同名的数据表）。这里创建了与需求相关的 10 个字段，并创建了一个自增的标识索引字段 id。

由于篇幅所限，其他数据表不再给出具体的创建语句。下面给出数据表结构。

（1）业务用户表。用于存储存取款用户信息，表名为 account，结构如表 22-2 所示。

表 22-2　account 表

字 段 名	数 据 类 型	是 否 主 键	说　　明
id	int	是	用户编号
name	varchar		用户姓名
password	varchar		密码

续表

字 段 名	数 据 类 型	是 否 主 键	说　　明
identitycard	varchar		身份证号
sex	varchar		性别
balance	double		余额
overdraft	double		可透支额
regtime	datetime		注册时间
typeid	int		类别
ibankid	int		开户行编号
status	int		状态（0 注销 1 正常 2 挂失）

（2）存取款数据表。用于记录用户存取款过程，表名为 acchistory，结构如表 22-3 所示。

表 22-3　acchistory 表

字 段 名	数 据 类 型	是 否 主 键	说　　明
id	int	是	记录编号
time	datetime		交易时间
accid	varchar		用户 ID
acction	int		业务种类（1 为存款 2 为取款 3 为利息）
money	double		变动金额

（3）银行卡类型表。用于标识银行卡种类，表名为 actype，结构如表 22-4 所示。

表 22-4　actype 表

字 段 名	数 据 类 型	是 否 主 键	说　　明
typeid	int	是	卡种类编号
name	varchar		卡名称
interestid	int		利率 ID

（4）系统操作用户表。用于存储系统操作用户信息，表名为 admin，结构如表 22-5 所示。

表 22-5　admin 表

字 段 名	数 据 类 型	是 否 主 键	说　　明
id	int	是	用户编号
name	varchar		用户姓名
password	varchar		密码
identitycard	varchar		身份证号
sex	varchar		性别

续表

字 段 名	数 据 类 型	是 否 主 键	说 明
ibankid	int		开户行编号
type	int		类别（1 普通操作员 2 高级操作员 3 超级管理员）
status	int		状态(0 注销 1 正常 2 挂失）

（5）利率表。用于存储各种卡利率，表名为 interest，结构如表 22-6 所示。

表 22-6 interest 表

字 段 名	数 据 类 型	是 否 主 键	说 明
interestid	varchar	是	记录编号
name	varchar		名称
value	double		利率数值

（6）借贷表。用于存储贷款详细信息，表名为 loan，结构如表 22-7 所示。

表 22-7 loan 表

字 段 名	数 据 类 型	是 否 主 键	说 明
id	varchar	是	记录编号
name	varchar		贷款人姓名
identitycard	varchar		贷款人身份证
begintime	datetime		起始时间
endtime	datetime		结束时间
loanmoney	double		贷款金额
loaninterestid	int		利率 ID
refundmoney	double		最后还款金额
loandays	int		贷款天数
status	int		状态（1 表示未还款，0 表示已还款）

（7）银行支行表。用于存储银行分支机构信息，表名为 ibank，结构如表 22-8 所示。

表 22-8 ibank 表

字 段 名	数 据 类 型	是 否 主 键	说 明
ibankid	int	是	记录编号
name	varchar		支行名称

22.4.2 实体类创建

实体类用于对必须存储的信息和相关行为建模。实体对象（实体类的实例）用于保存和更新一些现象的有关信息，例如事件、人员或者现实生活中的一些对象。实体类通常都是永久性的，它们所具有的属性和关系是长期需要的，有时甚至在系统的整个生存期都需要。根据面向对象编程的思想，要先创建数据实体类，这些实体类与数据表设计相对应。以下是 account 表实体类代码：

```
public class AccountAction extends ActionSupport {
    private Account account;                              //账户信息
    private IAccountService accservice = new AccountServiceImpl();
    private String newpassword;                           //新密码
    private double inputmoney;                            //存款金额
    private double outputmoney;                           //取款金额
    private int typeid;                                   //账户类别 ID
    private int flag;                                     //标志位
    private int ibankid;                                  //开户行 ID
    /**修改密码*/

    public Account getAccount() {
        return this.account;
    }
    public int getIbankid() {
        return this.ibankid;
    }

    public double getInputmoney() {
        return this.inputmoney;
    }

    public String getNewpassword() {
        return this.newpassword;
    }

    public double getOutputmoney() {
        return this.outputmoney;
    }

    public int getTypeid() {
        return this.typeid;
    }

    /**查询余额*/
    public String searchbalance() {
        Object status = this.accservice.searchbalance(this.account.getId(),
                this.account.getPassword());
        if ((status instanceof Double)) {
            ServletActionContext.getRequest().setAttribute("account", null);
            ServletActionContext.getRequest().setAttribute("success",
```

```
                "查询成功,该账号的余额为:" + (Double) status);
            return "success";
        }
        if ("-1".equals(status)) {
            ServletActionContext.getRequest().setAttribute("error",
                    "查询失败,账号不存在");
            return "error";
        }
        if ("-2".equals(status)) {
            ServletActionContext.getRequest().setAttribute("error",
                    "查询失败, 密码或账号错误");
            return "error";
        }
        return "input";
    }

    public void setAccount(Account account) {
        this.account = account;
    }

    public void setIbankid(int ibankid) {
        this.ibankid = ibankid;
    }

    public void setInputmoney(double inputmoney) {
        this.inputmoney = inputmoney;
    }

    public void setNewpassword(String newpassword) {
        this.newpassword = newpassword;
    }

    public void setOutputmoney(double outputmoney) {
        this.outputmoney = outputmoney;
    }

    public void setTypeid(int typeid) {
        this.typeid = typeid;
    }


    public void setFlag(int flag) {
        this.flag = flag;
    }

    public int getFlag() {
        return this.flag;
```

```
    }
}
```

在实体类中可以创建一些数据访问方法，例如方法 public String searchbalance()执行查询余额操作。

22.4.3 数据访问类

数据访问对象（DAO）用来执行数据库驱动、连接、关闭等操作，其中包括不同数据表的操作方法。本项目把所有数据操作先抽象出一个基类 IBaseDAO，基类是所有数据表处理的共性操作——增删改查和分页等，代码实例如下：

```
import com.ibank.dao.IBaseDAO;
import com.ibank.util.HibernateSessionFactory;
import java.io.Serializable;
import java.util.List;
import org.hibernate.Session;
public abstract interface IBaseDAO
{
  public abstract boolean create(Object object);

  /**更新一条记录*/
  public abstract boolean update(Object object);

  /**删除一条记录*/
  public abstract boolean delete(Object object);

  /**直接查询出一条结果*/
  public abstract Object find(Class<? extends Object> paramClass, Serializable paramSerializable);

  /**查询一条记录到缓存*/
  public abstract Object load(Class<? extends Object> paramClass, Serializable paramSerializable);

  /**查询组结果*/
  public abstract List<Object> list(String paramString);

  /**分页查询一页记录
     * hql SQL     语句
     * offset          从第几条记录开始
     * length          查询几条记录 */
   public  abstract List<?> getListForPage(String hql, int offset, int length);

  /**查询总记录数*/
  public  abstract int getAllRowCount(String hql) ;
}
```

在本系统中使用了 Hibernate 框架访问数据，在这里引用了 import com.ibank.util.HibernateSessionFactory，并配置了 hibernate.cfg.xml 文件，代码如下：

```
<hibernate-configuration>
    <session-factory>
        <property name="dialect">
```

```
        org.hibernate.dialect.MySQLDialect
    </property>
    <property name="connection.url">
        jdbc:mysql://localhost:3306/ibank?characterEncoding=UTF-8
    </property>
    <property name="connection.username">root</property>
    <property name="connection.password">root</property>
    <property name="connection.driver_class">
        com.mysql.jdbc.Driver
    </property>
    <property name="myeclipse.connection.profile">Mysql</property>
    <property name="current_session_context_class">thread</property>
    <!--<property name="show_sql">true</property>-->
    <property name="show_sql">true</property>
    <property name="hibernate.jdbc.use_get_generated_keys">
        false
    </property>
    <mapping class="com.ibank.bean.Interest" />
    <mapping class="com.ibank.bean.Account" />
    <mapping class="com.ibank.bean.Ibank" />
    <mapping class="com.ibank.bean.Admin" />
    <mapping class="com.ibank.bean.Overdraft" />
    <mapping class="com.ibank.bean.Loan" />
    <mapping class="com.ibank.bean.Acchistory" />
    <mapping class="com.ibank.bean.Actype" />
    <mapping class="com.ibank.bean.Ibankmoney" />
  </session-factory>
</hibernate-configuration>
```

connection.url 属性定义要访问的数据库，connection.username 定义数据库用户名，connection.password 定义数据库密码，mapping 定义对应的实体类。

22.4.4 控制分发及配置

本项目使用了 Struts 框架进行开发。在 Struts 中，action 是其核心功能，使用 Struts 框架，主要的开发都是围绕 action 进行的。action 类包中定义了各种操作流程，以 AccountAction 来控制用户数据流程。下面的一段代码控制程序流转到 getaccountinfo 这个 action <result name="inputmoney">定义的页面上：

```
if (this.flag == 1) {//表示该账户的信息是从存款页面获取的
        ServletActionContext.getRequest().setAttribute("account", ac);
        return "inputmoney";
}
```

Action 要与 struts.xml 文件配套使用，struts.xml 文件配置如下：

```
<struts>
   <constant name="struts.enable.DynamicMethodInvocation" value="false" />
   <constant name="struts.devMode" value="true" />
```

```
    <!-- 定义默认包 -->
    <package name="ibank" namespace="/" extends="struts-default">
        <default-action-ref name="index" />                <!-- 定义默认 action -->
        <action name="index">
            <result>/index.jsp</result>
        </action>
    </package>

    <!-- 定义 system 包 -->
    <package name="default" namespace="/system" extends="struts-default">
        <interceptors>                                     <!-- 定义拦截器 -->
            <interceptor name="checklogin"
                class="com.ibank.interceptor.LoginInterceptor" />
        </interceptors>
        <default-action-ref name="index" />                <!-- 定义默认 action -->
        <action name="index">
            <result type="redirect">/system/index.jsp</result>
            <result name="login">/system/login.jsp</result>
            <result name="login">/system/login.jsp</result>
            <interceptor-ref name="checklogin" />          <!-- 使用拦截器 -->
        </action>

        <!-- 定义操作员登录 action -->
        <action name="login" class="com.ibank.action.AdminAction"
            method="login">
            <result name="success" type="redirect">index</result> <!-- 跳转到另一个 action -->
            <result name="input">/system/login.jsp</result>
            <result name="error">/system/login.jsp</result>
        </action>

        <!-- 定义操作员注销 action -->
        <action name="logout" class="com.ibank.action.AdminAction"
            method="logout">
            <result name="logout" type="redirect">/system/login.jsp</result> <!--跳转到网页 -->
        </action>

        <!-- 定义开户 action -->
        <action name="registaccount" class="com.ibank.action.AccountAction"
            method="regist">
            <result name="success">/system/result_success.jsp</result>
            <result name="error">/system/result_error.jsp</result>
        </action>

        <!-- 定义修改密码 action -->
        <action name="changepwd" class="com.ibank.action.AccountAction"
            method="changepwd">
            <result name="success">/system/result_success.jsp</result>
            <result name="error">/system/result_error.jsp</result>
```

```
    </action>

    <!-- 定义存款 action -->
    <action name="inputmoney" class="com.ibank.action.AccountAction"
       method="inputMoney">
       <result name="success">/system/result_success.jsp</result>
       <result name="error">/system/result_error.jsp</result>
    </action>

    <!-- 定义取款 action -->
    <action name="outputmoney" class="com.ibank.action.AccountAction"
       method="outputMoney">
       <result name="success">/system/result_success.jsp</result>
       <result name="error">/system/result_error.jsp</result>
    </action>

    <!-- 定义挂失 action -->
    <action name="reportlost" class="com.ibank.action.AccountAction"
       method="reportlost">
       <result name="success">/system/result_success.jsp</result>
       <result name="error">/system/result_error.jsp</result>
    </action>

    <!-- 定义销户 action -->
    <action name="logoff" class="com.ibank.action.AccountAction"
       method="logoff">
       <result name="success">/system/result_success.jsp</result>
       <result name="error">/system/result_error.jsp</result>
    </action>

    <!-- 定义查询余额 action -->
    <action name="searchbalance" class="com.ibank.action.AccountAction"
       method="searchbalance">
       <result name="success">/system/result_success.jsp</result>
       <result name="error">/system/result_error.jsp</result>
    </action>

    <!-- 定义获取账户信息 action -->
    <action name="getaccountinfo" class="com.ibank.action.AccountAction"
       method="getaccountinfo">
       <result name="inputmoney">/system/personal_inputmoney2.jsp</result>
       <result name="outputmoney">/system/personal_outputmoney2.jsp</result>
       <result name="error">/system/result_error.jsp</result>
    </action>

    <!-- 定义取消挂失 action -->
    <action name="canecllost" class="com.ibank.action.AccountAction"
       method="canecllost">
```

```
        <result name="success">/system/result_success.jsp</result>
        <result name="error">/system/result_error.jsp</result>
    </action>

    <!-- 定义注册操作员 action -->
    <action name="registadmin" class="com.ibank.action.AdminAction"
        method="regist">
        <result name="success">/system/result_success.jsp</result>
        <result name="error">/system/result_error.jsp</result>
    </action>

    <!-- 定义修改操作员密码 action -->
    <action name="adminpwdchange" class="com.ibank.action.AdminAction"
        method="adminpwdchange">
        <result name="success">/system/result_success.jsp</result>
        <result name="error">/system/result_error.jsp</result>
    </action>

    <!-- 定义利率修改 action -->
    <action name="readjustmentofinterestrate" class="com.ibank.action.InterestAction"
        method="readjustmentofinterestrate">
        <result name="success">/system/result_success.jsp</result>
        <result name="input">/system/readjustmentofinterestrate.jsp</result>
        <result name="error">/system/result_error.jsp</result>
    </action>

    <!-- 定义贷款 action -->
    <action name="loan" class="com.ibank.action.LoanAction"
        method="loan">
        <result name="success">/system/result_success.jsp</result>
        <result name="input">/system/loan_transaction.jsp</result>
        <result name="error">/system/result_error.jsp</result>
    </action>

    <!-- 定义获取贷款信息 action -->
    <action name="loaninfo" class="com.ibank.action.LoanAction" method="getLoanInfo">
        <result name="success">/system/loan_repay2.jsp</result>
        <result name="input">/system/loan_transaction.jsp</result>
        <result name="error">/system/result_error.jsp</result>
    </action>

    <!-- 定义归还贷款 action -->
    <action name="repayLoan" class="com.ibank.action.LoanAction" method="repayLoan">
        <result name="success">/system/result_success.jsp</result>
        <result name="error">/system/result_error.jsp</result>
    </action>

    <!-- 定义删除操作员 action -->
```

```
        <action name="deleteAdmin" class="com.ibank.action.AdminAction" method="deleteAdmin">
            <result name="success">/system/result_success.jsp</result>
            <result name="error">/system/result_error.jsp</result>
        </action>

    </package>
</struts>
```

配置中的<action name="inputmoney" ></action>是存款的 action。

22.4.5 业务数据处理

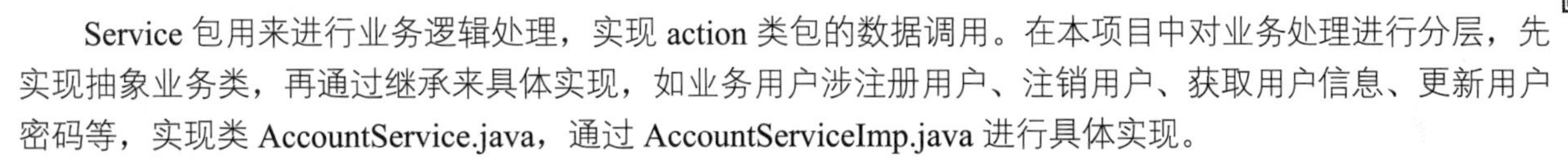

Service 包用来进行业务逻辑处理，实现 action 类包的数据调用。在本项目中对业务处理进行分层，先实现抽象业务类，再通过继承来具体实现，如业务用户涉注册用户、注销用户、获取用户信息、更新用户密码等，实现类 AccountService.java，通过 AccountServiceImp.java 进行具体实现。

AccountService.java 代码如下：

```
public abstract interface IAccountService {
    /**注册
     * @param account 要注册的账户
     * @param typeid 账户类别
     * @param ibankid 开户支行
     **/
    public abstract boolean regist(Account account, int typeid, int ibankid);

    /**获取账户信息
     * @param accid 账户 ID
     * @return Account 返回账户信息
     **/
    public abstract  Account getaccountinfo(String accid);

    /**修改密码
     * @param accid 账户 ID
     * @param password 账户密码
     * @param newpassword 账户新密码
     **/
    public abstract  String changepwd(String accid, String password, String newpassword);

    /**存款
     * @param accid 账户 ID
     * @param money 存款金额
     * @return string 返回字符串型标志信息
     **/
    public abstract  String inputmoney(String accid, double money);

    /**取款
     * @param accid 账户 ID
     * @param money 金额
     * @param password 密码
```

```
     * @return String 返回字符串型标志信息
     **/
    public abstract String outputmoney(String accid, double money, String password);

    /** 挂失
     * @param accid 账户 ID
     * @param pasword 密码
     * @param identitycard 身份证
     * @param name 姓名
     * @return String 返回字符串型标识信息
       **/
    public abstract  String reportlost(String accid, String password,
           String identitycard, String name);

    /** 注销账户
     * @param  accid 账户 ID
     * @param password 密码
     * @param identitycard 身份证
     * @param name 姓名
     * @return Object 返回字符串型标志信息或者余额
     **/
    public  abstract Object logoff(String accid, String password, String identitycard,
           String name);

    /** 查询余额
     *  @param accid 账户 ID
     *  @param password 密码
     *  @return Object 返回余额或者字符串型标志信息
    public abstract  Object searchbalance(String accid, String password);

    /** 取消挂失
     *  @param accid 账户 ID
     *  @param password 密码
     *  @param identitycard 身份证
     *  @param name 姓名
     *  @return String 返回字符串型标志信息
     **/
    public abstract  String cancellost(String accid, String password,
           String identitycard, String name);
    /*结算利息
    public abstract String updatebalance();
    */
}
```

AccountServiceImp.java 代码如下：

```
public class AccountServiceImpl implements IAccountService {
    IinterestService interService;
    AccountDAOImpl dao;
    IIbankMoneyService ibankMoneyServiceImpl;
```

```
    IAccHistoryService accHistoryServiecImpl;

    //构造方法，初始化对象
    public AccountServiceImpl() {
        this.dao = new AccountDAOImpl();
        this.ibankMoneyServiceImpl = new IbankMoneyServiceImpl();
        this.accHistoryServiecImpl = new AccHistoryServiecImpl();
        this.interService=new InterestSerivecImpl();
    }
    /**注册
     * @param account 要注册的账户
     * @param typeid 账户类别
     * @param ibankid 开户支行
     **/
    public boolean regist(Account account, int typeid, int ibankid) {
        //查找账户类别是否存在
        Actype actype = (Actype) this.dao.load(Actype.class, Integer.valueOf(typeid));
        //查找开户支行是否存在
        Ibank ibank = (Ibank) this.dao.load(Ibank.class, Integer.valueOf(ibankid));
        //关联account
        account.setActype(actype);
        account.setIbank(ibank);
        account.setRegtime(new Timestamp(new Date().getTime()));
        account.setInteresttime(new Timestamp(new Date().getTime()));
        account.setStatus(Integer.valueOf(1));
        //开户
        boolean flag = this.dao.create(account);
        System.out.println("注册时的flag标记"+flag);
        if (flag) {

            //将余额添加到总额表中
            this.ibankMoneyServiceImpl.add(account.getBalance().doubleValue());
            //增加账户记录
            this.accHistoryServiecImpl.addrecord(account.getId(), account
                    .getBalance().doubleValue(), 1);
            return true;                    //添加成功
        }
        return false;                       //添加失败
    }
    /**获取账户信息
     * @param accid 账户ID
     * @return Account 返回账户信息
     **/
    public Account getaccountinfo(String accid) {
        Object obj = this.dao.find(Account.class, accid);
        if ((obj instanceof Account)) {
            return (Account) obj;
        }
```

```
        if (((obj instanceof Boolean)) && (!((Boolean) obj).booleanValue())) {
            return null;
        }
        return null;
    }
    /**修改密码
     * @param accid 账户 ID
     * @param password 账户密码
     * @param newpassword 账户新密码
     **/
    public String changepwd(String accid, String password, String newpassword) {
        Account ac = (Account) this.dao.find(Account.class, accid);
        if ((ac == null) || (0 == ac.getStatus())) {
            return "-1";                    //账户不存在
        }
        if (2 == ac.getStatus()) {
            return "0";                     //账户已禁用
        }
        if (!ac.getPassword().equals(password)) {
            return "-2";                    //密码错误
        }
        ac.setPassword(newpassword);
        boolean flag = this.dao.update(ac);
        if (!flag) {
            return "-3";
        }
        return "1";
    }
    /**存款
     * @param accid 账户 ID
     * @param money 存款金额
     * @return string 返回字符串型标志信息
     **/
    public String inputmoney(String accid, double money) {
        //调用更改金额方法，money 为正，表示存款
        boolean flag = this.dao.changeMoney(accid, money);
        if (!flag) {
            return "-1";
        }
        //同时修改银行总金额和添加账户记录
        this.accHistoryServiecImpl.addrecord(accid, money, 1);//action 为 1 表示存款
        this.ibankMoneyServiceImpl.add(money);

        return "1";
    }
    /**取款
     * @param accid 账户 ID
     * @param money 金额
```

```
 * @param password 密码
 * @return String 返回字符串型标志信息
 **/
public String outputmoney(String accid, double money, String password) {
    //先查找账户是否存在
    Account ac = (Account) this.dao.find(Account.class, accid);
    double balance = ac.getBalance().doubleValue();
    double overdraft = ac.getOverdraft();

    if (!ac.getPassword().equals(password)) {
        return "-1";                                //密码错误
    }
    if (balance + overdraft - money < 0.0D) {
        return "-2";                                //余额不足
    }
    money = 0.0D - money;
    //调用修改金额方法，参数为负，表示取款
    boolean flag = this.dao.changeMoney(accid, money);
    if (!flag) {
        return "-3";                                //操作失败
    }
    //同时添加账户记录并修改总金额
    this.accHistoryServiecImpl.addrecord(accid, money, 2);//action 为 2 表示取款
    this.ibankMoneyServiceImpl.reduce(money);
    //结算利息
    Double interestmoney=interService.intestestMoney(ac.getId());
    if (interestmoney>0) {
        this.accHistoryServiecImpl.addrecord(accid, interestmoney, 3);//action 为 3 表示利息
        this.ibankMoneyServiceImpl.add(interestmoney);
    }
    return "1";//操作成功
}

/** 挂失
 * @param accid 账户 ID
 * @param pasword 密码
 * @param identitycard 身份证
 * @param name 姓名
 * @return String 返回字符串型标识信息
 **/
public String reportlost(String accid, String password, String identitycard, String name) {
    //获取账户信息,
    Account ac = (Account) this.dao.find(Account.class, accid);
    if ((ac == null) || (0 == ac.getStatus())) {
        return "-1";                        //账户不存在
    }
    if (2 == ac.getStatus()) {
        return "0";                         //账户已经挂失
```

```
    }
    if (!ac.getPassword().equals(password)) {
        return "-2";                              //密码错误
    }
    if (!ac.getIdentitycard().equals(identitycard)) {
        return "-3";                              //身份证错误
    }
    if (!ac.getName().equals(name)) {
        return "-4";                              //姓名错误
    }
    //修改状态为挂失状态，2表示挂失
    ac.setStatus(Integer.valueOf(2));
    //更新状态
    boolean flag = this.dao.update(ac);
    if (!flag) {
        return "-5";                              //操作失败，系统错误
    }
    return "1";                                   //挂失成功
}

/** 注销账户
 * @param  accid 账户 ID
 * @param password 密码
 * @param identitycard 身份证
 * @param name 姓名
 * @return Object 返回字符串型标志信息或者余额
public Object logoff(String accid, String password, String identitycard,
        String name) {
    Account ac = (Account) this.dao.find(Account.class, accid);
    if ((ac == null) || (ac.getActype().getTypeid().intValue() == 0)) {
        return "-1";                        //账户不存在
    }
    if(ac.getActype().getTypeid() == 2){
        return "0";                         //账户已经禁用
    }
    if (!ac.getPassword().equals(password)) {
        return "-2";                        //账户密码不对
    }
    if (!ac.getIdentitycard().equals(identitycard)) {
        return "-3";                        //身份证错误
    }
    if (!ac.getName().equals(name)) {
        return "-4";                        //姓名错误
    }
    //余额
    Object money = ac.getBalance();
    ac.setBalance(Double.valueOf(0.0D));
    ac.setStatus(Integer.valueOf(0));
```

```
        boolean flag = this.dao.update(ac);
        if (!flag) {
            return "-5";                        //操作错误，系统错误
        }
        //同时添加记录，并修改总行金额
        this.ibankMoneyServiceImpl.reduce(-((Double) (money)).doubleValue());
        this.accHistoryServiecImpl.addrecord(accid,-((Double) money).doubleValue(), 2);
        return money;
    }

    /** 查询余额
     * @param accid 账户 id
     * @param password 密码
     * @return Object 返回余额或者字符串型标志信息
     **/
    public Object searchbalance(String accid, String password) {
        Account ac = (Account) this.dao.find(Account.class, accid);
        if ((ac == null) || (0 == ac.getStatus())) {
            return "-1";                        //账户不存在
        }
        if (2 == ac.getStatus()) {
            return "0";                         //账户已经禁用
        }
        if (!ac.getPassword().equals(password)) {
            return "-2";                        //密码错误
        }
        Object money = ac.getBalance();
        return money;
    }

    /** 取消挂失
     * @param accid 账户 ID
     * @param password 密码
     * @param identitycard 身份证
     * @param name 姓名
     * @return String 返回字符串型标志信息
     **/
    public String cancellost(String accid, String password,
            String identitycard, String name) {
        Account ac = (Account) this.dao.find(Account.class, accid);
        if ((ac == null) || (0 == ac.getStatus())) {
            return "-1";                        //账户不存在
        }
        if ((1==ac.getStatus())) {
            return "0";                         //账户异常，已经挂失
        }
        if (!ac.getPassword().equals(password)) {
            return "-2";                        //密码错误
```

```
        }
        if (!ac.getIdentitycard().equals(identitycard)) {
            return "-3";                       //身份证错误
        }
        if (!ac.getName().equals(name)) {
            return "-4";                       //姓名错误
        }
        //修改状态为1,表示正常状态，即完成解除挂失
        ac.setStatus(Integer.valueOf(1));
        //更新状态到数据库
        boolean flag = this.dao.update(ac);
        if (!flag) {
            return "-5";                       //操作失败，系统错误
        }
        return "1";                            //操作成功
    }
```

22.5 项目知识拓展

22.5.1 Struts 架构

Struts 2 是一个比较流行的 MVC 框架。它以 WebWork 优秀的设计思想为核心，吸收了 Struts 框架的部分优点，提供了一个更加整洁的 MVC 设计模式实现的 Web 应用程序框架。

Struts 2 引入了几个新的框架特性：从逻辑中分离出横切关注点的拦截器，减少或者消除配置文件，贯穿整个框架的强大表达式语言，支持可变更和可重用的基于 MVC 模式的标签 API。

Struts 2 充分借鉴了从其他 MVC 框架学到的经验和教训，使得 Struts 2 框架更加清晰灵活。

22.5.2 MySQL 安装管理

MySQL 是最流行的关系型数据库管理系统之一，在 Web 应用方面，MySQL 是最好的 RDBMS（Relational Database Management System，关系数据库管理系统）应用软件。

MySQL 是一种关系数据库管理系统。关系数据库将数据保存在不同的表中，而不是将所有数据放在一个大仓库内，这样就提高了速度并增强了灵活性。

MySQL 所使用的 SQL 语言是用于访问数据库的最常用的标准化语言。MySQL 软件采用了双授权政策，分为社区版和商业版，由于其体积小、速度快、总体拥有成本低，尤其是开放源码这一特点，一般中小型网站的开发都选择 MySQL 作为网站数据库。

总的来说，MySQL 主要有以下特性：

（1）MySQL 运行速度快。

（2）MySQL 对多数个人用户来说是免费的。

（3）与其他大型数据库的设置和管理相比，MySQL 的复杂程度较低，易于学习和使用。

（4）可移植性好，能够工作在众多不同的系统平台上，例如 Windows、Linux、UNIX、Mac OS 等。

MySQL 软件下载过程如下。

在下载 MySQL 之前，首先需要分析自己计算机的操作系统，然后根据不同的系统，下载对应的 MySQL 软件。

在地址栏中输入网址 http://dev.mysql.com/downloads/mysql/#downloads，单击 Go to Download Page 按钮，打开 MySQL Community Server 5.7.21 下载页面，选择 Generally Available(GA) Release 类型的安装包，如图 22-39 所示。

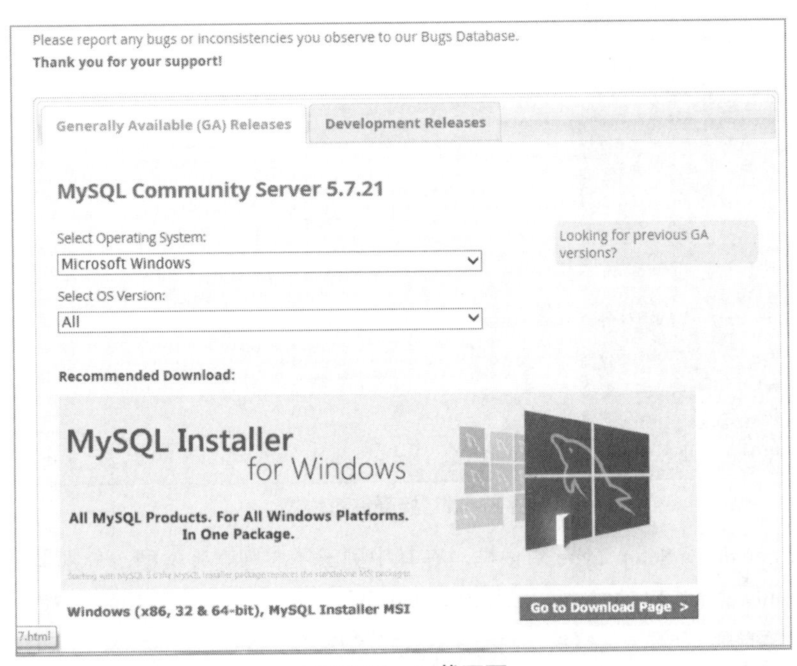

图 22-39 下载页面

在 Select Operating System 下拉列表框中选择用户计算机中的操作系统平台，这里选择 Microsoft Windows 选项，如图 22-40 所示。

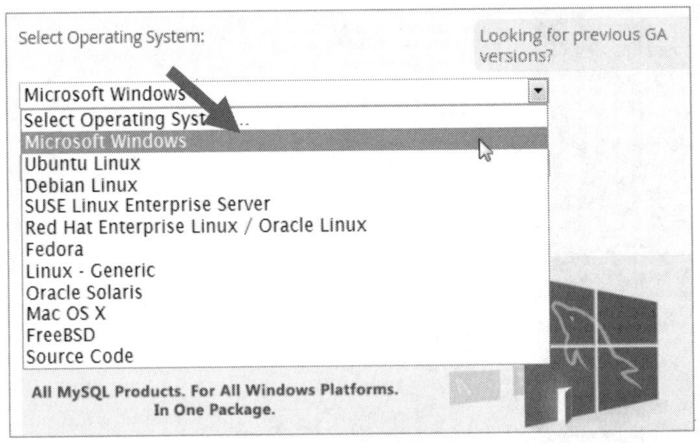

图 22-40 选择操作系统

最后，按照提示进行下载即可。

MySQL 下载完成后，找到下载文件，双击该文件进行安装，具体操作步骤如下。

步骤 1：双击下载的 mysql-installer-community-5.7.21.msi 文件。打开 License Agreement 窗口，选中 I accept the license terms 复选框，单击 Next 按钮，如图 22-41 所示。

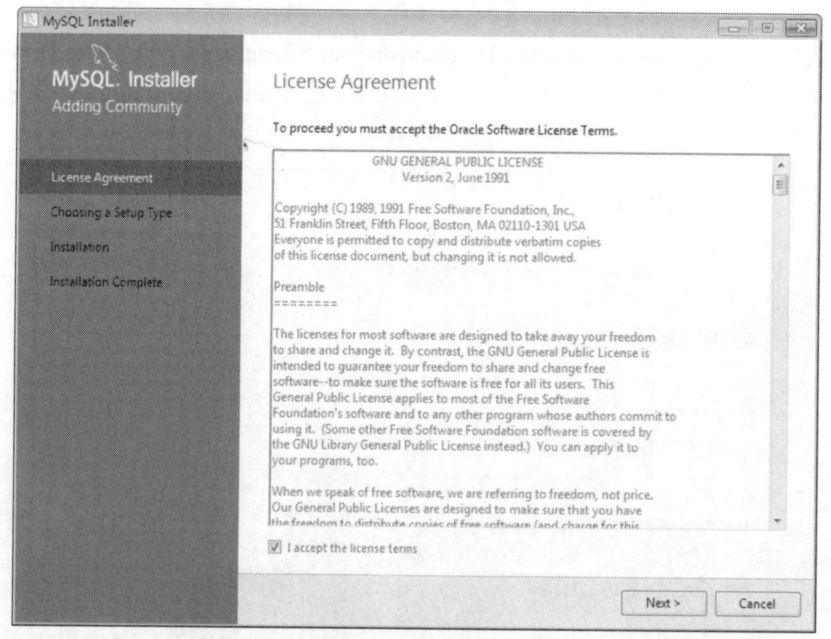

图 22-41 接受许可协议

步骤 2：进入 Choosing a Setup Type 对话框，在其中列出了 5 种安装类型，分别是 Developer Default、Server only、Client only、Full 和 Custom。这里选择 Custom 单选按钮，单击 Next 按钮，如图 22-42 所示。

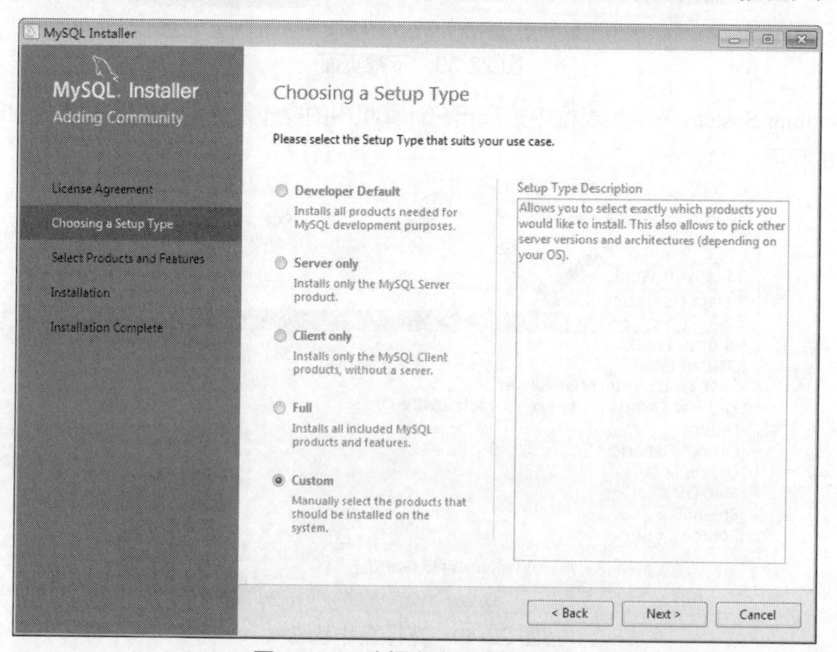

图 22-42 选择自定义安装类型

提示：Developer Default 是默认安装类型，供开发者使用；Server only 是仅作为服务器；Client only 是仅作为客户端；Full 是完全安装；Custom 是自定义安装。

步骤 3：进入 Select Products and Features 对话框，选择 MySQL Server 5.7.20-x86 后，单击添加按钮，即可选择安装 MySQL 服务器。采用同样的方法，添加 MySQL Documentation 5.7.20-x86 和 Samples and Examples 5.7.20-x86 选项。单击 Next 按钮继续安装，如图 22-43 所示。

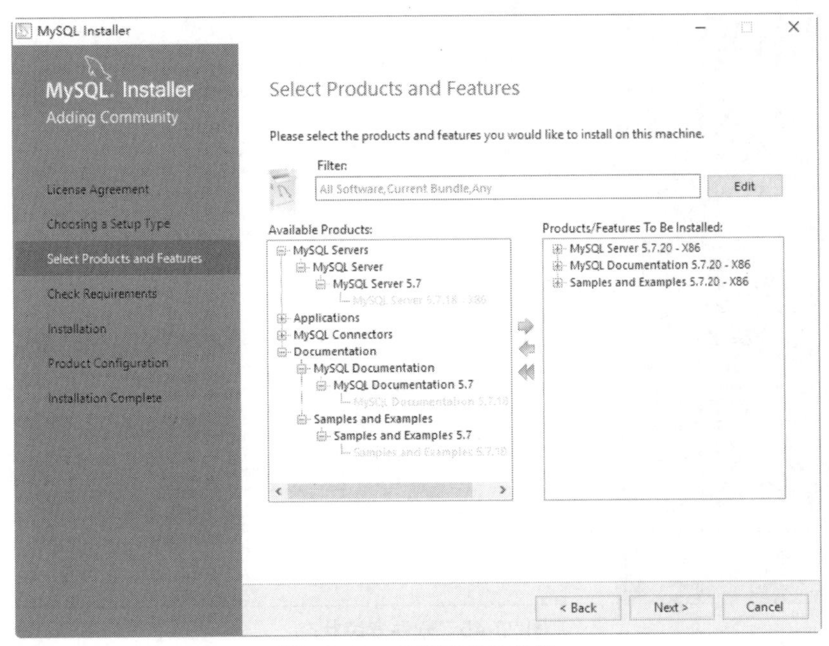

图 22-43 选择产品和特性

步骤 4：进入 Check Requirements 对话框，单击 Next 按钮开始安装 MySQL 文件，如图 22-44 所示。

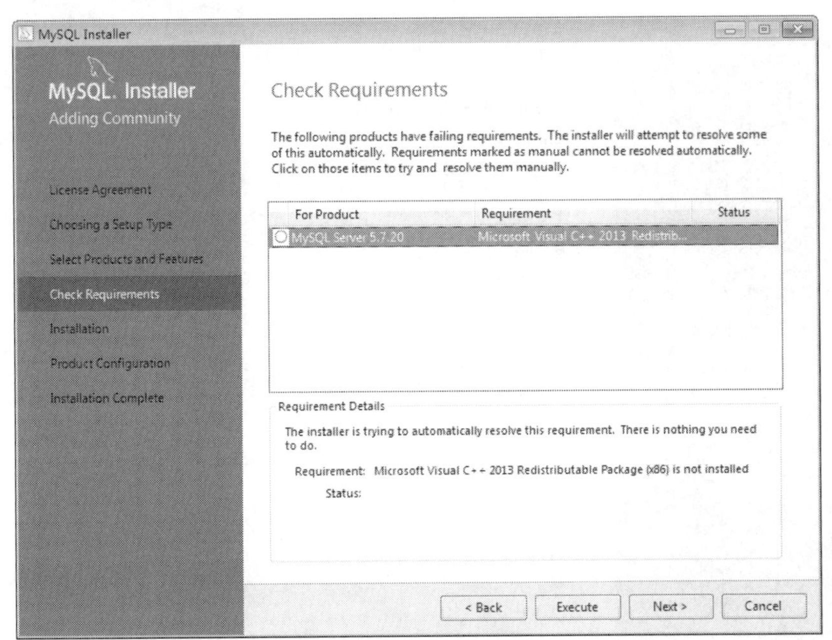

图 22-44 检查系统需求

步骤 5：安装完成后，在 Installation 列表中将显示软件的安装状态，Complete 表示完整安装，单击 Next

按钮进入服务器配置界面，如图 22-45 所示。

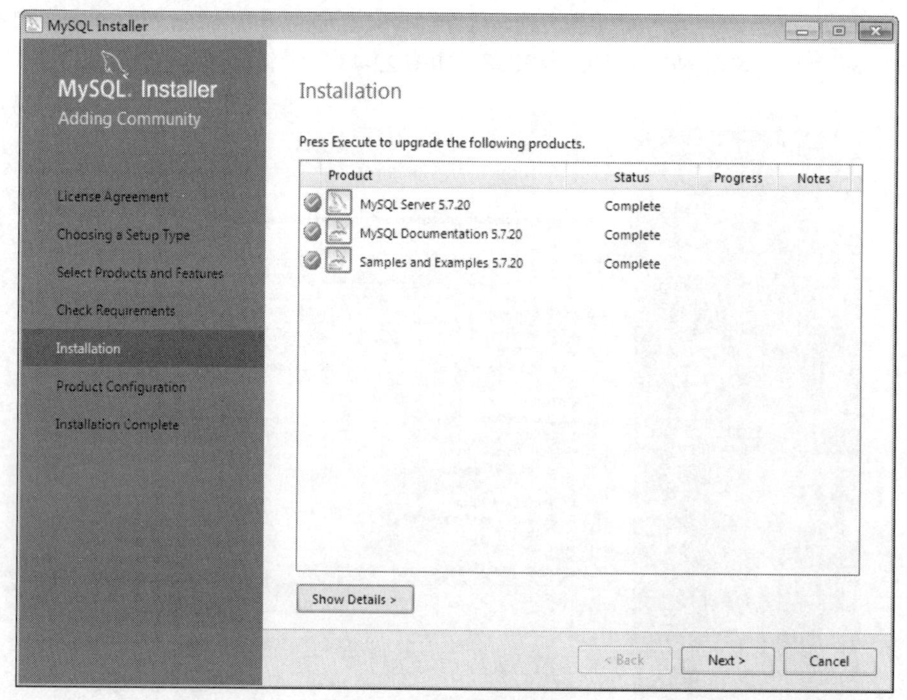

图 22-45　软件安装状态

步骤 6：进入 Type and Networking，这里采用默认设置，单击 Next 按钮，进入下一步，如图 22-46 所示。

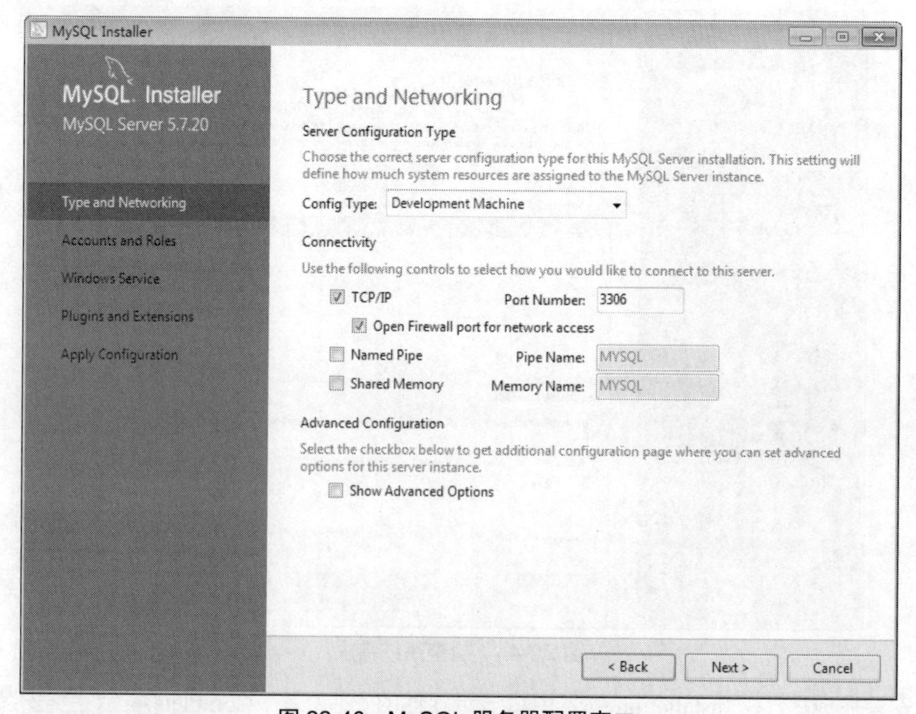

图 22-46　MySQL 服务器配置窗口

步骤 7：进入 Accounts and Roles 对话框，重复输入两次同样的登录密码后，单击 Next 按钮，如图 22-47 所示。

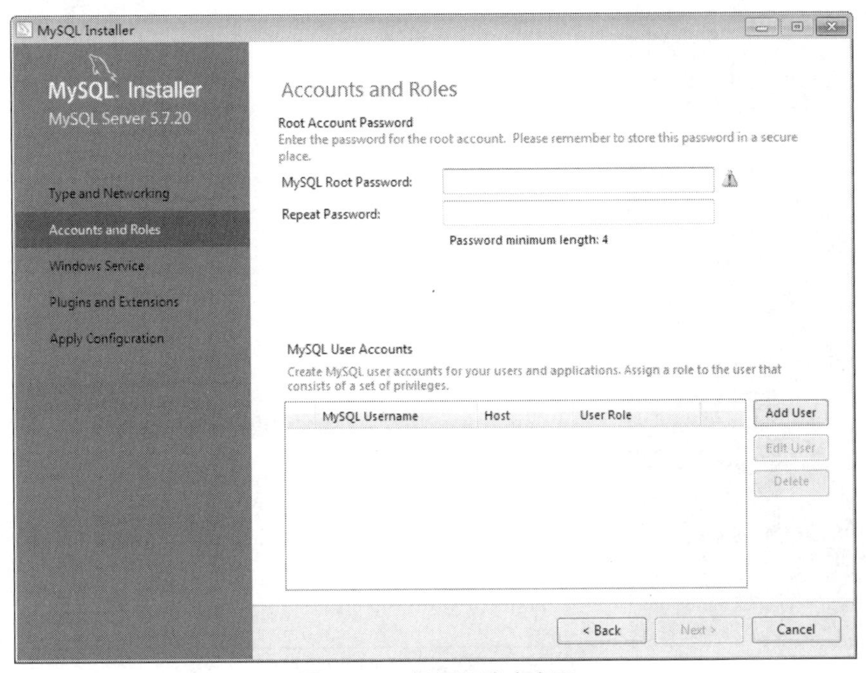

图 22-47　设置根账户密码

步骤 8：进入 Windows Service 对话框，本案例设置服务器名称为 MySQL，单击 Next 按钮，如图 22-48 所示。

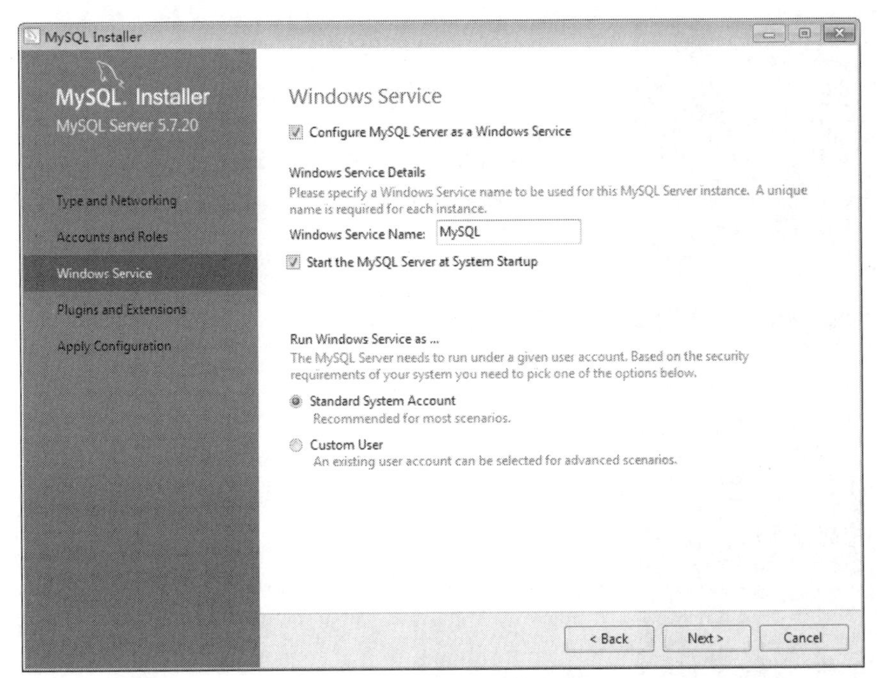

图 22-48　设置服务器名称

步骤 9：进入 Apply Configuration 对话框，单击 Execute 按钮使数据库配置生效，如图 22-49 所示。

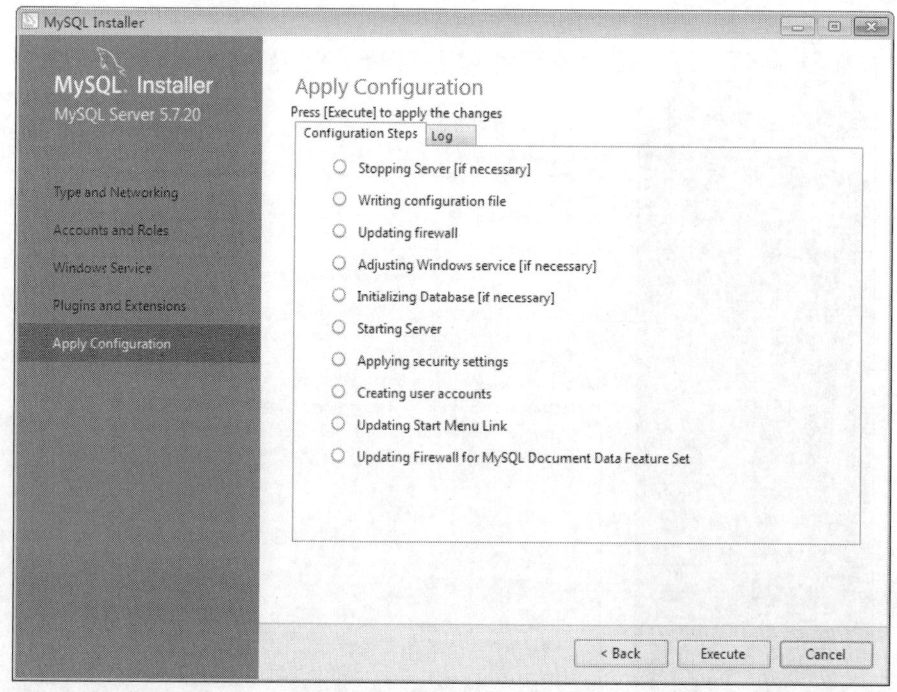

图 22-49　使数据库配置生效

步骤 10：系统自动配置 MySQL 服务器。配置完成后，单击 Finish 按钮，即可完成服务器的配置，如图 22-50 所示。

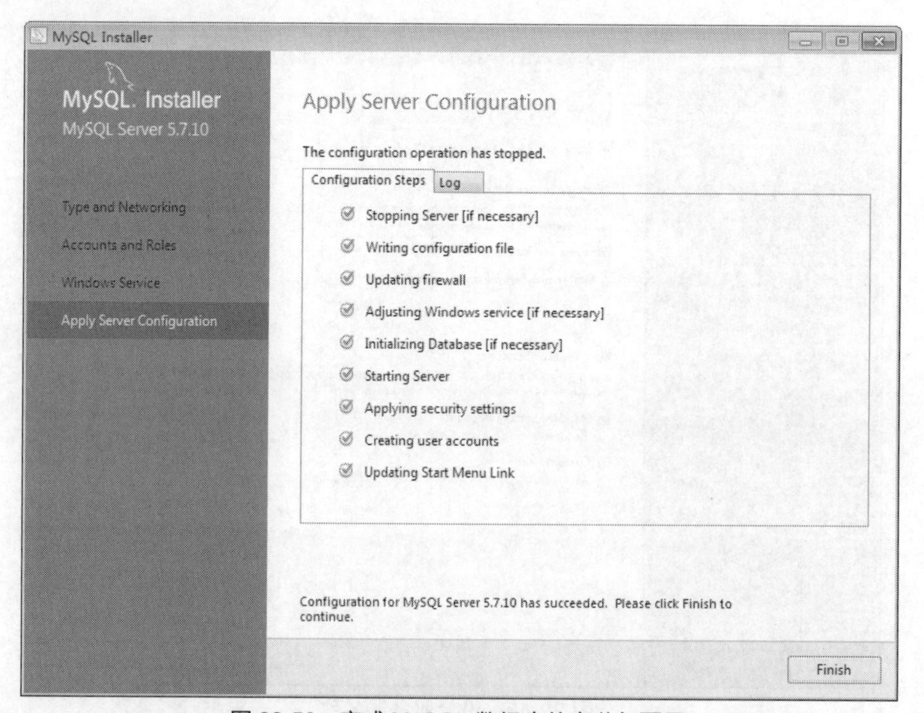

图 22-50　完成 MySQL 数据库的安装与配置

22.5.3　Navicat for MySQL 安装

MySQL 数据库以命令行方式进行数据表操作，这在实际使用中既不方便也不直观。通常使用第三方数据库管理工具，Navicat for MySQL 就是广为应用的工具之一，简单直观，操作方便，很受用户喜爱。

Navicat for MySQL 的下载过程如下：

（1）下载 Navicat 应用程序。访问 http://www.navicat.com.cn/download/navicat-for-mysql，如图 22-51 所示。

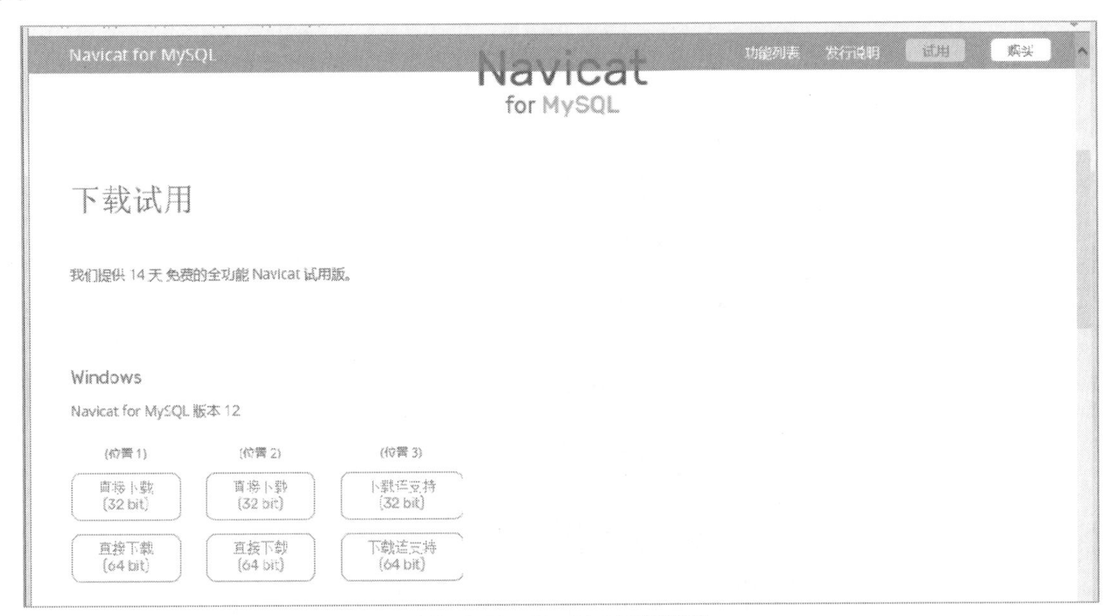

图 22-51　Navicat 下载界面

（2）选择 Windows 版本，本例选择从位置 1 下载，即可开始下载，如图 22-52 所示。

图 22-52　选择下载位置

Navicat for MySQL 的安装过程如下：

（1）找到下载的文件，双击该文件，打开安装程序界面，单击【下一步】按钮开始安装，如图 22-53 所示。

（2）选择【我同意】单选按钮，接受许可协议，单击【下一步】按钮，如图 22-54 所示。

图 22-53 开始安装软件

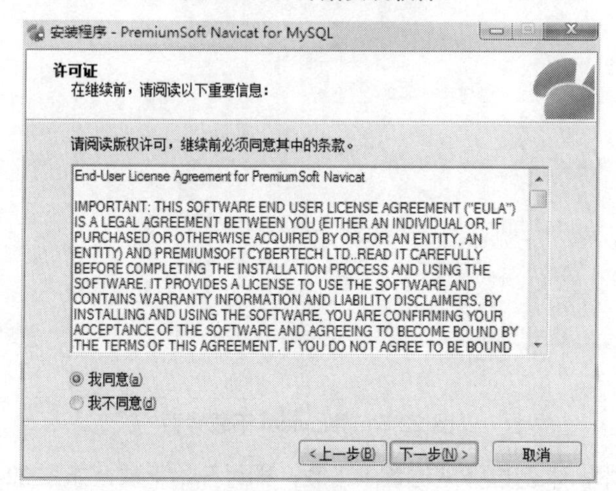

图 22-54 接受许可协议

（3）单击【浏览】按钮，选择安装位置，单击【下一步】按钮，如图 22-55 所示。

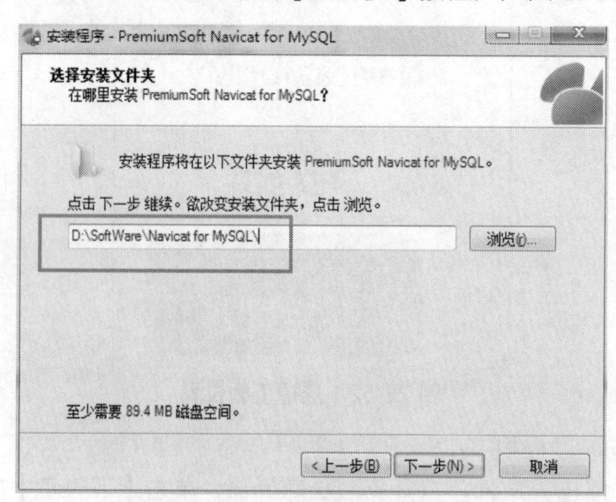

图 22-55 选择安装文件夹

（4）选择 Create a desktop icon 复选框，单击【下一步】按钮，如图 22-56 所示。

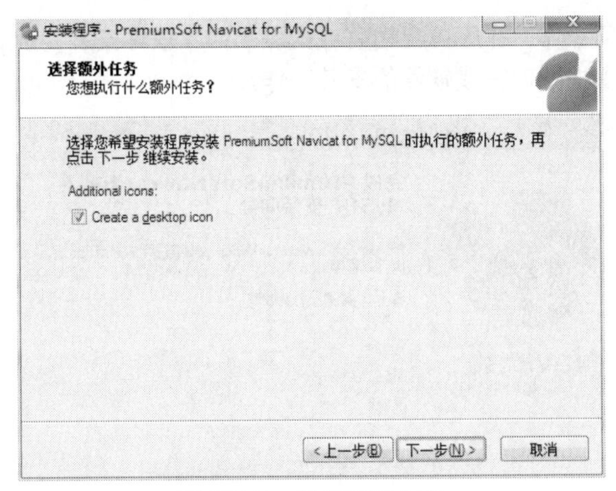

图 22-56　选择额外任务

（5）这时安装程序将显示出前几步安装的设置项，如果某些设置需要调整，可单击【上一步】按钮返回前面的相应步骤进行修改。否则单击【安装】按钮正式开始安装软件，如图 22-57 所示。

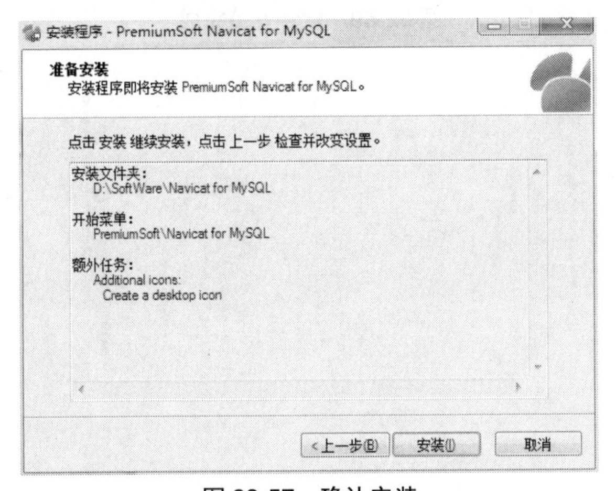

图 22-57　确认安装

（6）单击【安装】按钮，程序开始复制文件，如图 22-58 所示。

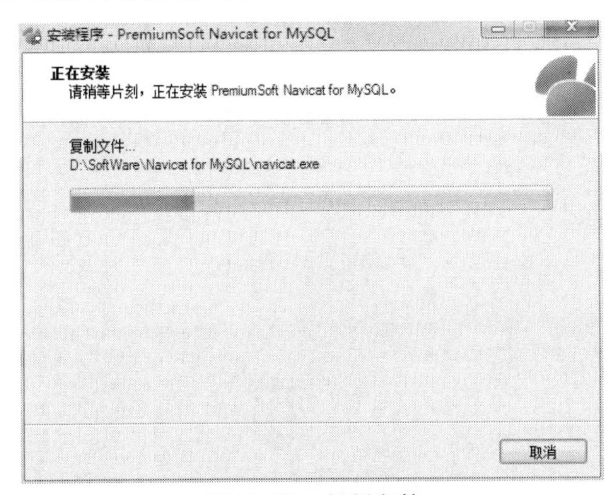

图 22-58　复制文件

（7）此时不需要执行任何操作，程序可自动完成安装工作。软件安装完成后会出现如图 22-59 所示的完成安装提示，单击【完成】按钮，完成软件的安装工作。

图 22-59　软件安装完成

第 23 章

Java 在移动互联网行业开发中的应用

◎ 本章教学微视频：14 个　55 分钟

学习指引

在移动互联网时代的当下，在线业务处理时时刻刻都在发生，无论是购物还是手机银行都是移动互联网背景下信息化应用的场景。本章通过银行自助在线业务办理系统设计，深入介绍 Java 在移动互联网行业开发中的应用。

重点导读

- 掌握在 Java 中使用 MySQL 数据库实现增删改查等功能的方法和技巧。
- 掌握 Java 中 public、private 等关键字对函数或类的作用域及区别。
- 掌握面向对象设计的思想。
- 掌握系统设计过程。

23.1　案例运行及配置

本节系统介绍案例开发及运行所需环境、案例系统配置和运行方法、项目开发及导入步骤等知识。

23.1.1　开发及运行环境

本系统的软件开发环境如下：

- 编程语言：Java。
- 操作系统：Windows 7/8/10。
- JDK 版本：Java SE Development KIT(JDK) Version 7.0。
- 开发工具：MyEclipse。
- 数据库：MySQL。

23.1.2　系统运行

首先介绍如何运行本系统，以使读者对本案例程序的功能有所了解。本案例程序运行的具体步骤如下。

步骤 1：下载 jdk-7u79-windows-i586.exe，结合前面介绍的知识安装并配置好环境变量 JAVA_HOME、CLASSPATH 和 PATH。

步骤 2：复制程序输出文件。把素材中的 ch21 文件夹复制到计算机硬盘中，例如 D:\ts\，如图 23-1 所示。

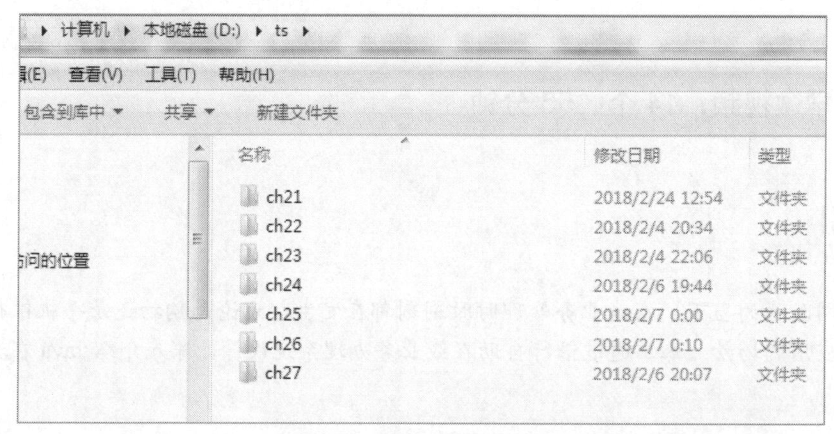

图 23-1　复制案例素材文件

步骤 3：运行程序。

（1）按 Win+R 快捷键打开“运行”对话框，输入并执行 cmd 命令，打开命令提示符窗口，如图 23-2 所示。

图 23-2　命令提示符窗口

（2）验证 JDK 安装是否正确。在命令提示符窗口中输入并执行 java–version 命令，如果屏幕输出 java version "1.x.x"，说明安装成功，如图 23-3 所示。

（3）在命令提示符窗口中输入并执行 cd d:\ts\ch23 命令，将目录转换到 d:\ts\ch23 下，如图 23-4 所示。

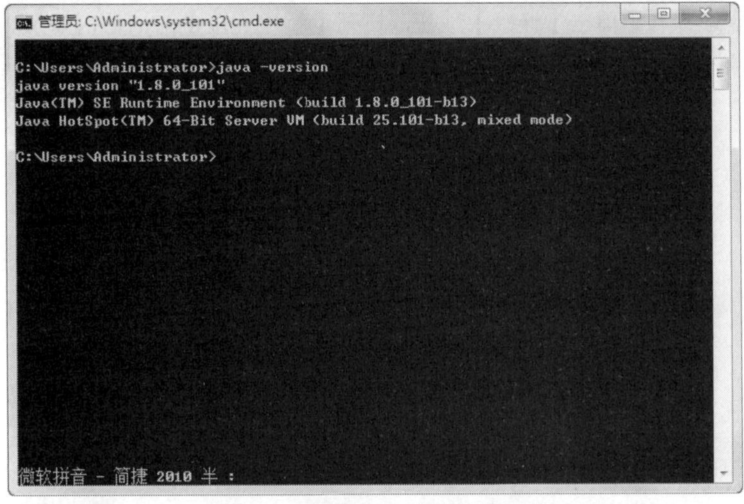

图 23-3　验证 JDK 安装是否正确

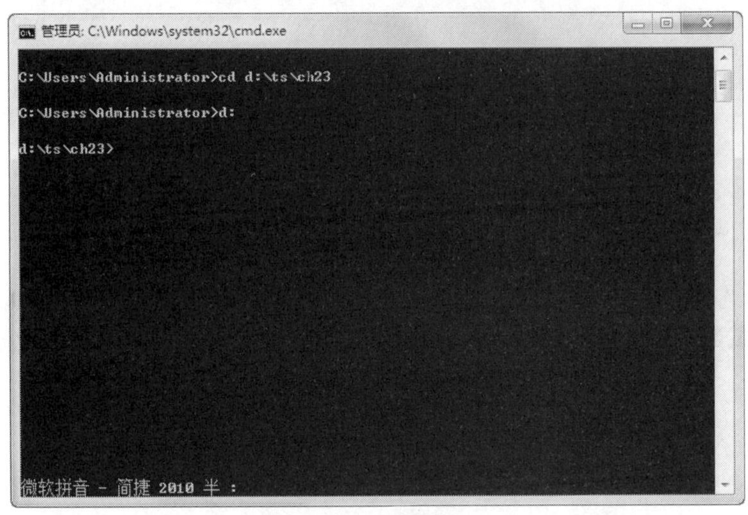

图 23-4　转换目录

（4）安装 MySQL 数据库，版本为 MySQL Community Server 5.7.21（也可安装其他版本，本项目以本版本为例，具体安装步骤请参照 22.5.2 节的内容）。

（5）安装 MySQL 数据库管理工具 Navicat for MySQL 软件（具体安装步骤请参照 22.5.3 节的内容。）

（6）运行 Navicat for MySQL 软件，双击桌面【navicat.exe 快捷方式】图标，如图 23-5 所示。

图 23-5　运行 Navicat for MySQL 软件

（7）在 Navicat 管理界面中单击【连接】按钮，打开【新建连接】对话框，如图 23-6 所示。

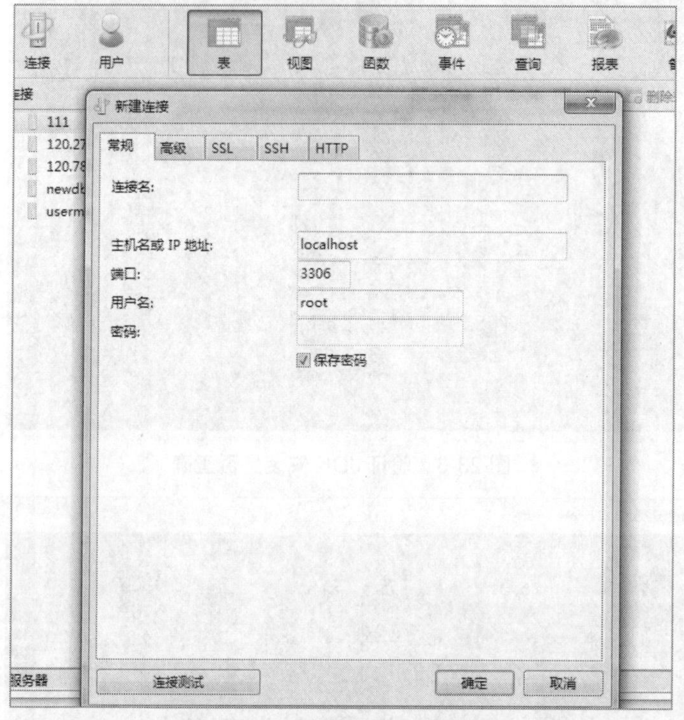

图 23-6 【新建连接】对话框

（8）在【常规】选项卡的【连接名】和【密码】文本框中输入数据库连接名 ibank 和密码 1234，单击【连接测试】按钮测试数据库连接是否成功。如果出现【连接成功】信息，则说明数据库连接成功，如图 23-7 所示。

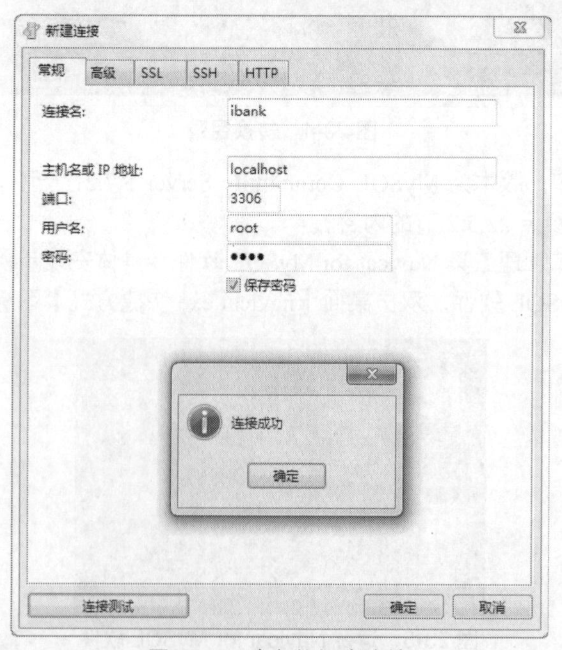

图 23-7 建立数据库连接

（9）在新建的数据连接 ibank 上右击，在弹出的快捷菜单中选择【打开连接】命令，如图 23-8 所示。

图 23-8　打开数据库连接

（10）再次右击 ibank，在弹出的快捷菜单中选择【新建数据库】命令，如图 23-9 所示。

图 23-9　选择【新建数据库】菜单命令

（11）在打开的【新建数据库】对话框的【数据库名】文本框中输入 yidong，并单击【确定】按钮，新建一个名为 yidong 的数据库，如图 23-10 所示。

图 23-10　新建 yidong 数据库

（12）右击新建的 yidong 数据库，在弹出的快捷菜单中选择【打开数据库】命令，如图 23-11 所示。

图 23-11　打开新建数据库

（13）右击打开的 yidong 数据库，在弹出的快捷菜单中选择【运行 SQL 文件】菜单命令，如图 23-12 所示。

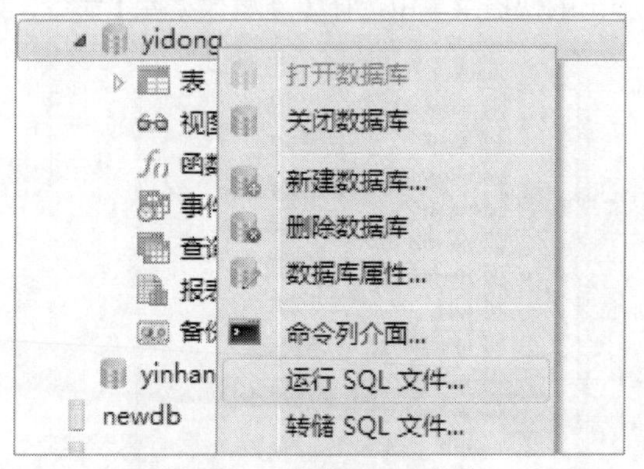

图 23-12　运行 SQL 文件

（14）在【运行 SQL 文件】对话框的【文件】文本框中输入本案例数据库 SQL 文件地址 D:\ts\ch23\dbsql\yidong.sql（本案例的 SQL 数据文件存放在素材 ch23\dbsql 下，请复制到本地计算机中），单击【开始】按钮进行数据导入操作，如图 23-13 所示。

图 23-13　导入数据库

（15）输入命令 cd d:\ts\ch23，转换到 d:\ts\ch23 目录下，如图 23-14 所示。

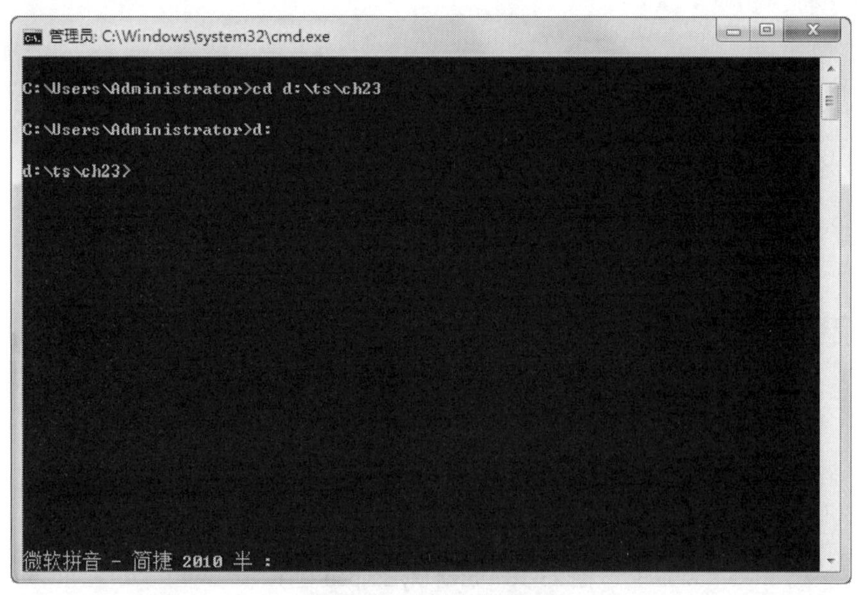

图 23-14　改写目录路径

（16）在命令提示符窗口中输入并执行 java–jar zxjy.jar 命令，启动案例程序。如果输出如图 23-15 所示的程序界面，即表明程序运行成功。

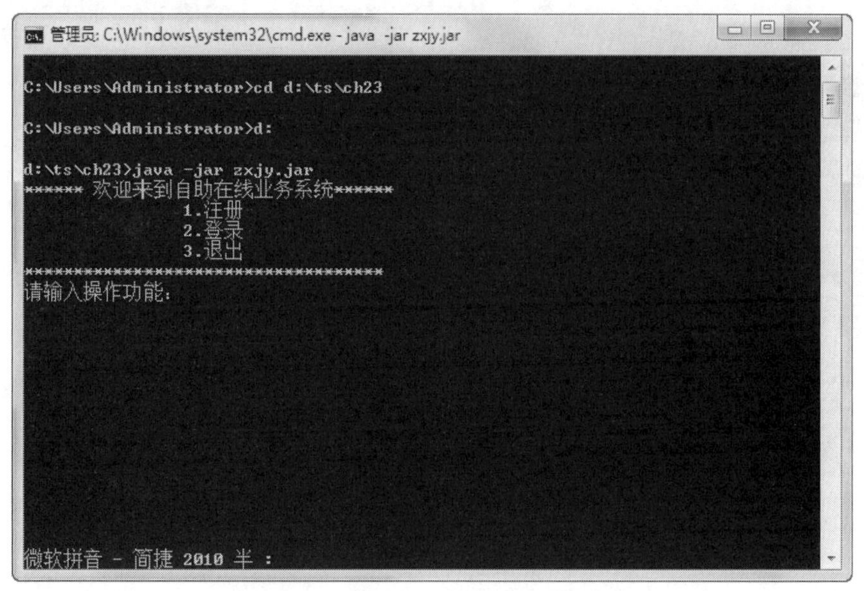

图 23-15　自助在线业务系统运行成功

23.1.3　项目开发及导入步骤

在前面已经运行了项目，接下来将项目导入项目开发环境，为项目的开发做准备。具体操作步骤如下：

（1）把素材中的 ch23 文件夹复制到计算机硬盘中，如 d:\ts\。

（2）单击 Windows 窗口中的【开始】按钮，在展开的【所有程序】菜单项中，依次展开 MyEclipse→MyEclipse 2014→MyEclipse Professional 2014，如图 23-16 所示。

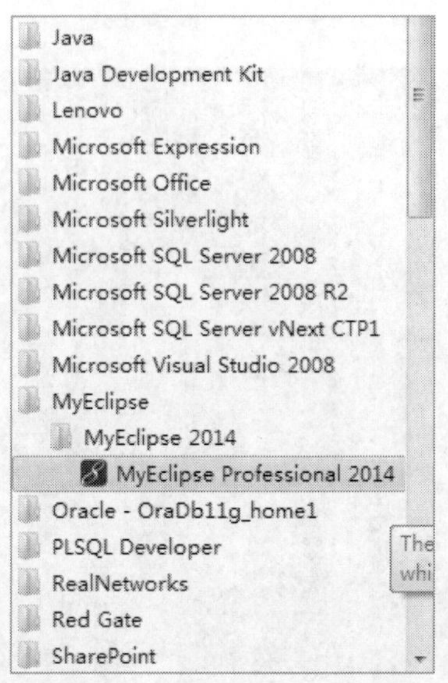

图 23-16　启动 MyEclipse 程序

（3）选择 MyEclipse Professional 2014，启动 MyEclipse 开发工具，如图 23-17 所示。

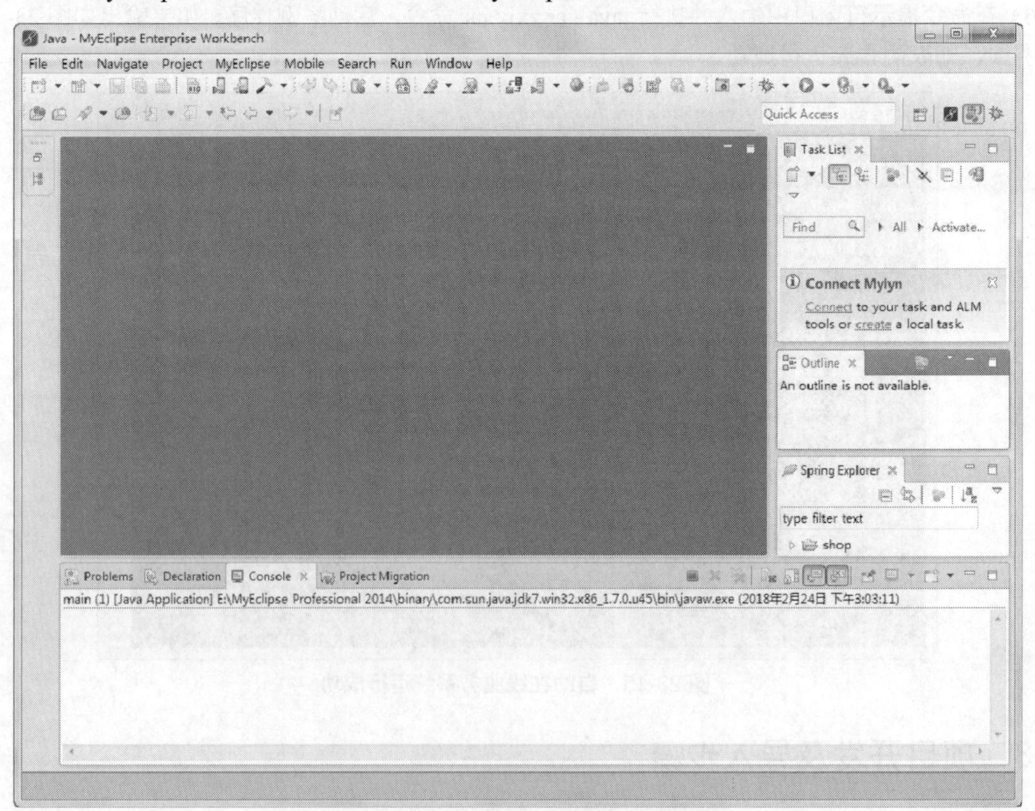

图 23-17　MyEclipse 开发工具界面

（4）在菜单栏中执行 File→Import 命令，如图 23-18 所示。

（5）在打开的 Import 对话框中，选择 Existing Projects into Workspace 选项并单击 Next 按钮，如图 23-19 所示。

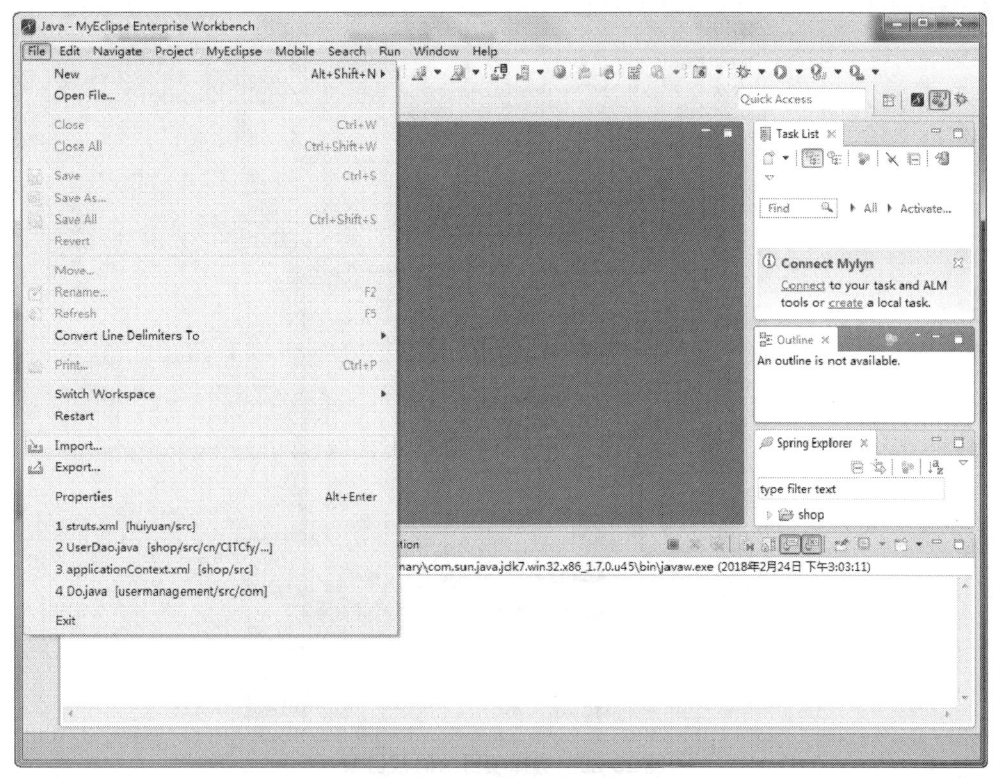

图 23-18　执行 Import 命令

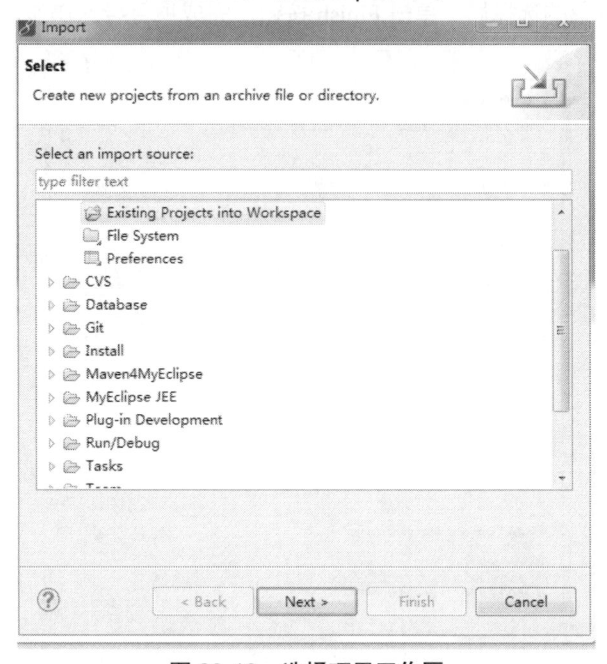

图 23-19　选择项目工作区

（6）在 Import Projects 界面中，单击 Select root directory 单选按钮右边的 Browse 按钮，在打开的【浏览文件夹】对话框中选择项目源码根目录，本例选择 d:\ts\ch23\zxjy 目录，单击【确定】按钮，如图 23-20 所示。

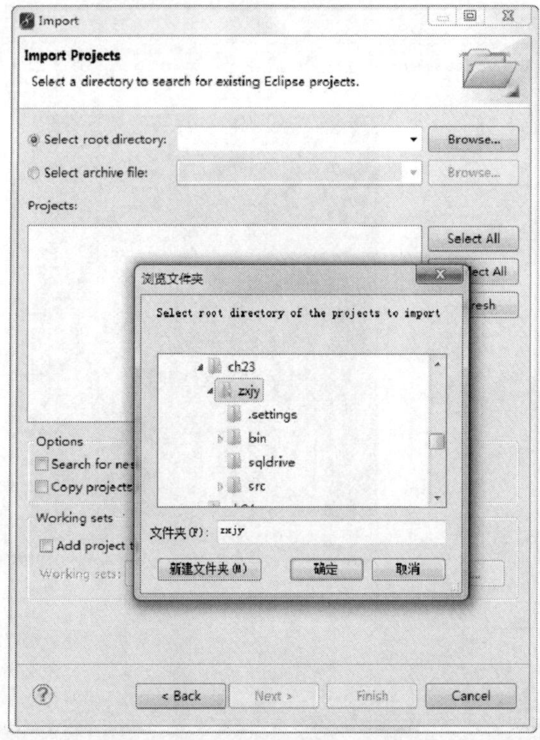

图 23-20　选择项目源码根目录

（7）完成项目源码根目录的选择后，单击 Finish 按钮，完成项目导入操作，如图 23-21 所示。

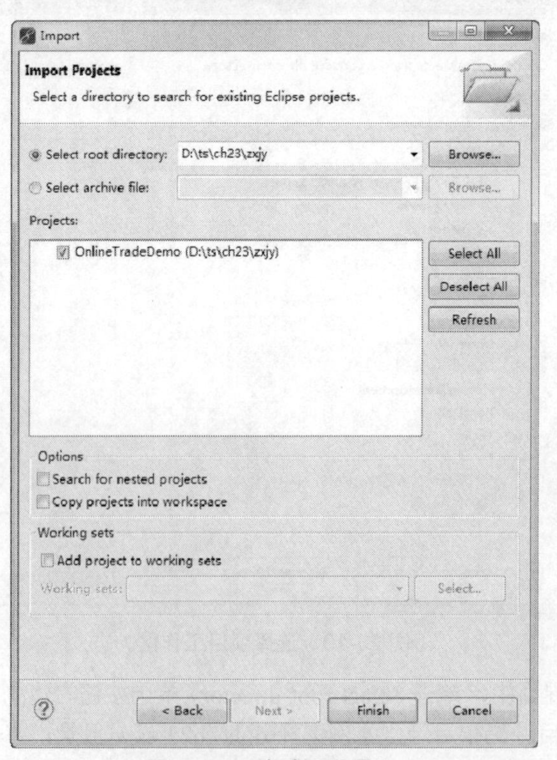

图 23-21　完成项目导入

（8）在 MyEclipse 项目包资源管理器中，可以看到 zxjy 项目包资源，如图 23-22 所示。

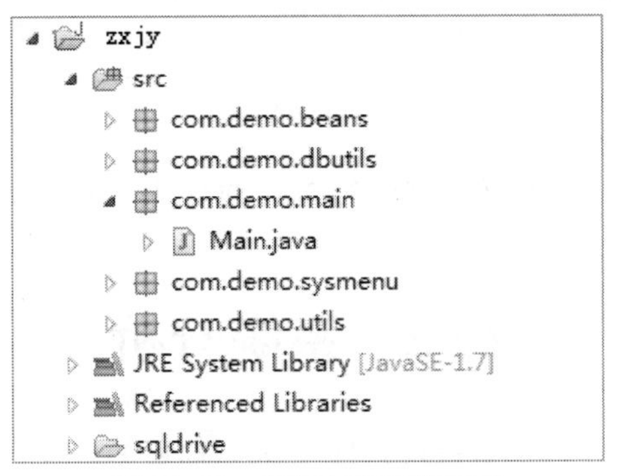

图 23-22 项目包资源管理器

（9）在项目包资源管理器中，依次展开 zxjy→src→com.demo.main→main.java，右击 main.java，弹出与 main.java 有关的快捷菜单，如图 23-23 所示。

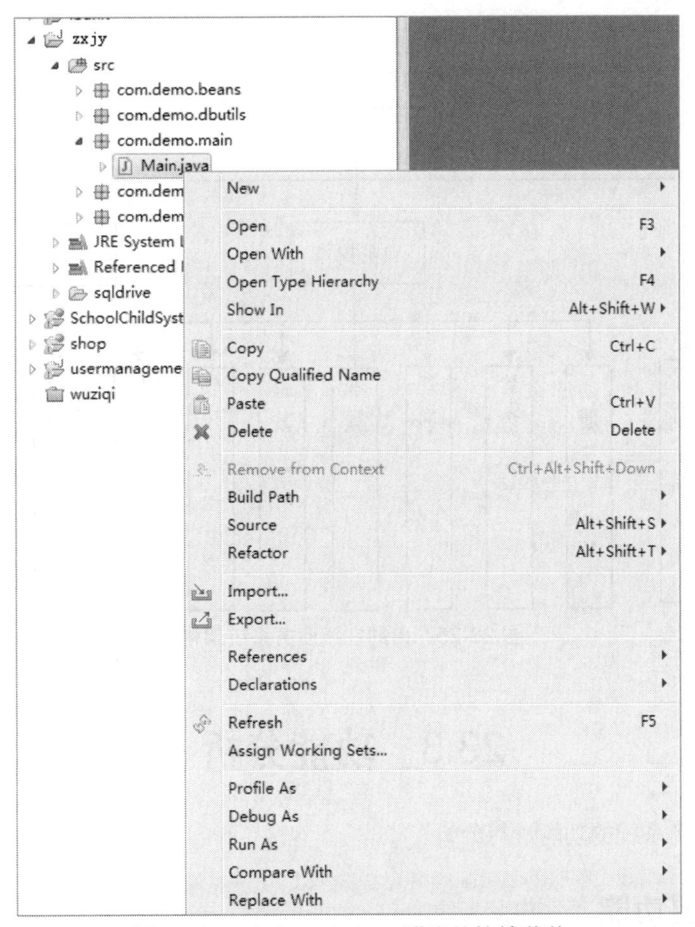

图 23-23 右击 main.java 弹出的快捷菜单

（10）在快捷菜单中选择 Run As→1 Java Application 命令，便可运行本自助在线业务系统了，如图 23-24 所示。

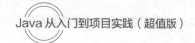

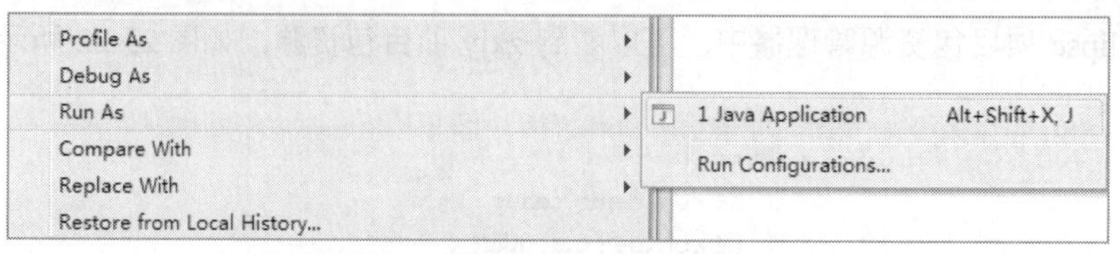

图 23-24 执行 1 Java Application 命令

23.2 系统分析

移动互联网时代，银行业务从传统的柜台到用户，升级为自助系统到用户方式，在这个过程中用户可以进行自助式存取款以及自助式购物等操作，自助在线业务系统提高了业务处理能力，并达到了节省运营成本的目的。

在自助在线业务系统中需要处理用户注册、登录/退出、业务办理等功能。图 23-25 是自助在线业务系统架构。

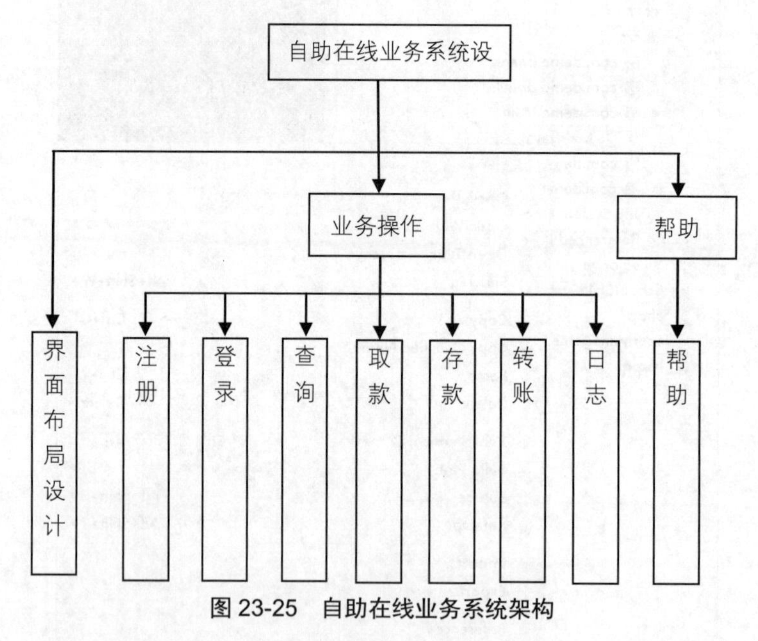

图 23-25 自助在线业务系统架构

23.3 功能分析

本节对自助在线业务系统的功能进行分析。

23.3.1 系统主要功能

自助在线业务系统的主要功能如下:

（1）用户管理，包括用户的登录和注册功能。

（2）账户余额查询功能。

（3）账户存取款功能。
（4）转账功能。
（5）交易日志查看功能。

23.3.2　系统文件结构

本项目文件结构如图 23-26 所示。

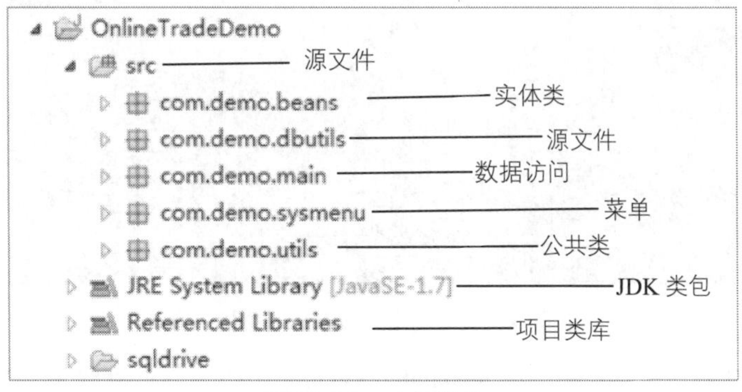

图 23-26　文件结构

23.4　系统主要功能实现

本节介绍自助在线业务系统功能的实现方法，引领大家学习如何使用 Java 进行移动互联网项目开发。

23.4.1　数据库与数据表设计

自助在线业务系统是小型管理信息系统，数据库是其基础组成部分，系统的数据库是依据基本功能需求建立的。

1. 数据库分析

根据本系统的实际情况，采用一个数据库，命名为 yidong。整个数据库包含了系统几大模块的所有数据信息。yidong 数据库有一张表，如表 23-1 所示，使用 MySQL 对数据库进行数据存储管理。

表 23-1　yidong 数据库的表

表 名 称	说　明	备　注
account	业务用户表	

2. 创建数据库

在 MySQL 中创建数据库的具体步骤如下：

（1）连接到 MySQL 数据库。首先打开命令提示符窗口，然后进入目录 mysql\bin，再输入命令 mysql -u root -p，按 Enter 键后提示输入密码。注意，用户名前可以有空格，也可以没有空格，但是密码前必须没有空格，否则系统要求重新输入密码。如果刚安装好 MySQL，超级用户 root 是没有密码的，所以直接按 Enter

键即可进入 MySQL，如图 23-27 所示。

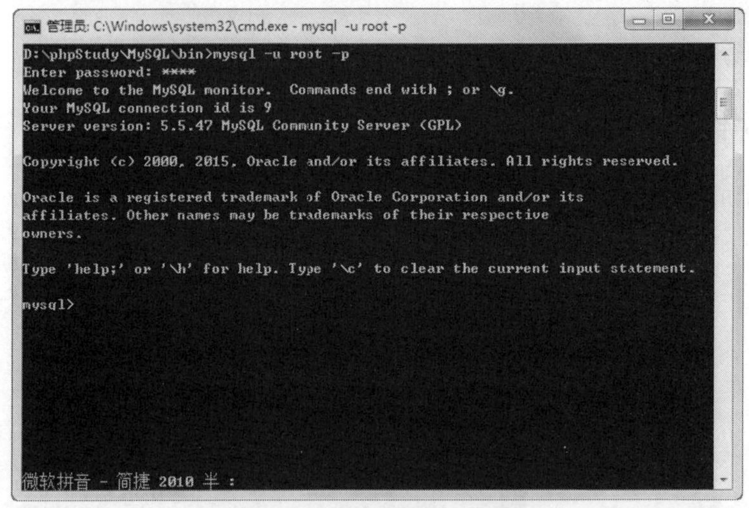

图 23-27　连接 MySQL 数据库

（2）数据库连接成功后，执行命令 Create Database yidong；即可创建数据库，如图 23-28 所示。

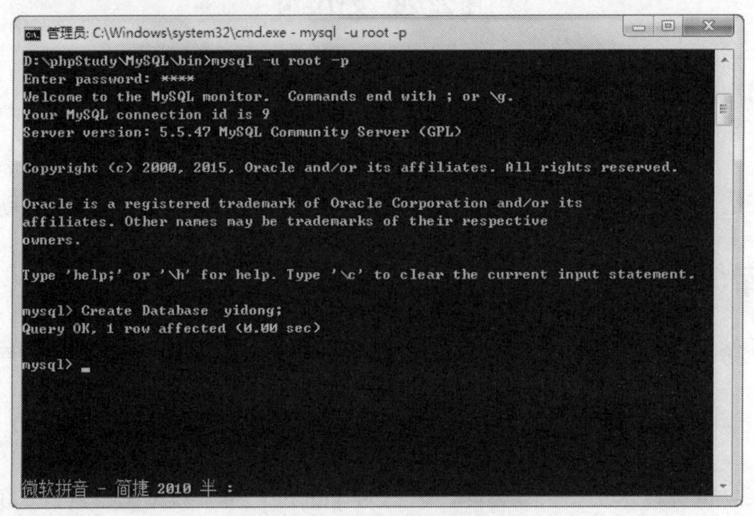

图 23-28　创建数据库

3. 创建数据表

在已创建的数据库 yidong 中创建业务用户表，代码如下：

```
DROP TABLE IF EXISTS 'account';
CREATE TABLE 'user' (
  'id' varchar(255) DEFAULT NULL,
  'serialnum' int(255) NOT NULL AUTO_INCREMENT,
  'name' varchar(255) DEFAULT NULL,
  'password' varchar(255) DEFAULT NULL,
  'balance' double(255,2) DEFAULT NULL,
  PRIMARY KEY ('serialnum')
) ENGINE=InnoDB AUTO_INCREMENT=7 DEFAULT CHARSET=utf8;
```

为了避免重复创建，在创建业务用户表之前先使用 drop 命令删除同名的表。这里创建了与需求相关的 4 个字段，并创建了一个自增的标识索引字段 id。

业务用户表用于存储和管理用户信息，表名为 User，结构如表 23-2 所示。

表 23-2　User 表

字 段 名	数 据 类 型	是 否 主 键	说　明
id	varchar		账户编号
serialnum	int	是	交易序列号
name	varchar		用户名
password	varchar		用户密码
balance	varchar		账户余额

23.4.2　实体类创建

先创建数据实体类，这些实体类与数据表设计相对应，在本系统中创建了 User 表对应的实体类 UserBean.java，代码如下：

```
/**
 * 用户实体 Bean
 */
public class UserBean {

    private String name = " ";
    private String id = " ";
    private String password = " ";
    private double balance = 0;

    // 构造器
    public UserBean() {
        super();
    }

    public UserBean(String name, String id, String password, double balance) {
        super();
        this.name = name;
        this.id = id;
        this.password = password;
        this.balance = balance;
    }

    @Override
    public int hashCode() {
        final int prime = 31;
        int result = 1;
        long temp;
```

```
        temp = Double.doubleToLongBits(balance);

        result = prime * result + (int) (temp ^ (temp >>> 32));
        result = prime * result + ((id == null) ? 0 : id.hashCode());
        result = prime * result + ((name == null) ? 0 : name.hashCode());
        result = prime * result + ((password == null) ? 0 : password.hashCode());

        return result;
    }

    @Override
    public boolean equals(Object obj) {
        if (this == obj)
            return true;

        if (obj == null)
            return false;

        if (getClass() != obj.getClass())
            return false;

        UserBean other = (UserBean) obj;
        if (Double.doubleToLongBits(balance) != Double.doubleToLongBits(other.balance))
            return false;

        if (id == null) {
            if (other.id != null)
                return false;
        } else if (!id.equals(other.id))
            return false;

        if (name == null) {
            if (other.name != null)
                return false;
        } else if (!name.equals(other.name))
            return false;

        if (password == null) {
            if (other.password != null)
                return false;
        } else if (!password.equals(other.password))
            return false;

        return true;
    }

    @Override
    public String toString() {
```

```
        return "User [name=" + name + ", id=" + id + ", password=" + password + ",
            balance=" + balance + "]";
    }

    // getter and setter
    public String getName() {
        return name;
    }

    public void setName(String name) {
        this.name = name;
    }

    public String getId() {
        return id;
    }

    public void setId(String id) {
        this.id = id;
    }

    public String getPassword() {
        return password;
    }

    public void setPassword(String password) {
        this.password = password;
    }

    public double getBalance() {
        return balance;
    }

    public void setBalance(double balance) {
        this.balance = balance;
    }

}
```

23.4.3 数据访问类

数据访问对象（DAO）用来进行数据库驱动、连接、关闭等操作，其中包括不同数据表的操作方法。本项目把数据访问操作定义成一个单独的类——DBHelper.java，代码如下：

```
import java.sql.Connection;
import java.sql.DriverManager;
import java.sql.SQLException;

/**
```

```
 * 用于建立数据库连接的类
 */
public class DBHelper {

    private static final String DB_CONN_RUL = "jdbc:mysql://localhost:3306/yidong";
    private static final String DB_USER_NAME = "root";
    private static final String DB_PASSWORD = "root";

    /**
     * 获得一个连接，连接数据库
     *
     * @return connection 类对象
     */
    public static Connection getConnection() {
        Connection connection = null;
        try {
            // 加载驱动
            Class.forName("com.mysql.jdbc.Driver");
            // 生成连接
            connection = DriverManager.getConnection(DB_CONN_RUL, DB_USER_NAME, DB_PASSWORD);
        } catch (SQLException e) {
            // TODO Auto-generated catch block
            e.printStackTrace();
        } catch (ClassNotFoundException e) {
            // TODO Auto-generated catch block
            e.printStackTrace();
        }

        return connection;
    }
}
```

通过 DBHelper 实现数据库的访问控制。

23.4.4 流程控制

在本系统中设计了菜单，根据用户的不同选择，使程序跳转。首先要引导用户注册和登录，设计用户注册和登录菜单，效果如图 23-29 所示。

```
****** 欢迎来到自助在线交易业务系统 ******
              1.注册
              2.登录
              3.退出
*************************************
请输入操作功能：
```

图 23-29　自助在线业务系统操作界面

实现代码如下：

```
public class SystemMenu {
    // 开始执行
```

```
    public void start() {
        boolean isEnd = true;
        TradeSysFunc bank = new TradeSysFunc();
        TradeMenu menu = new TradeMenu();
        int choose = 0;
        while (isEnd) {
            System.out.println("****** 欢迎来到自助在线业务系统******");
            System.out.println("        \t1.注册");
            System.out.println("        \t2.登录");
            System.out.println("        \t3.退出");
            System.out.println("************************************");
            System.out.println("请输入操作功能: ");
            // 输入操作功能对应的数字
            choose = ValidationUtil.get(1, 3);
            switch (choose) {
            case 1:
                menu.UserSatrt(bank.singIn());
                break;
            case 2:
                menu.UserSatrt(bank.login());
                break;
            case 3:
                isEnd = false;
                System.out.println("感谢使用本系统, 系统关闭! ");
                break;
            }
        }
    }
}
```

这里通过 ValidationUtil 类去捕获键盘输入事件，当有输入时，判断输入信息，根据输入跳转到不同的操作。

其次，要考虑用户登录后可以进行的操作，效果如图 23-30 所示。

```
登录成功! 当前账号为：000010
********交易菜单*************
当前账户为:000010  :
  1.查询余额  2.取款  3.存款  4.转账  5.查询日志  6.退出  7.帮助
**************************
请输入操作功能:
```

图 23-30 登录成功后的操作界面

实现代码如下：

```
public class TradeMenu {
    /**
     * 进入用户菜单
     */
```

```
    public void UserSatrt(UserBean user) {
        boolean isEnd = true;
        // 若登录不成功，返回上一级菜单
        if (user == null)
            isEnd = false;
        int choose = 0;
        TradeSysFunc trade = new TradeSysFunc();

        while (isEnd) {
            System.out.println("********交易菜单*************");
            System.out.println("当前账户为:" + user.getId() + "  :");
            System.out.print("  1.查询余额");
            System.out.print("  2.取款");
            System.out.print("  3.存款");
            System.out.print("  4.转账");
            System.out.print("  5.查询日志");
            System.out.print("  6.退出");
            System.out.print("  7.帮助\n");
            System.out.println("**************************");
            System.out.print("请输入操作功能:");

            // 输入操作功能对应的数字
            choose = ValidationUtil.get(1, 7);
            switch (choose) {
            case 1:
                trade.search(user);
                break;
            case 2:
                trade.draw(user);
                break;
            case 3:
                trade.deposit(user);
                break;
            case 4:
                trade.transfer(user);
                break;
            case 5:
                trade.showLogs(user);
                break;
            case 6:
                trade.Logout(user);
                isEnd = false;

                break;
            case 7:
                trade.help(user);
                isEnd = false;
```

```
                break;
            }
        }
    }
}
```

由此可以看到，设计自助在线业务系统菜单时主要应考虑如何划分菜单的层次，如何方便用户选择，如何获取用户输入，如何进行信息交互。

23.4.5 数据库操作

系统中与数据交互相关的业务通过设计独立类文件 DoTrade.java 来实现，例如注册使用 addUser()方法，登录验证使用方法 findUser()方法，数据更新使用 updataUser()方法。代码如下：

```
public class DoTrade {

    /**
     * 根据id查找数据库中的账号
     *
     * @param id
     * @return 返回对应账号的User对象，如果不存在则返回null
     */
    public static UserBean findUser(String id) {
        if (id == null) {
            return null;
        }

        Connection conn = DBHelper.getConnection();
        String sql = "select * from User WHERE id='" + id + "'; ";
        Statement stat = null;
        UserBean u = new UserBean();

        try {
            stat = conn.createStatement();
            // 执行SQL语句
            ResultSet rs = stat.executeQuery(sql);//该方法用来执行查询语句

            while (rs.next()) {

                u.setId(rs.getString("id"));
                u.setName(rs.getString("name"));
                u.setPassword(rs.getString("password"));
                u.setBalance(rs.getDouble("balance"));

            }
        } catch (SQLException e) {
            e.printStackTrace();
        }
```

```
        if (u.getId().equals(" "))
            return null;
        else
            return u;
    }

    /**
     * 插入空账号,用于注册
     */
    public static void createNewUser() {
        Connection conn = DBHelper.getConnection();
        String sql = "INSERT User (id,name,password,balance) VALUE(null,null,null,null);";
        Statement stat = null;
        try {
            stat = conn.createStatement();
            stat.execute(sql);
        } catch (SQLException e) {
            e.printStackTrace();
        }
    }

    /**
     * 设置空账号的id，用于注册，正式添加用户
     *
     * @param id  根据序列号生成的id
     * @param serialNum
     */
    public static void addUser(String id, int serialNum) {
        Connection conn = DBHelper.getConnection();
        String sql_data = "UPDATE User SET id='" + id + "' WHERE serialnum ='" + serialNum + "';";
        Statement stat = null;

        try {
            stat = conn.createStatement();
            stat.execute(sql_data);
        } catch (SQLException e) {
            e.printStackTrace();
        }
    }

    /**
     * 更新指定user的所有数据
     *
     * @param user  已设定好数据的user对象
     */
    public static void updataUser(UserBean user) {
        Connection conn = DBHelper.getConnection();
        String sql_data = "UPDATE User SET name='" + user.getName() + "',password='" + user.getPassword()
```

```
+ "',balance="+ user.getBalance() + " WHERE id ='" + user.getId() + "';";
        Statement stat = null;

        try {
            stat = conn.createStatement();
            stat.execute(sql_data);
        } catch (SQLException e) {
            e.printStackTrace();
        }

    }

    /**
     * 获取空账号的id，用于注册，定位空账号
     *
     * @return 空账号的id
     */
    public static int getSerial() {
        int serialNum = 0;
        Connection conn = DBHelper.getConnection();
        String sql = "select * from User Where id is null ;";
        Statement stat = null;

        try {
            stat = conn.createStatement();

            ResultSet rs = stat.executeQuery(sql);

            while (rs.next()) {

                serialNum = rs.getInt("serialnum");

            }

        } catch (SQLException e) {
            e.printStackTrace();
        }

        return serialNum;
    }

    /**
     * 为指定id的账号添加一条日志记录
     *
     * @param id  要添加日志的id
     * @param str  日志内容
     */
```

```
    public static void addLogs(String id, String str) {
        Connection conn = DBHelper.getConnection();
        String sql = "INSERT " + id + "logs VALUES('" + str + "');";
        Statement stat = null;

        try {
            stat = conn.createStatement();
            stat.execute(sql);
        } catch (SQLException e) {
            e.printStackTrace();
        }
    }

    /**
     * 根据id获取日志内容
     *
     * @param id  要获取日志的id
     * @return 返回存储字符串类型的List集合
     */
    public static ArrayList<String> getLog(String id) {
        ArrayList<String> logList = new ArrayList<String>();
        Connection conn = DBHelper.getConnection();
        String SQL = "select * from " + id + "logs ;";
        Statement stat = null;

        try {
            stat = conn.createStatement();

            ResultSet rs = stat.executeQuery(sql);

            while (rs.next()) {

                String log = rs.getString("log");
                logList.add(log);
            }

        } catch (SQLException e) {
            e.printStackTrace();
        }
        return logList;
    }

    /**
     * 根据id创建日志
     *
     * @param id  指定要创建日志的id
     * @return void
     */
```

```
    public static void createlog(String id) {
        // 获取连接
        Connection conn = DBHelper.getConnection();
        // 创建 SQL 语句
        String sql = "CREATE TABLE " + id + "Logs" + "(log varchar(255));";
        // 创建 stat
        Statement stat = null;
        try {
            // 获取 stat
            stat = conn.createStatement();
            // 执行
            stat.execute(sql);
        } catch (SQLException e) {
            e.printStackTrace();
        }
    }

}
```

23.4.6 业务数据处理

系统实现中，定义 TradeSysFunc.java 以实现所有业务选择的跳转逻辑，根据不同的输入，执行不同的业务流程，对 DoTrade.java 进行调用，代码如下：

```
public class TradeSysFunc {

    /**
     * 存款功能
     */
    public void deposit(UserBean user_LoginNow) {
        System.out.println("请输入存款金额: ");
        double money_deposit = ValidationUtil.get(0.1);
        // 操作存款
        user_LoginNow.setBalance(user_LoginNow.getBalance() + money_deposit);
        // 更新数据库
        DoTrade.updataUser(user_LoginNow);
        // 记录存款日志
        DoTrade.addLogs(user_LoginNow.getId(), "于" + DateUtil.getDateTimeNow() + "  存入:" +
money_deposit + " 元。");
        System.out.println("存款成功");
    }

    /**
     * 取款功能
     */
    public void draw(UserBean user_LoginNow) {
        System.out.println("请输入取款金额: ");
        double money_draw = ValidationUtil.get(0.1);
```

```
            // 判断当前账户余额是否大于或等于取款额
            if (user_LoginNow.getBalance() >= money_draw) {
                // 取款操作
                user_LoginNow.setBalance(user_LoginNow.getBalance() - money_draw);
                // 更新数据库
                DoTrade.updataUser(user_LoginNow);
                // 记录取款日志
                DoTrade.addLogs(user_LoginNow.getId(), "于" + DateUtil.getDateTimeNow() + " 取款:" +
money_draw + " 元。");
                System.out.println("取款成功!");
            } else
                System.out.println("取款失败! 余额不足。");

        }

        /**
         * 查询余额功能
         */
        public void search(UserBean user_LoginNow) {
            System.out.println("您的余额为: " + user_LoginNow.getBalance() + " 元。");
        }

        /**
         * 转账功能
         */
        public void transfer(UserBean user_LoginNow) {
            System.out.println("请输入转账的账户 id:");
            String id_transfer = ValidationUtil.getString();
            System.out.println("请输入转账账户的姓名:");
            String name_transfer = ValidationUtil.getString();
            // 在数据库中查找转账账户
            UserBean user_transfer = DoTrade.findUser(id_transfer);
            System.out.println("请输入转账金额: ");
            double money_transfer = ValidationUtil.get(0.1);

            // 判断转账账户与姓名是否相符
            if (user_transfer != null && user_transfer.getName().equals(name_transfer)) {
                // 判断余额
                if (user_LoginNow.getBalance() >= money_transfer) {
                    // 操作转账
                    user_transfer.setBalance(user_transfer.getBalance() + money_transfer);
                    // 更新数据库(被转账人)
                    DoTrade.updataUser(user_transfer);
                    // 记录被转账人日志
                    DoTrade.addLogs(user_transfer.getId(), "于" + DateUtil.getDateTimeNow() + " 由账户:"
                            + user_LoginNow.getId() + " " + user_LoginNow.getName() + ", 转入: " +
money_transfer + " 元。");
                    // 操作扣款
```

```
            user_LoginNow.setBalance(user_LoginNow.getBalance() - money_transfer);
            // 更新数据库(本账号)
            DoTrade.updataUser(user_LoginNow);
            // 记录本账号转账日志
            DoTrade.addLogs(user_LoginNow.getId(), "于" + DateUtil.getDateTimeNow() + " 转出账户:"
                    + user_transfer.getId() + " " + user_transfer.getName() + "," + money_transfer
+ " 元。");

            System.out.println("转账成功! 向" + user_transfer.getName() + "转账:" + money_
transfer + " 元。");
          } else
            System.out.println("转账失败，本账户余额不足!");
        } else
          System.out.println("转账帐户不存在或账户 id 与姓名不符。");

    }

    /**
     * 查询日志功能
     */
    public void showLogs(UserBean user_LoginNow) {
        System.out.println("操作日志如下: ");
        // 获取日志
        ArrayList<String> logs = DoTrade.getLog(user_LoginNow.getId());

        for (int i = 0; i < logs.size(); i++) {
            // 按序号输出日志
            System.out.println(i + 1 + "." + logs.get(i));
        }
    }

    /**
     * 退出功能
     */
    public void Logout(UserBean user_LoginNow) {
        // 记录退出系统时间
        DoTrade.addLogs(user_LoginNow.getId(), "于" + DateUtil.getDateTimeNow() + " 退出系统。");
        // 将当前登录信息清除
        user_LoginNow = null;
    }

    /**
     * 登录功能
     */
    public void help(UserBean user_LoginNow) {

        System.out.println("****** 欢迎来到自助在线业务系统******");
        System.out.println("        \t1.关于注册");
```

```
        System.out.println("        \t2.关于登录");
        System.out.println("        \t3.关于转账");
        System.out.println("        \t 如有问题请致电 00000");
        System.out.println("************************************");
        System.out.println("请输入操作功能: ");

    }


    public UserBean login() {

        System.out.println("请输入账号:");
        String id_login = ValidationUtil.getString();
        UserBean user_login = DoTrade.findUser(id_login);
        System.out.println("请输入密码:");
        String pws_login = ValidationUtil.getString();
        // 判断账户是否存在，密码是否匹配
        if (user_login != null && user_login.getPassword().equals(pws_login)) {

            System.out.println("登录成功! 当前账号为: " + id_login);
            // 记录登录日志
            DoTrade.addLogs(user_login.getId(), "于" + DateUtil.getDateTimeNow() + " 登录系统。");
        } else
            System.out.println("账号或密码错误，登录失败。");
        return user_login;
    }

    /**
     * 注册功能
     *
     */
    public UserBean singIn() {
        // 在数据库中插入新空用户，自动生成 id
        DoTrade.createNewUser();
        // 创建账户对象
        UserBean user_singin = new UserBean();
        int serialnum = DoTrade.getSerial();
        // 使用 id 生成 ID 账户
        String id = UserUtil.get(serialnum);
        // 创建 id
        user_singin.setId(id);
        // 在数据库中添加账户的 id
        DoTrade.addUser(id, serialnum);
        // 在数据库中创建该账户的日志表
        DoTrade.createlog(id);

        System.out.println("开始用户注册，请输入你的名字: ");
        // 创建姓名
```

```
        user_singin.setName(ValidationUtil.getString());
        // 更新数据库
        DoTrade.updataUser(user_singin);
        // 创建密码
        user_singin.setPassword(ValidationUtil.getPassword());

        // 在数据库中记录登录日志
        DoTrade.addLogs(id, "于" + DateUtil.getDateTimeNow() + "  创建账户:" + id);
        // 更新数据库
        DoTrade.updataUser(user_singin);
        System.out.println("用户创建成功，您的账户 id 为:" + id + ",是否进行存款 (y/n) :");
        // 根据用户输入的 key 值判断其是否要存款
        String key = ValidationUtil.getY();

        if ("y".equals(key)) {
            System.out.println("请输入存款金额:");
            double prestore = ValidationUtil.get(0.1);
            // 创建存款记录
            user_singin.setBalance(prestore);
            // 更新数据库
            DoTrade.updataUser(user_singin);
            System.out.println("存款: " + prestore + " 元,操作成功!");
            // 记录存款日志
            DoTrade.addLogs(id, "于" + DateUtil.getDateTimeNow() + "  存款:" + prestore + " 元");
        }
        // 记录第一次登录时间
        DoTrade.addLogs(id, "于" + DateUtil.getDateTimeNow() + "  第一次登录系统。");
        System.out.println("注册完成！感谢使用本系统。");
        return user_singin;
    }
}
```

用户登录后，选择查询余额操作，输出效果如图 23-31 所示。

```
**************************
请输入操作功能:1
您的余额为：100.0 元。
```

图 23-31 查询余额操作

用户选择存款操作，输入存款金额后，输出效果如图 23-32 所示。

```
**************************
请输入操作功能:3
请输入存款金额：
100
存款成功
```

图 23-32 存款操作

用户选择取款操作，输入取款金额后，输出效果如图 23-33 所示。

```
*************************
请输入操作功能:2
请输入取款金额：
1000
取款失败！余额不足。
```

图 23-33　取款操作

当账户余额不足时，给出“取款失败！余额不足。”的提示，否则提示取款成功。

用户选择查询日志操作后，输出效果如图 23-34 所示。

```
*************************
请输入操作功能:5
操作日志如下：
1.于2018-04-23 15:08:01  创建账号:000010
2.于2018-04-23 15:08:17  预存:100.0 元
3.于2018-04-23 15:08:17  第一次登录系统。
4.于2018-04-23 15:08:24  登出系统。
5.于2018-04-23 15:08:38  登录系统。
6.于2018-04-23 15:16:38  存入:100.0 元。
```

图 23-34　查询日志操作

23.5　项目知识拓展

23.5.1　MySQL 数据库管理常用命令

在 MySQL 数据库管理中，除了使用界面化管理工具（Navicat for mysql 等），有时也需要使用一些命令。

下面是一些常用的数据管理命令：

（1）连接 MySQL。

格式：mysql -h 主机地址-u 用户名-p 用户密码

首先打开命令提示符窗口，然后进入 mysql\bin 目录，再输入命令 mysql –u root -p，按 Enter 键后提示输入密码，如果刚安装好 MySQL，超级用户 root 是没有密码的，故直接按 Enter 键即可进入 MySQL，MySQL 的提示符是 mysql>。

（2）修改密码。

格式：mysqladmin -u 用户名 -p 旧密码 password 新密码

例如，root 用户密码由 root 改为 ab12。首先在 DOS 下进入 mysql\bin 目录，然后输入以下命令：

```
mysqladmin -u root -p root -password ab12
```

注意：如果开始时 root 没有密码，“-p 旧密码”一项就可以省略了。

（3）数据库操作相关命令。

- create databasename：创建数据库。

- use databasename：选择数据库。
- drop databasename：直接删除数据库，不提示。
- show tables：显示表。
- describe tablename：表的详细描述。
- 在 Select 命令中加上 distinct 可以去除重复字段。
- mysqladmin drop databasename 删除数据库前有提示。

23.5.2　移动互联网开发设计需要考虑的主要问题

在移动互联网项目开发中一般要把握如下几个原则：

（1）功能优先于交互。功能实现最重要，交互次之，优先满足功能实现。

（2）交互优先于界面。便捷、快速的交互设计为先，围绕具体功能实现用户界面，不要为了界面好看影响交互。

（3）项目产品功能要专一。移动互联项目产品设计一定要做到功能专一，不要做成大而全，把软件当成一个口袋，什么都向里面装。

第 24 章

Java 在教育行业开发中的应用

◎ 本章教学微视频：17 个　80 分钟

学习指引

教育行业在信息化大潮的推动下也发生着巨大的变化，从学生信息管理、在线考试到在线教育，都在不断地更新着人们的学习习惯，在一定程度上，传统的教育方式已经被颠覆。本章通过学生错题管理系统设计，深入介绍 Java 在教育行业的项目开发中的应用。

重点导读

- 掌握 Java 中 Spring 框架的使用。
- 掌握 Oracle 数据库的安装和使用。
- 掌握 MyBatis 持久层访问数据库技术。

24.1　案例运行及配置

本节系统介绍案例开发及运行所需环境、案例系统配置和运行方法、项目开发及导入步骤等知识。

24.1.1　开发及运行环境

本系统软件开发环境如下：

- 编程语言：Java。
- 操作系统：Windows 7。
- JDK 版本：7.0。
- Web 服务器：Tomcat 7.0。
- 数据库：Oracle 11g。
- 开发工具：MyEclipse。

24.1.2 系统运行

首先介绍如何运行本系统，以使读者对本程序的功能有所了解。本案例运行的具体步骤如下。

步骤 1：安装 Tomcat 7.0 或更高版本（本例安装 Tomcat 8.0），假定安装在 E:\Program Files\Apache Software Foundation\Tomcat 8.0，该目录简记为 TOMCAT_HOME。

步骤 2：部署程序文件。

（1）把素材中 ch24\jiaoyu 文件夹中 WebRoot 复制到 TOMCAT_HOME\webapps 目录下并重命名为 jiaoyu，如图 24-1 所示。

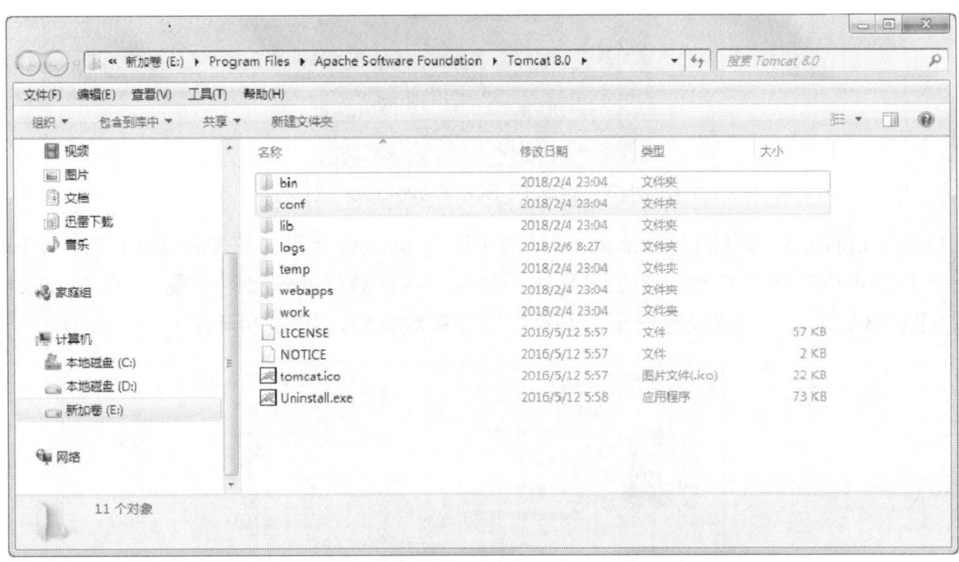

图 24-1 将素材文件复制到本地硬盘

（2）运行 Tomcat。进入 TOMCAT_HOME\bin 目录，运行 startup.bat，终端如果输出 Info: Server startup in ××× ms，表明 Tomcat 启动成功，如图 24-2 所示。

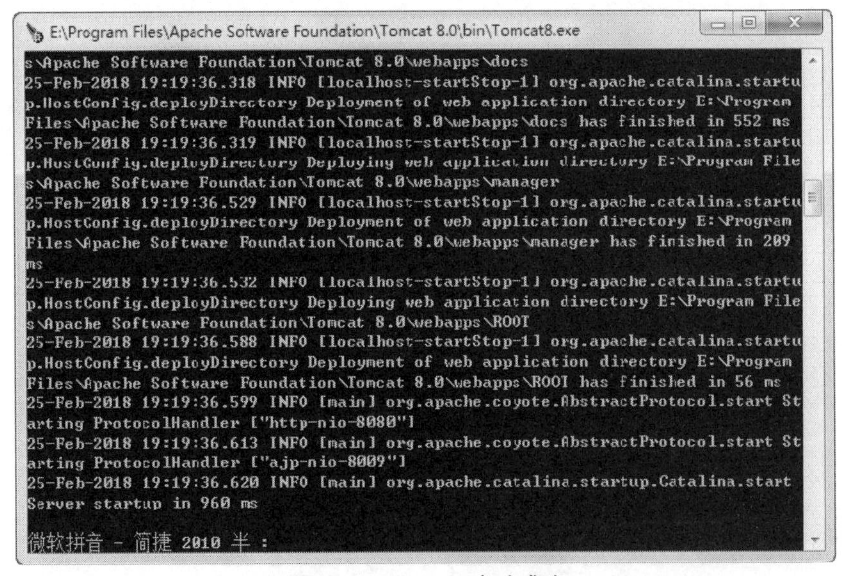

图 24-2 Tomcat 启动成功

（3）安装 Oracle 数据库，版本为 Oracle Database 11g 第 2 版（版本号为 11.2.0.1.0，也可安装其他版本，具体安装步骤请参照 24.5.1 节的内容）。

（4）安装 Oracle 数据库管理工具 PLSQL Developer 软件。

（5）运行 PLSQL Developer 软件，双击桌面上的 PLSQL Developer 快捷方式图标，如图 24-3 所示。

图 24-3　启动 PLSQL Developer 软件

（6）在 Oracle Logon 对话框的 Username 文本框中选择 System 选项，在 Password 文本框中输入 orcl，在 Database 下拉列表框中选择 ORCL 选项（密码和数据库名在数据库安装时设置），在 Connect as 下拉列表框中选择 SYSDBA 选项，完成设置后单击 OK 按钮登录数据库，如图 24-4 所示。

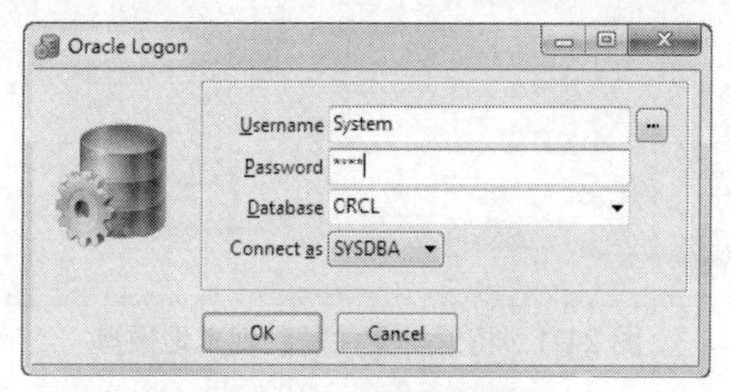

图 24-4　登录数据库

（7）成功登录数据库后，右击 Object 选项卡下的 Users，在弹出的快捷菜单中选择 New 命令，如图 24-5 所示。

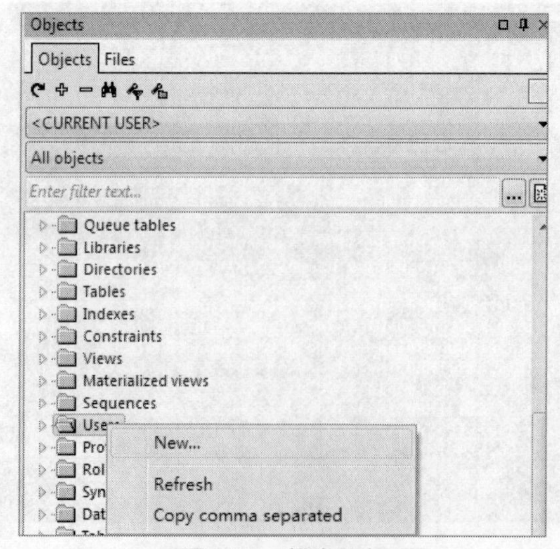

图 24-5　新建用户

（8）在打开的 Create User 对话框的 Name 文本框中输入用户名 ilanni，在 Password 文本框中输入密码 1234，其他选择项按图 24-6 设置，单击 Apply 按钮应用设置，如图 24-6 所示。

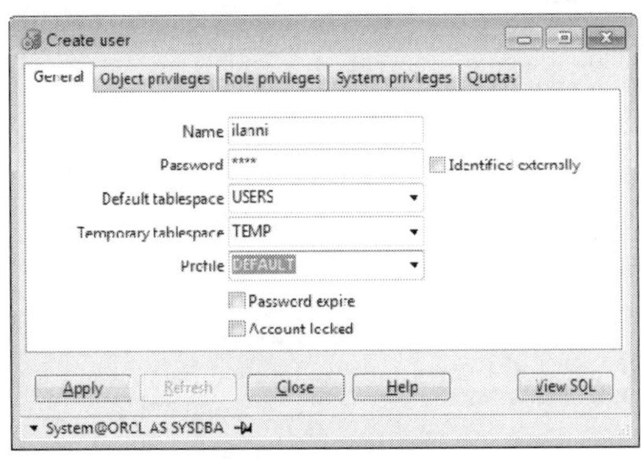

图 24-6　新建用户

（9）在 Role privileges 选项卡按如图 24-7 所示进行设置，赋予新用户角色权限为 connect、dba、resource，这样用户才能登录操作数据库。

图 24-7　设置用户权限

（10）使用新建用户账户登录 PLSQL Developer 数据库管理工具后，单击此工具按钮并在展开的菜单中选择 SQL Window 菜单项，如图 24-8 所示。

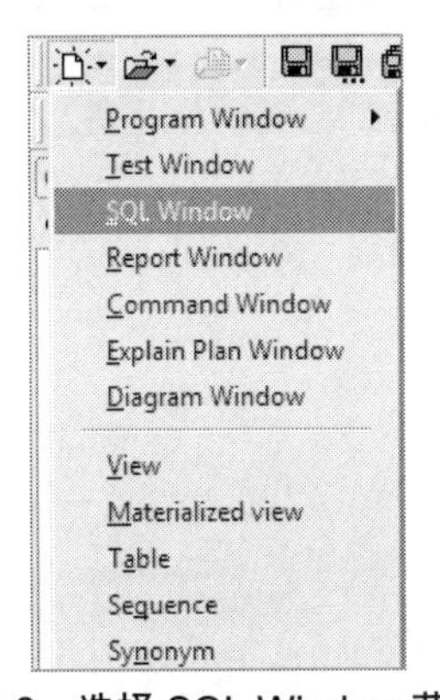

图 24-8　选择 SQL Window 菜单项

（11）在 SQL Window 窗口的 SQL 选项卡中把本例创建的数据表与数据的 SQL 语句（在素材 ch24\dbsql 下）复制进来，如图 24-9 所示。

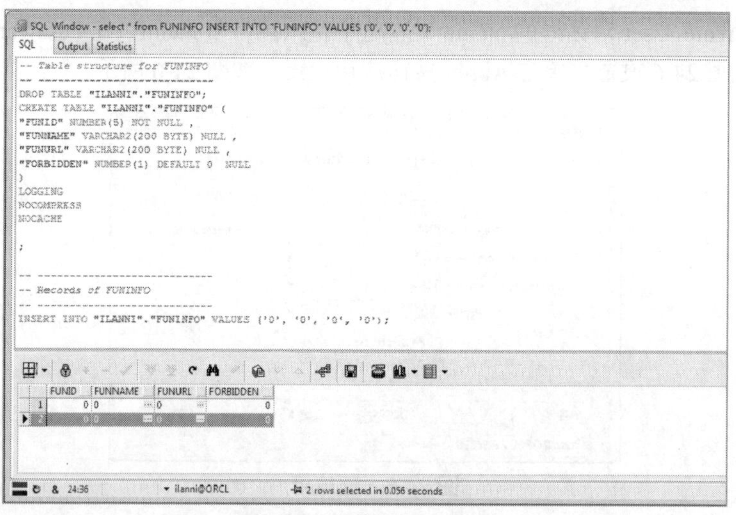

图 24-9　复制 SQL 语句

（12）单击【执行】按钮，完成数据表与数据的创建，如图 24-10 所示。

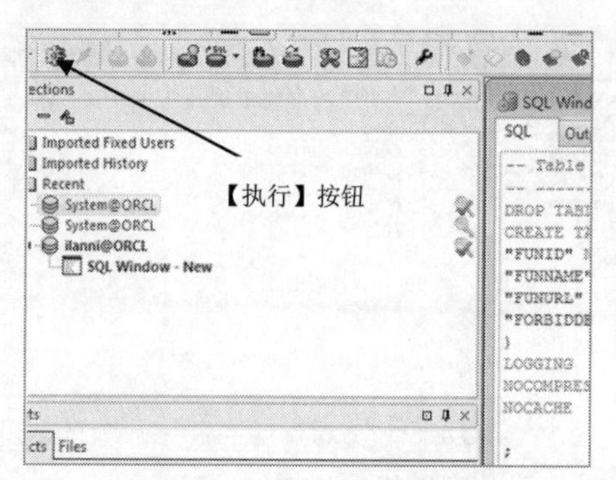

图 24-10　创建数据表与数据

步骤 3：运行项目。

打开浏览器，在地址栏输入 http://localhost:8080/jiaoyu。在登录提示框中输入用户名 1001 和密码 1，单击【登录】按钮，便可进入学生错题管理系统主界面，如图 24-11 所示。

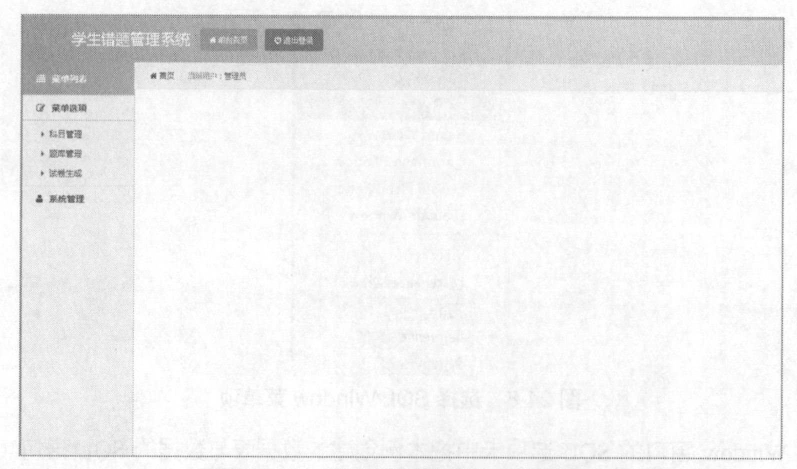

图 24-11　学生错题管理系统主界面

24.1.3 项目开发及导入步骤

在前面已经运行了项目，接下来将项目导入项目开发环境，为项目的开发做准备。具体操作步骤如下：

（1）把素材中的 ch24 文件夹复制到本地硬盘中，本例使用 d:\ts\。

（2）单击 Windows 窗口中的【开始】按钮，在【所有程序】菜单项中，依次展开 MyEclipse→MyEclipse 2014→MyEclipse Professional 2014，如图 24-12 所示。

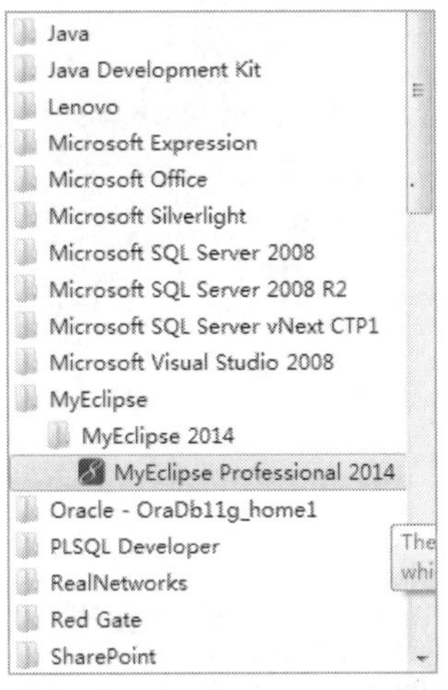

图 24-12　启动 MyEclipse 程序

（3）选择 MyEclipse Professional 2014，启动 MyEclipse 开发工具，如图 24-13 所示。

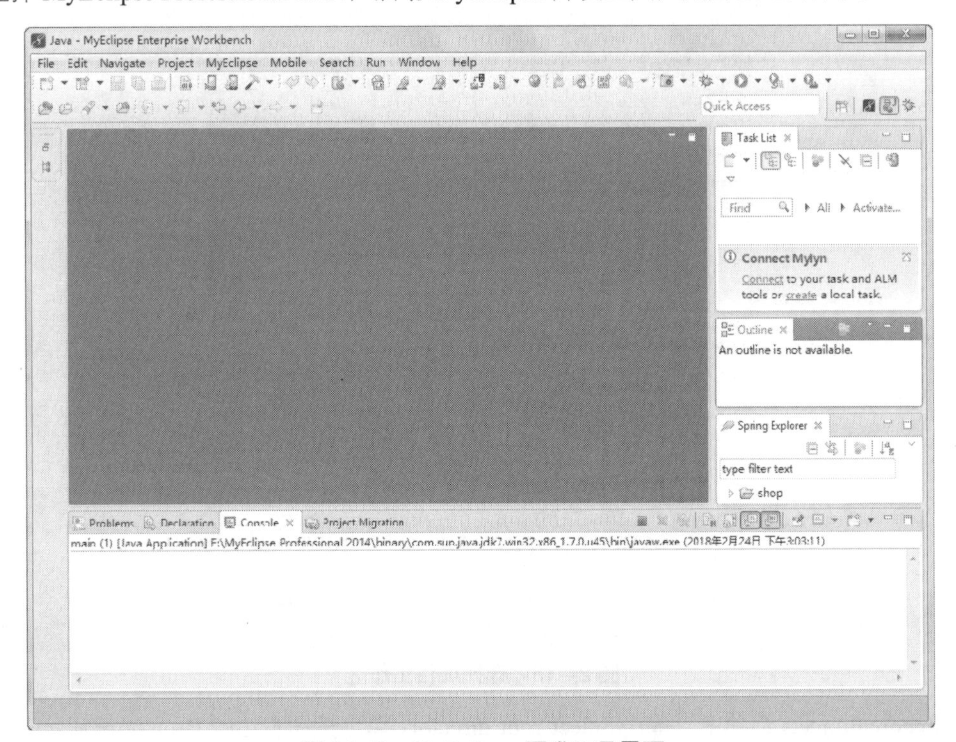

图 24-13　MyEclipse 开发工具界面

（4）在菜单栏中执行 File→Import 命令，如图 24-14 所示。

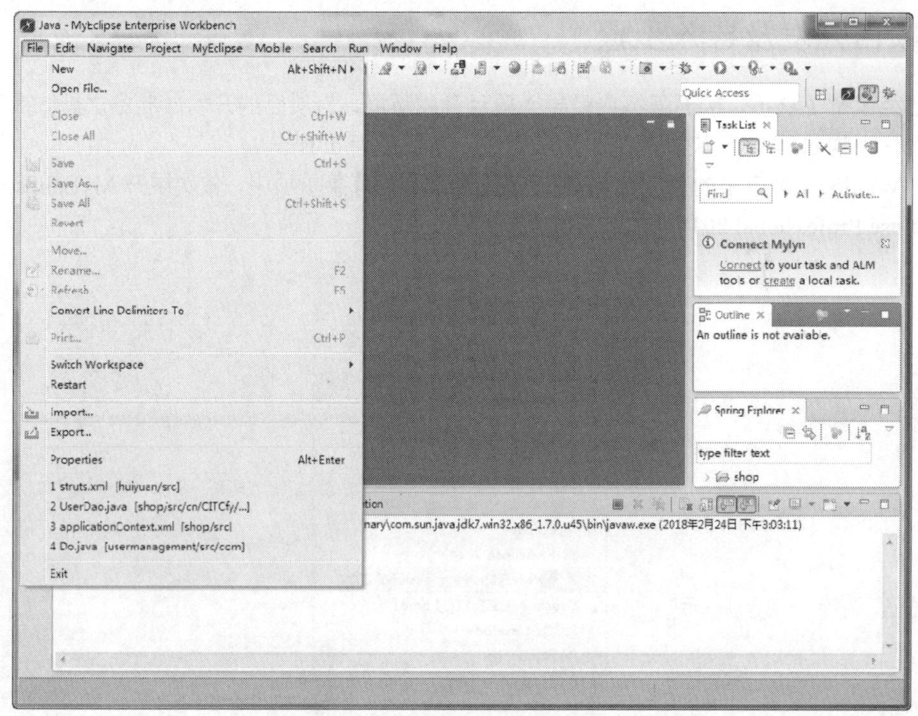

图 24-14　执行 Import 命令

（5）在打开的 Import 窗口中，选择 Existing Projects into Workspace 选项并单击 Next 按钮，如图 24-15 所示。

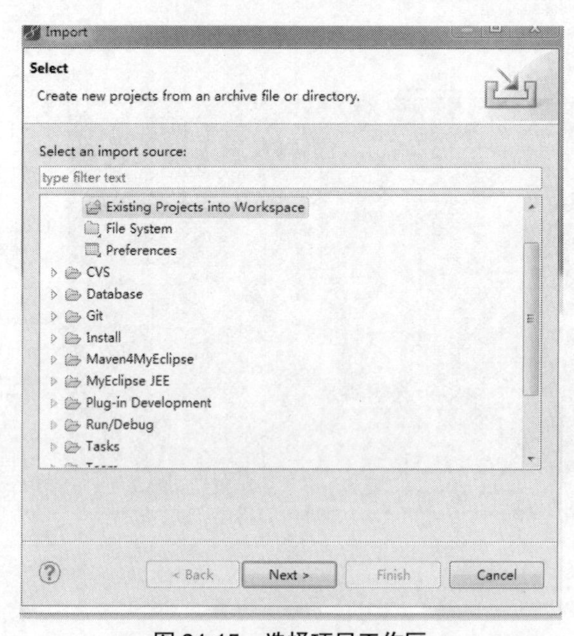

图 24-15　选择项目工作区

（6）在 Import Projects 选项中，单击 Select root directory 单选按钮右边的 Browse 按钮，在打开的【浏览文件夹】对话框中选择项目源码根目录，本例选择 d:\ts\ ch24\jiaoyu 目录，单击【确定】按钮，如图 24-16 所示。

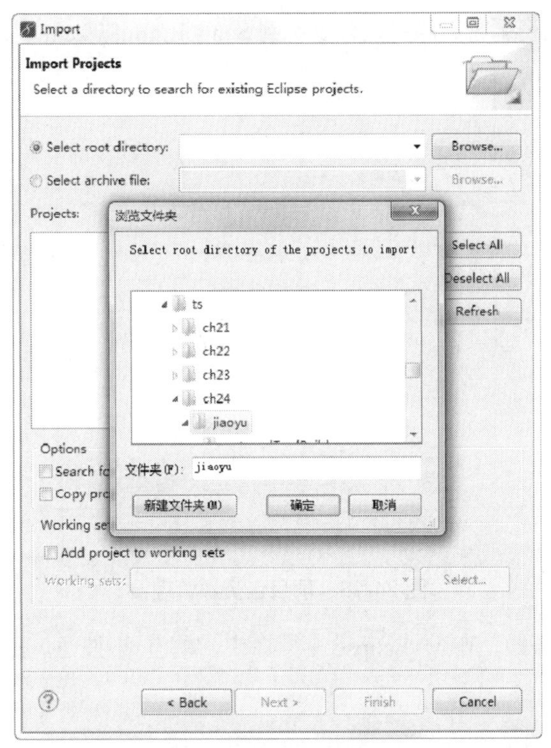

图 24-16　选择项目源码根目录

（7）完成项目源码根目录的选择后，单击 Finish 按钮，完成项目导入操作，如图 24-17 所示。

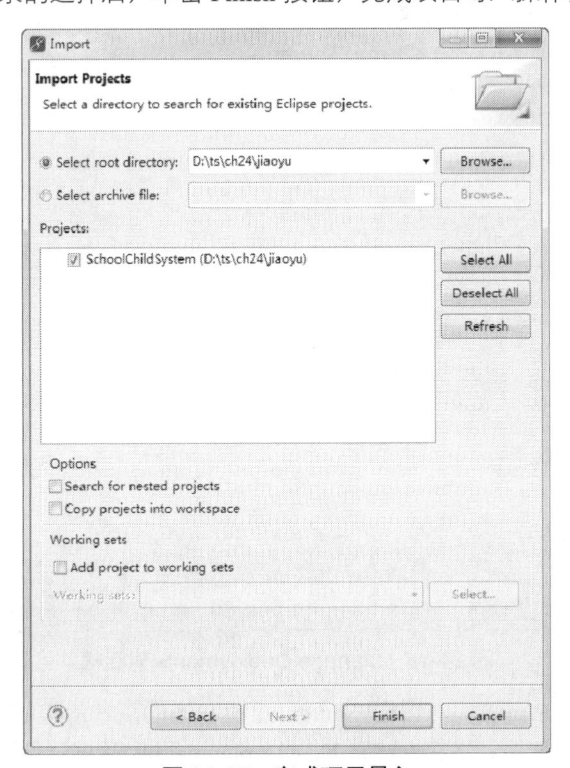

图 24-17　完成项目导入

（8）在 MyEclipse 项目包资源管理器中，可以看到 SchoolChildSystem 项目包资源，如图 24-18 所示。

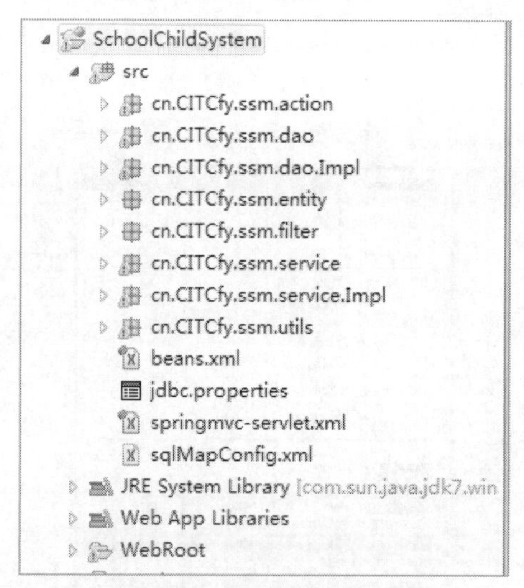

图 24-18　项目包资源管理器

（9）加载项目到 Web 服务器。在 MyEclipse 主界面中，单击 按钮，打开 Manage Deployments 对话框，如图 24-19 所示。

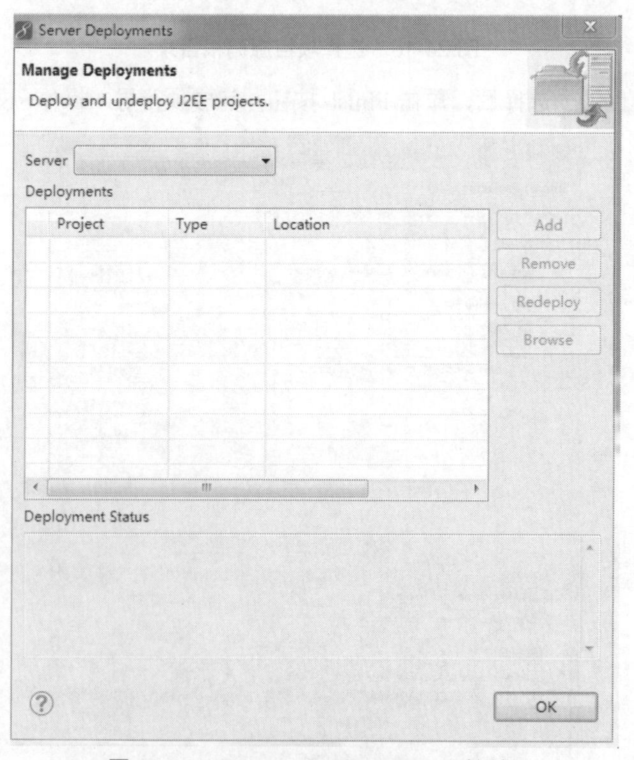

图 24-19　Manage Deployments 对话框

（10）单击 Manage Deployments 对话框 Server 选项右边的下三角按钮，在弹出的选项菜单中选择 MyEclipse Tomcat 7 选项。单击 Add 按钮，打开 New Deployment 对话框，如图 24-20 所示。

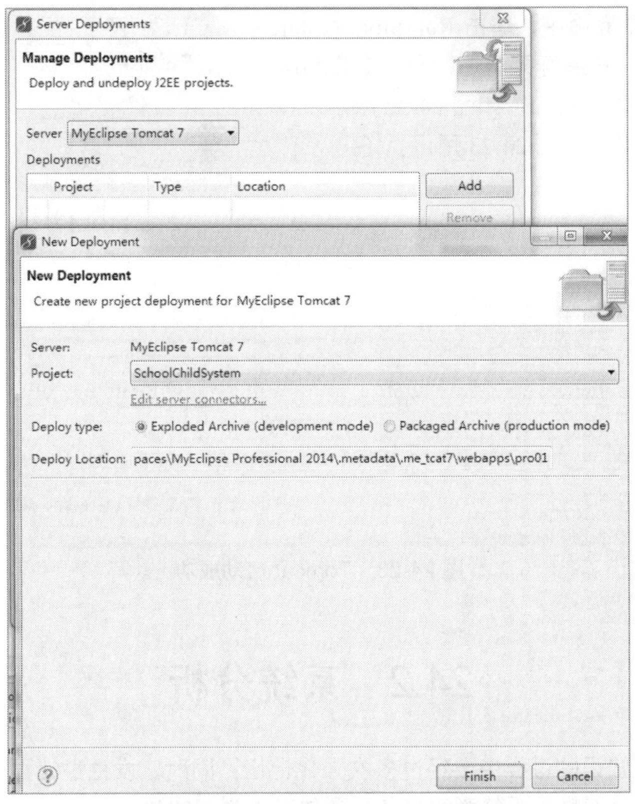

图 24-20　New Deployment 对话框

（11）在 New Deployment 对话框的 Project 项目中选择 SchoolChildSystem 选项，单击 Finish 按钮，然后单击 OK 按钮，完成项目加载，如图 24-21 所示。

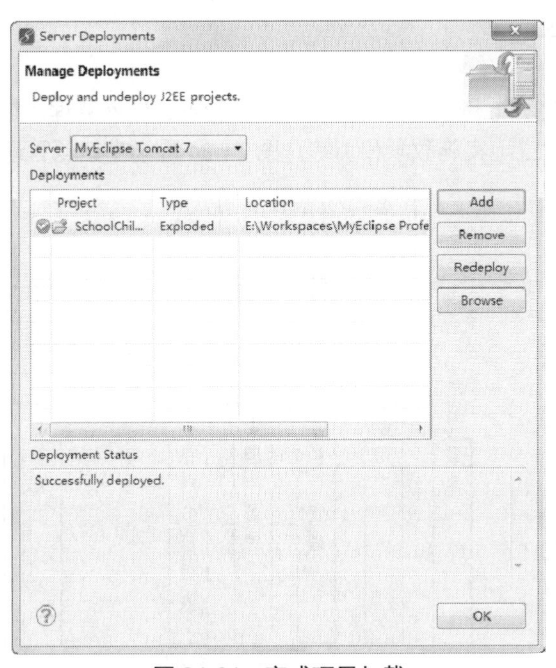

图 24-21　完成项目加载

（12）在 MyEclipse 主界面中，单击 Run/Stop/Restart MyEclipse Servers 按钮，在展开菜单中执行 MyEclipse Tomcat7→Start 命令，启动 Tomcat，如图 24-22 所示。

（13）Tomcat 启动成功，如图 24-23 所示。

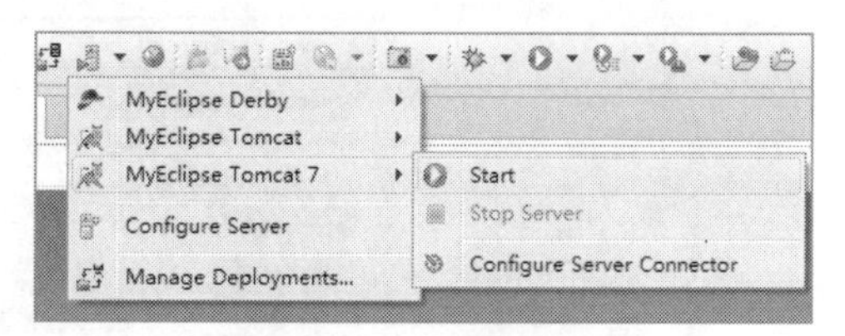

图 24-22　启动 Tomcat

图 24-23　Tomcat 启动成功

24.2　系统分析

人们在接受和掌握新知识的过程中要经过多次强化记忆；同时，发生过错误的地方，再发生错误的概率就高出很多。所以，有针对性地重复学习是最重要的基本学习方法。

学生错题管理系统以对学生知识点和错题进行管理为目标，旨在让老师方便分析学生对科目各知识点的掌握情况，以帮助学生有针对性地学习。

24.2.1　系统总体设计

学生错题管理系统在基础功能上分为用户管理、科目管理、题库管理、错题分析报表、错题重练 5 个部分，方便教师进一步有针对性地实施教学和训练。图 24-24 是学生错题管理系统架构。

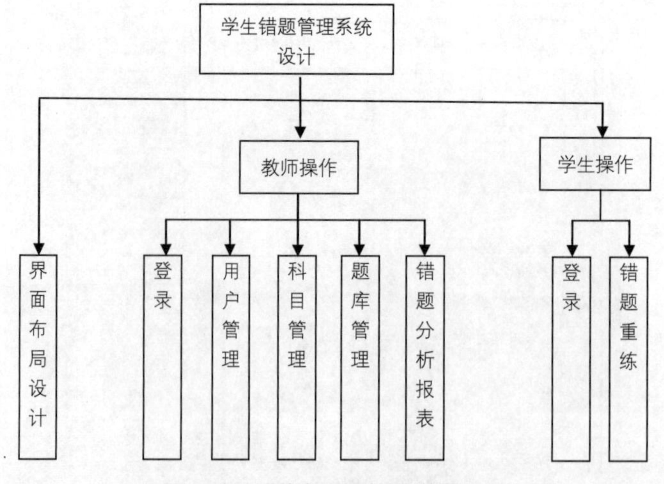

图 24-24　学生错题管理系统架构

24.2.2 系统界面设计

在业务操作类型系统界面设计过程中，一般使用单色调，设计元素不能对系统使用产生影响，要以行业特点为依据，以用户习惯为基础。基于以上考虑，学生错题管理系统设计界面如图 24-25、图 24-26 所示。

图 24-25 登录界面

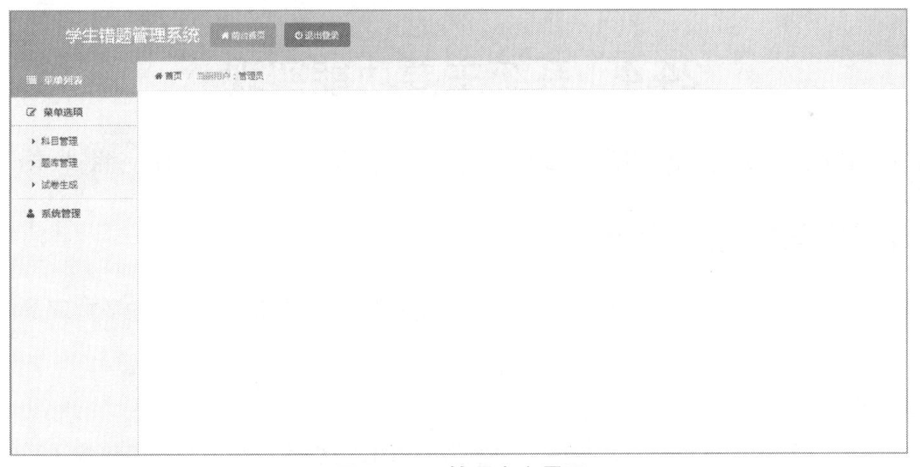

图 24-26 管理中心界面

24.3 功能分析

本节对学生错题管理系统的功能进行分析。

24.3.1 系统主要功能

学生错题管理系统主要功能如下：

（1）错题输入管理。错题来源是系统的运行基础以及错题分析和重练的依据，形成题库。

（2）生成试题。根据输入的错题库，生成错题重练试卷。

（3）用户管理。由系统使用者对用户进行管理。

24.3.2 系统文件结构

本项目文件结构如图 24-27 所示。

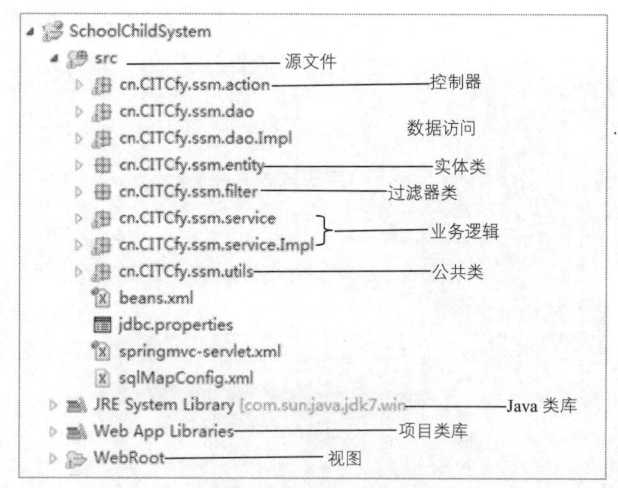

图 24-27　系统文件结构

24.4 系统主要功能实现

本节对学生错题管理系统功能的实现方法进行分析，引领大家学习如何使用 Java 进行教育行业项目开发。

24.4.1 数据库与数据表设计

学生错题管理系统属于学校管理信息系统，数据库是其基础组成部分，系统的数据库是依据基本功能需求建立的。

1. 数据库分析

根据本系统的实际情况，采用一个数据库，命名为 ORCL 数据库。整个数据库包含了系统几大模块的所有数据信息。ORCL 数据库总共分 6 张表，如表 24-1 所示，使用 Oracle 对数据库进行数据存储管理。

表 24-1　ORCL 数据库的表

表 名 称	说　明	备　注
Userinfo	用户信息表	
SUB	科目表	
ROLES	用户角色表	
RFCEN	关联表	
QUESTIONS	问题采集表	
FUNINFO	题目难度系数表	

2. 创建数据库

在 Oracle 中创建数据库的具体步骤如下：

（1）在 Windwos 窗口中执行【开始】→【程序】→Oracle-OraDb11g_home1→【配置和移植工具】→Database Configuration Assistant 命令，如图 24-28 所示。

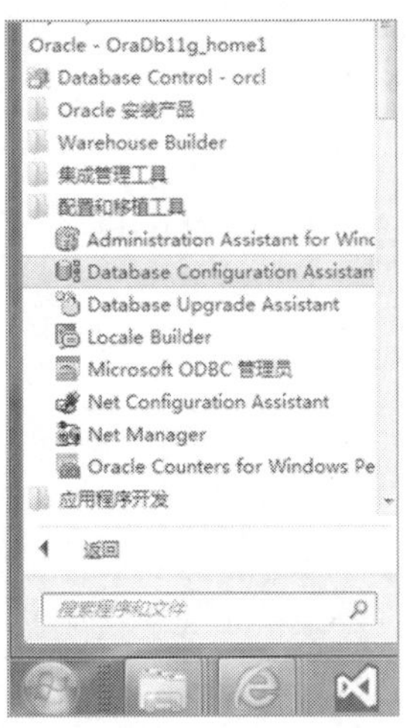

图 24-28　启动 Database Configuration Assistant 程序

（2）在【Database Configuration Assistant：欢迎使用】对话框中，单击【下一步】按钮，创建新数据库，如图 24-29 所示。

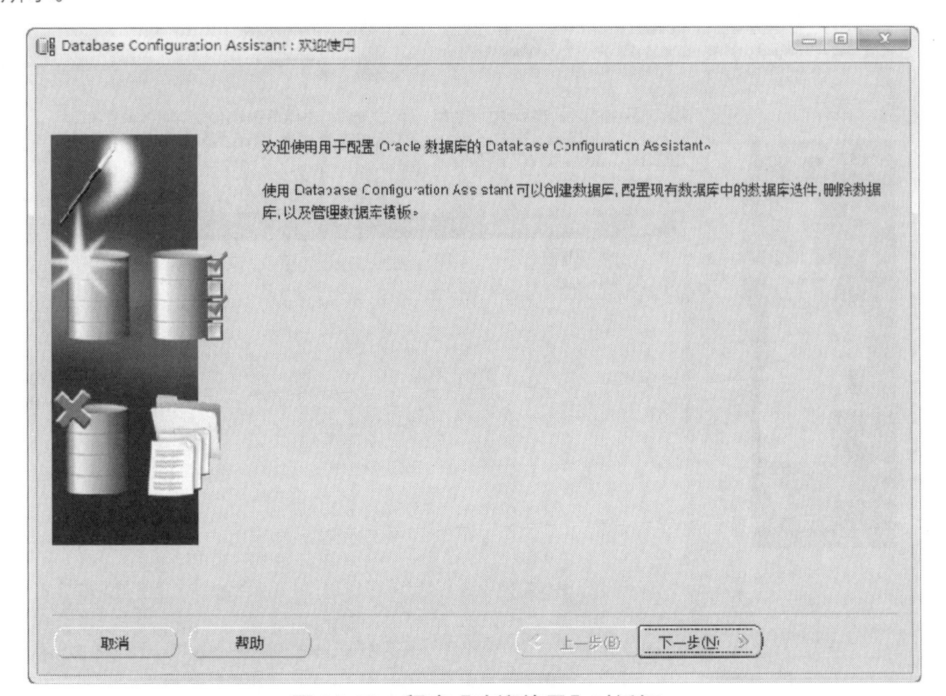

图 24-29　程序【欢迎使用】对话框

（3）在【请选择希望执行的操作】下的单选项中选择【创建数据库】单选按钮，单击【下一步】按钮，如图 24-30 所示。

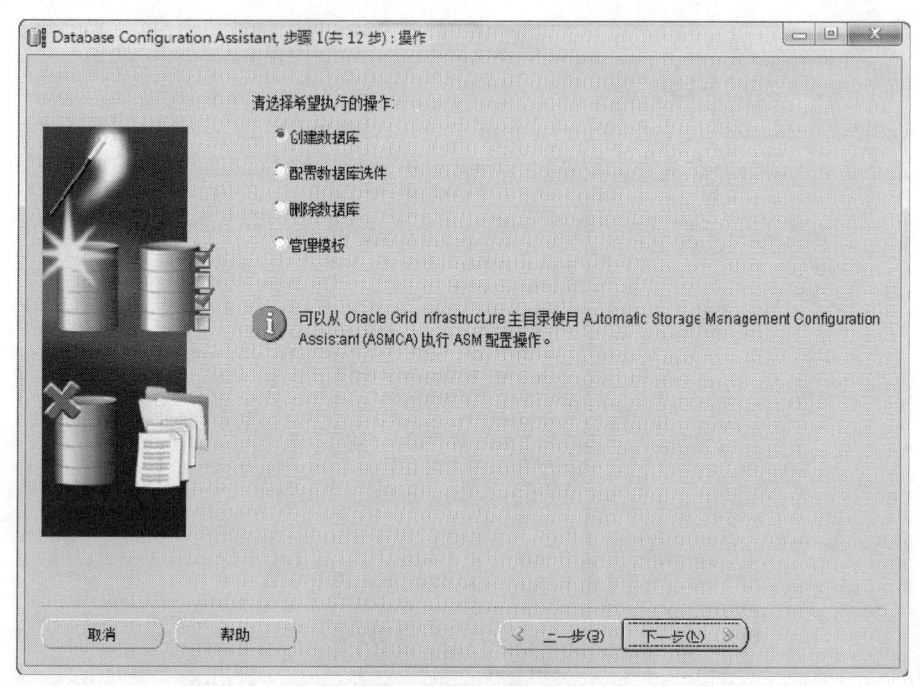

图 24-30　创建数据库步骤 1

（4）在【数据库模板】对话框中选择【一般用途或事务处理】单选按钮，单击【下一步】按钮，如图 24-31 所示。

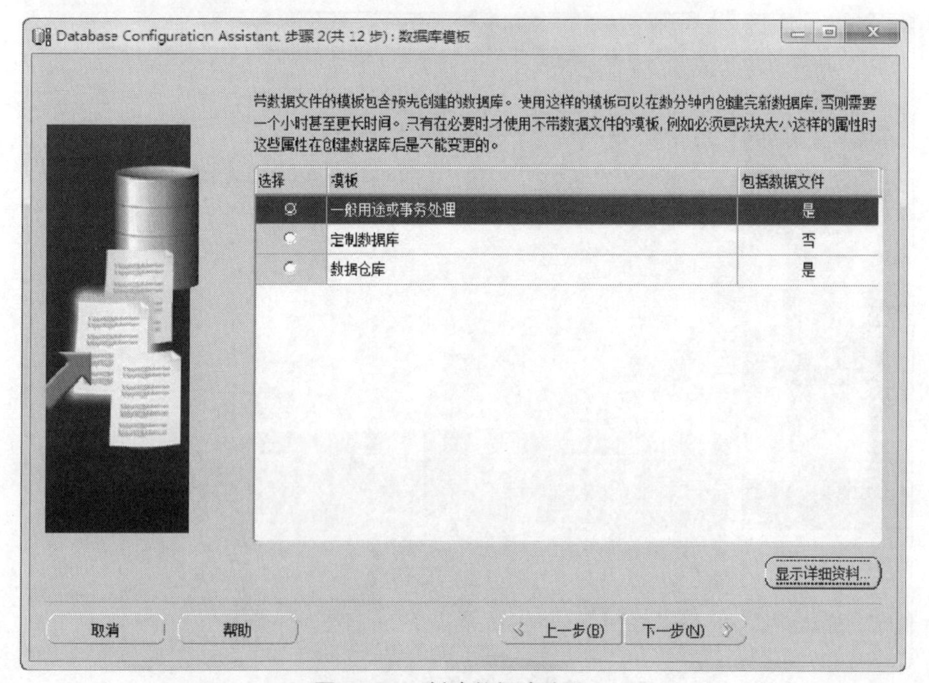

图 24-31　创建数据库步骤 2

（5）在【数据库标识】对话框的【全局数据库名】文本框中输入数据库名 Orcl，单击【下一步】按钮，如图 24-32 所示。

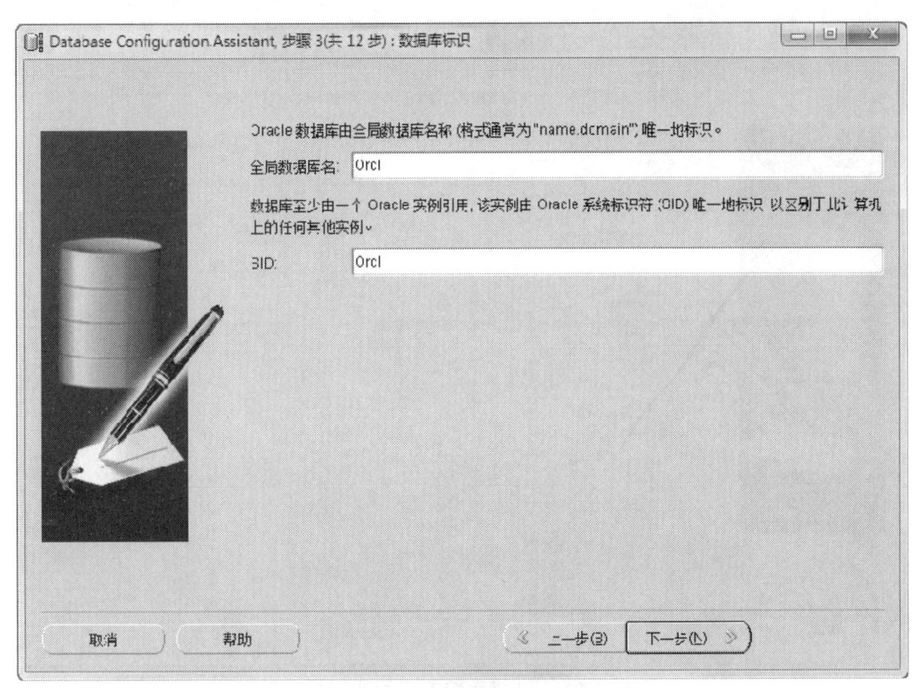

图 24-32　创建数据库步骤 3

（6）在数据库管理选项对话框中保持默认选项不变，单击【下一步】按钮，如图 24-33 所示。

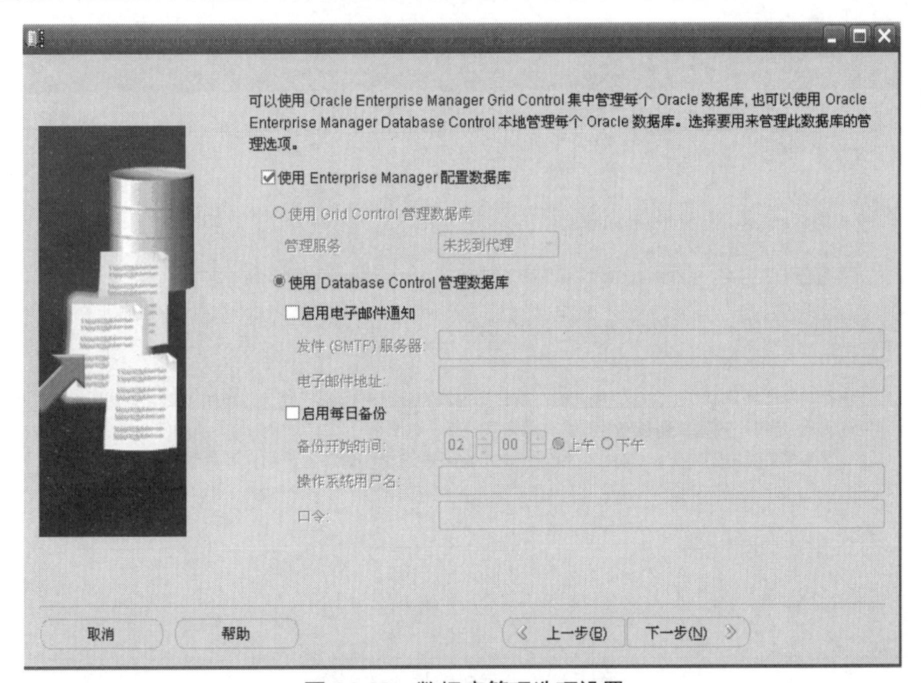

图 24-33　数据库管理选项设置

（7）在设置数据库用户账户口令对话框中选择【所有账户使用同一口令】单选按钮，输入口令 orcl，单击【下一步】按钮，如图 24-34 所示。

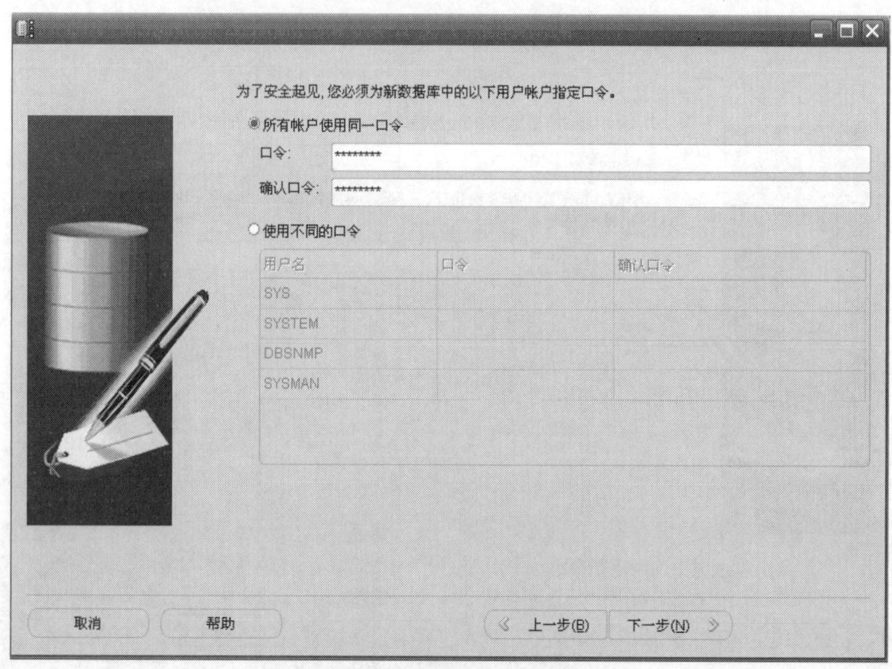

图 24-34 设置数据库用户账户口令

（8）以后的创建过程无须选择，直接单击【下一步】按钮即可，直到出现如图 24-35 所示的对话框，便完成了数据库的创建工作。

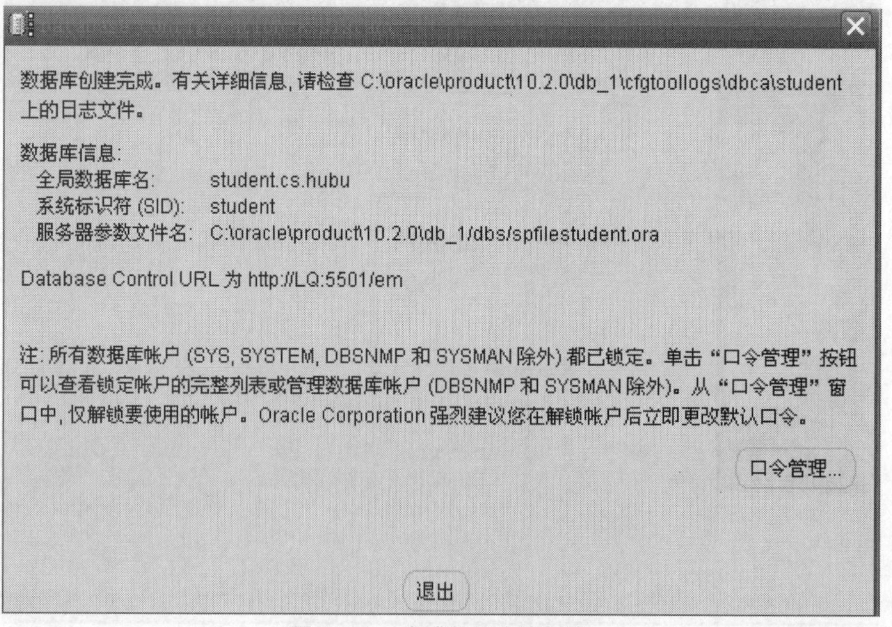

图 24-35 完成数据库的创建

3. 创建数据表

在已创建的数据库 Orcl 中创建 6 个数据表，这里只给出用户信息表创建过程，语句如下：

```
DROP TABLE "ILANNI"."USERINFO";
```

```
CREATE TABLE "ILANNI"."USERINFO" (
    "ID" NUMBER(5) NOT NULL ,
    "USERNAME" VARCHAR2(50 BYTE) NULL ,
    "PWD" VARCHAR2(16 BYTE) NULL ,
    "REALNAME" VARCHAR2(50 BYTE) NULL ,
    "R_ID" NUMBER(5) NULL ,
    "IMG" VARCHAR2(200 BYTE) NULL
)
```

为了避免重复创建，在创建数据表之前先使用drop命令删除同名的表。这里创建了与需求相关的5个字段，并创建了一个自增的标识索引字段ID。

由于篇幅所限，其他数据表不给出创建语句，只给出数据表结构。

（1）用户信息表。用于存储用户信息资料，表名为USERINFO，结构如表24-2所示。

表24-2　USERINFO表

字段名称	字段类型	说　明	备　注
ID	NUMBER(5)	唯一标识符	NOT NULL
USERNAME	VARCHAR2(50 BYTE)	用户名	NOT NULL
PWD	VARCHAR2(16 BYTE)	用户密码	NULL
REALNAME	VARCHAR2(50 BYTE)	真实姓名	NULL
R_ID	NUMBER(5)	角色ID	NULL
IMG	VARCHAR2(200 BYTE)	用户头像	NULL

（2）科目表。用于存储课程信息，表名为SUB，结构如表24-3所示。

表24-3　SUB表

字段名称	字段类型	说　明	备　注
S_ID	NUMBER(5)	唯一标识符	NOT NULL
SUBNAME	VARCHAR2(50 BYTE)	科目名称	NOT NULL
REMARK	VARCHAR2(200 BYTE)	备注	NULL

（3）用户角色表。用来存储用户角色信息，表名为ROLES，结构如表24-4所示。

表24-4　ROLES表

字段名称	字段类型	说　明	备　注
R_ID	NUMBER(5)	唯一标识符	NOT NULL
ROLENAME	VARCHAR2(100 BYTE)	角色名称	NOT NULL
REMARK	VARCHAR2(200 BYTE)	备注	NULL

（4）关联表。用来存储用户角色和题目难度系数的关系，表名为RFCEN，结构如表24-5所示。

表 24-5　RFCEN 表

字段名称	字段类型	说　明	备　注
RFID	NUMBER(5)	唯一标识符	NOT NULL
R_ID	NUMBER(5)	用户角色表主键	NOT NULL
FUNID	NUMBER(5)	题目难度系数表主键	NULL

（5）问题采集表。用于存储问题信息，表名为 QUESTIONS，结构如表 24-6 所示。

表 24-6　QUESTIONS 表

字段名称	字段类型	说　明	备　注
T_ID	NUMBER(5)	唯一标识符	NOT NULL
TITLE	VARCHAR2(2000 BYTE)	标题	NOT NULL
S_ID	NUMBER(5)	所属科目	NOT NULL
T_CLASS	VARCHAR2(20 BYTE)	题型	NOT NULL
DEEP	VARCHAR2(20 BYTE)	难度	NOT NULL
ROOT	VARCHAR2(200 BYTE)	来源	NOT NULL
CET	VARCHAR2(4000 BYTE)	问题内容	NOT NULL
ANSWER	VARCHAR2(4000 BYTE)	问题答案	NOT NULL

（6）题目难度系数表。用于存储题目与难度之间的关系，表名为 FUNINFO，结构如表 24-7 所示。

表 24-7　FUNINFO 表

字段名称	字段类型	说　明	备　注
FUNID	NUMBER(5)	唯一标识符	NOT NULL
FUNNAME	VARCHAR2(200 BYTE)	难度系数名	NOT NULL
FUNURL	VARCHAR2(200 BYTE)	题目链接	NOT NULL
FORBIDDEN	NUMBER(1)	是否允许修改	NOT NULL

24.4.2　实体类创建

根据面向对象编程的思想，先创建数据实体类，这些实体类与数据表设计相对应。这些实体类放在包 entity 中。例如，用户实体类 User 采用如下代码进行定义：

```
package cn.CITCfy.ssm.entity;
public class User {
    private Integer id;                          //用户 ID
    private String userName;                     //账号
    private String pwd;                          //密码
    private String realName;                     //真实姓名
    private Integer r_id;                        //角色 ID
    private String img;                          //头像
```

```
    /**
     * 多对一
     * @return
     */
    private Role role;
    public Integer getId() {
        return id;
    }
    public void setId(Integer id) {
        this.id = id;
    }
    public String getUserName() {
        return userName;
    }
    public void setUserName(String userName) {
        this.userName = userName;
    }
    public String getPwd() {
        return pwd;
    }
    public void setPwd(String pwd) {
        this.pwd = pwd;
    }
    public String getRealName() {
        return realName;
    }
    public void setRealName(String realName) {
        this.realName = realName;
    }
    public Integer getR_id() {
        return r_id;
    }
    public void setR_id(Integer r_id) {
        this.r_id = r_id;
    }
    public String getImg() {
        return img;
    }
    public void setImg(String img) {
        this.img = img;
    }
    public Role getRole() {
        return role;
    }
    public void setRole(Role role) {
        this.role = role;
    }
}
```

这里取值与赋值分开定义，当然也可以合在一起实现。

24.4.3 数据库访问类

数据库访问对象（DAO）用来进行数据库驱动、连接、关闭等操作，其中包括不同数据表的操作方法。在数据库访问层实现对数据库的增删改查，进行两层封装设计，先抽象出操作类，再通过接口进行继承来具体实现。抽象操作 BaseDao.java 的实现代码如下：

```
public interface BaseDao<T> {

    public int save(T entity);                          //插入，用实体作为参数

    public int deleteById(Serializable id);             //按 id 删除，删除一条。支持整数型和字符串类型 id

    public void deletePart(Serializable[] ids);         //批量删除。支持整数型和字符串类型 id

    public T get(Serializable id);                      //只查询一个，常用于修改

    public int update(T entity);                        //修改，用实体作为参数

    public List<T> getAll(Map map);                     //分页

    public int getCount(Map map);                       //分页记录数
}
```

实现层 BaseDaoImpl.java 代码如下：

```
Public class BaseDaoImpl<T> extends SqlSessionDaoSupport implements BaseDao<T> {

    @Autowired
    public void setSqlSessionFactory(SqlSessionFactory sqlSessionFactory){
        super.setSqlSessionFactory(sqlSessionFactory);
    }

    //命名空间
    private String nameSpace;

    public String getNameSpace() {
       return nameSpace;
    }

    public void setNameSpace(String nameSpace) {
       this.nameSpace = nameSpace;
    }
    //主要业务
    //增
    public int save(T entity) {
       int num=0;
       num=this.getSqlSession().insert(nameSpace+".save",entity);
       return num;
```

```
    }
    //删一个
    public int deleteById(Serializable id) {
        int num=0;
        num=this.getSqlSession().delete(nameSpace+".deleteById",id);
        return num;
    }
    //批量删
    public void deletePart(Serializable[] ids) {
        this.getSqlSession().delete(nameSpace+".deletePart",ids);
    }
    //获得一个对象
    public T get(Serializable id) {
        return this.getSqlSession().selectOne(nameSpace+".get", id);
    }
    //改
    public int update(T entity) {
        int num=0;
        num=this.getSqlSession().update(nameSpace+".update",entity);
        return num;
    }
    //分页
    public List<T> getAll(Map map) {
        List<T> list=null;
        list=this.getSqlSession().selectList(nameSpace+".getAll",map);
        return list;
    }

    public int getCount(Map map) {
        int num=0;
        num=this.getSqlSession().selectOne(nameSpace+".getCount",map);
        return num;
    }
}
```

BaseDao.java 定义了一个公共访问操作抽象类，BaseDaoImp.java 定义了一个公共数据访问的实现类。系统中还有其他数据访问类实现，这里不再介绍。

24.4.4 控制器实现

控制器使用 Action 包，系统根据操作的主要过程定义了 3 个控制器，分别是错题控制器（QuestionController.java）、课程控制器（SubController.java）、用户控制器（UserController.java）。其中，UserController.java 的实现代码如下：

```
public class UserController {
        @Resource
        private UserService userService;
        /**
         * 用户登录
```

```
     * @throws IOException
     * @throws ServletException
     */
    @RequestMapping("/login.action")
    public String login(User us,Model md,HttpServletRequest request)
            throws ServletException, IOException{
        //获取对象账户
        User user = userService.getUser(us.getUserName());
        //登录验证（账户名和密码）
        if(user!=null){
            //账户名和密码正确，跳转到首页
            if(user.getPwd().equals(us.getPwd())){
                request.getSession().setAttribute("user",user);
                request.getSession().setAttribute("img",user.getImg());
                return "/web/index.jsp";
            }else{
                //若密码不正确
                md.addAttribute("msg","密码有误!");
                return "/login.jsp";
            }
        }else{
             //用户不存在
             md.addAttribute("msg","用户不存在...");
             return "/login.jsp";
        }
    }
    /**
     * 修改密码
     */
    @RequestMapping("/editPwd.action")
    public String editPwd(HttpServletRequest request){
        String newpass=request.getParameter("newpass");
        //获得 User 的 session
        User user=(User) request.getSession().getAttribute("user");

        user.setPwd(newpass);
        //改密码
        int num=userService.update(user);
        if(num==1){
            request.getSession().removeAttribute("user");
         }
         return "/login.jsp";


    }

    /**
     * 添加用户
     * @throws Exception
```

```
    */
    @RequestMapping("/addUser.action")
    public String addUser(HttpServletRequest request,Model md) throws Exception{
        User user=upload(request);
        //增
        userService.save(user);
        System.out.println(user.getUserName());
        //查询的参数
        md.addAttribute("ke", user.getUserName());
        //返回跳转的页面
        md.addAttribute("hre", "getAllUser.action");
        //跳转到成功界面
        return "/web/tips.jsp";
    }

    /**
     * 根据id删除用户
     */
    @RequestMapping("/deleteUser.action")
    public String deleteUser(HttpServletRequest request,Model md,String pageCurrent){
        Integer id=Integer.parseInt(request.getParameter("id"));
        //获取正在登录的用户
        User u=(User) request.getSession().getAttribute("user");
        if(u.getId()!=id){
            // 获取删除对象的id
            userService.deleteById(id);
            //当前页
            md.addAttribute("pageCurrent",pageCurrent );
            //返回跳转的页面
            md.addAttribute("hre", "getAllUser.action");
            //跳转到成功界面
            return "/web/tips.jsp";

        }else{
            request.setAttribute("msg","用户正在使用中...无法删除!");
            return "/getAllUser.action";
        }
    }

    /**
     * 查找一个用户，修改其用户信息
     */
    @RequestMapping("/queryById.action")
    public String queryById(HttpServletRequest request,String pageCurrent,int id){

        //查
        User u=userService.get(id);
        request.setAttribute("u",u);
```

```
        //当前页
        request.getSession().setAttribute("pagecu", pageCurrent);
        return "/web/updateUser.jsp";
    }

    /**
     * 修改选中的用户信息
     * @throws Exception
     */
    @RequestMapping("/updateUser.action")
    public String updateUser(HttpServletRequest request,Model md) throws Exception{
        //执行修改操作
        userService.update(upload(request));
        //移除供修改的u会话
        request.getSession().removeAttribute("u");
        //当前页
        md.addAttribute("pageCurrent",request.getSession().getAttribute("pagecu") );
        //移除pagecu会话
        request.getSession().removeAttribute("pagecu");
        //返回跳转的页面
        md.addAttribute("hre", "getAllUser.action");
        //跳转到成功界面
        return "/web/tips.jsp";
    }

    /**
     * 批量删
     */
    @RequestMapping("/deletePartUser.action")
    public String deletePartUser(HttpServletRequest request,String pageCurrent,Model md){
        String[] strs = request.getParameterValues("wId");
        Serializable[] ids = new Serializable[strs.length];
        for (int i = 0; i < strs.length; i++) {
            ids[i] = Integer.parseInt(strs[i]);
        }
        //批量删
        userService.deletePart(ids);
        //当前页
        md.addAttribute("pageCurrent",pageCurrent );
        //返回跳转的页面
        md.addAttribute("hre", "getAllUser.action");
        return "/web/tips.jsp";
    }

    /**
     * 查询所有用户
     */
```

```
@RequestMapping("/getAllUser.action")
public String getAllUser(Model md,String ke,String pageCurrent){
   Map<String, Object> map=new HashMap<String, Object>();
   if(WebUtils.isNotNull(ke)){
      map.put("ke", "%"+ke+"%");
   }

   //创建 pageBean 对象
   PageBean<User> bean=new PageBean<User>();
   bean.setTotalCount(userService.getCount(map));                //设置总记录数
   if(WebUtils.isNotNull(pageCurrent)){
      if(Integer.parseInt(pageCurrent)<1){
         bean.setCurrentPage(1);                                  //设置当前页
      }else if(Integer.parseInt(pageCurrent)>bean.getTotalPage()){
         bean.setCurrentPage(bean.getTotalPage());                //设置当前页
      }else{
         bean.setCurrentPage(Integer.parseInt(pageCurrent));      //设置当前页
      }
   }else{
      pageCurrent=""+1;
   }
   Integer firstPage=(bean.getCurrentPage()-1)*bean.getMaxNum();    //起始条数
   Integer countPage=bean.getCurrentPage()*bean.getMaxNum()+1;      //尾条数
   //给 map 添加值
   map.put("firstPage", firstPage);
   map.put("countPage", countPage);
   map.put("bean", bean);
   //执行查询所有用户
   List<User> list=userService.getAll(map);
   if(list.size()==0){
    return "/web/error1.jsp";
   }
   bean.setDatas(list);
   md.addAttribute("bean",bean);
   md.addAttribute("ke", ke);

   //跳转到用户管理界面
   return "/web/advUser.jsp";
}
/**
 * 上传图片
 * @param request
 * @return
 * @throws Exception
 */
public User upload(HttpServletRequest request) throws Exception{
   //创建对象
   User user=new User();
```

```
//图片上传
//1.创建工厂对象
FileItemFactory factory=new DiskFileItemFactory();
//2.文件上传核心工具类
ServletFileUpload upload=new ServletFileUpload(factory);
//3.设置上传文件大小限制
upload.setFileSizeMax(10*1024*1024);                    //单个文件大小限制
upload.setSizeMax(50*1024*1024);                        //总文件大小限制
upload.setHeaderEncoding("UTF-8");                      //设置中文文件编码
//判断是否是上传的表单
//表单中添加 enctype="multipart/form-data" 才能上传数据
if(upload.isMultipartContent(request)){
 //把请求数据转换成 list 集合
 List<FileItem> list=upload.parseRequest(request);

 //FileItem 代表请求的内容
 for(FileItem item:list){
   //jsp name 属性值
   String name=item.getFieldName();
   //jsp 属性对应的 value 值
   String value=new String(item.getString().getBytes("iso8859-1"),"utf-8");
    //保存其他表单数据
    if("id".equals(name)){
       user.setId(Integer.parseInt(value));
    }
    if("userName".equals(name)){
       user.setUserName(value);
    }

    if("pwd".equals(name)){
       user.setPwd(value);
    }
    if("realName".equals(name)){
       user.setRealName(value);
    }
    if("r_id".equals(name)){
       user.setR_id(Integer.parseInt(value));
    }
    //判断是否上传
    if(!item.isFormField()){
    //获取 Tomcat 所在工程的真实绝对路径
    String realPath=request.getSession().getServletContext().getRealPath("/");
    //把 item 的文件内容写入另一个文件
    //创建文件
    File newFile=new File(realPath+"/web/images/"+item.getName());
    item.write(newFile);
    item.delete();//删除临时文件
    String img="web/images/"+item.getName();//数据库保存字段
```

```
                user.setImg(img);
            }
        }
    }
    return user;
}
//账户名异步验证
@RequestMapping("/addUserAjax.action")
public void addUserAjax(String userName,HttpServletResponse response) throws IOException{
    User user=userService.getUser(userName);
    if(user!=null){
        response.getWriter().write("账户名已存在");
    }else{
        response.getWriter().write("");
    }
}
 // 导入Excel文档
@RequestMapping("/import.action")
public String importExcel(HttpServletResponse response) {
    try {
        String title = "用户信息";
        String[] rowName = new String[] { "序号", "账号", "密码", "真实姓名","角色"};
        ImportExcel.importExcel(response, title, rowName,userService.getExcel());
    } catch (Exception e) {
        return "/web/error1.jsp";
    }
        return null;
}
}
```

可以看到，在收到解析地址并处理后，通过 return 语句直接返回处理结果页面，逻辑清晰。另外，由于用户具有头像，这里定义了 upload(HttpServletRequest request)上传头像的方法。

24.4.5 业务数据处理

业务逻辑使用 Service 包，同样使用两层实现，先抽象出操作类，再通过继承具体实现。以用户业务实现为例，抽象操作 UserService.java 的实现代码如下：

```
public interface UserService {
    public int save(User user);                    //插入，用实体作为参数
    public int deleteById(Serializable id);        //按id删除，删除一条；支持整数型和字符串类型ID
    public void deletePart(Serializable[] ids);    //批量删除；支持整数型和字符串类型ID
    public User get(Serializable id);              //只查询一个，常用于修改
    public int update(User user);                  //修改，用实体作为参数
    public List<User> getAll(Map map);             //分页
    public int getCount(Map map);                  //分页记录数


    //------------------------------------------------------------------
```

```
    /**
     * 根据用户名查找用户
     * @param userName
     * @return
     */
    public User getUser(String userName);

    /**
     * 获得Excel
     * @return
     */
    public List<User> getExcel();
}
```

具体实现 UserServiceImpl.java 的代码如下：

```
public class UserServiceImpl implements UserService {
    @Resource
    private UserDao dao;
    public void setDao(UserDao dao) {
        this.dao = dao;
    }
    public int save(User user) {
        int num=dao.save(user);
        return num;
    }
    public int deleteById(Serializable id) {
        return dao.deleteById(id);
    }
    public void deletePart(Serializable[] ids) {
        dao.deletePart(ids);
    }
    public User get(Serializable id) {
        User user=dao.get(id);
        return user;
    }
    public int update(User user) {
        int num=dao.update(user);
        return num;
    }
    public List<User> getAll(Map map) {
        List<User> users=dao.getAll(map);
        return users;
    }
    public User getUser(String userName) {
        return dao.getUser(userName);
    }
    public int getCount(Map map) {
        return dao.getCount(map);
}
```

```
    public List<User> getExcel() {
        return dao.getExcel();
    }
}
```

细心的读者可以看到，在业务层调用了数据库访问层的方法，获取了需要的数据操作。

24.4.6　Spring MVC 的配置

Spring MVC 的配置主要涉及扫描包和视图解析器，代码如下：

```
     <!-- 1.扫描包，controller -->
    <context:component-scan base-package="cn.CITCfy.ssm.action"/>

    <!-- 2.视图解析器，jspViewResolver -->
<bean id="jspViewResolver" class="org.springframework.web.servlet.view.InternalResourceViewResolver">
        <property name="prefix" value=""/>
        <property name="suffix" value=""/>
    </bean>
```

24.4.7　MyBatis 的配置

学生错题管理系统使用 MyBatis 作为持久层访问框架，MyBatis 具有支持普通 SQL 查询、存储过程和高级映射等特点，但由于其自身的限制，本系统使用 MyBatis 与 Spring 相结合，其配置如下：

```
    <!-- 改包名 -->
    <!-- 1.扫描包 service,dao -->
    <context:component-scan base-package="cn.CITCfy.ssm.dao,cn.CITCfy.ssm.service"/>
    <!-- 2.数据库链接 jdbc.properties 文件 -->
    <context:property-placeholder location="classpath:jdbc.properties"/>
    <!-- 3.数据源 DataSource -->
    <bean id="dataSource" class="com.mchange.v2.c3p0.ComboPooledDataSource">
        <property name="driverClass" value="${jdbc.driverClassName}"/>
        <property name="jdbcUrl" value="${jdbc.url}"/>
        <property name="user" value="${jdbc.username}"/>
        <property name="password" value="${jdbc.password}"/>
        <property name="maxPoolSize" value="${c3p0.pool.maxPoolSize}"/>
        <property name="minPoolSize" value="${c3p0.pool.minPoolSize}"/>
        <property name="initialPoolSize" value="${c3p0.pool.initialPoolSize}"/>
        <property name="acquireIncrement" value="${c3p0.pool.acquireIncrement}"/>
    </bean>
    <!-- 4.会话工厂 SqlSessionFactory -->
    <bean id="sqlSessionFactory" class="org.mybatis.spring.SqlSessionFactoryBean">
        <property name="dataSource" ref="dataSource"/>
        <!—与 MyBatis 整合 -->
        <property name="configLocation" value="classpath:sqlMapConfig.xml"/>
        <property name="mapperLocations" value="classpath:cn/CITCfy/ssm/entity/*.xml"/>
    </bean>
    <!-- 5.事务 tx -->
    <bean id="txManager" class="org.springframework.jdbc.datasource.DataSourceTransactionManager">
        <property name="dataSource" ref="dataSource"/>
    </bean>
```

配置分为 5 个部分：扫描包、数据库链接、数据源、会话工厂和事务。

24.5 项目知识拓展

24.5.1 Oracle 的安装

Oracle 是美国 Oracle 公司提供的以分布式数据库为核心的软件产品，是目前主流的客户/服务器（C/S）或浏览器/服务器（B/S）体系结构的数据库管理系统之一，也是目前世界上使用最广泛的数据库管理系统之一。作为一个通用的数据库系统，它具有完整的数据管理功能；作为一个关系数据库系统，它是一个完备关系的产品；作为分布式数据库系统，它实现了分布式处理功能。

在安装 Oracle 前，首先需要到 Oracle 官网注册，官网网址是 www.oracle.com，如果不注册，下载链接不可用。

注册完毕后，下载适用于 Microsoft Windows(x64)的 Oracle Database 11g 第 2 版（版本号 11.2.0.1.0）。具体安装步骤如下：

（1）解压缩文件，找到可执行安装文件 setup.exe，双击该文件，开始 Oracle 11g 版本的安装，如图 24-35 所示。

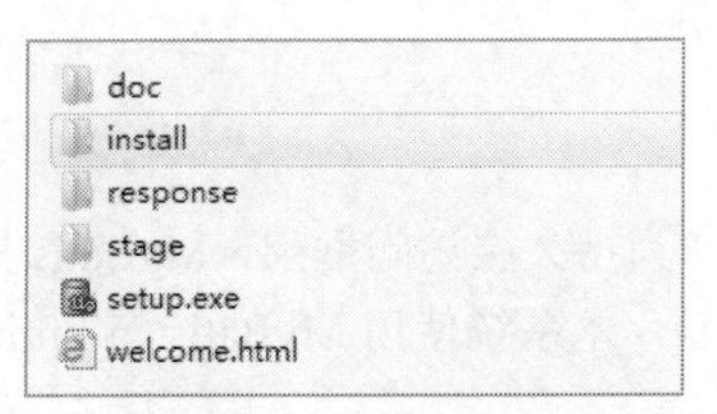

图 24-35　执行安装程序

（2）配置安全更新。在这一步可填写自己的电子邮件地址。取消下面的【我希望通过 My Oracle Support 接收安全更新（W）】复选框。也可以直接单击【下一步】按钮继续安装，如图 24-36 所示。

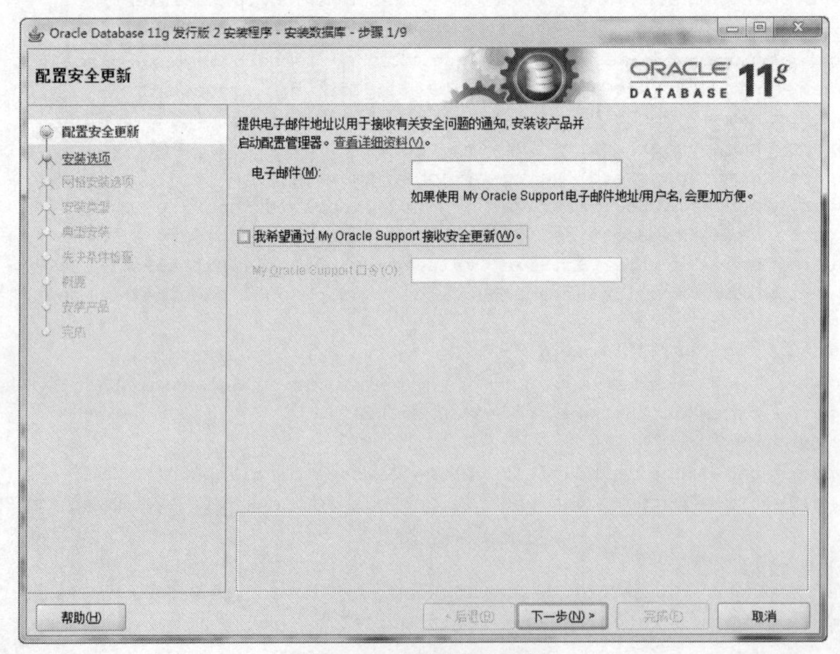

图 24-36　配置安全更新

（3）选择安装选项。直接选择默认的【创建和配置数据库】单选按钮（安装完 Oracle 后，系统会自动创建一个数据库实例），如图 24-37 所示。

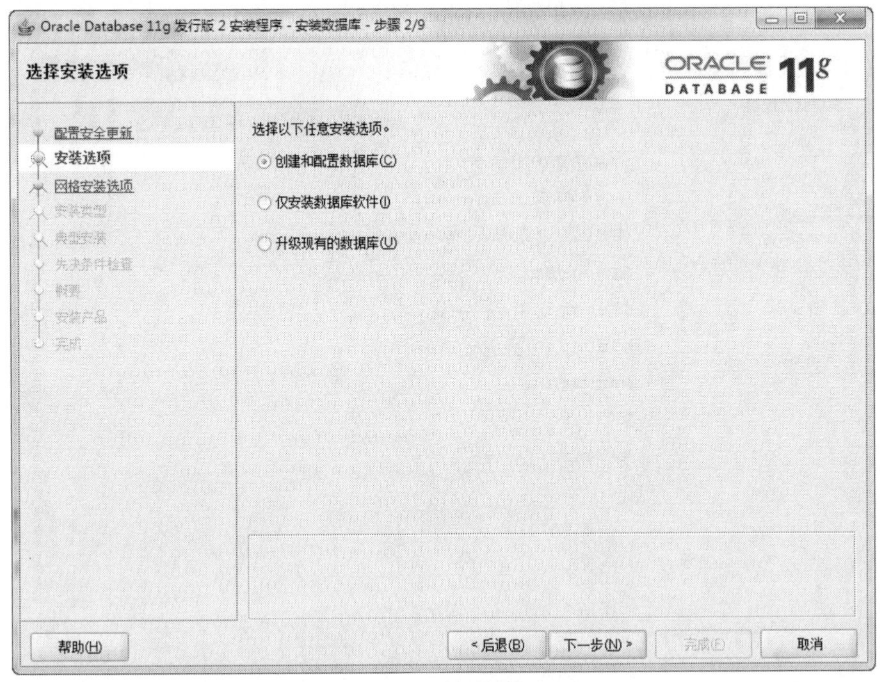

图 24-37　选择安装选项

（4）系统类设置。如果是个人计算机，直接选择默认的【桌面类】单选按钮就可以了，而如果是服务器，则选择【服务器类】单选按钮会分配更多的资源供 Oracle 数据库使用，如图 24-38 所示。

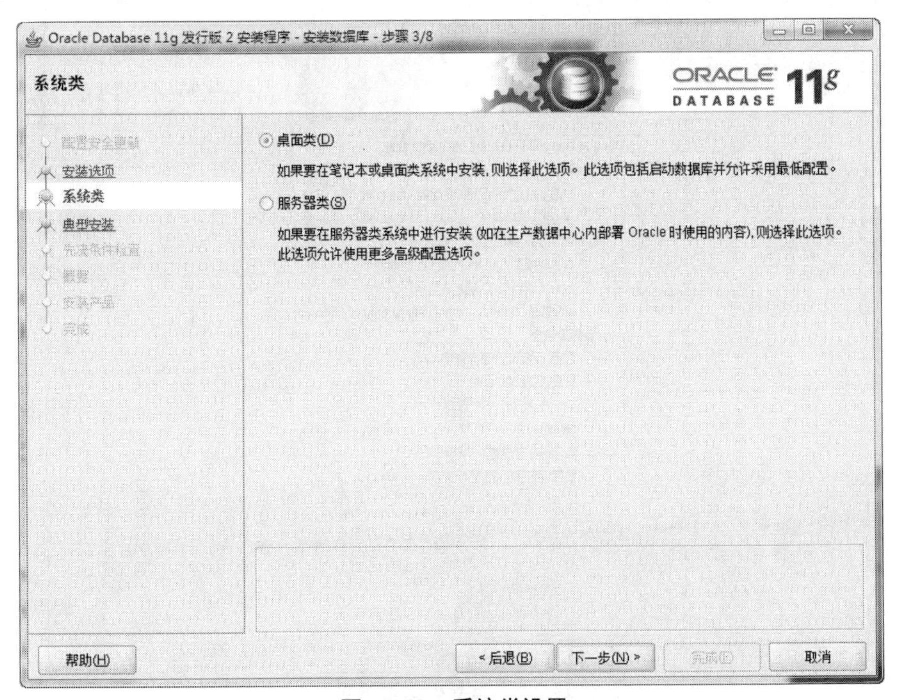

图 24-38　系统类设置

（5）典型安装配置。这一步非常重要。建议只更新 Oracle 基目录，目录路径不要含有中文或其他的特殊字符。全局数据库名可以默认，且口令密码必须牢记。输入密码时，有提示警告，不符合 Oracle 安全建议时可暂时不管，单击【下一步】按钮继续安装，如图 24-39 所示。

图 24-39　典型安装配置

（6）安装先决条件检查。安装程序会检查软硬件系统是否满足安装此 Oracle 版本的最低要求。直接单击【下一步】按钮就可以了，如图 24-40 所示。

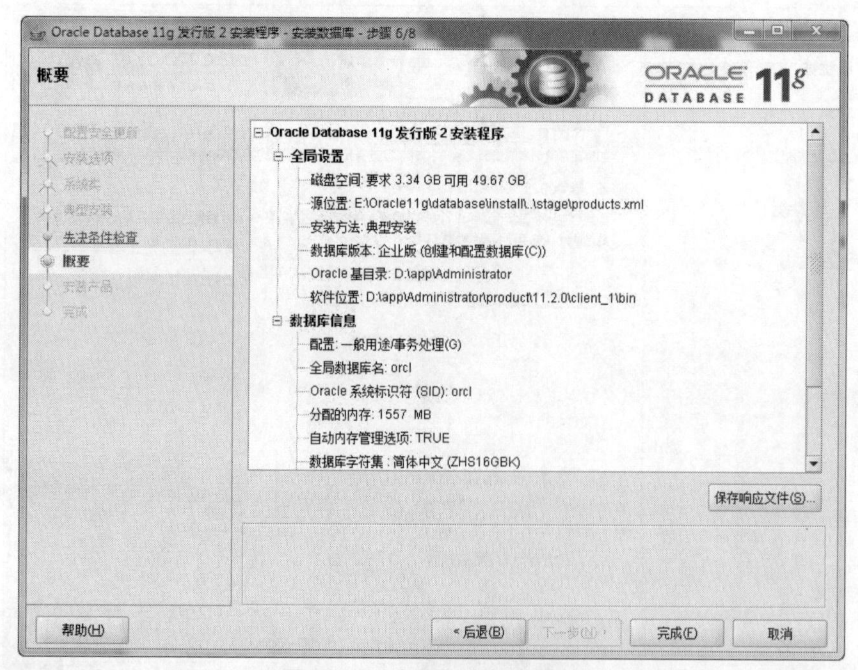

图 24-40　安装先决条件检查

（7）开始安装产品，耐心等待，直至安装完成，如图 24-41 所示。

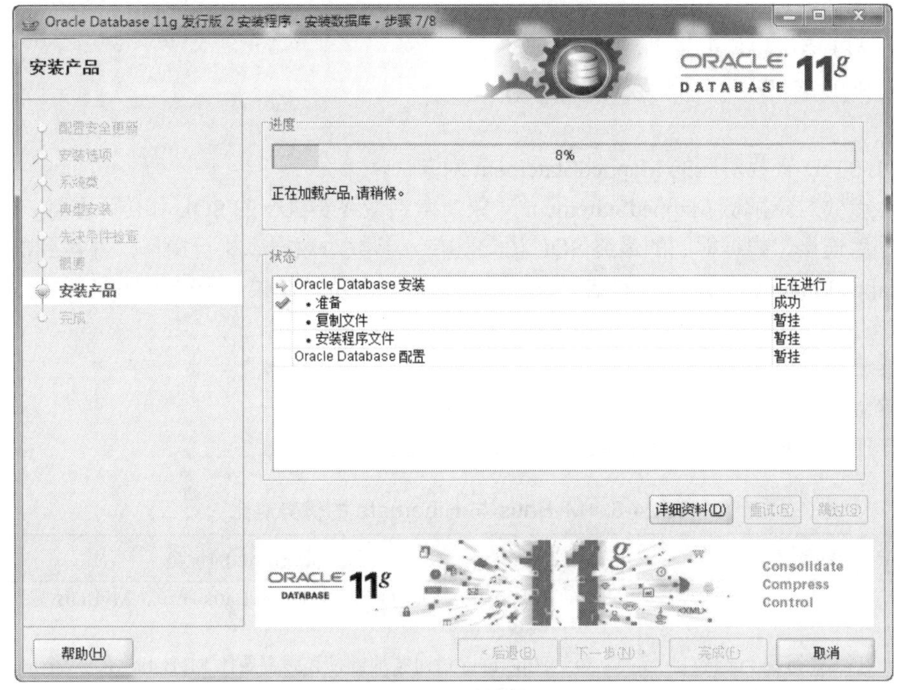

图 24-41　安装产品

24.5.2　Spring MVC 简介

Spring MVC 属于 Spring Framework 的后续产品，是 Spring 框架三层结构体系方式的具体实现，是 Spring 框架的延伸，即只通过 Spring 框架就可实现一个三层架构的框架产品，而不需要与 Struts 进行组合。

使用 Spring MVC 对于初学者来说具有上手快的显著优点，在同一体系内，Spring MVC 三层结构逻辑清晰，代码可读可跟踪性强，省去了学习其他框架的精力和时间。

24.5.3　MyBatis 框架的使用

MyBatis 是一款优秀的持久层框架，它支持定制化 SQL、存储过程以及高级映射。MyBatis 避免了几乎所有的 JDBC 代码、手动设置参数以及获取结果集。MyBatis 可以使用简单的 XML 或注解来配置和映射原生信息，将接口和 Java 的 POJO（Plain Ordinary Java Objects，普通的 Java 对象）映射成数据库中的记录。

MyBatis 的加载大致分为 3 步：

（1）加载配置并初始化。

触发条件：加载配置文件。

处理过程：将 SQL 的配置信息加载成为一个个 MappedStatement 对象（包括传入参数映射配置、执行的 SQL 语句和结果映射配置），存储在内存中。

（2）接收调用请求。

触发条件：调用 MyBatis 提供的 API。

传入参数：SQL 的 ID 和传入参数对象。

处理过程：将请求传递给下层的请求处理层进行处理。

（3）处理操作请求。

触发条件：API 接口层传来请求。

传入参数：SQL 的 ID 和传入参数对象

处理过程：

①根据 SQL 的 ID 查找对应的 MappedStatement 对象。

②根据传入参数对象解析 MappedStatement 对象，得到最终要执行的 SQL 和传入参数。

③获取数据库连接，根据得到的最终 SQL 语句和传入参数对数据库执行操作，并得到执行结果。

④根据 MappedStatement 对象中的结果映射配置对得到的执行结果进行转换处理，并得到最终的处理结果。

⑤释放连接资源。

（4）返回处理结果。

MyBatis 与 Hibernate 都是持久层框架，优势对比如表 24-8 所示。

表 24-8　MyBatis 与 Hibernate 的优势对比

MyBatis 的优势	Hibernate 的优势
• MyBatis 可以进行更为细致的 SQL 优化，可以减少查询字段。 • MyBatis 容易掌握，而 Hibernate 门槛较高	• Hibernate 的 DAO 层开发比 MyBatis 简单，MyBatis 需要维护 SQL 和结果映射。 • Hibernate 对对象的维护和缓存要比 MyBatis 好，对增删改查的对象的维护更方便。 • Hibernate 数据库移植性很好；MyBatis 的数据库移植性不好，不同的数据库需要使用不同的 SQL。 • Hibernate 有更好的二级缓存机制，可以使用第三方缓存；MyBatis 本身提供的缓存机制不佳

第 6 篇

项目实践

在本篇中，将前面所学的编程知识、技能以及开发技巧融会贯通，进行项目开发实践。本篇内容包括雇员信息管理系统开发、私教优选系统开发、大型电子商务网站系统前端开发以及软件工程师必备素养与技能等。通过本篇的学习，读者对 Java 在项目开发中的实际应用和开发流程将有切身的体会，为日后进行软件项目开发及管理积累经验。

第 25 章

项目实践入门阶段——雇员信息管理系统开发

◎ 本章教学微视频：12 个　43 分钟

学习指引

通过前面的学习，读者对 Java 开发有了一定的基础。从本章开始循序渐进地由小案例到大案例层层深入，由浅入深，逐步揭开 Java 项目开发的神秘面纱。

本章从雇员信息管理系统这个小项目开始，学习项目的展开思路和基本开发过程。

重点导读

- 掌握小项目的展开思路。
- 掌握项目开发的基本过程。

25.1　案例运行及配置

本节系统介绍案例开发及运行所需环境、案例系统配置和运行方法、项目开发及导入步骤等知识。

25.1.1　开发及运行环境

本系统的软件开发环境如下：

- 编程语言：Java。
- 操作系统：Windows 7/8/10。
- JDK 版本：Java SE Development KIT(JDK) Version 7.0。
- 开发工具：MyEclipse。
- 数据库：MySQL。

25.1.2　系统运行

首先介绍如何运行本系统，以使读者对本程序的功能有所了解。本案例运行的具体步骤如下。

步骤 1：下载 jdk-7u79-windows-i586.exe 软件，结合前面章节知识安装并配置好环境变量 JAVA_HOME，CLASSPATH，PATH。

步骤 2：部署程序文件。

把素材中的 ch25 文件夹复制到计算机硬盘，如 D:\ts\，如图 25-1 所示。

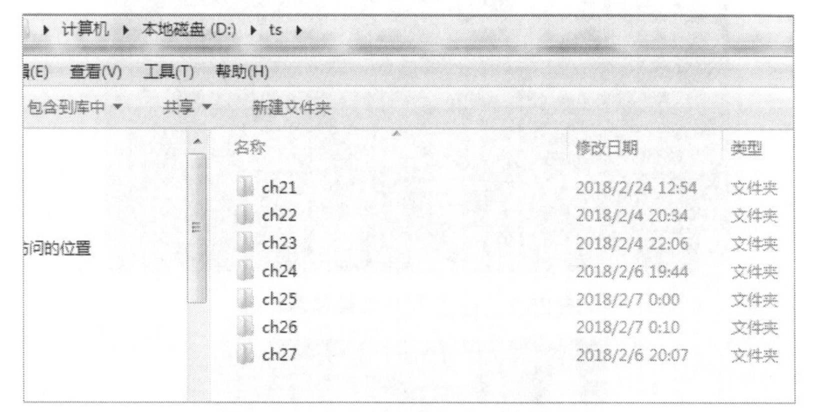

图 25-1 将素材文件复制到本地硬盘

步骤 3：运行程序。

（1）按 Win+R 快捷键打开“运行”对话框，在其中输入并执行 cmd 命令，打开命令提示符窗口，如图 25-2 所示。

图 25-2 命令提示符窗口

（2）验证 JDK 安装是否正确。在命令提示符窗口中输入并执行 java–version 命令，如果屏幕输出 java version "1.x.x"，说明安装成功，如图 25-3 所示。

（3）安装 MySQL 数据库，版本为 MySQL Community Server 5.7.21（也可安装其他版本，具体安装步骤请参照 22.5.2 节的内容）。

（4）安装 MySQL 数据库管理工具 Navicat for MySQL 软件（安装步骤请参照 22.5.3 节的内容）。

（5）运行 Navicat for MySQL 软件。双击桌面上的 navicat.exe 快捷方式图标，如图 25-4 所示。

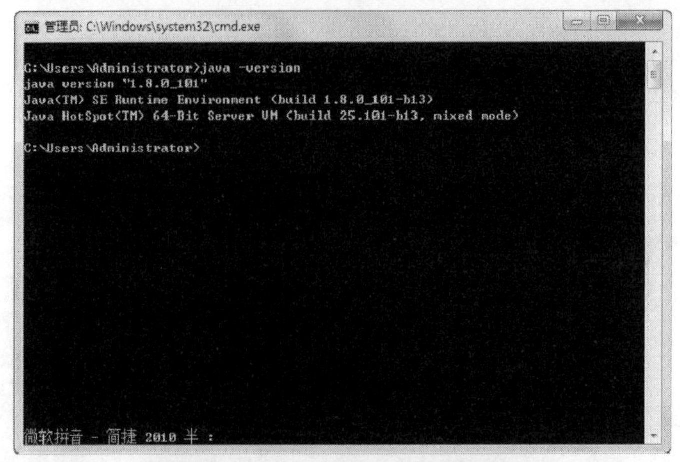

图 25-3　验证 JDK 安装是否正确

图 25-4　运行 Navicat for MySQL 软件

（6）在 Navicat 管理界面中单击【连接】按钮，打开【新建连接】对话框，如图 25-5 所示。

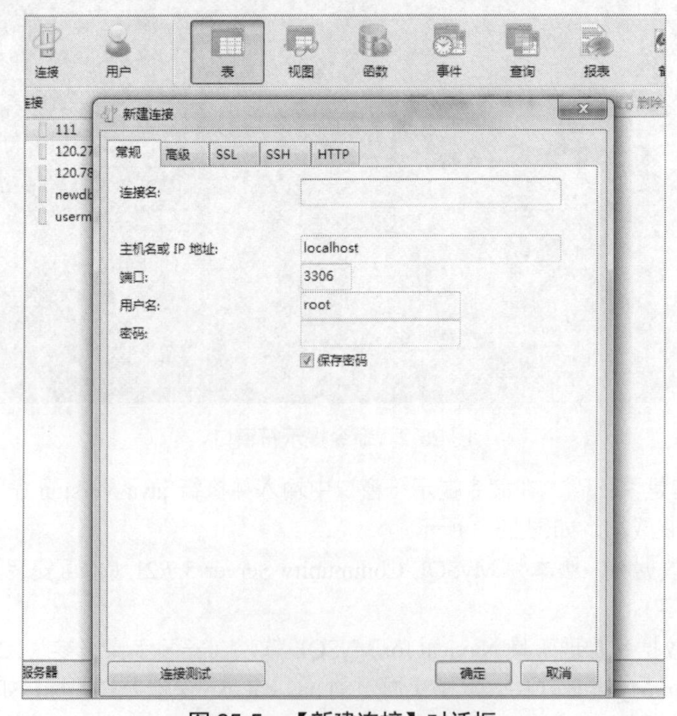

图 25-5　【新建连接】对话框

（7）在【常规】选项卡的【连接名】和【密码】文本框中输入数据库连接名称 ibank 和数据库密码 1234，单击【连接测试】按钮测试数据库连接是否成功。如果出现【连接成功】信息，则说明数据库连接成功，如图 25-6 所示。

图 25-6 建立数据库连接

（8）在新建的数据库连接 ibank 名称上右击，在弹出的快捷菜单中选择【打开连接】命令，如图 25-7 所示。

图 25-7 打开数据库连接

（9）再次右击 ibank，在弹出的快捷菜单中选择【新建数据库】命令，如图 25-8 所示。

（10）在打开的【新建数据库】对话框的【数据库名】文本框中输入 usermanagement，并单击【确定】按钮，新建一个名称为 usermanagement 的数据库，如图 25-9 所示。

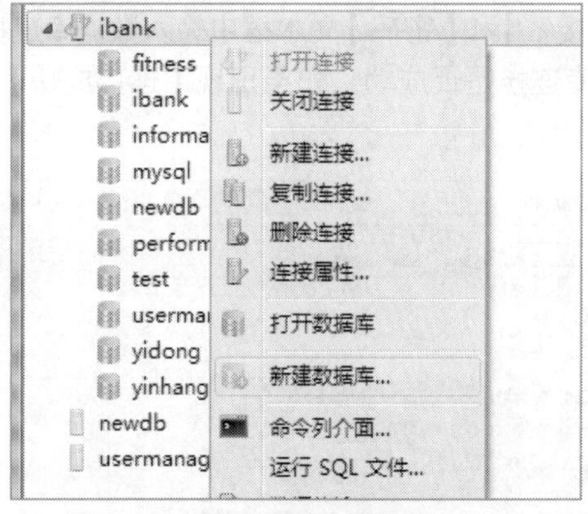

图 25-8 选择【新建数据库】命令

图 25-9 新建 usermanagement 数据库

（11）右击新建的 usermanagement 数据库，在弹出的快捷菜单中选择【打开数据库】命令，打开数据库，如图 25-10 所示。

图 25-10 打开新建的数据库

（12）右击打开的 usermanagement 数据库，在弹出的快捷菜单中选择【运行 SQL 文件】命令，如图 25-11 所示。

（13）在【运行 SQL 文件】对话框的【文件】文本框中输入本例数据库 SQL 文件地址 D:\ts\ch25\dbsql\usermanagement.sql（本例 SQL 文件存放在素材 ch25\dbsql 下，请将其复制到本地硬盘），单击【开始】按钮进行数据导入操作，如图 25-12 所示。

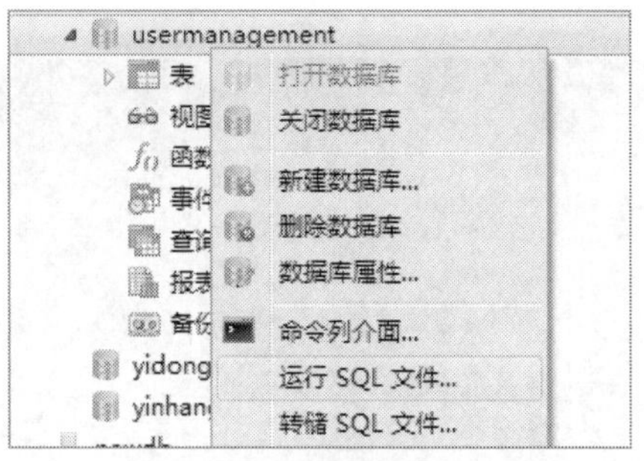

图 25-11　运行 SQL 文件

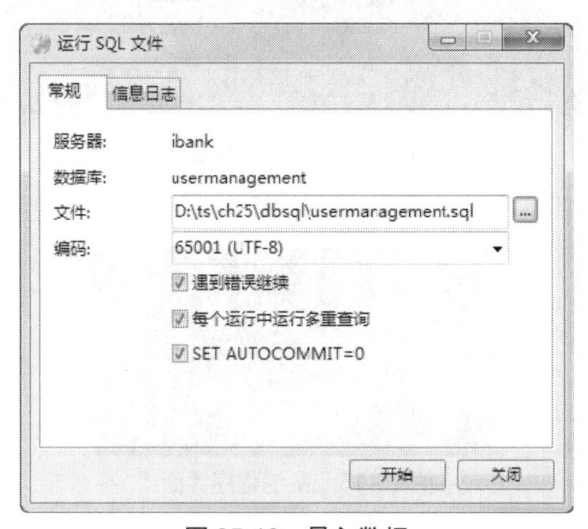

图 25-12　导入数据

（14）按 Win + R 快捷键打开“运行”对话框，在其中输入并执行 cmd 命令，在命令提示符窗口中输入并执行 cd d:\ts\ch25 命令，将目录转换到 d:\ts\ch25 下，如图 25-13 所示。

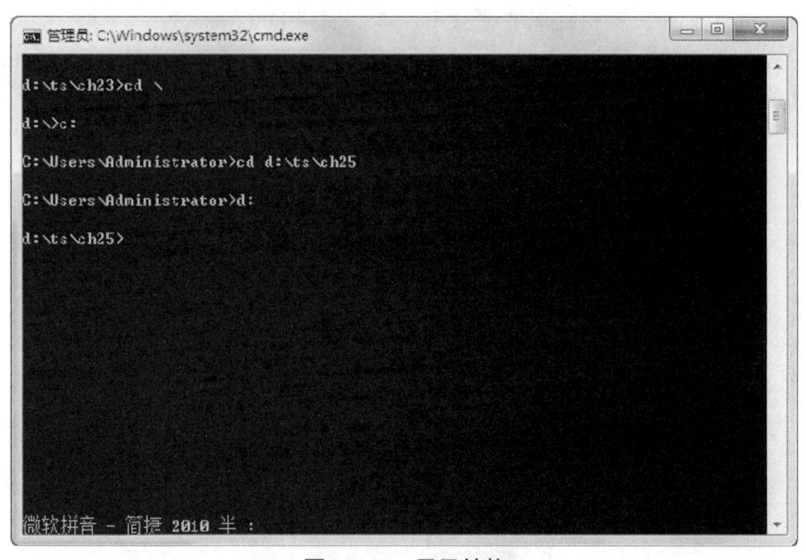

图 25-13　目录转换

（15）在命令提示符窗口中输入并执行 java–jar gygl.jar 命令，启动案例程序，如图 25-14 所示。

图 25-14　启动案例程序

（16）如果输出如图 25-15 所示的程序界面，即表明程序运行成功。

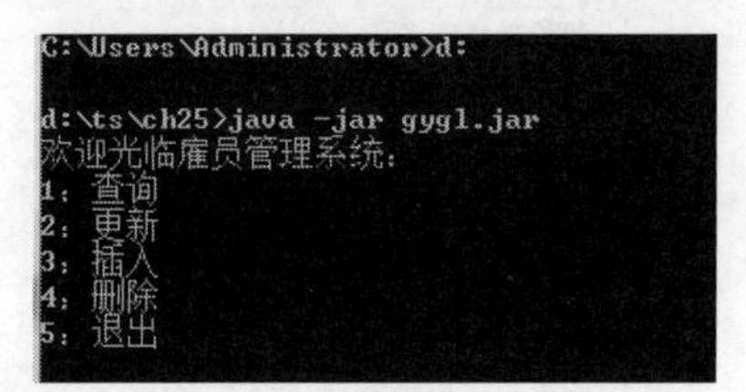

图 25-15　案例程序界面

25.1.3　项目开发及导入步骤

在前面已经运行了项目，接下来将项目导入项目开发环境，为项目的开发做准备。具体操作步骤如下：

（1）把素材中的 ch25 文件夹复制到本地硬盘中，本例使用 D:\ts\。

（2）单击 Windows 窗口中的【开始】按钮，在【所有程序】菜单项中，依次展开 MyEclipse→MyEclipse 2014→MyEclipse Professional 2014，如图 25-16 所示。

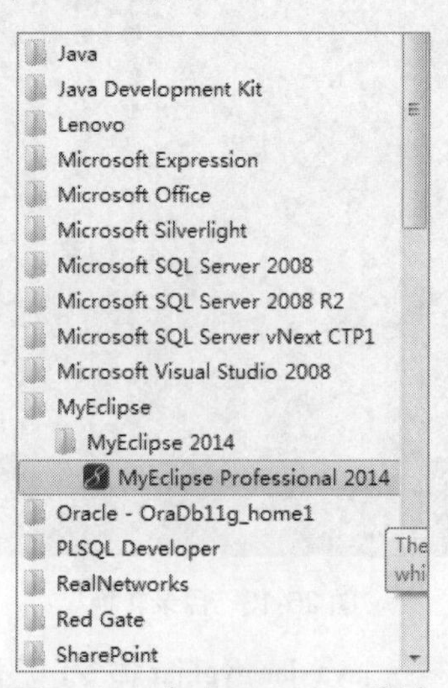

图 25-16　启动 MyEclipse 程序

（3）选择 MyEclipse Professional 2014，启动 MyEclipse 开发工具，如图 25-17 所示。

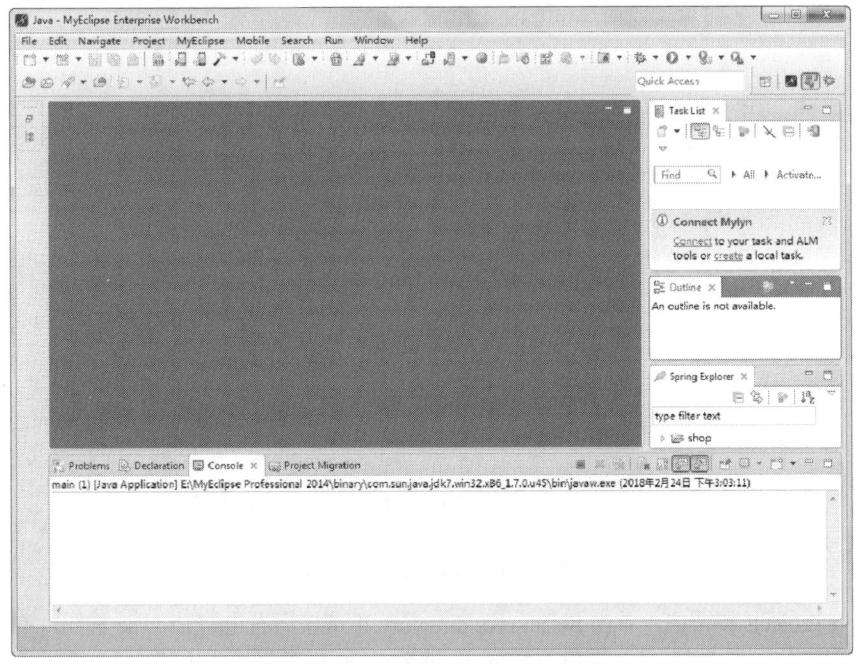

图 25-17　MyEclipse 开发工具界面

（4）在菜单栏中执行 File→Import 命令，如图 25-18 所示。

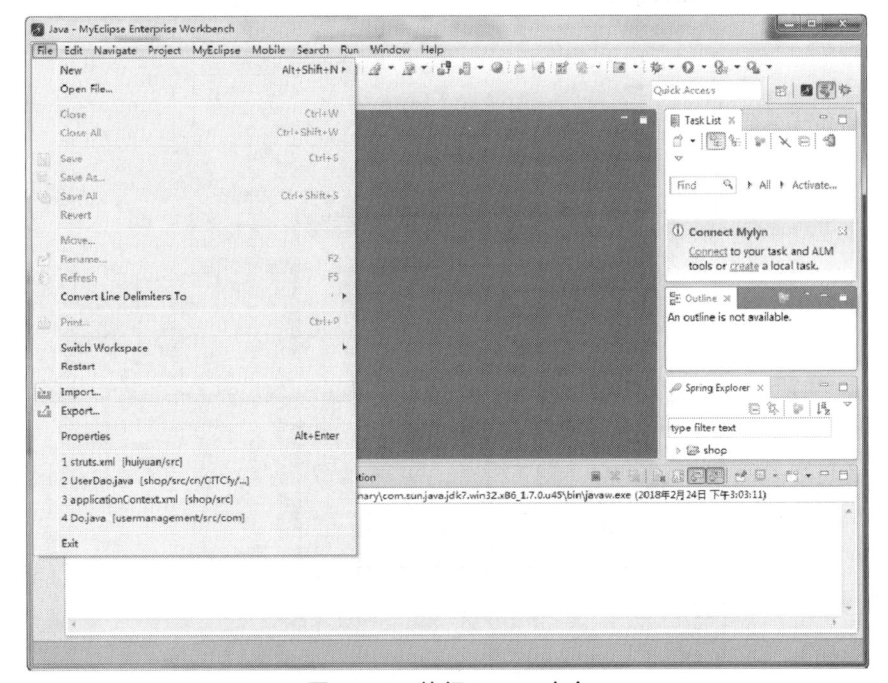

图 25-18　执行 Import 命令

（5）在打开的 Import 窗口中，选择 Existing Projects into Workspace 选项并单击 Next 按钮，执行下一步操作，如图 25-19 所示。

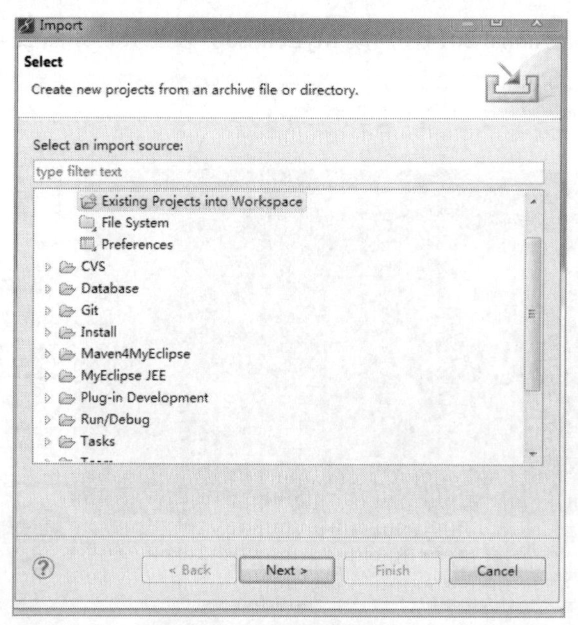

图 25-19　选择项目工作区

（6）在 Import Projects 界面中，单击 Select root directory 单选按钮右边的 Browse 按钮，在打开的【浏览文件夹】对话框中选择项目源码根目录，本例选择 d:\ts\ ch25\gygl 目录，单击【确定】按钮，如图 25-20 所示。

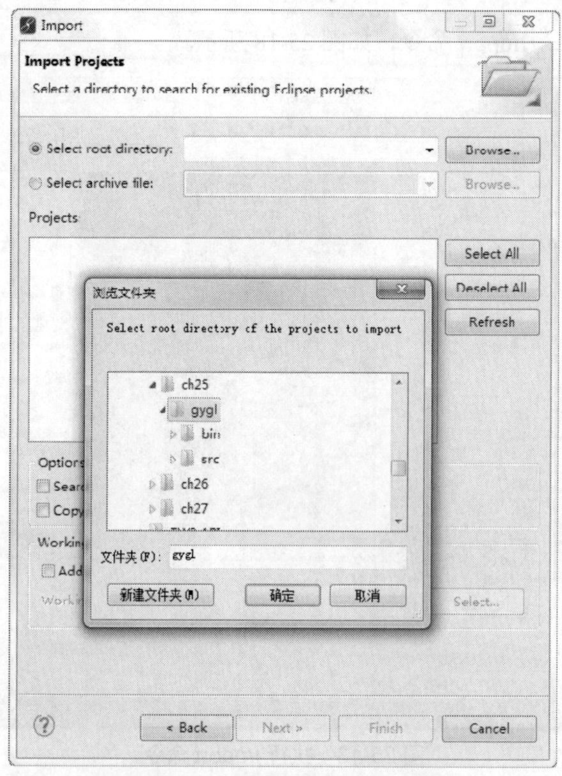

图 25-20　选择项目源码根目录

（7）单击 Finish 按钮，完成项目导入操作，如图 25-21 所示。

（8）在 MyEclipse 项目包资源管理器中，可以看到 gygl 项目包资源，如图 25-22 所示。

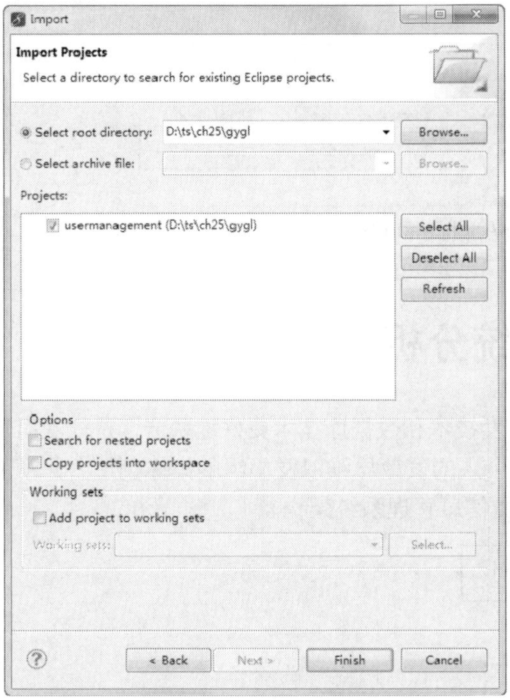

图 25-21　完成项目导入

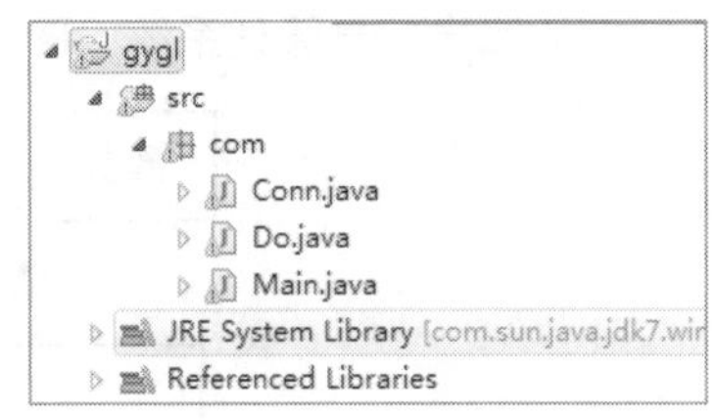

图 25-22　项目包资源

（9）在项目包资源管理器中，依次展开 gygl→src→com→main.java，右击 main.java，弹出与 main.java 有关的快捷菜单，如图 25-23 所示。

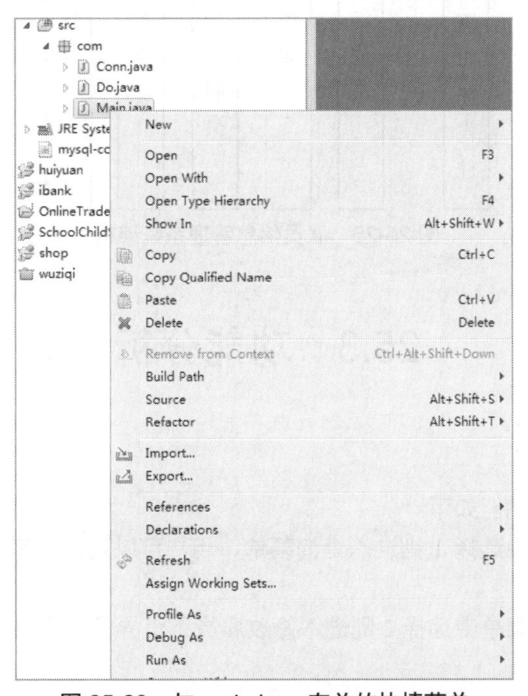

图 25-23　与 main.java 有关的快捷菜单

（10）在快捷菜单中选择 Run As→1 Java Application 命令，便可运行雇员信息管理系统了，如图 25-24 所示。

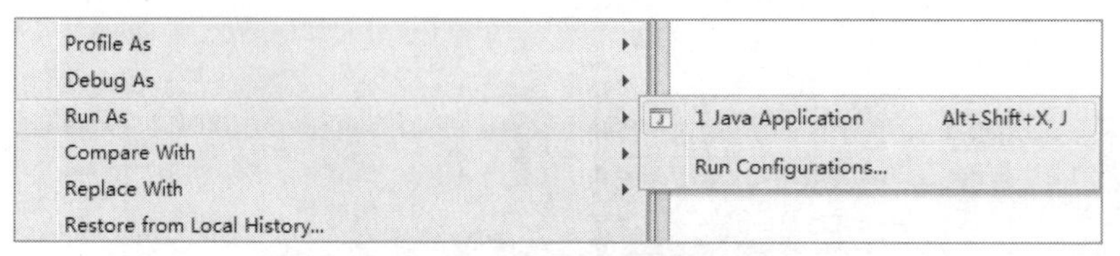

图 25-24　执行 1 Java Application 命令

25.2　系统分析

通过本系统的设计与开发，能把前面学到的 Java 开发技术和数据库技术更好地融合，是一次有意义的实战开发演练。在此系统的设计过程中，可以充分展示个人的发散思维以及小组的集体创造力，从而开发出别具风格与特色的雇员信息管理系统。图 25-25 是雇员信息管理系统架构。

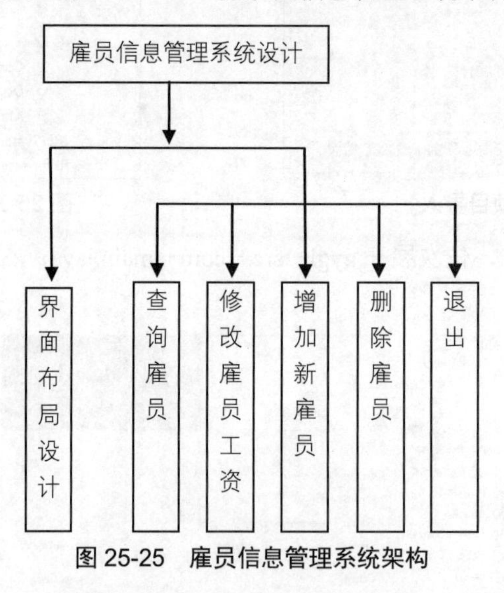

图 25-25　雇员信息管理系统架构

25.3　功能分析

25.3.1　系统主要功能

雇员信息管理系统的主要功能如下：

（1）查询雇员。在主菜单中选择 1 则进入查询菜单，用户可以选择 1 来查询全部雇员，或者选择 2 按照 id 查询雇员。

（2）修改雇员工资。在主菜单中选择 2 则进入修改雇员工资界面，用户可以输入 id 来选择雇员，接着输入新的工资信息。

（3）增加新雇员。在主菜单中选择 3 则进入增加新雇员界面，用户可以输入 id、名称、工资来增加一个新雇员。

（4）删除雇员。在主菜单中选择 4 则进入删除雇员界面，用户可以输入 id 来删除一个雇员。

25.3.2　系统文件结构

本系统的文件结构如图 25-26 所示。

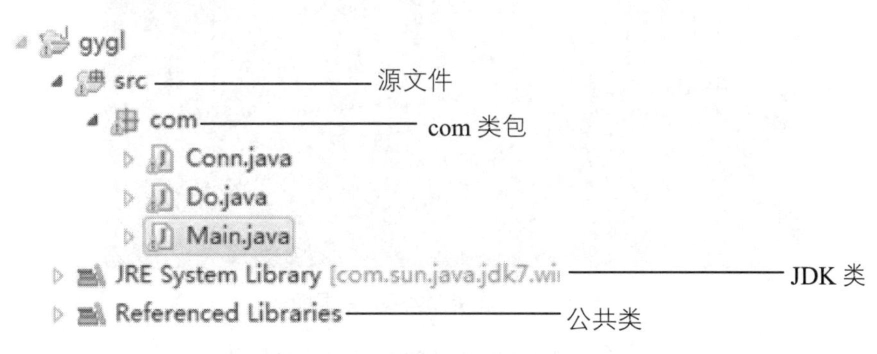

图 25-26　系统文件结构

25.4　系统主要功能实现

本节分析雇员信息管理系统功能的实现方法，引领大家学习如何使用 Java 进行简单项目开发。

25.4.1　数据库与数据表设计

雇员信息管理系统属于企业管理信息系统，数据库是其基础组成部分，系统的数据库是依据基本功能需求建立的。

1. 数据库分析

根据雇员信息管理系统的实际情况，采用一个数据库，命名为 usermanagement。整个数据库包含了系统几大模块的所有数据信息。usermanagement 数据库有一张表，如表 25-1 所示，使用 MySQL 对数据库进行数据存储管理。

表 25-1　usermanagement 数据库的 user 表

表 名 称	说　明	备　注
user	雇员信息表	

2. 创建数据库

在 MySQL 中创建数据库的具体步骤如下：

（1）连接到 MySQL 数据库。

首先打开命令提示符窗口，然后进入目录 mysql\bin，再输入命令 mysql -u root -p，按 Enter 键后提示输入密码，如图 25-27 所示。

```
管理员: C:\Windows\system32\cmd.exe - mysql -u root -p
D:\phpStudy\MySQL\bin>mysql -u root -p
Enter password: ****
Welcome to the MySQL monitor.  Commands end with ; or \g.
Your MySQL connection id is 9
Server version: 5.5.47 MySQL Community Server (GPL)

Copyright (c) 2000, 2015, Oracle and/or its affiliates. All rights reserved.

Oracle is a registered trademark of Oracle Corporation and/or its
affiliates. Other names may be trademarks of their respective
owners.

Type 'help;' or '\h' for help. Type '\c' to clear the current input statement.

mysql>

微软拼音 - 简捷 2010 半 :
```

图 25-27　连接 MySQL 数据库

（2）数据库连接成功后，执行命令 Create Database usermanagement；即可创建数据库，如图 25-28 所示。

```
管理员: C:\Windows\system32\cmd.exe - mysql -u root -p
D:\phpStudy\MySQL\bin>mysql -u root -p
Enter password: ****
Welcome to the MySQL monitor.  Commands end with ; or \g.
Your MySQL connection id is 9
Server version: 5.5.47 MySQL Community Server (GPL)

Copyright (c) 2000, 2015, Oracle and/or its affiliates. All rights reserved.

Oracle is a registered trademark of Oracle Corporation and/or its
affiliates. Other names may be trademarks of their respective
owners.

Type 'help;' or '\h' for help. Type '\c' to clear the current input statement.

mysql> Create Database usermanagement;
Query OK, 1 row affected (0.00 sec)

mysql> _

微软拼音 - 简捷 2010 半 :
```

图 25-28　创建数据库

3. 创建数据表

在已创建的数据库 usermanagement 中创建雇员信息表，创建过程如下：

```
DROP TABLE IF EXISTS 'user';
CREATE TABLE IF NOT EXISTS 'user' (
  'id' int(11) NOT NULL AUTO_INCREMENT,
  'name' varchar(32) COLLATE utf8_unicode_ci NOT NULL,
  'money' char(10) COLLATE utf8_unicode_ci DEFAULT NULL,
  PRIMARY KEY ('id')
) ENGINE=InnoDB AUTO_INCREMENT=7 DEFAULT CHARSET=utf8 COLLATE=utf8_unicode_ci;
```

这里创建了与需求相关的两个字段，并创建了一个自增的标识索引字段 id，雇员信息表结构如表 25-2 所示。

表 25-2　雇员信息表

字段名称	字段类型	说　明	备　注
id	Int(11)	用户唯一标识符（主键）	NOT NULL AUTO_INCREMENT
name	varchar(32)	用户名	NOT NULL
money	char(10)	工资	DEFAULT NULL

25.4.2　数据库连接——Conn.java

Conn.java 文件负责与 MySQL 数据库的连接，在对数据库进行所有操作时都必须先调用此函数，然后与数据库建立连接。代码如下：

```
package com;
import java.sql.Connection;
import java.sql.DriverManager;
import java.sql.PreparedStatement;
import java.sql.ResultSet;
import java.sql.ResultSetMetaData;
import java.sql.SQLException;
import java.util.ArrayList;
import java.util.HashMap;
import java.util.List;
import java.util.Map;

public class Conn {

    private static final String str1 = "com.mysql.jdbc.Driver";
    private static final String url = "jdbc:mysql://localhost:3306/usermanagement";
    private static final String user = "root";
    private static final String password = "root";
    Connection conn;
    PreparedStatement st;
    ResultSet rs;

    /**
     * 加载驱动类
     */
    static {

        try {
            Class.forName(str1);
        } catch (ClassNotFoundException e) {
            // TODO Auto-generated catch block
            e.printStackTrace();
        }
    }
```

```
/**
 * 建立链接的方法
 *
 * @return
 */
private Connection getConnection() {

    try {
        conn = DriverManager.getConnection(url, user, password);

    } catch (Exception e) {
        // TODO: handle exception
    }
    return conn;

}

/**
 * 使用prepareStatement预编译查询语句，然后传入参数值作为条件查询数据库，返回list
 *
 * @param id
 * @return
 */
public List getData(String sql, Object[] array) {
    // SQL语句
    List list = new ArrayList();
    conn = this.getConnection();
    try {
        // 预编译
        st = conn.prepareStatement(sql);
        // 利用方法传入参数
        for (int i = 0; i < array.length; i++) {
            st.setObject(i + 1, array[i]);
        }
        // 执行查询
        rs = st.executeQuery();
        while (rs.next()) {
            Map map = new HashMap();

            ResultSetMetaData rsmd = rs.getMetaData();
            // 以列名为键，将每一行数据存储到map中
            for (int i = 1; i <= rsmd.getColumnCount(); i++) {

                map.put(rsmd.getColumnName(i), rs.getObject(i));

            }
            // 将每一个map加入list，这样list得到的就是每一行
            list.add(map);
```

```
            }

        } catch (SQLException e) {
            // TODO Auto-generated catch block
            e.printStackTrace();
        } finally {
            // 关闭连接
            this.close();
        }
        return list;

    }

    /**
     * 更新数据的方法
     *
     * @param sql
     * @param array
     * @return
     */
    public int update(String sql, Object array[]) {
        conn = this.getConnection();
        int line = 0;
        try {

            st = conn.prepareStatement(sql);
            // 传参数
            for (int i = 0; i < array.length; i++) {
                st.setObject(i + 1, array[i]);
            }

            line = st.executeUpdate();
            // 判断是否修改成功
            if (line > 0) {
                return line;

            } else {

                System.out.println("更新失败");
            }

        } catch (SQLException e) {

            e.printStackTrace();
        } finally {
            // 关闭连接
            this.close();
```

```
        }
        return 0;
    }

    /**
     * 关闭连接
     */
    private void close() {

        try {
            if (rs != null) {
                rs.close();
            }
        } catch (SQLException e) {
            // TODO Auto-generated catch block
            e.printStackTrace();
        } finally {

            try {
                if (st != null) {
                    st.close();
                }
            } catch (SQLException e) {
                // TODO Auto-generated catch block
                e.printStackTrace();
            } finally {

                try {
                    if (conn != null) {
                        conn.close();
                    }
                } catch (SQLException e) {
                    // TODO Auto-generated catch block
                    e.printStackTrace();
                }
            }
        }
    }
}
```

25.4.3 程序入口——Main.java

Main.java 是系统的程序入口，其中 main 函数是系统的主函数，在 main 函数中定义了系统菜单项，并且定义了 Scanner sc = new Scanner(System.in)监控用户输入。代码如下：

```
package com;

import java.util.Scanner;
```

```
/**
 * 测试类
 * @author Administrator
 *
 */
public class Main {
    public static void main(String[] args) {
        //输出选项
      System.out.println("欢迎光临雇员信息管理系统: ");
      System.out.println("1: 查询");
      System.out.println("2: 更新");
      System.out.println("3: 插入");
      System.out.println("4: 删除");
      System.out.println("5: 退出"+"\n");
      System.out.print("请选择: ");
      //控制台输入
      Scanner sc = new Scanner(System.in);
      //实例化数据操作类Handle
      Do hd = new Do();

      int type = sc.nextInt();
      /**
       * 判断用户选择的操作项
       */
      switch(type){
      case 1:
          //查询
          hd.query();
          break;
      case 2:
          //更新
          hd.update();
          break;
      case 3:
          //插入
          hd.insert();
          break;
      case 4:
          //删除
          hd.delete();
          break;
      case 5:
          //退出
          System.out.println("程序退出! ");
          System.exit(0);
          break;
      default:
          System.out.println("请选择正确的操作! ");
```

```
            main(null);
        }

    }
}
```

25.4.4 业务数据处理——Do.java

Do.java 文件负责业务逻辑和逻辑判断的实现和对数据库增删改查操作的具体处理，代码如下：

```
package com;

import java.util.Iterator;
import java.util.List;
import java.util.Map;
import java.util.Scanner;
import java.util.Set;
import com.Main;
/**
 * 数据库操作类
 * @author Administrator
 *
 */
public class Do {
    Conn tc = new Conn();
    Main main=new Main();
    Scanner sc = new Scanner(System.in);
    /**
     * 查询方法
     */
    public void query() {

        System.out.println("1:查询全部雇员");
        System.out.println("2: 根据雇员 id 查询");
        System.out.print("请选择: ");
        int type2 = sc.nextInt();
        switch (type2) {
        case 1:
            String Sql1 = "select * from user where 1=?";
            Object[] array1 = { 1 };
            List list = tc.getData(Sql1, array1);
            /**
             * 取键值并输出查询的列名及数据列
             */
            Map map2 = (Map) list.get(0);
            // 存键值
            Set set2 = map2.keySet();
            Iterator it2 = set2.iterator();
            while (it2.hasNext()) {
```

```
        System.out.print("\t" + it2.next());
    }

    System.out.println();
    //循环取出每一行的数据

    for (Object object : list) {
        Map map = (Map) object;
        Set set = map.keySet();
        Iterator it = set.iterator();

        while (it.hasNext()) {

            Object key = it.next();

            System.out.print("\t " + map.get(key));

        }
        System.out.println();
    }
    System.out.println("查询成功!");
    main.main(null);
    break;
case 2:
    /**
     * 根据雇员id进行查询
     */
    System.out.println("输入雇员id: ");
    System.out.println();
    Object object = sc.nextInt();
    Object[] array = { object };
    String Sql2 = "select * from user where id =? ";

    List list2 = tc.getData(Sql2, array);
    Map map3 = (Map) list2.get(0);
    Set set3 = map3.keySet();
    Iterator it3 = set3.iterator();

    while (it3.hasNext()) {
        System.out.print("\t" + it3.next());
    }
    System.out.println();
    //循环输出数据
    for (Object object2 : list2) {
        Map map4 = (Map) object2;
        Set set4 = map4.keySet();
        Iterator it4 = set4.iterator();
```

```
            while (it4.hasNext()) {
                Object key = it4.next();
                System.out.print("\t " + map4.get(key));

            }
            System.out.println();
        }
        System.out.println("查询成功!");
        main.main(null);
        break;
    default:
        System.out.println("请选择正确的操作! ");
        query();
    }
}

/**
 * 更新
 */
public void update(){
    System.out.print("请输入雇员 id: ");
    System.out.println();
    Object id = sc.next();
    Object[] array1 = { id };
    String Sql2 = "select * from user where id =? ";
    List list2 = tc.getData(Sql2, array1);
    if(list2.size()==0)
    {
        System.out.println("查无此人! 请重新修改");
        update();
    }
    System.out.print("请输入新的工资: ");
    System.out.println();
    Object money = sc.next();

    //根据输入的雇员号修改工资并判断是否执行成功
    String sql = "update user set money = ? where  id = ? " ;
    Object [] array =  { money, id  };
    //使用 TestConnection 的 update 方法
    int line =  tc.update(sql, array);
    if(line>0){
       System.out.println("更新成功! ");
    }
    main.main(null);

}
/**
 * 插入方法
```

```
     */
    public void insert(){
        System.out.print("请输入雇员 id: ");
        System.out.println();
        Object id = sc.next();
        Object[] array1 = { id };
        String Sql2 = "select * from user where id =? ";
        List list2 = tc.getData(Sql2, array1);
        if(list2.size()!=0)
        {
            System.out.println("此id已存在! 请重新输入");
            insert();
        }
        System.out.print("请输入雇员名称: ");
        System.out.println();
        Object name = sc.next();
        System.out.print("请输入工资: ");
        System.out.println();
        Object money = sc.next();
        Object[] array = {id,name,money};

        //插入用户输入的数据并判断是否执行成功
        String sql = "insert into user values(?,?,?)";
        int line = tc.update(sql, array);
        if(line>0){
            System.out.println("插入成功! ");
        }
        main.main(null);
    }

    /**
     * 删除方法
     */
    public void delete(){
        System.out.print("请输入想删除的用户 id: ");
        System.out.println();
        Object id = sc.next();
        Object [] array = {id};
        String Sql2 = "select * from user where id =? ";
        List list2 = tc.getData(Sql2, array);
        if(list2.size()==0)
        {
            System.out.println("查无此人! 请重新输入");
            delete();
        }
        //删除用户输入的雇员号的数据并判断是否执行成功
        String sql = "delete from user where id = ? ";
        int line =  tc.update(sql, array);
```

```
        if(line>0){
            System.out.println("删除成功！");
        }
        main.main(null);
    }

}
```

25.5 项目知识拓展

25.5.1 使用开发框架的优点

在软件工程中，框架被定义为整个或部分系统的可重用设计，表现为一组抽象构件及构件实例间交互的方法；另一种定义认为，框架是可被应用开发者定制的应用主干。

一个框架规定了应用的体系结构，阐明了整个设计、协作构件之间的依赖关系、责任分配和控制流程，表现为一组抽象类以及其实例之间协作的方法，它为构件复用提供了上下文（context）关系。

使用框架开发有以下几个显著优点：

（1）降低开发难度。软件系统发展到今天已经很复杂了，特别是服务器端软件，涉及的内容非常广泛。要开发出完善、健壮的软件，对程序员的要求非常高。如果采用成熟、稳健的框架，那么一些基础性的通用工作，如事物处理、安全性、数据流控制等，都可以交给框架处理，程序员只需要集中精力完成系统的业务逻辑设计，可以降低开发难度。

（2）代码可以复用。从程序员的角度看，使用框架最显著的好处是重用，由于框架能重用代码，因此利用已有构件库建立应用变得非常容易，因为构件都有采用框架统一定义的接口，从而使构件间的通信变得简单。

（3）方便维护。代码结构规范，降低了程序员之间沟通以及日后维护的成本。

（4）利于协作开发。在大型项目中，采用框架技术有利于多人协同工作。

25.5.2 学习本项目意义

通过本案例的学习，读者可熟悉 Java 的语法和应用，了解如何在 MyEclipse 中新建和运行 Java 控制台程序，并学习使用 Java 和 MySQL 数据库来完成编程任务的技能，提高编程能力。主要表现在如下几个方面：

（1）学习 Java 语法。

（2）掌握使用 myEclipse 实现 Java 控制台程序的方法。

（3）熟练掌握使用 Java 和 MySQL 进行基本的数据库增删改查操作的方法。

第 26 章

项目实践提高阶段——私教优选系统开发

◎ 本章教学微视频：14 个　60 分钟

学习指引

第 25 章介绍了一个 Java 小案例的开发，在实际开发中不可能都是这么简单的问题，但万丈高楼平地起，大项目也是由小项目逐渐积累、扩展而来的。本章介绍一个规模稍大的项目——私教优选系统的开发过程。

重点导读

- 掌握项目需求分析过程。
- 掌握 Oracle 数据库的安装和使用。

26.1　案例运行及配置

本节系统介绍案例开发及运行所需环境、案例系统配置和运行方法、项目开发及导入步骤等知识。

26.1.1　开发及运行环境

本系统的软件开发环境如下：

- 编程语言：Java。
- 操作系统：Windows 7/8/10。
- JDK 版本：Java SE Development KIT(JDK) Version 7.0。
- 开发工具：MyEclipse。
- 数据库：MySQL。
- Web 服务器：Tomcat 7.0。

26.1.2 系统运行

下面简述运行本系统的具体步骤。

步骤 1：安装 Tomcat 7.0 及更高版本（本例安装 Tomcat 8.0），假定安装在 E:\Program Files\Apache Software Foundation\Tomcat 8.0，该目录简记为 TOMCAT_HOME。

步骤 2：部署程序文件。

（1）把素材中 ch26\sjyx 文件夹中 WebRoot 复制到 TOMCAT_HOME\webapps 目录下并重命名为 sjyx，如图 26-1 所示。

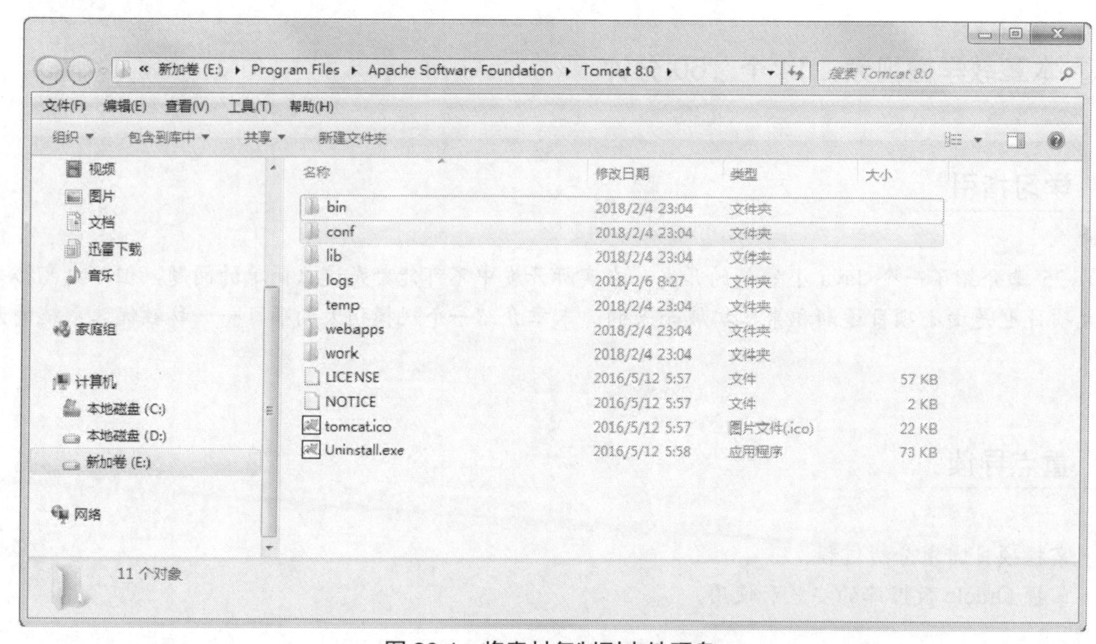

图 26-1 将素材复制到本地硬盘

（2）运行 Tomcat。进入 TOMCAT_HOME\bin 目录，运行 startup.bat，终端打印 Info: Server startup in ×××ms，表明 Tomcat 启动成功，如图 26-2 所示。

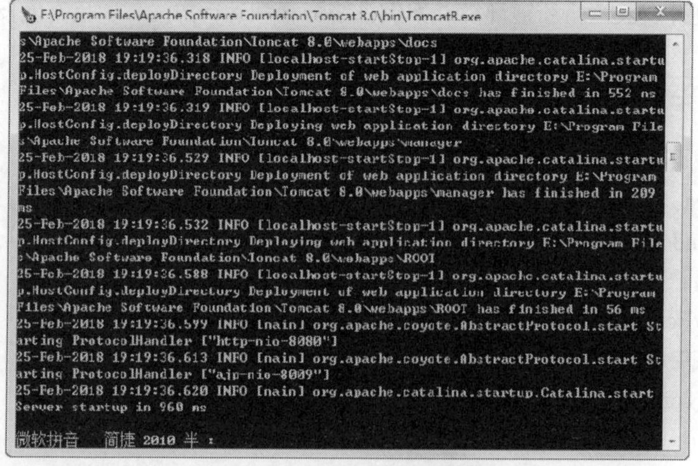

图 26-2 Tomcat 启动成功

（3）安装 MySQL，版本为 MySQL Community Server 5.7.21（也可安装其他版本，具体安装步骤请参照 22.5.2 节的内容）。

（4）安装 MySQL 数据库管理工具 Navicat for MySQL 软件（安装步骤请参照 22.5.3 节的内容）。

（5）运行 Navicat for MySQL 软件。双击桌面上的 navicat.exe 快捷方式图标，如图 26-3 所示。

图 26-3　运行 Navicat for MySQL 软件

（6）在 Navicat 管理界面中单击【连接】按钮，打开【新建连接】对话框，如图 26-4 所示。

图 26-4　【新建连接】对话框

（7）输入连接名称 ibank 和数据库密码，单击【连接测试】，提示连接成功，单击【确定】按钮，如图 26-5 所示。

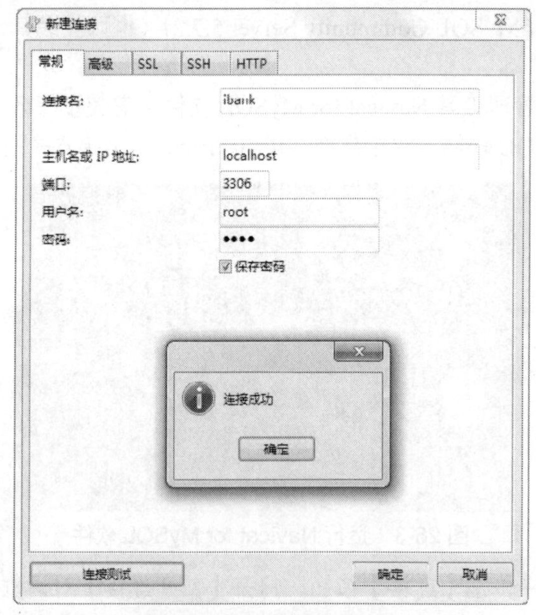

图 26-5　建立数据库连接

（8）在新建的数据连接 ibank 上右击，在弹出的快捷菜单中选择【打开连接】命令，如图 26-6 所示。

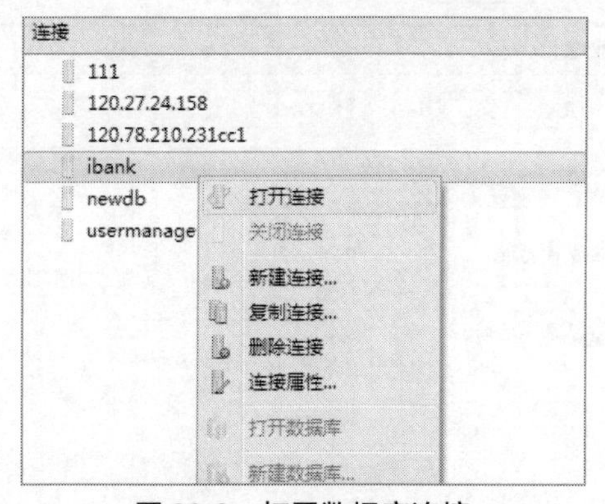

图 26-6　打开数据库连接

（9）右击 ibank，在弹出的快捷菜单中选择【新建数据库】命令，如图 26-7 所示。

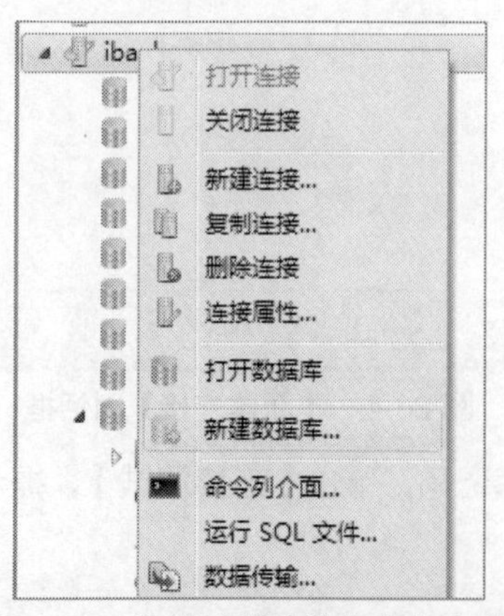

图 26-7　选择【新建数据库】命令

（10）在【新建数据库】对话框中输入 fitness 并单击【确定】按钮，如图 26-8 所示。

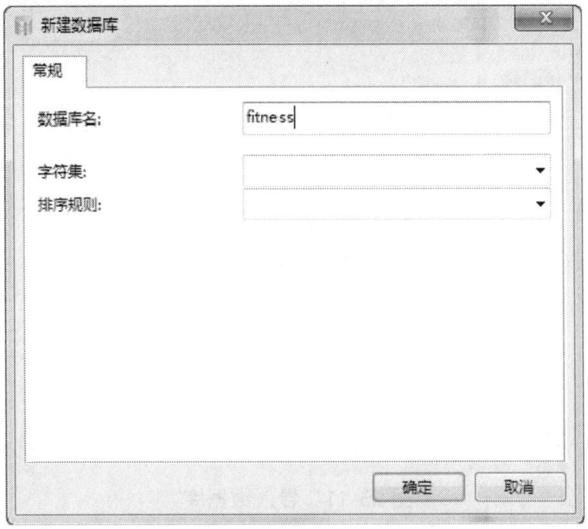

图 26-8 新建 fitness 数据库

（11）右击 fitness 数据库，在弹出的快捷菜单中选择【打开数据库】命令，如图 26-9 所示。

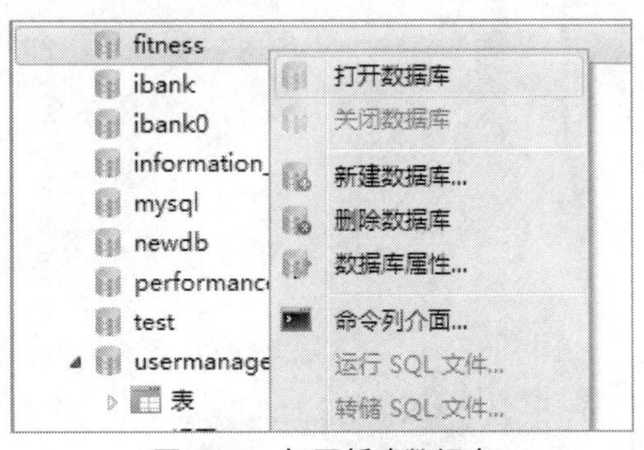

图 26-9 打开新建数据库

（12）右击 fitness 数据库，在弹出的快捷菜单中选择【运行 SQL 文件】命令，如图 26-10 所示。

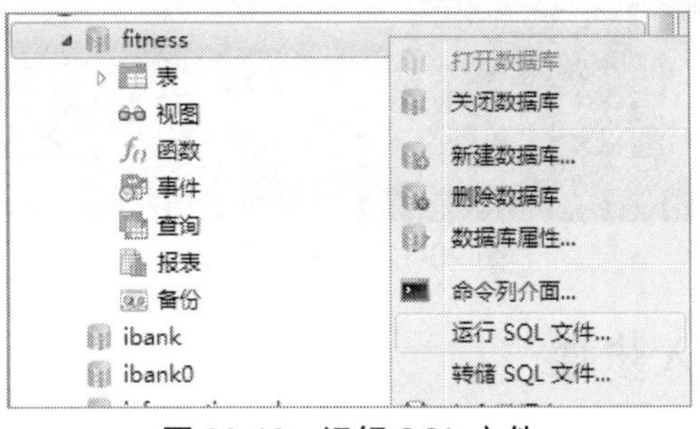

图 26-10 运行 SQL 文件

（13）在【运行 SQL 文件】对话框的【文件】文本框中输入本例数据库 SQL 文件地址 D:\ts\ch26\dbsql\sjyx.sql（本例 SQL 数据文件存放在素材的 ch26\dbsql 文件夹下，请复制到本地硬盘中），单击【开始】按钮进行数据导入，如图 26-11 所示。

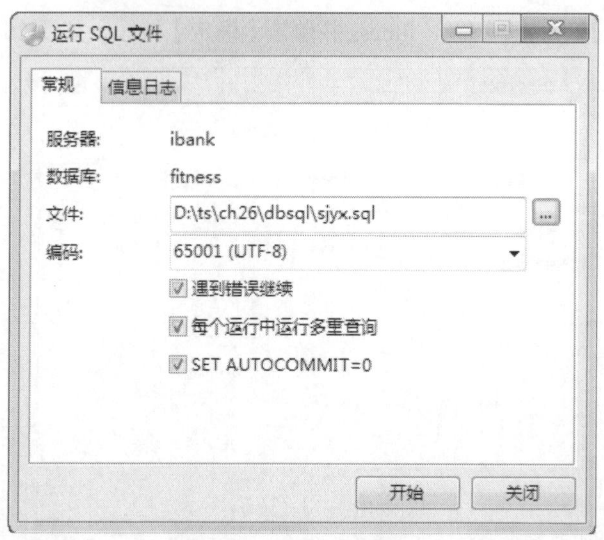

图 26-11　导入数据库

步骤 3：打开浏览器，访问 http://localhost:8080/sjyx，登录进入主界面，如图 26-12 所示。

图 26-12 系统主界面

26.1.3　项目开发及导入步骤

本节系统介绍案例开发及运行所需环境、案例系统配置和运行方法、项目开发及导入步骤等知识。

（1）把素材中的 ch26 文件夹复制到硬盘中，本例使用 D:\ts\。

（2）单击 Windows【开始】按钮，展开【所有程序】项目，在展开程序菜单中选择 MyEclipse→MyEclipse 2014→MyEclipse Professional 2014，如图 26-13 所示。

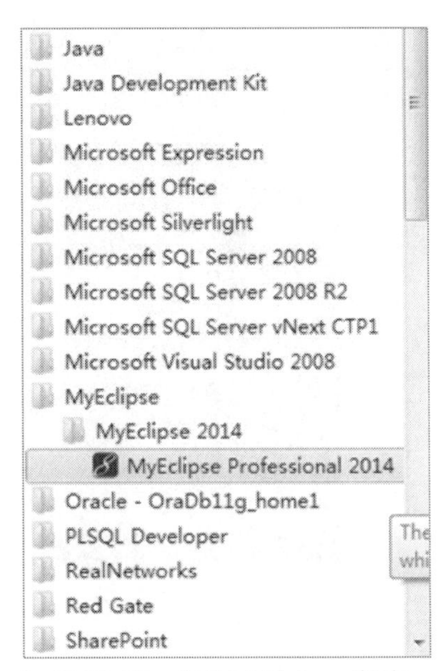

图 26-13　启动 MyEclipse 程序

（3）启动 MyEclipse，如图 26-14 所示。

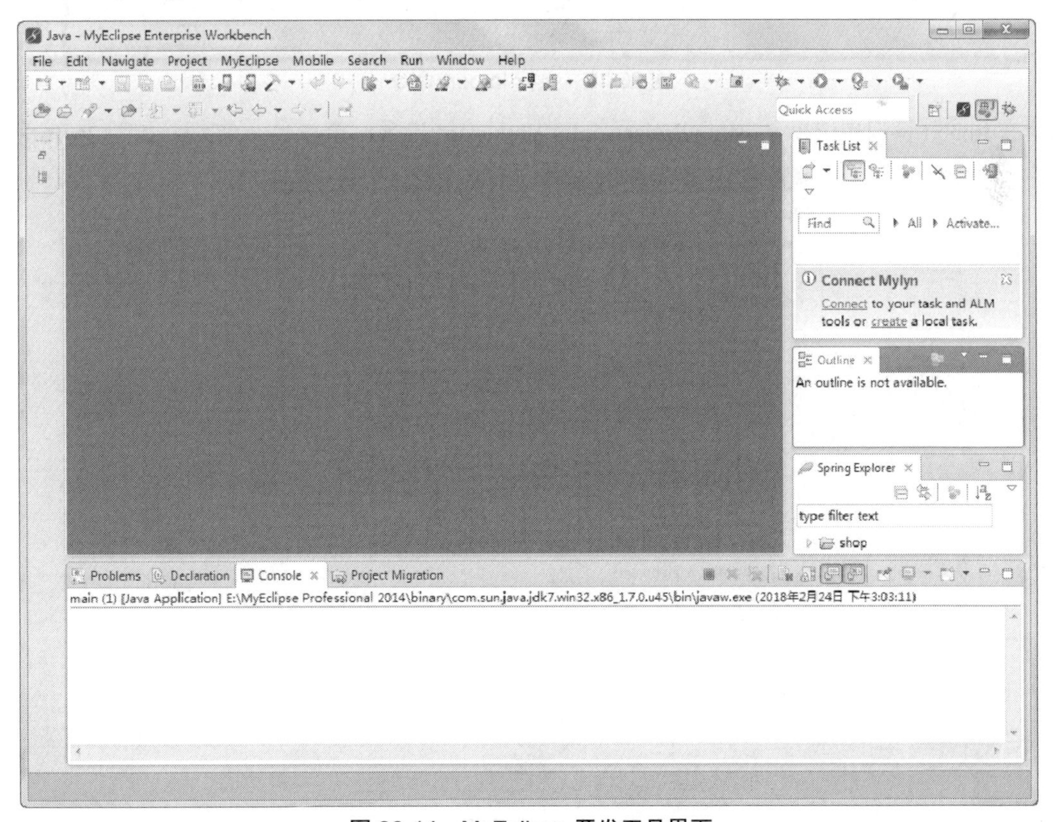

图 26-14　MyEclipse 开发工具界面

（4）在 MyEclipse 菜单中执行 File→Import 命令，如图 26-15 所示。

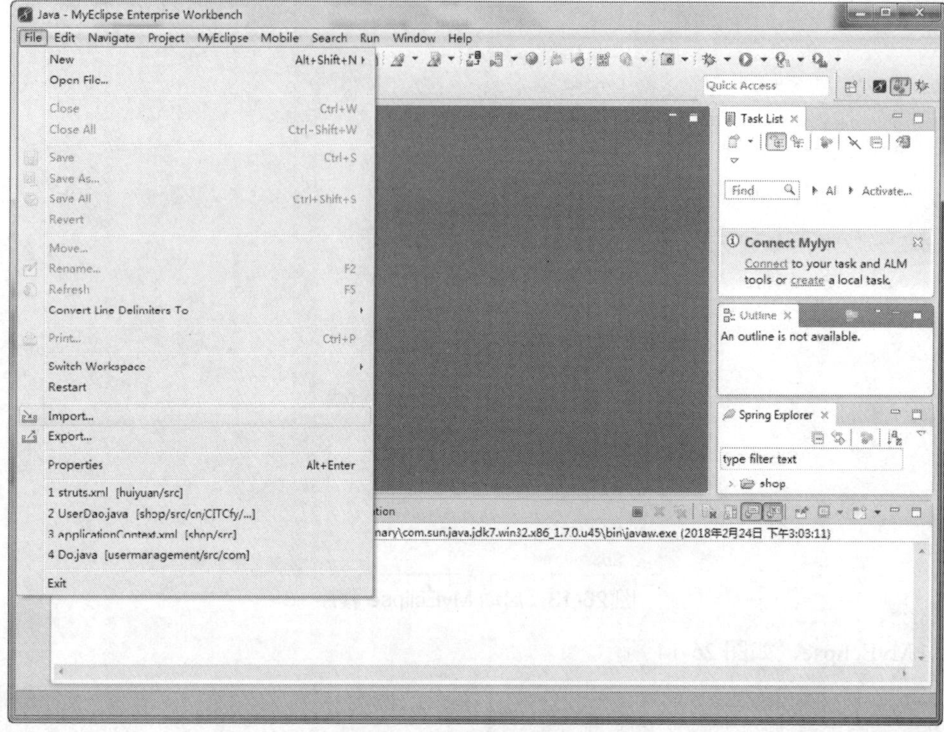

图 26-15　执行 Import 命令

（5）在 Import 窗口中选择 Existing Projects into Workspace 选项，单击 Next 按钮，如图 26-16 所示。

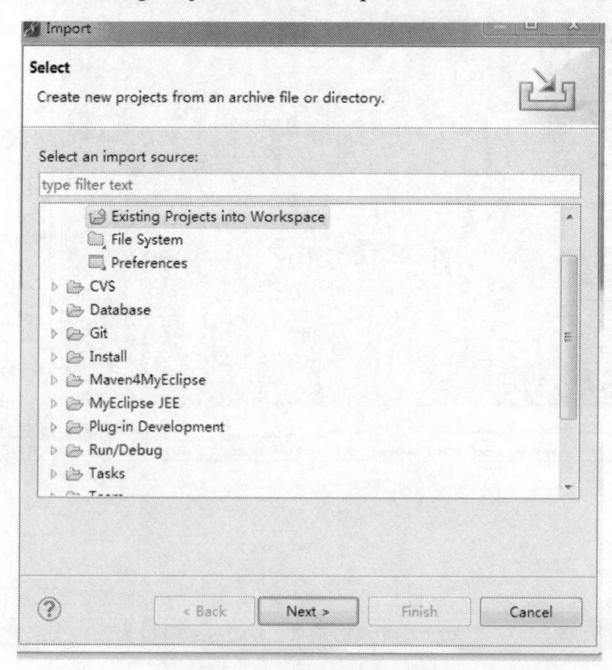

图 26-16　选择项目工作区

（6）单击 Select root directory 单选按钮右边的 Browse 按钮，选择源码根目录，本例选择 D:\ts\ch26\sjyx 目录，单击【确定】按钮，如图 26-17 所示。

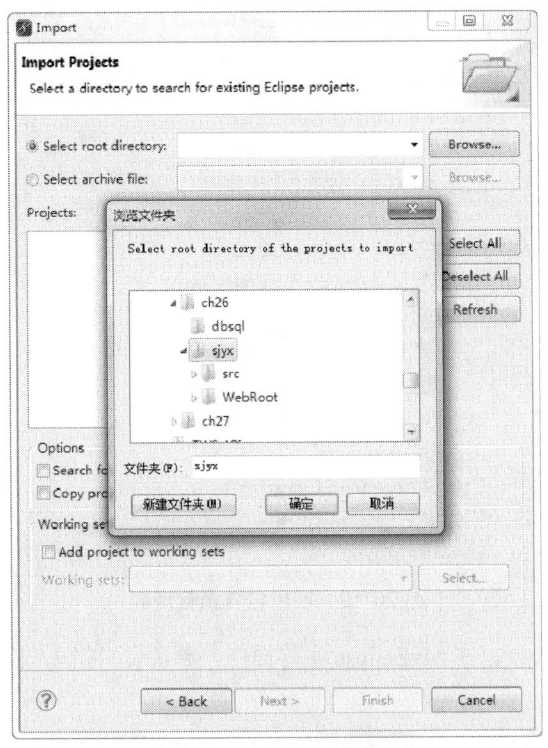

图 26-17　择项目源码根目录

（7）单击 Finish 按钮，完成项目导入，如图 26-18 所示。

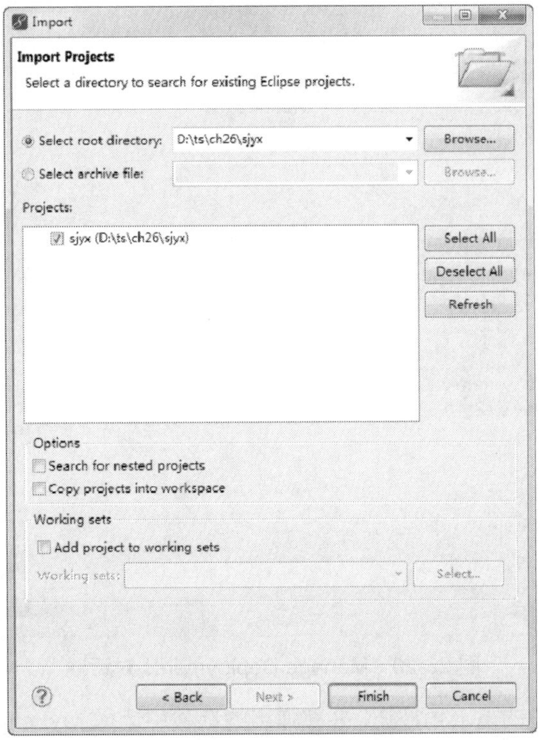

图 26-18　完成项目导入

（8）展开 sjyx 项目包资源管理器，如图 26-19 所示。

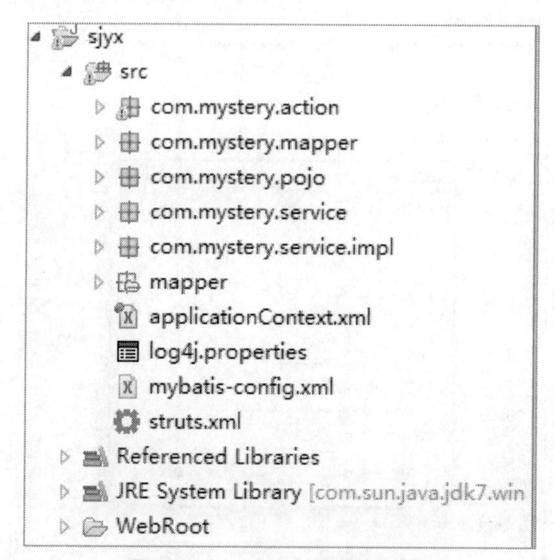

图 26-19　项目包资源管理器

（9）加载项目到 Web 服务器。在 MyEclipse 主界面中，单击 按钮，打开 Manage Deployments 对话框，如图 26-20 所示。

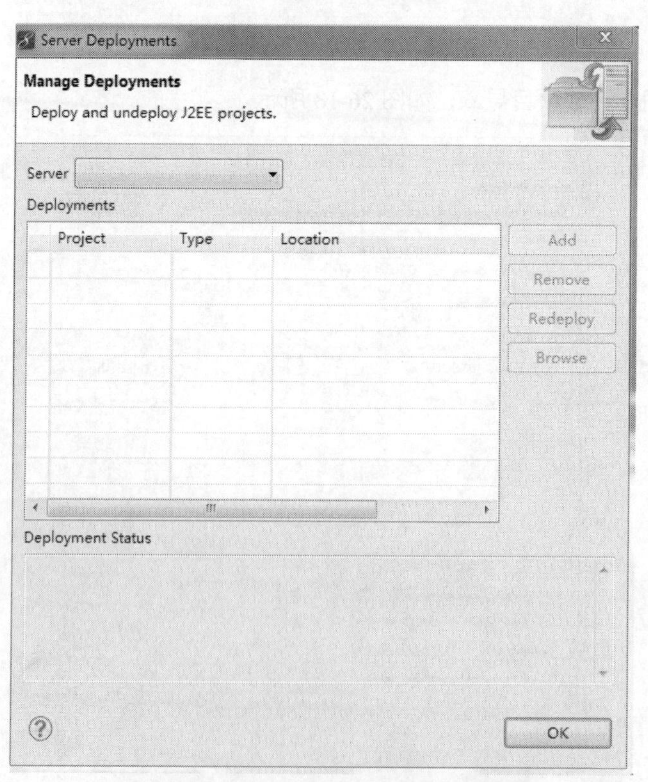

图 26-20　Manage Deployments 对话框

（10）单击 Server 选项右边的下三角按钮，并在弹出的选项中选择 MyEclipse Tomcat 7，单击 Add 按钮，打开 New Deployment 对话框，如图 26-21 所示。

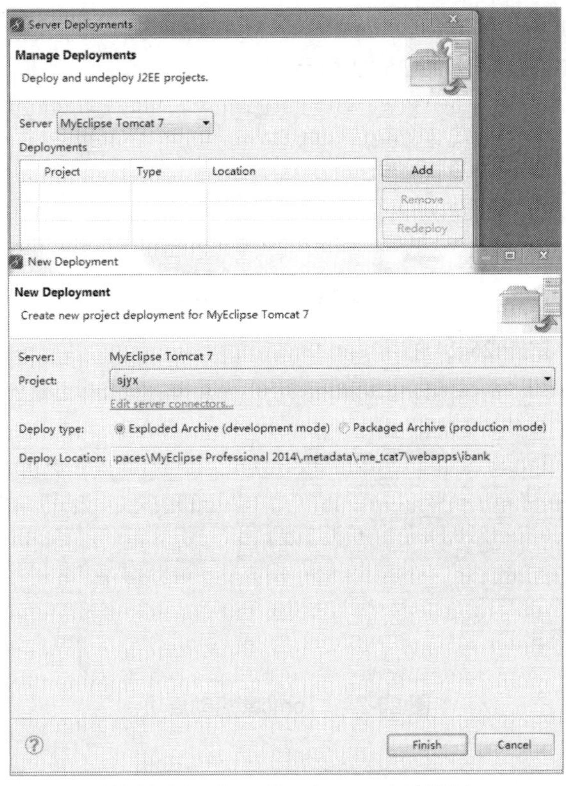

图 26-21　New Deployment 对话框

（11）在 Project 中选择 sjyx 选项，单击 Finish 按钮，然后单击 OK 按钮，完成项目加载，如图 26-22 所示。

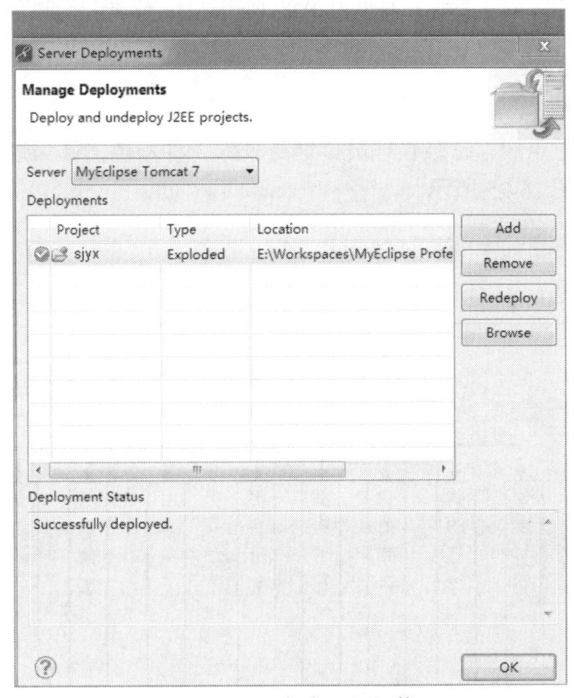

图 26-22　完成项目加载

（12）在 MyEclipse 主界面中，单击 Run/Stop/Restart MyEclipse Servers 按钮，在展开菜单中执行 MyEclipse Tomcat7→Start 命令，启动 Tomcat，如图 26-23 所示。

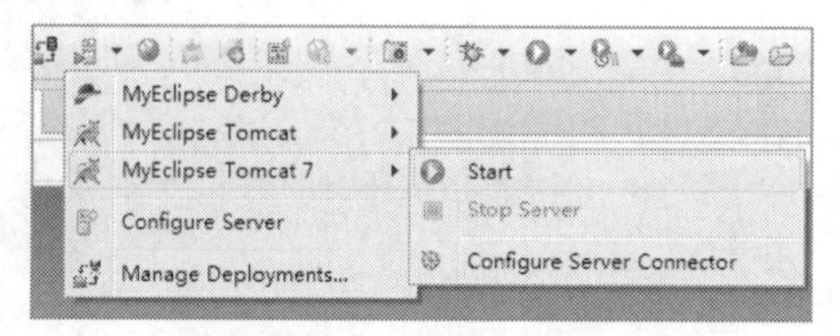

图 26-23　启动 Tomcat

（13）Tomcat 启动成功，如图 26-24 所示。

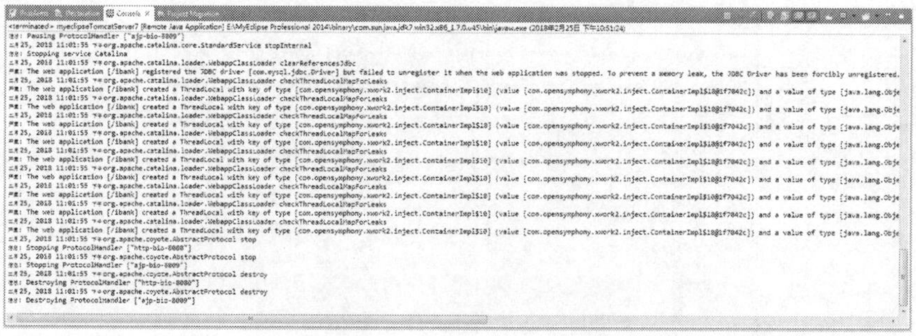

图 26-24　Tomcat 启动成功

26.2　系统分析

本案例是一个健身管理系统，是一个基于 Java 的 Web 应用程序，数据的存储使用了现在比较流行的 MySQL。

26.2.1　系统总体设计

私教优选系统设计了普通用户、超级管理员、健身教练 3 种角色，并为这 3 种角色设计了不同的功能模块。私教优选系统架构如图 26-25 所示。

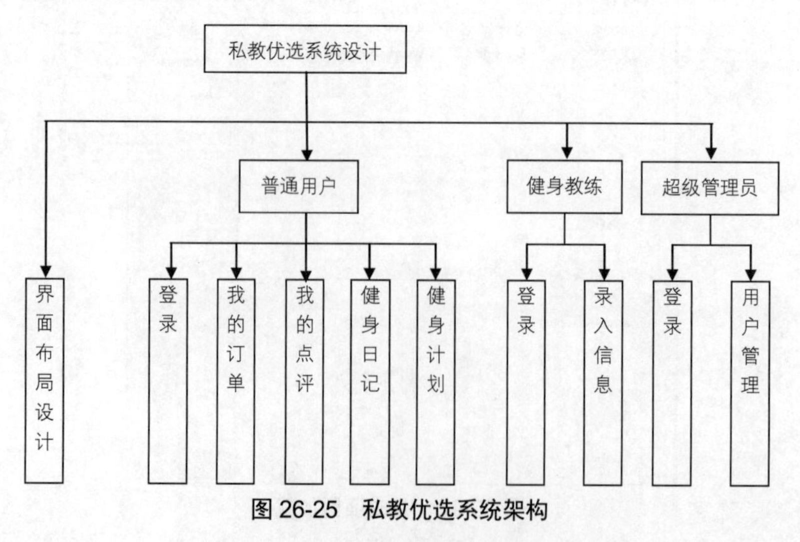

图 26-25　私教优选系统架构

26.2.2　系统界面设计

私教优选系统界面如图 26-12 所示。

26.3　功能分析

本节对私教优选系统的功能进行分析。

26.3.1　系统主要功能

普通用户模块主要有以下功能：

- 登录：输入已经存储在数据库表中的账号和密码，登录本系统。
- 注册：可以通过注册成为用户来使用本系统，注册时需要输入相关信息。
- 重置密码：如果用户想更改自己的密码可以通过重置密码来更改密码。
- 健身教练搜索：用户可以通过搜索来查询健身教练的信息。
- 我的订单：用户可以查看自己以往的订单信息。
- 我的点评：用户可以对以往的订单进行点评。
- 健身日记：用户可以每天书写自己的健身日记。
- 健身计划：这里有为用户提供的合理的健身计划，帮助用户更好地健身。
- 提交预订：用户可以提交自己所有的订单。

健身教练模块主要有以下功能：

- 登录：输入已经存储在数据库表中的账号和密码，登录本系统。
- 注册：教练可以通过注册来使用本系统，注册时需要输入相关信息。
- 录入信息：教练登录后可以在本系统录入自己的详细信息，方便用户更好地了解自己。

超级管理员模块主要有以下功能：

- 登录：输入已经存储在数据库表中的账号和密码，登录本系统。
- 管理用户：主要管理所有用户和健身教练的信息。

26.3.2　系统文件结构

本系统的文件结构如图 26-26 所示。

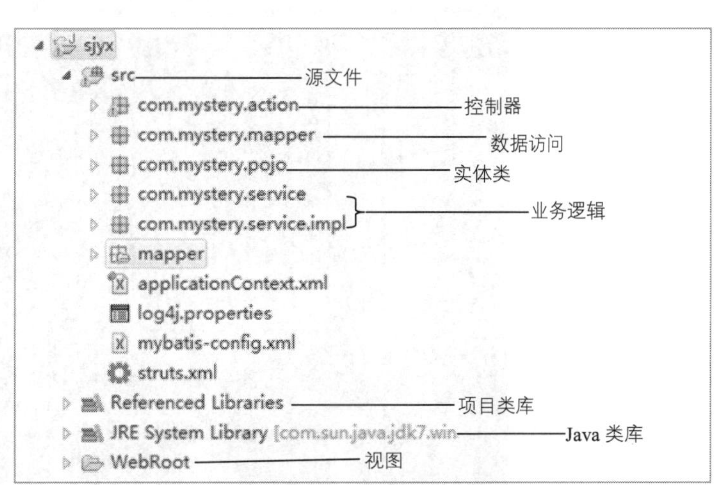

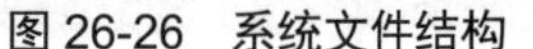

图 26-26　系统文件结构

26.4　系统主要功能实现

本节介绍私教优选系统功能的实现方法。

26.4.1　数据库与数据表设计

私教优选系统是在线信息管理系统，数据库是其基础组成部分，本系统的数据库是依据基本功能需求建立的。

1. 数据库分析

根据私教优选系统的实际情况，采用一个数据库，命名为 fitness。整个数据库包含了系统几大模块的所有数据信息。fitness 数据库总共分 4 张表，如表 26-1 所示，使用 MySQL 对数据库进行数据存储管理。

表 26-1　fitness 数据库的表

表 名 称	说　明	备　注
fitness	教练信息表	
fitness_diary	健身日记表	
myorder	订单表	
user	用户表	

2. 创建数据库

在 MySQL 中创建数据库的具体步骤如下：

（1）连接到 MySQL 数据库。首先打开命令提示符窗口，然后进入 mysql\bin 目录，再输入命令 mysql -u root -p，按 Enter 键后提示输入密码，如图 26-27 所示。

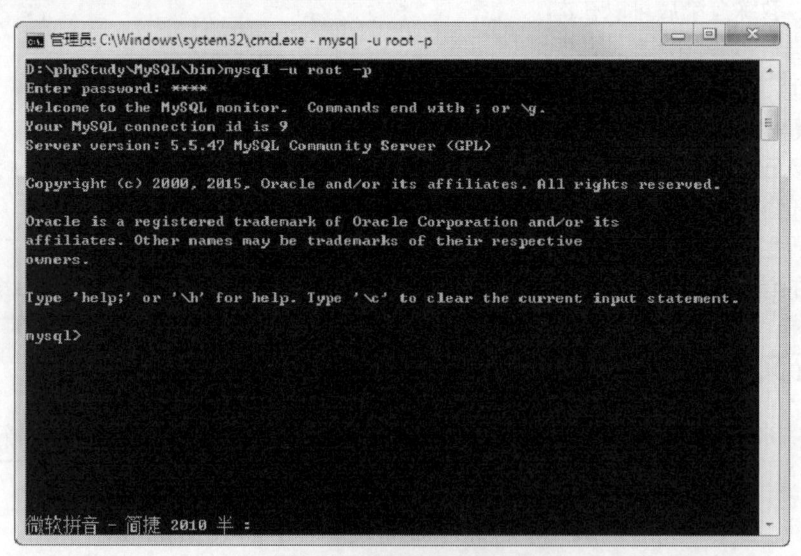

图 26-27　连接 MySQL

（2）登录成功后，执行命令 Create Database fitness;即可创建数据库，如图 26-28 所示。

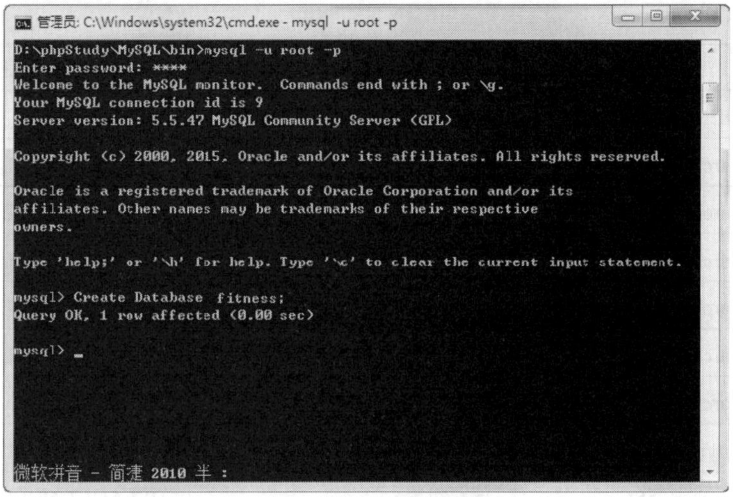

```
管理员: C:\Windows\system32\cmd.exe - mysql -u root -p
D:\phpStudy\MySQL\bin>mysql -u root -p
Enter password: ****
Welcome to the MySQL monitor.  Commands end with ; or \g.
Your MySQL connection id is 9
Server version: 5.5.47 MySQL Community Server (GPL)

Copyright (c) 2000, 2015, Oracle and/or its affiliates. All rights reserved.

Oracle is a registered trademark of Oracle Corporation and/or its
affiliates. Other names may be trademarks of their respective
owners.

Type 'help;' or '\h' for help. Type '\c' to clear the current input statement.

mysql> Create Database fitness;
Query OK, 1 row affected (0.00 sec)

mysql> _
```

图 26-28　创建数据库

3. 创建数据表

在已创建的数据库 fitness 中创建 4 个数据表，这里只列出教练信息表的创建过程，语句如下：

```
DROP TABLE IF EXISTS 'fitness';
CREATE TABLE 'fitness' (
  'id' bigint(20) NOT NULL AUTO_INCREMENT,
  'fitness_name' varchar(255) DEFAULT NULL,
  'sex' tinyint(4) DEFAULT NULL,
  'age' int(11) DEFAULT NULL,
  'height' varchar(255) DEFAULT NULL,
  'weight' varchar(255) DEFAULT NULL,
  'picture' varchar(255) DEFAULT NULL,
  'work_time' varchar(255) DEFAULT NULL,
  'information' varchar(255) DEFAULT NULL,
  'grade' varchar(255) DEFAULT NULL,
  'have_class' tinyint(4) DEFAULT NULL,
  'class_cost' varchar(255) DEFAULT NULL,
  'create_time' datetime DEFAULT NULL,
  'update_time' datetime DEFAULT NULL,
  PRIMARY KEY ('id')
) ENGINE=InnoDB AUTO_INCREMENT=2 DEFAULT CHARSET=utf8;
```

这里创建了与需求相关的 13 个字段，并创建了一个自增的标识索引字段 id。

由于篇幅所限，其他数据表不给出创建语句，只给出数据表的结构。

（1）教练信息表。用于存储教练的基本信息，表名为 fitness，结构如表 26-2 所示。

表 26-2　fitness 表

字 段 名 称	字 段 类 型	说　明	备　注
id	bigint(20)	编号（主键）	NOT NULL AUTO_INCREMENT
fitness_name	varchar(255)	姓名	DEFAULT NULL
sex	tinyint(4)	性别	NULL

续表

字段名称	字段类型	说　明	备　注
age	NUMBER(10)	年龄	NULL
height	varchar(255)	身高	DEFAULT NULL
weight	varchar(255)	体重	DEFAULT NULL
picture	varchar(255)	照片	DEFAULT NULL
work_time	varchar(255)	工作时长	DEFAULT NULL
information	varchar(255)	备注信息	DEFAULT NULL
grade	varchar(255)	评分	DEFAULT NULL
have_class	tinyint(4)	本月是否拥有课时	DEFAULT NULL
class_cost	varchar(255)	课时价格	DEFAULT NULL
create_time	datetime	创建时间	DEFAULT NULL
update_time	datetime	更新时间	DEFAULT NULL

（2）健身日记表。用于存储普通用户的健身日记信息，表名为 fitness_diary，结构如表 26-3 所示。

表 26-3　fitness_diary 表

字段名称	字段类型	说　明	备　注
id	bigint(20)	唯一标识符	NOT NULL AUTO_INCREMENT
user_id	bigint(20)	用户 id	DEFAULT NULL
diary	varchar(255)	日记内容	DEFAULT NULL
create_time	datetime	创建日期	DEFAULT NULL

（3）订单表。用来存储普通用户选择教练并付费的订单信息，表名为 myorder，结构如表 26-4 所示。

表 26-4　myorder 表

字段名称	字段类型	说　明	备　注
id	bigint(20)	唯一标识符	NOT NULL AUTO_INCREMENT
user_id	bigint(20)	用户 id	DEFAULT NULL
username	varchar(255)	用户名	DEFAULT NULL
fitness_id	bigint(20)	教练 id	DEFAULT NULL
fitness_name	varchar(255)	教练名称	DEFAULT NULL
order_number	bigint(20)	订单号	DEFAULT NULL
paid	tinyint(4)	支付状态	DEFAULT NULL
evaluate	varchar(255)	评分	DEFAULT NULL

（4）用户表。用于存储系统普通用户信息，表名为 admin，结构如表 26-5 所示。

表 26-5 admin 表

字段名称	字段类型	说明	备注
id	bigint(20)	唯一标识符	NOT NULL AUTO_INCREMENT
username	varchar(255)	用户名	DEFAULT NULL
password	varchar(255)	用户密码	DEFAULT NULL
phone	varchar(255)	电话	DEFAULT NULL
address	varchar(255)	地址	DEFAULT NULL
sex	tinyint(4)	性别	DEFAULT NULL
name	varchar(255)	姓名	DEFAULT NULL
member_integral	bigint(20)	会员积分	DEFAULT NULL
train_plan	varchar(255)	健身计划	DEFAULT NULL
is_fitness	tinyint(4)	用户身份标识	DEFAULT NULL
create_time	datetime	创建时间	DEFAULT NULL
update_time	datetime	更新时间	DEFAULT NULL

26.4.2 实体类创建

根据面向对象编程的思想，先创建数据实体类，这些实体类与数据表设计相对应。在本项目中，实体类存放在 pojo 类包中。例如，以下是用户表 User 实体类代码：

```
package com.mystery.pojo;

import java.util.Date;

public class User {

    private long id;

    private String username;

    private String password;

    private int phone;

    private String address;

    private boolean sex;

    private String name;

    private long memberIntegral;
```

```
    private String trainPlan;

    private boolean isFitness;

    private Date createTime;

    private Date updateTime;

    public long getId() {
        return id;
    }

    public void setId(long id) {
        this.id = id;
    }

    public String getUsername() {
        return username;
    }

    public void setUsername(String username) {
        this.username = username;
    }

    public String getPassword() {
        return password;
    }

    public void setPassword(String password) {
        this.password = password;
    }

    public int getPhone() {
        return phone;
    }

    public void setPhone(int phone) {
        this.phone = phone;
    }

    public String getAddress() {
        return address;
    }

    public void setAddress(String address) {
        this.address = address;
    }
```

```
    public boolean getSex() {
        return sex;
    }

    public void setSex(boolean sex) {
        this.sex = sex;
    }

    public String getName() {
        return name;
    }

    public void setName(String name) {
        this.name = name;
    }

    public long getMemberIntegral() {
        return memberIntegral;
    }

    public void setMemberIntegral(long memberIntegral) {
        this.memberIntegral = memberIntegral;
    }

    public String getTrainPlan() {
        return trainPlan;
    }

    public void setTrainPlan(String trainPlan) {
        this.trainPlan = trainPlan;
    }

    public boolean getIsFitness() {
        return isFitness;
    }

    public void setIsFitness(boolean fitness) {
        isFitness = fitness;
    }

    public Date getCreateTime() {
        return createTime;
    }

    public void setCreateTime(Date createTime) {
        this.createTime = createTime;
    }
```

```
    public Date getUpdateTime() {
        return updateTime;
    }

    public void setUpdateTime(Date updateTime) {
        this.updateTime = updateTime;
    }
}
```

26.4.3 数据访问类

本项目的数据访问类存放在 Mapper 类包中，用来进行数据库驱动、连接、关闭等操作，这些方法包括不同数据表的操作方法，并实现所有数据表处理的共性操作增删改查分页等，例如：

```
package com.mystery.mapper;

import com.mystery.pojo.FitnessDiary;
import org.apache.ibatis.annotations.Param;

import java.util.List;

public interface FitnessDiaryMapper {

    List<FitnessDiary> findAllById(@Param("id") long id);

    int add(@Param("userId") long userId,@Param("diary") String diary);
}
```

以上代码通过 findAllById()和 add()实现日志查找和增加。

26.4.4 控制分发及配置

本项目使用了 Struts 框架进行开发。在 Struts 中，action 是其核心功能，主要的开发都是围绕 action 进行的。action 类包中定义了各种操作流程，本项目中定义 4 个 action，即 FitnessAction、FitnessDiaryAction、OrderAction、UserAction，主要是后台和页面进行交互的操作类，是页面上相关的操作和后台进行数据交互的入口。这 4 个 action 位于 Java 经典三层架构中的 Web 层，分别是健身教练相关的操作类、健身日记的操作类、订单的操作类、用户相关的操作类。

Struts.xml 配置如下：

```
<struts>
    <!-- 服务器自动加载配置文件 -->
    <constant name="struts.configuration.xml.reload" value="true" />
    <!-- 国际化文件自动加载 -->
    <constant name="struts.i18n.reload" value="true" />
    <!-- 开启 ognl 静态方法调用 -->
    <constant name="struts.ognl.allowStaticMethodAccess" value="true" />
    <!-- 开启国际化资源包信息 -->
    <constant name="struts.custom.i18n.resources" value="message" />
```

```
<!-- 所有JSP页面都采用简单样式主题 -->
<constant name="struts.ui.theme" value="simple" />
<!-- 开启动态方法调用 -->
<constant name="struts.enable.DynamicMethodInvocation" value="true" />
<!-- 上传文件总大小 -->
<constant name="struts.multipart.maxSize" value="3072000" />
<!-- 修改默认的对象工厂 -->
<constant name="struts.objectFactory" value="spring"></constant>

<package name="user" namespace="/user" extends="json-default">
    <action name="userAction_*" class="com.mystery.action.UserAction" method="{1}">
        <result name="login_ok" type="redirect">/gallery.html</result>
        <result name="login_error" type="dispatcher">/jsp/userLogin.jsp</result>
        <result name="fitnessLogin_ok" type="dispatcher">/jsp/fitness_manage.jsp</result>
        <result name="fitnessLogin_error" type="dispatcher">/jsp/fitnessLogin.jsp</result>
        <result name="managerLogin_ok" type="dispatcher">/jsp/manage.jsp</result>
        <result name="managerLogin_error" type="dispatcher">/jsp/managerLogin.jsp</result>
        <result name="add_ok">/jsp/userLogin.jsp</result>
        <result name="add_error">/jsp/userRegist.jsp</result>
        <result name="addFitness_ok">/jsp/fitnessLogin.jsp</result>
        <result name="addFitness_error">/jsp/fitnessRegist.jsp</result>
        <result name="reset" type="redirect" >/jsp/userLogin.jsp</result>
        <result name="reset_error">/jsp/reset.jsp</result>
        <result name="search" type="dispatcher">/jsp/manage.jsp</result>
        <result name="delete" type="dispatcher">/jsp/manage.jsp</result>
    </action>
</package>
<package name="fitness" namespace="/fitness" extends="json-default">
    <action name="fitnessAction_*" class="com.mystery.action.FitnessAction" method="{1}">
        <result name="search" type="dispatcher">/jsp/fitness_list.jsp</result>
        <result name="queryAll" type="dispatcher">/jsp/fitness_list.jsp</result>
        <result name="add_ok">/jsp/fitness_manage.jsp</result>
        <result name="add_error">/jsp/fitness_manage.jsp</result>
    </action>
</package>
<package name="order" namespace="/order" extends="json-default">
    <action name="orderAction_*" class="com.mystery.action.OrderAction" method="{1}">
        <result name="query" type="dispatcher">/jsp/order_list.jsp</result>
        <result name="error" type="dispatcher">/jsp/login.jsp</result>
        <result name="paid" type="redirect">/order/orderAction_query</result>
        <result name="evaluate" type="dispatcher">/jsp/my_evaluate.jsp</result>
        <result name="goEvaluate" type="dispatcher">/jsp/evaluate.jsp</result>
        <result name="update_ok" type="redirect">/order/orderAction_myEvaluate</result>
        <result name="add_ok" type="redirect">/order/orderAction_myEvaluate</result>
        <result name="find" type="dispatcher">/jsp/no_paid_list.jsp</result>
    </action>
</package>
```

```
<package name="fitnessDiary" namespace="/fitnessDiary" extends="json-default">
    <action name="fitnessDiaryAction_*" class="com.mystery.action.FitnessDiaryAction" method=
"{1}">
        <result name="myFitnessDiary" type="dispatcher">/jsp/my_fitness_diary.jsp</result>
        <result name="findError" type="dispatcher">/jsp/my_fitness_diary.jsp</result>
        <result name="add_ok" type="redirect">/fitnessDiary/fitnessDiaryAction_myFitnessDiary
</result>
        <result name="add_error" type="dispatcher">/jsp/fitness_diary.jsp</result>
    </action>
</package>

</struts>
```

26.4.5 业务数据处理

Service 包用来进行业务逻辑处理，实现 action 类包的数据调用。在本项目中，4 个 service 及其实现类——FitnessDiaryService、FitnessService、OrderService、UserService、FitnessDiaryServiceImpl、FitnessServiceImpl、OrderServiceImpl、UserServiceImpl 位于 Java 经典三层架构中的 service 层，也就是常说的业务层，主要对业务进行处理。例如 FitnessDiaryServiceImpl 是 FitnessDiaryService 的具体实现，并实现对 Mapper 数据访问层的调用。

FitnessDiaryServiceImpl 代码如下：

```
package com.mystery.service.impl;
import com.mystery.mapper.FitnessDiaryMapper;
import com.mystery.pojo.FitnessDiary;
import com.mystery.service.FitnessDiaryService;
import org.springframework.stereotype.Service;

import javax.annotation.Resource;
import java.util.List;
@Service
public class FitnessDiaryServiceImpl implements FitnessDiaryService {

    @Resource
    private FitnessDiaryMapper fitnessDiaryMapper;

    @Override
    public int add(long userId, String diary) {
        return fitnessDiaryMapper.add(userId,diary);
    }

    @Override
    public List<FitnessDiary> findAllById(long id) {
        return fitnessDiaryMapper.findAllById(id);
    }
}
```

26.5 项目知识拓展

26.5.1 POJO 的特点

POJO（Plain Ordinary Java Object，普通 Java 对象，实际就是普通的 JavaBeans。可以把 POJO 作为支持业务逻辑的协助类。

POJO 实质上可以理解为简单的实体类，POJO 类的作用是方便程序员使用数据库中的数据表，可以很方便地将 POJO 类当做对象来使用，当然也是可以方便地调用其 get 方法和 set 方法。POJO 类也给 Struts 框架的配置带来了很大的方便。

26.5.2 POJO 与 JavaBean 的区别

POJO 和 JavaBean 是常见的两个关键字，两者的作用容易被混淆，POJO 是普通 Java 类，具有 get 方法和 set 方法的那种类就可以称作 POJO。而 JavaBean 则比 POJO 复杂得多，JavaBean 是可复用的组件，对 JavaBean 并没有严格的规范，从理论上讲，任何一个 Java 类都可以是一个 Bean。但通常情况下，由于 JavaBean 是被容器（如 Tomcat）所创建的，所以它应具有一个无参的构造器。

一般在 Web 应用程序中建立一个数据库的映射对象时，只能称它为 POJO。POJO 这个名字强调它是一个普通 Java 对象，而不是一个特殊的对象，主要指那些没有遵从特定的 Java 对象模型、约定或框架（如 EJB）的 Java 对象。理想地讲， POJO 是不受任何限制的 Java 对象。

第 27 章

项目实践高级阶段——在线购物系统前端开发

◎ 本章教学微视频：14 个　77 分钟

学习指引

“不积跬步，无以至千里；不积小流，无以成江海。”通过前面的学习，读者已经具有一定的解决分析问题的能力，本章通过一个在线购物系统前端的实现带领读者领略 Java 开发的优美思想。如果你能自己动手实现本章内容，举一反三，能以发散思维解决同类问题，那么你已经步入了 Java 开发的殿堂。

重点导读

- 掌握 Java 框架使用的思想。
- 掌握电子商务网站系统开发流程。

27.1　案例运行及配置

本节系统介绍案例开发及运行所需环境、案例系统配置和运行方法、项目开发及导入步骤等知识。

27.1.1　开发及运行环境

本系统的软件开发环境如下：

- 编程语言：Java。
- 操作系统：Windows 7/8/10。
- JDK 版本：Java SE Development KIT(JDK) Version 7.0。
- 开发工具：MyEclipse。
- 数据库：Oracle。
- Web 服务器：Tomcat 7.0。

27.1.2　系统运行

首先介绍如何运行本系统，以使读者对本程序的功能有所了解。下面简述本案例运行的具体步骤。

步骤 1：安装 Tomcat 7.0 及更高版本（本例安装 Tomcat 8.0），假定安装在 E:\Program Files\Apache Software Foundation\Tomcat 8.0，该目录简记为 TOMCAT_HOME。

步骤 2：部署程序文件。

（1）把素材中 ch27\shop 文件夹中 WebRoot 复制到 TOMCAT_HOME\webapps 目录下并重命名为 shop，如图 27-1 所示。

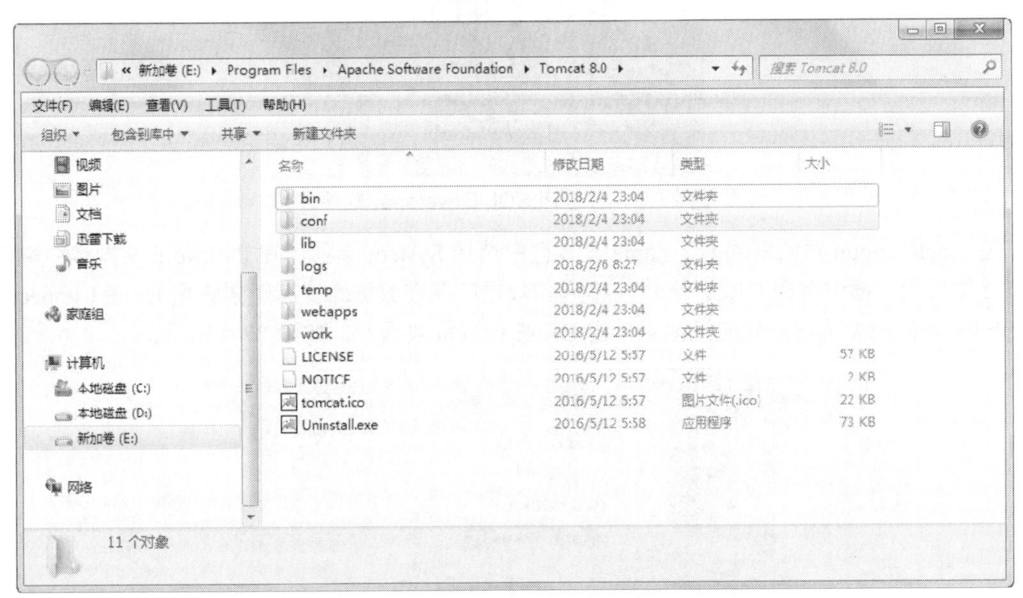

图 27-1　将素材文件复制到本地硬盘

（2）运行 Tomcat，进入目录 TOMCAT_HOME\bin，运行 startup.bat，终端打印“Info: Server startup in ×××ms”，表明 Tomcat 启动成功，如图 27-2 所示。

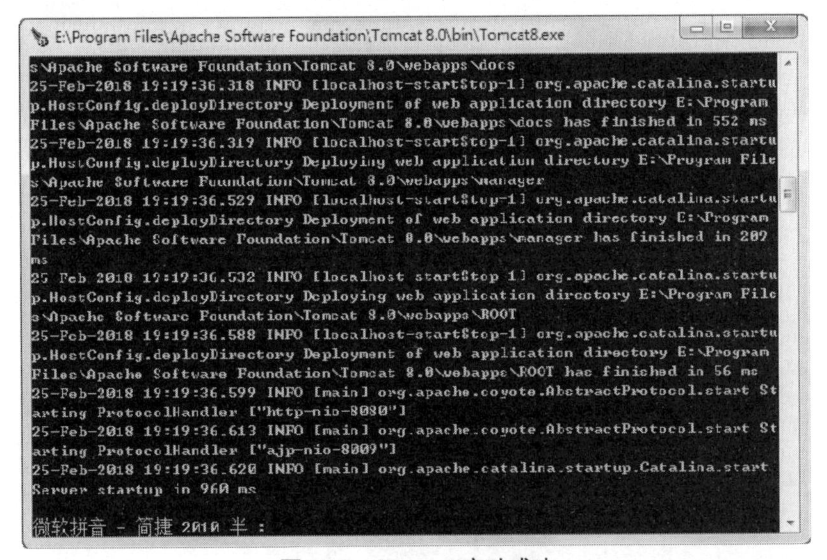

图 27-2　Tomcat 启动成功

（3）安装 Oracle 数据库，版本为 Oracle Database 11g 第 2 版（版本号为 11.2.0.1.0，也可安装其他版本）。

（4）安装 Oracle 数据库管理工具 PLSQL Developer 软件。

（5）运行 PLSQL Developer 软件，双击桌面上的 PLSQL Developer 快捷方式图标，如图 27-3 所示。

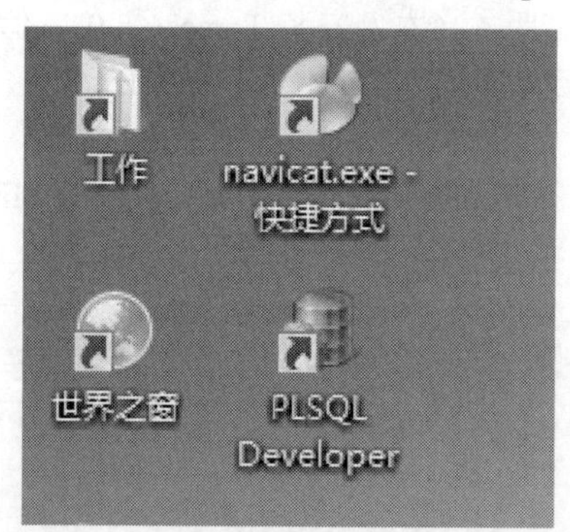

图 27-3　启动 PLSQL Developer 软件

（6）在 Oracle Logon 对话框的 Username 文本框中选择 System 选项，在 Password 文本框中输入 orcl，在 Database 下拉列表框中选择 ORCL 选项（密码和数据库名在数据库安装时候设置），在 Connect as 下拉列表框中选择 SYSDBA 选项，完成设置后单击 OK 按钮登录数据库，如图 27-4 所示。

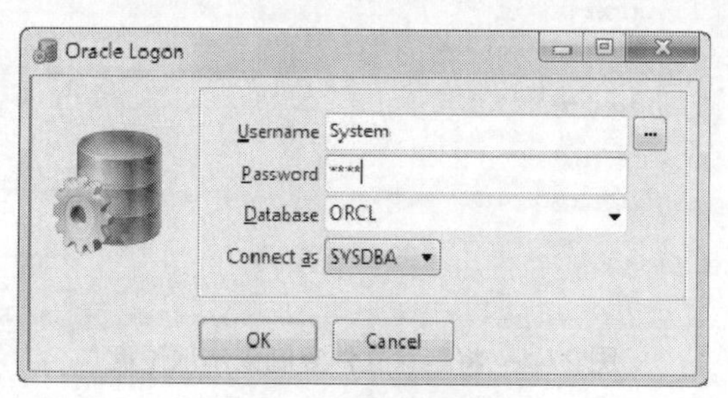

图 27-4　登录数据库

（7）数据库成功登录成功后，右击 Object 选项卡中的 Users 选项，在弹出的快捷菜单中选择 New 命令，如图 27-5 所示。

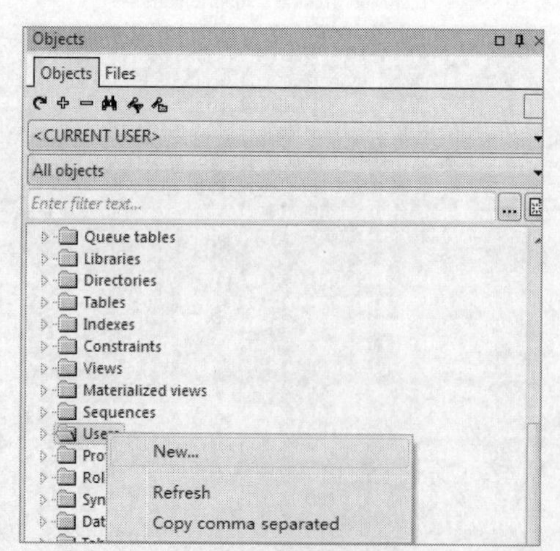

图 27-5　新建用户

（8）在打开的 Create User 对话框的 Name 文本框中输入用户名 shop，在 Password 文本框中输入密码 1234，其他选项按图 27-6 所示进行设置，单击【Apply】按钮，应用设置。

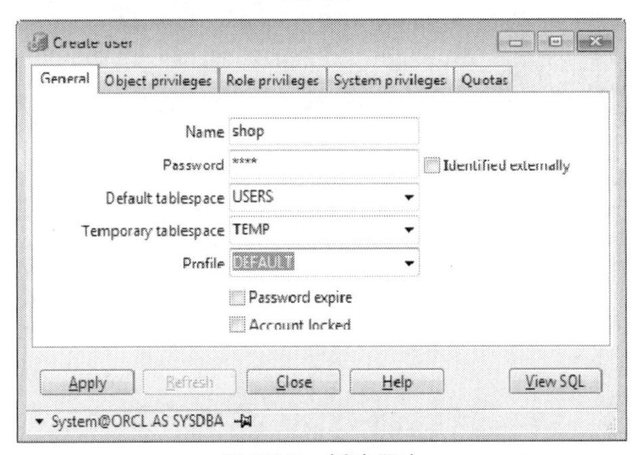

图 27-6　新建用户

（9）在 Role privileges 选项卡中，按图 27-7 所示进行设置，赋予新用户角色权限为 connect、resource、dba，这样用户才能登录并操作数据库。

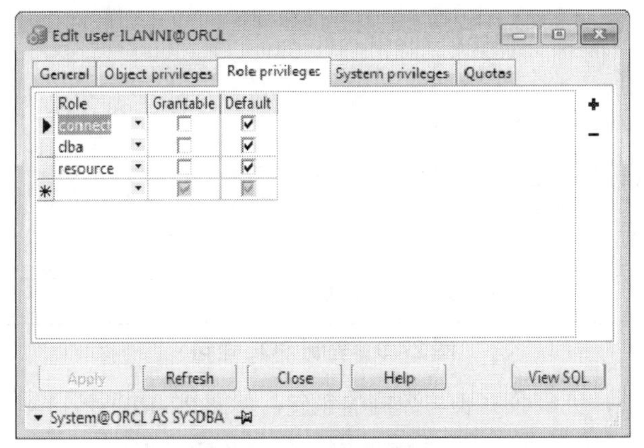

图 27-7　设置用户权限

（10）使用新建用户账户登录 PLSQL Dveloper 数据库管理工具后，单击此工具按钮并在展开的菜单中选择 SQL Window 命令，如图 27-8 所示。

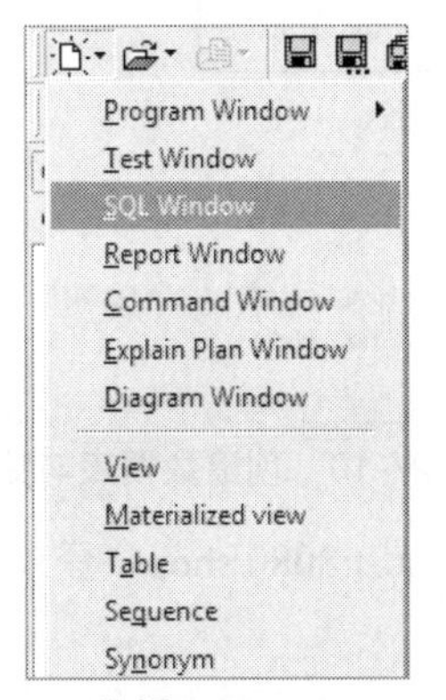

图 27-8　选择 SQL Window 命令

（11）在 SQL Window 对话框的 SQL 选项卡中把本例创建数据表与数据的 SQL 语句（在素材的 ch27/dbsql 文件夹下）复制进来，如图 27-9 所示。

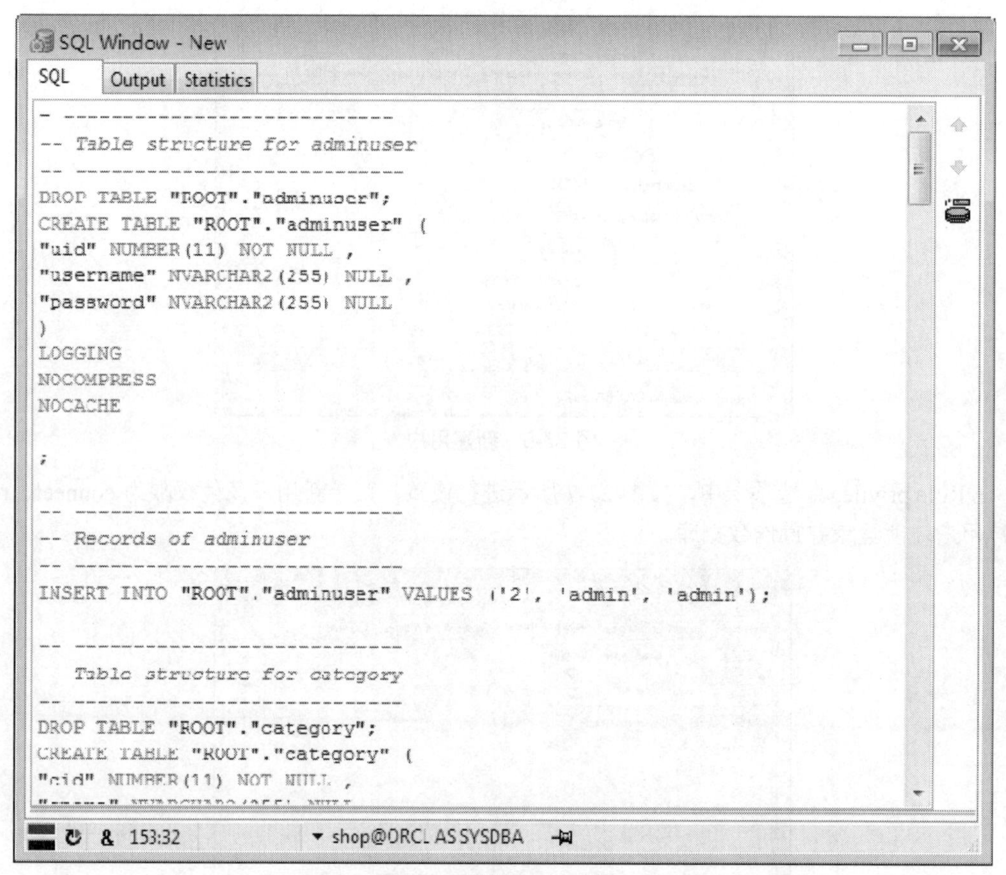

图 27-9　复制 SQL 语句

（12）单击【执行】按钮，完成数据表与数据的创建，如图 27-10 所示。

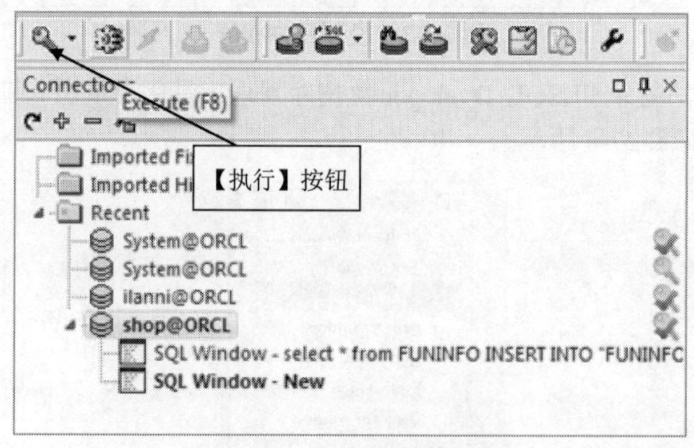

图 27-10　创建数据表与数据

步骤 3：打开浏览器，访问 http://localhost:8080/shop，登录进入主界面，如图 27-11 所示。

图 27-11 在线购物系统主界面

27.1.3 项目开发及导入步骤

在前面已经运行了项目，接下来将项目导入项目开发环境，为项目的开发做准备。具体操作步骤如下：

（1）把素材中的 ch27 文件夹复制到本地硬盘中，本例使用 D:\ts\。

（2）单击 Windows 窗口中的【开始】按钮，在展开的【所有程序】菜单项中，依次展开 MyEclipse→MyEclipse 2014→MyEclipse Professional 2014，如图 27-12 所示。

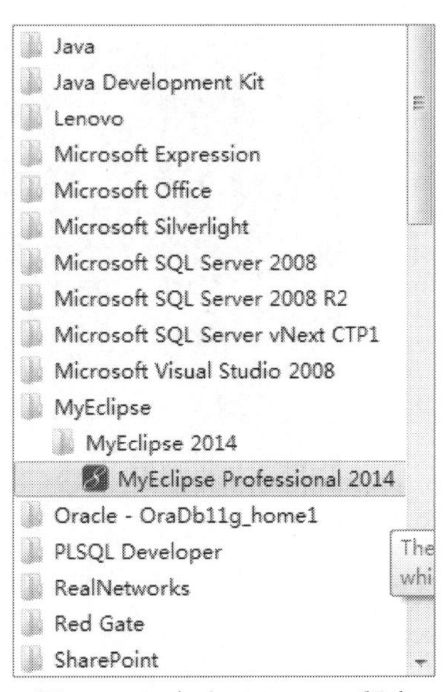

图 27-12 启动 MyEclipse 程序

（3）选择 MyEclipse Professional 2014，启动 MyEclipse 开发工具，如图 27-13 所示。

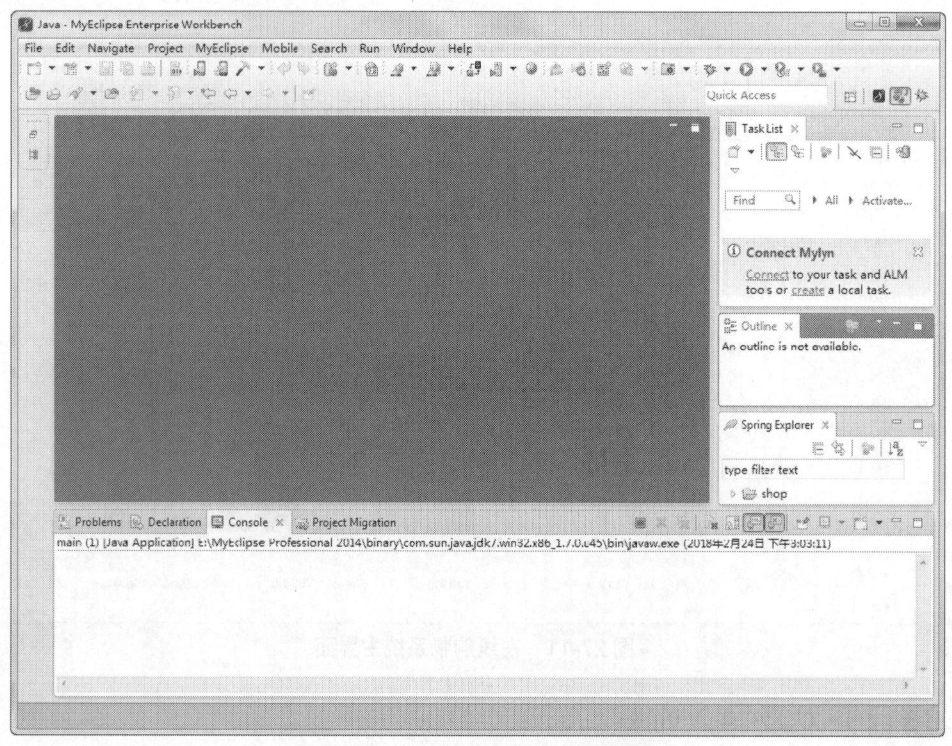

图 27-13　MyEclipse 开发工具界面

（4）在菜单栏中执行 File→Import 命令，如图 27-14 所示。

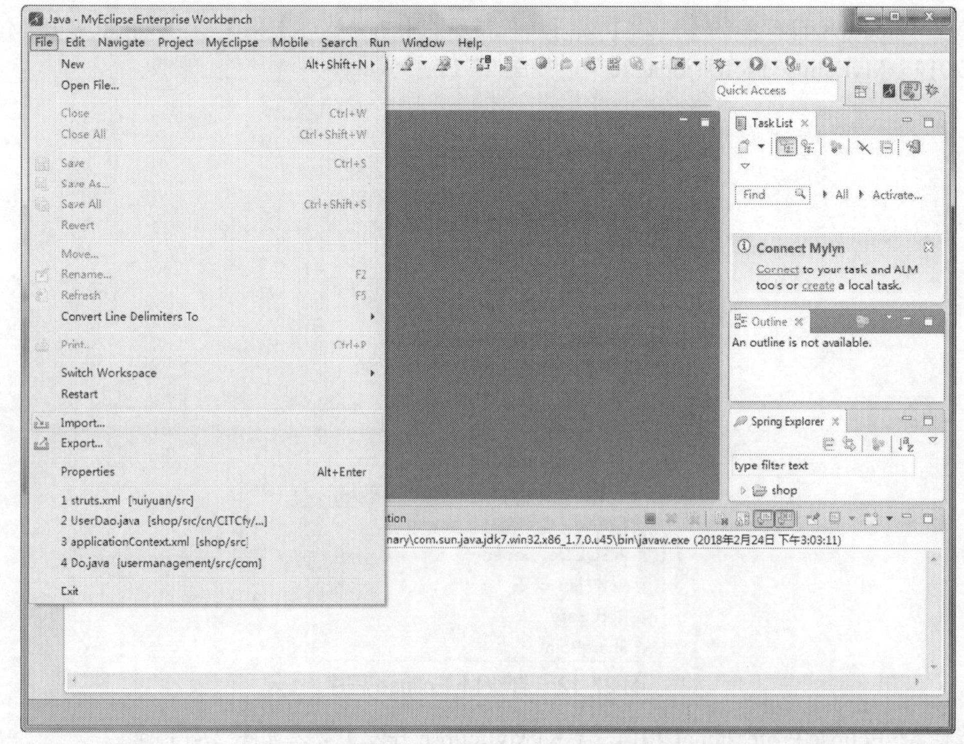

图 27-14　执行 Import 命令

（5）在打开的 Import 对话框中，选择 Existing Projects into Workspace 选项并单击 Next 按钮，如图 27-15 所示。

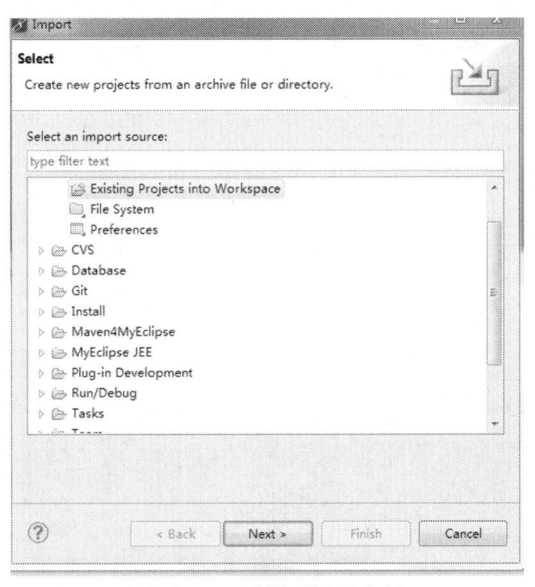

图 27-15　选择项目工作区

（6）在 Import Projects 对话框中，单击 Select root directory 单选按钮右边的 Browse 按钮，在打开的【浏览文件夹】对话框中选择项目源码根目录，本例选择 D:\ts\ ch27\shop 目录，单击【确定】按钮，如图 27-16 所示。

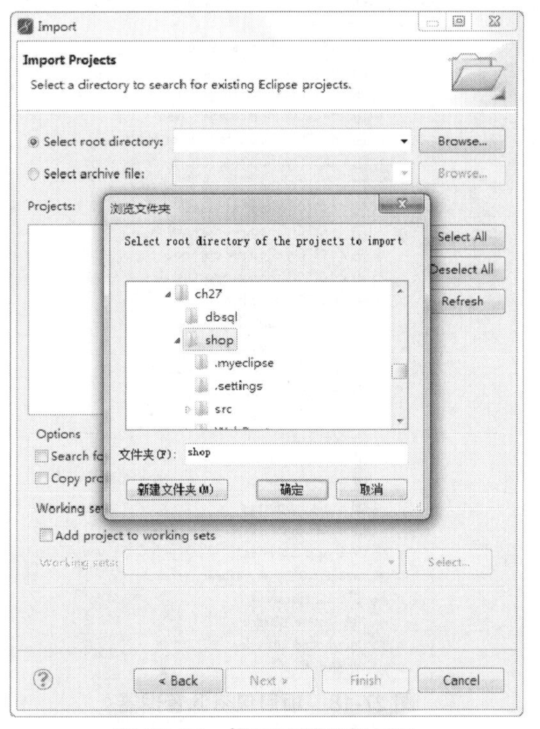

图 27-16　择项目源码根目录

（7）单击 Finish 按钮，完成项目导入操作，如图 27-17 所示。

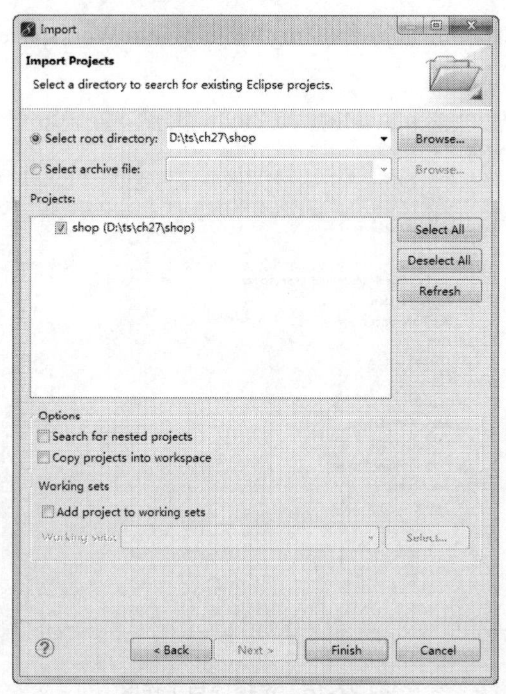

图 27-17　完成项目导入

（8）在 MyEclipse 项目包资源管理器中，可以看到 shop 项目包资源，如图 27-18 所示。

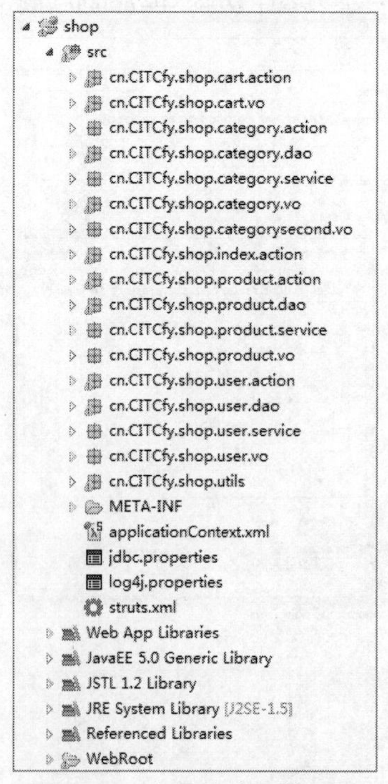

图 27-18　项目包资源管理器

（9）加载项目到 Web 服务器。在 MyEclipse 主界面中，单击按钮，打开 Manage Deployments 对话框，如图 27-19 所示。

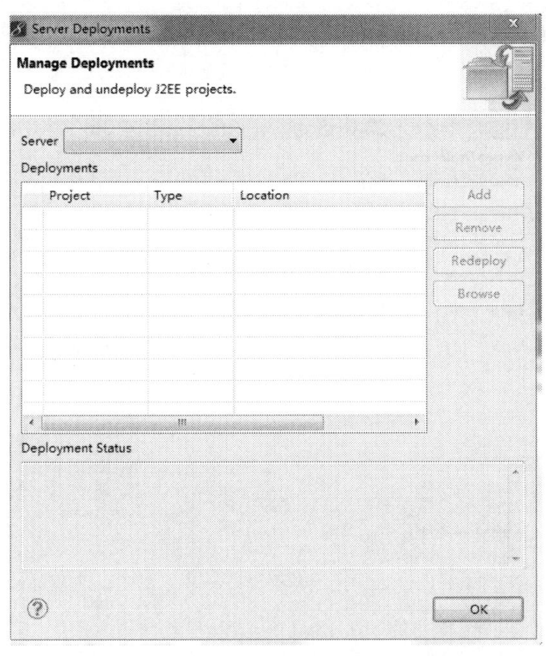

图 27-19　Manage Deployments 对话框

（10）单击 Manage Deployments 对话框 Server 选项右边的下三角按钮，并在弹出的选项菜单中选择 MyEclipse Tomcat 7。单击 Add 按钮，打开 New Deployment 对话框，如图 27-20 所示。

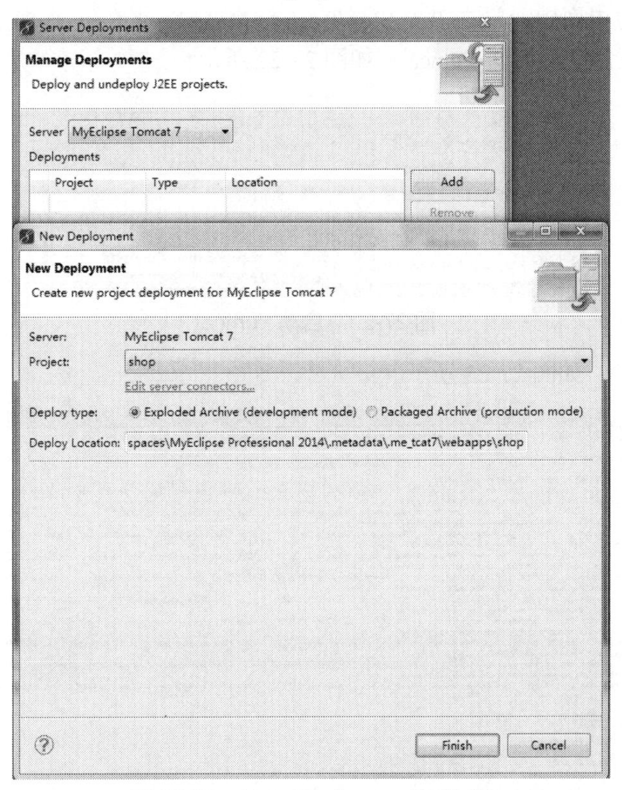

图 27-20　New Deployment 对话框

（11）在 New Deployment 对话框的 Project 下拉列表中选择 shop 后，单击 Finish 按钮，再单击 OK 按钮，如图 27-21 所示。

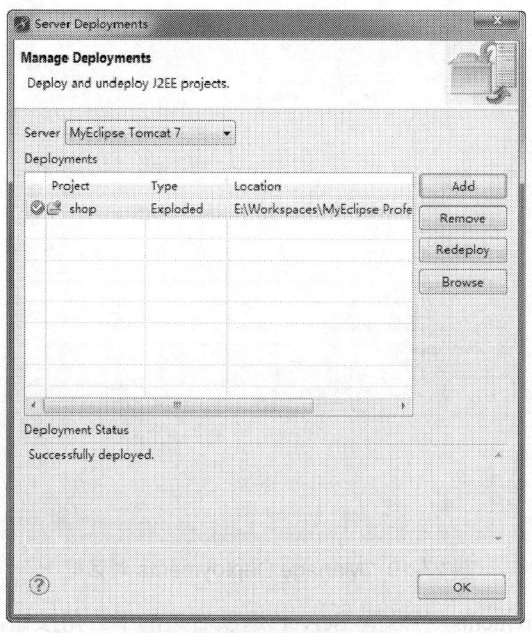

图 27-21　完成项目加载

（12）在 MyEclipse 主界面中，单击 Run/Stop/Restart MyEclipse Servers 按钮，在展开的菜单中执行 MyEclipse Tomcat 7→Start 命令，启动 Tomcat，如图 27-22 所示。

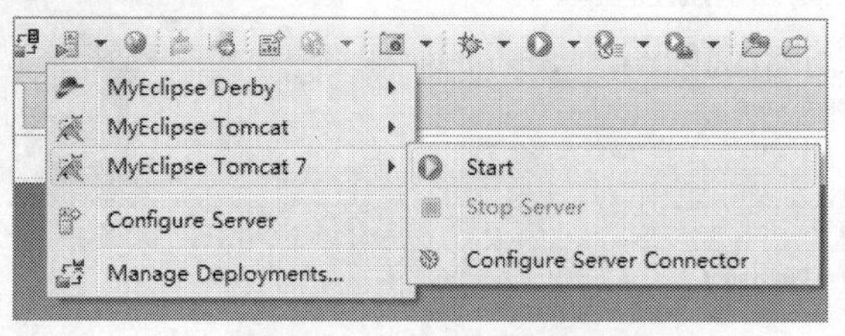

图 27-22　启动 Tomcat

（13）Tomcat 启动成功，如图 27-23 所示。

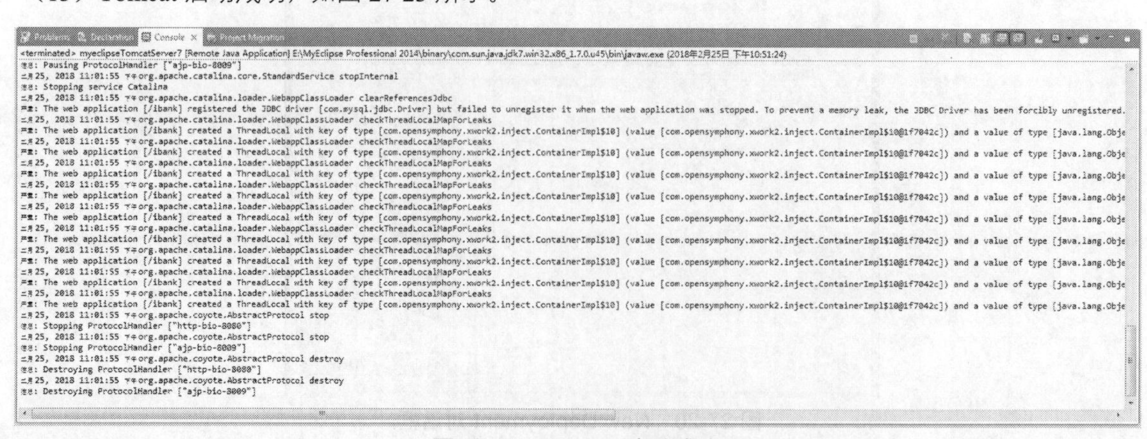

图 27-23　Tomcat 启动成功

27.2　系统分析

本案例为一个在线购物系统，是一个以 Java Web-SSH 为后端的 B/S 系统，包括前端的分级搜索商品功能。游客可以浏览商品，普通顾客可以进入前端购物界面购买商品，系统管理人员可以进入后端管理界面进行管理操作。

27.2.1　系统总体设计

在线购物系统在移动互联网时代案例层出不穷，是应用广泛的一个项目。本例从买家的角度去实现相关管理功能（本例仅实现最基础的部分）。图 27-24 是在线购物系统的架构。

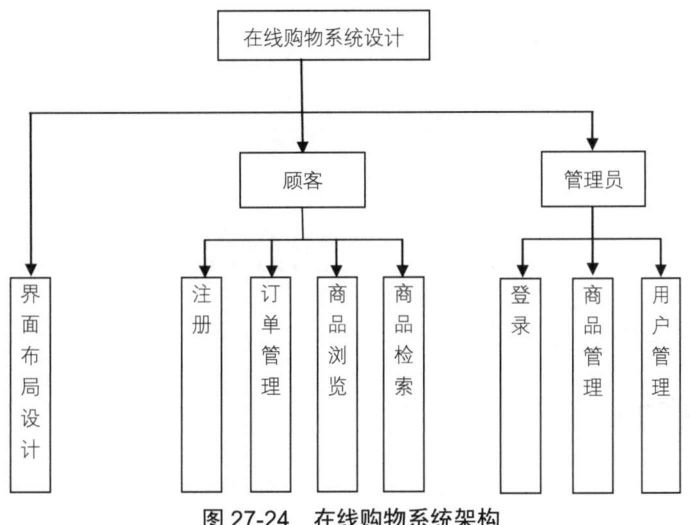

图 27-24　在线购物系统架构

27.2.2　系统界面设计

在线购物系统设计界面如图 27-11、图 27-25 和图 27-26 所示。

图 27-25　商品详情

图 27-26　购物车

27.3　功能分析

本节对在线购物系统的功能进行分析。

27.3.1　系统主要功能

在线购物系统的主要功能应包括商品管理、用户管理、商品检索、订单管理、购物车管理等。具体描述如下。

（1）商品管理：商品分类的管理，包括商品种类的添加、删除、类别名称更改等功能；商品信息的管理，包括商品的添加/删除、商品信息（包括优惠商品、最新热销商品等信息）的变更等功能。

（2）用户管理：用户注册，如果用户注册为会员，就可以使用在线购物的功能；用户信息管理：用户可以更改个人私有信息，如密码等。

（3）商品查询：商品速查，根据查询条件，快速查询用户所需商品；商品分类浏览，按照商品的类别列出商品目录。

（4）订单管理：订单信息浏览，订单结算，订单维护。

（5）购物车管理：增删购物车中的商品，改变采购数量，生成采购订单。

（6）后台管理：商品分类管理，商品基本信息管理，订单处理，会员信息管理。

27.3.2　系统文件结构

本项目的文件结构如图 27-27 所示。

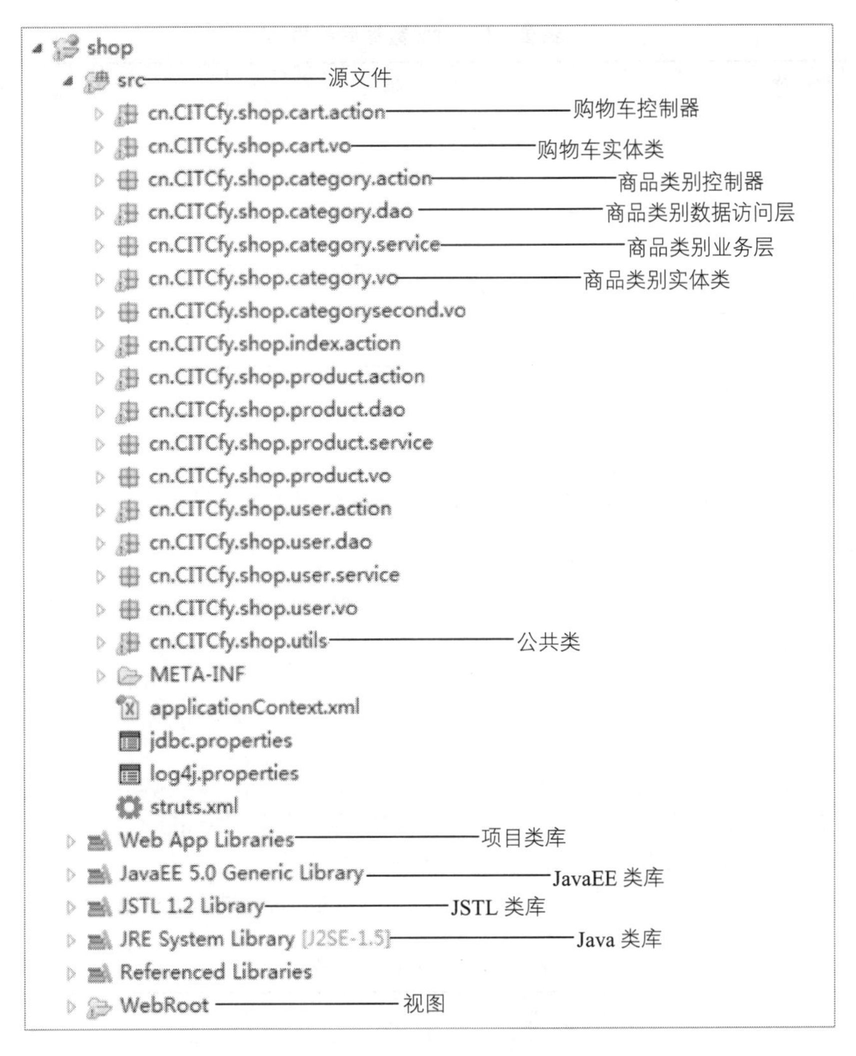

图 27-27 系统文件结构图

27.4 系统主要功能实现

本节对在线购物系统功能的实现方法进行分析，引领大家学习如何使用 Java 进行电子商务项目开发。

27.4.1 数据库与数据表设计

在线购物系统是购物信息系统，数据库是其基础组成部分，系统的数据库是依据基本功能需求建立的。

1. 数据库分析

根据本在线购物系统的实际情况，采用一个数据库，命名为 orcl。整个数据库包含了系统几大模块的所有数据信息。orcl 数据库总共分 6 张表，如表 27-1 所示，使用 Oracle 对数据库进行数据存储管理。

表 27-1　orcl 数据库的表

表 名 称	说　明	备　注
adminuser	管理员表	
category	商品类别表	
categorysecond	二级分类表	
orderitem	订单表	
product	商品明细表	
user	用户表	

2. 建数据库

在 Oracle 中创建数据库使用 Data Configuration Assistant 配置工具，具体过程见 24.4.1 节。

3. 创建数据表

在已创建的数据库 orcl 中创建 6 个数据表，这里只列出管理员表的创建过程，语句如下：

```
CREATE TABLE "adminuser" (
    "uid" NUMBER(11) NOT NULL ,
    "username" NVARCHAR2(255) NULL ,
    "password" NVARCHAR2(255) NULL
)
```

这里创建了与需求相关的两个字段，并创建一个自增的标识索引字段 uid。

由于篇幅所限，其他数据表不给出创建语句，只给出数据表结构。

（1）管理员表。用于存储后台管理用户信息，表名为 adminuser，结构如表 27-2 所示。

表 27-2　adminuser 表

字 段 名 称	字 段 类 型	说　明	备　注
uid	NUMBER(11)	唯一标识符	NOT NULL
username	NVARCHAR2(255)	用户名	NULL
password	NVARCHAR2(255)	用户密码	NULL

（2）一级商品分类表。用于存储商品大类信息，表名为 category，结构如表 27-3 所示。

表 27-3　category 表

字 段 名 称	字 段 类 型	说　明	备　注
cid	NUMBER(11)	商品大类唯一标识符	NOT NULL
cname	NVARCHAR2(255)	商品大类名称	NULL

（3）二级商品分类表。用于存储商品大类下的小类信息，表名为 categorysecond，结构如表 27-4 所示。

表 27-4 categorysecond 表

字段名称	字段类型	说明	备注
csid	NUMBER(11)	商品小类唯一标识符	NOT NULL
csname	NVARCHAR2(255)	商品小类名称	NULL
cid	NUMBER(11)	商品大类唯一标识符	NULL

（4）订单表。用于存储用户订单信息，表名为 orderitem，结构如表 27-5 所示。

表 27-5 orderitem 表

字段名称	字段类型	说明	备注
itemid	NUMBER(11)	唯一标识符	NOT NULL
count	NUMBER(11)	商品数量	NULL
subtotal	NUMBER(11)	商品金额总计	NULL
pid	NUMBER(11)	商品 id	NULL
oid	NUMBER(11)	订单 id	NULL

（5）商品明细表。用于存储具体商品信息，表名为 product，结构如表 27-6 所示。

表 27-6 product 表

字段名称	字段类型	说明	备注
pid	NUMBER(11)	商品 id	NOT NULL
pname	NVARCHAR2(255)	商品名称	NULL
market_price	NUMBER(11)	商品市场价	NULL
shop_price	NUMBER(11)	商品实际售价	NULL
image	NVARCHAR2(255)	商品图片地址	NULL
pdesc	NVARCHAR2(255)	商品描述	NULL
is_hot	NUMBER(11)	是否热卖商品	NULL
pdate	DATE	商品生产日期	NULL
csid	NUMBER(11)	商品小类 id	NULL

（6）用户表。用于存储买家个人信息，表名为 user，结构如表 27-7 所示。

表 27-7 user 表

字段名称	字段类型	说明	备注
uid	NUMBER(11)	唯一标识符	NOT NULL
username	NVARCHAR2(255)	用户名	NULL

续表

字 段 名 称	字 段 类 型	说　明	备　注
password	NVARCHAR2(255)	用户密码	NULL
name	NVARCHAR2(255)	用户姓名	NULL
email	NVARCHAR2(255)	用户邮箱	NULL
phone	NVARCHAR2(255)	用户电话	NULL
addr	NVARCHAR2(255)	用户地址	NULL
state	DATE	注册日期	NULL
code	NVARCHAR2(64)	用户身份标识码	NULL

27.4.2 实体类创建

在本项目中，实体类放在 cn.CITCfy.shop.vo 类包中，cn.CITCfy.shop.vo 类中含有 cart.java（购物篮实体）、category.java（一级目录实体）、categorysecond.java（二级目录实体）、product.java（商品实体）和 user.java（用户实体）。例如，用户实体 user.java 代码如下：

```
public class User {
    private Integer uid;
    private String username;
    private String password;
    private String name;
    private String email;
    private String phone;
    private String addr;
    private Integer state;
    private String code;
    public Integer getUid() {
        return uid;
    }
    public void setUid(Integer uid) {
        this.uid = uid;
    }
    public String getUsername() {
        return username;
    }
    public void setUsername(String username) {
        this.username = username;
    }
    public String getPassword() {
        return password;
    }
    public void setPassword(String password) {
        this.password = password;
    }
```

```
    public String getName() {
        return name;
    }
    public void setName(String name) {
        this.name = name;
    }
    public String getEmail() {
        return email;
    }
    public void setEmail(String email) {
        this.email = email;
    }
    public String getPhone() {
        return phone;
    }
    public void setPhone(String phone) {
        this.phone = phone;
    }
    public String getAddr() {
        return addr;
    }
    public void setAddr(String addr) {
        this.addr = addr;
    }
    public Integer getState() {
        return state;
    }
    public void setState(Integer state) {
        this.state = state;
    }
    public String getCode() {
        return code;
    }
    public void setCode(String code) {
        this.code = code;
    }

}
```

27.4.3 数据库访问类

本例使用 Hibernate 框架操作数据库，在数据访问层需要继承 HibernateDaoSupport，其中 UserDao.java 实现代码如下：

```
public class UserDao extends HibernateDaoSupport{

    // 按名字查询是否有该用户
    public User findByUsername(String username){
        String hql = "from User where username = ?";
```

```
        List<User> list = this.getHibernateTemplate().find(hql, username);
        if(list != null && list.size() > 0){
            return list.get(0);
        }
        return null;
    }

    // 注册用户存入数据库
    public void save(User user) {
        this.getHibernateTemplate().save(user);
    }

    // 根据激活码查询用户
    public User findByCode(String code) {
        String hql = "from User where code = ?";
        List<User> list = this.getHibernateTemplate().find(hql,code);
        if(list != null && list.size() > 0){
            return list.get(0);
        }
        return null;
    }

    // 修改用户状态的方法
    public void update(User existUser) {
        this.getHibernateTemplate().update(existUser);
    }

    // 用户登录的方法
    public User login(User user) {
        String hql = "from User where username = ? and password = ? and state = ?";
        List<User> list = this.getHibernateTemplate().find(hql, user.getUsername(),user.
getPassword(),1);
        if(list != null && list.size() > 0){
            return list.get(0);
        }
        return null;
    }
}
```

27.4.4 控制器实现

控制器使用 Action 包，存放在 cn.CITCfy.shop.action 类包中，设置各个类的响应类。例如，user.java 实体的响应类实现代码如下：

```
/**
 *
 * @项目名称:UserAction.java
 * @Java 类名:UserAction
 * @描述:
```

```
 * @时间:2017-10-20 下午 6:44:17
 * @version:
 */
public class UserAction extends ActionSupport implements ModelDriven<User> {
    // 模型驱动使用的对象
    private User user = new User();

    public User getModel() {
        return user;
    }
    // 接收验证码
    private String checkcode;

    public void setCheckcode(String checkcode) {
        this.checkcode = checkcode;
    }
    // 注入 UserService
    private UserService userService;

    public void setUserService(UserService userService) {
        this.userService = userService;
    }

    /**
     * 跳转到注册页面的执行方法
     */
    public String registPage() {
        return "registPage";
    }

    /**
     * AJAX 进行异步校验用户名的执行方法
     *
     * @throws IOException
     */
    public String findByName() throws IOException {
        // 调用 Service 进行查询
        User existUser = userService.findByUsername(user.getUsername());
        // 获得 response 对象,向页面输出
        HttpServletResponse response = ServletActionContext.getResponse();
        response.setContentType("text/html;charset=UTF-8");
        // 判断
        if (existUser != null) {
            // 查询到该用户，用户名已经存在
            response.getWriter().println("<font color='red'>用户名已经存在</font>");
        } else {
            // 没有查询到该用户，用户名可以使用
            response.getWriter().println("<font color='green'>用户名可以使用</font>");
```

```
        }
        return NONE;
    }

    /**
     * 用户注册的方法
     */
    public String regist() {
        // 判断验证码程序
        // 从 session 中获得验证码的随机值
        String checkcode1 = (String) ServletActionContext.getRequest()
                .getSession().getAttribute("checkcode");
        if(!checkcode.equalsIgnoreCase(checkcode1)){
            this.addActionError("验证码输入错误!");
            return "checkcodeFail";
        }
        userService.save(user);
        this.addActionMessage("注册成功!请去邮箱激活!");
        return "msg";
    }

    /**
     * 用户激活的方法
     */
    public String active() {
        // 根据激活码查询用户
        User existUser = userService.findByCode(user.getCode());
        // 判断
        if (existUser == null) {
            // 激活码错误
            this.addActionMessage("激活失败，激活码错误!");
        } else {
            // 激活成功
            // 修改用户的状态
            existUser.setState(1);
            existUser.setCode(null);
            userService.update(existUser);
            this.addActionMessage("激活成功，请去登录!");
        }
        return "msg";
    }

    /**
     * 跳转到登录页面
     */
    public String loginPage() {
        return "loginPage";
    }
```

```
    /**
     * 登录的方法
     */
    public String login() {
        User existUser = userService.login(user);
        // 判断
        if (existUser == null) {
            // 登录失败
            this.addActionError("登录失败，用户名或密码错误或用户未激活!");
            return LOGIN;
        } else {
            // 登录成功
            // 将用户的信息存入会话中
            ServletActionContext.getRequest().getSession()
                    .setAttribute("existUser", existUser);
            // 页面跳转
            return "loginSuccess";
        }

    }

    /**
     * 用户退出的方法
     */
    public String quit(){
        // 销毁会话
        ServletActionContext.getRequest().getSession().invalidate();
        return "quit";
    }

}
```

27.4.5　业务数据处理

业务逻辑使用 Service 包，存放在 cn.CITCfy.shop.service 类包中。例如，UserService.java 定义了用户实体所有的数据访问操作，并实现了对 UserDao 的调用，实现代码如下：

```
/**
 *
 * @项目名称:UserService.java
 * @Java 类名:UserService
 * @描述:
 * @时间:2017-10-20 下午 6:44:39
 * @version:
 */
@Transactional
public class UserService {
    // 注入 UserDao
```

```
    private UserDao userDao;

    public void setUserDao(UserDao userDao) {
        this.userDao = userDao;
    }

    // 按用户名查询用户的方法
    public User findByUsername(String username){
        return userDao.findByUsername(username);
    }

    // 业务层完成用户注册代码
    public void save(User user) {
        // 将数据存入数据库
        user.setState(0); // 0 代表用户未激活，1 代表用户已经激活
        String code = UUIDUtils.getUUID()+UUIDUtils.getUUID();
        user.setCode(code);
        userDao.save(user);
        // 发送激活邮件
        MailUitls.sendMail(user.getEmail(), code);
    }

    // 业务层根据激活码查询用户
    public User findByCode(String code) {
        return userDao.findByCode(code);
    }

    // 修改用户的状态的方法
    public void update(User existUser) {
        userDao.update(existUser);
    }

    // 用户登录的方法
    public User login(User user) {
        return userDao.login(user);
    }
}
```

27.5　项目知识拓展

27.5.1　Java 项目打包发行

本节介绍 Java 项目的打包发行方法。

打包发行步骤如下：

（1）右击要打包发行的项目，在弹出的快捷菜单中选择 Export 命令，如图 27-28 所示。

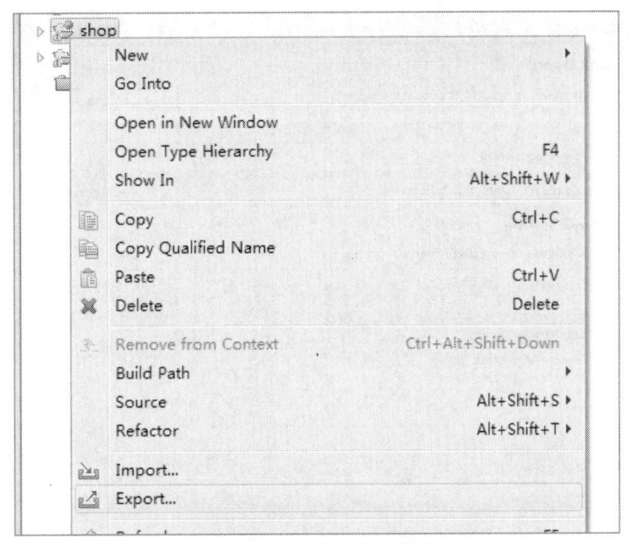

图 27-28 选择导出命令

（2）在 Export 对话框中，选择导出格式。如果是 Java Application 项目，需要选择 Java→JAR file；如果是 Java Web 项目，选择 MyEclipse JEE→WAR file。本例是一个 Java Web 项目，选择 MyEclipse JEE→WAR file，单击 Next 按钮，如图 27-29 所示。

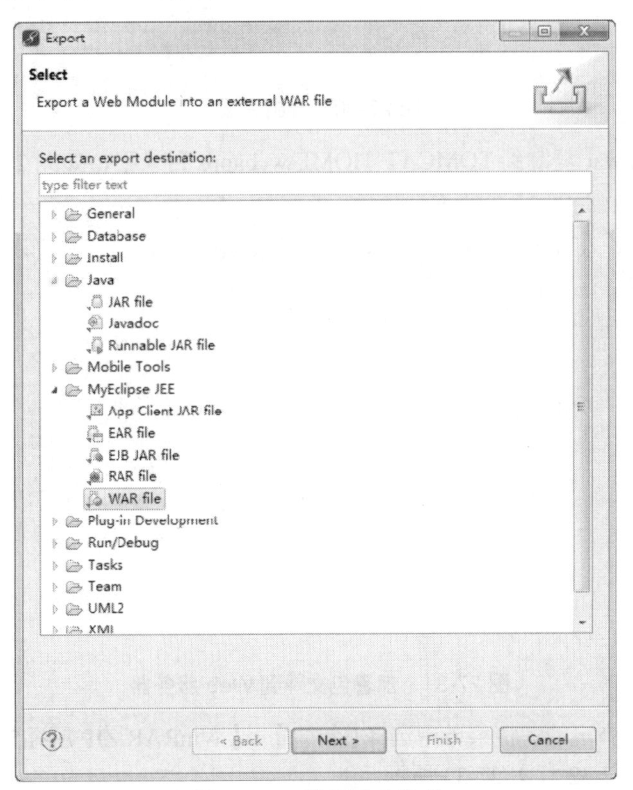

图 27-29 选择导出格式

（3）在 WAP Export 对话框中设定 Destination 文本框中的值为 D:\ts\ch27\shop.war，单击 Finish 按钮完成项目打包，如图 27-30 所示。

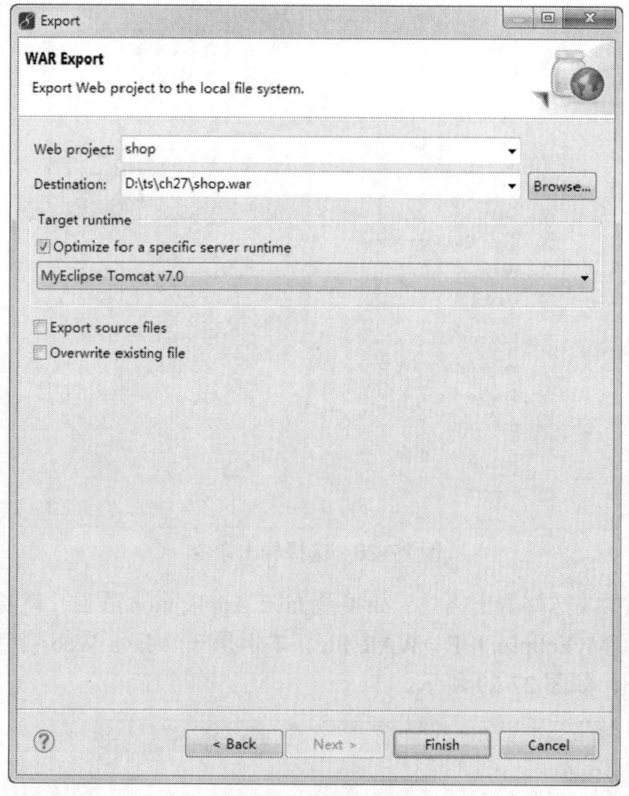

图 27-30　导出完成

（4）将打包后的 shop.war 复制到 TOMCAT_HOME\webapps 目录下，如图 27-31 所示。

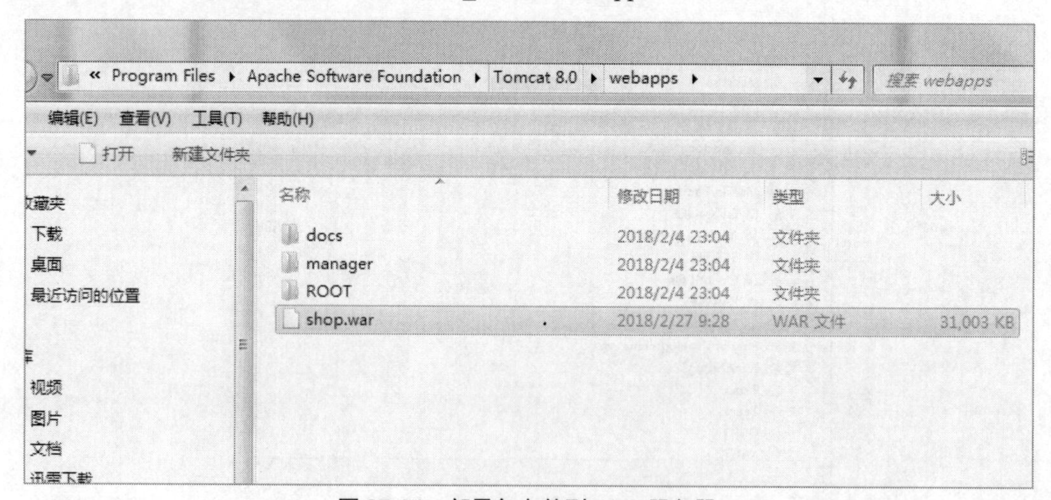

图 27-31　部署包文件到 Web 服务器

（5）右击 shop.war，在弹出的快捷菜单中选择【新建】→【WinRAR ZIP 压缩文件】命令，使用 WinRAR 创建一个 ZIP 文件，如图 27-32 和图 27-33 所示。

（6）双击新建的 WinRAR ZIP 压缩文件，在打开的 WinRAR 窗口中单击【向上】按钮，如图 27-34 所示。

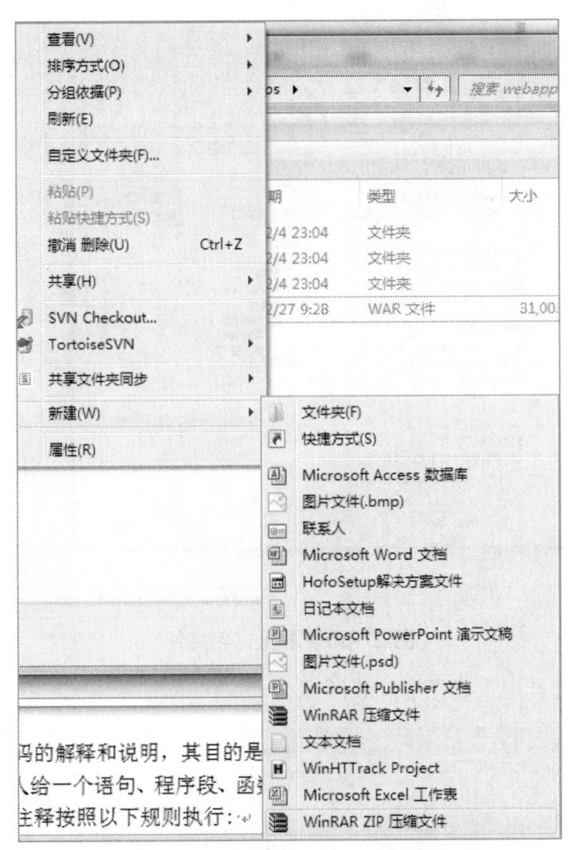

图 27-32　使用 WinRAR 创建压缩文件

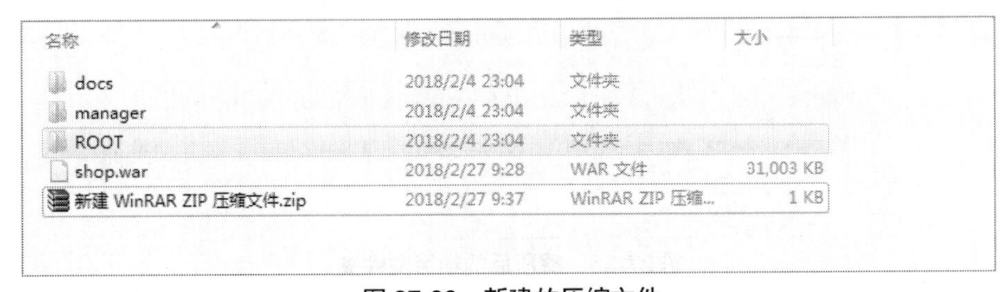

图 27-33　新建的压缩文件

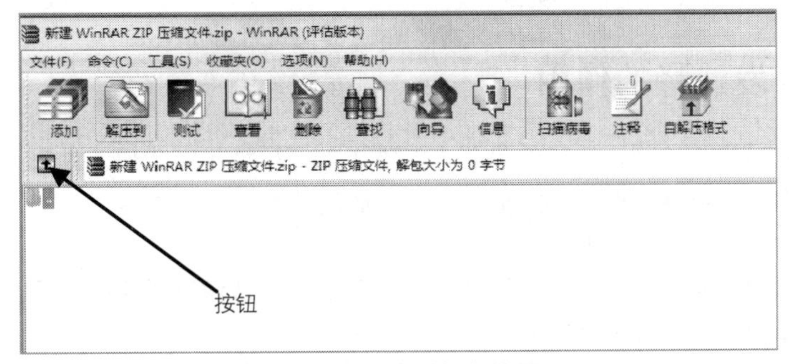

图 27-34　导航到包文件目录

（7）选中项目文件 shop.war，单击【解压到】按钮，在弹出的对话框中单击【确定】按钮，如图 27-35 所示。

图 27-35　解压打包文件

（8）将文件解压到相应目录中，如图 27-36 所示。

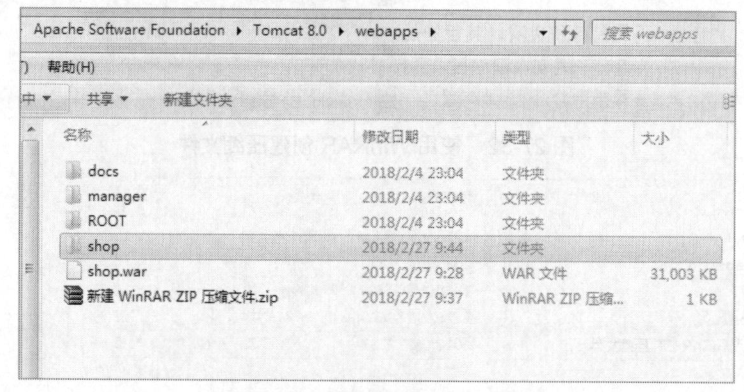

图 27-36　解压后的项目文件夹

至此，就可以启动 Tomcat 浏览相应项目了。

27.5.2　Java 开发注释的作用

注释就是对代码的解释和说明，其目的是让人能够更加轻松地了解代码。注释是开发者在编写程序时对语句、程序段、函数等的解释或提示，能提高程序代码的可读性。

通常在使用注释时应遵循以下规则:

（1）除非必要，不允许修改任何描述性注释；除非确实对方法做出过修改，不允许修改任何解释性注释；根据代码的实际修改情况修改提示性注释。

（2）如果在其他项目组发现他们的注释规范与自己采用的规范不同，应按照他们的规范写代码，不要试图在既有的规范系统中引入新的规范。

（3）描述性注释先于代码创建，解释性注释在开发过程中创建，提示性注释在代码完成之后创建。

第 28 章

软件工程师必备素养与技能

◎ 本章教学微视频：29 个　47 分钟

学习指引

在现代软件企业中，软件工程师的主要职责是帮助企业或个人用户应用计算机实现各种功能，满足用户的各种需求。要想成为一名合格的软件工程师，需要具备基本的专业素养和技能。本章就来介绍软件工程师必备的一些素养和技能。

重点导读

- 熟悉软件工程师的基本专业素养的内容。
- 熟悉软件工程师个人素养的内容。

28.1　软件工程师的基本专业素养

如何成为一名合格的软件工程师？软件工程师的发展前景在哪里？在 IT 信息技术飞速发展的今天，一名优秀的软件工程师不仅要具有一定的软件编写能力，而且要经常思考自己未来的发展方向，这样才能不断补充新的知识，应对即将到来的各种挑战。如果用一句话总结软件工程师的基本状态，那应该就是“学习学习再学习”。基本专业素养是成为一个软件工程师的前提，其内容如图 28-1 所示。

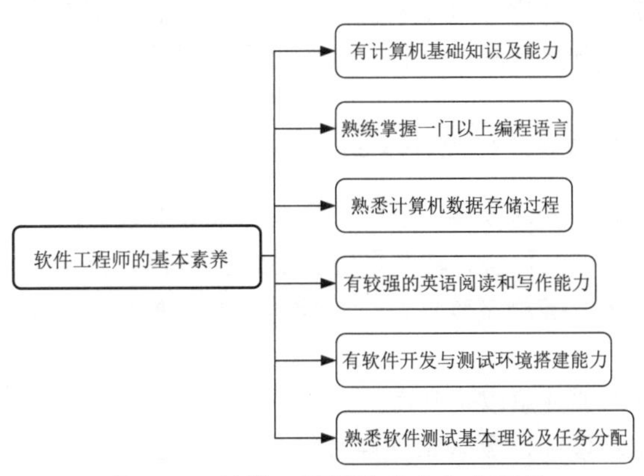

软件工程师的基本素养
有计算机基础知识及能力
熟练掌握一门以上编程语言
熟悉计算机数据存储过程
有较强的英语阅读和写作能力
有软件开发与测试环境搭建能力
熟悉软件测试基本理论及任务分配

图 28-1　软件工程师的基本专业素养

28.1.1 有计算机基础知识及能力

计算机基础知识及能力包括计算机软件工作的基本原理和计算机的操作能力。

熟悉计算机操作系统的工作过程。例如，要知道计算机操作系统如何分配内存资源、调度作业、控制输入输出设备等；还要了解计算机程序的工作过程，怎么告诉计算机要做哪些事，按什么步骤去做。

过硬的计算机操作能力是软件工程师的基本功。例如，要对计算机的相关知识有基本的了解，包括软硬件、操作系统、常用键的功能等。

具体来讲，操作能力主要包括以下几方面：对 Windows、Linux、UNIX 等大型主流操作系统的使用和应用开发的熟练掌握，对操作系统中的常用命令（如 ping 等）的使用，对 Office 或 WPS 等办公软件的应用能力，对常用办公设备（如打印机、复印机、传真机）的使用等。

28.1.2 熟练掌握一门以上编程语言

软件工程师的一个重要职责是把用户的需求用某种计算机语言实现，编码能力直接决定了项目开发的质量和效率。这就要求软件工程师至少掌握一门编程语言，例如 PC 端常用的 C/C++、C#、Java、PHP 语言以及移动端常用的 Object C、HTML5，熟悉其基本语法、作业调度过程、资源分配过程，这是成为一个软件工程师的前提和要求。通俗地讲，计算机好比一块农田，软件工程师就是农夫，要使用一定的编程语言这个工具才能生产出我们的软件作品，熟练掌握一门以上编程语言是顺利生产软件作品的基石。

28.1.3 熟悉计算机数据存储过程

在软件工作的过程中，要产生一定的数据输出，如何管理这些数据也是软件工程师必须掌握的知识。数据输出可以是文本文件，也可以是 Excel 文件，还可以是其他存储格式。通常都要通过数据库软件去管理这些输出的数据，因此与数据库的交互在所有软件中都是必不可少的，了解数据库操作和编程是软件工程师需要具备的基本素质之一。数据库管理软件又分为机构化数据库管理软件和非机构化数据库管理软件，目前常用的机构化数据库管理软件有甲骨文公司的 Oracle 和微软公司的 SQL Server 等，非机构化数据库管理软件有 MongoDB、Redis 等。

28.1.4 有较强的英语阅读和写作能力

程序世界的主要语言是英语，编写程序开发文档和开发工具帮助文档离不开英语，了解业界的最新动向、阅读技术文章离不开英语，与世界各地编程高手交流、发布帮助请求同样离不开英语。作为软件工程师，具有一定的英语基础对于提升自身的学习和工作能力极有帮助。

28.1.5 有软件开发及测试环境搭建能力

搭建良好的软件开发与测试环境是软件工程师需要具备的专业技能，也是完成开发与测试任务的保证。测试环境大体可分为硬件环境和软件环境，硬件环境包括必要的 PC、服务器、设备、网线、分配器等设备，软件环境包括数据库、操作系统、被测试软件运行环境等。特殊条件下还要考虑网络环境，如网络带宽、IP 地址设置等。

搭建软件开发与测试环境时要注意以下几点：

（1）搭建软件开发与测试环境前，要确定软件开发与测试目的。软件开发与测试目的不同，在搭建环境时也会有所不同。

（2）软件开发与测试环境应尽可能模拟真实环境。通过向技术支持人员和销售人员了解情况，尽可能模拟用户使用环境，选用合适的操作系统和软件平台。

（3）确保软件开发与测试环境无毒。通过对环境进行杀毒以及安全设置，可以很好地防止病毒感染环境，确保环境无毒。

（4）营造独立的测试环境。测试过程中要确保测试环境的独立，避免测试环境被占用，影响测试进度及测试结果。

（5）构建可复用的测试环境。当搭建好测试环境后，对操作系统及测试环境进行备份是必要的。这样不仅可以在下一轮测试时直接恢复测试环境，避免为重新搭建测试环境花费时间，而且在测试环境遭到破坏时，可以恢复测试环境，避免测试数据丢失。

28.1.6　熟悉软件测试基本理论及任务分配

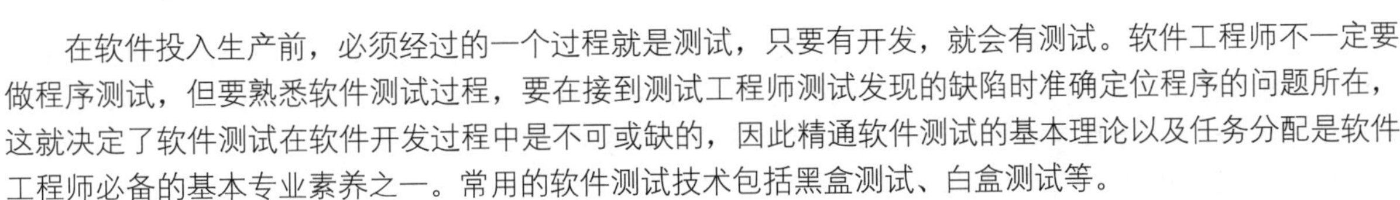

在软件投入生产前，必须经过的一个过程就是测试，只要有开发，就会有测试。软件工程师不一定要做程序测试，但要熟悉软件测试过程，要在接到测试工程师测试发现的缺陷时准确定位程序的问题所在，这就决定了软件测试在软件开发过程中是不可或缺的，因此精通软件测试的基本理论以及任务分配是软件工程师必备的基本专业素养之一。常用的软件测试技术包括黑盒测试、白盒测试等。

28.2　软件工程师的个人素养

作为一名优秀的软件工程师，要对工作有兴趣，软件开发与测试等工作很多时候是有些枯燥的，因此，只有热爱软件开发和测试工作，才更容易做好工作，因此，软件工程师除了要有专业素养外，还应具有一些基本的个人素养，如图 28-2 所示。

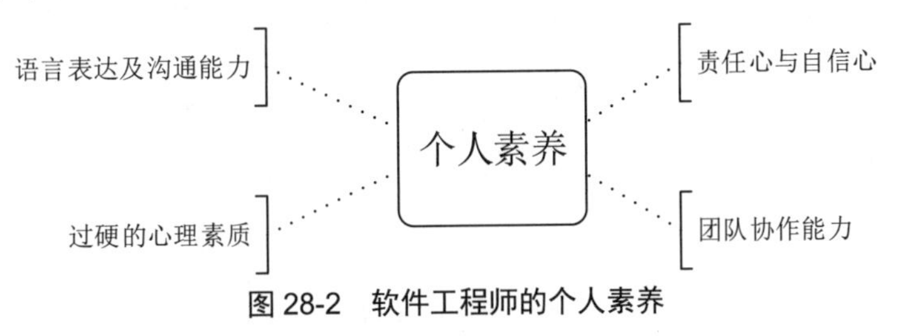

图 28-2　软件工程师的个人素养

28.2.1　语言表达及沟通能力

良好的语言表达及沟通能力是软件工程师应该具备的一个重要素养。在公司内部，团队要经常讨论和解决问题；在面对客户时，要通过沟通分析客户的需求。这些都要求软件工程师有良好的语言表达及沟通能力。

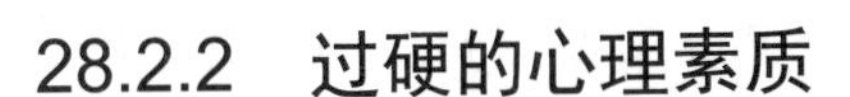

28.2.2　过硬的心理素质

软件开发是一项艰苦的脑力和体力劳动，软件工程师开发一个软件，要经过反复修改，要花费大量的时间和精力，这些都要求软件工程师有较好的心理承受能力以及过硬的心理素质。

28.2.3　责任心与自信心

责任心是做好工作必备的素质之一，软件工程师更应该将其发扬光大。如果工作中责任心不强，甚至

敷衍了事，就会把工作推给后续环节的工作人员甚至用户来完成，这很可能带来非常严重的后果。

自信心是很多软件工程师都缺少的一项素质。在面对编写测试代码等工作时，很多软件工程师认为自己做不到。要想获得更好的职业发展，软件工程师应该努力学习，树立能“解决一切问题”的信心。

28.2.4 团队协作能力

团队协作贯穿软件开发的整个过程，从项目立项、项目需求分析、项目概要设计、数据库设计、功能模块编码直到测试，都离不开团队协作。如果没有良好的团队协作能力，软件开发往往事倍功半。

28.3 项目开发流程

作为一名优秀的开发人员，不仅需要具备良好的专业素养和个人素养，还要熟悉一个软件项目的开发流程，包括软件项目需求分析、软件的总体结构设计、数据库设计、功能设计、算法设计、模块设计、编码、测试以及部署实施程序等一系列操作，以满足客户的需求并且解决客户的问题。如果项目有更高需求，还需要对软件进行维护、升级处理等。项目开发流程如图 28-3 所示。

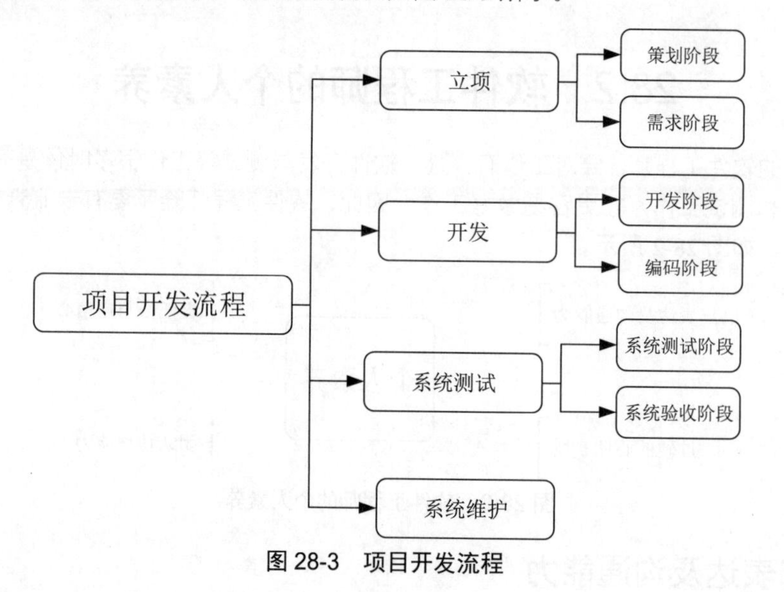

图 28-3　项目开发流程

28.3.1 策划阶段

软件项目策划阶段是项目的开端，解决了软件项目要干什么的问题。一个成功的软件项目通常都是在策划阶段做得踏实有效的项目。在这个阶段要由专业人员分析市场情况，确定项目可行性、项目先进性和项目解决实际问题时的投入产出问题，形成项目策划报告书，一般包括以下几个部分：

（1）项目策划草案。应包括产品简介、产品目标及功能说明、开发所需的资源、开发时间等。

（2）风险管理计划。把有可能出错或现在还不能确定的因素列出来，并制定相应的解决方案。风险发现得越早，对项目越有利。

（3）软件开发计划。其目的是对即将启动的项目进行合理的资源、成本、进度的估算。项目经理根据软件开发计划安排资源需求，跟踪项目进度；项目团队成员则根据软件开发计划了解自己的工作任务、工作时间以及所要依赖的其他活动。除此之外，软件开发计划还应包括项目的验收标准及验收任务（包括确定需要制定的测试用例）。

（4）人员组织结构定义及配备。常见的人员组织结构有垂直方案、水平方案和混合方案 3 种。垂直方案中每个成员会充当多重角色，而水平方案中每个成员会充当一至两个角色，混合方案则是将经验丰富的人员与新手相互融合。具体方案应根据公司人员的实际技能情况选择。

（5）过程控制计划。其目的是收集项目计划正常执行所需的所有信息，用来指导项目进度的监控、计划的调整，以确保项目能按时完成。

28.3.2 需求分析阶段

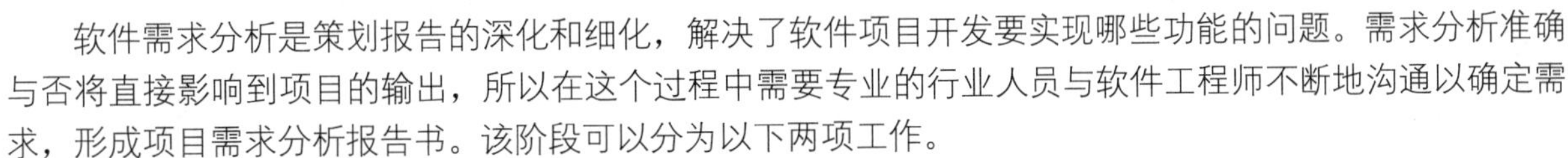

软件需求分析是策划报告的深化和细化，解决了软件项目开发要实现哪些功能的问题。需求分析准确与否将直接影响到项目的输出，所以在这个过程中需要专业的行业人员与软件工程师不断地沟通以确定需求，形成项目需求分析报告书。该阶段可以分为以下两项工作。

1. 需求获取

需求获取是指开发人员与用户多次沟通并达成协议，对项目所要实现的功能进行详细说明。需求获取过程是需求分析过程的基础和前提，其目的在于产生正确的用户需求说明书，从而保证需求分析过程产生正确的软件需求规格说明书。

需求获取工作做得不好，会导致需求频繁变更，影响项目的开发周期，甚至会导致整个项目失败。开发人员应首先制定访谈计划，然后准备提问单，进行用户访谈，获取用户需求，并记录访谈内容以形成用户需求说明书。

2. 需求分析

需求分析过程主要是对获取的需求信息进行分析，及时排除错误和弥补不足，确保需求文档正确地反映用户的真实意图，最终将用户的需求转化为软件需求，形成软件需求规格说明书。同时针对软件需求规格说明书中的界面需求以及功能需求制作界面原型。界面原型可以有 3 种表示方法：图纸（以书面形式）、位图（以图片形式）和可执行文件（交互式）。在进行设计之前，应当对开发人员进行培训，以使开发人员能更好地理解用户的业务流程和产品的需求。

28.3.3 开发阶段

开发阶段是项目需求与软件工程相结合的阶段，解决了具体项目软件如何实现的问题。通常该阶段可以分为以下两项工作。

1. 软件概要设计

设计人员在软件需求规格说明书的指导下，需完成以下任务：

（1）对软件功能需求进行体系结构设计，确定软件结构及组成部分，编写体系结构设计报告。

（2）进行内部接口和数据结构设计，编写数据库设计报告。

（3）编写软件概要设计说明书。

2. 软件详细设计

软件详细设计的任务如下：

（1）通过软件概要设计说明书了解软件的结构。

（2）确定软件各组成单元，进行详细的模块接口设计。

（3）进行模块内部数据结构设计。

（4）进行模块内部算法设计，可采用流程图、伪代码等方式详细描述每一步的具体要求及实现细节，编写软件详细设计说明书。

28.3.4 编码阶段

编码阶段是针对软件详细设计所做的具体实现，把问题的解决程序化。这个过程主要包括以下两项工作。

1. 编写代码

开发人员依据软件详细设计说明书，编写代码以实现软件结构及模块内部数据结构和算法，并保证编译通过。

2. 单元测试

代码编写完成后，对代码进行单元测试和集成测试，记录、发现并修改软件中的问题。

28.3.5 系统测试阶段

系统测试阶段主要验证针对给定的输入是否能按照预定结果获得输出的问题，发现软件输出与实际生产、系统定义不符合或发生矛盾的地方。系统测试过程一般包括制定系统测试计划、测试方案设计、测试用例开发和测试，最后要对测试活动和结果进行评估。

28.3.6 系统验收阶段

系统验收阶段主要是与客户确认软件输出与项目需求的吻合度，确定项目是否完结、项目下一步计划等，最后形成项目验收报告书。

28.3.7 系统维护阶段

任何一个软件项目在投入生产过程中都或多或少会存在一些问题。在系统维护阶段，应根据软件运行的情况对软件进行适当的修改，以适应新的要求，以及纠正运行中发现的错误等。同时，还需要编写软件问题报告和软件修改报告。

28.4 项目开发团队

在软件工程师的个人素养中，团队协作极为重要和关键，那么一个良好、稳定的软件开发团队要怎么构建？又有哪些要求呢？项目开发团队结构如图 28-4 所示。

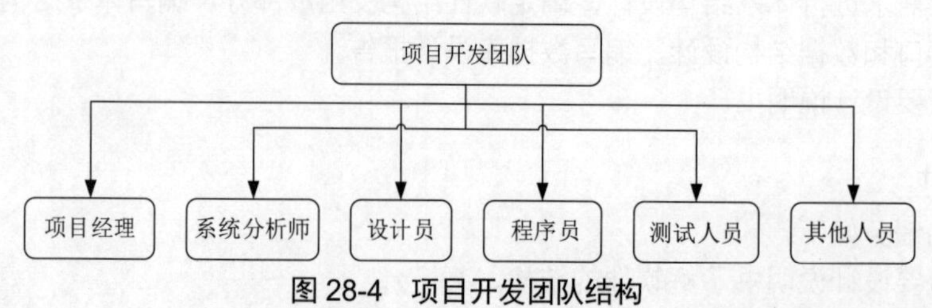

图 28-4 项目开发团队结构

28.4.1 项目开发团队构建

项目开发团队主要有以下几种角色。

1. 项目经理

项目经理要具有领导才能，主要负责团队的管理，对出现的问题能正确而迅速地做出决定，能充分利用各种渠道和方法来解决问题，能跟踪任务，有很好的日程观念，能在压力下工作。

2. 系统分析师

系统分析师主要负责系统分析，了解用户需求，写出软件需求规格说明书，建立用户界面原型等。担任系统分析师的人员应该善于协调，并且具有良好的沟通技巧。在担任此角色的人员中，必须有具备业务和技术领域知识的人才。

3. 设计员

设计员主要负责系统的概要设计、详细设计和数据库设计。要求设计员熟悉分析与设计技术，熟悉系统的架构。

4. 程序员

程序员负责按项目的要求进行编码和单元测试，要求程序员有良好的编程和测试技术。

5. 测试人员

测试人员负责进行测试，描述测试结果，提出问题解决方案。要求测试人员了解要测试的系统，具备诊断和解决问题的技能。

6. 其他人员

一个成功的项目开发团队是一个高效、协作的团队，除了软件开发人员外，还需要一些其他人员，如美工、文档管理人员等角色。

在小规模企业中，可能一个人具有多个角色，例如开发人员与测试人员是同一个人。在复杂的项目中，项目角色不限于以上角色，还可以进一步细分，例如同样的功能在不同设备上实现时，可以分为 PC 开发工程师和移动端开发工程师。

28.4.2 项目开发团队要求

一个高效的项目开发团队要建立在合理的开发流程及团队成员密切合作的基础上。所有成员共同迎接挑战，有效地计划、协调和管理每个人的工作以完成明确的目标。高效的项目开发团队具有以下几个特征。

1. 具有明确且有挑战性的共同目标

一个共同目标明确且有挑战性的团队，其工作效率会很高。在通常情况下，技术人员往往会因为完成了某个具有挑战性的任务而感到自豪，而技术人员为了获得这种自豪感，会更加积极地工作，从而使团队体现出高效率。

2. 团队具有很强的凝聚力

在一个高效的项目开发团队中，成员的凝聚力表现为相互支持、相互交流和相互尊重，而不是推卸责任、保守、相互指责。例如，某个成员明明知道另外的模块中需要用到一段与自己已经编写完成且有些难度的程序代码，但他就是不愿拿出来与其他成员共享，也不愿与系统设计人员交流，这样就会为项目的顺利开展带来不利的影响。

3. 具有融洽的交流环境

在一个项目开发团队中，每个开发小组人员行使各自的职责，例如系统设计人员做系统概要设计和详细设计，需求分析人员制定软件需求规格说明书，项目经理配置项目开发环境并且制定项目计划等。但是由于种种原因，每个组员的工作不可能一次性做到位，例如系统概要设计的文档可能有个别地方会词不达意，这样在做详细设计的时候就有可能会造成误解。因此高效的软件开发团队是具有融洽的交流环境的，而不是那种简单的命令执行式的。

4. 具有共同的工作规范和框架

高效的项目开发团队具有工作规范及共同框架。例如，对于项目管理有规范的项目开发计划，对于分析设计有规范和统一的文档及审评标准，对于代码有程序规范条例，对于测试有规范的测试计划及测试报告，等等。

5. 采用合理的开发过程

软件项目的开发不同于一般商品的研发和生产，开发过程中面临着各种难以预测的风险，例如客户需求的变化、人员的流失、技术的瓶颈、同行的竞争等。高效的项目开发团队往往会采用合理的开发过程去控制开发过程中的风险，提高软件的质量，降低开发的费用。

28.5 项目的实际开发过程

项目开发流程解决了软件项目开发工作如何开展的问题，而项目的实际开发过程解决了软件项目风险控制问题。科学的项目实际开发过程可以及时修正项目的偏离，确保项目的产出有效，如图 28-5 所示。

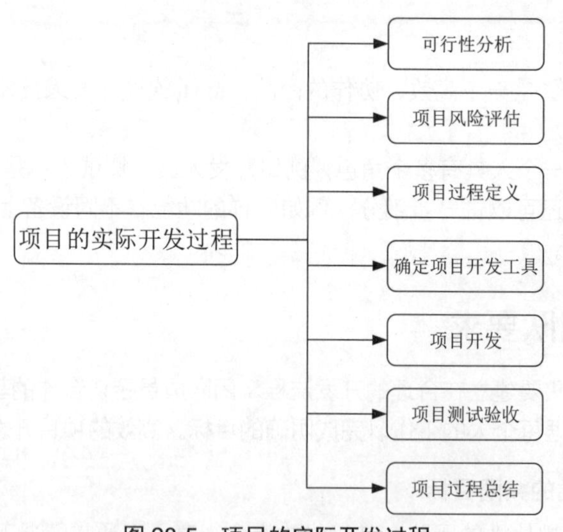

图 28-5 项目的实际开发过程

28.5.1 可行性分析

可行性分析用于确定项目目标和范围。开发一个新项目或新版本时，首先是和用户一起确认需求，进行项目的范围规划。当用户将对项目进度的要求和优先级提高的时候，往往要缩小项目范围，对用户需求进行优先级排序，排除优先级低的需求。

另外，做可行性分析的一个重要依据就是开发者的经验和对项目特征的清楚认识。可行性分析初期需要做一个宏观的估算，否则很难判断或者向用户承诺在现有资源情况下需要多长时间完成开发。

28.5.2　项目风险评估

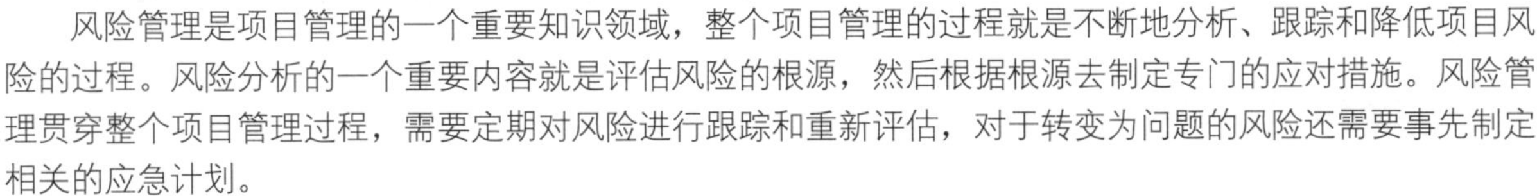

风险管理是项目管理的一个重要知识领域，整个项目管理的过程就是不断地分析、跟踪和降低项目风险的过程。风险分析的一个重要内容就是评估风险的根源，然后根据根源去制定专门的应对措施。风险管理贯穿整个项目管理过程，需要定期对风险进行跟踪和重新评估，对于转变为问题的风险还需要事先制定相关的应急计划。

28.5.3　项目过程定义

项目的目标和范围确定后，接下来要进行项目过程定义，例如项目整个过程中采用何种生命周期模型，项目过程是否需要对组织级定义的标准过程进行裁剪，等等。项目过程定义是确定 WBS（Work Breakdown Structure，工作分解结构）前必须完成的一个环节。WBS 就是把一个项目按一定的原则分解成任务，把任务再分解成一项项工作，再把一项项工作分配到每个人的日常活动中，直到分解不下去为止。

28.5.4　确定项目开发工具

本环节确定项目开发过程中需要使用的方法、技术和使用的工具。一个项目中除了使用常用的开发工具外，还会用到需求管理、设计建模、配置管理、变更管理、IM 沟通等诸多工具以及面向对象分析和设计、开发语言、数据库、测试等多种技术，在这里都需要分析和定义清楚，这将成为后续环节的重要依据。

28.5.5　项目开发

在本环节根据开发计划进度进行开发，项目经理跟进开发进度，严格控制项目需求变更的情况。项目开发过程中不可避免地会出现需求变更的情况，在需求发生变更时，可根据实际情况实施严格的需求变更管理。

28.5.6　项目测试验收

测试验收阶段主要是在项目投入使用前查找项目中的运行错误。在需求文档基础上核实每个模块能否正常运行，核实需求是否被正确实现。根据测试计划，由项目经理安排测试人员进行项目的测试工作，通过测试确保项目的质量。

28.5.7　项目过程总结

测试验收完成后，紧接着应开展项目过程总结，主要是对项目开发过程的工作成果进行总结，以及进行相关文件的归档、备份等。

28.6　项目规划常见问题及解决办法

项目开发并不是短时间就可以做好的。对于一个复杂的项目来说，其开发过程更是充满了曲折和艰辛，可能会出现这样那样的问题。

28.6.1　如何满足客户需求

满足客户需求这一目标是在项目开发流程中通过需求分析实现的。如果一个项目经过大量的人力、物力、财力和时间的投入后，开发出的软件不能满足客户需求，这种结果是很让人痛心疾首的。

需求分析之所以重要，就因为它具有决策性、方向性和策略性，它在软件开发的过程中占据着举足轻重的地位。在一个大型软件系统的开发中，它的作用要远远大于程序设计。那么该如何做才能满足客户的需求呢？

1. 了解客户业务目标

只有在需求分析时更好地了解客户的业务目标，才能使产品更好地满足客户需求。充分了解客户业务目标将有助于程序开发人员设计出真正满足客户需求并达到期望目标的优秀软件。

2. 撰写高质量的需求分析报告

需求分析报告是分析人员对从客户那里获得的所有信息进行整理和分析的结果，它主要用以明确业务需求及规范、功能需求、质量目标、解决方法和其他信息，它使程序开发人员和客户之间针对要开发的产品内容达成共识和协议。

需求分析报告应以便于客户阅读和理解的方式组织编写，同时程序分析师可能会采用多种图表作为文字性需求分析报告的补充说明，虽然这些图表很容易让客户理解，但是客户可能对这些形式并不熟悉，因此，对需求分析报告中的图表进行详细的解释说明也是很有必要的。

3. 使用符合客户语言习惯的表达方式

在与客户进行需求交流时，要尽量站在客户的角度去表达，尽量避免使用客户不容易理解的计算机专业术语。

4. 要多尊重客户的意见

客户与程序开发人员之间偶尔也会出现一些难以沟通的问题。此时，开发人员要尽量多听听客户的意见，在情况允许时，要尽可能地满足客户的需求；如果确实是因为某些技术方面的原因而无法实现客户需求时，应当合理地向客户说明。

5. 划分需求的优先级

绝大多数项目没有足够的时间或资源实现功能性上的每一个细节。如果需要对哪些特性是必要的，哪些是重要的等问题做出决定，那么最好先了解一下客户所设定的需求优先级。程序开发人员不可以猜测客户的观点，然后决定需求的优先级。

28.6.2 如何控制项目进度

大量的软件错误通常只有到了项目后期，在进行系统测试时才会被发现。解决问题所花的时间也是很难预料的，经常导致项目进度无法控制。同时在整个软件开发的过程中，由于项目管理人员缺乏对软件质量状况的了解和控制，也加大了项目管理的难度。

面对这些问题，较好的解决方法是尽早进行测试，当软件的第一个过程结束后，测试人员要马上基于它进行测试脚本的实现，按项目计划中的测试目的执行测试用例，对测试结果做出评估报告。这样，就可以通过各种测试指标实时监控项目质量状况，提高对整个项目的控制和管理能力。

28.6.3 如何控制项目预算

在整个项目开发的过程中，错误发现得越晚，单位错误修复成本就会越高，错误的延迟解决必然会导致整个项目成本的急剧增加。

对这个问题较好的解决方法是采取多种测试手段，尽早发现潜在的问题。